Beaucamp
Ausmittig gedrückte
Stahlbetonstützen
und -wände

Ausmittig gedrückte Stahlbetonstützen und -wände

Bemessungstabellen für Betonstahl IV

von Dipl.-Ing. Ralph Beaucamp
Beratender Ingenieur VBI

Werner-Verlag

1. Auflage 1991

Die Deutsche Bibliothek – CIP-Einheitsaufnahme

Beaucamp, Ralph:
Ausmittig gedrückte Stahlbetonstützen und -wände /
von Ralph Beaucamp. – 1. Aufl. – Düsseldorf : Werner, 1991
ISBN 3-8041-4056-4

ISB N 3-8041-4056-4

© Werner-Verlag GmbH · Düsseldorf · 1991
Printed in Germany
Alle Rechte, auch das der Übersetzung, vorbehalten.
Ohne ausdrückliche Genehmigung des Verlages ist es auch nicht gestattet,
dieses Buch oder Teile daraus auf fotomechanischem Wege
(Fotokopie, Mikrokopie) zu vervielfältigen.

Zahlenangaben ohne Gewähr.

Reproduktion, Druck und Verarbeitung:
Weiss & Zimmer AG, Mönchengladbach
Archiv-Nr.: 884-8.91
Bestell-Nr.: 04056

Vorwort

Dieses Buch enthält Bemessungstabellen für Stahlbetondruckglieder mit Betonstahl BSt 500 (IV S, IV M). Die Tabellen wurden in Anlehnung an das im Werner-Verlag in 6 Auflagen erschienene Buch von Ouvrier „Die Bemessung von gedrückten Stahlbetonsäulen" entwickelt. Es ist für den Ingenieur sehr anschaulich und praktisch, auf der Basis von Betondruckspannungen und Lastausmitten mit Hilfe der vorliegenden Tabellenwerte den Bewehrungsprozentsatz mit minimalem Aufwand zu ermitteln. In diesem Buch wurden für die Regelbemessung so enge Abstände der Bewehrungsprozentsätze gewählt, daß eine Interpolation meist nicht erforderlich ist. Für die Bemessung von tragenden Wänden wurde deren Mindestprozentsatz von 0,5 % aufgenommen. Außerdem wurden Tabellen für Rundstützen, für Kriechverformung, für die Höhe der Betondruckzone, für Krümmungen, für Bruchmomente, für Ersatzbiegesteifigkeiten und für Doppelbiegung berechnet.

Mit den vorliegenden Tabellen können auch Druckglieder mit großer Schlankheit, gestaffelter Bewehrung, besonderem Momentenverlauf oder zweiachsiger Biegung bemessen werden. Zahlenbeispiele behandeln die verschiedenen Anwendungen. Selbst im Computerzeitalter kann dieses Tabellenbuch als schnelle Bemessungshilfe für Baupraktiker und Studenten sehr nützlich sein.

Mein Dank gilt allen, die beim Entstehen dieses Buches mitgewirkt haben. Insbesondere danke ich Herrn Dipl.-Ing. Hubert Drees sowie meiner Frau für ihre Geduld bei den langen Abwesenheiten, die die Arbeiten an den Rechenprogrammen mit sich brachten.

Münster, im Februar 1991   Ralph Beaucamp

Inhaltsverzeichnis

1 Grundlagen für die Ermittlung der zulässigen Schnittgrößen ... 1
   1.1 Spannungsdehnungslinien ... 1
   1.2 Sicherheitsbeiwerte ... 1
   1.3 Längsbewehrung ... 2

2 Berechnung der Tabellen ... 2
   2.1 Berechnung der Tabellen mit den zulässigen ideellen Betondruckspannungen ... 2
   2.2 Berechnung der Tabellen mit Bruchkrümmungen und Ersatzbiegesteifigkeiten ... 3

3 Ermittlung der angreifenden Kräfte und Ausmitten ... 4

4 Ermittlung der zusätzlichen Ausmitten zum Nachweis der Knicksicherheit ... 4
   4.1 Stützen und Wände mit Schlankheiten $\leq$ 70 ... 4
   4.2 Stützen und Wände mit Schlankheiten $>$ 70 ... 5

5 Nachweis der Knicksicherheit ... 7
   5.1 Stützen und Wände mit Schlankheiten $\leq$ 70 ... 8
   5.2 Stützen und Wände mit Schlankheiten $>$ 70 ... 9

6 Beschreibung und Anwendung der Tabellen ... 9
   6.1 Tabelle 1 (zusätzliche Ausmitte f/d) ... 9
   6.2 Tabellen 2-6 (Kriechverformung e_k) ... 10
   6.3 Tabellen für die Regelbemessung (einachsige Biegung mit Achsdruck) ... 10
   6.4 Tabellen für Knicksicherheitsbemessung bei großer Schlankheit ... 10
   6.5 Tabellen für Momente, Krümmungen und Ersatzbiegesteifigkeiten ... 11
   6.6 Tabellen zur Ermittlung der Druckzonenhöhe x ... 12
   6.7 Tabellen für Rundstützen ... 12
   6.8 Tabellen für Regelbemessung (Doppelbiegung) ... 12
   6.9 Umrechnung der Tabellenwerte auf andere Betongüten ... 13

7 Ablaufbeschreibung einer Bemessung ... 14

8 Bemessungsbeispiele ... 17

9 Literaturverzeichnis ... 33

10 Formelzeichen ... 34

11 Tabellenteil ... 35
   11.1 Bezogene Zusatzausmitten f/d ... 35
   11.2 Kriechverformung e_k ... 38
   11.3 Bemessungstabellen für Rechteckquerschnitte ... 43
   11.4 Druckzonenhöhe x ... 124
   11.5 Bemessungstabellen für Rundstützen ... 145
   11.6 Regelbemessung für Doppelbiegung ... 227

12 Sachregister ... 255

1 Grundlagen für die Ermittlung der zulässigen Schnittgrößen

1.1 Spannungsdehnungslinien

Zur Berechnung der Tabellenwerte σ_{bi} wurden Bruchschnittgrößen N_u und M_u ermittelt. Dafür wurden die Spannungsdehnungslinien der DIN 1045 17.2.1 Bild 11 für Beton (Parabel-Rechteckdiagramm) und Bild 12 für Betonstahl (bilineares Diagramm) zugrunde gelegt. Das bedeutet für den Beton einen Zuwachs der Druckspannung im Bereich von 0 bis 2 Promille Stauchung nach einer quadratischen Parabel bis zur Erreichung des Rechenwertes der Betondruckfestigkeit β_R und danach eine konstante Druckspannung bei Zunahme der Stauchung bis zur Bruchstauchung von 3,5 Promille.

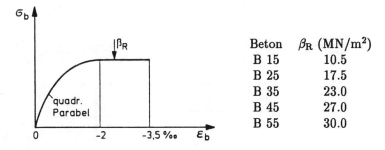

Beton	β_R (MN/m²)
B 15	10.5
B 25	17.5
B 35	23.0
B 45	27.0
B 55	30.0

Beim Betonstahl wächst die Stahlspannung bei Zunahme von Dehnung oder Stauchung linear bis zur Fließgrenze und bleibt danach konstant.

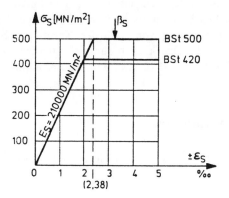

1.2 Sicherheitsbeiwerte

Die Sicherheitsbeiwerte der Regelbemessung werden nach DIN 1045 17.2.2 Bild 13 global mit 1,75 für Betonstahldehnungen von 5 bis 3 Promille, linear anwachsend auf 2,1 für Betonstahldehnungen von 3 bis 0 Promille und konstant 2,1 für Betonstahlstauchungen von 0 bis 2 Promille angesetzt. Im Knicksicherheitsnachweis ist bei Schlankheiten $\lambda > 70$ ein konstanter Beiwert von 1,75 ausreichend (DIN 1045 17.4.4).

Der Eurocode EC 2 verwendet ein Sicherheitskonzept, das Teilsicherheiten für Last und Widerstand angibt. Die hier abgedruckten Tabellenwerte der zulässigen Betonspannungen σ_{bi}, die den globalen Sicherheitsbeiwert bereits enthalten, können für das Teilsicherheitskonzept nicht verwendet werden. Es ist geplant, nach Übernahme des Eurocodes EC 2 im Jahr 1993 gleichartige Tabellen für die geänderten Bedingungen in einem Zusatzheft herauszugeben.

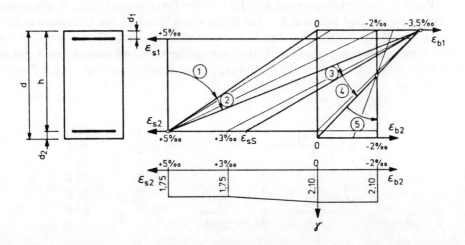

1.3 Längsbewehrung

Die nach DIN 1045 für Gebrauchslasten vorgeschriebenen Mindestbewehrungen betragen 0,8 % des statisch erforderlichen Betonquerschnittes bei Stützen und 0,5 % des statisch erforderlichen Betonquerschnittes bei Wänden. Umschnürte Kreisstützen müssen eine Mindestbewehrung von 2 % der Kernfläche besitzen, wenn die Umschnürung zur Erhöhung der Drucklast berücksichtigt wird. Die Höchstwerte betragen 5 % des Betonquerschnittes bei B 15 bzw. 9 % des Betonquerschnittes bei den übrigen Betongüten.

2 Berechnung der Tabellen

2.1 Berechnung der Tabellen mit den zulässigen ideellen Betondruckspannungen

Die Bruchschnittgrössen wurden iterativ für die bezogene Lastausmitte e/d und den Bewehrungsprozentsatz μ mit den Bedingungen des Gleichgewichts zwischen inneren und äußeren Kräften (Normalkraft und Moment) auf einer Rechenanlage berechnet. Die für die gegebene Ausmitte berechnete Bruchnormalkraft wurde durch den globalen Sicherheitsbeiwert und die Fläche geteilt und ergibt so die zulässige ideelle Betondruckspannung σ_{bi} der Tabellen. Es sind Tabellen mit veränderlichem, globalem Sicherheitsbeiwert von 1,75 - 2,1 (Regelbemessung) und solche mit konstantem, globalem Sicherheitsbeiwert von 1,75 (Schlankheit > 70) vorhanden. Wie im Stahlbetonbau üblich, wurde die Schwächung der Betondruckzone durch die Bewehrungsquerschnitte vernachlässigt. Die letzte Stelle der Tabellenwerte ist gerundet. Das ist bei den nur mit einer Stelle ausgedruckten Werten zu beachten.

Die Tabellen für schiefe Biegung wurden in gleicher Weise berechnet. Sie sind mit dem veränderlichen Sicherheitsbeiwert von 1,75 - 2,1 ermittelt. Für bestimmte e_z/d Verhältnisse (1. Spalte) wurden verschiedene e_y/b Verhältnisse (2. Spalte) gewählt und die zulässigen ideellen Betondruckspannungen als Tabellenwerte für den jeweiligen Bewehrungsprozentsatz bestimmt. Bei der Berechnung wurde Gleichgewicht zwischen inneren und äußeren Kräften zuerst an der am homogenen Querschnitt bestimmten Nullinie hergestellt, deren Neigungswinkel sich am Einheitsquerschnitt aus $\arctan e_y/e_z$ berechnet. Ab Bereich 4 wurde zusätzlich die Nullinie solange verdreht, bis Gleichgewicht der Kräfte sowohl um die u-Achse als auch um die v-Achse erzielt wurde. Die 1. und 2. Spalte mit den Eingangswerten e_z/d und e_y/b können vertauscht werden.

2.2 Berechnung der Tabellen mit Bruchkrümmungen und Ersatzbiegesteifigkeiten

Diese Tabellen wurden für die einzelnen Betongüten und die verschiedenen $d_1/d = d_2/d$ Verhältnisse berechnet und durch Vergleich mit den Werten von Heft 220 des DAfSt überprüft. Sie dienen der Ermittlung der Stabauslenkung beim Knicksicherheitsnachweis. Sie entsprechen im Prinzip den Tafeln 4.2b ff. in Heft 220 und enthalten das zulässige Moment, die Bruchkrümmung und die durch den Sicherheitsfaktor 1,75 geteilte Ersatzbiegesteifigkeit für einen Querschnitt mit $b/d = 1.0/1.0$ bzw. $\emptyset\, 1{,}0$ (m).

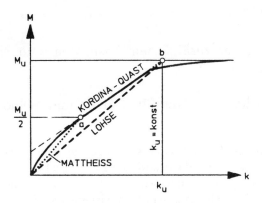

Zur Ermittlung der Tabellenwerte wurde zuerst für einen bestimmten Bewehrungsprozentsatz und eine bestimmte Bruchnormalkraft das Bruchmoment errechnet. Dann wurde die Anfangsbetonstauchung unter der zentrischen Bruchnormalkraft bestimmt und bei einer schrittweise gesteigerten Stauchung am Druckrand die Stauchung bzw. Dehnung am Zugrand iterativ unter der Bedingung des Gleichgewichts der inneren und äusseren Schnittkräfte ermittelt. Damit wird die Momenten-Krümmungskurve schrittweise durchlaufen, sodaß die Krümmungen beim halben Bruchmoment (Punkt a) und beim vollen Bruchmoment (Punkt b) bestimmt werden können. Letztere wird nach Kordina/Quast für den Punkt b unter der Voraussetzung gefunden, daß sich die Bewehrung unbegrenzt elastisch verhält. Die Momenten-Krümmungskurve hat hier also nicht den Knick bei Erreichen des Stahlfließens sondern geht ziemlich geradlinig bis zur Größe des Bruchmoments weiter. Die so linearisierte Beziehung gibt für Stahl IV ausreichend genaue Krümmungswerte. Die Ersatzbiegesteifigkeit B_{II} ist der Tangens der Ersatzgeraden durch die Punkte a und b. Lohse und Mattheiß haben etwas veränderte Ersatzgeraden vorgeschlagen (siehe Bild auf Seite 3).

Wie üblich, wurde die Schwächung der Betondruckzone durch die Bewehrungsquerschnitte vernachlässigt. Eingangswerte der Tabelle sind der Bewehrungsprozentsatz μ und die bezogene Betondruckspannung σ_{bi} (kN/cm²). Jedes Zahlentripel im Schnittpunkt der beiden Eingangswerte stellt somit drei charakteristische Werte einer besonderen Momenten-Krümmungskurve dar, die nur für diese Eingangswerte, diese Betongüte und dieses d_1/d Verhältnis gilt.

3 Ermittlung der angreifenden Kräfte und Lastausmitten

Die angreifende Normalkraft N wird aus den Lasten in der Einheit Kilonewton (kN) ermittelt. Mit ihr und der Querschnittfläche A_b (cm²) wird die ideelle, vorhandene mittige Betondruckspannung $\sigma_{bi} = N/A_b$ in kN/cm² ermittelt und mit der zulässigen ideellen Spannung der Tabelle verglichen.

Die angreifenden Momente M werden aus den vorhandenen Lasten in der Einheit Kilonewtonmeter (kNm) ermittelt. Der Quotient M/N ergibt die vorhandene Lastausmitte e . Diese muß, falls Knicken maßgebend wird, nach DIN 1045 17.4 um die zusätzlichen Ausmitten aus ungewollter Ausmitte, Kriechverformung und Stabauslenkung vergrössert werden.

4 Ermittlung der zusätzlichen Ausmitten zum Nachweis der Knicksicherheit

4.1 Zusätzliche Ausmitten für Stützen und Wände mit Schlankheiten ≤ 70

Für Druckglieder mit Schlankheiten ≤ 20 wird kein Knicksicherheitsnachweis erforderlich. Es entfällt damit auch die Bestimmung von Zusatzausmitten. Bei mittig gedrückten Innenstützen mit Schlankheiten $\lambda \leq 45$ und beidseitiger Einspannung braucht nach DIN 1045 17.4.1 ebenfalls kein Knicksicherheitsnachweis geführt zu werden. Das gleiche gilt für Druckglieder mit bezogenen Lastenausmitten $e/d \geq 3,5$ und gleichzeitig Schlankheiten ≤ 70. Hier genügt also eine Regelbemessung, d.h. die Bemessung für die Lastausmitten ohne zusätzliche Ausmitten.

Für elastisch eingespannte, unverschiebliche Druckglieder mit Endmomenten kann eine Grenzschlankheit bestimmt werden, unterhalb derer ein Knicksicherheitsnachweis entfällt und keine Zusatzausmitten angesetzt werden müssen. Die Grenzschlankheit ergibt sich zu: $\lim \lambda = 45 - 25 \cdot M_1/M_2$. Bei verschränkter Momentenfläche wird das 2. Glied der Formel positiv und so die Grenzschlankheit größer als 45. Es muß dann aber mindestens für Einspannmomente von $0{,}1 \cdot d \cdot N$ bemessen werden. Hier genügt dann ebenfalls Regelbemessung für die Lastausmitten.

Für die übrigen Fälle darf die Summe der zusätzlichen Ausmitten f aus Stabauslenkung und ungewollter Ausmitte nach DIN 1045 17.4.3 im mittleren Drittel der Knicklänge mit den Formeln (10), (11) und (12) ermittelt werden. Zur schnellen Berechnung des Wertes f/d dient die Tabelle 1. Der Tafelwert gibt die bezogene zusätzliche Ausmitte f/d in Abhängigkeit von der Schlankheit λ und der bezogenen Lastausmitte e/d an.

Die Ausmitte aus Kriechverformung muß hier nach DIN 1045 17.4.7 nur für Druckglieder von verschieblichen Systemen mit einer Schlankheit > 45 und einer gleichzeitigen bezogenen Lastausmitte e/d < 2 berücksichtigt werden. Für übliche Bedingungen im Hochbau mit einer Endkriechzahl von 2,7 (f. trockene Innenräume, beliebige mittlere Dicke und Belastungsbeginn nach 30 Tagen) wurden für jede Betongüte in den Tabellen 2-6 Hilfswerte zur schnelleren Ermittlung der bezogenen Ausmitten infolge Kriechens aufgelistet. Mit der Summe aller bezogenen Ausmitten ist dann eine Bemessung mit den Tabellen der Regelbemessung durchzuführen.

Bei Doppelbiegung mit Achsdruck werden die zusätzlichen Ausmitten getrennt für die beiden Hauptachsenrichtungen bestimmt und eine Regelbemessung mit den Tabellen 147 - 150 für Doppelbiegung durchgeführt. Weiteres siehe unter 5.1.

4.2 Zusätzliche Ausmitten für Stützen und Wände mit Schlankheiten > 70

Zusätzliche Ausmitten brauchen nach DIN 1045 17.4.1 nicht berechnet zu werden, wenn hier die bezogene Lastausmitte e/d $\geq 3{,}5 \cdot \lambda /70$ ist. Es genügt dann eine Regelbemessung, d.h. die Bemessung für die Lastausmitte ohne zusätzliche Ausmitten mit den Tabellen der Regelbemessung.

Für Schlankheiten > 70 sind einfache Näherungsformeln zur Bestimmung der Zusatzausmitten ohne Berücksichtigung von Betongüte, Bewehrungsgehalt und Lasten, wie sie im f-Verfahren für Schlankheiten ≤ 70 verwandt werden, nicht veröffentlicht. Die drei zusätzlichen Ausmitten müssen deshalb getrennt ermittelt werden.

Die ungewollte Ausmitte des Ersatzstabs beträgt nach DIN 1045 17.4.6 $s_k/300$. Bei einer eingespannten Kragstütze mit Kopflast kann sie nach Kordina/Quast und DIN 1045 17.4.9 durch eine Schiefstellung von 1/150 ersetzt werden. Bei mehrgeschossigen Rahmensystemen wird die Annahme einer Schiefstellung von 1/200 als gleichwertig angesehen.

Die zusätzliche Ausmitte aus Kriechverformung kann nach einem Vorschlag von Kordina durch die Verdopplung der Stabauslenkung v_{II} (siehe weiter unten) berücksichtigt werden, wenn die gesamte Last kriecherzeugend wirkt. Andernfalls wird sie mit den Tabellen 2-6, wie unter 4.1 beschrieben, ermittelt.

Die Ausmitte aus Stabauslenkung wird durch die Berechnung der maximalen Verformung v_{II} nach Theorie II. Ordnung bestimmt. Dafür wurden die Bruchmomente, Bruchkrümmungen und Ersatzbiegesteifigkeiten nach der von Kordina/Quast vorgeschlagenen, vereinfachten Momenten-Krümmungsbeziehung berechnet und in Tabellen mit den Eingangswerten ideelle Betondruckspannung σ_{bi} (1.Spalte) und Bewehrungsprozentsatz μ (oberste Zeile) aufgenommen. Sie entsprechen den Tabellen in Heft 220 DAfSt. Zur Berechnung der Stabauslenkung nach Theorie II. Ordnung geht man beim Ersatzstabverfahren von einem konstanten Lastbiegemoment inclusive ungewollter Ausmitte und Kriechverformung über die gesamte Länge des Ersatzstabes = Knicklänge s_k aus. An der Bemessungsstelle in der Mitte des Ersatzstabes kommt dann noch das Biegemoment aus maximaler Stabauslenkung und vorhandener Normalkraft hinzu. Diese Stabauslenkung kann nach Mohr durch die Belastung des Ersatzstabes mit der durch EJ geteilten Momentenfläche oder mit dem Arbeitssatz des Kraftgrößenverfahrens gefunden werden. Es muß also eine Annahme über den Verlauf der Krümmung k = M/EJ über die gesamte Ersatzstablänge getroffen werden, um die Stabauslenkung errechnen zu können. Die einfachste Annahme ist geradliniger Verlauf, d.h. die Krümmung ist auf ganzer Länge des Ersatzstabes gleich und zwar gleich der Bruchkrümmung k_u aus der Tabelle für die Endmomente infolge Last, ungewollter Ausmitte und Kriechen. Dann erhält man wegen Krümmung k = M/EJ nach Mohr eine Stabauslenkung von:

$$v_{II} = k_u \cdot s_k^2/8$$

Das entspricht der Formel für das Biegemoment des Einfeldträgers mit gleichmäßiger Belastung (hier wird nach Mohr als Belastung eine gleichmäßige Krümmung angesetzt). Diese Formel hat den Vorteil, daß man nur den Wert k_u aus der Tabelle ablesen muß, um die Stabauslenkung v_{II} angenähert und auf der sicheren Seite liegend zu bestimmen. Außerdem bietet sie den Vorteil, daß die so bestimmte Stabauslenkung auch für Stützen mit gestaffelter Bewehrung genommen werden kann, weil sich die Bruchkrümmungen mit dem Bewehrungsgrad wenig ändern. Mit dieser Formel liegt man bei konstanter Bewehrung auf ganzer Höhe natürlich stets auf der sicheren Seite, da die Krümmung an den Enden des Ersatzstabes kleiner als in der Mitte ist. Man erhält damit bei kleinen Lastmomenten und überwiegender Normalkraftbeanspruchung die Stabauslenkung v_{II} zu hoch. Bei einem Lastmoment = 0 würde man in der obigen Formel als Nenner $\pi^2 = 9{,}87$ (Eulerfall 1) statt 8 erhalten, wenn man nach einem Vorschlag von Lohse annimmt, daß die Krümmung mit abnehmendem Moment von k_u aus gradlinig auf Null abfällt. Mit dieser Annahme läßt sich die obige Formel verbessern auf:

$$v_{II} = k_u \cdot s_k^2 \cdot (0{,}81 + 0{,}19\, M_e/M_u')/8$$

Dabei ist M_e das an den Enden des Ersatzstabes angreifende Moment und M_u' das durch 1,75 geteilte Bruchmoment M_u an der Bemessungsstelle, entnommen aus der Tabelle. Man liegt auch hierbei noch auf der sicheren Seite, hat aber das Verhältnis von M_e/M_u' berücksichtigt. Man muß allerdings neben k_u noch M_u' aus der Tabelle ablesen und darf die so gefundene Stabauslenkung nicht für Stützen mit gestaffelter Bewehrung nehmen. Eine noch etwas genauere Bestimmung der Stabauslenkung wird in Heft 220 DAfSt beschrieben. Dabei wird die Momenten-Krümmungskurve durch eine Ersatzgerade angenähert, die durch die beiden Punkte halbes Bruchmoment und Moment beim Fließen der Zug- bzw. Druckbewehrung läuft und die Neigung arctan B_{II} hat. Die Stabauslenkung ergibt sich damit zu:

$$v_{II} = k_u \cdot s_k^2 \cdot (0{,}81 + 0{,}19\, k_e/k_u)/8$$

Dabei ist k_e die Krümmung an den Enden des Ersatzstabes und wird durch $k_e = k_u - (M_u' - M_e)/B_{II}'$ bestimmt. Hier müssen also die drei Werte M_u', k_u und B_{II}' aus der Tabelle abgelesen werden. Die so bestimmte Stabauslenkung gilt nur für Stützen mit konstanter Bewehrung auf ganzer Höhe.

Nach Bestimmung der Summe von Lastausmitte, ungewollter Ausmitte und Kriechausmitte liest man für einen geschätzten Bewehrungsprozentsatz aus der Tabelle die Bruchkrümmung k_u (für die 1. Formel) bzw. M_u' und k_u (für die 2. Formel) bzw. M_u', k_u und B_{II}' (für die 3. Formel) ab. Dann erhält man v_{II} aus den oben genannten Formeln. Falls der erforderliche Bewehrungsprozentsatz wesentlich anders ist als bei Bestimmung der Bruchkrümmung k_u angenommen, ist eventuell noch einmal die Stabauslenkung v_{II} neu zu bestimmen. Meist reicht jedoch die 1. Wahl vollkommen aus.

Eine genauere Ermittlung von v_{II} für den sogenannten direkten Nachweis, d.h. ohne den Umweg über Knicklänge und Ersatzstab, ist ebenfalls möglich. Hierzu müssen die Krümmungen des Gesamtsystems an einigen Punkten bekannt sein, um die Stabauslenkung v_{II} zu berechnen. Dafür dienen wieder die Werte B_{II}' der Tabellen. Sie erlauben, die Krümmungen der einzelnen Punkte nach der von Kordina/Quast vorgeschlagenen linearisierten Momenten-Krümmungsbeziehung zu ermitteln. Die Stabauslenkung an der Bemessungsstelle kann dann z.B. nach dem Kraftgrößenverfahren einfach bestimmt werden. In Heft 220 DAfSt sind Formeln für einige Systeme angegeben.

Bei Druckgliedern, deren Momentenverlauf vom Ersatzstab stark abweicht (z. B. bei verschränkter Momentenfläche, bei Kragstützen und bei Stützen mit nicht gleichbleibender oder gestaffelter Bewehrung) können damit die Stabauslenkungen v_{II} genauer berechnet werden. Das ergibt kleinere Stabauslenkungen v_{II} und geringere Bewehrungen.

Dieses Verfahren ist auch noch für Druckglieder mit Schlankheiten von 35 bis 70 anwendbar und gibt etwas kleinere Stabauslenkungen als das f-Verfahren, wobei die Bemessung mit den Bemessungstabellen für den variablen Sicherheitsbeiwert erfolgt (Regelbemessung). Es wird auf die Rechenbeispiele hingewiesen.

5 Nachweis der Knicksicherheit

Wenn die Knickrichtung eindeutig ist, z. B. wenn das Druckglied in der anderen Richtung fortlaufend gehalten ist, genügt die Bestimmung der Zusatzausmitten in dieser Knickrichtung mit anschließender Bemessung. Wenn die Knickrichtung eines Druckglieds nicht eindeutig ist, d.h. wenn die Schlankheiten in z- und y-Richtung ziemlich gleich sind und/oder bei starker Doppelbiegung, muß Knicken nach zwei Richtungen (zweiachsiges Knicken) untersucht werden.

5.1 Nachweis der Knicksicherheit für Stützen und Wände mit Schlankheiten ≤ 70 und Knicken nach zwei Richtungen

Wegen der Kompliziertheit eines strengen Nachweises schlägt die DIN 1045 Näherungsverfahren zum Nachweis der Knicksicherheit in zwei Richtungen vor. Wie bei einachsiger Ausmitte können die Zusatzausmitten aus Stabauslenkung und ungewollter Ausmitte mit dem f-Verfahren der DIN 1045 nach Tabelle 1 bestimmt werden, d.h. es werden für die jeweiligen Schlankheiten in z- und y-Richtung die bezogenen zusätzlichen Ausmitten f_z/d und f_y/b bestimmt und zu den beiden bezogenen Lastausmitten addiert. Betrachtet wird dabei der Querschnitt im mittleren Drittel der Knicklänge, für den $e^2 = e_z^2 + e_y^2$ am größten ist.

Bei verschieblichen Systemen mit Schlankheiten > 45 und gleichzeitig bezogenen Lastausmitten < 2 ist auch die Kriechausmitte zu bestimmen und zu addieren.

Falls das Verhältnis der kleineren zur größeren bezogenen, planmäßigen Ausmitte ≤ 0,2 ist (siehe Bild 14.2 DIN 1045), können getrennte Knicksicherheitsnachweise je in z- und y-Richtung für einachsige Biegung mit Normalkraft geführt werden. Die maximal gefundene Bewehrung der z- oder y-Richtung ist einzulegen. Beim Nachweis in der schlankeren Richtung („Seitwärtsknicken") muß nach DIN 1045 17.4.8.4 dabei d auf die Höhe der Druckzone x verkleinert werden, wenn die Ausmitte in z-Richtung ≥ 0,2 · d ist. Die Druckzonenhöhen für bestimmte e/d und μ sind in Tabelle 67-71 aufgelistet.

Falls das Verhältnis der bezogenen planmäßigen Ausmitten > 0,2 ist, wird die Bemessung nach den Tabellen für Doppelbiegung durchgeführt.

Es kann aber auch das Näherungsverfahren nach Heft 220 DAfSt 4.2.3.2 gewählt werden, mit dem ein erhöhtes Ersatzmoment M_r und eine Ersatzknicklänge s_{kr}, beide in Richtung der größeren Schlankheit, bestimmt werden. Damit kann dann ein Knicksicherheitsnachweis wie für einachsige Ausmitte vorgenommen werden. Zu beachten ist bei diesem Verfahren, daß das Seitenverhältnis des Querschnitts d/b ≤ 1,5 ist oder bei d/b > 1,5 die planmäßige Lastausmitte im Bereich zwischen den Querschnittsdiagonalen und y-Richtung liegt (Bereich B von Bild 14.1 in DIN 1045). Auch hier ist beim geforderten zusätzlichen Nachweis der Knicksicherheit für einachsiges Knicken in Richtung der größeren Schlankheit bei voller Knicklänge s_k der Querschnitt auf die Höhe der Druckzone zu verkleinern, wenn die Ausmitte in z-Richtung > 0,2 · d ist. Die Bewehrung ist zu je 1/4 in den Ecken zu konzentrieren.

Die Berechtigung, dieses Näherungsverfahren (sog. Rafla-Verfahren, modifiziert von Kordina/Quast) auch für Schlankheiten ≤ 70 zu verwenden, ist aus dem Bericht von Olsen/Quast in Heft 332 DAfSt Bild 5.27 abzuleiten. Der dort angegebene Fehler des Rafla-Verfahrens gegenüber einem strengen Verfahren ist bei mäßiger Schlankheit kleiner als bei großer Schlankheit.

Es sei darauf hingewiesen, daß in der jetzt gültigen DIN 1045 von Juli 1988 die Erlaubnis der älteren DIN 1045 gestrichen wurde, getrennte Nachweise ganz allgemein führen zu dürfen, wenn sich die mittleren Drittel der Knicklängen der x- und y-Richtung nicht überschneiden. Das ergäbe für normal bewehrte Querschnitte ganz erhebliche Unterbemessungen (siehe Galgoul in Heft 361 DAfSt) und ist deshalb nicht mehr erlaubt. Getrennte Nachweise sind nur bei Einhaltung der oben angegebenen Grenzen zulässig.

5.2 Nachweis der Knicksicherheit für Stützen und Wände mit Schlankheiten > 70 und Knicken nach zwei Richtungen

Wegen der Kompliziertheit des strengen Nachweises schlägt hier DIN 1045 zwei Näherungsnachweise vor.

Falls die planmäßigen Ausmitten der Normalkraft innerhalb der schraffierten Bereiche von Bild 14.2 der DIN 1045 liegen ($e_y : b / e_z : d \leq 0,2$ bzw. $e_z : d / e_y : b \leq 0,2$), d.h. sehr nahe an einer der beiden Hauptachsen, können Knicksicherheitsnachweise für jede Achsrichtung getrennt geführt werden. Die maximale Bewehrung einer Richtung ist maßgebend. Beim Nachweis in Richtung der größeren Schlankheit ist das Aufreißen des Querschnitts und die Verminderung der Querschnittsbreite nach DIN 1045 17.4.8.4 zu beachten, wenn $e_z > 0,2 \cdot d$ ist. Für die Bestimmung der Zusatzausmitten aus ungewollter Ausmitte, Kriechverformung und Stabauslenkung gilt dann das gleiche wie beim Knicksicherheitsnachweis für einachsige Biegung bereits erläutert.

Falls das Verhältnis der planmäßigen Ausmitten > 0,2 ist, wird das Näherungsverfahren nach Heft 220 angewendet (modifiziertes Rafla-Verfahren). Damit wird der Knicksicherheitsnachweis für zweiachsige Ausmitte auf einen Nachweis für einachsige Ausmitte zurückgeführt. Es werden ein höheres Ersatzmoment M_r und eine kleinere Knicklänge s_{kr}, beide für die Richtung mit der größeren Schlankheit, bestimmt.

Die Zusatzausmitten sind dann wie für einachsige Biegung zu ermitteln. Ein zusätzlicher ebener Knicksicherheitsnachweis für die volle Knicklänge in Richtung der kleineren Seite ist erforderlich, wobei gegebenenfalls wieder die Breite des Querschnitts entsprechend DIN 1045 17.4.8.4 vermindert werden muß. Die Bedingungen des eingeschränkten Seitenverhältnisses bzw. der Lage der Normalkraft für die Anwendbarkeit des Verfahrens sind einzuhalten (DIN 1045 17.4.8.2). Die Bewehrung ist zu je 1/4 in den Ecken zu konzentrieren. Siehe Beispiel 10.

Der Hinweis des vorigen Abschnitts zur Streichung der Erlaubnis in DIN 1045, allgemein getrennte Nachweise bei sich nicht überschneidenden Knicklängen führen zu dürfen, gilt auch hier. Getrennte Nachweise sind nur erlaubt, wenn die oben angegebenen Grenzen der Ausmitten eingehalten sind.

6 Beschreibung und Anwendung der Tabellen

6.1 Tabelle 1 (zusätzliche, bezogene Ausmitten f/d)

Die Tabelle 1 dient zum Nachweis der Knicksicherheit mit den zusätzlichen, bezogenen Ausmitten f/d aus ungewollter Ausmitte und Stabauslenkung nach den Formeln 10, 11, 12 in DIN 1045 17.4.3 für Schlankheiten zwischen 20 und 70. Sie gilt für alle Betongüten. Sie kann angewendet werden bei Druckgliedern in unverschieblichen und verschieblichen Systemen mit Schlankheiten ≤ 70 und Lastausmitten e/d < 3,5. Bei einem verschieblichen Druckglied mit einer Schlankheit > 45 und gleichzeitig einer Lastausmitte von e/d < 2 muß noch die Kriechverformung addiert werden (siehe hierzu die Tabellen 2-6).

Die Tabelle 1 besitzt in der obersten Zeile als 1. Eingangswert die Schlankheit λ von 20 bis 70 und in der 1. Spalte als 2. Eingangswert die bezogene Lastausmitte e/d von

0 bis 0.29 (Formel 10), von 0,30 bis 2,50 (Formel 11) und von 2,5 bis 3,5 (Formel 12). Die Tabellenwerte sind die zusätzlichen, bezogenen Ausmitten f/d.

6.2 Tabellen 2-6 (Kriechverformung e_k)

Die Tabellen 2-6 gestatten die Ermittlung der Kriechverformung durch die Ablesung des Faktors k_{phi}, mit dem die Summe der ungewollten Ausmitte und der Ausmitte aus Dauerlast multipliziert wird, um die zusätzliche Ausmitte aus Kriechen zu erhalten. Sie gelten für je eine Betongüte. Zu ihrer Berechnung wurde eine Endkriechzahl von 2,7 angenommen (trockene Innenräume und Belastungsbeginn nach 30 Tagen gültig für alle wirksamen Körperdicken). Sie entsprechen dem Diagramm Bild 4.2.2 von Heft 220 DAfSt. Bei wesentlich von 2,7 abweichenden Endkriechzahlen kann dieses Diagramm verwandt werden.

Eingangswerte sind der Bewehrungsprozentsatz μ (1. oberste Zeile) und vorh.$\sigma_d \cdot \lambda^2$ in kN/cm^2 (1. Spalte). Dabei ist σ_d die mittige Betonpressung aus Dauerlast. Die Tabellenwerte sind der Faktor k_{phi}.

6.3 Tabellen 7,10,13,16 u.s.w. für die Regelbemessung (einachsige Biegung mit Achsdruck)

Die Tabellen enthalten die zulässigen ideellen Betondruckspannungen für Rechteck- und Kreisquerschnitte mit den Eingangswerten Bewehrungsprozentsatz μ (1. oberste Zeile) und bezogene Ausmitte e/d (1. Spalte) und berücksichtigen die gleitenden Sicherheitsbeiwerte 1,75 bis 2,1. Sie gelten jeweils für eine bestimmte Betongüte, ein bestimmtes Verhältnis von $d_1/d = d_2/d$ (Verhältnis des Abstandes der symmetrischen Bewehrung vom Rand zur Stützendicke) und für Betonstahl IV. Nach Ermittlung der vorhandenen, mittigen Betondruckspannung und der bezogenen Lastausmitte bzw. beim Knicksicherheitsnachweis für mäßige Schlankheit der Summe aller Ausmitten wird der erforderliche Bewehrungsprozentsatz durch Vergleich der vorhandenen Betondruckspannung mit den Tabellenwerten gefunden. Lineare Interpolation ist ausreichend.

Die Tabellenwerte zul. σ_{bi} sind in kN/cm^2 angegeben. Sie gelten für Druckkräfte, nicht für Zugkräfte. Sie sind in der letzten Stelle auf- bzw. abgerundet (Differenz $\pm$ 0,5 der letzten Stelle).

6.4 Tabellen 9,12,15,18 u.s.w. für Knicksicherheitsbemessung bei großer Schlankheit

Diese Tabellen sind wie die Tabellen der Regelbemessung aufgebaut, aber mit einem konstanten Sicherheitsbeiwert von 1,75 errechnet. Sie dienen der Ermittlung der erforderlichen Bewehrung beim Knicksicherheitsnachweis für $\lambda > 70$, da hierfür nach DIN 1045 der Sicherheitsbeiwert von 1,75 genügt. Bei kleinen Ausmitten muß geprüft werden, ob die Regelbemessung ohne Zusatzausmitten größere Bewehrung ergibt, da die Regelbemessung hier Sicherheitsbeiwerte bis 2,1 aufweist. Die Tabellen können auch für Bruchsicherheitsnachweise und Bemessungen mit kleineren globalen Sicherheitsbeiwerten (z.B. Lastfall Zwang, Anprall, Bauzustand etc.) verwendet werden, wenn die vorhandene Betondruckspannung mit dem Verhältnis neuer Sicherheitsbeiwert / 1,75 multipliziert und mit zul. σ_{bi} verglichen wird.

6.5 Tabellen 8,11,14,17 u.s.w. für Momente, Krümmungen und Ersatzbiegesteifigkeiten

Die Tabellen dienen zum Nachweis der Knicksicherheit mit dem Ersatzstabverfahren bei Schlankheiten > 70 und zum direkten Knicksicherheitsnachweis. Sie enthalten das durch 1,75 dividierte Bruchmoment $M_u' = M_u/1,75$, die Bruchkrümmung k_u und die durch 1,75 dividierte Ersatzbiegesteifigkeit $B_{II}' = B_{II}/1,75$ für einen Querschnitt mit $b/d = 1,0 \cdot 1,0$ bzw. $\emptyset$ 1,0 m. Sie haben die Eingangswerte Bewehrungsprozentsatz μ (1. oberste Zeile) und mittige Betondruckspannung σ_{bi} (1. Spalte). Sie gelten jeweils für eine bestimmte Betongüte, ein bestimmtes Verhältnis von d_1/d (Verhältnis des Abstandes der symmetrischen Bewehrung vom Rand zur Stützendicke) und Betonstahl IV. Die Einheiten sind kN/cm^2 für die Betondruckspannung und kN/m^2 für die Tabellenwerte. Lineare Interpolation ist ausreichend. Tabellenwerte von Null sind keine tatsächlichen Werte sondern zeigen nur an, daß bei dieser Druckspannung die Traglast schon durch die Normalkraft erreicht bzw. überschritten ist und kein zusätzliches Moment aufgenommen wird.

Für einen gewählten Querschnitt muß zur Bestimmung von M_u' der Tabellenwert mit $A_b \cdot d$ multipliziert, zur Bestimmung von k_u durch $1000 \cdot d$ geteilt und zur Bestimmung von B_{II}' mit $1000 \cdot A_b \cdot d^2$ multipliziert werden.

Im Ersatzstabverfahren muß zuerst die Knicklänge bestimmt werden. Dann wird nach Berechnung der Summe der bezogenen Ausmitten aus Last, ungewollter Ausmitte und Kriechverformung und nach Annahme eines geschätzten Bewehrungsprozentsatzes die Krümmung k_u aus der Tabelle entnommen und durch $1000 \cdot d$ geteilt. Die Stabauslenkung v_{II} nach Theorie II. Ordnung ergibt sich damit angenähert zu $v_{II} = k_u \cdot s_k^2/8$ (auf der sicheren Seite liegend, genauere Bestimmung siehe bei 4.2). Mit der Gesamtsumme aller bezogenen Ausmitten wird in den Tabellen für konstanten Sicherheitsbeiwert von 1,75 der erforderliche Bewehrungsprozentsatz gefunden. Falls der gefundene Prozentsatz erheblich anders als der geschätzte ist und die Bruchkrümmung für ihn größer wird, kann die Stabauslenkung mit dem gefundenen Prozentsatz noch einmal bestimmt werden. Meist genügt die erste Schätzung, da der Einfluß des Bewehrungsprozentsatzes auf die Stabauslenkung gering ist (siehe Beispiel 8.9a).

Für den direkten Nachweis wird nach DIN 1045 17.4.9 der Knicksicherheitsnachweis am Gesamtsystem mit Bestimmung der Stabauslenkung v_{II} für dieses System geführt. Die Knicklänge wird hier nicht gebraucht. Es können unterschiedliche Querschnitte und gestaffelte Bewehrung berücksichtigt werden. Zunächst werden die Krümmungen an einigen Punkten des Systems mit den Eingangswerten σ_{bi} und geschätztem Bewehrungsgrad μ bestimmt und so der Krümmungsverlauf ermittelt. Dann wird die Stabauslenkung v_{II} an der Bemessungsstelle mit dem Arbeitssatz durch Auswertung der Integrale $k \cdot M \cdot dx$ mit den bekannten Tabellen berechnet. Dabei ist M die Momentenfläche aus $P = 1$ in Richtung der gesuchten Stabauslenkung v_{II} und k der Krümmungsverlauf. Die Formeln nach Kordina/Quast in Heft 220 DAfSt Bild 4.3.13 und Teil I der jüngeren Betonkalender stellen bereits die Auswertung dieser Integrale für häufiger vorkommende Systeme dar (der Faktor 1/10 ist eine Rundung). Krümmungen k für Stellen des Systems mit geringerer Momentenbeanspruchung M als dem Moment M_u' werden mit der Ersatzgeraden nach der Formel 4.3.4 aus Heft 220 DAfSt:

$$k = k_u - (M_u' - abs(M))/B_{II}'$$

berechnet. Falls das angreifende Moment M kleiner als $M_u'/2$ ist, liefert diese Ersatzgerade zu kleine Krümmungen im Anfangsbereich und damit etwas zu kleine Stabauslenkungen. Nach einem Vorschlag von Mattheiß wird hier mit:

$$k = (2 \cdot k_u/M_u' - 1/B_{II}') \cdot abs(M)$$

eine bessere Annäherung an den tatsächlichen Krümmungswert erhalten (d.h. bilineare Ersatzgerade durch die Punkte 0, a und b der Momenten-Krümmungslinie). Mit der Gesamtsumme aller Ausmitten wird dann aus den Tabellen für den konstanten Sicherheitsbeiwert von 1,75 der erforderliche Bewehrungsprozentsatz gefunden. Falls dieser wesentlich größer als der geschätzte Bewehrungsprozentsatz wird, gilt das für das Ersatzstabverfahren gesagte. Meist genügt auch hier die 1. Schätzung (siehe Beispiel 8.9 b).

6.6 Tabellen 67-86 zur Ermittlung der Druckzonenhöhe x von Rechteckquerschnitten bei Biegung mit Achsdruck

Die Tabellen enthalten den Faktor, mit dem die Dicke d multipliziert wird, um die Höhe der Druckzone x zu erhalten. Sie wird beim Nachweis der Knicksicherheit bei Knicken nach zwei Richtungen gemäß DIN 1045 17.4.8(4) benötigt. Die Eingangswerte sind wie bei den Bemessungstabellen die bezogene Ausmitte und der Bewehrungsprozentsatz.

6.7 Tabellen 87-146 für Rundstützen (Biegung mit Achsdruck)

Die Tabellen entsprechen den Tabellen für Rechteckquerschnitte und besitzen die gleichen Eingangswerte. Für die Dicke d ist hier der Durchmesser und für den Querschnitt die Kreisfläche A_b zu setzen.

6.8 Tabellen 147 - 150 für die Regelbemessung von Doppelbiegung mit Achsdruck

Die Tabellen enthalten die zulässigen ideellen Betondruckspannungen für Rechteckquerschnitte mit Doppelbiegung und Achsdruck für B 25 und B 35 sowie zwei Verhältnisse $d_1/d = b_1/b$ (0,15 und 0,25). Sie dienen der Regelbemessung und dem Knicksicherheitsnachweis für Stützen mit mäßiger Schlankheit (bis 70) und Doppelbiegung, wobei die Zusatzausmitten für ungewollte Ausmitte und Stabauslenkung für jede Richtung nach dem f-Verfahren bestimmt werden. Sie sind mit veränderlichem, globalem Sicherheitsbeiwert von 1,75 - 2,1 ermittelt. Sie haben die Eingangswerte Bewehrungsprozentsatz μ (1. oberste Zeile) und bezogene Ausmitten e_z/d (1. Spalte) und zugehöriges e_y/b (2. Spalte). Die Spalten e_z/d und e_y/b dürfen vertauscht werden. Sie gelten für die jeweilige Betongüte, Betonstahl IV, ein festes, mittleres Verhältnis des Abstandes der Schwerpunkte der Eckbewehrungen zu den Querschnittsseiten und an den 4 Ecken angeordnete, gleiche Bewehrungsquerschnitte.

Nach Ermittlung der vorhandenen mittigen Betondruckspannung σ_{bi} und der beiden bezogenen Lastausmitten bzw. beim Knicksicherheitsnachweis für mäßige Schlankheit der Summe aller Zusatzausmitten (Ausmitten f_z und f_y und evtl. Kriechausmitte) wird der erforderliche Bewehrungsprozentsatz durch Vergleich der vorhandenen Betondruckspannung mit den Tabellenwerten zul. σ_{bi} gefunden.

Die Tabellenwerte sind in kN/cm² angegeben. Sie gelten für Druckkräfte, nicht für Zugkräfte. Sie sind in der letzten Stelle auf- bzw. abgerundet (Differenz = ± 0,5 der letzten Stelle). Für B 25 und B 35 können die erforderlichen Bewehrungsprozentsätze sofort abgelesen werden. Für andere Betongüten sind Umrechnungen möglich. Siehe weiter unten. Bei Stützen mit großer Schlankheit müssen zum Nachweis der Knicksicherheit die Näherungsverfahren angewandt werden, die in 4.2 beschrieben sind.

6.9 Umrechnung der Tabellenwerte für andere Betongüten

Die Umrechnung der Tabellenwerte auf andere Betongüten ist einfach möglich. Dafür muß der Rechenwert der Betondruckfestigkeit β_R neu des neuen Betons bekannt sein. Bei den Bemessungstabellen geht man so vor:

1. Bestimmung der bezogenen Ausmitten wie üblich
2. Bestimmung der vorhandenen Betonpressung σ_{bi} wie üblich
3. Bestimmung des Faktors U = β_R Tabelle/ β_R neu
4. Bestimmung von $\sigma_{bi}' = \sigma_{bi} \cdot U$ und in der Tabelle mit den Eingangswerten für σ_{bi}' ein μ' bestimmen
5. Erforderlicher Bewehrungsprozentsatz des neuen Beton: erf. $\mu = \mu'/U$

Bei den Tabellen mit Bruchmomenten, Krümmungen und Ersatzbiegesteifigkeiten müssen die beiden Eingangswerte der Stütze σ_{bi} und μ mit U multipliziert werden. Mit diesen Werten wird das Zahlentripel der Tabelle ermittelt. Die Bruchkrümmung des neuen Betons hat man dann bereits erhalten. Bruchmoment und Ersatzbiegesteifigkeit müssen noch durch U dividiert werden, um die für den neuen Beton geltenden Werte zu bestimmen.

7 Ablaufbeschreibung einer Bemessung von gedrückten Stahlbetonstützen und -wänden mit ein- oder zweiachsiger Biegung

1. Berechne Lastschnittkräfte N (kN), M_y und evtl. M_z (kNm) und bestimme Knicklängen s_{kz} u. s_{ky}.
2. Wähle Betongüte und Betonquerschnitt. Bestimme d_1/d bzw. b_1/b.
3. Berechne ideelle Betondruckspannung $\sigma_{bi} = N/A_b$ (kN/cm^2) und bezogene Lastausmitten e_z/d und e_y/b.
4. Falls Knicken ausgeschlossen ist, z. B. wenn Bemessungsstelle an den Enden eines unverschieblich gehaltenen Druckgliedes oder wenn Druckglied durchgehend allseitig gehalten, gehe nach 5, falls nicht, gehe nach 6.
5. Bestimme Bewehrungsprozentsatz aus Tabellen für Regelbemessung einachsiger oder zweiachsiger Biegung. Ende der Bemessung ohne Knicksicherheitsnachweis.
6. (4) Prüfe, ob Knickrichtung eindeutig in einer Achse vorgegeben ist (einachsiges Knicken), z. B. bei mittig belasteter Stütze in Richtung der größeren Schlankheit oder dadurch, daß in einer Achse ein Ausknicken durch beiderseits angrenzende Wände oder Verbände verhindert ist. Wenn zutreffend, bestimme im weiteren Verlauf die zu ermittelnden Werte nur für diese Knickrichtung, sonst für beide Achsen (Knicken nach zwei Richtungen).
7. Falls Knicken in zwei Richtungen möglich, bestimme aus den bezogenen Lastausmitten das Verhältnis der kleineren zur größeren. Wenn Verhältnis $\leq$ 0,2 ist, können getrennte Nachweise für jede Richtung geführt werden. Wenn $e_z/d >$ 0,2, berechne mit geschätztem Bewehrungsprozentsatz die Höhe der Druckzone mit bezogener Ausmitte $e_z + s_{kz}/300$ aus Tabellen 67-86 für späteren Knicksicherheitsnachweis (KSNW) gegen Seitwärtsknicken in der schlankeren Richtung.
8. Wenn Knicksicherheitsnachweis (KSNW) nach Ersatzstabverfahren durchgeführt werden soll, gehe zu 9. Wenn er am Gesamtsystem durchgeführt werden soll (direkter Nachweis), gehe zu 29.
9. Bestimme Trägheitsradien i_z, i_y und Schlankheiten λ_z, λ_y. Bei Wänden beachte Abminderung der Schlankheit durch seitliche Halterungen. Schlankheiten > 200 sind unzulässig.
10. Prüfe, ob ein KSNW entbehrlich:

    (a) wenn Schlankheiten $\leq$ 20: kein KSNW, gehe zu 5.

    (b) oder wenn bei Schlankheiten $\leq$ 70 bezogene Lastausmitten $\geq$ 3,5 oder bei Schlankheiten > 70 bezogene Lastausmitten $\geq$ 3,5 $\cdot$ $\lambda/70$: kein KSNW, gehe zu 5.

    (c) oder wenn mittig gedrückte Innenstütze, die als an beiden Enden eingespannt angesehen werden kann und die eine maximale Schlankheit von Geschoßhöhe / min i $\leq$ 45 besitzt: kein KSNW, gehe zu 5.

    (d) oder wenn bei unverschieblichen Druckgliedern mit Biegemomenten M_1 und M_2 an den Stabenden die Schlankheiten grenz $\lambda \leq$ 45 - 25 M_1/M_2: Kein KSNW, bemesse bei grenz $\lambda >$ 45 mindestens für $M = 0,1 \cdot N \cdot d$, gehe zu 5.

11. KSNW erforderlich, wenn keiner der Punkte 10 a-d zutrifft.
12. Berechne Kriechausmitten e_{kz} und e_{ky}, wenn bei verschieblichem Druckglied die Schlankheiten in der Verschiebungsrichtung > 45 oder bei unverschieblichem Druckglied > 70 und die planmäßigen bezogenen Ausmitten < 2 sind. Bestimme dazu aus Dauerlast die Werte $\sigma_{bi} \cdot \lambda^2$ und entnehme aus Tabellen 2-6 Faktor k_{phi}, mit dem die Summe von Dauerlastausmitte e_{phi} und ungewollter Ausmitte e_v multipliziert wird, um e_k zu erhalten.
13. Wenn $\lambda \leq 70$ gehe zu 14, wenn $\lambda > 70$ gehe zu 18.
14. Bestimme aus Tabelle 1 die Werte f_z/d und f_y/b für die Stelle des mittleren Drittels der Knicklänge, an der das geometrische Mittel der Lastausmitten am größten ist.
15. Addiere für jede Richtung die bezogenen Lastausmitten, Kriechausmitten und f-Ausmitten und ermittle Bewehrungsprozentsätze aus den Regelbemessungstabellen für einachsige oder zweiachsige Biegung. Wenn getrennte Nachweise erlaubt, kann bei Doppelbiegung aus den Regelbemessungstabellen für einachsige Biegung ein Bewehrungssatz für jede Richtung getrennt entnommen werden. Möglich ist noch die Bemessung nach dem Rafla-Verfahren (Punkt 23).
16. Prüfe zusätzlich, ob für Knicken in Richtung der größeren Schlankheit mit verminderter Breite = Druckzonenhöhe x gerechnet werden muß (Punkt 7) und bestimme Bewehrungsprozentsatz dieser Richtung mit $\sigma_{bi} = N/(x \cdot b)$ für reduzierten Querschnitt $x \cdot b$ mit Regelbemessungstabellen für einachsige Biegung.
17. Als erforderlichen Bewehrungsprozentsatz wähle den größten Prozentsatz von Punkt 15 oder 16. Ist dieser kleiner als der Mindestprozentsatz, bemesse für die Lastausmitten ohne Zusatzausmitten und den Mindestprozentsatz. Bemesse bei verschieblichen Druckgliedern die unmittelbar anschließenden, einspannenden Bauteile für die dort auftretenden Last- und Zusatzausmitten. Ende der Bemessung für Schlankheiten ≤ 70.
18. (13) Falls getrennte Nachweise in jeder Richtung erlaubt sind, (Punkt 11) gehe zu 19, sonst zu 23.
19. Bestimme für beide Richtungen die ungewollten Ausmitten e_v, Kriechausmitten e_k und Stabauslenkungen v_{II} nach Abschnitt 4.2 und addiere sie zu den Lastausmitten.
20. Bestimme mit der Summe aller bezogenen Ausmitten für jede Richtung einen Bewehrungsprozentsatz aus Bemessungstabellen mit konstantem Sicherheitsbeiwert 1,75.
21. Prüfe zusätzlich, ob für Seitwärtsknicken in Richtung der größeren Schlankheit mit verminderter Breite = Druckzonenhöhe x (Punkt 7) gerechnet werden muß und bestimme Bewehrungsprozentsatz dieser Richtung mit $\sigma_{bi}' = N/(x \cdot b)$ und dem reduzierten Querschnitt $x \cdot b$.
22. Als erforderlichen Bewehrungsprozentsatz wähle größten Prozentsatz von Punkt 20 oder 21. Bei Prozentsätzen kleiner als der Mindestprozentsatz und bei sehr kleinen Zusatzausmitten prüfe, ob evtl. eine Regelbemessung für die Lastausmitten ohne Zusatzausmitten größere Bewehrung ergibt. Bemesse bei verschieblichen Druckgliedern die anschließenden einspannenden Bauteile für Last- und Zusatzausmitten. Ende der Bemessung für $\lambda > 70$ und getrennte Nachweise.

23. (15, 18) Prüfe, ob das Näherungsverfahren aus Betonkalender I 1974-91 und Heft 220 S. 117 anwendbar ist: $s_{kz} \sim s_{ky}$, $d/b \leq 1,5$ und beliebige Lage der planmäßigen Ausmitte oder $d/b > 1,5$ und Lage der planmäßigen Ausmitte in Bereich B nach DIN 1045 Bild 14.1. Falls zutreffend, gehe zu 24. Sonst strenges Nachweisverfahren wählen oder Querschnitt abändern.
24. Bestimme mit dem Verhältnis der bezogenen Ausmitten aus Last und Kriechen $M_z \cdot d/M_y \cdot b$ aus der Tabelle den Faktor k_1 für ein einachsig wirkendes Ersatzmoment aus Last und Kriechen $M_r = k_1 \cdot M_y$ und eine Ersatzknicklänge s_{kr} in Richtung der kleineren Seite (Achtung: d ist die kleinere Seite mit dem auf sie wirkenden Ersatzmoment M_r).
25. Berechne die Zusatzausmitten aus ungewollter Ausmitte e_v und Stabauslenkung v_{II} nach Abschmitt 4.2 mit der Ersatzknicklänge s_{kr}.
26. Addiere die bezogenen Ausmitten aus M_r, e_v und v_{II} und bestimme Bewehrungsprozentsatz, wenn die Schlankheit > 70 ist, aus Bemessungstabellen mit konstantem Sicherheitsbeiwert 1,75 oder, wenn die Schlankheit < 70 ist, mit Regelbemessungstabelle und gleitendem Sicherheitsbeiwert.
27. Prüfe zusätzlich, ob für Knicken in Richtung der größeren Schlankheit bei voller Knicklänge und verminderter Breite (Punkt 7) mit $\sigma_{bi}' = N/(x \cdot b)$ ein höherer Bewehrungsprozentsatz für den Querschnitt $x \cdot b$ erforderlich ist.
28. Als erforderlichen Bewehrungsprozentsatz wähle den größten von Punkt 26 oder 27 und ordne Bewehrung konzentriert in den Querschnittsecken an. Bei Bewehrungsprozentsätzen kleiner als der Mindestprozentsatz und bei sehr kleinen Zusatzausmitten prüfe, ob evtl. eine Regelbemessung für die Lastausmitten ohne Zusatzausmitten größere Bewehrung ergibt. Bemesse bei verschieblichen Druckgliedern die anschließenden einspannenden Bauteile für Last- und Zusatzausmitten. Ende der Bemessung mit dem Näherungsverfahren nach Rafla.
29. (8) Für den direkten Knicksicherheitsnachweis am Gesamtsystem ermittle neben den Lastschnittgrößen auch die Verformungen in beiden Achsrichtungen nach DIN 1045 17.4.6 und bestimme die Krümmungen an geeigneten Stellen mit den Tabellen der Momente, Krümmungen und Ersatzbiegesteifigkeiten (Abschnitt 6.5).
30. Berechne daraus nach Formeln von Kordina/Quast oder mit dem Kraftgrößenverfahren die Verformungen v_{II} an den Bemessungsstellen und addiere, falls $e/d < 2$, Kriechausmitten von $e_k \sim v_{II} \cdot M_d/M$.
31. Bemesse mit der Summe aller Ausmitten nach den Bemessungstabellen mit konstantem Sicherheitsfaktor von 1,75 getrennt für beide Achsrichtungen, wenn das erlaubt ist (Punkt 7), sonst nach den Bemessungstabellen für Doppelbiegung.
32. Prüfe wie bei 21 und 27, ob Seitwärtsknicken mit verminderter Breite = Druckzonenhöhe x (Punkt 7) einen höheren Bewehrungsprozentsatz ergibt.
33. Wähle den größeren Prozentsatz von 31 oder 32. Bei Prozentsätzen kleiner als der Mindestprozentsatz und bei sehr kleinen Zusatzausmitten prüfe, ob evtl. eine Regelbemessung für die Lastausmitten ohne Zusatzausmitten größere Bewehrung ergibt. Bemesse bei verschieblichen Druckgliedern die anschließenden, einspannenden Bauteile für Last- und Zusatzausmitten. Ende der Bemessung für das direkte Verfahren.

8 Rechenbeispiele für mittig und ausmittig belastete Stützen und Wände

8.1 Stütze mittig belastet, kleine Schlankheit, Bemessung der Bewehrung als Regelbemessung

$N = 3974$ kN
$s_k = 3,00$ m
Beton B 25, Betonstahl BSt 500 S (IV S)
$b/d = 60/60$ cm, $d_1/d = 0,1$
$\lambda = 300 / 0{,}289 \cdot 60 = 17{,}3 < 20$
Knicksicherheitsnachweis entfällt somit.
vorh. $e/d = 0$
vorh. $\sigma_{bi} = 3974/ 60 \cdot 60 = 1{,}104$ kN/cm²
Tabelle 19: vorh. σ_{bi} liegt zwischen den Tafelwerten 1,073 (1,2 %) u. 1,113 (1,4 %)
erf. $\mu = 1{,}2 + 0{,}2 \, (1{,}104 - 1{,}073) / (1{,}113 - 1{,}073) = 1{,}355$ %
erf. $A_s = 0{,}01355 \cdot 60 \cdot 60 = 48{,}78$ cm²
gewählt 8 ⌀ 28 = 49,28 cm²
Bügel ⌀ 8 mm, s = 30 cm, $s_{zw} = 60$ cm

8.2 Stütze mittig belastet, mäßige Schlankheit unverschieblich, Mindestbewehrung

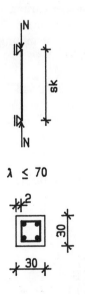

$N = 400$ kN
$s_k = 4{,}00$ m
Beton B 25, Betonstahl BSt 500 S (IV S)
$b/d = 30/30$ cm, $d_1/d = 0{,}1$
$\lambda = 400 / 0{,}289 \cdot 30 = 46{,}1 > 20$
Knicksicherheitsnachweis erforderlich.
Keine Kriechausmitte, da $\lambda < 70$
vorh. $\sigma_{bi} = 400 / 30 \cdot 30 = 0{,}444$ kN/cm²
vorh. $e/d = 0$
nach Tabelle 1 mit $e/d = 0$ und $\lambda = 46$ wird die bezogene Zusatzausmitte
$f/d = 0{,}082$
Tabelle 19: für $e/d = 0{,}08$ und $\mu = 0{,}2$ %
zul. $\sigma_{bi} = 0{,}722$ kN/cm² $> 0{,}444$
erf. $A_s = 0{,}002 \cdot 30 \cdot 30 \cdot 0{,}444 / 0{,}722$
$= 1{,}11$ cm²
Knicksicherheitsnachweis nicht maßgebend
Regelbemessung mit Mindestbewehrung 0,8 %:
Abminderung der Bewehrung im Verhältnis

vorhandener zu zulässiger Druckspannung
bei $e/d = 0$ und $\mu = 0{,}8$ ist
zul. $\sigma_{bi} = 0{,}993$ kN/cm^2
erf. $A_s = 0{,}008 \cdot 30 \cdot 30 \cdot 0{,}444 / 0{,}993$
$= 3{,}22$ cm^2
gewählt: 4 Ø 12 $= 4{,}52$ cm^2
Bügel Ø 6 mm, s $= 14$ cm

8.3 Tragende Wand, mittig belastet, mäßige Schlankheit, verschieblich, Mindestbewehrung, zweiseitig gehalten ($\beta=1$)

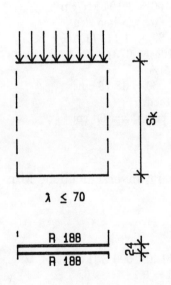

$N = 700$ kN/m
$s_k = 2{,}75$ m
Beton B 25, Betonstahlmatten IV M
$d = 24$ cm, $d_1/d = 0{,}1$
$\lambda = 275 / 0{,}289 \cdot 24 = 39{,}65 > 20$
Knicksicherheitsnachweis erforderlich.
keine Kriechausmitte, da $\lambda < 45$
vorh. $\sigma_{bi} = 700 / 24 \cdot 100 = 0{,}292$ kN/cm^2
vorh. $e/d = 0$
nach Tabelle 1 mit $e/d = 0$ und $\lambda = 40$ wird
die bezogene Zusatzausmitte:
$f/d = 0{,}063 \cdot$
Tabelle 19: für $e/d = 0{,}06$ und $\mu = 0{,}2$ %:
zul. $\sigma_{bi} = 0{,}756$ kN/cm^2 $> 0{,}292$
Knicksicherheitsnachweis nicht maßgebend
Regelbemessung mit Mindestbewehrung von
0,5 % und Abminderung im Verhältnis
vorhandener zu zulässiger Druckspannung
bei $e/d = 0$ und $\mu = 0{,}5$ % ist
zul. $\sigma_{bi} = 0{,}933$ kN/cm^2
erf. $A_s = 0{,}005 \cdot 24 \cdot 100 \cdot 0{,}292/0{,}933$
$= 3{,}76$ cm^2/m
gewählt: je Seite R 188 $= 3{,}76$ cm^2/m

8.4 Rundstütze als Innenstütze, unverschieblich, mittig belastet, mäßige Schlankheit, Bemessung

$N = 1650$ kN
$M = 0$, $e/d = 0$
$s_k = 3{,}00$ m (Geschosshöhe)
Beton B 25, Betonstahl IV S
Ø 40 cm, $d_1/d = 3{,}6/40 \sim 0{,}1$

$\lambda = 300 / 0{,}25 \cdot 40 = 30$
vorh. $\sigma_{bi} = 1650 / 1257 = 1{,}313$ kN/cm^2
(ohne Ansatz einer Umschnürung)
Regelbemessung, da die Stütze eine
unverschiebliche Innenstütze mit
Schlankheit kleiner als 45 ist (DIN 1045
17.4.1 (4))
Tabelle 99:
mit $e/d = 0$ und $\sigma_{bi} = 1{,}31$ kN/cm^2
wird ohne Interpolation
erf. $\mu = 2{,}0$ % mit zul. $\sigma_{bi} = 1{,}31$ kN/cm^2
erf. $A_s = 1257 \cdot 0{,}02 = 25{,}14$ cm^2
gewählt 8 ∅ 20 = 25,14 cm^2
Bügel ∅ 6 mm, s = 24 cm

8.5 Pendelstütze mittig belastet, mäßige Schlankheit, verschieblich, Nachweis der aufnehmbaren Normalkraft

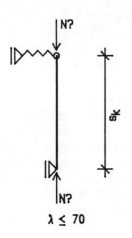

Stütze b/d = 30/30 cm, $d_1/d = 0{,}1$
Beton B 25, Betonstahl IV S
vorh. 8 ∅ 12 = 9,05 cm^2
$s_k = 2{,}75$ m
vorh. $\mu = 9{,}05 / 30 \cdot 30 = 0{,}01 = 1{,}0$ %
$\lambda = 275 / 0{,}289 \cdot 30 = 31{,}7 > 20$
Keine Kriechausmitte, da $\lambda < 45$
Knicksicherheitsnachweis erforderlich
aus Tabelle 1: mit $e/d = 0$ und $\lambda = 32$
$f/d = 0{,}038 \sim 0{,}04$
Tabelle 19: mit $e/d = 0{,}04$, $\mu = 1{,}0$ %
ist ohne Interpolation
zul. $\sigma_{bi} = 0{,}97$ kN/cm^2
zul. N = $0{,}97 \cdot 30 \cdot 30 = 873$ kN

8.6 Wahl der kleinsten Stützenabmessungen einer mittig belasteten, unverschieblichen Innenstütze mäßiger Schlankheit in B 25 und Betonstahl IV S

vorh. N = 600 kN
vorh. $s_k = 2{,}80$ m
Der Bewehrungsprozentsatz soll nicht
größer als 4,5 % sein, damit die
Bewehrungsstäbe voll gestoßen werden
können.

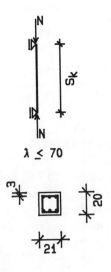

Mindestabmessung d = 20 cm, $d_1/d = 0{,}25$
$\lambda = 280 / 20 \cdot 0{,}289 = 48{,}4 > 45$
Knicksicherheitsnachweis erforderlich
Keine Kriechausmitte, da $\lambda < 70$
aus Tabelle 1 mit $e/d = 0$ und $\lambda = 48$
$f/d = 0{,}089 \sim 0{,}09$
Tabelle 28: mit $e/d = 0{,}09$ und $\mu = 4{,}5$ %
wird
zul. $\sigma_{bi} = 1{,}444$ kN/cm^2
erf. $A_b = 600/1{,}444 = 416$ cm^2
gewählt: $20 \cdot 21$ cm $= 420$ cm^2
erf. $A_s = 416 \cdot 4{,}5$ % $= 18{,}7$ cm^2
gewählt 6 Ø 20 $= 18{,}8$ cm^2
Bügel Ø 6 mm, s = 20 cm

8.7 Rahmenstütze verschieblich, ausmittig belastet, große Schlankheit, Kriechausmitte

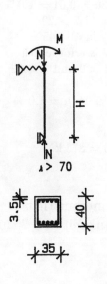

N = 850 kN, N_d = 550 kN
M_y = 120 kNm, M_{yd} = 40 kNm
b/d = 35 / 40 cm, d_1/d = 5,7/40 $\sim$ 0,15
Beton B 25, Betonstahl BSt 500 S (IV S)
$\sigma_{bi} = 850 / 40 \cdot 35 = 0{,}607$ kN/cm^2
$e_z/d = 120 / 850 \cdot 0{,}4 = 0{,}353 < 2$
Stütze in y-Richtung fortlaufend gehalten
s_{kz} = 9,00 m
$\lambda_z = 900 / 40 \cdot 0{,}289 = 77{,}9 > 70$
KSNW erforderlich, Kriechausmitte bestimmen:
vorh. $\sigma_d = 550 / 40 \cdot 35 = 0{,}393$ kN/cm^2
$\sigma \cdot \lambda^2 = 0{,}393 \cdot 77{,}9^2 = 2384$ kN/cm^2
aus Tabelle 3 mit $\mu = 4{,}5$% (geschätzt)
$k_{phi} = 0{,}131$
ungew. Ausmitte: $e_v = 9{,}00 / 300 = 0{,}03$ m
Dauerausmitte: $e_\varphi = 40 / 550 = 0{,}07$ m
$e_k = 0{,}131 \cdot (0{,}03 + 0{,}07) = 0{,}013$ m
$M_e = 120 + (0{,}03 + 0{,}013) \cdot 850 = 156{,}6$ kNm
Stabauslenkung mit $\sigma_{bi} = 0{,}607$ kN/cm^2 und
geschätzt $\mu = 4{,}5$% aus Tabelle 23:
$M_u{'} = 5195 \cdot 0{,}4^2 \cdot 0{,}35 = 291$ kNm
$k_u = 6{,}06 / 1000 \cdot 0{,}4 = 0{,}0151$
$v_{II} \sim 9{,}0^2 \cdot 0{,}0151 \cdot (0{,}81 + 0{,}19 \cdot 156{,}6/291) / 8 = 0{,}14$ m
gesamt $e/d = 0{,}353 + (0{,}03 + 0{,}013 + 0{,}14) / 0{,}4 = 0{,}815$
Moment II.O.: $M_{II} = 0{,}815 \cdot 850 \cdot 0{,}4 = 277$ kNm
nach Tabelle 24: mit $e/d = 0{,}815$ ergibt sich
für die vorhandene ideelle Druckspannung von

0,607 kN/cm² durch Interpolation erf.μ = 4,27 %
keine neue Bestimmung von M_u' oder k_u erforderlich
erf. A_s = 0,0427 · 35 · 40 = 59,8 cm²
gewählt: 10 ⌀ 28 = 61,6 cm²
Bügel ⌀ 8 mm, s = 30 cm

8.8 Stütze eines unverschieblichen Rahmens, mäßige Schlankheit, Bemessung

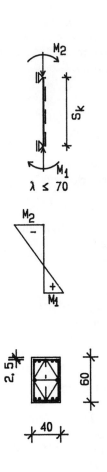

N = 1525 kN
verschränkte Momentenfläche mit
M_2 = - 274 kNm, M_1 = + 182 kNm
s_k = 5,10 m
In Querrichtung durch Mauerwerk gehalten.
B 25, Betonstahl IV S
b/d = 40 / 60 cm, d_1/d = 0,07
λ = 510 / 0,289 · 60 = 29,4
Grenz λ = 45 + 25 · 182/274 = 61,6 > 29,4
Kein Knicksicherheitsnachweis in
Momentenebene erforderlich.
Da die Grenzschlankheit größer als 45
ist, müßte für ein Mindestmoment von
0,1 · d · N = 0,1 · 0,6 · 1525 = 91,5 kNm
< 274 bemessen werden. Hier nicht
maßgebend.
vorh. σ_{bi} = 1525 / 40 · 60 = 0,635 kN/cm²
Regelbemessung am Säulenkopf:
e/d = 274 / 1525 · 0,6 = 0,30
nach Tabelle 19: mit e/d = 0,30
liegt die vorhandene Druckspannung von
0,635 bei μ = 1,4 %
erf. A_s = 0,014 · 40 · 60 = 33,6 cm²
gewählt:
90 % an den Schmalseiten
= 30,2 cm² = 10 ⌀ 20
10 % an den Längsseiten
= 3,4 cm² = 2 ⌀ 16
insgesamt 10 ⌀ 20 + 2 ⌀ 16 = 35,4 cm²
Bügel ⌀ 6 mm, s = 19 cm, s_{zw} = 38 cm

8.9 Randstütze eines Rahmensystems einer Halle mit Fertigbindern, große Schlankheit, ausmittig belastet mit Kriechverformung (siehe auch Beispiel 9 der Beispiele zur Bemessung nach DIN 1045, 4. Auflage Bauverlag GmbH, aber hier mit Betondeckung $c_{bü} = 3,5$ cm)

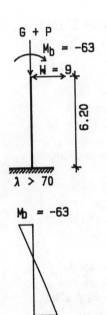

$G = 377$ kN mit $e = 0,14$ m
$M_b = -53$ kNm, $M_a = 26,5$ kNm (Fuß)
$P = 68$ kN mit $e = 0,14$ m
$M_b = -10$ kNm, $M_a = 5,0$ kNm (Fuß)
(wegen Symmetrie von Lasten und Rahmensystem gilt hier die Randstütze als unverschieblich)
$H = \pm 9$ kN, $M_H = 9 \cdot 6,2 = \pm 56$ kNm (am Fuß)
Wegen unsymmetrischer Belastung gilt die Randstütze hierfür als verschieblich.
$s_{k1} = 2 \cdot 6,20 = 12,40$ m (unsymm. Last)
$s_{k2} = 0,7 \cdot 6,20 = 4,34$ m (symm. Lasten)
Beton B25, Betonstahl IV S
$b/d = 40 / 40$ cm, $d_1/d = 0,15$
vorh. $\sigma_{bi} = 445 / 40 \cdot 40 = 0,278$ kN/cm²
$\lambda_1 = 1240 / 0,289 \cdot 40 = 107 > 70$
$\lambda_2 = 434 / 0,289 \cdot 40 = 37,5 < 70$
(aus symmetrischen Lasten ist deshalb keine Kriechausmitte zu berücksichtigen nach DIN 1045 17.4.7.(1)).
Die ungewollte Ausmitte ist eine unsymmetrische Beanspruchung. Deshalb gilt hier wegen der Verschieblichkeit die Schlankheit von $107 > 45$
$e_v = 1240 / 300 = 4,14$ cm
$e_v/d = 4,14 / 40 = 0,104 < 2$
Der Kriecheinfluß der ständigen Last ist hier nur mit der ungewollten Ausmitte zu berücksichtigen, da für das verschiebliche System $e/d < 2$ und $\lambda > 45$ ist. Endkriechzahl 2,7
(trockene Innenräume, Belastungsbeginn nach 30 Tagen)
$\sigma \cdot \lambda^2 = 377 \cdot 107^2 / 40 \cdot 40 = 2698$ kN/cm²
Bewehrungsprozentsatz geschätzt 3 %
aus Tabelle 3 ist der Faktor mit $\mu = 3$ % und 2698 kN/cm² : $k_{phi} = 0,194$
Kriechausmitte: $e_k = 0,194 \cdot 4,14 = 0,80$ cm

a) Ermittlung der Stabauslenkung nach dem Ersatzstabverfahren mit gleichmäßiger Krümmung über die ganze Knicklänge:

Momentensumme am Fuß:
$M_{aI} = 26{,}5 + 5{,}0 + 56 + (377 + 68)$
$\cdot (0{,}0414 + 0{,}008) = 109{,}48$ kNm
$e/d = 109{,}48 / 445 \cdot 0{,}4 = 0{,}62$
Tabelle 23 der Bruchkrümmungen mit
$\sigma_{bi} = 0{,}278$ kN/cm² und geschätztem $\mu = 3\,\%$
wird:
$1000\,k_u \cdot d = 6{,}00 + (6{,}48 - 6{,}00)$
$\cdot 0{,}078/0{,}10 = 6{,}37$
$k_u = 6{,}37 / 1000 \cdot 0{,}4 = 0{,}0159$
$v_{II} = s_k^2 \cdot k_u / 8 = 12{,}4^2 \cdot 0{,}0159/8$
$= 0{,}30$ m
bezogene Zusatzausmitte aus Stabauslenkung
$\delta e/d = 0{,}30 / 0{,}4 = 0{,}75$
Summe aller bezogenen Ausmitten
$e/d = 0{,}75 + 0{,}62 = 1{,}37$
Weil die Schlankheit größer als 70 ist, wird mit einem Sicherheitsbeiwert von konstant 1,75 gerechnet. Nach Tabelle 24 mit $e/d = 1{,}37$ und $\sigma_{bi} = 0{,}278$ kN/cm² durch Interpolation:
erf. $\mu = 2{,}88\,\%$
erf. $A_s = 40 \cdot 40 \cdot 0{,}0288 = 46{,}08$ cm²
gewählt: $8\,\emptyset\,28 = 49{,}3$ cm²
Bügel $\emptyset$ 8 mm, s = 30 cm
Nachprüfung für k_u bei 2,88 % und $\sigma_{bi} = 0{,}278$ kN/cm² mit Tabelle 23 ergibt keine größere Stabauslenkung. Die Schätzung des Bewehrungsprozentsatzes war genau genug.
Am Fundament wird das Moment II.O. maßgebend:
$M_{aII} = 1{,}37 \cdot 445 \cdot 0{,}4 = 244$ kNm

b) Stabauslenkung mit genauerer Berücksichtigung des Krümmungsverlaufes (direkter Nachweis)

Am Fuß wie vor: $k_u = 0{,}0159$
Dazu gehört das Bemessungsmoment M_u' aus Tabelle 23: mit $\sigma_{bi} = 0{,}278$ kN/cm² und $\mu = 3\,\%$ (geschätzt) wird durch Interpolation:
$M_u'/A_b \cdot d = 3716 + 0{,}078\,(3984 - 3716)/0{,}1 =$

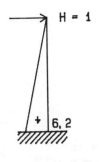

$k_b = -0.0032$

$k_{aII} = 0.0159$

$k_b = -0.0032$

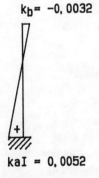

$k_{aI} = 0.0052$

$k_b = -0.0032$

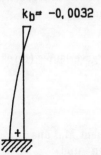

$k_{aII} - k_{aI} = 0.0107$

$= 3925 \text{ kN/m}^2$
$M_u' = 3925 \cdot 0.4 \cdot 0.4 \cdot 0.4 = 251 \text{ kNm}$
$B_{II} / 1000 \cdot A_b \cdot d^2 = 534 + 0.078 \, (512 - 534)/0.1 = 517 \text{ kN/m}^2$
$B_{II}' = 517 \cdot 0.4 \cdot 0.4 \cdot 0.4^2 \cdot 1000$
$= 13231 \text{ kNm}^2$
Mit Ersatzgerade nach Heft 220
$k_b = k_u - (M_u' - M_b) / B_{II}$
$k_b = 0.0159 - (251 - 63) / 13231 = 0.0017$
M_b ist kleiner als $M_u'/2$. Deshalb wird ein etwas genauerer Wert für k_b mit bilinearer Ersatzgeraden ermittelt:
$k_b = M_b \cdot (2 \cdot k_u/M_u' - 1/B_{II})$
$k_b = 63 \cdot (2 \cdot 0.0159/251 - 1/13231$
$= 0.0032$
Der Stab besitzt am Fuß die positive Krümmung 0,0159 und am Kopf wegen Wechsels des Momentenvorzeichens die negative Krümmung -0,0032.
Die Stabauslenkung am Kopf wird mit dem Arbeitssatz gefunden unter Ansatz einer horizontalen, virtuellen Kraft $H = 1$ am Kopf. Zu überlagern sind die Momentenfläche aus $H = 1$ und die Krümmungsfläche k. Diese setzt sich aus 2 Teilen zusammen: gleichmäßig anwachsende Krümmung aus Moment I. O. (Trapez mit Dreieck) und parabelförmig anwachsende Krümmung (genügend genaue Annahme) aus Zusatzmoment durch Normalkraft und Stabauslenkung für Moment II.O. (Dreieck mit Parabel minus Dreieck mit Rechteck). Die Größe der Krümmung infolge Stabauslenkung ist die Differenz zwischen den Krümmungen am Fuß infolge M_{aII} und M_{aI} ($k_{aII} - k_{aI}$).
Krümmung für M_{aI} am Fuß:
Fußmoment $M_{aI} = 109{,}48$ kNm
mit k_u, M und B_{II} wie oben:
$k_{aI} = 0{,}0159 - (251 - 109{,}48)/13231 = 0{,}0052$
$k_{aII} - k_{aI} = 0{,}0159 - 0{,}0052 = 0{,}0107$
mit Arbeitssatz:
$v_{II} = (2 \cdot 0{,}0052 - 0{,}0032) \cdot 6{,}2^2/6$
$+ (0{,}0107 + 0{,}0032) \cdot 5 \cdot 6{,}2^2/12$
$- 0{,}0032 \cdot 6{,}2^2/2 = 0{,}207$ m
nach Heft 220 Bild 4.3.13 erhält man etwa dasselbe:

$v_{II} = 6{,}2^2 \cdot (4 \cdot 0{,}0159 - 0{,}0052 - 2 \cdot 0{,}0032)/10 = 0{,}20$ m

damit ist die bezogene Zusatzausmitte:
$\delta e/d = 0{,}207 / 0{,}4 = 0{,}52$
gesamt $e/d = 0{,}52 + 0{,}62 = 1{,}14$

Wegen großer Schlankheit erfolgt Bemessung nach Tabelle 24 mit konstantem Sicherheitsbeiwert von 1,75 für
$e/d = 1{,}14$ und $\sigma_{bi} = 0{,}278$ kN/cm²:
2,0 % : $\sigma_{bi} = 0{,}237 + 0{,}028 \cdot 0{,}06 / 0{,}10 = 0{,}254$ kN/cm²
3,0 % : $\sigma_{bi} = 0{,}340 + 0{,}032 \cdot 0{,}06 / 0{,}10 = 0{,}359$ kN/cm²
erf. $\mu = 2 + 1 \cdot (0{,}278 - 0{,}254) / (0{,}3159 - 0{,}254) = 2{,}29$ %

Der Bewehrungsprozentsatz ist kleiner als geschätzt. Zu ihm gehört aber eine kleinere Krümmung k_u, wie aus Tabelle 23 sofort ersichtlich, und somit ein kleineres v_{II}. Deshalb keine weitere Überprüfung mit kleinerem μ.

erf. $A_s = 40 \cdot 40 \cdot 0{,}0229 = 36{,}64$ cm²
gewählt: 6 ⌀ 28 = 36,9 cm²
Bügel ⌀ 8 mm, s = 30 cm

Für die Fundamentbemessung ist das Moment II.Ordnung maßgebend:
$M_{aII} = (377 + 68) \cdot 1{,}14 \cdot 0{,}4 = 203$ kNm
Wegen der vom Ersatzstab stark abweichenden Momentenfläche ergibt sich mit dem direkten Nachweis eine geringere erforderliche Bewehrung und ein geringeres M_{aII}-Moment als bei a).

Knicken quer zur Momentenebene:

Die Stütze ist für die y-Richtung am Kopf gehalten und am Fuß eingespannt. Sie hat keine Lastmomente in y-Richtung. Obwohl für diesen Fall offensichtlich das Knicken quer zur Momentenebene nicht für die Bemessung maßgebend ist, wird es beispielhaft nachgewiesen. Bei anderen Verhältnissen von Schlankheit und Lasten kann sich durchaus eine höhere Bewehrung für die y-Richtung ergeben
$s_{ky} = 6{,}2 \cdot 0{,}7 = 4{,}34$ m

$\lambda_y = 4{,}34 / 0{,}289 \cdot 0{,}4 = 37{,}5$
Planmäßige Ausmitten:
$e_y/b = 0$
$e_z/d = (26{,}5 + 5 + 56)/445 \cdot 0{,}4 = 0{,}49$
Verhältnis der Ausmitten.
$0/0{,}49 = 0 < 0{,}2$
nach DIN 1045 17.4.3 können deshalb die
Knicksicherheitsnachweise getrennt für
jede der beiden Hauptachsen geführt werden.
Die gefundene, maximale Bewehrung einer
Achsrichtung ist maßgebend.
$e_z/d = 0{,}49 > 0{,}2$
nach 17.4.4 ist deshalb eine Verminderung
der Querschnittsbreite für den Nachweis
der Knicksicherheit in y-Richtung erforderlich.
$e_z + e_{vz} = 109{,}48/445 = 0{,}248$ m
$e/d = 0{,}248/0{,}4 = 0{,}62$
Die Höhe der Druckzone hierfür beträgt:
nach Tabelle 72 mit $e/d = 0{,}62$ und $\mu = 2{,}29\%$
$x = 0{,}554 \cdot 40 = 22{,}1$ cm
vorh. $\sigma_{bi}{'} = 445/22{,}1 \cdot 40 = 0{,}503$ kN/cm^2
Nach Tabelle 1 mit $\lambda = 38$ und $e/d = 0$
wird die Zusatzausmitte:
$\delta e_y/b = 0{,}057$
aus Tabelle 22 hiermit:
erf. $\mu < 0{,}2\,\%$
erf. $A_s = 0{,}002 \cdot 22{,}1 \cdot 40 = 1{,}77$ cm^2
bzw. Mindestbewehrung für $e/d = 0$:
erf. $A_s = 0{,}008 \cdot 22{,}1 \cdot 40 \cdot 0{,}503/0{,}993$
$= 3{,}58$ cm^2
vorh. je 1 ⌀ 28 in den Ecken
Seitwärtsknicken also nicht maßgebend.

c) Stabauslenkung nach dem Ersatzstabverfahren mit verminderter Knicklänge

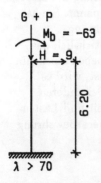

Diese Methode führt etwas schneller zum
Ziel als der direkte Nachweis und ist
ausreichend genau.
Das zum Fuß der Stütze anwachsende Moment
M_{II} ergibt in Wirklichkeit eine kleinere
Stabauslenkung als die Annahme eines
konstanten Moments über die ganze
Ersatzstablänge.
Es ist eine Ersatzknicklänge zu finden,
die die gleiche Stabauslenkung bei

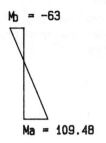

konstantem Moment ergibt wie das anwachsende Moment.
Nach dem Kraftgrößenverfahren ergibt sich diese Ersatzknicklänge für eine trapezförmig verteilte Momentenlinie M_I einer Kragstütze zu:

ers. $s_k = s_k \cdot \sqrt{(5M_{aII} - M_{aI} + 2M_{bI})/6M_{aII}}$

Kopfmoment $M_{bI} = -63$ kNm
Fußmoment einschließlich ungewollter Ausmitte und Kriechverformung:
$M_{aI} = 109{,}48$ kNm
Bemessungsmoment = Bruchmoment/ 1,75 bei geschätztem $\mu = 3\,\%$
$M_{aII} = 251$ kNm (aus Tabelle 23 wie bei b)
$s_k = 12{,}40$ m
ers. $s_k = 12{,}4 \cdot \sqrt{(5 \cdot 251 - 109{,}48 - 2 \cdot 63)/6 \cdot 251}$
ers. $s_k = 10{,}20$ m
$k_u = 0{,}0159$ (zu M_{aII} gehörend)
$v_{II} \sim 10{,}2^2 \cdot 0{,}0159/8 = 0{,}207$ m
$e/d = 0{,}207/0{,}4 = 0{,}52$
Summe aller bezogenen Ausmitten:
$e/d = 0{,}52 + 0{,}62 = 1{,}14$
Moment II.O.: $M_{aII} = 1{,}14 \cdot 445 \cdot 0{,}4 = 203$ kNm
wegen großer Schlankheit mit $v = 1{,}75$ aus Tabelle 23 mit $e/d = 1{,}14$ und σ_{bi}
$= 0{,}278$ kN/cm²
$2{,}0\,\% : \sigma_{bi} = 0{,}237 + 0{,}028 \cdot 0{,}06/0{,}1$
$= 0{,}254$ kN/cm²
$3{,}0\,\% : \sigma_{bi} = 0{,}340 + 0{,}032 \cdot 0{,}06/0{,}1$
$= 0{,}359$ kN/cm²
erf. $\mu = 2{,}0 + (0{,}278 - 0{,}254)/(0{,}359 - 0{,}254) = 2{,}29\,\%$
erf. $A_s = 40 \cdot 40 \cdot 0{,}0229 = 36{,}64$ cm²
gewählt: 6 Ø 28 = 36,9 cm²
Bügel Ø 8 mm, s = 30 cm

d) Nachweis bei Anordnung von gestaffelter Bewehrung

Die Anordnung von gestaffelter Bewehrung wird gewählt, um den Bewehrungsstahl und den Betonquerschnitt möglichst auf der ganzen Stützenhöhe auszunutzen, d. h. die Bruchkrümmung wird nicht nur für den maximal beanspruchten Querschnitt am Fuß, sondern möglichst an allen

Staffelungspunkten erreicht. Die Stabauslenkung kann mit dem Kraftgrößenverfahren nach Bestimmung der einzelnen Krümmungen an den Staffelpunkten durch numerische Interpolation der Krümmungslinie und der virtuellen Momentenlinie aus H = 1 wie unter b) gefunden werden.

Eine einfachere Näherung nimmt an, daß durch die Staffelung auf der ganzen Stützenhöhe überall die Bruchkrümmung ausgenutzt wird. Dann wird das k_u des Maximalmoments über die ganze Stützenhöhe angesetzt, wie in Heft 220 Bild 4.3.13 vorgeschlagen. Da sich k_u in den meisten Fällen nicht sehr stark mit dem Bewehrungsprozentsatz verändert, ist die Näherung ausreichend genau und liegt auf der sicheren Seite.

Wie unter a) ist das Moment am Fuß mit ungewollter Ausmitte und Kriechausmitte:
M_{aI} = 109,48 kNm (Wind v. rechts)
k_u = 0,0159
direkter Nachweis von v_{II}:
$v_{II} = h^2 \cdot k_u/2 = 6{,}2^2 \cdot 0{,}0159\ /2$
= 0,30 m
Summe aller bezogenen Ausmitten:
e/d = 0,30/0,4 + 0,62 = 1,37
wie vor unter a)
erf. A_s = 46,08 cm², 8 ∅ 28 (am Fuß)
Bügel ∅ 8 mm, s = 30 cm
in 2,07 m Höhe wird:
M_I = 9 · 4,13 = 37,2 kNm
Ungewollte Ausmitte und Kriechausmitte wegen Verschieblichkeit. Im mittleren Drittel der Knicklänge wie vor:
$e_v + e_k$ = 4,14 + 0,80 = 4,94 cm
Stabauslenkung in 2,07 m Höhe = 4,13 m von oben:
$v_{II} = 4{,}13^2 \cdot 0{,}0159\ /2 = 0{,}136$ m
M_{II} = 37,2 + 445 (0,0494 + 0,136)=119,7 kNm
e/d = 119,7/445 · 0,4 = 0,68
nach Tabelle 24 liegt
bei σ_{bi} = 445/40 · 40 = 0,278 kN/cm²
und e/d = 0,68 erf. μ zwischen 0,8 % (0,250 kN/cm²) und 1,0 % (0,295 kN/cm²)

erf. $\mu = 0{,}8 + 0{,}2\ (0{,}278 - 0{,}250)\ /$
$(0{,}295 - 0{,}250) = 0{,}924\ \%$
Die Mindestbewehrung für die planmäßige
Ausmitte und den statisch erforderlichen
Querschnitt liegt offensichtlich
wesentlich niedriger. Somit:
erf. $A_s = 0{,}00924 \cdot 40 \cdot 40 = 14{,}79\ cm^2$
gewählt: 4 $\emptyset$ 28 ab 2,07 m Höhe
Bügel $\emptyset$ 8 mm, s = 30 cm

8.10 Kragstütze mit Doppelbiegung, große Schlankheit, Nachweis mit dem modifizierten Näherungsverfahren nach Rafla und Kordina/Quast

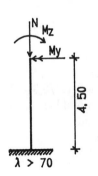

Stütze b/d = 40/30 cm, $d_1/d = b1/b = 0{,}15$
Beton B 25, Betonstahl IV S
$s_{kz} = s_{ky} = 2 \cdot 4{,}50 = 9{,}00\ m$
Die Regelbemessung für Doppelbiegung ist
wegen der großen Schlankheit nicht maßgebend.
Die Bewehrung soll aus in den 4 Ecken
konzentrierten Stäben bestehen. Es wird
für die Bemessung das durch Kordina/Quast
modifizierte Näherungsverfahren von Rafla
verwandt, das mit einem einachsigen
Ersatzmoment M_r und einer
Ersatzknicklänge s_{kr} arbeitet, beide in
Richtung der größeren Schlankheit
(siehe neuere Betonkalender Band I)
Achtung: b ist die längere
Querschnittsseite, d ist die kürzere
Seite.
N = 500 kN; ständige Last N_d = 300 kN
$\sigma_{bi} = 500/40 \cdot 30 = 0{,}42\ kN/cm^2$
M_z = 60 kNm (nicht aus Dauerlasten) M_{zd} = 0
M_y = 60 kNm (nicht aus Dauerlasten) M_{yd} = 0
$e_y = 60/500 = 0{,}12\ m,\ e_{\varphi y} = 0$
$e_z = 60/500 = 0{,}12\ m,\ e_{\varphi z} = 0$
Der Lastangriffspunkt liegt im Bereich B
nach Bild 14.1 von DIN 1045. Außerdem ist
das Seitenverhältnis $\leq 1{,}5$. Somit darf
das Näherungsverfahren angewandt werden.
$k = d \cdot M_z/b \cdot M_y$
$k = 30 \cdot 60/40 \cdot 60 = 0{,}75 > 0{,}2$
Getrennte Nachweise genügen deshalb nicht.
Aus der Tabelle im Betonkalender wird für

ein geschätzes $\mu = 4\%$, B25 und k = 0,75:
$k_1 = (1,65 + 1,74)/2 = 1,69$
$M_r = k_1 \cdot M_y = 1,69 \cdot 60 = 101,4$ kNm
$s_{kr} = s_k \cdot \sqrt{(1+k^2(d/b)^2)/(1+k^2)}$
$= 9 \cdot \sqrt{(1+0,75^2 \cdot 0,75^2)/(1+0,75^2)}$
$= 9 \cdot 0,92 = 8,26$ m
$\lambda = 8,26 / 0,289 \cdot 0,3 = 95,3$
Ungewollte Ausmitte:
$e_v = 8,26/300 = 0,027$ m
Kriechausmitte:
mit Endkriechzahl 2,7 (trockene Innenräume,
Belastungsbeginn nach 30 Tagen
Aus Tabelle 3 wird mit
$\sigma_d \cdot \lambda^2 = 300 \cdot 95,3^2/40 \cdot 30 = 2270$ kN/cm^2
und $\mu = 4,5\%$: $k_{phi} = 0,12$
$e_k = k_{phi} (e_\varphi + e_v) = 0,12 \cdot 0,027$ m $= 0,003$ m
wegen Geringfügigkeit nicht weiter
verfolgt.
Stabauslenkung für Richtung der kleineren
Seite mit k_u aus Tabelle 23:
bei geschätztem $\mu = 4,5\%$
und $\sigma_{bi} = 0,42$ kN/cm^2
$k_u \cdot 1000 \cdot d = 6,81 - 0,02 (6,81 - 6,45)$
$/0,10 = 6,74$
$k_u = 6,74/1000 \cdot 0,3 = 0,0225$
$v_{II} \sim 0,022 \cdot 8,26^2/8 = 0,19$ m
$e/d = (101,4/500 + 0,027 + 0,19)/0,3 = 1,4$
Bemessung wegen großer Schlankheit nach
Tabelle 24. Mit $e/d = 1,4$ und
$\sigma_{bi} = 0,42$ kN/cm^2 wird bei
$4,5\%$: zul. $\sigma_{bi} = 0,406$ kN/cm^2
$6,0\%$: zul. $\sigma_{bi} = 0,495$ kN/cm^2
erf. $\mu = 4,5 + 1,5 (0,42 - 0,406)/(0,495 - 0,406) = 4,74\%$
keine neue Untersuchung von k_u für diesen
Prozentsatz erforderlich, da nur minimale
Änderung von k_u gegenüber 4,5 %
erf. $A_s = 0,0474 \cdot 40 \cdot 30 = 56,88$ cm^2
gewählt:je Ecke 3 ⌀ 25 = 12 ⌀ 25 = 58,9 cm^2
Bügel ⌀ 8 mm, s = 30 cm
Zusätzl. Knicksicherheitsnachweis für
Knicken über die kleinere Seite d:
$e_y/b = 0,12/0,4 = 0,30 > 0,2$
Querschnittsbreite muß vermindert werden.
mit $\mu = 4,74\%$ und $e_y/b = 0,12/0,4 = 0,3$
ist nach Tabelle 72 die Höhe der Druckzone

$x = 0{,}790 \cdot 40 = 31{,}6$ cm
vorh. $\sigma_{bi}' = 500/31{,}6 \cdot 30 = 0{,}527$ kN/cm^2
$M_y = 60$ kNm
$e_v = 9/300 = 0{,}03$ m
$v_{II} \sim 0{,}0225 \cdot 9^2/8 = 0{,}228$ m
$e/d = (60/500 + 0{,}03 + 0{,}228)/0{,}3 = 1{,}26$
Wegen großer Schlankheit Bemessung nach Tabelle 24 wird bei $e/d = 1{,}26$
4,5 % : zul. $\sigma_{bi} = 0{,}462 - 0{,}06 \, (0{,}462 - 0{,}432)/0{,}1 = 0{,}444$ kN/cm^2
6,0 % : zul. $\sigma_{bi} = 0{,}563 - 0{,}06 \, (0{,}563 - 0{,}527)/0{,}1 = 0{,}541$ kN/cm^2
erf. $\mu = 4{,}5 + 1{,}5 \, (0{,}527 - 0{,}444)/(0{,}541 - 0{,}444) = 5{,}78\%$
erf. $A_s = 0{,}0578 \cdot 31{,}6 \cdot 30 = 54{,}79$ cm^2
$< 56{,}88$ cm^2
Seitwärtsknicken nicht maßgebend.

8.11 Pendelstütze mittig belastet mit Anprall - Last

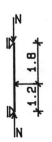

$N = 400$ kN
$s_k = 3{,}00$ m
Beton B 25, Betonstahl IV S
$b/d = 40/40$ cm $d_1/d = 0{,}15$
$\lambda = 300/\, 0{,}289 \cdot 40 = 26$
Anprall - Last 250 kN in 1,2 m Höhe:
$M = 250 \cdot 1{,}2 \cdot 1{,}8/3 = 180$ kNm
vorh. $e/d = 180/400 \cdot 0{,}4 = 1{,}13$
nach Tabelle 1 mit $e/d = 1{,}13$ und $\lambda = 26$ wird die bezogene Zusatzausmitte
$f/d = 0{,}038$
Gesamt $e/d = 1{,}13 + 0{,}038 = 1{,}17$
vorh. $\sigma_{bi} = 400/40 \cdot 40 = 0{,}250$ kN/cm^2
Bemessen wird nach Tabelle 24 mit konstantem Sicherheitsfaktor von 1,75. Da für diesen Lastfall eine 1- fache Sicherheit nach DIN 1055 7.4.3 ausreicht, wird die vorhandene Betonspannung durch 1,75 geteilt und dann mit den zulässigen Spannungen in Tabelle 24 verglichen. Das e/d Verhältnis bleibt bestehen.
red. $\sigma_{bi} = 0{,}250/1{,}75 = 0{,}143$ kN/cm^2
mit $e/d = 1{,}17$ und der reduzierten Betondruckspannung wird nach Tabelle 24

die zulässige Spannung für
1% : $\sigma_{bi} = 0{,}144 - 0{,}7\,(0{,}144 - 0{,}128) = 0{,}133\ \text{kN/cm}^2$
2% : $\sigma_{bi} = 0{,}265 - 0{,}7\,(0{,}265 - 0{,}237) = 0{,}245\ \text{kN/cm}^2$
erf. $\mu = 1{,}0 + (0{,}143 - 0{,}133)/(0{,}245 - 0{,}133) = 1{,}09\ \%$
erf. $A_s = 0{,}0109 \cdot 40 \cdot 40 = 17{,}44\ \text{cm}^2$
gewählt: $4\ \emptyset\ 25 = 19{,}6\ \text{cm}^2$
Bügel $\emptyset\ 8$ mm, s = 30 cm

8.12 Stütze mit Doppelbiegung, mäßige Schlankheit, unverschieblich

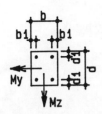

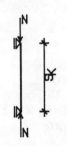

$N = 600$ kN
$M_y = 48$ kNm
$M_z = 18$ kN
Beton B 25
Betonstahl BSt 500 S (IV S)
b/d = 30/40 cm, $b_1/b \sim d_1/d = 0{,}15$
vorh. $\sigma_{bi} = 600\,/\,30 \cdot 40 = 0{,}5\ \text{kN/cm}^2$
$e_z/d = 48/600 \cdot 0{,}4 = 0{,}2$
$e_y/b = 18/600 \cdot 0{,}3 = 0{,}1$
Seitwärtsknicken nicht zu untersuchen, da
$e_z/d \leq 0{,}2$
Verhältnis der bezogenen Ausmitten:
$0{,}1/0{,}2 = 0{,}5 > 0{,}2$
getrennte Nachweise nicht erlaubt
(DIN 1045 17.4.8 (3)).
$s_{kz} = 3{,}00$ m
$s_{ky} = 3{,}00$ m
$\lambda_z = 300/0{,}289 \cdot 40 = 26$
$\lambda_y = 300/0{,}289 \cdot 30 = 35$
Aus Tabelle 1 mit $e_z/d = 0{,}20$, $e_y/b = 0{,}10$
und den Schlankheiten 26 bzw. 35 werden
die bezogenen Zusatzausmitten (keine
Kriechausmitten, da $\lambda < 70$):
$f_z/d = 0{,}033$
$f_y/b = 0{,}068$
Die Summen betragen:
ges. $e_z/d = 0{,}20 + 0{,}033 = 0{,}24$
ges. $e_y/b = 0{,}10 + 0{,}068 = 0{,}17 \sim 0{,}18$
aus Tabelle 147: vorh. σ_{bi} liegt bei 1%
erf. $A_s = 0{,}01 \cdot 30 \cdot 40 = 12\ \text{cm}^2$
gewählt: $1\ \emptyset\ 20$ je Ecke = $12{,}6\ \text{cm}^2$
Bügel $\emptyset\ 6$ mm, s = 24 cm

9 Literaturverzeichnis

DIN 1045, Beton und Stahlbeton, Bemessung und Ausführung, Juli 1988

Galgoul, N. S.: Beitrag zur Bemessung von schlanken Stahlbetonstützen für schiefe Biegung mit Achsdruck unter Kurzzeit- u. Dauerbelastung, Deutscher Ausschuß für Stahlbeton Heft 361, Verlag Ernst & Sohn, Berlin 1985

Grasser,E., Linse,D.: Bemessungstafeln für Stahlbetonquerschnitte, 2., völlig neu bearbeitete Auflage, Werner-Verlag Düsseldorf 1984

Kasparek,K.-H., Makovi,J., Mehmel,A., Schwarz,H.: Tragverhalten ausmittig beanspruchter Stahlbetondruckglieder, Deutscher Ausschuß für Stahlbeton Heft 204, Verlag Ernst & Sohn, Berlin 1976

Kordina,K., Quast,U.: Nachweis der Knicksicherheit, Deutscher Ausschuß für Stahlbeton Heft 220, 2. überarbeitete Auflage, Verlag Ernst & Sohn, Berlin 1979

Kordina, K., Quast, U.: Bemessung von schlanken Bauteilen - Knicksicherheitsnachweis, Betonkalender 1974 - 91, Verlag Ernst & Sohn, Berlin 1974 - 91

Kordina,K., Rafla,K., Hjorth,O.: Traglast von Stahlbetondruckgliedern unter schiefer Biegung mit Achsdruck, Deutscher Ausschuß für Stahlbeton Heft 265, Verlag Ernst & Sohn, Berlin 1976

Leonhardt,F.: Vorlesungen über Massivbau, 1.Teil: Grundlagen zur Bemessung im Stahlbetonbau, 3. Auflage, Springer Verlag, Berlin 1984

Linse,D., Thielen,G.: Die Grundlagen der Biegebemessung der DIN 1045 aufbereitet für den Gebrauch an Rechenanlagen, Beton und Stahlbetonbau 1972, S. 199 - 208

Lohse,G.: Stabilitätsberechnungen im Stahlbetonbau, 2. Auflage, Werner-Verlag Düsseldorf 1975

Mattheiß,S., Laufs,G.: Kragstützen aus Stahlbeton, Verlag Ernst & Sohn, Berlin 1986

Olsen,P.C., Quast,U.: Anwendungsgrenzen von vereinfachten Bemessungsverfahren für schlanke, zweiachsig ausmittig beanspruchte Stahlbetondruckglieder, Deutscher Ausschuß für Stahlbeton Heft 332, Verlag Ernst & Sohn, Berlin 1976

Ouvrier,E.: Die Bemessung von gedrückten Stahlbetonsäulen unter Berücksichtigung der neuen DIN 1045, 6. Auflage, Werner-Verlag Düsseldorf 1975

Quast,U.: Traglastnachweis für Stahlbetonstützen nach der Theorie II. Ordnung mit Hilfe einer vereinfachten Momenten-Krümmungsbeziehung, Beton und Stahlbetonbau 1970, S. 265 - 271

Rafla,K.: Praktisches Verfahren zur Bemessung schlanker Stahlbetonstützen mit Rechteckquerschnitt bei schiefer Biegung mit Achsdruck, Der Bauingenieur 1974, S. 429 - 436

Sattler,K.: Das "Durchbiegeverfahren" zur Lösung von Stabilitätsproblemen, Die Bautechnik 1953, S. 288 - 294 und 326 - 331.

10 Formelzeichen

A_b	Querschnittsfläche des Betons (cm^2)
A_s	Querschnittsfläche der Bewehrung (cm^2)
B 25	Betonfestigkeitsklasse mit Angabe der Nennfestigkeit (MN/m^2)
BSt	Betonstahlgüte mit Angabe der Streckgrenze (MN/m^2) z.B. BSt 500 S
B_{II}, B'_{II}	Ersatzsteifigkeit des Betonquerschnitts bzw. diese durch 1,75 geteilt
β_R	Rechenfestigkeit des Betons
b	Querschnittsbreite
b'	verminderte Querschnittsbreite für den Nachweis gegen Knicken in der schwächeren Richtung
b_1, b_2	Abstände der Bewehrungsachse von der längeren Seite
d	Querschnittshöhe eines Rechtecks oder Kreisdurchmesser
d_1, d_2	Abstände der Bewehrungsachse von der kürzeren Seite
e_z, e_y	Ausmitten der angreifenden Druckkraft
$e_{\varphi z}, e_{\varphi y}$	Ausmitten der dauernd wirkenden Druckkraft
e_{kz}, e_{ky}	Ausmitten infolge Kriechverformung aus Dauerlasten
e_{vz}, e_{vy}	Ungewollte Ausmitten in z- bzw. y-Richtung
e/d	auf die Querschnittshöhe bezogene Ausmitte
f_z, f_y	Zusatzausmitten ohne Kriechverformung bei $\lambda \leq 70$
f/d, f/b	bezogene Zusatzausmitten ohne Kriechverformung für $\lambda \leq 70$ (Tabelle 1)
IV S	Kurzbezeichnung für Betonstabstahl BSt 500 S
i	Trägheitsradius $i^2 = I_b/A_b$
k, k_1	Faktoren im modifizierten Rafla-Verfahren zur Bemessung zweiachsig ausmittig gedrückter Druckglieder als einachsig ausmittig gedrückte
k_{phi}	Faktor zur Ermittlung der Kriechverformung (Tabellen 2 - 6, Seite 37f.)
k_u	Krümmung des Betonquerschnitts beim Bruchmoment (idealisiert)
λ_z, λ_y	Schlankheiten $\lambda = s_k/i$
M_1, M_2	am Ersatzstab oben oder unten angreifende Momente
M_{aI}	Moment ohne Berücksichtigung der Stabauslenkung (Theorie I.Ordnung)
M_{aII}	Moment mit Berücksichtigung der Stabauslenkung (Theorie II.Ordnung)
M_y, M_z	angreifendes Moment um y- bzw. z-Achse drehend (kNm)
M_{yd}, M_{zd}	dauernd wirkendes Moment um y- bzw. z-Achse (kNm)
M_u, M'_u	Bruchmoment bzw. durch Sicherheitsfaktor 1,75 geteiltes Bruchmoment
μ	Bewehrungsprozentsatz der Gesamtbewehrung (% von A_b)
N	angreifende Druckkraft (kN)
N_d	dauernd wirkende Druckkraft
s, s_{zw}	Abstand der Bügel bzw. der Zwischenbügel
σ_{bi}	ideelle Betondruckspannung $\sigma_{bi} - N/A_b$ (kN/cm^2)
σ'_{bi}	höhere Betondruckspannung infolge verminderter Breite b'
σ_d	dauernd wirkende ideelle Betondruckspannung infolge N_d
s_{kz}, s_{ky}	Knicklängen in z- bzw. y-Richtung (m)
v_{II}	seitliche Stabauslenkung durch Bruchnormalkraft und -krümmung
x	Höhe der Druckzone des Betonquerschnitts
y	Achse in Richtung der Querschnittsbreite
z	Achse in Richtung der Querschnittshöhe

Bezogene Zusatzausmitte f/d für λ <= 70   Tabelle 1

B 15 bis B 55   λ = s_K/i e/d = bez. Lastausmitte   Tafelwerte: bez. Zusatzausmitte f/d

e/d \ λ	20	22	24	26	28	30	32	34	36
0.00	0.000	0.006	0.013	0.019	0.025	0.032	0.038	0.044	0.051
0.01	0.000	0.007	0.013	0.020	0.027	0.033	0.040	0.046	0.053
0.02	0.000	0.007	0.014	0.021	0.028	0.035	0.042	0.048	0.055
0.03	0.000	0.007	0.014	0.022	0.029	0.036	0.043	0.050	0.058
0.04	0.000	0.007	0.015	0.022	0.030	0.037	0.045	0.052	0.060
0.05	0.000	0.008	0.015	0.023	0.031	0.039	0.046	0.054	0.062
0.06	0.000	0.008	0.016	0.024	0.032	0.040	0.048	0.056	0.064
0.07	0.000	0.008	0.016	0.025	0.033	0.041	0.049	0.058	0.066
0.08	0.000	0.008	0.017	0.025	0.034	0.042	0.051	0.059	0.068
0.09	0.000	0.009	0.017	0.026	0.035	0.044	0.052	0.061	0.070
0.10	0.000	0.009	0.018	0.027	0.036	0.045	0.054	0.063	0.072
0.11	0.000	0.009	0.018	0.027	0.037	0.046	0.055	0.064	0.073
0.12	0.000	0.009	0.019	0.028	0.038	0.047	0.056	0.066	0.075
0.13	0.000	0.010	0.019	0.029	0.038	0.048	0.058	0.067	0.077
0.14	0.000	0.010	0.020	0.029	0.039	0.049	0.059	0.069	0.078
0.15	0.000	0.010	0.020	0.030	0.040	0.050	0.060	0.070	0.080
0.16	0.000	0.010	0.020	0.031	0.041	0.051	0.061	0.071	0.082
0.17	0.000	0.010	0.021	0.031	0.042	0.052	0.062	0.073	0.083
0.18	0.000	0.011	0.021	0.032	0.042	0.053	0.063	0.074	0.085
0.19	0.000	0.011	0.022	0.032	0.043	0.054	0.065	0.075	0.086
0.20	0.000	0.011	0.022	0.033	0.044	0.055	0.066	0.077	0.088
0.21	0.000	0.011	0.022	0.033	0.045	0.056	0.067	0.078	0.089
0.22	0.000	0.011	0.023	0.034	0.045	0.057	0.068	0.079	0.091
0.23	0.000	0.011	0.023	0.034	0.046	0.057	0.069	0.080	0.092
0.24	0.000	0.012	0.023	0.035	0.047	0.058	0.070	0.082	0.093
0.25	0.000	0.012	0.024	0.035	0.047	0.059	0.071	0.083	0.095
0.26	0.000	0.012	0.024	0.036	0.048	0.060	0.072	0.084	0.096
0.27	0.000	0.012	0.024	0.036	0.049	0.061	0.073	0.085	0.097
0.28	0.000	0.012	0.025	0.037	0.049	0.062	0.074	0.086	0.099
0.29	0.000	0.012	0.025	0.037	0.050	0.062	0.075	0.087	0.100
0.30	0.000	0.013	0.025	0.038	0.050	0.063	0.075	0.087	0.100
2.50	0.000	0.013	0.025	0.038	0.050	0.063	0.075	0.087	0.100
2.52	0.000	0.012	0.025	0.037	0.049	0.061	0.073	0.086	0.098
2.54	0.000	0.012	0.024	0.036	0.048	0.060	0.072	0.084	0.096
2.56	0.000	0.012	0.024	0.035	0.047	0.059	0.071	0.082	0.094
2.58	0.000	0.012	0.023	0.035	0.046	0.058	0.069	0.081	0.092
2.60	0.000	0.011	0.023	0.034	0.045	0.056	0.068	0.079	0.090
2.62	0.000	0.011	0.022	0.033	0.044	0.055	0.066	0.077	0.088
2.64	0.000	0.011	0.022	0.032	0.043	0.054	0.065	0.075	0.086
2.66	0.000	0.011	0.021	0.032	0.042	0.053	0.063	0.074	0.084
2.68	0.000	0.010	0.021	0.031	0.041	0.051	0.062	0.072	0.082
2.70	0.000	0.010	0.020	0.030	0.040	0.050	0.060	0.070	0.080
2.72	0.000	0.010	0.020	0.029	0.039	0.049	0.059	0.068	0.078
2.74	0.000	0.010	0.019	0.029	0.038	0.048	0.057	0.067	0.076
2.76	0.000	0.009	0.019	0.028	0.037	0.046	0.056	0.065	0.074
2.78	0.000	0.009	0.018	0.027	0.036	0.045	0.054	0.063	0.072
2.80	0.000	0.009	0.018	0.026	0.035	0.044	0.053	0.061	0.070
2.85	0.000	0.008	0.016	0.024	0.033	0.041	0.049	0.057	0.065
2.90	0.000	0.008	0.015	0.023	0.030	0.038	0.045	0.053	0.060
2.95	0.000	0.007	0.014	0.021	0.028	0.034	0.041	0.048	0.055
3.00	0.000	0.006	0.013	0.019	0.025	0.031	0.038	0.044	0.050
3.05	0.000	0.006	0.011	0.017	0.023	0.028	0.034	0.039	0.045
3.10	0.000	0.005	0.010	0.015	0.020	0.025	0.030	0.035	0.040
3.15	0.000	0.004	0.009	0.013	0.018	0.022	0.026	0.031	0.035
3.20	0.000	0.004	0.008	0.011	0.015	0.019	0.023	0.026	0.030
3.25	0.000	0.003	0.006	0.009	0.013	0.016	0.019	0.022	0.025
3.30	0.000	0.003	0.005	0.008	0.010	0.013	0.015	0.018	0.020
3.35	0.000	0.002	0.004	0.006	0.008	0.009	0.011	0.013	0.015
3.40	0.000	0.001	0.003	0.004	0.005	0.006	0.008	0.009	0.010
3.45	0.000	0.001	0.001	0.002	0.003	0.003	0.004	0.004	0.005
3.50	0.000	0.000	0.000	0.000	0.000	0.000	0.000	0.000	0.000

Bezogene Zusatzausmitte f/d für λ <= 70   Tabelle 1

B 15 bis B 55 $\lambda = s_K/i$ e/d = bez. Lastausmitte   Tafelwerte: bez. Zusatzausmitte f/d

e/d \ λ	36	38	40	42	44	46	48	50	52
0.00	0.051	0.057	0.063	0.070	0.076	0.082	0.089	0.095	0.101
0.01	0.053	0.060	0.066	0.073	0.080	0.086	0.093	0.099	0.106
0.02	0.055	0.062	0.069	0.076	0.083	0.090	0.097	0.104	0.111
0.03	0.058	0.065	0.072	0.079	0.087	0.094	0.101	0.108	0.115
0.04	0.060	0.067	0.075	0.082	0.090	0.097	0.105	0.112	0.120
0.05	0.062	0.070	0.077	0.085	0.093	0.101	0.108	0.116	0.124
0.06	0.064	0.072	0.080	0.088	0.096	0.104	0.112	0.120	0.128
0.07	0.066	0.074	0.082	0.091	0.099	0.107	0.115	0.124	0.132
0.08	0.068	0.076	0.085	0.093	0.102	0.110	0.119	0.127	0.136
0.09	0.070	0.078	0.087	0.096	0.105	0.113	0.122	0.131	0.139
0.10	0.072	0.080	0.089	0.098	0.107	0.116	0.125	0.134	0.143
0.11	0.073	0.082	0.092	0.101	0.110	0.119	0.128	0.137	0.147
0.12	0.075	0.084	0.094	0.103	0.113	0.122	0.131	0.141	0.150
0.13	0.077	0.086	0.096	0.106	0.115	0.125	0.134	0.144	0.153
0.14	0.078	0.088	0.098	0.108	0.118	0.127	0.137	0.147	0.157
0.15	0.080	0.090	0.100	0.110	0.120	0.130	0.140	0.150	0.160
0.16	0.082	0.092	0.102	0.112	0.122	0.133	0.143	0.153	0.163
0.17	0.083	0.094	0.104	0.114	0.125	0.135	0.145	0.156	0.166
0.18	0.085	0.095	0.106	0.116	0.127	0.138	0.148	0.159	0.169
0.19	0.086	0.097	0.108	0.118	0.129	0.140	0.151	0.162	0.172
0.20	0.088	0.099	0.110	0.120	0.131	0.142	0.153	0.164	0.175
0.21	0.089	0.100	0.111	0.122	0.134	0.145	0.156	0.167	0.178
0.22	0.091	0.102	0.113	0.124	0.136	0.147	0.158	0.170	0.181
0.23	0.092	0.103	0.115	0.126	0.138	0.149	0.161	0.172	0.184
0.24	0.093	0.105	0.117	0.128	0.140	0.152	0.163	0.175	0.187
0.25	0.095	0.106	0.118	0.130	0.142	0.154	0.166	0.177	0.189
0.26	0.096	0.108	0.120	0.132	0.144	0.156	0.168	0.180	0.192
0.27	0.097	0.109	0.122	0.134	0.146	0.158	0.170	0.182	0.195
0.28	0.099	0.111	0.123	0.136	0.148	0.160	0.173	0.185	0.197
0.29	0.100	0.112	0.125	0.137	0.150	0.162	0.175	0.187	0.200
0.30	0.100	0.112	0.125	0.138	0.150	0.162	0.175	0.188	0.200
2.50	0.100	0.112	0.125	0.138	0.150	0.162	0.175	0.188	0.200
2.52	0.098	0.110	0.123	0.135	0.147	0.159	0.171	0.184	0.196
2.54	0.096	0.108	0.120	0.132	0.144	0.156	0.168	0.180	0.192
2.56	0.094	0.106	0.118	0.129	0.141	0.153	0.165	0.176	0.188
2.58	0.092	0.104	0.115	0.127	0.138	0.150	0.161	0.173	0.184
2.60	0.090	0.101	0.113	0.124	0.135	0.146	0.158	0.169	0.180
2.62	0.088	0.099	0.110	0.121	0.132	0.143	0.154	0.165	0.176
2.64	0.086	0.097	0.108	0.118	0.129	0.140	0.151	0.161	0.172
2.66	0.084	0.095	0.105	0.116	0.126	0.137	0.147	0.158	0.168
2.68	0.082	0.092	0.103	0.113	0.123	0.133	0.144	0.154	0.164
2.70	0.080	0.090	0.100	0.110	0.120	0.130	0.140	0.150	0.160
2.72	0.078	0.088	0.098	0.107	0.117	0.127	0.137	0.146	0.156
2.74	0.076	0.086	0.095	0.105	0.114	0.124	0.133	0.143	0.152
2.76	0.074	0.083	0.093	0.102	0.111	0.120	0.130	0.139	0.148
2.78	0.072	0.081	0.090	0.099	0.108	0.117	0.126	0.135	0.144
2.80	0.070	0.079	0.088	0.096	0.105	0.114	0.123	0.131	0.140
2.85	0.065	0.073	0.081	0.089	0.098	0.106	0.114	0.122	0.130
2.90	0.060	0.068	0.075	0.083	0.090	0.098	0.105	0.113	0.120
2.95	0.055	0.062	0.069	0.076	0.083	0.089	0.096	0.103	0.110
3.00	0.050	0.056	0.063	0.069	0.075	0.081	0.088	0.094	0.100
3.05	0.045	0.051	0.056	0.062	0.068	0.073	0.079	0.084	0.090
3.10	0.040	0.045	0.050	0.055	0.060	0.065	0.070	0.075	0.080
3.15	0.035	0.039	0.044	0.048	0.053	0.057	0.061	0.066	0.070
3.20	0.030	0.034	0.038	0.041	0.045	0.049	0.053	0.056	0.060
3.25	0.025	0.028	0.031	0.034	0.038	0.041	0.044	0.047	0.050
3.30	0.020	0.023	0.025	0.028	0.030	0.033	0.035	0.038	0.040
3.35	0.015	0.017	0.019	0.021	0.023	0.024	0.026	0.028	0.030
3.40	0.010	0.011	0.013	0.014	0.015	0.016	0.018	0.019	0.020
3.45	0.005	0.006	0.006	0.007	0.008	0.008	0.009	0.009	0.010
3.50	0.000	0.000	0.000	0.000	0.000	0.000	0.000	0.000	0.000

Bezogene Zusatzausmitte f/d für $\lambda <= 70$ Tabelle 1

B 15 bis B 55 $\lambda = s_K/i$ e/d = bez. Lastausmitte   Tafelwerte: bez. Zusatzausmitte f/d

54	56	58	60	62	64	66	68	70	λ / e/d
0.108	0.114	0.120	0.126	0.133	0.139	0.145	0.152	0.158	0.00
0.113	0.119	0.126	0.133	0.139	0.146	0.153	0.159	0.166	0.01
0.118	0.125	0.132	0.139	0.145	0.152	0.159	0.166	0.173	0.02
0.123	0.130	0.137	0.144	0.151	0.159	0.166	0.173	0.180	0.03
0.127	0.135	0.142	0.150	0.157	0.165	0.172	0.180	0.187	0.04
0.132	0.139	0.147	0.155	0.163	0.170	0.178	0.186	0.194	0.05
0.136	0.144	0.152	0.160	0.168	0.176	0.184	0.192	0.200	0.06
0.140	0.148	0.157	0.165	0.173	0.181	0.190	0.198	0.206	0.07
0.144	0.153	0.161	0.170	0.178	0.187	0.195	0.204	0.212	0.08
0.148	0.157	0.166	0.174	0.183	0.192	0.201	0.209	0.218	0.09
0.152	0.161	0.170	0.179	0.188	0.197	0.206	0.215	0.224	0.10
0.156	0.165	0.174	0.183	0.192	0.202	0.211	0.220	0.229	0.11
0.159	0.169	0.178	0.188	0.197	0.206	0.216	0.225	0.235	0.12
0.163	0.173	0.182	0.192	0.201	0.211	0.221	0.230	0.240	0.13
0.167	0.176	0.186	0.196	0.206	0.216	0.225	0.235	0.245	0.14
0.170	0.180	0.190	0.200	0.210	0.220	0.230	0.240	0.250	0.15
0.173	0.184	0.194	0.204	0.214	0.224	0.235	0.245	0.255	0.16
0.177	0.187	0.197	0.208	0.218	0.229	0.239	0.249	0.260	0.17
0.180	0.190	0.201	0.212	0.222	0.233	0.243	0.254	0.265	0.18
0.183	0.194	0.205	0.215	0.226	0.237	0.248	0.258	0.269	0.19
0.186	0.197	0.208	0.219	0.230	0.241	0.252	0.263	0.274	0.20
0.189	0.200	0.212	0.223	0.234	0.245	0.256	0.267	0.278	0.21
0.192	0.204	0.215	0.226	0.238	0.249	0.260	0.272	0.283	0.22
0.195	0.207	0.218	0.230	0.241	0.253	0.264	0.276	0.287	0.23
0.198	0.210	0.222	0.233	0.245	0.257	0.268	0.280	0.292	0.24
0.201	0.213	0.225	0.237	0.248	0.260	0.272	0.284	0.296	0.25
0.204	0.216	0.228	0.240	0.252	0.264	0.276	0.288	0.300	0.26
0.207	0.219	0.231	0.243	0.255	0.268	0.280	0.292	0.304	0.27
0.210	0.222	0.234	0.247	0.259	0.271	0.284	0.296	0.308	0.28
0.212	0.225	0.237	0.250	0.262	0.275	0.287	0.300	0.312	0.29
0.213	0.225	0.237	0.250	0.262	0.275	0.287	0.300	0.313	0.30
0.213	0.225	0.237	0.250	0.262	0.275	0.287	0.300	0.313	2.50
0.208	0.221	0.233	0.245	0.257	0.270	0.282	0.294	0.306	2.52
0.204	0.216	0.228	0.240	0.252	0.264	0.276	0.288	0.300	2.54
0.200	0.212	0.223	0.235	0.247	0.259	0.270	0.282	0.294	2.56
0.196	0.207	0.219	0.230	0.242	0.253	0.265	0.276	0.288	2.58
0.191	0.203	0.214	0.225	0.236	0.248	0.259	0.270	0.281	2.60
0.187	0.198	0.209	0.220	0.231	0.242	0.253	0.264	0.275	2.62
0.183	0.194	0.204	0.215	0.226	0.237	0.247	0.258	0.269	2.64
0.179	0.189	0.200	0.210	0.221	0.231	0.242	0.252	0.263	2.66
0.174	0.185	0.195	0.205	0.215	0.226	0.236	0.246	0.256	2.68
0.170	0.180	0.190	0.200	0.210	0.220	0.230	0.240	0.250	2.70
0.166	0.176	0.185	0.195	0.205	0.215	0.224	0.234	0.244	2.72
0.162	0.171	0.181	0.190	0.200	0.209	0.219	0.228	0.238	2.74
0.157	0.167	0.176	0.185	0.194	0.204	0.213	0.222	0.231	2.76
0.153	0.162	0.171	0.180	0.189	0.198	0.207	0.216	0.225	2.78
0.149	0.158	0.166	0.175	0.184	0.193	0.201	0.210	0.219	2.80
0.138	0.146	0.154	0.163	0.171	0.179	0.187	0.195	0.203	2.85
0.128	0.135	0.143	0.150	0.158	0.165	0.173	0.180	0.188	2.90
0.117	0.124	0.131	0.138	0.144	0.151	0.158	0.165	0.172	2.95
0.106	0.113	0.119	0.125	0.131	0.138	0.144	0.150	0.156	3.00
0.096	0.101	0.107	0.113	0.118	0.124	0.129	0.135	0.141	3.05
0.085	0.090	0.095	0.100	0.105	0.110	0.115	0.120	0.125	3.10
0.074	0.079	0.083	0.088	0.092	0.096	0.101	0.105	0.109	3.15
0.064	0.068	0.071	0.075	0.079	0.083	0.086	0.090	0.094	3.20
0.053	0.056	0.059	0.063	0.066	0.069	0.072	0.075	0.078	3.25
0.043	0.045	0.048	0.050	0.053	0.055	0.058	0.060	0.063	3.30
0.032	0.034	0.036	0.038	0.039	0.041	0.043	0.045	0.047	3.35
0.021	0.023	0.024	0.025	0.026	0.028	0.029	0.030	0.031	3.40
0.011	0.011	0.012	0.013	0.013	0.014	0.014	0.015	0.016	3.45
0.000	0.000	0.000	0.000	0.000	0.000	0.000	0.000	0.000	3.50

Kriechverformung   B 15 $\varphi = 2{,}7$ Tabelle 2

$\mu = \text{ges.}A_s/b{\cdot}d$ (%) $\sigma_d \cdot \lambda^2$ (kN/cm²)   Tafelwerte: $K_{phi} = e_K/(e_\varphi + e_V)$

$\sigma_d \cdot \lambda^2$ \ μ	0,2 %	0,5 %	0,8 %	1,0 %	1,5 %	2,0 %	2,5 %	3,0 %	5,0 %
0	0.000	0.000	0.000	0.000	0.000	0.000	0.000	0.000	0.000
100	0.013	0.012	0.011	0.011	0.009	0.008	0.008	0.007	0.005
200	0.027	0.025	0.023	0.021	0.019	0.017	0.016	0.014	0.011
300	0.041	0.037	0.034	0.033	0.029	0.026	0.023	0.021	0.016
400	0.055	0.050	0.046	0.044	0.039	0.035	0.032	0.029	0.021
500	0.070	0.064	0.058	0.055	0.049	0.044	0.040	0.036	0.027
600	0.085	0.077	0.071	0.067	0.059	0.053	0.048	0.044	0.033
700	0.101	0.092	0.084	0.079	0.070	0.062	0.056	0.052	0.038
800	0.117	0.106	0.097	0.092	0.081	0.072	0.065	0.059	0.044
900	0.133	0.121	0.110	0.104	0.092	0.082	0.074	0.067	0.050
1000	0.150	0.136	0.124	0.117	0.103	0.092	0.083	0.075	0.055
1100	0.168	0.151	0.138	0.130	0.114	0.102	0.092	0.083	0.061
1200	0.186	0.167	0.152	0.144	0.126	0.112	0.101	0.092	0.067
1300	0.204	0.184	0.167	0.157	0.138	0.122	0.110	0.100	0.073
1400	0.223	0.200	0.182	0.171	0.150	0.133	0.119	0.108	0.079
1500	0.242	0.218	0.197	0.186	0.162	0.144	0.129	0.117	0.085
1600	0.263	0.235	0.213	0.200	0.174	0.154	0.139	0.126	0.092
1700	0.283	0.253	0.229	0.215	0.187	0.166	0.148	0.135	0.098
1800	0.305	0.272	0.246	0.231	0.200	0.177	0.158	0.144	0.104
1900	0.327	0.291	0.263	0.246	0.214	0.189	0.169	0.153	0.110
2000	0.349	0.311	0.280	0.263	0.227	0.200	0.179	0.162	0.117
2200	0.397	0.352	0.316	0.296	0.255	0.225	0.200	0.181	0.130
2400	0.447	0.395	0.354	0.331	0.285	0.250	0.222	0.200	0.144
2600	0.501	0.441	0.394	0.368	0.315	0.276	0.245	0.220	0.157
2800	0.559	0.490	0.436	0.407	0.347	0.303	0.269	0.241	0.171
3000	0.621	0.542	0.481	0.447	0.381	0.331	0.293	0.263	0.186
3200	0.687	0.597	0.528	0.490	0.415	0.360	0.318	0.285	0.200
3400	0.758	0.656	0.578	0.535	0.452	0.391	0.344	0.307	0.215
3600	0.834	0.718	0.631	0.583	0.490	0.423	0.371	0.331	0.231
3800	0.916	0.785	0.687	0.633	0.530	0.456	0.399	0.355	0.246
4000	1.005	0.857	0.746	0.687	0.572	0.490	0.429	0.381	0.263
4200	1.101	0.933	0.809	0.743	0.616	0.526	0.459	0.407	0.279
4400	1.204	1.015	0.876	0.803	0.663	0.564	0.490	0.433	0.296
4600	1.317	1.103	0.948	0.866	0.711	0.603	0.523	0.461	0.313
4800	1.440	1.198	1.024	0.933	0.762	0.644	0.557	0.490	0.331
5000	1.574	1.301	1.106	1.005	0.816	0.687	0.592	0.520	0.349
5200	1.720	1.411	1.193	1.081	0.873	0.731	0.629	0.551	0.368
5400	1.881	1.531	1.287	1.162	0.933	0.778	0.667	0.583	0.387
5600	2.058	1.660	1.387	1.248	0.997	0.828	0.707	0.616	0.407
5800	2.252	1.801	1.495	1.341	1.063	0.879	0.748	0.651	0.427
6000	2.467	1.955	1.611	1.440	1.134	0.933	0.792	0.687	0.447
6200	2.706	2.122	1.737	1.546	1.209	0.990	0.837	0.724	0.468
6400	2.972	2.305	1.872	1.660	1.289	1.050	0.884	0.762	0.490
6600	3.269	2.507	2.019	1.783	1.373	1.113	0.933	0.803	0.512
6800	3.601	2.728	2.178	1.915	1.463	1.179	0.985	0.844	0.535
7000	3.976	2.972	2.351	2.058	1.559	1.248	1.039	0.888	0.559
7200	4.399	3.242	2.540	2.212	1.660	1.322	1.095	0.933	0.583
7400	4.880	3.542	2.746	2.379	1.769	1.400	1.154	0.980	0.608
7600	5.428	3.875	2.972	2.560	1.885	1.482	1.216	1.030	0.633
7800	6.056	4.248	3.220	2.757	2.009	1.568	1.281	1.081	0.660
8000	6.780	4.666	3.492	2.972	2.142	1.660	1.350	1.134	0.687
8200	7.619	5.137	3.793	3.207	2.284	1.758	1.422	1.190	0.714
8400	8.598	5.668	4.126	3.464	2.437	1.861	1.497	1.248	0.743
8600	9.746	6.272	4.495	3.746	2.602	1.971	1.577	1.309	0.772
8800	11.104	6.961	4.907	4.056	2.780	2.087	1.660	1.373	0.803
9000	12.721	7.750	5.366	4.399	2.972	2.212	1.749	1.440	0.834
9200	14.662	8.658	5.882	4.778	3.179	2.344	1.842	1.510	0.866
9400	17.013	9.711	6.462	5.200	3.404	2.486	1.940	1.583	0.899
9600	19.887	10.937	7.118	5.668	3.649	2.637	2.044	1.660	0.933
9800	23.438	12.374	7.862	6.192	3.915	2.798	2.154	1.741	0.968
10000	27.874	14.069	8.710	6.780	4.204	2.972	2.271	1.826	1.005

Kriechverformung   B 25 $\varphi = 2{,}7$ Tabelle 3

$\mu = \text{ges.A}_s/b \cdot d$ (%) $\sigma_d \cdot \lambda^2$ (kN/cm²)   Tafelwerte: $K_{phi} = e_K / (e_\varphi + e_v)$

$\sigma_d \cdot \lambda^2$ \ μ	0,2 %	0,5 %	0,8 %	1,0 %	2,0 %	3,0 %	4,5 %	6,0 %	9,0 %
0	0.000	0.000	0.000	0.000	0.000	0.000	0.000	0.000	0.000
100	0.012	0.011	0.010	0.009	0.007	0.006	0.005	0.004	0.003
200	0.023	0.021	0.020	0.019	0.015	0.012	0.010	0.008	0.006
300	0.035	0.032	0.030	0.028	0.022	0.019	0.015	0.012	0.009
400	0.048	0.043	0.040	0.038	0.030	0.025	0.020	0.016	0.012
500	0.060	0.055	0.050	0.048	0.038	0.031	0.025	0.021	0.015
600	0.073	0.067	0.061	0.058	0.046	0.038	0.030	0.025	0.019
700	0.086	0.078	0.072	0.068	0.054	0.044	0.035	0.029	0.022
800	0.100	0.091	0.083	0.078	0.062	0.051	0.040	0.033	0.025
900	0.114	0.103	0.094	0.089	0.070	0.058	0.046	0.038	0.028
1000	0.128	0.116	0.106	0.100	0.078	0.065	0.051	0.042	0.031
1100	0.142	0.129	0.117	0.111	0.087	0.071	0.056	0.047	0.035
1200	0.157	0.142	0.129	0.122	0.096	0.078	0.062	0.051	0.038
1300	0.172	0.156	0.142	0.134	0.104	0.085	0.067	0.055	0.041
1400	0.188	0.169	0.154	0.145	0.113	0.093	0.073	0.060	0.044
1500	0.204	0.184	0.167	0.157	0.122	0.100	0.078	0.065	0.048
1600	0.220	0.198	0.180	0.169	0.131	0.107	0.084	0.069	0.051
1700	0.237	0.213	0.193	0.182	0.141	0.115	0.090	0.074	0.054
1800	0.254	0.228	0.207	0.194	0.150	0.122	0.096	0.078	0.058
1900	0.272	0.244	0.220	0.207	0.160	0.130	0.101	0.083	0.061
2000	0.290	0.259	0.235	0.220	0.169	0.138	0.107	0.088	0.065
2200	0.328	0.292	0.264	0.248	0.189	0.153	0.119	0.097	0.071
2400	0.368	0.327	0.294	0.276	0.210	0.169	0.131	0.107	0.078
2600	0.410	0.363	0.326	0.305	0.231	0.186	0.144	0.117	0.085
2800	0.454	0.401	0.359	0.336	0.253	0.203	0.156	0.127	0.093
3000	0.501	0.441	0.394	0.368	0.276	0.220	0.169	0.138	0.100
3200	0.551	0.483	0.431	0.401	0.299	0.238	0.183	0.148	0.107
3400	0.604	0.528	0.469	0.436	0.323	0.257	0.196	0.159	0.115
3600	0.660	0.575	0.509	0.473	0.348	0.276	0.210	0.169	0.122
3800	0.719	0.624	0.551	0.511	0.374	0.295	0.224	0.180	0.130
4000	0.782	0.676	0.595	0.551	0.401	0.315	0.238	0.192	0.138
4200	0.850	0.731	0.642	0.593	0.429	0.336	0.253	0.203	0.145
4400	0.922	0.790	0.690	0.637	0.458	0.357	0.268	0.215	0.153
4600	0.999	0.852	0.742	0.683	0.488	0.379	0.283	0.226	0.161
4800	1.081	0.917	0.796	0.731	0.519	0.401	0.299	0.238	0.169
5000	1.169	0.987	0.853	0.782	0.551	0.424	0.315	0.251	0.178
5200	1.263	1.061	0.914	0.836	0.584	0.448	0.332	0.263	0.186
5400	1.365	1.141	0.978	0.892	0.619	0.473	0.348	0.276	0.194
5600	1.475	1.225	1.045	0.952	0.655	0.498	0.366	0.289	0.203
5800	1.593	1.315	1.117	1.015	0.692	0.524	0.383	0.302	0.212
6000	1.720	1.411	1.193	1.081	0.731	0.551	0.401	0.315	0.220
6200	1.859	1.514	1.274	1.151	0.772	0.579	0.420	0.329	0.229
6400	2.009	1.625	1.360	1.225	0.814	0.607	0.439	0.343	0.238
6600	2.172	1.743	1.451	1.303	0.858	0.637	0.458	0.357	0.248
6800	2.350	1.871	1.548	1.386	0.904	0.667	0.478	0.371	0.257
7000	2.544	2.009	1.652	1.475	0.952	0.699	0.498	0.386	0.266
7200	2.757	2.157	1.763	1.568	1.002	0.731	0.519	0.401	0.276
7400	2.991	2.318	1.882	1.668	1.054	0.765	0.540	0.417	0.285
7600	3.248	2.493	2.009	1.774	1.108	0.800	0.562	0.432	0.295
7800	3.532	2.682	2.145	1.888	1.165	0.836	0.584	0.448	0.305
8000	3.846	2.888	2.292	2.009	1.225	0.873	0.607	0.464	0.315
8200	4.195	3.112	2.450	2.138	1.287	0.912	0.631	0.481	0.325
8400	4.584	3.358	2.620	2.277	1.353	0.952	0.655	0.498	0.336
8600	5.019	3.627	2.804	2.426	1.421	0.993	0.680	0.515	0.346
8800	5.506	3.923	3.004	2.585	1.493	1.036	0.705	0.533	0.357
9000	6.056	4.248	3.220	2.757	1.568	1.081	0.731	0.551	0.368
9200	6.677	4.607	3.454	2.942	1.648	1.127	0.758	0.569	0.379
9400	7.383	5.005	3.710	3.142	1.731	1.175	0.786	0.588	0.390
9600	8.188	5.448	3.988	3.358	1.819	1.225	0.814	0.607	0.401
9800	9.110	5.941	4.293	3.592	1.911	1.277	0.843	0.627	0.413
10000	10.173	6.492	4.627	3.846	2.009	1.330	0.873	0.647	0.424

Kriechverformung   B 35   φ = 2,7   Tabelle 4

μ = ges.A$_s$/b·d   (%)   σ$_d$·λ² (kN/cm²)   Tafelwerte: K$_{phi}$ = e$_K$/(e$_φ$+e$_V$)

σ$_d$·λ² \ μ	0,2 %	0,5 %	0,8 %	1,0 %	2,0 %	3,0 %	4,5 %	6,0 %	9,0 %
0	0.000	0.000	0.000	0.000	0.000	0.000	0.000	0.000	0.000
100	0.010	0.009	0.009	0.008	0.006	0.005	0.004	0.004	0.003
200	0.021	0.019	0.017	0.016	0.013	0.011	0.009	0.007	0.005
300	0.031	0.028	0.026	0.025	0.020	0.016	0.013	0.011	0.008
400	0.042	0.038	0.035	0.033	0.026	0.022	0.017	0.015	0.011
500	0.053	0.048	0.044	0.042	0.033	0.028	0.022	0.018	0.014
600	0.064	0.058	0.053	0.051	0.040	0.033	0.026	0.022	0.016
700	0.075	0.069	0.063	0.060	0.047	0.039	0.031	0.026	0.019
800	0.087	0.079	0.072	0.069	0.054	0.045	0.036	0.029	0.022
900	0.099	0.090	0.082	0.078	0.061	0.051	0.040	0.033	0.025
1000	0.111	0.101	0.092	0.087	0.069	0.057	0.045	0.037	0.028
1100	0.124	0.112	0.102	0.097	0.076	0.063	0.049	0.041	0.030
1200	0.136	0.123	0.113	0.106	0.083	0.069	0.054	0.045	0.033
1300	0.149	0.135	0.123	0.116	0.091	0.075	0.059	0.049	0.036
1400	0.163	0.147	0.134	0.126	0.099	0.081	0.064	0.053	0.039
1500	0.176	0.159	0.145	0.136	0.106	0.087	0.069	0.057	0.042
1600	0.190	0.171	0.156	0.147	0.114	0.093	0.073	0.061	0.045
1700	0.204	0.184	0.167	0.157	0.122	0.100	0.078	0.065	0.048
1800	0.218	0.196	0.178	0.168	0.130	0.106	0.083	0.069	0.051
1900	0.233	0.209	0.190	0.179	0.138	0.113	0.088	0.073	0.054
2000	0.248	0.223	0.202	0.190	0.147	0.120	0.093	0.077	0.057
2200	0.280	0.250	0.226	0.213	0.164	0.133	0.104	0.085	0.063
2400	0.312	0.279	0.252	0.236	0.181	0.147	0.114	0.093	0.069
2600	0.347	0.308	0.278	0.261	0.199	0.161	0.125	0.102	0.075
2800	0.382	0.340	0.305	0.286	0.217	0.175	0.136	0.111	0.081
3000	0.420	0.372	0.334	0.312	0.236	0.190	0.147	0.120	0.087
3200	0.460	0.406	0.363	0.340	0.256	0.205	0.158	0.128	0.093
3400	0.501	0.441	0.394	0.368	0.276	0.220	0.169	0.138	0.100
3600	0.545	0.478	0.426	0.397	0.296	0.236	0.181	0.147	0.106
3800	0.591	0.517	0.460	0.428	0.318	0.252	0.193	0.156	0.113
4000	0.639	0.558	0.495	0.460	0.340	0.269	0.205	0.166	0.120
4200	0.691	0.600	0.531	0.493	0.362	0.286	0.217	0.175	0.126
4400	0.745	0.645	0.569	0.527	0.385	0.303	0.230	0.185	0.133
4600	0.802	0.692	0.609	0.563	0.409	0.321	0.243	0.195	0.140
4800	0.862	0.742	0.650	0.600	0.434	0.340	0.256	0.205	0.147
5000	0.926	0.793	0.693	0.639	0.460	0.358	0.269	0.215	0.154
5200	0.994	0.848	0.739	0.680	0.486	0.378	0.283	0.226	0.161
5400	1.066	0.906	0.786	0.723	0.513	0.397	0.296	0.236	0.168
5600	1.142	0.966	0.836	0.767	0.541	0.418	0.310	0.247	0.175
5800	1.224	1.030	0.889	0.814	0.570	0.438	0.325	0.258	0.183
6000	1.310	1.098	0.944	0.862	0.600	0.460	0.340	0.269	0.190
6200	1.403	1.170	1.001	0.913	0.632	0.482	0.355	0.280	0.197
6400	1.502	1.245	1.062	0.966	0.664	0.504	0.370	0.292	0.205
6600	1.607	1.326	1.126	1.022	0.697	0.527	0.385	0.303	0.213
6800	1.720	1.411	1.193	1.081	0.731	0.551	0.401	0.315	0.220
7000	1.842	1.502	1.264	1.142	0.767	0.575	0.418	0.327	0.228
7200	1.972	1.598	1.339	1.207	0.804	0.600	0.434	0.340	0.236
7400	2.113	1.701	1.418	1.275	0.842	0.626	0.451	0.352	0.244
7600	2.264	1.810	1.502	1.347	0.882	0.653	0.468	0.365	0.252
7800	2.428	1.927	1.590	1.422	0.923	0.680	0.486	0.378	0.261
8000	2.605	2.051	1.684	1.502	0.966	0.708	0.504	0.391	0.269
8200	2.797	2.185	1.783	1.586	1.011	0.737	0.523	0.404	0.277
8400	3.005	2.328	1.889	1.674	1.057	0.767	0.541	0.418	0.286
8600	3.232	2.482	2.001	1.768	1.105	0.798	0.561	0.431	0.295
8800	3.479	2.647	2.121	1.867	1.155	0.830	0.580	0.445	0.303
9000	3.750	2.825	2.248	1.972	1.207	0.862	0.600	0.460	0.312
9200	4.047	3.018	2.384	2.084	1.261	0.896	0.621	0.474	0.321
9400	4.373	3.225	2.529	2.202	1.318	0.930	0.642	0.489	0.330
9600	4.732	3.450	2.684	2.328	1.376	0.966	0.664	0.504	0.340
9800	5.128	3.694	2.850	2.462	1.438	1.003	0.686	0.519	0.349
10000	5.568	3.959	3.028	2.605	1.502	1.041	0.708	0.535	0.358

Kriechverformung   B 45 $\varphi = 2{,}7$ Tabelle 5

$\mu = \text{ges.}A_s / b \cdot d$ (%) $\sigma_d \cdot \lambda^2$ (kN/cm²)   Tafelwerte: $K_{phi} = e_K / (e_\varphi + e_V)$

$\sigma_d \cdot \lambda^2$ \ μ	0,2 %	0,5 %	0,8 %	1,0 %	2,0 %	3,0 %	4,5 %	6,0 %	9,0 %
0	0.000	0.000	0.000	0.000	0.000	0.000	0.000	0.000	0.000
100	0.009	0.009	0.008	0.007	0.006	0.005	0.004	0.003	0.002
200	0.019	0.017	0.016	0.015	0.012	0.010	0.008	0.007	0.005
300	0.028	0.026	0.024	0.023	0.018	0.015	0.012	0.010	0.007
400	0.038	0.035	0.032	0.030	0.024	0.020	0.016	0.013	0.010
500	0.048	0.044	0.040	0.038	0.030	0.025	0.020	0.017	0.012
600	0.059	0.053	0.049	0.046	0.037	0.030	0.024	0.020	0.015
700	0.069	0.063	0.057	0.054	0.043	0.036	0.028	0.024	0.018
800	0.080	0.072	0.066	0.063	0.050	0.041	0.033	0.027	0.020
900	0.090	0.082	0.075	0.071	0.056	0.046	0.037	0.030	0.023
1000	0.101	0.092	0.084	0.080	0.063	0.052	0.041	0.034	0.025
1100	0.113	0.102	0.093	0.088	0.069	0.057	0.045	0.037	0.028
1200	0.124	0.112	0.103	0.097	0.076	0.063	0.050	0.041	0.030
1300	0.136	0.123	0.112	0.106	0.083	0.068	0.054	0.045	0.033
1400	0.148	0.133	0.122	0.115	0.090	0.074	0.058	0.048	0.036
1500	0.160	0.144	0.131	0.124	0.097	0.080	0.063	0.052	0.038
1600	0.172	0.155	0.141	0.133	0.104	0.085	0.067	0.055	0.041
1700	0.185	0.166	0.151	0.143	0.111	0.091	0.072	0.059	0.044
1800	0.198	0.178	0.162	0.152	0.119	0.097	0.076	0.063	0.046
1900	0.211	0.189	0.172	0.162	0.126	0.103	0.081	0.066	0.049
2000	0.224	0.201	0.183	0.172	0.133	0.109	0.085	0.070	0.052
2200	0.252	0.226	0.204	0.192	0.149	0.121	0.095	0.078	0.057
2400	0.280	0.251	0.227	0.213	0.164	0.133	0.104	0.085	0.063
2600	0.310	0.277	0.250	0.235	0.180	0.146	0.114	0.093	0.068
2800	0.342	0.304	0.274	0.257	0.196	0.159	0.123	0.101	0.074
3000	0.375	0.333	0.299	0.280	0.213	0.172	0.133	0.109	0.080
3200	0.409	0.362	0.325	0.304	0.231	0.185	0.143	0.117	0.085
3400	0.444	0.393	0.352	0.329	0.248	0.199	0.154	0.125	0.091
3600	0.482	0.425	0.380	0.355	0.266	0.213	0.164	0.133	0.097
3800	0.521	0.458	0.409	0.381	0.285	0.228	0.175	0.142	0.103
4000	0.562	0.493	0.439	0.409	0.304	0.242	0.185	0.150	0.109
4200	0.605	0.529	0.470	0.437	0.324	0.257	0.196	0.159	0.115
4400	0.650	0.567	0.502	0.467	0.344	0.273	0.208	0.168	0.121
4600	0.698	0.606	0.536	0.497	0.365	0.288	0.219	0.176	0.127
4800	0.748	0.648	0.571	0.529	0.387	0.304	0.231	0.185	0.133
5000	0.800	0.691	0.607	0.562	0.409	0.321	0.242	0.195	0.140
5200	0.855	0.736	0.645	0.596	0.431	0.338	0.254	0.204	0.146
5400	0.914	0.783	0.685	0.632	0.455	0.355	0.266	0.213	0.152
5600	0.975	0.833	0.726	0.669	0.479	0.372	0.279	0.223	0.159
5800	1.040	0.885	0.769	0.708	0.504	0.390	0.291	0.232	0.165
6000	1.109	0.940	0.814	0.748	0.529	0.409	0.304	0.242	0.172
6200	1.181	0.997	0.861	0.789	0.555	0.428	0.317	0.252	0.179
6400	1.258	1.057	0.911	0.833	0.582	0.447	0.331	0.262	0.185
6600	1.340	1.121	0.962	0.878	0.610	0.467	0.344	0.273	0.192
6800	1.426	1.188	1.016	0.926	0.639	0.487	0.358	0.283	0.199
7000	1.518	1.258	1.072	0.975	0.669	0.508	0.372	0.294	0.206
7200	1.616	1.333	1.131	1.027	0.700	0.529	0.387	0.304	0.213
7400	1.720	1.411	1.193	1.081	0.731	0.551	0.401	0.315	0.220
7600	1.832	1.494	1.258	1.137	0.764	0.573	0.416	0.326	0.228
7800	1.951	1.582	1.327	1.196	0.798	0.596	0.431	0.338	0.235
8000	2.078	1.675	1.398	1.258	0.833	0.620	0.447	0.349	0.242
8200	2.214	1.774	1.474	1.323	0.869	0.644	0.463	0.361	0.250
8400	2.360	1.878	1.554	1.391	0.907	0.669	0.479	0.372	0.257
8600	2.517	1.990	1.638	1.462	0.945	0.695	0.495	0.384	0.265
8800	2.686	2.108	1.726	1.537	0.985	0.721	0.512	0.396	0.273
9000	2.868	2.234	1.820	1.616	1.027	0.748	0.529	0.409	0.280
9200	3.064	2.369	1.919	1.699	1.070	0.775	0.547	0.421	0.288
9400	3.277	2.512	2.023	1.786	1.114	0.804	0.564	0.434	0.296
9600	3.508	2.666	2.134	1.878	1.161	0.833	0.582	0.447	0.304
9800	3.758	2.830	2.251	1.975	1.208	0.863	0.601	0.460	0.313
10000	4.030	3.007	2.376	2.078	1.258	0.894	0.620	0.473	0.321

Kriechverformung B 55 $\varphi = 2{,}7$ Tabelle 6

$\mu = \text{ges.}A_s / b \cdot d$ (%) $\sigma_d \cdot \lambda^2$ (kN/cm²)   Tafelwerte: $K_{phi} = e_K / (e_\varphi + e_V)$

$\sigma_d \cdot \lambda^2$ \ μ	0,2 %	0,5 %	0,8 %	1,0 %	2,0 %	3,0 %	4,5 %	6,0 %	9,0 %
0	0.000	0.000	0.000	0.000	0.000	0.000	0.000	0.000	0.000
100	0.009	0.008	0.007	0.007	0.006	0.005	0.004	0.003	0.002
200	0.018	0.016	0.015	0.014	0.011	0.009	0.008	0.006	0.005
300	0.027	0.025	0.023	0.021	0.017	0.014	0.011	0.009	0.007
400	0.036	0.033	0.030	0.029	0.023	0.019	0.015	0.013	0.009
500	0.046	0.042	0.038	0.036	0.029	0.024	0.019	0.016	0.012
600	0.055	0.050	0.046	0.044	0.035	0.029	0.023	0.019	0.014
700	0.065	0.059	0.054	0.052	0.041	0.034	0.027	0.022	0.017
800	0.075	0.068	0.063	0.059	0.047	0.039	0.031	0.026	0.019
900	0.085	0.077	0.071	0.067	0.053	0.044	0.035	0.029	0.021
1000	0.096	0.087	0.079	0.075	0.059	0.049	0.039	0.032	0.024
1100	0.106	0.096	0.088	0.083	0.066	0.054	0.043	0.035	0.026
1200	0.117	0.106	0.097	0.092	0.072	0.059	0.047	0.039	0.029
1300	0.128	0.116	0.106	0.100	0.078	0.065	0.051	0.042	0.031
1400	0.139	0.126	0.115	0.108	0.085	0.070	0.055	0.046	0.034
1500	0.150	0.136	0.124	0.117	0.092	0.075	0.059	0.049	0.036
1600	0.162	0.146	0.133	0.126	0.098	0.081	0.063	0.052	0.039
1700	0.174	0.157	0.143	0.135	0.105	0.086	0.068	0.056	0.041
1800	0.186	0.167	0.152	0.144	0.112	0.092	0.072	0.059	0.044
1900	0.198	0.178	0.162	0.153	0.119	0.097	0.076	0.063	0.046
2000	0.210	0.189	0.172	0.162	0.126	0.103	0.081	0.066	0.049
2200	0.236	0.212	0.192	0.181	0.140	0.114	0.089	0.073	0.054
2400	0.263	0.235	0.213	0.200	0.154	0.126	0.098	0.081	0.059
2600	0.290	0.259	0.235	0.220	0.169	0.138	0.107	0.088	0.065
2800	0.319	0.285	0.257	0.241	0.185	0.150	0.116	0.095	0.070
3000	0.349	0.311	0.280	0.263	0.200	0.162	0.126	0.103	0.075
3200	0.381	0.338	0.304	0.285	0.216	0.174	0.135	0.110	0.081
3400	0.413	0.366	0.329	0.307	0.233	0.187	0.145	0.118	0.086
3600	0.447	0.395	0.354	0.331	0.250	0.200	0.154	0.126	0.092
3800	0.483	0.426	0.381	0.355	0.267	0.214	0.164	0.134	0.097
4000	0.520	0.457	0.408	0.381	0.285	0.227	0.174	0.142	0.103
4200	0.559	0.490	0.436	0.407	0.303	0.241	0.185	0.150	0.108
4400	0.600	0.524	0.466	0.433	0.322	0.255	0.195	0.158	0.114
4600	0.642	0.560	0.496	0.461	0.341	0.270	0.206	0.166	0.120
4800	0.687	0.597	0.528	0.490	0.360	0.285	0.216	0.174	0.126
5000	0.733	0.636	0.561	0.520	0.381	0.300	0.227	0.183	0.132
5200	0.782	0.676	0.595	0.551	0.401	0.315	0.238	0.192	0.138
5400	0.834	0.718	0.631	0.583	0.423	0.331	0.250	0.200	0.144
5600	0.888	0.762	0.668	0.616	0.444	0.347	0.261	0.209	0.150
5800	0.945	0.809	0.706	0.651	0.467	0.364	0.273	0.218	0.156
6000	1.005	0.857	0.746	0.687	0.490	0.381	0.285	0.227	0.162
6200	1.068	0.907	0.788	0.724	0.514	0.398	0.297	0.237	0.168
6400	1.134	0.960	0.831	0.762	0.538	0.415	0.309	0.246	0.174
6600	1.204	1.015	0.876	0.803	0.564	0.433	0.322	0.255	0.181
6800	1.279	1.073	0.924	0.844	0.590	0.452	0.334	0.265	0.187
7000	1.357	1.134	0.973	0.888	0.616	0.471	0.347	0.275	0.194
7200	1.440	1.198	1.024	0.933	0.644	0.490	0.360	0.285	0.200
7400	1.528	1.266	1.078	0.980	0.672	0.510	0.374	0.295	0.207
7600	1.621	1.336	1.134	1.030	0.701	0.530	0.387	0.305	0.214
7800	1.720	1.411	1.193	1.081	0.731	0.551	0.401	0.315	0.220
8000	1.826	1.490	1.255	1.134	0.762	0.572	0.415	0.326	0.227
8200	1.938	1.573	1.319	1.190	0.794	0.594	0.430	0.336	0.234
8400	2.058	1.660	1.387	1.248	0.828	0.616	0.444	0.347	0.241
8600	2.185	1.753	1.458	1.309	0.862	0.639	0.459	0.358	0.248
8800	2.322	1.851	1.533	1.373	0.897	0.663	0.475	0.369	0.255
9000	2.467	1.955	1.611	1.440	0.933	0.687	0.490	0.381	0.263
9200	2.624	2.065	1.694	1.510	0.971	0.711	0.506	0.392	0.270
9400	2.792	2.181	1.781	1.583	1.010	0.737	0.522	0.404	0.277
9600	2.972	2.305	1.872	1.660	1.050	0.762	0.538	0.415	0.285
9800	3.166	2.437	1.969	1.741	1.091	0.789	0.555	0.427	0.292
10000	3.375	2.578	2.071	1.826	1.134	0.816	0.572	0.440	0.300

Tabellen
für
Rechteckquerschnitte

e/d \ μ	0.2 %	0.5 %	0.8 %	1.0 %	1.2 %	1.4 %	1.6 %	1.8 %	2.0 %
0.00	0.540	0.600	0.660	0.700	0.740	0.780	0.820	0.860	0.900
0.01	0.532	0.595	0.656	0.696	0.736	0.776	0.816	0.856	0.895
0.02	0.520	0.587	0.649	0.690	0.730	0.770	0.810	0.850	0.890
0.03	0.507	0.574	0.641	0.683	0.724	0.764	0.804	0.844	0.884
0.04	0.494	0.560	0.626	0.669	0.713	0.756	0.798	0.838	0.878
0.05	0.482	0.547	0.611	0.654	0.696	0.739	0.781	0.824	0.867
0.06	0.471	0.534	0.597	0.639	0.681	0.722	0.764	0.806	0.847
0.07	0.460	0.522	0.583	0.624	0.665	0.706	0.747	0.788	0.828
0.08	0.449	0.510	0.571	0.611	0.651	0.691	0.731	0.771	0.811
0.09	0.439	0.499	0.558	0.597	0.637	0.676	0.715	0.754	0.793
0.10	0.430	0.488	0.546	0.585	0.623	0.662	0.700	0.739	0.777
0.12	0.410	0.468	0.524	0.561	0.598	0.635	0.672	0.709	0.746
0.14	0.390	0.447	0.503	0.539	0.575	0.610	0.646	0.682	0.717
0.16	0.375	0.428	0.482	0.517	0.552	0.587	0.622	0.656	0.690
0.18	0.360	0.412	0.462	0.497	0.531	0.565	0.598	0.632	0.665
0.20	0.345	0.397	0.446	0.478	0.510	0.543	0.576	0.609	0.641
0.22	0.331	0.382	0.431	0.462	0.493	0.524	0.555	0.586	0.618
0.24	0.318	0.369	0.416	0.447	0.478	0.508	0.538	0.567	0.597
0.26	0.305	0.356	0.403	0.433	0.463	0.492	0.522	0.551	0.580
0.28	0.293	0.344	0.390	0.420	0.449	0.478	0.506	0.535	0.563
0.30	0.282	0.332	0.378	0.407	0.436	0.464	0.492	0.520	0.547
0.32	0.271	0.322	0.366	0.395	0.423	0.451	0.478	0.505	0.533
0.34	0.261	0.311	0.356	0.384	0.411	0.438	0.465	0.492	0.518
0.36	0.252	0.302	0.345	0.373	0.400	0.427	0.453	0.479	0.505
0.38	0.243	0.293	0.336	0.363	0.389	0.415	0.441	0.467	0.492
0.40	0.232	0.284	0.326	0.353	0.379	0.405	0.430	0.455	0.480
0.42	0.217	0.276	0.318	0.344	0.370	0.395	0.420	0.444	0.468
0.44	0.202	0.269	0.310	0.335	0.360	0.385	0.409	0.434	0.457
0.46	0.188	0.262	0.302	0.327	0.352	0.376	0.400	0.423	0.447
0.48	0.175	0.255	0.295	0.319	0.344	0.367	0.391	0.414	0.437
0.50	0.161	0.249	0.288	0.312	0.336	0.359	0.382	0.405	0.427
0.55	0.132	0.231	0.272	0.295	0.318	0.340	0.362	0.383	0.405
0.60	0.109	0.206	0.257	0.280	0.301	0.323	0.344	0.364	0.385
0.65	0.092	0.185	0.244	0.266	0.287	0.307	0.327	0.347	0.367
0.70	0.079	0.166	0.230	0.254	0.274	0.293	0.312	0.332	0.351
0.75	0.069	0.147	0.212	0.242	0.262	0.280	0.299	0.317	0.336
0.80	0.061	0.132	0.196	0.230	0.251	0.269	0.287	0.304	0.322
0.85	0.055	0.120	0.181	0.214	0.241	0.258	0.275	0.292	0.309
0.90	0.049	0.110	0.167	0.200	0.230	0.248	0.265	0.281	0.298
0.95	0.045	0.101	0.154	0.187	0.216	0.240	0.255	0.271	0.287
1.00	0.041	0.093	0.143	0.176	0.203	0.230	0.247	0.262	0.277
1.10	0.035	0.081	0.125	0.154	0.182	0.206	0.230	0.245	0.259
1.20	0.031	0.072	0.110	0.136	0.162	0.186	0.208	0.229	0.244
1.30	0.027	0.064	0.099	0.122	0.145	0.169	0.190	0.210	0.229
1.40	0.025	0.058	0.090	0.111	0.132	0.153	0.174	0.193	0.211
1.50	0.022	0.053	0.082	0.101	0.120	0.140	0.159	0.178	0.196
1.60	0.021	0.048	0.075	0.093	0.111	0.129	0.147	0.165	0.182
1.70	0.019	0.045	0.070	0.086	0.103	0.119	0.136	0.153	0.170
1.80	0.018	0.042	0.065	0.080	0.096	0.111	0.127	0.142	0.158
1.90	0.016	0.039	0.061	0.075	0.090	0.104	0.118	0.133	0.148
2.00	0.015	0.037	0.057	0.071	0.084	0.098	0.111	0.125	0.139
2.20	0.014	0.033	0.051	0.063	0.075	0.087	0.099	0.111	0.124
2.40	0.012	0.029	0.046	0.057	0.068	0.079	0.090	0.101	0.112
2.60	0.011	0.027	0.042	0.052	0.062	0.072	0.082	0.092	0.102
2.80	0.010	0.024	0.038	0.047	0.057	0.066	0.075	0.084	0.093
3.00	0.009	0.023	0.035	0.044	0.052	0.061	0.069	0.078	0.086
4.00	0.007	0.016	0.026	0.032	0.038	0.044	0.050	0.056	0.063
5.00	0.005	0.013	0.020	0.025	0.030	0.035	0.039	0.044	0.049
6.00	0.004	0.010	0.016	0.020	0.024	0.028	0.032	0.036	0.040
7.00	0.004	0.009	0.014	0.017	0.021	0.024	0.027	0.031	0.034
8.00	0.003	0.008	0.012	0.015	0.018	0.021	0.024	0.027	0.030
9.00	0.003	0.007	0.011	0.013	0.016	0.018	0.021	0.024	0.026
10.00	0.003	0.006	0.010	0.012	0.014	0.017	0.019	0.021	0.024

Tabelle 7

Regelbemessung

$\gamma = 2{,}10$ bis $1{,}75$

Beton: **B 15**

$d1/d = $ **0,10**

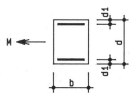

$d1/d = $ **0,07**

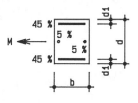

$e/d = M/N \cdot d$

$\text{ges.} A_s = \mu \cdot b \cdot d$

Tafelwerte:
$\text{zul.} \sigma_{bi} = N/b \cdot d \; (kN/cm^2)$

2,5 %	3,0 %	3,5 %	4,0 %	4,5 %	5,0 %	μ \\ e/d
1.000	1.100	1.200	1.300	1.400	1.500	0.00
0.995	1.095	1.194	1.294	1.393	1.493	0.01
0.990	1.089	1.188	1.287	1.387	1.486	0.02
0.984	1.083	1.182	1.281	1.379	1.478	0.03
0.977	1.076	1.175	1.273	1.372	1.470	0.04
0.970	1.069	1.167	1.266	1.364	1.462	0.05
0.951	1.055	1.158	1.258	1.356	1.454	0.06
0.930	1.032	1.133	1.235	1.336	1.438	0.07
0.910	1.010	1.109	1.208	1.308	1.407	0.08
0.891	0.988	1.086	1.183	1.281	1.378	0.09
0.873	0.968	1.064	1.159	1.255	1.350	0.10
0.838	0.930	1.022	1.114	1.205	1.297	0.12
0.806	0.894	0.983	1.071	1.160	1.248	0.14
0.776	0.861	0.947	1.032	1.117	1.202	0.16
0.748	0.831	0.913	0.996	1.078	1.160	0.18
0.722	0.802	0.882	0.962	1.041	1.121	0.20
0.696	0.774	0.852	0.929	1.007	1.084	0.22
0.672	0.748	0.823	0.898	0.973	1.048	0.24
0.651	0.723	0.796	0.869	0.942	1.015	0.26
0.633	0.703	0.772	0.842	0.912	0.983	0.28
0.616	0.684	0.752	0.819	0.887	0.954	0.30
0.600	0.666	0.732	0.798	0.864	0.930	0.32
0.584	0.649	0.714	0.778	0.843	0.907	0.34
0.569	0.633	0.696	0.759	0.822	0.885	0.36
0.555	0.617	0.679	0.741	0.803	0.864	0.38
0.541	0.603	0.663	0.724	0.784	0.844	0.40
0.529	0.588	0.648	0.707	0.766	0.825	0.42
0.516	0.575	0.633	0.691	0.749	0.807	0.44
0.505	0.562	0.619	0.676	0.733	0.789	0.46
0.494	0.550	0.606	0.661	0.717	0.773	0.48
0.483	0.538	0.593	0.648	0.702	0.757	0.50
0.458	0.511	0.563	0.615	0.667	0.719	0.55
0.436	0.486	0.536	0.586	0.636	0.685	0.60
0.416	0.464	0.512	0.560	0.607	0.655	0.65
0.397	0.444	0.490	0.535	0.581	0.627	0.70
0.381	0.425	0.469	0.513	0.557	0.601	0.75
0.365	0.408	0.451	0.493	0.535	0.577	0.80
0.351	0.392	0.433	0.474	0.515	0.555	0.85
0.338	0.378	0.417	0.457	0.496	0.535	0.90
0.326	0.364	0.403	0.441	0.478	0.516	0.95
0.315	0.352	0.389	0.426	0.462	0.499	1.00
0.294	0.329	0.364	0.398	0.433	0.467	1.10
0.276	0.309	0.342	0.374	0.407	0.439	1.20
0.261	0.292	0.323	0.353	0.384	0.414	1.30
0.247	0.276	0.305	0.334	0.363	0.392	1.40
0.237	0.262	0.290	0.317	0.345	0.373	1.50
0.222	0.249	0.276	0.302	0.328	0.354	1.60
0.207	0.240	0.263	0.288	0.313	0.338	1.70
0.195	0.229	0.251	0.275	0.300	0.323	1.80
0.183	0.216	0.243	0.264	0.287	0.310	1.90
0.173	0.205	0.235	0.253	0.275	0.297	2.00
0.154	0.185	0.213	0.238	0.255	0.275	2.20
0.139	0.167	0.194	0.219	0.240	0.256	2.40
0.127	0.152	0.178	0.201	0.224	0.242	2.60
0.116	0.140	0.163	0.186	0.208	0.229	2.80
0.108	0.129	0.151	0.173	0.193	0.213	3.00
0.078	0.094	0.109	0.125	0.141	0.156	4.00
0.061	0.073	0.086	0.098	0.110	0.123	5.00
0.050	0.060	0.070	0.080	0.091	0.101	6.00
0.043	0.051	0.060	0.068	0.077	0.085	7.00
0.037	0.045	0.052	0.059	0.067	0.074	8.00
0.033	0.039	0.046	0.052	0.059	0.066	9.00
0.029	0.035	0.041	0.047	0.053	0.059	10.00

B 15 Tabelle 8

$d_1/d = 0{,}10/0{,}07$

1. Zeile: $M_u/1{,}75 \cdot d^2 \cdot b$ (kN/m²)
2. Zeile: $1000 \cdot k_u \cdot d$
3. Zeile: $B_{II}/1000 \cdot 1{,}75 \cdot d^3 \cdot b$ (kN/m²)

σ_{bi} \ μ	0,2 %	0,5 %	0,8 %	1,0 %	1,5 %	2,0 %	2,5 %	3,0 %	5,0 %
0.00	243 3.34 73	590 3.71 157	931 3.98 229	1154 4.12 274	1715 4.41 378	2279 4.64 476	2841 4.80 572	3404 4.93 666	5672 5.27 1042
0.10	624 4.70 83	955 4.76 149	1289 4.90 214	1513 4.98 256	2073 5.15 355	2638 5.29 452	3206 5.38 548	3772 5.45 643	6050 5.63 1024
0.20	886 5.94 91	1229 5.87 142	1572 5.88 197	1800 5.88 236	2372 5.89 333	2943 5.91 430	3514 5.90 527	4086 5.91 623	6372 5.93 1009
0.30	928 5.29 111	1240 5.42 154	1564 5.51 202	1782 5.55 237	2338 5.66 327	2897 5.70 422	3461 5.74 519	4029 5.78 615	6302 5.84 1002
0.40	808 3.84 155	1084 4.06 200	1373 4.32 237	1573 4.47 267	2089 4.77 345	2623 4.97 431	3170 5.11<>523	3723 5.23 616	5962 5.49 1000
0.50	567 3.01 150	860 3.14 230	1147 3.39 284	1341 3.58 314	1836 3.96 383	2350 4.27 456	2880 4.52 538	3416 4.69 626	5624 5.13 1000
0.60	213 1.81 96	536 2.40 194	856 2.74 281	1062 2.89 334	1563 3.29 427	2067 3.64 499	2585 3.95 569	3113 4.19 646	5290 4.77 1004
0.70	0 0.00 0	166 1.22 134	491 1.94 235	712 2.26 295	1251 2.76 431	1766 3.10 534	2281 3.42 612	2804 3.69 684	4950 4.41 1014
0.80	0 0.00 0	0 0.00 0	0 0.00 0	336 1.38 244	884 2.17 394	1436 2.64 526	1959 2.95 639	2482 3.24 722	4617 4.09 1031
1.00	0 0.00 0	0 0.00 0	0 0.00 0	0 0.00 0	0 0.00 0	676 1.51 452	1230 2.06 588	1791 2.48 715	3942 3.44 1093
1.20	0 0.00 0	0 0.00 0	0 0.00 0	0 0.00 0	0 0.00 0	0 0.00 0	0 0.00 0	1015 1.56 652	3234 2.84 1131
1.40	0 0.00 0	0 0.00 0	0 0.00 0	0 0.00 0	0 0.00 0	0 0.00 0	0 0.00 0	0 0.00 0	2483 2.28 1093
1.60	0 0.00 0	0 0.00 0	0 0.00 0	0 0.00 0	0 0.00 0	0 0.00 0	0 0.00 0	0 0.00 0	1704 1.65 1045
1.80	0 0.00 0	0 0.00 0	0 0.00 0	0 0.00 0	0 0.00 0	0 0.00 0	0 0.00 0	0 0.00 0	0 0.00 0
2.00	0 0.00 0	0 0.00 0	0 0.00 0	0 0.00 0	0 0.00 0	0 0.00 0	0 0.00 0	0 0.00 0	0 0.00 0
2.50	0 0.00 0	0 0.00 0	0 0.00 0	0 0.00 0	0 0.00 0	0 0.00 0	0 0.00 0	0 0.00 0	0 0.00 0
3.00	0 0.00 0	0 0.00 0	0 0.00 0	0 0.00 0	0 0.00 0	0 0.00 0	0 0.00 0	0 0.00 0	0 0.00 0
3.50	0 0.00 0	0 0.00 0	0 0.00 0	0 0.00 0	0 0.00 0	0 0.00 0	0 0.00 0	0 0.00 0	0 0.00 0

B 15 $d_1/d = 0{,}10/0{,}07$ $\gamma = 1{,}75$ konst. **Tabelle 9**

$A_s = \mu \cdot b \cdot d$ (0,07 bei 10 % Mittenbew.)

Tafelwerte: zul.σ_{bi} = N/b·d (kN/cm²)

e/d \ μ	0,2 %	0,5 %	0,8 %	1,0 %	1,5 %	2,0 %	2,5 %	3,0 %	5,0 %
0.00	0.648	0.720	0.792	0.840	0.960	1.080	1.200	1.320	1.800
0.01	0.638	0.714	0.787	0.835	0.955	1.075	1.194	1.314	1.792
0.02	0.624	0.705	0.779	0.828	0.949	1.068	1.188	1.307	1.783
0.03	0.608	0.689	0.769	0.820	0.941	1.061	1.180	1.299	1.774
0.04	0.593	0.672	0.751	0.803	0.933	1.053	1.172	1.291	1.764
0.05	0.578	0.656	0.733	0.785	0.912	1.040	1.164	1.283	1.755
0.06	0.565	0.641	0.716	0.767	0.892	1.016	1.141	1.266	1.745
0.07	0.552	0.626	0.700	0.749	0.872	0.994	1.116	1.238	1.725
0.08	0.539	0.612	0.685	0.733	0.853	0.973	1.092	1.212	1.689
0.09	0.527	0.599	0.670	0.717	0.835	0.952	1.069	1.186	1.654
0.10	0.515	0.586	0.655	0.702	0.817	0.932	1.047	1.162	1.620
0.12	0.492	0.561	0.629	0.673	0.784	0.895	1.006	1.116	1.557
0.14	0.468	0.537	0.603	0.647	0.754	0.861	0.967	1.073	1.498
0.16	0.446	0.513	0.578	0.621	0.725	0.828	0.931	1.034	1.443
0.18	0.423	0.491	0.554	0.596	0.698	0.798	0.898	0.997	1.392
0.20	0.402	0.469	0.531	0.572	0.671	0.769	0.866	0.962	1.345
0.22	0.381	0.448	0.509	0.549	0.646	0.741	0.836	0.929	1.300
0.24	0.361	0.428	0.489	0.528	0.622	0.715	0.807	0.898	1.258
0.26	0.342	0.409	0.469	0.508	0.600	0.690	0.779	0.868	1.218
0.28	0.324	0.392	0.451	0.488	0.579	0.667	0.754	0.839	1.180
0.30	0.307	0.375	0.434	0.470	0.559	0.645	0.729	0.813	1.144
0.32	0.292	0.360	0.417	0.454	0.540	0.624	0.706	0.788	1.110
0.34	0.277	0.345	0.402	0.438	0.522	0.604	0.684	0.764	1.078
0.36	0.263	0.332	0.388	0.423	0.506	0.585	0.664	0.741	1.047
0.38	0.248	0.319	0.374	0.409	0.490	0.568	0.644	0.720	1.018
0.40	0.232	0.307	0.362	0.395	0.475	0.551	0.626	0.700	0.991
0.42	0.217	0.296	0.350	0.383	0.461	0.535	0.609	0.681	0.965
0.44	0.202	0.286	0.339	0.371	0.448	0.521	0.592	0.663	0.940
0.46	0.188	0.276	0.328	0.360	0.435	0.506	0.577	0.645	0.917
0.48	0.175	0.267	0.319	0.350	0.423	0.493	0.562	0.629	0.895
0.50	0.161	0.258	0.309	0.340	0.412	0.480	0.547	0.614	0.873
0.55	0.132	0.231	0.288	0.317	0.386	0.451	0.515	0.578	0.824
0.60	0.109	0.206	0.270	0.298	0.363	0.425	0.486	0.546	0.780
0.65	0.092	0.185	0.251	0.280	0.343	0.402	0.460	0.517	0.740
0.70	0.079	0.166	0.230	0.265	0.325	0.382	0.437	0.491	0.705
0.75	0.069	0.147	0.212	0.247	0.309	0.363	0.416	0.468	0.672
0.80	0.061	0.132	0.196	0.230	0.294	0.346	0.397	0.447	0.643
0.85	0.055	0.120	0.181	0.214	0.280	0.331	0.379	0.427	0.616
0.90	0.049	0.110	0.167	0.200	0.268	0.317	0.364	0.410	0.591
0.95	0.045	0.101	0.154	0.187	0.256	0.304	0.349	0.393	0.568
1.00	0.041	0.093	0.143	0.176	0.242	0.292	0.336	0.379	0.546
1.10	0.035	0.081	0.125	0.154	0.218	0.271	0.311	0.352	0.508
1.20	0.031	0.072	0.110	0.136	0.197	0.250	0.291	0.328	0.475
1.30	0.027	0.064	0.099	0.122	0.180	0.229	0.272	0.308	0.446
1.40	0.025	0.058	0.090	0.111	0.164	0.211	0.255	0.290	0.421
1.50	0.022	0.053	0.082	0.101	0.150	0.196	0.237	0.274	0.398
1.60	0.021	0.048	0.075	0.093	0.138	0.182	0.222	0.259	0.377
1.70	0.019	0.045	0.070	0.086	0.128	0.170	0.207	0.243	0.359
1.80	0.018	0.042	0.065	0.080	0.119	0.158	0.195	0.229	0.342
1.90	0.016	0.039	0.061	0.075	0.111	0.148	0.183	0.216	0.327
2.00	0.015	0.037	0.057	0.071	0.105	0.139	0.173	0.205	0.313
2.20	0.014	0.033	0.051	0.063	0.093	0.124	0.154	0.185	0.288
2.40	0.012	0.029	0.046	0.057	0.084	0.112	0.139	0.167	0.267
2.60	0.011	0.027	0.042	0.052	0.077	0.102	0.127	0.152	0.247
2.80	0.010	0.024	0.038	0.047	0.070	0.093	0.116	0.140	0.229
3.00	0.009	0.023	0.035	0.044	0.065	0.086	0.108	0.129	0.213
4.00	0.007	0.016	0.026	0.032	0.047	0.063	0.078	0.094	0.156
5.00	0.005	0.013	0.020	0.025	0.037	0.049	0.061	0.073	0.123
6.00	0.004	0.010	0.016	0.020	0.030	0.040	0.050	0.060	0.101
7.00	0.004	0.009	0.014	0.017	0.026	0.034	0.043	0.051	0.085
8.00	0.003	0.008	0.012	0.015	0.022	0.030	0.037	0.045	0.074
9.00	0.003	0.007	0.011	0.013	0.020	0.026	0.033	0.039	0.066
10.00	0.003	0.006	0.010	0.012	0.018	0.024	0.029	0.035	0.059

e/d \ μ	0.2 %	0.5 %	0.8 %	1.0 %	1.2 %	1.4 %	1.6 %	1.8 %	2.0 %
0.00	0.540	0.600	0.660	0.700	0.740	0.780	0.820	0.860	0.900
0.01	0.531	0.593	0.654	0.694	0.734	0.774	0.814	0.854	0.894
0.02	0.518	0.584	0.646	0.687	0.727	0.767	0.807	0.847	0.887
0.03	0.505	0.571	0.636	0.678	0.719	0.759	0.799	0.839	0.879
0.04	0.492	0.556	0.620	0.663	0.705	0.748	0.790	0.830	0.870
0.05	0.480	0.542	0.605	0.646	0.688	0.730	0.771	0.813	0.854
0.06	0.468	0.529	0.590	0.631	0.671	0.712	0.752	0.793	0.834
0.07	0.458	0.517	0.576	0.616	0.655	0.695	0.735	0.774	0.814
0.08	0.447	0.505	0.563	0.602	0.640	0.679	0.718	0.756	0.795
0.09	0.437	0.494	0.550	0.588	0.626	0.664	0.702	0.740	0.777
0.10	0.427	0.483	0.538	0.575	0.612	0.649	0.686	0.723	0.760
0.12	0.407	0.461	0.515	0.551	0.586	0.622	0.657	0.693	0.728
0.14	0.387	0.440	0.493	0.527	0.562	0.596	0.630	0.665	0.699
0.16	0.367	0.420	0.471	0.505	0.538	0.571	0.604	0.637	0.670
0.18	0.352	0.401	0.450	0.483	0.515	0.547	0.579	0.611	0.643
0.20	0.337	0.385	0.432	0.462	0.493	0.525	0.556	0.587	0.618
0.22	0.322	0.370	0.416	0.446	0.475	0.504	0.533	0.563	0.593
0.24	0.309	0.356	0.401	0.430	0.459	0.487	0.516	0.544	0.572
0.26	0.295	0.343	0.387	0.415	0.443	0.471	0.499	0.527	0.554
0.28	0.283	0.330	0.373	0.401	0.429	0.456	0.483	0.510	0.537
0.30	0.271	0.318	0.361	0.388	0.415	0.442	0.468	0.495	0.521
0.32	0.260	0.307	0.349	0.376	0.402	0.429	0.454	0.480	0.506
0.34	0.250	0.297	0.338	0.364	0.390	0.416	0.441	0.466	0.491
0.36	0.241	0.287	0.328	0.354	0.379	0.404	0.429	0.453	0.477
0.38	0.231	0.278	0.318	0.343	0.368	0.392	0.417	0.441	0.465
0.40	0.222	0.269	0.309	0.333	0.358	0.382	0.405	0.429	0.452
0.42	0.205	0.261	0.300	0.324	0.348	0.372	0.395	0.418	0.441
0.44	0.190	0.254	0.292	0.316	0.339	0.362	0.385	0.407	0.430
0.46	0.176	0.247	0.284	0.307	0.330	0.353	0.375	0.397	0.419
0.48	0.162	0.240	0.277	0.300	0.322	0.344	0.366	0.388	0.409
0.50	0.149	0.234	0.270	0.292	0.314	0.336	0.357	0.379	0.399
0.55	0.122	0.213	0.254	0.275	0.296	0.317	0.337	0.358	0.378
0.60	0.101	0.188	0.240	0.260	0.281	0.300	0.320	0.339	0.358
0.65	0.085	0.166	0.227	0.247	0.266	0.285	0.304	0.322	0.340
0.70	0.074	0.147	0.209	0.235	0.254	0.272	0.289	0.307	0.324
0.75	0.064	0.132	0.190	0.224	0.242	0.259	0.276	0.293	0.310
0.80	0.057	0.119	0.174	0.207	0.231	0.248	0.264	0.281	0.297
0.85	0.051	0.108	0.160	0.191	0.221	0.238	0.254	0.269	0.285
0.90	0.046	0.099	0.147	0.177	0.206	0.229	0.243	0.258	0.273
0.95	0.042	0.091	0.136	0.165	0.192	0.219	0.234	0.249	0.263
1.00	0.039	0.085	0.127	0.154	0.180	0.205	0.227	0.240	0.254
1.10	0.033	0.074	0.111	0.135	0.159	0.182	0.204	0.225	0.237
1.20	0.029	0.065	0.098	0.120	0.142	0.163	0.183	0.204	0.223
1.30	0.026	0.059	0.088	0.108	0.128	0.147	0.166	0.185	0.203
1.40	0.023	0.053	0.080	0.098	0.116	0.134	0.152	0.169	0.186
1.50	0.021	0.048	0.074	0.090	0.107	0.123	0.139	0.155	0.171
1.60	0.019	0.045	0.068	0.083	0.098	0.113	0.129	0.144	0.158
1.70	0.018	0.041	0.063	0.077	0.091	0.105	0.119	0.134	0.147
1.80	0.017	0.038	0.059	0.072	0.085	0.098	0.111	0.125	0.138
1.90	0.016	0.036	0.055	0.067	0.080	0.092	0.104	0.117	0.129
2.00	0.015	0.034	0.052	0.063	0.075	0.087	0.098	0.110	0.122
2.20	0.013	0.030	0.046	0.057	0.067	0.077	0.088	0.098	0.109
2.40	0.012	0.027	0.042	0.051	0.061	0.070	0.079	0.089	0.098
2.60	0.011	0.025	0.038	0.047	0.055	0.064	0.072	0.081	0.090
2.80	0.010	0.023	0.035	0.043	0.051	0.059	0.067	0.074	0.082
3.00	0.009	0.021	0.032	0.040	0.047	0.054	0.062	0.069	0.076
4.00	0.006	0.015	0.023	0.029	0.034	0.040	0.045	0.050	0.055
5.00	0.005	0.012	0.018	0.023	0.027	0.031	0.035	0.039	0.044
6.00	0.004	0.010	0.015	0.019	0.022	0.026	0.029	0.033	0.036
7.00	0.004	0.008	0.013	0.016	0.019	0.022	0.025	0.028	0.031
8.00	0.003	0.007	0.011	0.014	0.016	0.019	0.022	0.024	0.027
9.00	0.003	0.006	0.010	0.012	0.014	0.017	0.019	0.021	0.023
10.00	0.002	0.006	0.009	0.011	0.013	0.015	0.017	0.019	0.021

Tabelle 10

Regelbemessung

γ = 2,10 bis 1,75

Beton : **B 15**

$d1/d$ = **0,15**

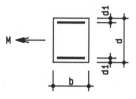

$e/d = M/N \cdot d$

ges. $A_s = \mu \cdot b \cdot d$

Tafelwerte :

zul. $\sigma_{bi} = N/b \cdot d$ (kN/cm²)

2,5 %	3,0 %	3,5 %	4,0 %	4,5 %	5,0 %	μ / e/d
1.000	1.100	1.200	1.300	1.400	1.500	0.00
0.994	1.093	1.193	1.292	1.391	1.491	0.01
0.986	1.085	1.184	1.283	1.382	1.481	0.02
0.978	1.077	1.176	1.274	1.373	1.471	0.03
0.969	1.068	1.166	1.265	1.363	1.461	0.04
0.958	1.059	1.157	1.255	1.352	1.450	0.05
0.935	1.037	1.138	1.240	1.342	1.439	0.06
0.913	1.012	1.111	1.211	1.310	1.409	0.07
0.892	0.989	1.086	1.182	1.279	1.376	0.08
0.872	0.966	1.061	1.156	1.251	1.345	0.09
0.853	0.945	1.038	1.130	1.223	1.315	0.10
0.817	0.905	0.994	1.082	1.171	1.260	0.12
0.783	0.869	0.954	1.038	1.123	1.208	0.14
0.752	0.834	0.916	0.998	1.079	1.161	0.16
0.723	0.802	0.881	0.960	1.038	1.117	0.18
0.694	0.771	0.847	0.923	1.000	1.076	0.20
0.668	0.742	0.815	0.889	0.963	1.036	0.22
0.643	0.714	0.786	0.857	0.928	0.999	0.24
0.623	0.691	0.758	0.827	0.896	0.964	0.26
0.604	0.670	0.736	0.802	0.867	0.933	0.28
0.586	0.650	0.715	0.779	0.843	0.907	0.30
0.569	0.632	0.695	0.757	0.820	0.882	0.32
0.553	0.614	0.676	0.737	0.798	0.858	0.34
0.538	0.598	0.658	0.717	0.777	0.836	0.36
0.524	0.582	0.641	0.699	0.757	0.815	0.38
0.510	0.567	0.624	0.681	0.738	0.794	0.40
0.497	0.553	0.609	0.665	0.720	0.775	0.42
0.485	0.540	0.594	0.649	0.703	0.757	0.44
0.473	0.527	0.580	0.633	0.687	0.739	0.46
0.462	0.515	0.567	0.619	0.671	0.723	0.48
0.452	0.503	0.554	0.605	0.656	0.707	0.50
0.427	0.476	0.525	0.573	0.622	0.670	0.55
0.405	0.452	0.498	0.544	0.591	0.636	0.60
0.385	0.430	0.474	0.519	0.562	0.607	0.65
0.368	0.410	0.453	0.495	0.537	0.579	0.70
0.351	0.392	0.433	0.473	0.514	0.554	0.75
0.336	0.376	0.415	0.454	0.493	0.531	0.80
0.323	0.361	0.398	0.436	0.473	0.510	0.85
0.310	0.347	0.383	0.419	0.455	0.491	0.90
0.299	0.334	0.369	0.403	0.438	0.473	0.95
0.288	0.322	0.356	0.389	0.423	0.456	1.00
0.269	0.300	0.332	0.363	0.395	0.426	1.10
0.252	0.282	0.311	0.341	0.370	0.400	1.20
0.237	0.265	0.293	0.321	0.349	0.376	1.30
0.226	0.250	0.277	0.303	0.329	0.356	1.40
0.210	0.237	0.262	0.287	0.312	0.337	1.50
0.195	0.227	0.249	0.273	0.297	0.320	1.60
0.182	0.216	0.237	0.260	0.283	0.305	1.70
0.170	0.202	0.229	0.248	0.270	0.292	1.80
0.160	0.190	0.219	0.238	0.258	0.279	1.90
0.150	0.179	0.207	0.230	0.248	0.267	2.00
0.135	0.160	0.186	0.212	0.230	0.247	2.20
0.122	0.145	0.169	0.192	0.215	0.231	2.40
0.111	0.133	0.154	0.175	0.197	0.217	2.60
0.102	0.122	0.142	0.162	0.181	0.201	2.80
0.095	0.113	0.131	0.150	0.168	0.186	3.00
0.069	0.082	0.096	0.109	0.123	0.136	4.00
0.054	0.065	0.075	0.086	0.097	0.107	5.00
0.045	0.053	0.062	0.071	0.080	0.088	6.00
0.038	0.045	0.053	0.060	0.068	0.075	7.00
0.033	0.039	0.046	0.052	0.059	0.065	8.00
0.029	0.035	0.041	0.046	0.052	0.058	9.00
0.026	0.031	0.036	0.041	0.047	0.052	10.00

B 15
$d_1/d = 0{,}15$

1. Zeile: $M_u/1{,}75 \cdot d^2 \cdot b$ (kN/m²)
2. Zeile: $1000 \cdot k_u \cdot d$
3. Zeile: $B_{II}/1000 \cdot 1{,}75 \cdot d^3 \cdot b$ (kN/m²)

Tabelle 11

σ_{bi} \ μ	0,2 %	0,5 %	0,8 %	1,0 %	1,5 %	2,0 %	2,5 %	3,0 %	5,0 %
0.00	230 3.62 64	550 4.05 134	856 4.36 191	1056 4.53 226	1550 4.88 306	2043 5.15 379	2537 5.35 451	3031 5.53 521	5013 5.94 804
0.10	603 5.05 73	893 5.17 125	1185 5.36 175	1381 5.47 207	1872 5.72 282	2366 5.90 354	2859 6.03 426	3355 6.12 498	5337 6.34 787
0.20	854 6.50 78	1150 6.48 116	1446 6.53 157	1643 6.54 186	2139 6.59 259	2635 6.62 333	3132 6.65 406	3629 6.67 480	5622 6.70 774
0.30	892 5.62 100	1155 5.85 128	1430 6.02 162	1618 6.12 187	2097 6.25 255	2583 6.35 326	3075 6.43 399	3568 6.49 473	5554 6.60 767
0.40	785 4.05 139	1022 4.37 169	1270 4.71 193	1440 4.90 214	1885 5.28 269	2350 5.54 333	2823 5.72 402	3302 5.87 473	5259 6.18 766
0.50	552 3.12 139	817 3.35 198	1071 3.67 236	1239 3.89 256	1668 4.38 300	2113 4.76 353	2572 5.04 414	3038 5.26 480	4961 5.78 766
0.60	205 1.93 85	510 2.60 168	804 2.94 241	986 3.12 280	1428 3.60 343	1869 4.04 390	2314 4.38 440	2773 4.66 497	4672 5.38 768
0.70	0 0.00 0	146 1.28 111	457 2.13 197	656 2.44 247	1149 2.98 358	1601 3.39 429	2050 3.79 480	2507 4.13 529	4378 4.99 775
0.80	0 0.00 0	0 0.00 0	0 0.00 0	303 1.50 201	808 2.37 325	1304 2.88 434	1770 3.26 512	2227 3.61 567	4084 4.60 788
1.00	0 0.00 0	0 0.00 0	0 0.00 0	0 0.00 0	0 0.00 0	605 1.68 365	1109 2.30 477	1613 2.73 580	3492 3.84 843
1.20	0 0.00 0	0 0.00 0	0 0.00 0	0 0.00 0	0 0.00 0	0 0.00 0	0 0.00 0	905 1.76 521	2881 3.16 894
1.40	0 0.00 0	0 0.00 0	0 0.00 0	0 0.00 0	0 0.00 0	0 0.00 0	0 0.00 0	0 0.00 0	2207 2.53 871
1.60	0 0.00 0	0 0.00 0	0 0.00 0	0 0.00 0	0 0.00 0	0 0.00 0	0 0.00 0	0 0.00 0	1509 1.85 825
1.80	0 0.00 0	0 0.00 0	0 0.00 0	0 0.00 0	0 0.00 0	0 0.00 0	0 0.00 0	0 0.00 0	0 0.00 0
2.00	0 0.00 0	0 0.00 0	0 0.00 0	0 0.00 0	0 0.00 0	0 0.00 0	0 0.00 0	0 0.00 0	0 0.00 0
2.50	0 0.00 0	0 0.00 0	0 0.00 0	0 0.00 0	0 0.00 0	0 0.00 0	0 0.00 0	0 0.00 0	0 0.00 0
3.00	0 0.00 0	0 0.00 0	0 0.00 0	0 0.00 0	0 0.00 0	0 0.00 0	0 0.00 0	0 0.00 0	0 0.00 0
3.50	0 0.00 0	0 0.00 0	0 0.00 0	0 0.00 0	0 0.00 0	0 0.00 0	0 0.00 0	0 0.00 0	0 0.00 0

B 15 $d_1/d = 0{,}15$ $\gamma = 1{,}75$ konst. **Tabelle 12**

ges.$A_s = \mu \cdot b \cdot d$ Tafelwerte: zul.$\sigma_{bi} = N/b \cdot d$ (kN/cm²)

e/d \ μ	0,2 %	0,5 %	0,8 %	1,0 %	1,5 %	2,0 %	2,5 %	3,0 %	5,0 %
0.00	0.648	0.720	0.792	0.840	0.960	1.080	1.200	1.320	1.800
0.01	0.637	0.712	0.785	0.833	0.953	1.073	1.192	1.312	1.789
0.02	0.622	0.701	0.775	0.824	0.945	1.064	1.183	1.302	1.778
0.03	0.606	0.685	0.763	0.813	0.935	1.055	1.174	1.292	1.765
0.04	0.591	0.667	0.744	0.795	0.923	1.044	1.163	1.282	1.753
0.05	0.576	0.651	0.726	0.776	0.900	1.025	1.150	1.270	1.740
0.06	0.562	0.635	0.708	0.757	0.879	1.000	1.122	1.244	1.727
0.07	0.549	0.620	0.691	0.739	0.858	0.977	1.096	1.215	1.691
0.08	0.537	0.606	0.676	0.722	0.838	0.954	1.070	1.187	1.651
0.09	0.525	0.592	0.660	0.706	0.819	0.933	1.046	1.160	1.614
0.10	0.512	0.579	0.646	0.690	0.801	0.912	1.023	1.134	1.578
0.12	0.488	0.554	0.618	0.661	0.767	0.874	0.980	1.086	1.512
0.14	0.464	0.528	0.591	0.633	0.736	0.838	0.940	1.042	1.450
0.16	0.441	0.504	0.565	0.605	0.705	0.804	0.903	1.001	1.393
0.18	0.418	0.480	0.540	0.579	0.676	0.772	0.867	0.962	1.341
0.20	0.396	0.457	0.516	0.554	0.648	0.741	0.833	0.925	1.291
0.22	0.374	0.435	0.493	0.530	0.622	0.712	0.801	0.890	1.243
0.24	0.353	0.415	0.471	0.508	0.597	0.684	0.771	0.857	1.199
0.26	0.334	0.395	0.451	0.487	0.574	0.659	0.743	0.826	1.157
0.28	0.315	0.377	0.432	0.467	0.552	0.634	0.716	0.797	1.118
0.30	0.298	0.360	0.414	0.449	0.531	0.612	0.691	0.770	1.082
0.32	0.282	0.344	0.398	0.431	0.512	0.590	0.668	0.744	1.047
0.34	0.267	0.329	0.382	0.415	0.494	0.570	0.646	0.720	1.014
0.36	0.253	0.316	0.368	0.400	0.477	0.552	0.625	0.697	0.983
0.38	0.238	0.303	0.354	0.386	0.461	0.534	0.605	0.676	0.955
0.40	0.222	0.291	0.341	0.372	0.446	0.517	0.587	0.656	0.927
0.42	0.205	0.280	0.330	0.360	0.432	0.502	0.570	0.637	0.901
0.44	0.190	0.270	0.318	0.348	0.419	0.487	0.553	0.619	0.877
0.46	0.176	0.260	0.308	0.337	0.407	0.473	0.538	0.602	0.853
0.48	0.162	0.251	0.298	0.327	0.395	0.460	0.523	0.585	0.831
0.50	0.149	0.242	0.289	0.317	0.384	0.447	0.509	0.570	0.810
0.55	0.122	0.213	0.269	0.295	0.359	0.419	0.477	0.535	0.762
0.60	0.101	0.188	0.251	0.276	0.336	0.394	0.449	0.504	0.719
0.65	0.085	0.166	0.230	0.260	0.317	0.371	0.424	0.477	0.681
0.70	0.074	0.147	0.209	0.244	0.299	0.351	0.402	0.452	0.647
0.75	0.064	0.132	0.190	0.225	0.284	0.334	0.382	0.430	0.616
0.80	0.057	0.119	0.174	0.207	0.270	0.318	0.364	0.409	0.588
0.85	0.051	0.108	0.160	0.191	0.257	0.303	0.347	0.391	0.562
0.90	0.046	0.099	0.147	0.177	0.246	0.290	0.332	0.374	0.539
0.95	0.042	0.091	0.136	0.165	0.231	0.277	0.318	0.359	0.517
1.00	0.039	0.085	0.127	0.154	0.217	0.266	0.306	0.345	0.497
1.10	0.033	0.074	0.111	0.135	0.193	0.246	0.283	0.319	0.461
1.20	0.029	0.065	0.098	0.120	0.173	0.224	0.264	0.298	0.430
1.30	0.026	0.059	0.088	0.108	0.157	0.203	0.247	0.279	0.403
1.40	0.023	0.053	0.080	0.098	0.143	0.186	0.228	0.262	0.379
1.50	0.021	0.048	0.074	0.090	0.131	0.171	0.210	0.247	0.358
1.60	0.019	0.045	0.068	0.083	0.121	0.158	0.195	0.231	0.340
1.70	0.018	0.041	0.063	0.077	0.112	0.147	0.182	0.216	0.322
1.80	0.017	0.038	0.059	0.072	0.105	0.138	0.170	0.202	0.307
1.90	0.016	0.035	0.055	0.067	0.098	0.129	0.160	0.190	0.293
2.00	0.015	0.034	0.052	0.063	0.092	0.122	0.150	0.179	0.280
2.20	0.013	0.030	0.046	0.057	0.083	0.109	0.135	0.160	0.258
2.40	0.012	0.027	0.042	0.051	0.075	0.098	0.122	0.145	0.238
2.60	0.011	0.025	0.038	0.047	0.068	0.090	0.111	0.133	0.218
2.80	0.010	0.023	0.035	0.043	0.063	0.082	0.102	0.122	0.201
3.00	0.009	0.021	0.032	0.040	0.058	0.076	0.095	0.113	0.186
4.00	0.006	0.015	0.023	0.029	0.042	0.055	0.069	0.082	0.136
5.00	0.005	0.012	0.018	0.023	0.033	0.044	0.054	0.065	0.107
6.00	0.004	0.010	0.015	0.019	0.027	0.036	0.045	0.053	0.088
7.00	0.004	0.008	0.013	0.016	0.023	0.031	0.038	0.045	0.075
8.00	0.003	0.007	0.011	0.014	0.020	0.027	0.033	0.039	0.065
9.00	0.003	0.006	0.010	0.012	0.018	0.023	0.029	0.035	0.058
10.00	0.002	0.006	0.009	0.011	0.016	0.021	0.026	0.031	0.052

e/d \ μ	0.2 %	0.5 %	0.8 %	1.0 %	1.2 %	1.4 %	1.6 %	1.8 %	2.0 %
0.00	0.540	0.600	0.660	0.700	0.740	0.780	0.820	0.860	0.900
0.01	0.529	0.591	0.652	0.692	0.732	0.772	0.812	0.852	0.892
0.02	0.517	0.580	0.642	0.682	0.722	0.762	0.802	0.842	0.882
0.03	0.503	0.567	0.630	0.671	0.711	0.752	0.791	0.831	0.871
0.04	0.491	0.552	0.614	0.656	0.697	0.739	0.780	0.820	0.859
0.05	0.478	0.538	0.599	0.639	0.679	0.720	0.760	0.801	0.841
0.06	0.467	0.525	0.584	0.623	0.662	0.701	0.741	0.780	0.819
0.07	0.456	0.513	0.570	0.608	0.646	0.684	0.722	0.761	0.799
0.08	0.445	0.501	0.556	0.593	0.630	0.668	0.705	0.742	0.779
0.09	0.435	0.489	0.543	0.579	0.616	0.652	0.688	0.724	0.761
0.10	0.425	0.478	0.531	0.566	0.602	0.637	0.672	0.708	0.743
0.12	0.404	0.456	0.507	0.541	0.575	0.609	0.643	0.676	0.710
0.14	0.384	0.433	0.483	0.515	0.548	0.581	0.613	0.646	0.678
0.16	0.364	0.412	0.460	0.491	0.523	0.554	0.585	0.617	0.648
0.18	0.345	0.391	0.437	0.468	0.498	0.529	0.559	0.589	0.619
0.20	0.329	0.373	0.417	0.446	0.475	0.505	0.534	0.563	0.592
0.22	0.314	0.358	0.400	0.428	0.456	0.483	0.511	0.538	0.566
0.24	0.300	0.343	0.385	0.412	0.439	0.466	0.492	0.519	0.545
0.26	0.286	0.329	0.370	0.396	0.423	0.449	0.475	0.501	0.526
0.28	0.272	0.316	0.356	0.382	0.408	0.433	0.458	0.483	0.509
0.30	0.259	0.303	0.343	0.368	0.393	0.418	0.443	0.467	0.492
0.32	0.248	0.291	0.331	0.356	0.380	0.404	0.429	0.452	0.476
0.34	0.236	0.279	0.319	0.344	0.368	0.392	0.415	0.438	0.461
0.36	0.226	0.268	0.307	0.332	0.356	0.379	0.402	0.425	0.448
0.38	0.217	0.258	0.296	0.320	0.344	0.367	0.390	0.412	0.434
0.40	0.206	0.249	0.285	0.309	0.332	0.355	0.378	0.400	0.422
0.42	0.192	0.240	0.276	0.299	0.321	0.343	0.366	0.388	0.410
0.44	0.177	0.232	0.267	0.289	0.311	0.333	0.354	0.376	0.397
0.46	0.163	0.224	0.258	0.280	0.301	0.323	0.344	0.364	0.385
0.48	0.150	0.217	0.250	0.272	0.292	0.313	0.333	0.354	0.374
0.50	0.138	0.210	0.243	0.264	0.284	0.304	0.324	0.344	0.363
0.55	0.113	0.191	0.226	0.246	0.265	0.284	0.302	0.321	0.339
0.60	0.095	0.167	0.212	0.230	0.248	0.266	0.283	0.301	0.318
0.65	0.080	0.148	0.197	0.216	0.233	0.250	0.267	0.283	0.300
0.70	0.069	0.132	0.183	0.204	0.220	0.236	0.252	0.268	0.283
0.75	0.061	0.118	0.166	0.191	0.208	0.224	0.239	0.254	0.268
0.80	0.054	0.107	0.152	0.180	0.198	0.213	0.227	0.241	0.255
0.85	0.048	0.098	0.140	0.166	0.187	0.202	0.216	0.230	0.243
0.90	0.044	0.090	0.130	0.154	0.177	0.193	0.206	0.219	0.232
0.95	0.040	0.083	0.120	0.143	0.166	0.183	0.197	0.210	0.222
1.00	0.037	0.077	0.112	0.134	0.155	0.174	0.189	0.201	0.213
1.10	0.032	0.068	0.099	0.119	0.138	0.157	0.172	0.186	0.197
1.20	0.028	0.060	0.088	0.106	0.124	0.141	0.158	0.171	0.183
1.30	0.025	0.054	0.079	0.096	0.112	0.127	0.143	0.158	0.169
1.40	0.022	0.049	0.072	0.087	0.102	0.117	0.131	0.145	0.157
1.50	0.020	0.045	0.066	0.080	0.094	0.107	0.120	0.134	0.147
1.60	0.019	0.041	0.061	0.074	0.087	0.099	0.112	0.124	0.136
1.70	0.017	0.038	0.057	0.069	0.081	0.092	0.104	0.115	0.127
1.80	0.016	0.036	0.053	0.064	0.075	0.086	0.097	0.108	0.119
1.90	0.015	0.033	0.050	0.060	0.071	0.081	0.091	0.101	0.111
2.00	0.014	0.031	0.047	0.057	0.067	0.076	0.086	0.096	0.105
2.20	0.012	0.028	0.042	0.051	0.060	0.069	0.077	0.086	0.094
2.40	0.011	0.025	0.038	0.046	0.054	0.062	0.070	0.078	0.086
2.60	0.010	0.023	0.035	0.042	0.049	0.057	0.064	0.071	0.078
2.80	0.009	0.021	0.032	0.039	0.045	0.052	0.059	0.066	0.072
3.00	0.009	0.020	0.029	0.036	0.042	0.048	0.055	0.061	0.067
4.00	0.006	0.014	0.021	0.026	0.031	0.035	0.040	0.044	0.049
5.00	0.005	0.011	0.017	0.021	0.024	0.028	0.031	0.035	0.039
6.00	0.004	0.009	0.014	0.017	0.020	0.023	0.026	0.029	0.032
7.00	0.003	0.008	0.012	0.014	0.017	0.019	0.022	0.025	0.027
8.00	0.003	0.007	0.010	0.013	0.015	0.017	0.019	0.021	0.024
9.00	0.003	0.006	0.009	0.011	0.013	0.015	0.017	0.019	0.021
10.00	0.002	0.005	0.008	0.010	0.012	0.014	0.015	0.017	0.019

Tabelle 13

Regelbemessung

γ = 2,10 bis 1,75

Beton: **B 15**

d_1/d = **0,20**

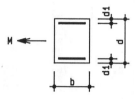

$e/d = M/N \cdot d$

ges. $A_s = \mu \cdot b \cdot d$

Tafelwerte:

zul. $\sigma_{bi} = N/b \cdot d$ (kN/cm²)

2,5 %	3,0 %	3,5 %	4,0 %	4,5 %	5,0 %	μ / e/d
1.000	1.100	1.200	1.300	1.400	1.500	0.00
0.991	1.090	1.190	1.289	1.388	1.488	0.01
0.981	1.080	1.179	1.277	1.376	1.474	0.02
0.970	1.068	1.166	1.265	1.362	1.460	0.03
0.958	1.056	1.154	1.251	1.349	1.446	0.04
0.943	1.043	1.141	1.238	1.335	1.431	0.05
0.918	1.017	1.115	1.214	1.313	1.412	0.06
0.895	0.991	1.087	1.183	1.279	1.375	0.07
0.873	0.966	1.060	1.153	1.247	1.340	0.08
0.852	0.943	1.034	1.125	1.216	1.308	0.09
0.832	0.920	1.009	1.098	1.187	1.276	0.10
0.795	0.879	0.964	1.049	1.134	1.218	0.12
0.759	0.841	0.922	1.003	1.084	1.165	0.14
0.726	0.804	0.882	0.959	1.037	1.115	0.16
0.694	0.769	0.843	0.918	0.993	1.067	0.18
0.664	0.736	0.808	0.880	0.951	1.023	0.20
0.636	0.705	0.774	0.843	0.912	0.981	0.22
0.611	0.677	0.743	0.810	0.876	0.943	0.24
0.591	0.654	0.718	0.782	0.845	0.909	0.26
0.571	0.633	0.695	0.757	0.818	0.880	0.28
0.553	0.613	0.673	0.733	0.793	0.853	0.30
0.535	0.594	0.653	0.711	0.769	0.827	0.32
0.519	0.576	0.633	0.690	0.747	0.803	0.34
0.504	0.559	0.615	0.670	0.725	0.781	0.36
0.489	0.543	0.598	0.652	0.705	0.759	0.38
0.475	0.529	0.581	0.634	0.687	0.739	0.40
0.463	0.514	0.566	0.617	0.669	0.720	0.42
0.450	0.501	0.551	0.601	0.651	0.701	0.44
0.437	0.488	0.537	0.586	0.635	0.684	0.46
0.424	0.474	0.524	0.572	0.620	0.667	0.48
0.412	0.461	0.509	0.558	0.605	0.652	0.50
0.385	0.431	0.476	0.521	0.566	0.612	0.55
0.361	0.404	0.447	0.490	0.532	0.575	0.60
0.340	0.381	0.421	0.462	0.502	0.542	0.65
0.322	0.360	0.398	0.437	0.475	0.513	0.70
0.305	0.342	0.378	0.414	0.450	0.487	0.75
0.290	0.325	0.359	0.394	0.428	0.463	0.80
0.276	0.309	0.343	0.375	0.409	0.441	0.85
0.264	0.296	0.327	0.359	0.390	0.422	0.90
0.253	0.283	0.313	0.344	0.374	0.404	0.95
0.242	0.271	0.301	0.329	0.359	0.387	1.00
0.224	0.251	0.278	0.305	0.331	0.358	1.10
0.208	0.233	0.258	0.283	0.308	0.333	1.20
0.194	0.218	0.241	0.265	0.288	0.311	1.30
0.182	0.204	0.226	0.248	0.270	0.292	1.40
0.172	0.192	0.213	0.234	0.255	0.275	1.50
0.161	0.182	0.202	0.221	0.240	0.260	1.60
0.152	0.173	0.191	0.210	0.228	0.247	1.70
0.144	0.164	0.182	0.199	0.217	0.234	1.80
0.136	0.156	0.173	0.190	0.207	0.223	1.90
0.129	0.148	0.165	0.181	0.197	0.213	2.00
0.116	0.135	0.152	0.166	0.181	0.196	2.20
0.105	0.124	0.139	0.154	0.167	0.181	2.40
0.096	0.114	0.129	0.143	0.155	0.168	2.60
0.089	0.105	0.120	0.133	0.145	0.157	2.80
0.082	0.097	0.112	0.124	0.136	0.147	3.00
0.060	0.071	0.083	0.093	0.103	0.112	4.00
0.047	0.056	0.065	0.074	0.082	0.090	5.00
0.039	0.047	0.054	0.061	0.068	0.075	6.00
0.033	0.040	0.046	0.052	0.058	0.064	7.00
0.029	0.034	0.040	0.045	0.051	0.056	8.00
0.026	0.031	0.035	0.040	0.045	0.050	9.00
0.023	0.027	0.032	0.036	0.040	0.045	10.00

B 15 — Tabelle 14

$d_1/d = 0{,}20$

1. Zeile: $M_u / 1{,}75 \cdot d^2 \cdot b$ (kN/m²)
2. Zeile: $1000 \cdot k_u \cdot d$
3. Zeile: $B_{II} / 1000 \cdot 1{,}75 \cdot d^3 \cdot b$ (kN/m²)

σ_{bi} \ μ	0,2 %	0,5 %	0,8 %	1,0 %	1,5 %	2,0 %	2,5 %	3,0 %	5,0 %
0.00	223 4.01 56	518 4.47 113	792 4.83 158	968 5.03 184	1397 5.47 241	1821 5.81 293	2243 6.07 342	2667 6.30 392	4352 6.82 595
0.10	584 5.48 63	838 5.65 104	1089 5.94 140	1258 6.10 163	1673 6.43 216	2090 6.65 268	2507 6.84 319	2926 6.95 371	4605 7.25 581
0.20	819 7.03 68	1064 7.10 94	1310 7.21 123	1475 7.25 143	1889 7.35 196	2274 7.29 250	2657 7.24 304	3037 7.20 358	4558 7.14 575
0.30	858 5.93 89	1061 6.18 109	1273 6.34 131	1417 6.42 149	1783 6.56 196	2153 6.64 248	2526 6.70 301	2899 6.74 355	4405 6.84 571
0.40	765 4.33 123	965 4.79 140	1172 5.21 156	1315 5.45 167	1672 5.81 205	2030 6.03 251	2395 6.18 302	2763 6.29 353	4250 6.54 568
0.50	541 3.26 128	780 3.62 169	998 4.02 193	1143 4.31 204	1507 4.91 230	1883 5.37 265	2261 5.67 308	2624 5.84 357	4097 6.24 567
0.60	197 2.05 75	484 2.78 145	754 3.17 205	918 3.41 231	1301 4.01 268	1674 4.54 297	2058 4.98 328	2445 5.32 368	3946 5.96 567
0.70	0 0.00 0	121 1.28 92	423 2.33 165	614 2.69 206	1051 3.27 292	1445 3.80 333	1831 4.27 362	2216 4.67 393	3792 5.67 570
0.80	0 0.00 0	0 0.00 0	0 0.00 0	272 1.67 164	741 2.65 266	1181 3.18 351	1587 3.65 397	1978 4.07 428	3569 5.27 579
1.00	0 0.00 0	0 0.00 0	0 0.00 0	0 0.00 0	0 0.00 0	538 1.90 290	997 2.58 382	1443 3.05 465	3063 4.40 622
1.20	0 0.00 0	0 0.00 0	0 0.00 0	0 0.00 0	0 0.00 0	0 0.00 0	0 0.00 0	798 2.00 409	2534 3.59 680
1.40	0 0.00 0	0 0.00 0	0 0.00 0	0 0.00 0	0 0.00 0	0 0.00 0	0 0.00 0	0 0.00 0	1956 2.88 682
1.60	0 0.00 0	0 0.00 0	0 0.00 0	0 0.00 0	0 0.00 0	0 0.00 0	0 0.00 0	0 0.00 0	1320 2.13 637
1.80	0 0.00 0	0 0.00 0	0 0.00 0	0 0.00 0	0 0.00 0	0 0.00 0	0 0.00 0	0 0.00 0	0 0.00 0
2.00	0 0.00 0	0 0.00 0	0 0.00 0	0 0.00 0	0 0.00 0	0 0.00 0	0 0.00 0	0 0.00 0	0 0.00 0
2.50	0 0.00 0	0 0.00 0	0 0.00 0	0 0.00 0	0 0.00 0	0 0.00 0	0 0.00 0	0 0.00 0	0 0.00 0
3.00	0 0.00 0	0 0.00 0	0 0.00 0	0 0.00 0	0 0.00 0	0 0.00 0	0 0.00 0	0 0.00 0	0 0.00 0
3.50	0 0.00 0	0 0.00 0	0 0.00 0	0 0.00 0	0 0.00 0	0 0.00 0	0 0.00 0	0 0.00 0	0 0.00 0

B 15 $d_1/d = 0.20$ $\gamma = 1.75$ konst.   **Tabelle 15**

ges.$A_s = \mu \cdot b \cdot d$ Tafelwerte : zul.$\sigma_{bi} = N/b \cdot d$ (kN/cm²)

e/d \ μ	0.2 %	0.5 %	0.8 %	1.0 %	1.5 %	2.0 %	2.5 %	3.0 %	5.0 %
0.00	0.648	0.720	0.792	0.840	0.960	1.080	1.200	1.320	1.800
0.01	0.635	0.709	0.782	0.831	0.951	1.070	1.189	1.309	1.785
0.02	0.620	0.696	0.770	0.818	0.939	1.058	1.177	1.296	1.769
0.03	0.604	0.681	0.756	0.805	0.926	1.045	1.164	1.282	1.753
0.04	0.589	0.663	0.737	0.787	0.912	1.031	1.149	1.267	1.735
0.05	0.574	0.646	0.718	0.767	0.888	1.009	1.131	1.252	1.718
0.06	0.560	0.630	0.700	0.747	0.865	0.983	1.101	1.220	1.695
0.07	0.547	0.615	0.683	0.729	0.844	0.958	1.074	1.189	1.650
0.08	0.534	0.601	0.667	0.712	0.823	0.935	1.047	1.159	1.609
0.09	0.522	0.587	0.652	0.695	0.804	0.913	1.022	1.131	1.569
0.10	0.510	0.574	0.637	0.679	0.786	0.892	0.998	1.105	1.531
0.12	0.485	0.547	0.608	0.649	0.751	0.852	0.954	1.055	1.462
0.14	0.461	0.520	0.579	0.619	0.716	0.814	0.911	1.009	1.398
0.16	0.436	0.494	0.552	0.589	0.684	0.778	0.871	0.964	1.338
0.18	0.413	0.470	0.525	0.562	0.652	0.743	0.833	0.923	1.281
0.20	0.390	0.446	0.500	0.535	0.623	0.710	0.797	0.883	1.228
0.22	0.367	0.423	0.475	0.510	0.595	0.679	0.763	0.846	1.178
0.24	0.346	0.401	0.453	0.486	0.569	0.651	0.731	0.812	1.132
0.26	0.325	0.381	0.432	0.465	0.545	0.624	0.702	0.780	1.088
0.28	0.306	0.362	0.412	0.444	0.522	0.599	0.674	0.750	1.048
0.30	0.287	0.344	0.393	0.425	0.501	0.575	0.649	0.722	1.011
0.32	0.269	0.326	0.376	0.407	0.481	0.554	0.625	0.696	0.975
0.34	0.253	0.310	0.360	0.391	0.463	0.533	0.603	0.671	0.943
0.36	0.239	0.295	0.344	0.374	0.446	0.515	0.582	0.648	0.912
0.38	0.225	0.282	0.329	0.358	0.430	0.497	0.562	0.627	0.883
0.40	0.208	0.269	0.315	0.344	0.414	0.480	0.544	0.607	0.856
0.42	0.192	0.257	0.303	0.331	0.398	0.464	0.527	0.588	0.830
0.44	0.177	0.247	0.291	0.318	0.384	0.447	0.510	0.570	0.806
0.46	0.163	0.237	0.280	0.307	0.370	0.432	0.493	0.553	0.783
0.48	0.150	0.228	0.270	0.296	0.358	0.418	0.477	0.535	0.762
0.50	0.138	0.218	0.260	0.286	0.346	0.405	0.462	0.519	0.742
0.55	0.113	0.191	0.239	0.263	0.320	0.374	0.428	0.481	0.691
0.60	0.095	0.167	0.221	0.244	0.297	0.349	0.399	0.449	0.645
0.65	0.080	0.148	0.202	0.227	0.278	0.326	0.373	0.420	0.605
0.70	0.069	0.132	0.183	0.213	0.261	0.306	0.351	0.395	0.570
0.75	0.061	0.118	0.166	0.196	0.245	0.289	0.331	0.373	0.538
0.80	0.054	0.107	0.152	0.180	0.232	0.273	0.313	0.353	0.510
0.85	0.048	0.098	0.140	0.166	0.220	0.259	0.297	0.335	0.485
0.90	0.044	0.090	0.130	0.154	0.209	0.246	0.283	0.319	0.461
0.95	0.040	0.083	0.120	0.143	0.199	0.235	0.270	0.304	0.440
1.00	0.037	0.077	0.112	0.134	0.187	0.224	0.258	0.291	0.421
1.10	0.032	0.068	0.099	0.119	0.166	0.206	0.237	0.267	0.388
1.20	0.028	0.060	0.088	0.106	0.149	0.190	0.219	0.247	0.359
1.30	0.025	0.054	0.079	0.096	0.135	0.173	0.204	0.230	0.334
1.40	0.022	0.049	0.072	0.087	0.124	0.159	0.190	0.215	0.313
1.50	0.020	0.045	0.066	0.080	0.114	0.147	0.179	0.202	0.294
1.60	0.019	0.041	0.061	0.074	0.105	0.136	0.166	0.191	0.277
1.70	0.017	0.038	0.057	0.069	0.098	0.127	0.155	0.180	0.262
1.80	0.016	0.036	0.053	0.064	0.092	0.119	0.145	0.171	0.249
1.90	0.015	0.033	0.050	0.060	0.086	0.111	0.136	0.161	0.237
2.00	0.014	0.031	0.047	0.057	0.081	0.105	0.129	0.152	0.226
2.20	0.012	0.028	0.042	0.051	0.073	0.094	0.116	0.137	0.206
2.40	0.011	0.025	0.038	0.046	0.066	0.086	0.105	0.124	0.190
2.60	0.010	0.023	0.035	0.042	0.060	0.078	0.096	0.114	0.177
2.80	0.009	0.021	0.032	0.039	0.056	0.072	0.089	0.105	0.164
3.00	0.009	0.020	0.029	0.036	0.051	0.067	0.082	0.097	0.154
4.00	0.006	0.014	0.021	0.026	0.038	0.049	0.060	0.071	0.116
5.00	0.005	0.011	0.017	0.021	0.030	0.039	0.047	0.056	0.092
6.00	0.004	0.009	0.014	0.017	0.024	0.032	0.039	0.047	0.076
7.00	0.003	0.008	0.012	0.014	0.021	0.027	0.033	0.040	0.065
8.00	0.003	0.007	0.010	0.013	0.018	0.024	0.029	0.034	0.056
9.00	0.003	0.006	0.009	0.011	0.016	0.021	0.026	0.031	0.050
10.00	0.002	0.005	0.008	0.010	0.014	0.019	0.023	0.027	0.045

e/d \ μ	0.2 %	0.5 %	0.8 %	1.0 %	1.2 %	1.4 %	1.6 %	1.8 %	2.0 %
0.00	0.540	0.600	0.660	0.700	0.740	0.780	0.820	0.860	0.900
0.01	0.528	0.589	0.649	0.689	0.729	0.769	0.809	0.848	0.888
0.02	0.515	0.576	0.636	0.676	0.716	0.756	0.795	0.835	0.874
0.03	0.502	0.563	0.623	0.663	0.702	0.742	0.781	0.820	0.860
0.04	0.489	0.549	0.609	0.649	0.689	0.728	0.767	0.806	0.845
0.05	0.477	0.535	0.593	0.632	0.671	0.710	0.749	0.788	0.827
0.06	0.465	0.522	0.578	0.616	0.653	0.691	0.729	0.767	0.805
0.07	0.454	0.509	0.564	0.600	0.637	0.673	0.710	0.747	0.784
0.08	0.444	0.497	0.550	0.585	0.621	0.657	0.692	0.728	0.764
0.09	0.433	0.485	0.537	0.572	0.606	0.641	0.675	0.710	0.745
0.10	0.423	0.473	0.524	0.558	0.592	0.625	0.659	0.693	0.727
0.12	0.402	0.450	0.498	0.530	0.562	0.594	0.627	0.659	0.691
0.14	0.381	0.427	0.473	0.503	0.534	0.564	0.595	0.625	0.656
0.16	0.360	0.404	0.448	0.477	0.506	0.536	0.565	0.594	0.623
0.18	0.340	0.382	0.424	0.452	0.480	0.508	0.536	0.564	0.592
0.20	0.320	0.360	0.400	0.427	0.454	0.481	0.508	0.534	0.561
0.22	0.304	0.342	0.379	0.405	0.430	0.455	0.480	0.505	0.530
0.24	0.288	0.325	0.361	0.385	0.409	0.433	0.456	0.480	0.504
0.26	0.273	0.308	0.343	0.366	0.389	0.412	0.435	0.458	0.480
0.28	0.259	0.293	0.327	0.349	0.371	0.393	0.415	0.437	0.459
0.30	0.245	0.279	0.312	0.333	0.354	0.375	0.397	0.417	0.438
0.32	0.233	0.267	0.298	0.319	0.339	0.359	0.379	0.400	0.420
0.34	0.222	0.255	0.285	0.305	0.325	0.344	0.364	0.383	0.403
0.36	0.211	0.244	0.273	0.293	0.312	0.331	0.349	0.368	0.387
0.38	0.201	0.234	0.262	0.281	0.300	0.318	0.336	0.354	0.372
0.40	0.191	0.224	0.252	0.270	0.288	0.306	0.323	0.341	0.358
0.42	0.180	0.216	0.243	0.261	0.278	0.295	0.312	0.329	0.346
0.44	0.166	0.208	0.234	0.251	0.268	0.285	0.301	0.317	0.334
0.46	0.153	0.200	0.226	0.243	0.259	0.275	0.291	0.307	0.323
0.48	0.141	0.193	0.218	0.235	0.250	0.266	0.282	0.297	0.312
0.50	0.130	0.187	0.211	0.227	0.242	0.258	0.273	0.288	0.303
0.55	0.107	0.169	0.195	0.210	0.225	0.239	0.253	0.267	0.281
0.60	0.090	0.150	0.182	0.196	0.209	0.222	0.236	0.249	0.262
0.65	0.077	0.133	0.170	0.183	0.196	0.208	0.221	0.233	0.245
0.70	0.067	0.119	0.157	0.172	0.184	0.196	0.207	0.219	0.231
0.75	0.059	0.108	0.146	0.162	0.173	0.185	0.196	0.207	0.218
0.80	0.052	0.098	0.134	0.152	0.164	0.175	0.185	0.196	0.206
0.85	0.047	0.090	0.124	0.143	0.156	0.166	0.176	0.186	0.196
0.90	0.043	0.083	0.115	0.134	0.148	0.158	0.167	0.177	0.186
0.95	0.039	0.077	0.107	0.126	0.140	0.151	0.160	0.169	0.178
1.00	0.036	0.071	0.100	0.118	0.133	0.144	0.153	0.161	0.170
1.10	0.031	0.063	0.088	0.104	0.120	0.131	0.140	0.148	0.156
1.20	0.027	0.056	0.079	0.094	0.108	0.120	0.130	0.137	0.145
1.30	0.024	0.050	0.072	0.085	0.098	0.110	0.119	0.128	0.135
1.40	0.022	0.046	0.065	0.078	0.090	0.101	0.111	0.119	0.126
1.50	0.020	0.042	0.060	0.072	0.083	0.093	0.103	0.111	0.118
1.60	0.018	0.039	0.056	0.066	0.076	0.087	0.096	0.104	0.111
1.70	0.017	0.036	0.052	0.062	0.071	0.081	0.090	0.098	0.105
1.80	0.016	0.034	0.049	0.058	0.067	0.076	0.084	0.092	0.099
1.90	0.015	0.032	0.046	0.054	0.063	0.071	0.079	0.087	0.093
2.00	0.014	0.030	0.043	0.051	0.059	0.067	0.075	0.083	0.089
2.20	0.012	0.027	0.038	0.046	0.053	0.060	0.067	0.074	0.080
2.40	0.011	0.024	0.035	0.042	0.048	0.055	0.061	0.068	0.074
2.60	0.010	0.022	0.032	0.038	0.044	0.050	0.056	0.062	0.068
2.80	0.009	0.020	0.029	0.035	0.041	0.046	0.052	0.057	0.062
3.00	0.008	0.019	0.027	0.033	0.038	0.043	0.048	0.053	0.058
4.00	0.006	0.014	0.020	0.024	0.028	0.031	0.035	0.039	0.043
5.00	0.005	0.011	0.016	0.019	0.022	0.025	0.028	0.031	0.034
6.00	0.004	0.009	0.013	0.016	0.018	0.021	0.023	0.025	0.028
7.00	0.003	0.007	0.011	0.013	0.015	0.018	0.020	0.022	0.024
8.00	0.003	0.006	0.010	0.012	0.013	0.015	0.017	0.019	0.021
9.00	0.003	0.006	0.008	0.010	0.012	0.013	0.015	0.017	0.018
10.00	0.002	0.005	0.008	0.009	0.011	0.012	0.014	0.015	0.016

Tabelle 16

Regelbemessung

$\gamma = 2{,}10$ bis $1{,}75$

Beton: **B 15**

$d_1/d = 0{,}25$

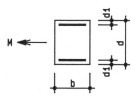

$e/d = M/N \cdot d$

ges. $A_s = \mu \cdot b \cdot d$

Tafelwerte:

zul. $\sigma_{bi} = N/b \cdot d$ (kN/cm²)

2,5 %	3,0 %	3,5 %	4,0 %	4,5 %	5,0 %	μ \ e/d
1.000	1.100	1.200	1.300	1.400	1.500	0.00
0.987	1.086	1.185	1.284	1.383	1.482	0.01
0.973	1.071	1.169	1.267	1.365	1.463	0.02
0.957	1.055	1.152	1.249	1.346	1.443	0.03
0.942	1.038	1.135	1.231	1.327	1.423	0.04
0.925	1.022	1.117	1.212	1.308	1.403	0.05
0.900	0.995	1.090	1.186	1.281	1.377	0.06
0.876	0.968	1.060	1.153	1.245	1.338	0.07
0.853	0.942	1.032	1.122	1.211	1.301	0.08
0.832	0.919	1.005	1.093	1.180	1.267	0.09
0.811	0.896	0.980	1.065	1.150	1.234	0.10
0.771	0.851	0.932	1.012	1.092	1.173	0.12
0.732	0.809	0.885	0.961	1.038	1.114	0.14
0.696	0.768	0.841	0.914	0.986	1.059	0.16
0.661	0.731	0.800	0.869	0.939	1.008	0.18
0.629	0.696	0.762	0.828	0.894	0.961	0.20
0.593	0.656	0.719	0.782	0.846	0.909	0.22
0.564	0.624	0.683	0.743	0.803	0.862	0.24
0.537	0.594	0.651	0.708	0.765	0.822	0.26
0.513	0.567	0.622	0.676	0.731	0.785	0.28
0.491	0.543	0.595	0.647	0.699	0.751	0.30
0.470	0.520	0.570	0.620	0.670	0.720	0.32
0.451	0.499	0.547	0.595	0.643	0.691	0.34
0.433	0.480	0.526	0.572	0.619	0.665	0.36
0.417	0.462	0.506	0.551	0.595	0.640	0.38
0.402	0.445	0.488	0.531	0.574	0.617	0.40
0.388	0.429	0.471	0.513	0.554	0.596	0.42
0.374	0.415	0.455	0.495	0.535	0.576	0.44
0.362	0.401	0.440	0.479	0.518	0.557	0.46
0.350	0.388	0.426	0.464	0.502	0.539	0.48
0.340	0.376	0.413	0.450	0.487	0.523	0.50
0.315	0.350	0.384	0.418	0.452	0.486	0.55
0.294	0.326	0.358	0.390	0.422	0.454	0.60
0.276	0.306	0.336	0.366	0.396	0.426	0.65
0.259	0.288	0.316	0.344	0.373	0.401	0.70
0.245	0.272	0.298	0.325	0.352	0.378	0.75
0.232	0.257	0.283	0.308	0.333	0.359	0.80
0.220	0.244	0.268	0.293	0.317	0.341	0.85
0.210	0.233	0.256	0.279	0.302	0.325	0.90
0.200	0.222	0.244	0.266	0.288	0.310	0.95
0.191	0.212	0.234	0.255	0.276	0.296	1.00
0.176	0.196	0.215	0.234	0.253	0.273	1.10
0.163	0.181	0.199	0.217	0.235	0.253	1.20
0.152	0.168	0.185	0.202	0.219	0.235	1.30
0.142	0.157	0.173	0.189	0.205	0.220	1.40
0.133	0.148	0.163	0.178	0.192	0.207	1.50
0.126	0.139	0.153	0.167	0.181	0.195	1.60
0.119	0.132	0.145	0.158	0.171	0.185	1.70
0.113	0.125	0.138	0.150	0.163	0.175	1.80
0.107	0.119	0.131	0.143	0.155	0.166	1.90
0.102	0.113	0.125	0.136	0.147	0.159	2.00
0.093	0.104	0.114	0.124	0.135	0.145	2.20
0.086	0.096	0.105	0.115	0.124	0.134	2.40
0.079	0.089	0.097	0.106	0.115	0.124	2.60
0.074	0.083	0.091	0.099	0.107	0.116	2.80
0.069	0.077	0.085	0.093	0.101	0.108	3.00
0.051	0.059	0.065	0.071	0.077	0.082	4.00
0.041	0.047	0.052	0.057	0.062	0.066	5.00
0.034	0.039	0.044	0.048	0.051	0.056	6.00
0.029	0.033	0.038	0.041	0.044	0.048	7.00
0.025	0.029	0.033	0.036	0.039	0.042	8.00
0.022	0.026	0.029	0.032	0.034	0.037	9.00
0.020	0.023	0.026	0.029	0.031	0.034	10.00

B 15
$d_1/d = 0{,}25$

1. Zeile: $M_u/1{,}75 \cdot d^2 \cdot b$ (kN/m²)
2. Zeile: $1000 \cdot k_u \cdot d$
3. Zeile: $B_{II}/1000 \cdot 1{,}75 \cdot d^3 \cdot b$ (kN/m²)

Tabelle 17

σ_{bi} \ μ	0,2 %	0,5 %	0,8 %	1,0 %	1,5 %	2,0 %	2,5 %	3,0 %	5,0 %
0.00	222 4.50 49	499 5.06 95	740 5.44 128	891 5.70 147	1253 6.23 184	1606 6.70 216	1956 7.06 247	2305 7.35 280	3587 7.74 419
0.10	569 6.01 55	789 6.32 84	1000 6.69 109	1138 6.92 124	1482 7.38 159	1826 7.69 193	2145 7.79 228	2416 7.68 266	3484 7.43 415
0.20	789 7.73 58	975 7.70 76	1144 7.54 97	1254 7.47 112	1526 7.35 149	1793 7.28 187	2059 7.23 224	2324 7.20 262	3379 7.13 411
0.30	818 5.92 84	959 6.18 96	1105 6.34 111	1205 6.42 121	1458 6.55 152	1715 6.64 186	1973 6.70 222	2233 6.74 259	3277 6.83 408
0.40	745 4.59 110	898 5.00 121	1043 5.32 131	1140 5.50 139	1383 5.81 163	1633 6.03 191	1884 6.17 223	2139 6.28 258	3173 6.54 406
0.50	531 3.41 118	746 3.96 142	934 4.48 154	1040 4.70 162	1294 5.13 181	1543 5.44 204	1792 5.67 232	2044 5.84 263	3067 6.24 404
0.60	191 2.20 66	465 3.02 125	713 3.49 170	855 3.78 186	1178 4.52 204	1439 4.90 224	1691 5.19 246	1945 5.42 273	2962 5.95 405
0.70	0 0.00 0	100 1.28 75	396 2.57 138	573 2.98 172	965 3.68 231	1301 4.35 248	1578 4.73 268	1836 5.00 290	2854 5.67 409
0.80	0 0.00 0	0 0.00 0	0 0.00 0	217 1.67 131	680 2.97 218	1071 3.57 276	1416 4.18 295	1716 4.61 311	2745 5.39 416
1.00	0 0.00 0	0 0.00 0	0 0.00 0	0 0.00 0	0 0.00 0	477 2.15 228	895 2.95 304	1286 3.46 362	2516 4.84 444
1.20	0 0.00 0	0 0.00 0	0 0.00 0	0 0.00 0	0 0.00 0	0 0.00 0	0 0.00 0	700 2.30 316	2203 4.20 490
1.40	0 0.00 0	0 0.00 0	0 0.00 0	0 0.00 0	0 0.00 0	0 0.00 0	0 0.00 0	0 0.00 0	1713 3.33 522
1.60	0 0.00 0	0 0.00 0	0 0.00 0	0 0.00 0	0 0.00 0	0 0.00 0	0 0.00 0	0 0.00 0	1139 2.46 480
1.80	0 0.00 0	0 0.00 0	0 0.00 0	0 0.00 0	0 0.00 0	0 0.00 0	0 0.00 0	0 0.00 0	0 0.00 0
2.00	0 0.00 0	0 0.00 0	0 0.00 0	0 0.00 0	0 0.00 0	0 0.00 0	0 0.00 0	0 0.00 0	0 0.00 0
2.50	0 0.00 0	0 0.00 0	0 0.00 0	0 0.00 0	0 0.00 0	0 0.00 0	0 0.00 0	0 0.00 0	0 0.00 0
3.00	0 0.00 0	0 0.00 0	0 0.00 0	0 0.00 0	0 0.00 0	0 0.00 0	0 0.00 0	0 0.00 0	0 0.00 0
3.50	0 0.00 0	0 0.00 0	0 0.00 0	0 0.00 0	0 0.00 0	0 0.00 0	0 0.00 0	0 0.00 0	0 0.00 0

B 15 $d_1/d = 0{,}25$ $\gamma = 1{,}75$ konst. **Tabelle 18**

ges.$A_s = \mu \cdot b \cdot d$ Tafelwerte: zul.$\sigma_{bi} = N/b \cdot d$ (kN/cm²)

e/d \ μ	0,2 %	0,5 %	0,8 %	1,0 %	1,5 %	2,0 %	2,5 %	3,0 %	5,0 %
0.00	0.648	0.720	0.792	0.840	0.960	1.080	1.200	1.320	1.800
0.01	0.633	0.706	0.779	0.827	0.946	1.066	1.185	1.303	1.778
0.02	0.618	0.691	0.763	0.811	0.931	1.049	1.167	1.285	1.756
0.03	0.603	0.675	0.747	0.795	0.914	1.031	1.149	1.266	1.732
0.04	0.587	0.659	0.731	0.779	0.897	1.014	1.130	1.246	1.708
0.05	0.572	0.642	0.712	0.758	0.875	0.993	1.110	1.226	1.683
0.06	0.558	0.626	0.693	0.739	0.852	0.966	1.080	1.194	1.652
0.07	0.545	0.611	0.676	0.720	0.830	0.940	1.051	1.161	1.605
0.08	0.532	0.596	0.660	0.703	0.809	0.916	1.024	1.131	1.561
0.09	0.520	0.582	0.644	0.686	0.790	0.894	0.998	1.102	1.520
0.10	0.507	0.568	0.629	0.669	0.771	0.872	0.974	1.075	1.481
0.12	0.482	0.540	0.598	0.636	0.733	0.829	0.925	1.022	1.407
0.14	0.457	0.512	0.567	0.604	0.696	0.787	0.879	0.970	1.337
0.16	0.432	0.485	0.538	0.573	0.660	0.747	0.835	0.922	1.271
0.18	0.408	0.459	0.509	0.543	0.627	0.710	0.793	0.877	1.210
0.20	0.383	0.432	0.480	0.512	0.593	0.673	0.754	0.835	1.153
0.22	0.359	0.405	0.452	0.482	0.559	0.635	0.711	0.787	1.091
0.24	0.336	0.381	0.425	0.454	0.527	0.599	0.671	0.743	1.031
0.26	0.313	0.358	0.401	0.429	0.498	0.567	0.635	0.704	0.977
0.28	0.293	0.337	0.378	0.405	0.472	0.537	0.603	0.668	0.928
0.30	0.273	0.317	0.358	0.384	0.448	0.510	0.573	0.635	0.883
0.32	0.255	0.300	0.339	0.364	0.426	0.486	0.546	0.605	0.842
0.34	0.239	0.283	0.322	0.346	0.405	0.463	0.521	0.578	0.805
0.36	0.224	0.269	0.306	0.330	0.387	0.443	0.498	0.553	0.771
0.38	0.211	0.255	0.292	0.315	0.370	0.424	0.477	0.530	0.740
0.40	0.196	0.243	0.279	0.301	0.354	0.406	0.458	0.508	0.710
0.42	0.180	0.232	0.267	0.288	0.340	0.390	0.440	0.489	0.684
0.44	0.166	0.221	0.255	0.277	0.327	0.375	0.423	0.471	0.659
0.46	0.153	0.212	0.245	0.266	0.315	0.362	0.408	0.454	0.635
0.48	0.141	0.203	0.236	0.256	0.303	0.349	0.394	0.438	0.613
0.50	0.130	0.195	0.227	0.246	0.293	0.337	0.380	0.423	0.594
0.55	0.107	0.171	0.207	0.226	0.269	0.310	0.351	0.390	0.548
0.60	0.090	0.150	0.191	0.208	0.249	0.287	0.325	0.362	0.509
0.65	0.077	0.133	0.177	0.193	0.231	0.268	0.303	0.338	0.476
0.70	0.067	0.119	0.161	0.180	0.216	0.250	0.284	0.316	0.446
0.75	0.059	0.108	0.146	0.169	0.203	0.235	0.267	0.298	0.420
0.80	0.052	0.098	0.134	0.156	0.191	0.222	0.252	0.281	0.397
0.85	0.047	0.090	0.124	0.145	0.181	0.210	0.238	0.266	0.376
0.90	0.043	0.083	0.115	0.134	0.171	0.199	0.226	0.253	0.357
0.95	0.039	0.077	0.107	0.126	0.163	0.189	0.215	0.241	0.340
1.00	0.036	0.071	0.100	0.118	0.155	0.181	0.205	0.229	0.325
1.10	0.031	0.063	0.088	0.104	0.142	0.165	0.188	0.210	0.298
1.20	0.027	0.056	0.079	0.094	0.128	0.152	0.173	0.194	0.275
1.30	0.024	0.050	0.072	0.085	0.117	0.141	0.161	0.180	0.255
1.40	0.022	0.046	0.065	0.078	0.107	0.132	0.150	0.168	0.238
1.50	0.020	0.042	0.060	0.072	0.099	0.123	0.140	0.157	0.223
1.60	0.018	0.039	0.056	0.066	0.092	0.116	0.132	0.148	0.210
1.70	0.017	0.036	0.052	0.062	0.085	0.108	0.125	0.140	0.199
1.80	0.016	0.034	0.049	0.058	0.080	0.102	0.118	0.132	0.188
1.90	0.015	0.032	0.046	0.054	0.075	0.096	0.112	0.126	0.179
2.00	0.014	0.030	0.043	0.051	0.071	0.090	0.107	0.120	0.170
2.20	0.012	0.027	0.038	0.046	0.064	0.081	0.097	0.109	0.155
2.40	0.011	0.024	0.035	0.042	0.058	0.074	0.090	0.100	0.143
2.60	0.010	0.022	0.032	0.038	0.053	0.068	0.082	0.093	0.132
2.80	0.009	0.020	0.029	0.035	0.049	0.062	0.076	0.086	0.123
3.00	0.008	0.019	0.027	0.033	0.045	0.058	0.070	0.081	0.115
4.00	0.006	0.014	0.020	0.024	0.033	0.043	0.052	0.061	0.087
5.00	0.005	0.011	0.016	0.019	0.026	0.034	0.041	0.048	0.070
6.00	0.004	0.009	0.013	0.016	0.022	0.028	0.034	0.040	0.059
7.00	0.003	0.007	0.011	0.013	0.019	0.024	0.029	0.034	0.050
8.00	0.003	0.006	0.010	0.012	0.016	0.021	0.025	0.030	0.044
9.00	0.003	0.006	0.008	0.010	0.014	0.018	0.022	0.026	0.039
10.00	0.002	0.005	0.008	0.009	0.013	0.016	0.020	0.024	0.035

e/d \ μ	0.2 %	0.5 %	0.8 %	1.0 %	1.2 %	1.4 %	1.6 %	1.8 %	2.0 %
0.00	0.873	0.933	0.993	1.033	1.073	1.113	1.153	1.193	1.233
0.01	0.857	0.922	0.985	1.025	1.066	1.106	1.146	1.186	1.226
0.02	0.835	0.905	0.972	1.014	1.055	1.096	1.137	1.177	1.217
0.03	0.814	0.882	0.949	0.994	1.039	1.083	1.125	1.166	1.206
0.04	0.794	0.860	0.926	0.970	1.014	1.057	1.101	1.145	1.188
0.05	0.774	0.839	0.904	0.947	0.990	1.033	1.075	1.118	1.161
0.06	0.756	0.819	0.883	0.925	0.967	1.009	1.051	1.093	1.134
0.07	0.738	0.801	0.863	0.904	0.945	0.986	1.027	1.068	1.109
0.08	0.722	0.783	0.843	0.884	0.924	0.964	1.004	1.044	1.085
0.09	0.705	0.765	0.825	0.864	0.904	0.943	0.983	1.022	1.061
0.10	0.689	0.749	0.807	0.846	0.884	0.923	0.962	1.000	1.039
0.12	0.657	0.716	0.773	0.811	0.848	0.885	0.923	0.960	0.997
0.14	0.626	0.683	0.740	0.777	0.813	0.850	0.886	0.922	0.958
0.16	0.600	0.654	0.707	0.743	0.779	0.815	0.850	0.885	0.920
0.18	0.575	0.629	0.680	0.714	0.747	0.781	0.816	0.850	0.884
0.20	0.550	0.604	0.655	0.689	0.721	0.754	0.786	0.818	0.850
0.22	0.527	0.581	0.632	0.665	0.697	0.728	0.760	0.791	0.822
0.24	0.504	0.559	0.609	0.641	0.673	0.704	0.735	0.766	0.796
0.26	0.482	0.538	0.588	0.620	0.651	0.682	0.712	0.742	0.772
0.28	0.462	0.518	0.568	0.599	0.630	0.660	0.690	0.719	0.748
0.30	0.443	0.499	0.549	0.580	0.610	0.640	0.669	0.698	0.726
0.32	0.425	0.482	0.531	0.561	0.591	0.620	0.649	0.677	0.705
0.34	0.407	0.465	0.514	0.544	0.573	0.602	0.630	0.658	0.685
0.36	0.387	0.450	0.498	0.528	0.557	0.585	0.613	0.640	0.667
0.38	0.358	0.436	0.483	0.512	0.541	0.569	0.596	0.622	0.649
0.40	0.330	0.422	0.469	0.498	0.526	0.553	0.580	0.606	0.632
0.42	0.303	0.408	0.456	0.484	0.512	0.539	0.565	0.590	0.616
0.44	0.275	0.395	0.443	0.472	0.498	0.525	0.550	0.576	0.601
0.46	0.247	0.375	0.432	0.459	0.486	0.512	0.537	0.562	0.586
0.48	0.223	0.353	0.421	0.448	0.474	0.499	0.524	0.549	0.573
0.50	0.201	0.333	0.409	0.437	0.463	0.488	0.512	0.536	0.559
0.55	0.157	0.288	0.376	0.412	0.436	0.460	0.484	0.507	0.529
0.60	0.125	0.244	0.336	0.384	0.413	0.436	0.459	0.481	0.502
0.65	0.103	0.209	0.300	0.348	0.391	0.415	0.436	0.457	0.478
0.70	0.086	0.182	0.267	0.316	0.357	0.395	0.416	0.436	0.456
0.75	0.074	0.161	0.237	0.287	0.328	0.365	0.397	0.417	0.436
0.80	0.065	0.143	0.213	0.259	0.301	0.338	0.372	0.399	0.418
0.85	0.058	0.129	0.193	0.235	0.277	0.313	0.346	0.378	0.401
0.90	0.052	0.117	0.177	0.215	0.253	0.291	0.323	0.354	0.383
0.95	0.047	0.107	0.162	0.198	0.233	0.269	0.302	0.332	0.360
1.00	0.043	0.099	0.150	0.183	0.216	0.249	0.283	0.312	0.339
1.10	0.037	0.085	0.130	0.160	0.188	0.217	0.246	0.275	0.303
1.20	0.032	0.075	0.115	0.141	0.167	0.192	0.218	0.244	0.270
1.30	0.028	0.067	0.103	0.126	0.149	0.173	0.196	0.219	0.242
1.40	0.025	0.060	0.093	0.114	0.135	0.156	0.177	0.198	0.220
1.50	0.023	0.055	0.085	0.104	0.124	0.143	0.162	0.181	0.201
1.60	0.021	0.050	0.078	0.096	0.114	0.132	0.149	0.167	0.185
1.70	0.020	0.046	0.072	0.089	0.105	0.122	0.138	0.155	0.171
1.80	0.018	0.043	0.067	0.082	0.098	0.113	0.129	0.144	0.159
1.90	0.017	0.040	0.063	0.077	0.092	0.106	0.120	0.135	0.149
2.00	0.016	0.038	0.059	0.072	0.086	0.100	0.113	0.127	0.140
2.20	0.014	0.033	0.052	0.065	0.077	0.089	0.101	0.113	0.125
2.40	0.013	0.030	0.047	0.058	0.069	0.080	0.091	0.102	0.113
2.60	0.011	0.027	0.043	0.053	0.063	0.073	0.083	0.093	0.103
2.80	0.010	0.025	0.039	0.048	0.058	0.067	0.076	0.085	0.094
3.00	0.010	0.023	0.036	0.045	0.053	0.062	0.070	0.079	0.087
4.00	0.007	0.017	0.026	0.032	0.039	0.045	0.051	0.057	0.063
5.00	0.005	0.013	0.020	0.025	0.030	0.035	0.040	0.045	0.050
6.00	0.004	0.011	0.017	0.021	0.025	0.029	0.033	0.037	0.041
7.00	0.004	0.009	0.014	0.018	0.021	0.025	0.028	0.031	0.035
8.00	0.003	0.008	0.012	0.015	0.018	0.021	0.024	0.027	0.030
9.00	0.003	0.007	0.011	0.014	0.016	0.019	0.021	0.024	0.026
10.00	0.003	0.006	0.010	0.012	0.014	0.017	0.019	0.021	0.024

Tabelle 19

Regelbemessung

$\gamma = 2{,}10$ bis $1{,}75$

2,5 %	3,0 %	4,5 %	6,0 %	7,5 %	9,0 %	μ \ e/d
1.333	1.433	1.733	2.033	2.333	2.633	0.00
1.326	1.426	1.725	2.024	2.322	2.621	0.01
1.317	1.417	1.716	2.013	2.311	2.609	0.02
1.307	1.407	1.705	2.002	2.299	2.595	0.03
1.296	1.396	1.694	1.991	2.286	2.582	0.04
1.267	1.373	1.683	1.979	2.273	2.568	0.05
1.238	1.343	1.654	1.965	2.260	2.553	0.06
1.211	1.313	1.618	1.923	2.227	2.531	0.07
1.185	1.285	1.583	1.882	2.180	2.478	0.08
1.159	1.257	1.550	1.842	2.134	2.426	0.09
1.135	1.231	1.518	1.805	2.091	2.377	0.10
1.089	1.182	1.458	1.733	2.009	2.284	0.12
1.047	1.136	1.402	1.667	1.933	2.198	0.14
1.007	1.094	1.350	1.607	1.862	2.118	0.16
0.969	1.053	1.302	1.550	1.797	2.043	0.18
0.932	1.014	1.256	1.497	1.735	1.974	0.20
0.899	0.977	1.212	1.445	1.678	1.909	0.22
0.871	0.946	1.171	1.397	1.622	1.847	0.24
0.845	0.918	1.133	1.351	1.570	1.788	0.26
0.820	0.891	1.102	1.310	1.521	1.733	0.28
0.797	0.866	1.072	1.276	1.478	1.680	0.30
0.774	0.842	1.044	1.243	1.440	1.637	0.32
0.753	0.820	1.017	1.211	1.405	1.597	0.34
0.733	0.798	0.991	1.181	1.370	1.559	0.36
0.714	0.778	0.966	1.153	1.338	1.522	0.38
0.696	0.758	0.943	1.126	1.307	1.487	0.40
0.678	0.740	0.921	1.099	1.277	1.453	0.42
0.662	0.723	0.900	1.075	1.249	1.421	0.44
0.647	0.706	0.880	1.051	1.221	1.391	0.46
0.632	0.690	0.860	1.029	1.195	1.361	0.48
0.617	0.674	0.842	1.007	1.170	1.333	0.50
0.585	0.639	0.799	0.956	1.112	1.267	0.55
0.555	0.607	0.760	0.911	1.060	1.208	0.60
0.529	0.579	0.725	0.869	1.012	1.154	0.65
0.505	0.553	0.693	0.832	0.968	1.105	0.70
0.483	0.529	0.664	0.797	0.928	1.060	0.75
0.463	0.507	0.637	0.765	0.892	1.018	0.80
0.445	0.487	0.613	0.736	0.858	0.979	0.85
0.428	0.469	0.590	0.709	0.827	0.944	0.90
0.412	0.452	0.569	0.684	0.797	0.911	0.95
0.399	0.436	0.549	0.660	0.770	0.880	1.00
0.363	0.408	0.514	0.618	0.721	0.824	1.10
0.329	0.382	0.483	0.581	0.678	0.775	1.20
0.300	0.350	0.455	0.548	0.640	0.731	1.30
0.273	0.322	0.430	0.518	0.606	0.692	1.40
0.249	0.297	0.410	0.492	0.575	0.657	1.50
0.230	0.275	0.394	0.468	0.547	0.626	1.60
0.213	0.255	0.370	0.447	0.522	0.597	1.70
0.198	0.237	0.348	0.427	0.499	0.571	1.80
0.185	0.222	0.328	0.411	0.478	0.547	1.90
0.174	0.208	0.310	0.398	0.459	0.525	2.00
0.155	0.186	0.278	0.363	0.424	0.486	2.20
0.140	0.168	0.251	0.331	0.400	0.452	2.40
0.128	0.153	0.229	0.304	0.374	0.423	2.60
0.117	0.140	0.210	0.280	0.346	0.402	2.80
0.108	0.130	0.194	0.259	0.322	0.381	3.00
0.079	0.094	0.141	0.187	0.234	0.282	4.00
0.062	0.074	0.110	0.147	0.184	0.221	5.00
0.051	0.061	0.091	0.121	0.151	0.182	6.00
0.043	0.052	0.077	0.102	0.128	0.154	7.00
0.037	0.045	0.067	0.089	0.111	0.134	8.00
0.033	0.040	0.059	0.079	0.098	0.118	9.00
0.030	0.035	0.053	0.070	0.088	0.106	10.00

Beton: **B 25**

$d_1/d =$ **0,10**

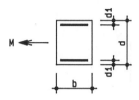

$d_1/d =$ **0,07**

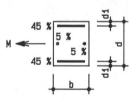

$e/d = M/N \cdot d$

$\text{ges.} A_s = \mu \cdot b \cdot d$

Tafelwerte:

$\text{zul.} \sigma_{bi} = N/b \cdot d$ (kN/cm²)

B 25
$d_1/d = 0,10/0,07$

1. Zeile: $M_u/1,75 \cdot d^2 \cdot b$ (kN/m²)
2. Zeile: $1000 \cdot k_u \cdot d$
3. Zeile: $B_{II}/1000 \cdot 1,75 \cdot d^3 \cdot b$ (kN/m²)

Tabelle 20

σ_{bi} \ µ	0,2 %	0,5 %	0,8 %	1,0 %	2,0 %	3,0 %	4,5 %	6,0 %	9,0 %
0.00	245 3.21 78	598 3.47 171	945 3.69 253	1171 3.82 303	2298 4.27 527	3420 4.56 728	5108 4.85 1017	6805 5.06 1299	10215 5.31 1863
0.10	655 4.15 94	992 4.21 170	1327 4.34 245	1546 4.38 292	2662 4.73 508	3787 4.95 706	5478 5.19 993	7176 5.34 1277	10585 5.52 1846
0.20	1000 5.04 117	1331 4.93 177	1664 4.98 240	1887 5.02 283	3006 5.23 486	4140 5.39 681	5842 5.52 969	7549 5.62 1256	10964 5.70 1829
0.30	1265 5.92 127	1608 5.75 177	1951 5.75 231	2180 5.74 269	3322 5.80 463	4465 5.82 657	6180 5.87 947	7894 5.87 1237	11322 5.89 1814
0.40	1406 6.17 136	1749 6.07 181	2092 6.04 229	2320 6.03 264	3463 6.00 450	4606 6.00 642	6320 5.99 933	8035 5.98 1224	11463 5.98 1804
0.50	1412 5.29 170	1716 5.33 211	2031 5.40 251	2244 5.44 284	3338 5.60 454	4454 5.70 641	6145 5.76 929	7850 5.81 1218	11261 5.85 1798
0.60	1326 4.31 212	1601 4.39 256	1888 4.54 296	2083 4.63 323	3112 4.99 474	4192 5.20 648	5847 5.40 930	7528 5.53 1218	10916 5.65 1796
0.70	1163 3.65 236	1435 3.69 296	1711 3.83 342	1899 3.94 370	2883 4.41 508	3927 4.74 667	5550 5.05 936	7211 5.23 1219	10582 5.45 1795
0.80	913 3.11 229	1205 3.18 307	1486 3.26 375	1678 3.39 409	2645 3.90 553	3658 4.31 696	5251 4.69 948	6890 4.96 1223	10234 5.24 1794
1.00	210 1.51 110	532 2.05 218	855 2.36 314	1071 2.53 373	2105 3.06 626	3107 3.51 784	4657 4.05 999	6257 4.41 1247	9557 4.85 1798
1.20	0 0.00 0	0 0.00 0	0 0.00 0	333 1.25 261	1423 2.35 571	2493 2.85 830	4046 3.44 1083	5620 3.87 1302	8868 4.45 1815
1.40	0 0.00 0	0 0.00 0	0 0.00 0	0 0.00 0	674 1.41 478	1771 2.24 766	3392 2.90 1132	4976 3.40 1377	8190 4.07 1847
1.60	0 0.00 0	0 0.00 0	0 0.00 0	0 0.00 0	0 0.00 0	1016 1.50 686	2675 2.41 1087	4303 2.95 1426	7518 3.69 1904
1.80	0 0.00 0	0 0.00 0	0 0.00 0	0 0.00 0	0 0.00 0	0 0.00 0	1916 1.88 1023	3590 2.54 1398	6817 3.33 1966
2.00	0 0.00 0	0 0.00 0	0 0.00 0	0 0.00 0	0 0.00 0	0 0.00 0	1141 1.24 950	2816 2.09 1344	6122 3.00 2010
2.50	0 0.00 0	0 0.00 0	0 0.00 0	0 0.00 0	0 0.00 0	0 0.00 0	0 0.00 0	0 0.00 0	4240 2.20 1941
3.00	0 0.00 0	0 0.00 0	0 0.00 0	0 0.00 0	0 0.00 0	0 0.00 0	0 0.00 0	0 0.00 0	2275 1.28 1824
3.50	0 0.00 0	0 0.00 0	0 0.00 0	0 0.00 0	0 0.00 0	0 0.00 0	0 0.00 0	0 0.00 0	0 0.00 0

B 25 $d_1/d = 0{,}10/0{,}07$ $\gamma = 1{,}75$ konst. **Tabelle 21**

$A_s = \mu \cdot b \cdot d$ (0,07 bei 10 % Mittenbew.) Tafelwerte: $zul.\sigma_{bi} = N/b \cdot d$ (kN/cm²)

e/d \ μ	0,2 %	0,5 %	0,8 %	1,0 %	2,0 %	3,0 %	4,5 %	6,0 %	9,0 %
0.00	1.048	1.120	1.192	1.240	1.480	1.720	2.080	2.440	3.160
0.01	1.029	1.107	1.182	1.231	1.472	1.711	2.070	2.429	3.145
0.02	1.003	1.086	1.166	1.216	1.461	1.701	2.059	2.416	3.130
0.03	0.977	1.058	1.139	1.193	1.448	1.689	2.047	2.403	3.115
0.04	0.953	1.032	1.111	1.164	1.426	1.675	2.033	2.389	3.098
0.05	0.929	1.007	1.085	1.136	1.393	1.648	2.019	2.374	3.081
0.06	0.907	0.983	1.059	1.110	1.361	1.611	1.985	2.358	3.064
0.07	0.886	0.961	1.035	1.085	1.331	1.575	1.941	2.307	3.037
0.08	0.866	0.939	1.012	1.060	1.301	1.541	1.900	2.258	2.973
0.09	0.847	0.918	0.990	1.037	1.273	1.509	1.860	2.211	2.911
0.10	0.827	0.898	0.968	1.015	1.246	1.477	1.822	2.166	2.852
0.12	0.788	0.859	0.928	0.973	1.196	1.418	1.749	2.080	2.741
0.14	0.749	0.819	0.887	0.932	1.150	1.363	1.682	2.001	2.637
0.16	0.711	0.781	0.848	0.892	1.105	1.312	1.620	1.928	2.541
0.18	0.674	0.744	0.810	0.853	1.061	1.264	1.562	1.859	2.452
0.20	0.637	0.708	0.774	0.817	1.020	1.217	1.507	1.796	2.369
0.22	0.602	0.674	0.740	0.781	0.981	1.172	1.455	1.735	2.291
0.24	0.567	0.641	0.707	0.748	0.944	1.130	1.405	1.677	2.217
0.26	0.535	0.610	0.675	0.716	0.908	1.091	1.358	1.622	2.146
0.28	0.503	0.581	0.646	0.687	0.875	1.053	1.313	1.570	2.079
0.30	0.474	0.553	0.619	0.659	0.844	1.018	1.271	1.521	2.016
0.32	0.446	0.528	0.593	0.633	0.814	0.984	1.232	1.475	1.956
0.34	0.418	0.504	0.569	0.608	0.787	0.952	1.194	1.431	1.900
0.36	0.387	0.481	0.546	0.585	0.761	0.923	1.158	1.389	1.847
0.38	0.358	0.461	0.525	0.564	0.736	0.895	1.124	1.350	1.796
0.40	0.330	0.442	0.506	0.544	0.713	0.868	1.093	1.313	1.748
0.42	0.303	0.420	0.487	0.525	0.691	0.843	1.063	1.277	1.702
0.44	0.275	0.397	0.470	0.507	0.670	0.820	1.034	1.244	1.659
0.46	0.247	0.375	0.454	0.491	0.651	0.797	1.007	1.212	1.618
0.48	0.223	0.353	0.439	0.475	0.633	0.776	0.981	1.182	1.578
0.50	0.201	0.333	0.422	0.461	0.615	0.755	0.957	1.153	1.541
0.55	0.157	0.288	0.376	0.425	0.576	0.709	0.900	1.087	1.454
0.60	0.125	0.244	0.336	0.384	0.541	0.668	0.850	1.028	1.377
0.65	0.103	0.209	0.300	0.348	0.510	0.631	0.805	0.974	1.308
0.70	0.086	0.182	0.267	0.316	0.482	0.599	0.765	0.926	1.245
0.75	0.074	0.161	0.237	0.287	0.458	0.569	0.728	0.883	1.187
0.80	0.065	0.143	0.213	0.259	0.435	0.543	0.695	0.843	1.135
0.85	0.058	0.129	0.193	0.235	0.408	0.518	0.665	0.807	1.088
0.90	0.052	0.117	0.177	0.215	0.383	0.496	0.637	0.774	1.044
0.95	0.047	0.107	0.162	0.198	0.360	0.476	0.611	0.744	1.004
1.00	0.043	0.099	0.150	0.183	0.339	0.457	0.588	0.716	0.966
1.10	0.037	0.085	0.130	0.160	0.303	0.420	0.546	0.665	0.899
1.20	0.032	0.075	0.115	0.141	0.270	0.382	0.509	0.621	0.840
1.30	0.028	0.067	0.103	0.126	0.242	0.350	0.478	0.583	0.789
1.40	0.025	0.060	0.093	0.114	0.220	0.322	0.449	0.549	0.744
1.50	0.023	0.055	0.085	0.104	0.201	0.297	0.423	0.519	0.704
1.60	0.021	0.050	0.078	0.096	0.185	0.275	0.395	0.492	0.667
1.70	0.020	0.046	0.072	0.089	0.171	0.255	0.370	0.467	0.634
1.80	0.018	0.043	0.067	0.082	0.159	0.237	0.348	0.445	0.605
1.90	0.017	0.040	0.063	0.077	0.149	0.222	0.328	0.424	0.578
2.00	0.016	0.038	0.059	0.072	0.140	0.208	0.310	0.402	0.553
2.20	0.014	0.033	0.052	0.065	0.125	0.186	0.278	0.363	0.510
2.40	0.013	0.030	0.047	0.058	0.113	0.168	0.251	0.331	0.473
2.60	0.011	0.027	0.043	0.053	0.103	0.153	0.229	0.304	0.440
2.80	0.010	0.025	0.039	0.048	0.094	0.140	0.210	0.280	0.410
3.00	0.010	0.023	0.036	0.045	0.087	0.130	0.194	0.259	0.381
4.00	0.007	0.017	0.026	0.032	0.063	0.094	0.141	0.187	0.282
5.00	0.005	0.013	0.020	0.025	0.050	0.074	0.110	0.147	0.221
6.00	0.004	0.011	0.017	0.021	0.041	0.061	0.091	0.121	0.182
7.00	0.004	0.009	0.014	0.018	0.035	0.052	0.077	0.102	0.154
8.00	0.003	0.008	0.012	0.015	0.030	0.045	0.067	0.089	0.134
9.00	0.003	0.007	0.011	0.014	0.026	0.040	0.059	0.079	0.118
10.00	0.003	0.006	0.010	0.012	0.024	0.035	0.053	0.070	0.106

e/d \ μ	0.2 %	0.5 %	0.8 %	1.0 %	1.2 %	1.4 %	1.6 %	1.8 %	2.0 %
0.00	0.873	0.933	0.993	1.033	1.073	1.113	1.153	1.193	1.233
0.01	0.855	0.920	0.982	1.023	1.063	1.104	1.144	1.184	1.224
0.02	0.834	0.901	0.966	1.008	1.049	1.090	1.131	1.171	1.212
0.03	0.812	0.878	0.944	0.987	1.031	1.075	1.116	1.157	1.198
0.04	0.792	0.856	0.920	0.962	1.005	1.048	1.090	1.133	1.176
0.05	0.772	0.835	0.897	0.939	0.980	1.022	1.063	1.105	1.147
0.06	0.754	0.815	0.875	0.916	0.956	0.997	1.038	1.078	1.119
0.07	0.736	0.795	0.855	0.894	0.934	0.974	1.013	1.053	1.092
0.08	0.719	0.777	0.835	0.874	0.912	0.951	0.990	1.029	1.067
0.09	0.703	0.760	0.816	0.854	0.892	0.930	0.968	1.005	1.043
0.10	0.687	0.743	0.799	0.836	0.873	0.909	0.946	0.983	1.020
0.12	0.653	0.709	0.763	0.799	0.835	0.871	0.907	0.942	0.977
0.14	0.621	0.675	0.728	0.763	0.798	0.833	0.867	0.902	0.936
0.16	0.590	0.642	0.694	0.728	0.762	0.796	0.830	0.863	0.896
0.18	0.564	0.614	0.663	0.695	0.728	0.761	0.793	0.826	0.858
0.20	0.539	0.589	0.637	0.668	0.699	0.729	0.760	0.791	0.822
0.22	0.515	0.565	0.612	0.643	0.673	0.703	0.733	0.762	0.792
0.24	0.491	0.542	0.588	0.619	0.648	0.678	0.707	0.736	0.765
0.26	0.469	0.520	0.566	0.596	0.625	0.654	0.683	0.711	0.739
0.28	0.448	0.499	0.545	0.575	0.603	0.632	0.660	0.687	0.715
0.30	0.428	0.480	0.526	0.555	0.583	0.611	0.638	0.665	0.692
0.32	0.409	0.461	0.507	0.536	0.564	0.591	0.618	0.644	0.671
0.34	0.392	0.445	0.490	0.518	0.545	0.572	0.599	0.625	0.650
0.36	0.373	0.429	0.474	0.501	0.528	0.555	0.581	0.606	0.631
0.38	0.345	0.414	0.458	0.486	0.512	0.538	0.564	0.589	0.613
0.40	0.315	0.401	0.444	0.471	0.497	0.523	0.548	0.572	0.596
0.42	0.287	0.387	0.431	0.458	0.483	0.508	0.532	0.556	0.580
0.44	0.259	0.373	0.419	0.445	0.470	0.494	0.518	0.542	0.565
0.46	0.233	0.352	0.407	0.432	0.457	0.481	0.505	0.528	0.551
0.48	0.210	0.329	0.396	0.421	0.445	0.469	0.492	0.515	0.537
0.50	0.189	0.308	0.384	0.410	0.434	0.457	0.480	0.502	0.524
0.55	0.147	0.261	0.347	0.385	0.408	0.430	0.452	0.473	0.494
0.60	0.118	0.222	0.305	0.352	0.385	0.407	0.427	0.448	0.468
0.65	0.097	0.191	0.269	0.314	0.357	0.385	0.405	0.425	0.444
0.70	0.082	0.167	0.238	0.282	0.322	0.361	0.385	0.404	0.423
0.75	0.070	0.147	0.213	0.254	0.293	0.329	0.364	0.386	0.403
0.80	0.062	0.132	0.192	0.230	0.267	0.301	0.334	0.367	0.386
0.85	0.055	0.119	0.174	0.209	0.244	0.277	0.308	0.339	0.369
0.90	0.049	0.108	0.160	0.192	0.224	0.256	0.286	0.315	0.343
0.95	0.045	0.099	0.147	0.177	0.207	0.237	0.266	0.293	0.320
1.00	0.041	0.092	0.136	0.165	0.192	0.220	0.248	0.274	0.300
1.10	0.035	0.079	0.119	0.144	0.168	0.193	0.217	0.242	0.265
1.20	0.030	0.070	0.105	0.128	0.149	0.171	0.193	0.215	0.237
1.30	0.027	0.062	0.094	0.114	0.134	0.154	0.174	0.193	0.213
1.40	0.024	0.056	0.085	0.104	0.122	0.140	0.158	0.176	0.194
1.50	0.022	0.051	0.078	0.095	0.112	0.128	0.145	0.161	0.178
1.60	0.020	0.047	0.072	0.087	0.103	0.118	0.133	0.149	0.164
1.70	0.019	0.043	0.066	0.081	0.095	0.110	0.124	0.138	0.152
1.80	0.017	0.040	0.062	0.075	0.089	0.102	0.115	0.129	0.142
1.90	0.016	0.038	0.058	0.071	0.083	0.096	0.108	0.120	0.133
2.00	0.015	0.035	0.054	0.066	0.078	0.090	0.102	0.113	0.125
2.20	0.013	0.031	0.048	0.059	0.070	0.080	0.091	0.101	0.112
2.40	0.012	0.028	0.044	0.053	0.063	0.073	0.082	0.091	0.101
2.60	0.011	0.026	0.040	0.049	0.057	0.066	0.075	0.083	0.092
2.80	0.010	0.024	0.036	0.045	0.053	0.061	0.069	0.077	0.085
3.00	0.009	0.022	0.034	0.041	0.049	0.056	0.064	0.071	0.078
4.00	0.007	0.016	0.024	0.030	0.035	0.041	0.046	0.052	0.057
5.00	0.005	0.012	0.019	0.023	0.028	0.032	0.036	0.041	0.045
6.00	0.004	0.010	0.016	0.019	0.023	0.026	0.030	0.033	0.037
7.00	0.004	0.009	0.013	0.016	0.019	0.022	0.025	0.028	0.031
8.00	0.003	0.007	0.012	0.014	0.017	0.019	0.022	0.025	0.027
9.00	0.003	0.007	0.010	0.012	0.015	0.017	0.019	0.022	0.024
10.00	0.002	0.006	0.009	0.011	0.013	0.015	0.018	0.020	0.022

Tabelle 22

Regelbemessung

γ = 2,10 bis 1,75

Beton : **B 25**

d_1/d = **0,15**

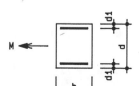

$e/d = M/N \cdot d$

$ges.A_s = \mu \cdot b \cdot d$

Tafelwerte :

$zul.\sigma_{bi} = N/b \cdot d$ (kN/cm²)

2,5 %	3,0 %	4,5 %	6,0 %	7,5 %	9,0 %	μ / e/d
1.333	1.433	1.733	2.033	2.333	2.633	0.00
1.324	1.424	1.722	2.021	2.319	2.617	0.01
1.312	1.412	1.710	2.007	2.304	2.601	0.02
1.298	1.398	1.696	1.992	2.288	2.583	0.03
1.282	1.384	1.681	1.977	2.271	2.565	0.04
1.251	1.355	1.666	1.960	2.254	2.546	0.05
1.220	1.322	1.626	1.931	2.236	2.527	0.06
1.191	1.291	1.588	1.886	2.183	2.480	0.07
1.164	1.261	1.551	1.842	2.132	2.423	0.08
1.138	1.233	1.516	1.800	2.084	2.368	0.09
1.113	1.205	1.483	1.760	2.038	2.316	0.10
1.066	1.154	1.420	1.686	1.951	2.217	0.12
1.022	1.108	1.362	1.617	1.872	2.127	0.14
0.979	1.062	1.309	1.554	1.799	2.044	0.16
0.939	1.019	1.257	1.494	1.731	1.967	0.18
0.900	0.978	1.208	1.438	1.666	1.894	0.20
0.865	0.939	1.162	1.384	1.605	1.825	0.22
0.836	0.907	1.119	1.334	1.547	1.760	0.24
0.809	0.878	1.083	1.286	1.493	1.699	0.26
0.783	0.851	1.050	1.248	1.446	1.642	0.28
0.759	0.825	1.019	1.212	1.405	1.596	0.30
0.736	0.800	0.990	1.178	1.366	1.553	0.32
0.714	0.777	0.963	1.147	1.329	1.512	0.34
0.694	0.755	0.937	1.116	1.294	1.472	0.36
0.674	0.735	0.912	1.087	1.261	1.435	0.38
0.656	0.715	0.888	1.059	1.230	1.399	0.40
0.639	0.696	0.866	1.033	1.200	1.366	0.42
0.622	0.679	0.845	1.008	1.171	1.333	0.44
0.607	0.662	0.825	0.985	1.144	1.303	0.46
0.592	0.646	0.805	0.962	1.118	1.273	0.48
0.578	0.631	0.787	0.941	1.093	1.245	0.50
0.545	0.596	0.745	0.891	1.036	1.181	0.55
0.517	0.565	0.706	0.846	0.984	1.122	0.60
0.491	0.537	0.672	0.805	0.937	1.069	0.65
0.467	0.512	0.641	0.769	0.895	1.021	0.70
0.446	0.489	0.613	0.735	0.856	0.977	0.75
0.427	0.468	0.587	0.704	0.821	0.937	0.80
0.409	0.448	0.563	0.676	0.788	0.900	0.85
0.393	0.431	0.541	0.650	0.758	0.866	0.90
0.379	0.414	0.521	0.626	0.730	0.834	0.95
0.362	0.399	0.502	0.604	0.705	0.804	1.00
0.322	0.374	0.469	0.564	0.658	0.751	1.10
0.289	0.340	0.439	0.528	0.617	0.705	1.20
0.261	0.308	0.414	0.498	0.581	0.664	1.30
0.238	0.281	0.391	0.470	0.549	0.628	1.40
0.219	0.259	0.373	0.445	0.520	0.595	1.50
0.202	0.239	0.349	0.423	0.495	0.565	1.60
0.187	0.223	0.325	0.403	0.471	0.539	1.70
0.175	0.208	0.304	0.387	0.450	0.514	1.80
0.164	0.195	0.286	0.373	0.431	0.492	1.90
0.154	0.183	0.270	0.355	0.413	0.472	2.00
0.138	0.164	0.242	0.318	0.384	0.436	2.20
0.124	0.148	0.219	0.289	0.358	0.405	2.40
0.114	0.135	0.200	0.264	0.328	0.382	2.60
0.104	0.124	0.184	0.243	0.302	0.360	2.80
0.097	0.115	0.170	0.225	0.280	0.335	3.00
0.070	0.084	0.124	0.164	0.205	0.245	4.00
0.055	0.066	0.097	0.129	0.161	0.193	5.00
0.045	0.054	0.080	0.107	0.133	0.159	6.00
0.039	0.046	0.068	0.090	0.113	0.135	7.00
0.034	0.040	0.059	0.079	0.098	0.117	8.00
0.030	0.035	0.052	0.070	0.087	0.104	9.00
0.027	0.032	0.047	0.062	0.078	0.093	10.00

B 25 $d_1/d = 0,15$ **Tabelle 23**

1. Zeile: $M_u/1,75 \cdot d^2 \cdot b$ (kN/m²)
2. Zeile: $1000 \cdot k_u \cdot d$
3. Zeile: $B_{II}/1000 \cdot 1,75 \cdot d^3 \cdot b$ (kN/m²)

σ_{bi} \ µ	0,2 %	0,5 %	0,8 %	1,0 %	2,0 %	3,0 %	4,5 %	6,0 %	9,0 %
0.00	236 3.49 68	566 3.80 148	881 4.03 216	1087 4.17 256	2091 4.68 432	3076 5.04 584	4555 5.42 799	6041 5.69 1009	9017 6.00 1435
0.10	639 4.46 83	946 4.57 146	1244 4.69 207	1440 4.80 245	2418 5.20 411	3400 5.50 559	4880 5.81 774	6367 6.01 988	9353 6.23 1419
0.20	978 5.40 105	1267 5.33 151	1557 5.40 200	1752 5.47 233	2730 5.79 387	3716 6.00 534	5200 6.19 751	6683 6.32 968	9657 6.45 1404
0.30	1232 6.34 112	1525 6.24 151	1818 6.23 191	2014 6.26 219	2997 6.39 365	3984 6.48 512	5470 6.55 732	6959 6.58 952	9944 6.66 1391
0.40	1378 6.84 118	1678 6.82 150	1978 6.82 185	2178 6.82 210	3178 6.80 349	4178 6.81 495	5678 6.81 717	7178 6.81 938	10178 6.82 1380
0.50	1376 5.58 155	1630 5.71 181	1895 5.84 211	2076 5.93 232	3014 6.19 356	3981 6.33 496	5451 6.45 714	6933 6.51 935	9923 6.61 1377
0.60	1300 4.54 194	1533 4.69 223	1775 4.89 250	1941 5.03 266	2824 5.50 373	3754 5.78 503	5195 6.06 715	6656 6.21 934	9625 6.39 1375
0.70	1143 3.81 218	1380 3.91 261	1618 4.10 292	1781 4.25 310	2628 4.86 401	3528 5.26 518	4934 5.64 719	6383 5.88 934	9325 6.14 1374
0.80	899 3.23 213	1162 3.34 274	1414 3.50 322	1581 3.64 346	2419 4.28 443	3298 4.78 542	4678 5.26 729	6106 5.57 938	9024 5.93 1374
1.00	205 1.63 97	509 2.18 191	815 2.55 271	1017 2.73 320	1938 3.30 516	2820 3.87 620	4161 4.51 770	5553 4.95 956	8427 5.46 1377
1.20	0 0.00 0	0 0.00 0	0 0.00 0	302 1.37 217	1313 2.57 477	2270 3.11 679	3631 3.83 845	5004 4.36 998	7842 5.02 1388
1.40	0 0.00 0	0 0.00 0	0 0.00 0	0 0.00 0	604 1.54 391	1619 2.48 630	3058 3.20 908	4437 3.78 1070	7244 4.59 1412
1.60	0 0.00 0	0 0.00 0	0 0.00 0	0 0.00 0	0 0.00 0	907 1.65 555	2423 2.68 884	3843 3.26 1131	6650 4.17 1456
1.80	0 0.00 0	0 0.00 0	0 0.00 0	0 0.00 0	0 0.00 0	0 0.00 0	1716 2.08 825	3212 2.81 1129	6056 3.74 1519
2.00	0 0.00 0	0 0.00 0	0 0.00 0	0 0.00 0	0 0.00 0	0 0.00 0	1001 1.37 753	2521 2.35 1079	5426 3.36 1572
2.50	0 0.00 0	0 0.00 0	0 0.00 0	0 0.00 0	0 0.00 0	0 0.00 0	0 0.00 0	0 0.00 0	3764 2.45 1542
3.00	0 0.00 0	0 0.00 0	0 0.00 0	0 0.00 0	0 0.00 0	0 0.00 0	0 0.00 0	0 0.00 0	2011 1.44 1427
3.50	0 0.00 0	0 0.00 0	0 0.00 0	0 0.00 0	0 0.00 0	0 0.00 0	0 0.00 0	0 0.00 0	0 0.00 0

B 25 $d_1/d = 0{,}15$ $\gamma = 1{,}75$ konst.   Tabelle 24

ges.$A_s = \mu \cdot b \cdot d$ Tafelwerte : zul.$\sigma_{bi} = N/b \cdot d$ (kN/cm²)

e/d \ μ	0,2 %	0,5 %	0,8 %	1,0 %	2,0 %	3,0 %	4,5 %	6,0 %	9,0 %
0.00	1.048	1.120	1.192	1.240	1.480	1.720	2.080	2.440	3.160
0.01	1.026	1.104	1.178	1.227	1.469	1.708	2.067	2.425	3.141
0.02	1.001	1.082	1.159	1.210	1.454	1.694	2.052	2.408	3.121
0.03	0.975	1.053	1.132	1.185	1.437	1.678	2.035	2.391	3.100
0.04	0.950	1.027	1.104	1.155	1.411	1.660	2.017	2.372	3.078
0.05	0.927	1.002	1.076	1.126	1.376	1.626	1.999	2.352	3.056
0.06	0.905	0.978	1.051	1.099	1.342	1.586	1.952	2.317	3.033
0.07	0.883	0.954	1.026	1.073	1.311	1.549	1.905	2.263	2.976
0.08	0.863	0.933	1.002	1.049	1.281	1.513	1.861	2.210	2.907
0.09	0.844	0.912	0.980	1.025	1.252	1.479	1.820	2.160	2.842
0.10	0.824	0.892	0.958	1.003	1.225	1.446	1.779	2.112	2.779
0.12	0.784	0.850	0.916	0.959	1.173	1.385	1.704	2.023	2.661
0.14	0.745	0.810	0.874	0.916	1.124	1.329	1.635	1.941	2.553
0.16	0.706	0.770	0.833	0.874	1.076	1.275	1.570	1.865	2.453
0.18	0.668	0.732	0.793	0.834	1.030	1.223	1.509	1.793	2.360
0.20	0.630	0.695	0.755	0.795	0.987	1.173	1.450	1.725	2.273
0.22	0.594	0.659	0.719	0.758	0.945	1.127	1.395	1.661	2.190
0.24	0.558	0.625	0.685	0.723	0.906	1.082	1.343	1.600	2.112
0.26	0.525	0.592	0.653	0.691	0.870	1.041	1.293	1.543	2.039
0.28	0.492	0.562	0.622	0.660	0.835	1.003	1.248	1.489	1.969
0.30	0.462	0.534	0.594	0.631	0.803	0.966	1.204	1.439	1.905
0.32	0.434	0.507	0.568	0.604	0.773	0.932	1.164	1.391	1.844
0.34	0.407	0.483	0.543	0.579	0.745	0.900	1.125	1.347	1.787
0.36	0.376	0.460	0.520	0.556	0.719	0.870	1.090	1.306	1.733
0.38	0.345	0.439	0.499	0.535	0.694	0.842	1.056	1.266	1.683
0.40	0.315	0.420	0.479	0.514	0.671	0.815	1.024	1.229	1.634
0.42	0.287	0.399	0.461	0.495	0.649	0.790	0.994	1.193	1.589
0.44	0.259	0.375	0.444	0.478	0.628	0.766	0.965	1.161	1.546
0.46	0.233	0.352	0.428	0.461	0.609	0.744	0.939	1.129	1.506
0.48	0.210	0.329	0.413	0.446	0.591	0.723	0.913	1.099	1.466
0.50	0.189	0.308	0.395	0.432	0.574	0.703	0.889	1.071	1.430
0.55	0.147	0.261	0.347	0.395	0.535	0.658	0.834	1.006	1.346
0.60	0.118	0.222	0.305	0.352	0.501	0.618	0.785	0.949	1.270
0.65	0.097	0.191	0.269	0.314	0.472	0.583	0.742	0.897	1.203
0.70	0.082	0.167	0.238	0.282	0.445	0.552	0.703	0.851	1.142
0.75	0.070	0.147	0.213	0.254	0.421	0.523	0.668	0.810	1.088
0.80	0.062	0.132	0.192	0.230	0.397	0.498	0.637	0.771	1.038
0.85	0.055	0.119	0.174	0.209	0.369	0.474	0.608	0.738	0.993
0.90	0.049	0.108	0.160	0.192	0.343	0.454	0.581	0.706	0.951
0.95	0.045	0.099	0.147	0.177	0.320	0.434	0.558	0.678	0.913
1.00	0.041	0.092	0.136	0.165	0.300	0.417	0.535	0.651	0.877
1.10	0.035	0.079	0.119	0.144	0.265	0.378	0.496	0.603	0.815
1.20	0.030	0.070	0.105	0.128	0.237	0.340	0.462	0.563	0.761
1.30	0.027	0.062	0.094	0.114	0.213	0.308	0.432	0.527	0.713
1.40	0.024	0.056	0.085	0.104	0.194	0.281	0.406	0.495	0.671
1.50	0.022	0.051	0.078	0.095	0.178	0.259	0.377	0.468	0.634
1.60	0.020	0.047	0.072	0.087	0.164	0.239	0.349	0.443	0.600
1.70	0.019	0.043	0.066	0.081	0.152	0.223	0.325	0.420	0.571
1.80	0.017	0.040	0.062	0.075	0.142	0.208	0.304	0.399	0.542
1.90	0.016	0.038	0.058	0.071	0.133	0.195	0.286	0.376	0.518
2.00	0.015	0.035	0.054	0.066	0.125	0.183	0.270	0.355	0.496
2.20	0.013	0.031	0.048	0.059	0.112	0.164	0.242	0.318	0.456
2.40	0.012	0.028	0.044	0.053	0.101	0.148	0.219	0.289	0.422
2.60	0.011	0.026	0.040	0.049	0.092	0.135	0.200	0.264	0.391
2.80	0.010	0.024	0.036	0.045	0.085	0.124	0.184	0.243	0.361
3.00	0.009	0.022	0.034	0.041	0.078	0.115	0.170	0.225	0.335
4.00	0.007	0.016	0.024	0.030	0.057	0.084	0.124	0.164	0.244
5.00	0.005	0.012	0.019	0.023	0.045	0.066	0.097	0.129	0.193
6.00	0.004	0.010	0.016	0.019	0.037	0.054	0.080	0.107	0.159
7.00	0.004	0.009	0.013	0.016	0.031	0.046	0.068	0.090	0.135
8.00	0.003	0.007	0.012	0.014	0.027	0.040	0.059	0.079	0.117
9.00	0.003	0.007	0.010	0.012	0.024	0.035	0.052	0.070	0.104
10.00	0.002	0.006	0.009	0.011	0.022	0.032	0.047	0.062	0.093

e/d \ μ	0.2 %	0.5 %	0.8 %	1.0 %	1.2 %	1.4 %	1.6 %	1.8 %	2.0 %
0.00	0.873	0.933	0.993	1.033	1.073	1.113	1.153	1.193	1.233
0.01	0.854	0.917	0.978	1.019	1.060	1.100	1.140	1.180	1.220
0.02	0.833	0.897	0.960	1.001	1.042	1.083	1.123	1.164	1.204
0.03	0.811	0.874	0.938	0.981	1.023	1.064	1.105	1.145	1.186
0.04	0.790	0.852	0.914	0.955	0.996	1.038	1.079	1.121	1.162
0.05	0.771	0.831	0.891	0.931	0.971	1.011	1.051	1.092	1.132
0.06	0.752	0.810	0.869	0.908	0.947	0.986	1.025	1.064	1.103
0.07	0.734	0.791	0.848	0.886	0.924	0.962	1.000	1.038	1.076
0.08	0.718	0.773	0.828	0.865	0.902	0.939	0.976	1.013	1.051
0.09	0.701	0.755	0.809	0.845	0.881	0.918	0.954	0.990	1.026
0.10	0.684	0.738	0.791	0.826	0.862	0.897	0.932	0.967	1.003
0.12	0.651	0.702	0.754	0.788	0.822	0.856	0.890	0.924	0.958
0.14	0.617	0.667	0.717	0.750	0.783	0.815	0.848	0.881	0.914
0.16	0.584	0.633	0.681	0.713	0.745	0.777	0.808	0.840	0.871
0.18	0.554	0.600	0.647	0.678	0.709	0.739	0.770	0.800	0.831
0.20	0.528	0.573	0.618	0.646	0.676	0.704	0.733	0.763	0.792
0.22	0.503	0.548	0.592	0.620	0.648	0.676	0.704	0.732	0.760
0.24	0.479	0.524	0.567	0.595	0.623	0.650	0.677	0.704	0.731
0.26	0.455	0.501	0.544	0.571	0.598	0.625	0.652	0.678	0.704
0.28	0.432	0.479	0.522	0.549	0.576	0.602	0.628	0.654	0.679
0.30	0.411	0.458	0.501	0.528	0.554	0.580	0.606	0.631	0.656
0.32	0.391	0.438	0.480	0.507	0.534	0.560	0.585	0.609	0.634
0.34	0.372	0.419	0.461	0.487	0.514	0.540	0.565	0.589	0.613
0.36	0.353	0.402	0.443	0.469	0.494	0.520	0.544	0.569	0.594
0.38	0.329	0.386	0.426	0.452	0.476	0.501	0.525	0.549	0.573
0.40	0.300	0.371	0.411	0.435	0.460	0.483	0.507	0.530	0.553
0.42	0.272	0.357	0.396	0.420	0.444	0.467	0.490	0.513	0.535
0.44	0.246	0.341	0.383	0.406	0.430	0.452	0.474	0.496	0.518
0.46	0.221	0.322	0.370	0.393	0.416	0.438	0.460	0.481	0.502
0.48	0.199	0.301	0.358	0.381	0.403	0.425	0.446	0.467	0.487
0.50	0.179	0.281	0.346	0.370	0.391	0.412	0.433	0.453	0.473
0.55	0.140	0.238	0.310	0.342	0.364	0.384	0.403	0.422	0.441
0.60	0.113	0.203	0.272	0.312	0.339	0.359	0.377	0.395	0.413
0.65	0.093	0.176	0.240	0.278	0.314	0.336	0.355	0.372	0.389
0.70	0.078	0.154	0.214	0.249	0.283	0.313	0.334	0.351	0.367
0.75	0.068	0.137	0.192	0.225	0.257	0.287	0.312	0.332	0.347
0.80	0.059	0.123	0.174	0.205	0.235	0.263	0.291	0.312	0.330
0.85	0.053	0.111	0.158	0.187	0.215	0.242	0.268	0.294	0.311
0.90	0.047	0.101	0.145	0.173	0.199	0.224	0.249	0.273	0.294
0.95	0.043	0.093	0.134	0.160	0.184	0.208	0.232	0.254	0.277
1.00	0.040	0.086	0.125	0.149	0.172	0.195	0.216	0.238	0.259
1.10	0.034	0.074	0.109	0.130	0.151	0.171	0.191	0.211	0.230
1.20	0.030	0.066	0.097	0.116	0.135	0.153	0.171	0.189	0.206
1.30	0.026	0.059	0.087	0.104	0.121	0.138	0.154	0.171	0.186
1.40	0.024	0.053	0.079	0.095	0.110	0.126	0.141	0.156	0.170
1.50	0.021	0.048	0.072	0.087	0.101	0.115	0.129	0.143	0.156
1.60	0.020	0.044	0.066	0.080	0.093	0.106	0.119	0.132	0.145
1.70	0.018	0.041	0.062	0.074	0.087	0.099	0.111	0.123	0.135
1.80	0.017	0.038	0.057	0.069	0.081	0.092	0.104	0.115	0.126
1.90	0.016	0.036	0.054	0.065	0.076	0.087	0.097	0.108	0.118
2.00	0.015	0.034	0.050	0.061	0.071	0.082	0.091	0.101	0.111
2.20	0.013	0.030	0.045	0.055	0.064	0.073	0.082	0.091	0.100
2.40	0.012	0.027	0.041	0.049	0.058	0.066	0.074	0.082	0.090
2.60	0.011	0.024	0.037	0.045	0.053	0.060	0.068	0.075	0.082
2.80	0.010	0.022	0.034	0.041	0.048	0.055	0.062	0.069	0.076
3.00	0.009	0.021	0.031	0.038	0.045	0.051	0.058	0.064	0.070
4.00	0.006	0.015	0.023	0.028	0.033	0.037	0.042	0.047	0.051
5.00	0.005	0.012	0.018	0.022	0.026	0.029	0.033	0.037	0.040
6.00	0.004	0.010	0.015	0.018	0.021	0.024	0.027	0.030	0.033
7.00	0.003	0.008	0.012	0.015	0.018	0.021	0.023	0.026	0.028
8.00	0.003	0.007	0.011	0.013	0.016	0.018	0.020	0.022	0.025
9.00	0.003	0.006	0.010	0.012	0.014	0.016	0.018	0.020	0.022
10.00	0.002	0.006	0.009	0.011	0.012	0.014	0.016	0.018	0.020

Tabelle 25

Regelbemessung

γ = 2,10 bis 1,75

Beton : **B 25**

d_1/d = **0,20**

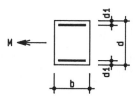

$e/d = M/N \cdot d$

ges. $A_s = \mu \cdot b \cdot d$

Tafelwerte :

zul. $\sigma_{bi} = N/b \cdot d$ (kN/cm²)

2,5 %	3,0 %	4,5 %	6,0 %	7,5 %	9,0 %	μ \ e/d
1.333	1.433	1.733	2.033	2.333	2.633	0.00
1.320	1.420	1.718	2.016	2.314	2.612	0.01
1.304	1.403	1.701	1.997	2.293	2.589	0.02
1.286	1.385	1.682	1.977	2.271	2.565	0.03
1.267	1.366	1.662	1.955	2.248	2.540	0.04
1.233	1.334	1.639	1.934	2.224	2.514	0.05
1.202	1.300	1.596	1.892	2.189	2.486	0.06
1.172	1.268	1.555	1.843	2.132	2.421	0.07
1.144	1.236	1.516	1.797	2.078	2.360	0.08
1.117	1.207	1.480	1.754	2.027	2.301	0.09
1.091	1.179	1.446	1.712	1.979	2.246	0.10
1.043	1.127	1.381	1.635	1.889	2.143	0.12
0.995	1.077	1.320	1.563	1.806	2.050	0.14
0.950	1.028	1.262	1.495	1.728	1.961	0.16
0.906	0.981	1.207	1.431	1.655	1.878	0.18
0.865	0.938	1.155	1.370	1.585	1.800	0.20
0.828	0.897	1.106	1.314	1.521	1.728	0.22
0.798	0.865	1.063	1.261	1.461	1.660	0.24
0.770	0.834	1.027	1.218	1.409	1.599	0.26
0.743	0.806	0.993	1.179	1.364	1.549	0.28
0.718	0.779	0.961	1.142	1.322	1.502	0.30
0.694	0.754	0.931	1.107	1.282	1.457	0.32
0.672	0.730	0.903	1.074	1.245	1.415	0.34
0.651	0.708	0.877	1.043	1.209	1.375	0.36
0.632	0.687	0.852	1.014	1.176	1.337	0.38
0.611	0.667	0.828	0.986	1.144	1.301	0.40
0.591	0.646	0.806	0.960	1.114	1.268	0.42
0.573	0.626	0.785	0.936	1.086	1.236	0.44
0.555	0.607	0.762	0.912	1.059	1.205	0.46
0.539	0.589	0.740	0.889	1.033	1.176	0.48
0.523	0.573	0.719	0.865	1.008	1.148	0.50
0.488	0.535	0.672	0.809	0.944	1.080	0.55
0.458	0.501	0.631	0.759	0.887	1.014	0.60
0.431	0.472	0.594	0.716	0.836	0.956	0.65
0.407	0.446	0.562	0.677	0.791	0.905	0.70
0.385	0.423	0.533	0.642	0.751	0.859	0.75
0.366	0.402	0.506	0.610	0.714	0.817	0.80
0.349	0.383	0.483	0.582	0.681	0.779	0.85
0.333	0.365	0.461	0.556	0.650	0.745	0.90
0.318	0.349	0.441	0.532	0.623	0.713	0.95
0.303	0.335	0.423	0.510	0.598	0.684	1.00
0.276	0.309	0.391	0.472	0.552	0.632	1.10
0.248	0.284	0.363	0.439	0.513	0.588	1.20
0.225	0.263	0.340	0.410	0.480	0.550	1.30
0.206	0.241	0.318	0.385	0.450	0.516	1.40
0.190	0.223	0.300	0.362	0.424	0.486	1.50
0.176	0.206	0.283	0.342	0.401	0.459	1.60
0.164	0.192	0.268	0.324	0.380	0.435	1.70
0.153	0.180	0.253	0.309	0.361	0.414	1.80
0.144	0.169	0.240	0.294	0.344	0.395	1.90
0.136	0.159	0.228	0.281	0.329	0.377	2.00
0.121	0.143	0.207	0.258	0.302	0.346	2.20
0.110	0.130	0.188	0.237	0.279	0.320	2.40
0.100	0.119	0.172	0.219	0.259	0.297	2.60
0.093	0.109	0.158	0.204	0.242	0.278	2.80
0.086	0.101	0.147	0.190	0.227	0.260	3.00
0.063	0.074	0.108	0.141	0.171	0.198	4.00
0.049	0.058	0.085	0.111	0.137	0.160	5.00
0.041	0.048	0.070	0.092	0.114	0.133	6.00
0.035	0.041	0.060	0.078	0.097	0.114	7.00
0.030	0.036	0.052	0.068	0.085	0.100	8.00
0.027	0.031	0.046	0.060	0.075	0.089	9.00
0.024	0.028	0.041	0.054	0.067	0.080	10.00

B 25   Tabelle 26
$d_1/d = 0.20$

1. Zeile: $M_u/1{,}75 \cdot d^2 \cdot b$ (kN/m²)
2. Zeile: $1000 \cdot k_u \cdot d$
3. Zeile: $B_{II}/1000 \cdot 1{,}75 \cdot d^3 \cdot b$ (kN/m²)

σ_{bi} \ µ	0,2 %	0,5 %	0,8 %	1,0 %	2,0 %	3,0 %	4,5 %	6,0 %	9,0 %
0.00	230 3.84 60	543 4.17 128	832 4.45 183	1019 4.59 215	1901 5.20 347	2753 5.67 454	4022 6.18 604	5287 6.51 753	7817 6.90 1060
0.10	630 4.88 74	905 4.97 125	1171 5.16 173	1344 5.27 202	2191 5.81 324	3034 6.21 428	4291 6.60 581	5549 6.86 734	8074 7.14 1046
0.20	957 5.83 94	1210 5.78 129	1460 5.94 165	1627 6.04 189	2456 6.47 299	3286 6.75 404	4538 7.03 560	5794 7.18 717	8303 7.35 1035
0.30	1199 6.78 101	1443 6.74 128	1687 6.83 156	1850 6.89 175	2674 7.11 279	3504 7.26 385	4724 7.32 545	5870 7.26 707	8152 7.18 1031
0.40	1331 7.07 109	1560 7.06 132	1789 7.05 157	1941 7.05 174	2699 7.03 273	3456 7.02 379	4590 7.02 541	5727 7.02 703	8000 7.02 1027
0.50	1342 5.84 141	1540 6.03 158	1745 6.17 178	1885 6.24 193	2604 6.48 278	3341 6.61 378	4458 6.72 537	5583 6.78 699	7840 6.84 1024
0.60	1276 4.78 176	1469 5.06 191	1670 5.35 207	1808 5.52 216	2504 5.97 291	3222 6.21 382	4324 6.42 536	5441 6.54 696	7687 6.68 1021
0.70	1126 4.00 201	1333 4.22 226	1536 4.48 244	1671 4.67 254	2381 5.44 309	3103 5.82 391	4189 6.12 538	5298 6.31 695	7533 6.51 1018
0.80	884 3.29 203	1126 3.58 240	1348 3.77 275	1493 3.95 289	2208 4.77 344	2949 5.39 409	4053 5.84 543	5152 6.08 696	7378 6.35 1016
1.00	199 1.72 87	489 2.35 167	774 2.75 235	964 2.95 276	1787 3.65 415	2540 4.34 475	3683 5.12 572	4861 5.63 704	7071 6.03 1016
1.20	0 0.00 0	0 0.00 0	0 0.00 0	249 1.37 178	1220 2.84 396	2065 3.46 540	3229 4.32 636	4399 4.97 737	6759 5.70 1020
1.40	0 0.00 0	0 0.00 0	0 0.00 0	0 0.00 0	546 1.74 317	1475 2.77 513	2740 3.60 703	3919 4.31 798	6317 5.26 1036
1.60	0 0.00 0	0 0.00 0	0 0.00 0	0 0.00 0	0 0.00 0	806 1.86 443	2173 3.00 711	3415 3.69 863	5816 4.77 1069
1.80	0 0.00 0	0 0.00 0	0 0.00 0	0 0.00 0	0 0.00 0	0 0.00 0	1527 2.34 655	2862 3.16 894	5301 4.30 1122
2.00	0 0.00 0	0 0.00 0	0 0.00 0	0 0.00 0	0 0.00 0	0 0.00 0	762 1.37 577	2237 2.64 852	4764 3.82 1181
2.50	0 0.00 0	0 0.00 0	0 0.00 0	0 0.00 0	0 0.00 0	0 0.00 0	0 0.00 0	0 0.00 0	3321 2.79 1201
3.00	0 0.00 0	0 0.00 0	0 0.00 0	0 0.00 0	0 0.00 0	0 0.00 0	0 0.00 0	0 0.00 0	1677 1.60 1083
3.50	0 0.00 0	0 0.00 0	0 0.00 0	0 0.00 0	0 0.00 0	0 0.00 0	0 0.00 0	0 0.00 0	0 0.00 0

B 25 $d_1/d = 0{,}20$ $\gamma = 1{,}75$ konst.   **Tabelle 27**

ges.$A_S = \mu \cdot b \cdot d$ Tafelwerte: zul.$\sigma_{bi} = N/b \cdot d$ (kN/cm²)

e/d \ μ	0,2 %	0,5 %	0,8 %	1,0 %	2,0 %	3,0 %	4,5 %	6,0 %	9,0 %
0.00	1.048	1.120	1.192	1.240	1.480	1.720	2.080	2.440	3.160
0.01	1.024	1.100	1.174	1.223	1.464	1.704	2.062	2.419	3.134
0.02	0.999	1.076	1.152	1.201	1.445	1.684	2.041	2.396	3.106
0.03	0.973	1.049	1.126	1.177	1.423	1.662	2.018	2.372	3.077
0.04	0.948	1.022	1.096	1.146	1.395	1.640	1.994	2.346	3.048
0.05	0.925	0.997	1.069	1.117	1.358	1.601	1.966	2.320	3.017
0.06	0.903	0.972	1.042	1.089	1.324	1.560	1.915	2.270	2.983
0.07	0.881	0.949	1.018	1.063	1.291	1.521	1.866	2.212	2.905
0.08	0.861	0.927	0.994	1.038	1.261	1.484	1.820	2.157	2.832
0.09	0.841	0.906	0.971	1.014	1.231	1.449	1.776	2.104	2.762
0.10	0.821	0.885	0.949	0.992	1.203	1.415	1.735	2.054	2.695
0.12	0.781	0.843	0.904	0.945	1.149	1.353	1.657	1.962	2.572
0.14	0.741	0.801	0.860	0.900	1.096	1.292	1.584	1.876	2.460
0.16	0.701	0.760	0.818	0.856	1.045	1.233	1.514	1.794	2.353
0.18	0.662	0.720	0.776	0.814	0.997	1.178	1.448	1.717	2.254
0.20	0.624	0.681	0.736	0.773	0.951	1.125	1.386	1.644	2.161
0.22	0.586	0.643	0.698	0.734	0.907	1.076	1.327	1.577	2.073
0.24	0.550	0.608	0.662	0.698	0.866	1.030	1.272	1.513	1.992
0.26	0.515	0.575	0.629	0.663	0.828	0.987	1.222	1.454	1.916
0.28	0.480	0.543	0.597	0.631	0.792	0.947	1.174	1.399	1.846
0.30	0.448	0.512	0.567	0.602	0.759	0.910	1.129	1.348	1.780
0.32	0.418	0.483	0.538	0.572	0.729	0.875	1.089	1.299	1.719
0.34	0.390	0.457	0.511	0.545	0.700	0.842	1.050	1.255	1.661
0.36	0.360	0.432	0.487	0.520	0.673	0.812	1.014	1.213	1.607
0.38	0.329	0.410	0.464	0.496	0.646	0.783	0.980	1.173	1.557
0.40	0.300	0.390	0.443	0.475	0.620	0.757	0.948	1.136	1.508
0.42	0.272	0.370	0.424	0.455	0.597	0.729	0.919	1.102	1.463
0.44	0.246	0.345	0.406	0.437	0.574	0.703	0.891	1.069	1.422
0.46	0.221	0.322	0.389	0.420	0.554	0.680	0.861	1.038	1.381
0.48	0.199	0.301	0.374	0.404	0.535	0.657	0.834	1.009	1.344
0.50	0.179	0.281	0.356	0.389	0.517	0.635	0.808	0.977	1.308
0.55	0.140	0.238	0.310	0.353	0.477	0.588	0.749	0.907	1.221
0.60	0.113	0.203	0.272	0.312	0.443	0.547	0.698	0.846	1.140
0.65	0.093	0.176	0.240	0.278	0.413	0.511	0.653	0.793	1.070
0.70	0.078	0.154	0.214	0.249	0.387	0.480	0.614	0.746	1.008
0.75	0.068	0.137	0.192	0.225	0.364	0.452	0.579	0.704	0.952
0.80	0.059	0.123	0.174	0.205	0.343	0.427	0.548	0.667	0.901
0.85	0.053	0.111	0.158	0.187	0.319	0.405	0.521	0.633	0.857
0.90	0.047	0.101	0.145	0.173	0.296	0.385	0.496	0.603	0.816
0.95	0.043	0.093	0.134	0.160	0.277	0.367	0.472	0.575	0.779
1.00	0.040	0.086	0.125	0.149	0.259	0.351	0.452	0.550	0.745
1.10	0.034	0.074	0.109	0.130	0.230	0.322	0.415	0.506	0.686
1.20	0.030	0.066	0.097	0.116	0.206	0.290	0.383	0.469	0.635
1.30	0.026	0.059	0.087	0.104	0.186	0.264	0.357	0.436	0.591
1.40	0.024	0.053	0.079	0.095	0.170	0.241	0.334	0.408	0.553
1.50	0.021	0.048	0.072	0.087	0.156	0.223	0.314	0.383	0.520
1.60	0.020	0.044	0.066	0.080	0.145	0.206	0.295	0.361	0.490
1.70	0.018	0.041	0.062	0.074	0.135	0.192	0.277	0.341	0.463
1.80	0.017	0.038	0.057	0.069	0.126	0.180	0.259	0.324	0.439
1.90	0.016	0.036	0.054	0.065	0.118	0.169	0.244	0.308	0.418
2.00	0.015	0.034	0.050	0.061	0.111	0.159	0.230	0.294	0.399
2.20	0.013	0.030	0.045	0.055	0.100	0.143	0.207	0.269	0.364
2.40	0.012	0.027	0.041	0.049	0.090	0.130	0.188	0.246	0.336
2.60	0.011	0.024	0.037	0.045	0.082	0.119	0.172	0.225	0.312
2.80	0.010	0.022	0.034	0.041	0.076	0.109	0.158	0.207	0.291
3.00	0.009	0.021	0.031	0.038	0.070	0.101	0.147	0.192	0.272
4.00	0.006	0.015	0.023	0.028	0.051	0.074	0.108	0.141	0.207
5.00	0.005	0.012	0.018	0.022	0.040	0.058	0.085	0.111	0.165
6.00	0.004	0.010	0.015	0.018	0.033	0.048	0.070	0.092	0.136
7.00	0.003	0.008	0.012	0.015	0.028	0.041	0.060	0.078	0.116
8.00	0.003	0.007	0.011	0.013	0.025	0.036	0.052	0.068	0.101
9.00	0.003	0.006	0.010	0.012	0.022	0.031	0.046	0.060	0.089
10.00	0.002	0.006	0.009	0.011	0.020	0.028	0.041	0.054	0.080

e/d \ μ	0.2 %	0.5 %	0.8 %	1.0 %	1.2 %	1.4 %	1.6 %	1.8 %	2.0 %
0.00	0.873	0.933	0.993	1.033	1.073	1.113	1.153	1.193	1.233
0.01	0.852	0.913	0.974	1.015	1.055	1.095	1.135	1.175	1.215
0.02	0.830	0.892	0.953	0.993	1.033	1.074	1.113	1.153	1.193
0.03	0.810	0.871	0.931	0.972	1.012	1.052	1.091	1.131	1.170
0.04	0.789	0.849	0.908	0.948	0.989	1.029	1.069	1.108	1.148
0.05	0.769	0.827	0.885	0.924	0.963	1.001	1.040	1.079	1.118
0.06	0.751	0.807	0.863	0.901	0.938	0.976	1.013	1.051	1.089
0.07	0.733	0.788	0.842	0.878	0.915	0.952	0.988	1.025	1.061
0.08	0.716	0.769	0.822	0.858	0.893	0.929	0.964	1.000	1.035
0.09	0.699	0.751	0.803	0.838	0.872	0.907	0.941	0.976	1.010
0.10	0.682	0.733	0.784	0.817	0.851	0.885	0.918	0.952	0.986
0.12	0.648	0.697	0.745	0.777	0.809	0.841	0.873	0.905	0.937
0.14	0.614	0.660	0.706	0.737	0.767	0.798	0.829	0.859	0.890
0.16	0.581	0.625	0.669	0.698	0.727	0.756	0.786	0.815	0.844
0.18	0.547	0.590	0.632	0.661	0.689	0.717	0.745	0.773	0.800
0.20	0.517	0.556	0.596	0.622	0.649	0.676	0.702	0.729	0.756
0.22	0.490	0.528	0.566	0.591	0.616	0.641	0.666	0.691	0.716
0.24	0.464	0.501	0.537	0.561	0.585	0.609	0.633	0.657	0.681
0.26	0.439	0.475	0.510	0.534	0.557	0.580	0.603	0.626	0.648
0.28	0.415	0.451	0.485	0.508	0.530	0.552	0.574	0.596	0.618
0.30	0.392	0.428	0.462	0.484	0.506	0.527	0.548	0.569	0.591
0.32	0.372	0.408	0.441	0.462	0.483	0.504	0.524	0.545	0.565
0.34	0.352	0.389	0.421	0.442	0.462	0.482	0.502	0.522	0.541
0.36	0.334	0.371	0.403	0.423	0.443	0.462	0.481	0.500	0.519
0.38	0.315	0.355	0.386	0.406	0.425	0.444	0.462	0.481	0.499
0.40	0.286	0.340	0.370	0.390	0.408	0.427	0.445	0.463	0.480
0.42	0.259	0.326	0.356	0.375	0.393	0.411	0.428	0.446	0.463
0.44	0.235	0.311	0.343	0.361	0.379	0.396	0.413	0.430	0.447
0.46	0.212	0.297	0.331	0.348	0.366	0.382	0.399	0.415	0.432
0.48	0.191	0.277	0.319	0.336	0.353	0.370	0.386	0.402	0.417
0.50	0.173	0.259	0.308	0.325	0.342	0.358	0.373	0.389	0.404
0.55	0.136	0.219	0.279	0.301	0.316	0.331	0.345	0.360	0.374
0.60	0.110	0.189	0.245	0.274	0.294	0.308	0.322	0.335	0.349
0.65	0.091	0.164	0.217	0.248	0.271	0.288	0.301	0.313	0.326
0.70	0.077	0.145	0.194	0.223	0.250	0.268	0.282	0.295	0.307
0.75	0.067	0.129	0.175	0.202	0.227	0.249	0.266	0.278	0.289
0.80	0.059	0.116	0.159	0.184	0.208	0.231	0.248	0.263	0.274
0.85	0.052	0.105	0.146	0.169	0.192	0.213	0.233	0.247	0.260
0.90	0.047	0.096	0.134	0.157	0.178	0.198	0.218	0.233	0.246
0.95	0.043	0.089	0.124	0.145	0.165	0.184	0.203	0.220	0.233
1.00	0.039	0.082	0.116	0.136	0.154	0.173	0.190	0.208	0.221
1.10	0.034	0.071	0.102	0.120	0.137	0.153	0.169	0.184	0.200
1.20	0.029	0.063	0.090	0.107	0.122	0.137	0.151	0.166	0.180
1.30	0.026	0.057	0.082	0.096	0.110	0.124	0.137	0.150	0.163
1.40	0.023	0.051	0.074	0.088	0.101	0.113	0.125	0.137	0.149
1.50	0.021	0.047	0.068	0.081	0.093	0.104	0.116	0.127	0.138
1.60	0.019	0.043	0.063	0.074	0.086	0.097	0.107	0.117	0.127
1.70	0.018	0.040	0.058	0.069	0.080	0.090	0.100	0.109	0.119
1.80	0.017	0.037	0.054	0.065	0.075	0.084	0.093	0.102	0.111
1.90	0.016	0.035	0.051	0.061	0.070	0.079	0.088	0.096	0.105
2.00	0.015	0.033	0.048	0.057	0.066	0.074	0.083	0.091	0.099
2.20	0.013	0.029	0.043	0.051	0.059	0.067	0.074	0.081	0.089
2.40	0.012	0.026	0.039	0.046	0.054	0.060	0.067	0.074	0.080
2.60	0.011	0.024	0.035	0.042	0.049	0.055	0.061	0.068	0.074
2.80	0.010	0.022	0.032	0.039	0.045	0.051	0.057	0.062	0.068
3.00	0.009	0.020	0.030	0.036	0.042	0.047	0.053	0.058	0.063
4.00	0.006	0.015	0.022	0.026	0.030	0.034	0.038	0.042	0.046
5.00	0.005	0.011	0.017	0.021	0.024	0.027	0.030	0.033	0.036
6.00	0.004	0.009	0.014	0.017	0.020	0.022	0.025	0.028	0.030
7.00	0.003	0.008	0.012	0.014	0.017	0.019	0.021	0.023	0.026
8.00	0.003	0.007	0.010	0.013	0.015	0.017	0.019	0.020	0.022
9.00	0.003	0.006	0.009	0.011	0.013	0.015	0.016	0.018	0.020
10.00	0.002	0.005	0.008	0.010	0.012	0.013	0.015	0.016	0.018

Tabelle 28

Regelbemessung

$\gamma = 2{,}10$ bis $1{,}75$

Beton: **B 25**

$d_1/d = 0{,}25$

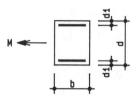

$e/d = M/N \cdot d$

ges. $A_s = \mu \cdot b \cdot d$

Tafelwerte:

zul. $\sigma_{b1} = N/b \cdot d$ (kN/cm²)

2,5 %	3,0 %	4,5 %	6,0 %	7,5 %	9,0 %	μ \ e/d
1.333	1.433	1.733	2.033	2.333	2.633	0.00
1.315	1.414	1.711	2.008	2.305	2.602	0.01
1.292	1.391	1.687	1.981	2.275	2.569	0.02
1.269	1.367	1.661	1.953	2.244	2.535	0.03
1.245	1.343	1.634	1.923	2.212	2.500	0.04
1.216	1.313	1.607	1.894	2.180	2.465	0.05
1.183	1.278	1.563	1.849	2.135	2.422	0.06
1.153	1.245	1.521	1.798	2.075	2.353	0.07
1.124	1.213	1.481	1.750	2.019	2.289	0.08
1.097	1.183	1.444	1.705	1.966	2.228	0.09
1.070	1.155	1.409	1.662	1.916	2.170	0.10
1.017	1.098	1.339	1.579	1.821	2.061	0.12
0.966	1.042	1.271	1.500	1.729	1.958	0.14
0.917	0.990	1.208	1.426	1.644	1.862	0.16
0.870	0.940	1.148	1.356	1.565	1.772	0.18
0.823	0.891	1.092	1.292	1.491	1.690	0.20
0.779	0.841	1.030	1.220	1.410	1.600	0.22
0.741	0.801	0.980	1.159	1.338	1.517	0.24
0.706	0.763	0.934	1.105	1.276	1.446	0.26
0.673	0.728	0.891	1.055	1.218	1.381	0.28
0.643	0.696	0.853	1.009	1.165	1.322	0.30
0.616	0.666	0.817	0.967	1.117	1.267	0.32
0.590	0.639	0.784	0.928	1.072	1.216	0.34
0.567	0.613	0.753	0.892	1.031	1.169	0.36
0.545	0.590	0.725	0.859	0.992	1.126	0.38
0.524	0.568	0.698	0.828	0.957	1.086	0.40
0.506	0.548	0.674	0.799	0.924	1.048	0.42
0.488	0.529	0.651	0.772	0.892	1.013	0.44
0.472	0.512	0.630	0.747	0.864	0.980	0.46
0.456	0.495	0.610	0.723	0.836	0.949	0.48
0.442	0.480	0.591	0.701	0.811	0.920	0.50
0.410	0.445	0.548	0.651	0.753	0.855	0.55
0.382	0.415	0.511	0.607	0.703	0.798	0.60
0.358	0.388	0.479	0.570	0.659	0.749	0.65
0.336	0.365	0.451	0.536	0.621	0.705	0.70
0.317	0.344	0.426	0.506	0.586	0.666	0.75
0.300	0.326	0.403	0.479	0.556	0.631	0.80
0.285	0.310	0.383	0.456	0.528	0.600	0.85
0.271	0.295	0.365	0.434	0.503	0.572	0.90
0.259	0.281	0.348	0.414	0.480	0.546	0.95
0.247	0.269	0.333	0.396	0.459	0.522	1.00
0.227	0.247	0.306	0.364	0.422	0.481	1.10
0.208	0.229	0.284	0.338	0.391	0.445	1.20
0.191	0.213	0.264	0.314	0.365	0.414	1.30
0.177	0.199	0.247	0.294	0.341	0.388	1.40
0.164	0.185	0.232	0.276	0.320	0.364	1.50
0.153	0.173	0.218	0.260	0.302	0.344	1.60
0.142	0.163	0.207	0.246	0.286	0.325	1.70
0.133	0.154	0.196	0.234	0.271	0.308	1.80
0.125	0.145	0.186	0.222	0.258	0.293	1.90
0.118	0.138	0.178	0.212	0.245	0.280	2.00
0.106	0.124	0.162	0.194	0.225	0.256	2.20
0.097	0.113	0.150	0.179	0.207	0.236	2.40
0.088	0.103	0.139	0.166	0.192	0.219	2.60
0.082	0.095	0.130	0.154	0.179	0.204	2.80
0.076	0.088	0.121	0.145	0.168	0.191	3.00
0.056	0.065	0.090	0.110	0.128	0.145	4.00
0.044	0.051	0.072	0.089	0.103	0.117	5.00
0.036	0.042	0.060	0.074	0.086	0.097	6.00
0.031	0.036	0.051	0.063	0.074	0.084	7.00
0.027	0.031	0.045	0.056	0.065	0.074	8.00
0.024	0.028	0.040	0.050	0.057	0.066	9.00
0.021	0.025	0.036	0.045	0.052	0.059	10.00

B 25

$d_1/d = 0,25$

1. Zeile: $M_u/1{,}75 \cdot d^2 \cdot b$ (kN/m²)
2. Zeile: $1000 \cdot k_u \cdot d$
3. Zeile: $B_{II}/1000 \cdot 1{,}75 \cdot d^3 \cdot b$ (kN/m²)

Tabelle 29

σ_{bi} \ μ	0,2 %	0,5 %	0,8 %	1,0 %	2,0 %	3,0 %	4,5 %	6,0 %	9,0 %
0.00	230 4.25 54	530 4.72 111	802 5.01 154	969 5.20 179	1728 5.91 271	2443 6.53 338	3493 7.18 433	4538 7.61 532	6336 7.69 747
0.10	624 5.46 65	878 5.55 106	1112 5.75 144	1263 5.91 165	1977 6.59 247	2673 7.16 313	3710 7.69 413	4627 7.75 520	6227 7.51 744
0.20	941 6.37 82	1160 6.41 109	1371 6.61 134	1509 6.75 150	2196 7.37 224	2881 7.78 293	3725 7.63 404	4530 7.50 516	6123 7.35 740
0.30	1171 7.37 89	1372 7.47 107	1572 7.64 124	1706 7.75 137	2291 7.61 211	2835 7.45 287	3637 7.32 400	4435 7.26 512	6019 7.18 736
0.40	1284 7.06 105	1444 7.05 120	1602 7.05 137	1708 7.04 149	2235 7.03 213	2762 7.03 285	3550 7.02 396	4339 7.02 508	5914 7.01 733
0.50	1304 5.83 137	1441 6.03 147	1582 6.16 159	1679 6.24 168	2176 6.48 221	2686 6.61 286	3461 6.71 394	4243 6.78 505	5808 6.84 730
0.60	1250 4.93 166	1393 5.19 174	1534 5.41 184	1628 5.54 192	2110 5.96 235	2609 6.21 292	3372 6.42 394	4144 6.54 503	5707 6.68 727
0.70	1110 4.19 185	1287 4.53 197	1445 4.78 207	1546 4.93 215	2034 5.48 253	2525 5.82 303	3280 6.12 396	4047 6.31 503	5600 6.51 725
0.80	875 3.41 192	1092 3.80 213	1291 4.14 230	1414 4.36 237	1942 5.03 275	2437 5.45 318	3188 5.84 403	3948 6.07<>504	5492 6.35 723
1.00	188 1.72 81	472 2.53 146	746 2.98 202	922 3.20 237	1651 4.11 324	2228 4.76 359	2990 5.29 427	3747 5.63 515	5283 6.03 723
1.20	0 0.00 0	0 0.00 0	0 0.00 0	204 1.37 145	1138 3.16 328	1873 3.91 416	2763 4.76 467	3532 5.19 538	5062 5.70 728
1.40	0 0.00 0	0 0.00 0	0 0.00 0	0 0.00 0	447 1.80 252	1351 3.12 417	2436 4.14 521	3304 4.77 578	4844 5.39 742
1.60	0 0.00 0	0 0.00 0	0 0.00 0	0 0.00 0	0 0.00 0	705 2.08 349	1951 3.38 562	2997 4.28 627	4615 5.07 764
1.80	0 0.00 0	0 0.00 0	0 0.00 0	0 0.00 0	0 0.00 0	0 0.00 0	1360 2.68 515	2528 3.62 680	4377 4.77 798
2.00	0 0.00 0	0 0.00 0	0 0.00 0	0 0.00 0	0 0.00 0	0 0.00 0	561 1.37 429	1988 3.04 664	4122 4.47 839
2.50	0 0.00 0	0 0.00 0	0 0.00 0	0 0.00 0	0 0.00 0	0 0.00 0	0 0.00 0	0 0.00 0	2900 3.22 918
3.00	0 0.00 0	0 0.00 0	0 0.00 0	0 0.00 0	0 0.00 0	0 0.00 0	0 0.00 0	0 0.00 0	1207 1.60 786
3.50	0 0.00 0	0 0.00 0	0 0.00 0	0 0.00 0	0 0.00 0	0 0.00 0	0 0.00 0	0 0.00 0	0 0.00 0

B 25 $d_1/d = 0.25$ $\gamma = 1.75$ konst. **Tabelle 30**

ges.$A_s = \mu \cdot b \cdot d$ Tafelwerte: zul.$\sigma_{bi} = N/b \cdot d$ (kN/cm²)

e/d \ μ	0,2 %	0,5 %	0,8 %	1,0 %	2,0 %	3,0 %	4,5 %	6,0 %	9,0 %
0.00	1.048	1.120	1.192	1.240	1.480	1.720	2.080	2.440	3.160
0.01	1.022	1.096	1.169	1.218	1.458	1.697	2.054	2.410	3.122
0.02	0.996	1.070	1.143	1.192	1.432	1.670	2.024	2.377	3.083
0.03	0.971	1.045	1.118	1.166	1.405	1.641	1.993	2.343	3.042
0.04	0.947	1.018	1.090	1.138	1.377	1.612	1.961	2.308	3.000
0.05	0.923	0.993	1.062	1.109	1.342	1.576	1.928	2.272	2.958
0.06	0.901	0.968	1.036	1.081	1.307	1.534	1.875	2.219	2.906
0.07	0.879	0.945	1.010	1.054	1.273	1.494	1.825	2.158	2.824
0.08	0.859	0.923	0.987	1.029	1.242	1.456	1.777	2.100	2.746
0.09	0.839	0.901	0.964	1.005	1.213	1.420	1.733	2.046	2.674
0.10	0.819	0.879	0.940	0.981	1.183	1.386	1.691	1.995	2.604
0.12	0.778	0.836	0.893	0.932	1.125	1.317	1.606	1.895	2.474
0.14	0.737	0.792	0.847	0.884	1.068	1.251	1.526	1.800	2.350
0.16	0.697	0.750	0.803	0.838	1.013	1.188	1.449	1.711	2.234
0.18	0.657	0.708	0.759	0.793	0.961	1.128	1.378	1.627	2.127
0.20	0.616	0.665	0.714	0.746	0.908	1.069	1.311	1.550	2.028
0.22	0.577	0.624	0.670	0.701	0.854	1.007	1.235	1.464	1.920
0.24	0.538	0.585	0.630	0.659	0.805	0.950	1.166	1.382	1.814
0.26	0.501	0.548	0.592	0.621	0.761	0.899	1.105	1.309	1.718
0.28	0.466	0.513	0.557	0.585	0.720	0.851	1.048	1.243	1.633
0.30	0.433	0.481	0.524	0.552	0.682	0.809	0.996	1.183	1.555
0.32	0.402	0.452	0.495	0.522	0.648	0.770	0.949	1.128	1.483
0.34	0.373	0.425	0.468	0.494	0.617	0.734	0.906	1.076	1.418
0.36	0.346	0.401	0.443	0.469	0.588	0.701	0.867	1.030	1.356
0.38	0.315	0.379	0.421	0.446	0.562	0.671	0.830	0.988	1.302
0.40	0.286	0.359	0.401	0.425	0.538	0.643	0.796	0.949	1.250
0.42	0.259	0.341	0.382	0.406	0.515	0.617	0.766	0.912	1.203
0.44	0.235	0.319	0.365	0.389	0.495	0.594	0.737	0.878	1.160
0.46	0.212	0.297	0.349	0.372	0.476	0.571	0.711	0.847	1.118
0.48	0.191	0.277	0.334	0.357	0.458	0.551	0.686	0.818	1.080
0.50	0.173	0.259	0.321	0.344	0.442	0.532	0.662	0.790	1.045
0.55	0.136	0.219	0.279	0.313	0.406	0.490	0.610	0.730	0.966
0.60	0.110	0.189	0.245	0.278	0.375	0.453	0.566	0.677	0.897
0.65	0.091	0.164	0.217	0.248	0.348	0.422	0.528	0.632	0.838
0.70	0.077	0.145	0.194	0.223	0.325	0.395	0.495	0.593	0.786
0.75	0.067	0.129	0.175	0.202	0.305	0.371	0.465	0.557	0.739
0.80	0.059	0.116	0.159	0.184	0.287	0.349	0.439	0.526	0.699
0.85	0.052	0.105	0.146	0.169	0.271	0.331	0.415	0.499	0.661
0.90	0.047	0.096	0.134	0.156	0.256	0.313	0.394	0.473	0.629
0.95	0.043	0.089	0.124	0.145	0.239	0.298	0.375	0.451	0.600
1.00	0.039	0.082	0.116	0.136	0.224	0.284	0.358	0.430	0.573
1.10	0.034	0.071	0.102	0.120	0.200	0.260	0.328	0.394	0.525
1.20	0.029	0.063	0.090	0.107	0.179	0.240	0.302	0.364	0.485
1.30	0.026	0.057	0.082	0.096	0.163	0.222	0.281	0.338	0.449
1.40	0.023	0.051	0.074	0.088	0.149	0.207	0.262	0.315	0.421
1.50	0.021	0.047	0.068	0.081	0.138	0.191	0.245	0.295	0.394
1.60	0.019	0.043	0.063	0.074	0.127	0.177	0.230	0.277	0.371
1.70	0.018	0.040	0.058	0.069	0.119	0.165	0.218	0.262	0.351
1.80	0.017	0.037	0.054	0.065	0.111	0.155	0.207	0.249	0.332
1.90	0.016	0.035	0.051	0.061	0.105	0.146	0.195	0.236	0.316
2.00	0.015	0.033	0.048	0.057	0.099	0.138	0.186	0.225	0.300
2.20	0.013	0.029	0.043	0.051	0.089	0.124	0.170	0.205	0.274
2.40	0.012	0.026	0.039	0.046	0.080	0.113	0.157	0.188	0.252
2.60	0.011	0.024	0.035	0.042	0.074	0.103	0.145	0.174	0.233
2.80	0.010	0.022	0.032	0.039	0.068	0.095	0.135	0.162	0.217
3.00	0.009	0.020	0.030	0.036	0.063	0.088	0.125	0.152	0.203
4.00	0.006	0.015	0.022	0.026	0.046	0.065	0.092	0.114	0.153
5.00	0.005	0.011	0.017	0.021	0.036	0.051	0.073	0.093	0.123
6.00	0.004	0.009	0.014	0.017	0.030	0.042	0.060	0.077	0.102
7.00	0.003	0.008	0.012	0.014	0.026	0.036	0.051	0.065	0.088
8.00	0.003	0.007	0.010	0.013	0.022	0.031	0.045	0.058	0.077
9.00	0.003	0.006	0.009	0.011	0.020	0.028	0.040	0.051	0.069
10.00	0.002	0.005	0.008	0.010	0.018	0.025	0.036	0.046	0.061

e/d \ μ	0.2 %	0.5 %	0.8 %	1.0 %	1.2 %	1.4 %	1.6 %	1.8 %	2.0 %
0.00	1.135	1.195	1.255	1.295	1.335	1.375	1.415	1.455	1.495
0.01	1.112	1.179	1.242	1.284	1.324	1.365	1.405	1.446	1.486
0.02	1.084	1.153	1.222	1.266	1.308	1.350	1.391	1.432	1.473
0.03	1.056	1.124	1.191	1.236	1.281	1.326	1.370	1.415	1.458
0.04	1.029	1.096	1.162	1.206	1.250	1.294	1.337	1.381	1.425
0.05	1.004	1.069	1.134	1.177	1.220	1.263	1.306	1.349	1.391
0.06	0.980	1.044	1.107	1.149	1.192	1.234	1.276	1.318	1.359
0.07	0.957	1.020	1.082	1.123	1.164	1.206	1.247	1.288	1.329
0.08	0.935	0.996	1.057	1.098	1.138	1.179	1.219	1.259	1.299
0.09	0.915	0.974	1.034	1.074	1.113	1.153	1.192	1.232	1.271
0.10	0.893	0.953	1.012	1.051	1.090	1.128	1.167	1.206	1.244
0.12	0.850	0.910	0.968	1.006	1.044	1.082	1.119	1.156	1.194
0.14	0.811	0.867	0.925	0.962	0.999	1.036	1.073	1.110	1.146
0.16	0.777	0.831	0.884	0.919	0.956	0.992	1.028	1.064	1.099
0.18	0.744	0.799	0.851	0.885	0.919	0.953	0.986	1.020	1.055
0.20	0.712	0.767	0.819	0.853	0.886	0.919	0.952	0.984	1.016
0.22	0.680	0.736	0.788	0.822	0.855	0.887	0.919	0.951	0.983
0.24	0.650	0.707	0.759	0.792	0.825	0.857	0.888	0.920	0.951
0.26	0.621	0.679	0.731	0.764	0.796	0.828	0.859	0.890	0.920
0.28	0.594	0.653	0.705	0.738	0.770	0.801	0.831	0.861	0.891
0.30	0.568	0.628	0.680	0.713	0.744	0.775	0.805	0.835	0.864
0.32	0.544	0.605	0.657	0.689	0.720	0.751	0.780	0.809	0.838
0.34	0.519	0.584	0.635	0.667	0.698	0.728	0.757	0.786	0.814
0.36	0.480	0.564	0.615	0.646	0.677	0.706	0.735	0.763	0.791
0.38	0.440	0.545	0.596	0.627	0.657	0.686	0.714	0.742	0.769
0.40	0.401	0.524	0.578	0.609	0.638	0.667	0.694	0.722	0.748
0.42	0.362	0.498	0.561	0.591	0.620	0.648	0.676	0.703	0.729
0.44	0.322	0.467	0.545	0.575	0.604	0.631	0.658	0.684	0.710
0.46	0.287	0.437	0.528	0.560	0.588	0.615	0.642	0.667	0.693
0.48	0.255	0.409	0.510	0.545	0.573	0.600	0.626	0.651	0.676
0.50	0.227	0.382	0.484	0.530	0.559	0.585	0.611	0.636	0.660
0.55	0.171	0.315	0.424	0.480	0.525	0.552	0.577	0.600	0.624
0.60	0.134	0.263	0.371	0.428	0.478	0.521	0.546	0.569	0.591
0.65	0.108	0.223	0.320	0.381	0.431	0.476	0.517	0.540	0.562
0.70	0.090	0.193	0.280	0.336	0.389	0.433	0.474	0.513	0.536
0.75	0.077	0.169	0.248	0.299	0.349	0.395	0.435	0.473	0.509
0.80	0.067	0.149	0.222	0.268	0.314	0.359	0.400	0.437	0.472
0.85	0.059	0.134	0.201	0.243	0.285	0.326	0.368	0.405	0.438
0.90	0.053	0.121	0.183	0.222	0.261	0.299	0.337	0.376	0.408
0.95	0.048	0.111	0.168	0.204	0.240	0.275	0.311	0.346	0.381
1.00	0.044	0.102	0.155	0.189	0.222	0.255	0.288	0.321	0.354
1.10	0.037	0.087	0.134	0.164	0.193	0.222	0.251	0.280	0.309
1.20	0.033	0.077	0.118	0.144	0.171	0.196	0.222	0.248	0.273
1.30	0.029	0.068	0.105	0.129	0.153	0.176	0.199	0.222	0.245
1.40	0.026	0.061	0.095	0.117	0.138	0.159	0.180	0.201	0.222
1.50	0.024	0.056	0.086	0.106	0.126	0.145	0.165	0.184	0.203
1.60	0.021	0.051	0.079	0.098	0.116	0.134	0.152	0.169	0.187
1.70	0.020	0.047	0.073	0.090	0.107	0.124	0.140	0.157	0.173
1.80	0.018	0.044	0.068	0.084	0.100	0.115	0.131	0.146	0.161
1.90	0.017	0.041	0.064	0.078	0.093	0.108	0.122	0.136	0.151
2.00	0.016	0.038	0.060	0.074	0.087	0.101	0.115	0.128	0.142
2.20	0.014	0.034	0.053	0.065	0.078	0.090	0.102	0.114	0.126
2.40	0.013	0.030	0.048	0.059	0.070	0.081	0.092	0.103	0.114
2.60	0.011	0.028	0.043	0.054	0.064	0.074	0.084	0.094	0.104
2.80	0.011	0.025	0.040	0.049	0.059	0.068	0.077	0.086	0.095
3.00	0.010	0.023	0.037	0.045	0.054	0.063	0.071	0.080	0.088
4.00	0.007	0.017	0.026	0.033	0.039	0.045	0.052	0.058	0.064
5.00	0.005	0.013	0.021	0.026	0.031	0.035	0.040	0.045	0.050
6.00	0.004	0.011	0.017	0.021	0.025	0.029	0.033	0.037	0.041
7.00	0.004	0.009	0.014	0.018	0.021	0.025	0.028	0.032	0.035
8.00	0.003	0.008	0.013	0.015	0.019	0.022	0.024	0.027	0.030
9.00	0.003	0.007	0.011	0.014	0.016	0.019	0.021	0.024	0.027
10.00	0.003	0.006	0.010	0.012	0.015	0.017	0.019	0.022	0.024

Tabelle 31

Regelbemessung

γ = 2,10 bis 1,75

2,5 %	3,0 %	4,5 %	6,0 %	7,5 %	9,0 %	$\mu_{e/d}$
1.595	1.695	1.995	2.295	2.595	2.895	0.00
1.586	1.686	1.985	2.284	2.583	2.882	0.01
1.574	1.674	1.974	2.272	2.570	2.867	0.02
1.560	1.661	1.961	2.258	2.555	2.852	0.03
1.534	1.643	1.946	2.244	2.540	2.836	0.04
1.498	1.605	1.923	2.229	2.524	2.820	0.05
1.464	1.568	1.880	2.192	2.503	2.802	0.06
1.431	1.533	1.839	2.144	2.448	2.753	0.07
1.400	1.500	1.799	2.098	2.396	2.695	0.08
1.369	1.468	1.761	2.054	2.347	2.638	0.09
1.340	1.437	1.725	2.011	2.298	2.585	0.10
1.286	1.379	1.656	1.932	2.208	2.483	0.12
1.236	1.325	1.592	1.858	2.124	2.389	0.14
1.187	1.274	1.533	1.789	2.045	2.302	0.16
1.140	1.225	1.477	1.725	1.973	2.220	0.18
1.096	1.178	1.423	1.665	1.905	2.144	0.20
1.060	1.138	1.372	1.607	1.840	2.072	0.22
1.027	1.102	1.325	1.552	1.779	2.004	0.24
0.995	1.069	1.287	1.502	1.720	1.939	0.26
0.965	1.037	1.250	1.460	1.669	1.877	0.28
0.936	1.007	1.215	1.421	1.624	1.827	0.30
0.909	0.978	1.182	1.383	1.582	1.780	0.32
0.883	0.951	1.151	1.347	1.542	1.736	0.34
0.859	0.926	1.121	1.313	1.504	1.693	0.36
0.836	0.901	1.093	1.281	1.467	1.652	0.38
0.814	0.878	1.066	1.250	1.433	1.614	0.40
0.793	0.856	1.040	1.221	1.399	1.577	0.42
0.774	0.835	1.016	1.193	1.368	1.541	0.44
0.755	0.815	0.993	1.166	1.338	1.508	0.46
0.737	0.797	0.970	1.140	1.309	1.476	0.48
0.720	0.779	0.949	1.116	1.281	1.445	0.50
0.681	0.737	0.900	1.059	1.216	1.373	0.55
0.646	0.700	0.855	1.008	1.158	1.308	0.60
0.615	0.666	0.815	0.961	1.105	1.249	0.65
0.587	0.636	0.779	0.919	1.057	1.195	0.70
0.561	0.608	0.746	0.881	1.014	1.145	0.75
0.537	0.583	0.716	0.845	0.973	1.100	0.80
0.517	0.560	0.688	0.812	0.936	1.058	0.85
0.485	0.539	0.662	0.782	0.901	1.019	0.90
0.455	0.520	0.638	0.754	0.869	0.983	0.95
0.428	0.494	0.616	0.728	0.839	0.950	1.00
0.381	0.443	0.575	0.681	0.785	0.889	1.10
0.338	0.400	0.541	0.640	0.738	0.836	1.20
0.303	0.362	0.514	0.603	0.696	0.788	1.30
0.275	0.328	0.474	0.571	0.659	0.746	1.40
0.251	0.300	0.439	0.543	0.625	0.708	1.50
0.231	0.276	0.408	0.521	0.595	0.674	1.60
0.214	0.256	0.381	0.492	0.567	0.643	1.70
0.200	0.238	0.355	0.463	0.544	0.615	1.80
0.187	0.223	0.332	0.437	0.525	0.589	1.90
0.175	0.210	0.312	0.413	0.505	0.565	2.00
0.157	0.187	0.278	0.371	0.456	0.529	2.20
0.141	0.169	0.251	0.334	0.416	0.492	2.40
0.129	0.154	0.229	0.305	0.381	0.452	2.60
0.118	0.141	0.210	0.280	0.350	0.418	2.80
0.109	0.130	0.194	0.258	0.323	0.388	3.00
0.079	0.095	0.141	0.187	0.234	0.281	4.00
0.062	0.074	0.110	0.147	0.184	0.220	5.00
0.051	0.061	0.091	0.121	0.151	0.181	6.00
0.043	0.052	0.077	0.103	0.128	0.154	7.00
0.038	0.045	0.067	0.089	0.111	0.134	8.00
0.033	0.040	0.059	0.079	0.099	0.118	9.00
0.030	0.036	0.053	0.071	0.088	0.106	10.00

Beton : **B 35**

d_1/d = **0,10**

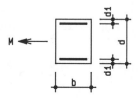

d_1/d = **0,07**

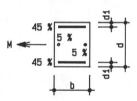

$e/d = M/N \cdot d$

ges.$A_s = \mu \cdot b \cdot d$

Tafelwerte :

zul.$\sigma_{bi} = N/b \cdot d$ (kN/cm²)

B 35 — Tabelle 32

$d_1/d = 0{,}10/0{,}07$

1. Zeile: $M_u/1{,}75 \cdot d^2 \cdot b$ (kN/m²)
2. Zeile: $1000 \cdot k_u \cdot d$
3. Zeile: $B_{II}/1000 \cdot 1{,}75 \cdot d^3 \cdot b$ (kN/m²)

σ_{bi} \ µ	0,2 %	0,5 %	0,8 %	1,0 %	2,0 %	3,0 %	4,5 %	6,0 %	9,0 %
0.00	248 3.13 80	605 3.38 179	954 3.58 265	1182 3.67 319	2317 4.08 557	3437 4.34 769	5125 4.66 1065	6815 4.86 1352	10208 5.15 1916
0.10	670 3.97 98	1009 4.00 179	1347 4.10 260	1571 4.16 311	2686 4.44 542	3802 4.67 749	5491 4.93 1043	7182 5.11 1329	10580 5.34 1896
0.20	1042 4.70 128	1372 4.56 192	1703 4.60 261	1924 4.65 307	3034 4.87 524	4158 5.04 727	5849 5.23 1018	7540 5.37 1305	10948 5.52 1876
0.30	1355 5.35 147	1688 5.15 203	2022 5.16 262	2243 5.19 303	3366 5.31 505	4495 5.44 703	6202 5.55 994	7908 5.62 1282	11324 5.73 1856
0.40	1602 6.04 155	1945 5.81 207	2288 5.76 258	2517 5.76 295	3660 5.78 485	4802 5.80 680	6517 5.85 971	8231 5.88 1261	11660 5.89 1839
0.50	1751 6.21 167	2094 6.08 213	2437 6.04 259	2665 6.01 292	3808 5.98 474	4951 5.97 665	6665 5.98 956	8380 5.98 1246	11808 5.97 1827
0.60	1807 5.84 186	2134 5.82 230	2464 5.82 274	2687 5.84 303	3806 5.87 474	4937 5.88 659	6643 5.91 947	8347 5.93 1237	11766 5.94 1818
0.70	1770 4.93 233	2058 4.96 274	2356 5.03 313	2559 5.08 343	3611 5.31 494	4698 5.44 669	6362 5.58 950	8045 5.64 1237	11436 5.73 1816
0.80	1673 4.26 270	1944 4.28 320	2222 4.37 360	2413 4.44 390	3411 4.79 527	4461 5.01 688	6088 5.24 956	7748 5.37 1239	11118 5.54 1814
1.00	1281 3.31 296	1565 3.31 371	1844 3.39 436	2028 3.44 473	2981 3.87 616	3976 4.22 753	5535 4.60 989	7148 4.84 1253	10461 5.16 1816
1.20	624 2.41 196	948 2.58 297	1267 2.72 390	1480 2.80 449	2472 3.15 690	3460 3.52 848	4978 4.00 1056	6558 4.34 1291	9806 4.77 1826
1.40	0 0.00 0	216 1.19 162	542 1.69 280	755 1.91 349	1848 2.60 647	2880 2.96 900	4398 3.45 1147	5950 3.87 1359	9163 4.41 1851
1.60	0 0.00 0	0 0.00 0	0 0.00 0	0 0.00 0	1103 1.87 557	2193 2.47 843	3785 2.98 1203	5330 3.40 1444	8515 4.05 1894
1.80	0 0.00 0	0 0.00 0	0 0.00 0	0 0.00 0	0 0.00 0	1448 1.85 761	3099 2.58 1166	4682 3.00 1500	7855 3.70 1962
2.00	0 0.00 0	0 0.00 0	0 0.00 0	0 0.00 0	0 0.00 0	516 0.82 647	2345 2.10 1098	3995 2.64 1480	7191 3.36 2032
2.50	0 0.00 0	0 0.00 0	0 0.00 0	0 0.00 0	0 0.00 0	0 0.00 0	0 0.00 0	2092 1.60 1321	5438 2.61 2068
3.00	0 0.00 0	0 0.00 0	0 0.00 0	0 0.00 0	0 0.00 0	0 0.00 0	0 0.00 0	0 0.00 0	3508 1.82 1940
3.50	0 0.00 0	0 0.00 0	0 0.00 0	0 0.00 0	0 0.00 0	0 0.00 0	0 0.00 0	0 0.00 0	0 0.00 0

B 35 $d_1/d = 0,10/0,07$ $\gamma = 1,75$ konst. **Tabelle 33**

$A_s = \mu \cdot b \cdot d$ (0,07 bei 10 % Mittenbew.) Tafelwerte: zul.$\sigma_{bi} = N/b \cdot d$ (kN/cm²)

e/d \ μ	0,2 %	0,5 %	0,8 %	1,0 %	2,0 %	3,0 %	4,5 %	6,0 %	9,0 %
0.00	1.362	1.434	1.506	1.554	1.794	2.034	2.394	2.754	3.474
0.01	1.335	1.415	1.491	1.540	1.783	2.023	2.382	2.741	3.458
0.02	1.300	1.383	1.466	1.519	1.767	2.009	2.368	2.726	3.441
0.03	1.267	1.348	1.429	1.483	1.749	1.993	2.353	2.710	3.423
0.04	1.235	1.315	1.394	1.447	1.710	1.971	2.335	2.693	3.403
0.05	1.205	1.283	1.361	1.412	1.670	1.925	2.308	2.674	3.383
0.06	1.176	1.252	1.329	1.379	1.631	1.882	2.256	2.630	3.363
0.07	1.149	1.223	1.298	1.348	1.594	1.840	2.207	2.572	3.303
0.08	1.122	1.196	1.269	1.317	1.559	1.799	2.159	2.518	3.234
0.09	1.097	1.169	1.241	1.289	1.525	1.761	2.114	2.464	3.166
0.10	1.072	1.144	1.214	1.261	1.493	1.724	2.070	2.414	3.102
0.12	1.020	1.092	1.161	1.208	1.432	1.655	1.987	2.318	2.980
0.14	0.970	1.041	1.109	1.155	1.375	1.590	1.910	2.229	2.867
0.16	0.920	0.990	1.059	1.103	1.319	1.529	1.839	2.147	2.762
0.18	0.870	0.942	1.010	1.054	1.266	1.471	1.773	2.070	2.664
0.20	0.822	0.895	0.963	1.006	1.215	1.414	1.708	1.998	2.573
0.22	0.774	0.849	0.917	0.961	1.166	1.361	1.647	1.928	2.487
0.24	0.728	0.806	0.875	0.918	1.119	1.310	1.588	1.862	2.404
0.26	0.684	0.765	0.834	0.877	1.076	1.262	1.533	1.800	2.327
0.28	0.642	0.726	0.795	0.839	1.035	1.217	1.481	1.741	2.253
0.30	0.602	0.689	0.759	0.802	0.996	1.174	1.432	1.685	2.183
0.32	0.564	0.655	0.726	0.769	0.959	1.134	1.386	1.632	2.117
0.34	0.521	0.623	0.695	0.737	0.925	1.096	1.342	1.582	2.055
0.36	0.480	0.594	0.665	0.708	0.893	1.061	1.301	1.536	1.996
0.38	0.440	0.565	0.638	0.680	0.863	1.027	1.262	1.491	1.940
0.40	0.401	0.531	0.613	0.654	0.834	0.996	1.225	1.449	1.888
0.42	0.362	0.498	0.589	0.630	0.808	0.966	1.190	1.409	1.838
0.44	0.322	0.467	0.566	0.608	0.783	0.938	1.158	1.371	1.789
0.46	0.287	0.437	0.537	0.587	0.759	0.911	1.126	1.335	1.744
0.48	0.255	0.409	0.510	0.567	0.737	0.886	1.097	1.301	1.701
0.50	0.227	0.382	0.484	0.541	0.716	0.862	1.068	1.268	1.661
0.55	0.171	0.315	0.424	0.480	0.668	0.807	1.004	1.194	1.566
0.60	0.134	0.263	0.371	0.428	0.626	0.759	0.946	1.127	1.481
0.65	0.108	0.223	0.320	0.381	0.589	0.716	0.895	1.068	1.405
0.70	0.090	0.193	0.280	0.336	0.550	0.678	0.849	1.014	1.336
0.75	0.077	0.169	0.248	0.299	0.509	0.644	0.808	0.966	1.274
0.80	0.067	0.149	0.222	0.268	0.472	0.613	0.771	0.922	1.218
0.85	0.059	0.134	0.201	0.243	0.438	0.585	0.736	0.882	1.166
0.90	0.053	0.121	0.183	0.222	0.408	0.555	0.705	0.845	1.118
0.95	0.048	0.111	0.168	0.204	0.381	0.524	0.676	0.811	1.074
1.00	0.044	0.102	0.155	0.189	0.354	0.494	0.650	0.780	1.034
1.10	0.037	0.087	0.134	0.164	0.309	0.443	0.603	0.724	0.961
1.20	0.033	0.077	0.118	0.144	0.273	0.400	0.560	0.676	0.899
1.30	0.029	0.068	0.105	0.129	0.245	0.362	0.514	0.634	0.843
1.40	0.026	0.061	0.095	0.117	0.222	0.328	0.474	0.596	0.794
1.50	0.024	0.056	0.086	0.106	0.203	0.300	0.439	0.562	0.751
1.60	0.021	0.051	0.079	0.098	0.187	0.276	0.408	0.525	0.712
1.70	0.020	0.047	0.073	0.090	0.173	0.256	0.381	0.492	0.677
1.80	0.018	0.044	0.068	0.084	0.161	0.238	0.355	0.463	0.645
1.90	0.017	0.041	0.064	0.078	0.151	0.223	0.332	0.437	0.616
2.00	0.016	0.038	0.060	0.074	0.142	0.210	0.312	0.413	0.590
2.20	0.014	0.034	0.053	0.065	0.126	0.187	0.278	0.371	0.538
2.40	0.013	0.030	0.048	0.059	0.114	0.169	0.251	0.334	0.492
2.60	0.011	0.028	0.043	0.054	0.104	0.154	0.229	0.305	0.452
2.80	0.011	0.025	0.040	0.049	0.095	0.141	0.210	0.280	0.418
3.00	0.010	0.023	0.037	0.045	0.088	0.130	0.194	0.258	0.388
4.00	0.007	0.017	0.026	0.033	0.064	0.095	0.141	0.187	0.281
5.00	0.005	0.013	0.021	0.026	0.050	0.074	0.110	0.147	0.220
6.00	0.004	0.011	0.017	0.021	0.041	0.061	0.091	0.121	0.181
7.00	0.004	0.009	0.014	0.018	0.035	0.052	0.077	0.103	0.154
8.00	0.003	0.008	0.013	0.015	0.030	0.045	0.067	0.089	0.134
9.00	0.003	0.007	0.011	0.014	0.027	0.040	0.059	0.079	0.118
10.00	0.003	0.006	0.010	0.012	0.024	0.036	0.053	0.071	0.106

e/d \ μ	0.2 %	0.5 %	0.8 %	1.0 %	1.2 %	1.4 %	1.6 %	1.8 %	2.0 %
0.00	1.135	1.195	1.255	1.295	1.335	1.375	1.415	1.455	1.495
0.01	1.110	1.176	1.239	1.280	1.321	1.362	1.402	1.442	1.483
0.02	1.082	1.149	1.216	1.259	1.301	1.343	1.384	1.425	1.466
0.03	1.054	1.120	1.185	1.229	1.273	1.316	1.360	1.404	1.446
0.04	1.027	1.091	1.155	1.198	1.241	1.283	1.326	1.368	1.411
0.05	1.002	1.064	1.127	1.168	1.210	1.251	1.293	1.335	1.376
0.06	0.978	1.039	1.100	1.140	1.181	1.221	1.262	1.302	1.343
0.07	0.955	1.015	1.074	1.113	1.153	1.192	1.232	1.272	1.311
0.08	0.933	0.991	1.049	1.088	1.127	1.165	1.204	1.242	1.281
0.09	0.912	0.969	1.026	1.063	1.101	1.139	1.177	1.215	1.252
0.10	0.891	0.947	1.003	1.040	1.077	1.114	1.151	1.188	1.225
0.12	0.847	0.903	0.957	0.994	1.030	1.066	1.102	1.137	1.173
0.14	0.804	0.859	0.912	0.948	0.983	1.018	1.053	1.087	1.122
0.16	0.765	0.816	0.868	0.903	0.938	0.972	1.006	1.039	1.073
0.18	0.731	0.781	0.830	0.863	0.894	0.927	0.960	0.993	1.026
0.20	0.698	0.748	0.797	0.829	0.860	0.891	0.922	0.952	0.983
0.22	0.666	0.717	0.765	0.796	0.827	0.858	0.888	0.918	0.948
0.24	0.634	0.686	0.734	0.765	0.796	0.826	0.856	0.885	0.914
0.26	0.605	0.657	0.705	0.736	0.766	0.796	0.825	0.854	0.883
0.28	0.576	0.630	0.678	0.709	0.739	0.768	0.796	0.825	0.853
0.30	0.550	0.605	0.653	0.683	0.712	0.741	0.769	0.797	0.825
0.32	0.525	0.581	0.629	0.659	0.688	0.716	0.744	0.771	0.798
0.34	0.500	0.559	0.606	0.636	0.665	0.693	0.720	0.747	0.773
0.36	0.467	0.538	0.586	0.615	0.643	0.671	0.698	0.724	0.750
0.38	0.425	0.519	0.566	0.595	0.623	0.650	0.676	0.702	0.728
0.40	0.385	0.499	0.548	0.577	0.604	0.631	0.657	0.682	0.707
0.42	0.345	0.473	0.531	0.559	0.586	0.612	0.638	0.663	0.687
0.44	0.307	0.440	0.515	0.543	0.570	0.595	0.620	0.645	0.669
0.46	0.272	0.408	0.498	0.528	0.554	0.579	0.604	0.628	0.651
0.48	0.242	0.379	0.477	0.513	0.539	0.564	0.588	0.612	0.635
0.50	0.215	0.351	0.449	0.498	0.525	0.549	0.573	0.596	0.619
0.55	0.162	0.289	0.387	0.442	0.490	0.517	0.539	0.561	0.583
0.60	0.127	0.242	0.333	0.387	0.436	0.483	0.509	0.530	0.551
0.65	0.103	0.206	0.289	0.341	0.388	0.432	0.474	0.502	0.523
0.70	0.086	0.178	0.254	0.301	0.347	0.388	0.428	0.467	0.497
0.75	0.073	0.156	0.226	0.268	0.310	0.351	0.389	0.425	0.461
0.80	0.064	0.139	0.203	0.242	0.280	0.318	0.355	0.389	0.423
0.85	0.057	0.125	0.183	0.220	0.255	0.290	0.325	0.358	0.389
0.90	0.051	0.113	0.167	0.201	0.234	0.266	0.298	0.330	0.360
0.95	0.046	0.103	0.154	0.185	0.216	0.246	0.276	0.305	0.335
1.00	0.042	0.095	0.142	0.172	0.200	0.228	0.256	0.284	0.311
1.10	0.036	0.082	0.123	0.149	0.175	0.200	0.224	0.248	0.273
1.20	0.031	0.072	0.109	0.132	0.155	0.177	0.199	0.221	0.243
1.30	0.028	0.064	0.097	0.118	0.139	0.159	0.179	0.198	0.218
1.40	0.025	0.058	0.088	0.107	0.126	0.144	0.162	0.180	0.198
1.50	0.022	0.052	0.080	0.098	0.115	0.132	0.149	0.165	0.182
1.60	0.021	0.048	0.074	0.090	0.106	0.122	0.137	0.152	0.168
1.70	0.019	0.044	0.068	0.083	0.098	0.113	0.127	0.141	0.155
1.80	0.018	0.041	0.063	0.077	0.091	0.105	0.118	0.132	0.145
1.90	0.016	0.038	0.059	0.072	0.085	0.098	0.111	0.123	0.136
2.00	0.015	0.036	0.056	0.068	0.080	0.092	0.104	0.116	0.128
2.20	0.014	0.032	0.049	0.060	0.072	0.082	0.093	0.104	0.114
2.40	0.012	0.029	0.044	0.055	0.064	0.074	0.084	0.094	0.103
2.60	0.011	0.026	0.041	0.050	0.059	0.068	0.076	0.085	0.094
2.80	0.010	0.024	0.037	0.046	0.054	0.062	0.070	0.078	0.086
3.00	0.009	0.022	0.034	0.042	0.050	0.057	0.065	0.072	0.080
4.00	0.007	0.016	0.025	0.030	0.036	0.042	0.047	0.053	0.058
5.00	0.005	0.012	0.019	0.024	0.028	0.033	0.037	0.041	0.046
6.00	0.004	0.010	0.016	0.020	0.023	0.027	0.030	0.034	0.037
7.00	0.004	0.009	0.014	0.017	0.020	0.023	0.026	0.029	0.032
8.00	0.003	0.008	0.012	0.014	0.017	0.020	0.022	0.025	0.028
9.00	0.003	0.007	0.010	0.013	0.015	0.018	0.020	0.022	0.025
10.00	0.002	0.006	0.009	0.011	0.014	0.016	0.018	0.020	0.022

Tabelle 34

Regelbemessung

γ = 2.10 bis 1.75

Beton: **B 35**

d_1/d = **0.15**

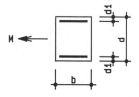

$e/d = M/N \cdot d$

$\text{ges.} A_s = \mu \cdot b \cdot d$

Tafelwerte:

$\text{zul.} \sigma_{bi} = N/b \cdot d$ (kN/cm²)

2.5 %	3.0 %	4.5 %	6.0 %	7.5 %	9.0 %	μ / e/d
1.595	1.695	1.995	2.295	2.595	2.895	0.00
1.583	1.683	1.982	2.281	2.579	2.877	0.01
1.567	1.667	1.966	2.264	2.561	2.858	0.02
1.548	1.649	1.949	2.246	2.542	2.838	0.03
1.518	1.625	1.930	2.227	2.522	2.817	0.04
1.480	1.584	1.896	2.206	2.501	2.795	0.05
1.445	1.546	1.851	2.155	2.460	2.764	0.06
1.410	1.510	1.807	2.104	2.401	2.699	0.07
1.378	1.474	1.765	2.055	2.346	2.636	0.08
1.347	1.442	1.725	2.009	2.293	2.577	0.09
1.317	1.410	1.687	1.964	2.242	2.520	0.10
1.262	1.350	1.616	1.882	2.147	2.413	0.12
1.208	1.294	1.550	1.805	2.060	2.315	0.14
1.157	1.240	1.488	1.734	1.980	2.224	0.16
1.107	1.188	1.428	1.666	1.903	2.139	0.18
1.060	1.139	1.371	1.601	1.831	2.059	0.20
1.022	1.095	1.317	1.540	1.762	1.983	0.22
0.987	1.058	1.270	1.483	1.697	1.911	0.24
0.954	1.023	1.230	1.435	1.638	1.844	0.26
0.922	0.990	1.192	1.392	1.590	1.787	0.28
0.892	0.959	1.156	1.351	1.544	1.737	0.30
0.865	0.930	1.123	1.312	1.501	1.688	0.32
0.838	0.902	1.091	1.276	1.460	1.643	0.34
0.814	0.876	1.060	1.241	1.421	1.600	0.36
0.790	0.852	1.032	1.209	1.384	1.558	0.38
0.768	0.828	1.004	1.177	1.349	1.519	0.40
0.747	0.806	0.979	1.148	1.315	1.482	0.42
0.728	0.785	0.954	1.120	1.283	1.446	0.44
0.709	0.766	0.931	1.093	1.253	1.413	0.46
0.691	0.747	0.909	1.067	1.224	1.381	0.48
0.675	0.729	0.888	1.043	1.197	1.350	0.50
0.636	0.688	0.839	0.987	1.133	1.279	0.55
0.602	0.651	0.795	0.936	1.076	1.214	0.60
0.571	0.618	0.756	0.891	1.025	1.157	0.65
0.544	0.589	0.721	0.850	0.977	1.104	0.70
0.519	0.562	0.689	0.813	0.935	1.056	0.75
0.496	0.538	0.659	0.778	0.896	1.012	0.80
0.466	0.516	0.633	0.747	0.860	0.972	0.85
0.433	0.496	0.608	0.718	0.827	0.935	0.90
0.404	0.470	0.585	0.691	0.796	0.900	0.95
0.377	0.441	0.564	0.666	0.768	0.868	1.00
0.333	0.391	0.526	0.622	0.716	0.811	1.10
0.297	0.350	0.496	0.583	0.672	0.760	1.20
0.267	0.316	0.456	0.548	0.632	0.716	1.30
0.243	0.288	0.417	0.518	0.598	0.676	1.40
0.223	0.264	0.384	0.495	0.566	0.641	1.50
0.205	0.243	0.356	0.465	0.538	0.609	1.60
0.191	0.226	0.331	0.434	0.514	0.581	1.70
0.178	0.211	0.309	0.406	0.495	0.555	1.80
0.167	0.197	0.290	0.381	0.471	0.531	1.90
0.157	0.186	0.273	0.359	0.445	0.510	2.00
0.140	0.166	0.244	0.322	0.399	0.475	2.20
0.127	0.150	0.221	0.292	0.361	0.431	2.40
0.115	0.137	0.202	0.266	0.330	0.394	2.60
0.106	0.126	0.185	0.245	0.304	0.363	2.80
0.098	0.117	0.171	0.227	0.282	0.337	3.00
0.072	0.085	0.125	0.165	0.206	0.246	4.00
0.056	0.067	0.098	0.130	0.161	0.194	5.00
0.046	0.055	0.081	0.107	0.133	0.159	6.00
0.039	0.047	0.069	0.091	0.113	0.135	7.00
0.034	0.041	0.060	0.079	0.098	0.118	8.00
0.030	0.036	0.053	0.070	0.087	0.104	9.00
0.027	0.032	0.047	0.063	0.078	0.094	10.00

B 35
$d_1/d = 0{,}15$

1. Zeile: $M_u/1{,}75 \cdot d^2 \cdot b$ (kN/m²)
2. Zeile: $1000 \cdot k_u \cdot d$
3. Zeile: $B_{II}/1000 \cdot 1{,}75 \cdot d^3 \cdot b$ (kN/m²)

Tabelle 35

σ_{bi} \ μ	0,2 %	0,5 %	0,8 %	1,0 %	2,0 %	3,0 %	4,5 %	6,0 %	9,0 %
0.00	239 3.37 71	573 3.65 156	894 3.88 229	1104 3.98 273	2124 4.47 463	3114 4.80 626	4594 5.17 848	6072 5.45 1061	9048 5.82 1483
0.10	655 4.27 88	966 4.32 155	1271 4.41 222	1474 4.52 264	2464 4.87 446	3443 5.16 604	4918 5.49 824	6397 5.73 1037	9378 6.02 1464
0.20	1022 5.03 115	1318 4.91 167	1610 4.98 222	1806 5.04 258	2782 5.33 427	3762 5.57 580	5235 5.84 798	6721 6.02 1013	9700 6.24 1445
0.30	1331 5.73 134	1618 5.54 178	1909 5.57 221	2103 5.62 252	3081 5.86 405	4067 6.05 554	5544 6.21 773	7024 6.31 992	9993 6.44 1428
0.40	1569 6.43 141	1861 6.26 179	2155 6.26 217	2351 6.27 243	3333 6.36 386	4318 6.43 533	5802 6.52 753	7289 6.56 973	10268 6.62 1413
0.50	1722 6.84 146	2022 6.79 178	2322 6.77 213	2522 6.76 237	3522 6.78 371	4522 6.78 516	6022 6.78 736	7522 6.79 957	10522 6.80 1400
0.60	1767 6.13 174	2037 6.19 203	2314 6.26 232	2501 6.30 254	3459 6.43 375	4434 6.52 514	5912 6.58 731	7403 6.64 952	10386 6.68 1394
0.70	1738 5.17 214	1977 5.28 241	2227 5.42 269	2398 5.49 287	3294 5.82 394	4233 6.03 522	5672 6.20 733	7136 6.32 951	10101 6.47 1392
0.80	1648 4.46 249	1876 4.54 283	2113 4.69 310	2275 4.80 327	3125 5.23 423	4028 5.54 538	5439 5.83 739	6882 6.03 952	9815 6.24 1391
1.00	1268 3.43 276	1519 3.48 334	1769 3.61 380	1931 3.70 405	2756 4.22 502	3614 4.65 594	4960 5.12 764	6367 5.43 964	9248 5.81 1391
1.20	614 2.51 183	918 2.72 267	1220 2.90 345	1411 3.00 395	2300 3.39 576	3164 3.86 680	4481 4.44 820	5845 4.84 994	8684 5.38 1399
1.40	0 0.00 0	194 1.22 139	508 1.82 240	710 2.05 299	1722 2.81 550	2643 3.21 740	3978 3.81 904	5321 4.29 1050	8118 4.95 1417
1.60	0 0.00 0	0 0.00 0	0 0.00 0	0 0.00 0	1009 2.04 465	2020 2.68 703	3427 3.27 969	4782 3.79 1128	7546 4.53 1452
1.80	0 0.00 0	0 0.00 0	0 0.00 0	0 0.00 0	0 0.00 0	1311 2.03 626	2816 2.82 960	4213 3.32 1194	6975 4.12 1507
2.00	0 0.00 0	0 0.00 0	0 0.00 0	0 0.00 0	0 0.00 0	406 0.82 512	2116 2.32 896	3599 2.91 1207	6398 3.76 1576
2.50	0 0.00 0	0 0.00 0	0 0.00 0	0 0.00 0	0 0.00 0	0 0.00 0	0 0.00 0	1859 1.78 1058	4853 2.89 1665
3.00	0 0.00 0	0 0.00 0	0 0.00 0	0 0.00 0	0 0.00 0	0 0.00 0	0 0.00 0	0 0.00 0	3110 2.03 1543
3.50	0 0.00 0	0 0.00 0	0 0.00 0	0 0.00 0	0 0.00 0	0 0.00 0	0 0.00 0	0 0.00 0	0 0.00 0

B 35 $d_1/d = 0{,}15$ $\gamma = 1{,}75$ konst.   **Tabelle 36**

ges.$A_s = \mu \cdot b \cdot d$ Tafelwerte: zul.$\sigma_{bi} = N/b \cdot d$ (kN/cm²)

e/d \ μ	0,2 %	0,5 %	0,8 %	1,0 %	2,0 %	3,0 %	4,5 %	6,0 %	9,0 %
0.00	1.362	1.434	1.506	1.554	1.794	2.034	2.394	2.754	3.474
0.01	1.332	1.411	1.486	1.536	1.779	2.019	2.378	2.737	3.453
0.02	1.298	1.379	1.460	1.511	1.759	2.000	2.360	2.717	3.430
0.03	1.265	1.344	1.422	1.475	1.735	1.979	2.338	2.695	3.406
0.04	1.233	1.309	1.386	1.437	1.693	1.949	2.316	2.672	3.380
0.05	1.203	1.277	1.352	1.402	1.651	1.901	2.276	2.648	3.354
0.06	1.174	1.247	1.320	1.368	1.611	1.855	2.221	2.586	3.317
0.07	1.146	1.217	1.288	1.336	1.573	1.811	2.168	2.525	3.239
0.08	1.120	1.189	1.259	1.305	1.537	1.769	2.118	2.467	3.163
0.09	1.095	1.163	1.231	1.276	1.503	1.730	2.070	2.411	3.092
0.10	1.069	1.136	1.204	1.248	1.470	1.692	2.024	2.357	3.023
0.12	1.017	1.083	1.149	1.192	1.408	1.620	1.939	2.258	2.895
0.14	0.965	1.031	1.095	1.137	1.347	1.553	1.861	2.166	2.778
0.16	0.914	0.979	1.042	1.084	1.288	1.488	1.785	2.081	2.669
0.18	0.863	0.929	0.991	1.032	1.231	1.426	1.714	1.999	2.567
0.20	0.814	0.880	0.942	0.982	1.177	1.366	1.645	1.922	2.471
0.22	0.766	0.833	0.895	0.935	1.126	1.310	1.581	1.848	2.379
0.24	0.719	0.788	0.850	0.890	1.078	1.257	1.520	1.779	2.293
0.26	0.673	0.745	0.808	0.848	1.032	1.208	1.462	1.714	2.212
0.28	0.630	0.705	0.768	0.808	0.990	1.160	1.410	1.654	2.136
0.30	0.589	0.667	0.731	0.771	0.950	1.117	1.359	1.596	2.066
0.32	0.551	0.632	0.697	0.736	0.913	1.076	1.311	1.542	1.998
0.34	0.510	0.599	0.665	0.704	0.878	1.038	1.268	1.492	1.935
0.36	0.467	0.569	0.635	0.674	0.846	1.002	1.226	1.444	1.875
0.38	0.425	0.541	0.607	0.646	0.815	0.967	1.186	1.400	1.819
0.40	0.385	0.508	0.582	0.620	0.787	0.936	1.150	1.358	1.766
0.42	0.345	0.473	0.558	0.596	0.760	0.906	1.115	1.318	1.716
0.44	0.307	0.440	0.535	0.574	0.735	0.878	1.082	1.280	1.669
0.46	0.272	0.408	0.506	0.553	0.711	0.852	1.051	1.244	1.624
0.48	0.242	0.379	0.477	0.532	0.689	0.827	1.022	1.211	1.581
0.50	0.215	0.351	0.449	0.506	0.669	0.803	0.994	1.179	1.542
0.55	0.162	0.289	0.387	0.442	0.622	0.750	0.931	1.106	1.449
0.60	0.127	0.242	0.333	0.387	0.581	0.704	0.876	1.042	1.366
0.65	0.103	0.206	0.289	0.341	0.545	0.662	0.826	0.984	1.293
0.70	0.086	0.178	0.254	0.301	0.504	0.625	0.782	0.933	1.227
0.75	0.073	0.156	0.226	0.268	0.461	0.593	0.743	0.886	1.168
0.80	0.064	0.139	0.203	0.242	0.423	0.563	0.706	0.844	1.114
0.85	0.057	0.125	0.183	0.220	0.389	0.536	0.674	0.806	1.065
0.90	0.051	0.113	0.167	0.201	0.360	0.503	0.644	0.771	1.020
0.95	0.046	0.103	0.154	0.185	0.335	0.470	0.617	0.740	0.978
1.00	0.042	0.095	0.142	0.172	0.311	0.441	0.592	0.710	0.940
1.10	0.036	0.082	0.123	0.149	0.273	0.391	0.548	0.658	0.872
1.20	0.031	0.072	0.109	0.132	0.243	0.350	0.502	0.613	0.813
1.30	0.028	0.064	0.097	0.118	0.218	0.316	0.456	0.574	0.762
1.40	0.025	0.058	0.088	0.107	0.198	0.288	0.417	0.540	0.717
1.50	0.022	0.052	0.080	0.098	0.182	0.264	0.384	0.502	0.677
1.60	0.021	0.048	0.074	0.090	0.168	0.243	0.356	0.465	0.640
1.70	0.019	0.044	0.068	0.083	0.155	0.226	0.331	0.433	0.608
1.80	0.018	0.041	0.063	0.077	0.145	0.211	0.309	0.406	0.579
1.90	0.016	0.038	0.059	0.072	0.136	0.197	0.290	0.381	0.553
2.00	0.015	0.036	0.056	0.068	0.128	0.186	0.274	0.359	0.527
2.20	0.014	0.032	0.049	0.060	0.114	0.166	0.244	0.322	0.476
2.40	0.012	0.029	0.044	0.055	0.103	0.150	0.221	0.292	0.431
2.60	0.011	0.026	0.041	0.050	0.094	0.137	0.202	0.266	0.394
2.80	0.010	0.024	0.037	0.046	0.086	0.126	0.185	0.245	0.363
3.00	0.009	0.022	0.034	0.042	0.080	0.117	0.171	0.227	0.336
4.00	0.007	0.016	0.025	0.030	0.058	0.085	0.125	0.165	0.246
5.00	0.005	0.012	0.019	0.024	0.046	0.067	0.098	0.130	0.194
6.00	0.004	0.010	0.016	0.020	0.037	0.055	0.081	0.107	0.159
7.00	0.004	0.009	0.014	0.017	0.032	0.047	0.069	0.091	0.135
8.00	0.003	0.008	0.012	0.014	0.028	0.041	0.060	0.079	0.118
9.00	0.003	0.007	0.010	0.013	0.025	0.036	0.053	0.070	0.104
10.00	0.002	0.006	0.009	0.011	0.022	0.032	0.047	0.063	0.094

e/d \ μ	0.2 %	0.5 %	0.8 %	1.0 %	1.2 %	1.4 %	1.6 %	1.8 %	2.0 %
0.00	1.135	1.195	1.255	1.295	1.335	1.375	1.415	1.455	1.495
0.01	1.109	1.172	1.234	1.276	1.316	1.357	1.397	1.438	1.478
0.02	1.081	1.145	1.209	1.251	1.292	1.333	1.374	1.415	1.456
0.03	1.052	1.116	1.180	1.222	1.265	1.307	1.350	1.391	1.431
0.04	1.026	1.087	1.149	1.190	1.232	1.273	1.314	1.356	1.397
0.05	1.000	1.060	1.120	1.160	1.200	1.241	1.281	1.321	1.361
0.06	0.976	1.035	1.093	1.132	1.171	1.210	1.249	1.288	1.327
0.07	0.953	1.010	1.067	1.105	1.143	1.181	1.219	1.257	1.295
0.08	0.931	0.987	1.042	1.079	1.116	1.153	1.190	1.227	1.264
0.09	0.910	0.964	1.018	1.054	1.090	1.126	1.162	1.199	1.235
0.10	0.888	0.941	0.995	1.030	1.066	1.101	1.136	1.172	1.207
0.12	0.844	0.896	0.947	0.982	1.016	1.050	1.084	1.118	1.152
0.14	0.801	0.851	0.901	0.934	0.967	1.000	1.033	1.065	1.098
0.16	0.758	0.807	0.855	0.887	0.919	0.951	0.983	1.014	1.046
0.18	0.718	0.764	0.811	0.842	0.873	0.904	0.935	0.965	0.996
0.20	0.684	0.730	0.775	0.804	0.833	0.862	0.891	0.920	0.949
0.22	0.651	0.697	0.741	0.770	0.799	0.827	0.855	0.883	0.911
0.24	0.619	0.665	0.709	0.738	0.766	0.794	0.821	0.849	0.876
0.26	0.588	0.635	0.679	0.707	0.735	0.762	0.790	0.816	0.843
0.28	0.558	0.606	0.651	0.679	0.706	0.733	0.760	0.786	0.812
0.30	0.529	0.578	0.623	0.651	0.679	0.706	0.732	0.757	0.783
0.32	0.502	0.552	0.596	0.624	0.652	0.679	0.705	0.731	0.756
0.34	0.477	0.527	0.571	0.599	0.626	0.652	0.678	0.704	0.729
0.36	0.450	0.505	0.548	0.575	0.601	0.627	0.653	0.678	0.703
0.38	0.408	0.484	0.527	0.553	0.579	0.604	0.629	0.653	0.678
0.40	0.368	0.463	0.507	0.533	0.558	0.583	0.607	0.631	0.654
0.42	0.330	0.440	0.489	0.514	0.539	0.563	0.586	0.610	0.633
0.44	0.294	0.408	0.472	0.497	0.521	0.544	0.567	0.590	0.612
0.46	0.261	0.377	0.452	0.480	0.504	0.527	0.549	0.571	0.593
0.48	0.232	0.349	0.434	0.465	0.488	0.510	0.532	0.554	0.575
0.50	0.206	0.324	0.407	0.447	0.473	0.495	0.516	0.537	0.558
0.55	0.156	0.268	0.349	0.396	0.434	0.460	0.481	0.500	0.520
0.60	0.122	0.225	0.302	0.346	0.388	0.424	0.448	0.468	0.486
0.65	0.099	0.192	0.263	0.305	0.344	0.381	0.415	0.437	0.457
0.70	0.083	0.167	0.232	0.271	0.308	0.343	0.376	0.407	0.428
0.75	0.071	0.147	0.207	0.243	0.278	0.310	0.341	0.372	0.400
0.80	0.062	0.131	0.186	0.220	0.252	0.282	0.312	0.340	0.368
0.85	0.055	0.118	0.169	0.200	0.230	0.259	0.286	0.313	0.339
0.90	0.049	0.107	0.155	0.184	0.211	0.238	0.264	0.290	0.314
0.95	0.045	0.098	0.143	0.170	0.196	0.221	0.245	0.269	0.293
1.00	0.041	0.090	0.132	0.158	0.182	0.205	0.228	0.251	0.273
1.10	0.035	0.078	0.115	0.138	0.159	0.180	0.201	0.221	0.241
1.20	0.030	0.068	0.102	0.122	0.142	0.160	0.179	0.197	0.215
1.30	0.027	0.061	0.091	0.110	0.127	0.145	0.161	0.178	0.194
1.40	0.024	0.055	0.082	0.099	0.116	0.131	0.147	0.162	0.177
1.50	0.022	0.050	0.075	0.091	0.106	0.120	0.135	0.149	0.163
1.60	0.020	0.046	0.069	0.084	0.098	0.111	0.124	0.137	0.150
1.70	0.018	0.042	0.064	0.078	0.091	0.103	0.116	0.128	0.139
1.80	0.017	0.039	0.060	0.072	0.085	0.096	0.108	0.119	0.130
1.90	0.016	0.037	0.056	0.068	0.079	0.090	0.101	0.112	0.122
2.00	0.015	0.035	0.052	0.064	0.074	0.085	0.095	0.105	0.115
2.20	0.013	0.031	0.047	0.057	0.066	0.076	0.085	0.094	0.103
2.40	0.012	0.028	0.042	0.051	0.060	0.069	0.077	0.085	0.093
2.60	0.011	0.025	0.038	0.047	0.055	0.063	0.070	0.078	0.085
2.80	0.010	0.023	0.035	0.043	0.050	0.058	0.065	0.071	0.078
3.00	0.009	0.021	0.033	0.040	0.046	0.053	0.060	0.066	0.073
4.00	0.006	0.015	0.024	0.029	0.034	0.039	0.043	0.048	0.053
5.00	0.005	0.012	0.018	0.023	0.026	0.030	0.034	0.038	0.042
6.00	0.004	0.010	0.015	0.019	0.022	0.025	0.028	0.031	0.034
7.00	0.004	0.008	0.013	0.016	0.019	0.021	0.024	0.027	0.029
8.00	0.003	0.007	0.011	0.014	0.016	0.018	0.021	0.023	0.025
9.00	0.003	0.006	0.010	0.012	0.014	0.016	0.018	0.020	0.022
10.00	0.002	0.006	0.009	0.011	0.013	0.015	0.016	0.018	0.020

Tabelle 37

Regelbemessung

$\gamma = 2,10$ bis $1,75$

Beton: **B 35**

$d1/d = 0,20$

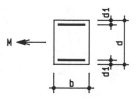

$e/d = M/N \cdot d$

ges. $A_s = \mu \cdot b \cdot d$

Tafelwerte:

zul. $\sigma_{bi} = N/b \cdot d$ (kN/cm²)

2,5 %	3,0 %	4,5 %	6,0 %	7,5 %	9,0 %	μ \ e/d
1.595	1.695	1.995	2.295	2.595	2.895	0.00
1.578	1.678	1.977	2.275	2.573	2.871	0.01
1.556	1.657	1.955	2.252	2.548	2.845	0.02
1.533	1.633	1.931	2.227	2.522	2.817	0.03
1.501	1.605	1.906	2.201	2.495	2.787	0.04
1.462	1.563	1.867	2.171	2.466	2.757	0.05
1.425	1.523	1.818	2.114	2.410	2.707	0.06
1.390	1.485	1.772	2.060	2.348	2.637	0.07
1.357	1.450	1.729	2.009	2.290	2.571	0.08
1.325	1.416	1.688	1.961	2.234	2.508	0.09
1.295	1.383	1.649	1.915	2.181	2.448	0.10
1.237	1.322	1.576	1.830	2.083	2.338	0.12
1.180	1.261	1.505	1.749	1.992	2.235	0.14
1.125	1.203	1.438	1.672	1.905	2.138	0.16
1.072	1.148	1.374	1.598	1.823	2.047	0.18
1.022	1.095	1.314	1.530	1.746	1.961	0.20
0.981	1.050	1.257	1.466	1.673	1.881	0.22
0.944	1.011	1.210	1.408	1.606	1.806	0.24
0.909	0.974	1.168	1.360	1.552	1.743	0.26
0.876	0.940	1.129	1.316	1.502	1.687	0.28
0.846	0.908	1.092	1.274	1.454	1.635	0.30
0.817	0.878	1.057	1.234	1.410	1.585	0.32
0.790	0.850	1.024	1.197	1.368	1.538	0.34
0.764	0.823	0.994	1.162	1.328	1.494	0.36
0.738	0.797	0.965	1.129	1.291	1.453	0.38
0.713	0.770	0.937	1.097	1.256	1.414	0.40
0.689	0.745	0.910	1.068	1.222	1.376	0.42
0.667	0.722	0.882	1.040	1.191	1.341	0.44
0.647	0.700	0.856	1.010	1.161	1.308	0.46
0.627	0.679	0.831	0.981	1.131	1.276	0.48
0.609	0.659	0.807	0.954	1.099	1.244	0.50
0.568	0.615	0.754	0.892	1.027	1.163	0.55
0.532	0.576	0.708	0.837	0.965	1.093	0.60
0.500	0.542	0.666	0.788	0.910	1.031	0.65
0.472	0.512	0.629	0.745	0.860	0.974	0.70
0.447	0.485	0.597	0.707	0.816	0.924	0.75
0.422	0.461	0.567	0.672	0.775	0.879	0.80
0.398	0.439	0.540	0.640	0.739	0.838	0.85
0.374	0.418	0.516	0.612	0.707	0.801	0.90
0.349	0.396	0.494	0.585	0.676	0.767	0.95
0.327	0.377	0.473	0.561	0.648	0.736	1.00
0.290	0.337	0.437	0.519	0.600	0.680	1.10
0.259	0.302	0.406	0.482	0.558	0.632	1.20
0.235	0.274	0.377	0.450	0.521	0.591	1.30
0.214	0.250	0.351	0.422	0.488	0.554	1.40
0.197	0.230	0.328	0.398	0.460	0.522	1.50
0.182	0.213	0.305	0.376	0.435	0.493	1.60
0.169	0.199	0.284	0.356	0.412	0.468	1.70
0.158	0.186	0.266	0.336	0.392	0.445	1.80
0.148	0.174	0.250	0.319	0.374	0.424	1.90
0.140	0.164	0.236	0.303	0.357	0.405	2.00
0.125	0.147	0.212	0.276	0.327	0.372	2.20
0.113	0.133	0.192	0.250	0.300	0.343	2.40
0.103	0.122	0.176	0.229	0.277	0.319	2.60
0.095	0.112	0.162	0.211	0.257	0.298	2.80
0.088	0.104	0.150	0.196	0.240	0.278	3.00
0.064	0.076	0.110	0.143	0.177	0.209	4.00
0.051	0.060	0.087	0.113	0.140	0.166	5.00
0.042	0.049	0.071	0.094	0.115	0.137	6.00
0.035	0.042	0.061	0.080	0.098	0.117	7.00
0.031	0.036	0.053	0.069	0.086	0.102	8.00
0.027	0.032	0.047	0.061	0.076	0.090	9.00
0.025	0.029	0.042	0.055	0.068	0.081	10.00

B 35 $d_1/d = 0{,}20$

1. Zeile: $M_u/1{,}75 \cdot d^2 \cdot b$ (kN/m²)
2. Zeile: $1000 \cdot k_u \cdot d$
3. Zeile: $B_{II}/1000 \cdot 1{,}75 \cdot d^3 \cdot b$ (kN/m²)

Tabelle 38

σ_{bi} \ μ	0,2 %	0,5 %	0,8 %	1,0 %	2,0 %	3,0 %	4,5 %	6,0 %	9,0 %
0.00	234 3.76 63	552 4.06 136	854 4.27 196	1045 4.41 232	1953 4.95 379	2814 5.35 498	4089 5.85 653	5360 6.21 801	7888 6.64 1103
0.10	648 4.70 78	938 4.73 134	1215 4.88 189	1395 4.99 222	2257 5.40 361	3104 5.78 474	4370 6.22 627	5628 6.52 779	8149 6.88 1085
0.20	1010 5.46 103	1273 5.34 145	1530 5.42 188	1701 5.51 215	2542 5.92 339	3379 6.26 448	4630 6.60 603	5884 6.84 757	8401 7.12 1069
0.30	1309 6.17 119	1558 6.02 154	1806 6.10 186	1972 6.17 207	2796 6.51 318	3623 6.73 425	4869 6.97 582	6120 7.14 738	8636 7.33 1055
0.40	1536 6.88 128	1779 6.78 154	2023 6.80 182	2186 6.85 200	3006 7.05 300	3833 7.18 405	5079 7.33 564	6268 7.31 725	8554 7.22 1049
0.50	1685 7.34 132	1927 7.31 155	2163 7.27 179	2319 7.24 196	3090 7.17 293	3854 7.13 397	4996 7.10 558	6133 7.08 720	8405 7.05 1045
0.60	1726 6.30 164	1931 6.40 182	2142 6.48 201	2284 6.52 216	3012 6.66 301	3752 6.74 399	4873 6.81 556	6001 6.85 717	8262 6.90 1041
0.70	1709 5.44 196	1902 5.65 211	2100 5.80 228	2234 5.89 242	2930 6.19 316	3651 6.37 404	4752 6.53 555	5868 6.63 715	8111 6.73 1038
0.80	1624 4.67 232	1817 4.88 249	2013 5.10 263	2147 5.24 273	2838 5.74 335	3542 6.00 415	4629 6.25 559	5733 6.40 713	7966 6.57 1036
1.00	1252 3.53 262	1481 3.70 298	1699 3.86 328	1841 4.00 345	2544 4.66 400	3267 5.21 455	4377 5.72 573	5463 5.97 719	7673 6.26 1032
1.20	606 2.61 169	892 2.87 241	1176 3.09 304	1350 3.17 347	2142 3.72 469	2883 4.30 529	4000 5.00 617	5163 5.51 736	7374 5.94 1034
1.40	0 0.00 0	171 1.22 120	479 1.97 205	670 2.23 256	1611 3.06 463	2428 3.56 595	3573 4.30 687	4723 4.89 781	7074 5.63 1043
1.60	0 0.00 0	0 0.00 0	0 0.00 0	0 0.00 0	931 2.24 386	1861 2.96 581	3100 3.66 758	4259 4.29 849	6615 5.18 1068
1.80	0 0.00 0	0 0.00 0	0 0.00 0	0 0.00 0	0 0.00 0	1191 2.26 511	2552 3.11 780	3767 3.73 919	6133 4.72 1110
2.00	0 0.00 0	0 0.00 0	0 0.00 0	0 0.00 0	0 0.00 0	311 0.82 395	1917 2.60 724	3229 3.25 959	5634 4.27 1174
2.50	0 0.00 0	0 0.00 0	0 0.00 0	0 0.00 0	0 0.00 0	0 0.00 0	0 0.00 0	1646 2.01 833	4305 3.26 1301
3.00	0 0.00 0	0 0.00 0	0 0.00 0	0 0.00 0	0 0.00 0	0 0.00 0	0 0.00 0	0 0.00 0	2748 2.32 1205
3.50	0 0.00 0	0 0.00 0	0 0.00 0	0 0.00 0	0 0.00 0	0 0.00 0	0 0.00 0	0 0.00 0	0 0.00 0

B 35 $d_1/d = 0.20$ $\gamma = 1.75$ konst. **Tabelle 39**

ges.$A_s = \mu \cdot b \cdot d$ Tafelwerte: zul.$\sigma_{bi} = N/b \cdot d$ (kN/cm²)

e/d \ μ	0,2 %	0,5 %	0,8 %	1,0 %	2,0 %	3,0 %	4,5 %	6,0 %	9,0 %
0.00	1.362	1.434	1.506	1.554	1.794	2.034	2.394	2.754	3.474
0.01	1.330	1.406	1.481	1.531	1.774	2.014	2.372	2.730	3.445
0.02	1.297	1.375	1.451	1.501	1.747	1.988	2.346	2.703	3.413
0.03	1.263	1.339	1.415	1.466	1.718	1.960	2.318	2.673	3.380
0.04	1.231	1.305	1.379	1.428	1.677	1.926	2.287	2.641	3.345
0.05	1.201	1.272	1.344	1.392	1.633	1.876	2.240	2.605	3.309
0.06	1.172	1.242	1.311	1.358	1.592	1.828	2.182	2.537	3.249
0.07	1.144	1.212	1.280	1.326	1.554	1.782	2.127	2.472	3.164
0.08	1.118	1.184	1.250	1.295	1.517	1.740	2.075	2.411	3.085
0.09	1.092	1.157	1.222	1.265	1.482	1.699	2.026	2.353	3.009
0.10	1.066	1.130	1.194	1.236	1.448	1.660	1.979	2.298	2.938
0.12	1.013	1.075	1.137	1.178	1.382	1.586	1.891	2.196	2.805
0.14	0.961	1.021	1.081	1.121	1.318	1.513	1.807	2.099	2.682
0.16	0.909	0.968	1.026	1.065	1.255	1.444	1.725	2.006	2.566
0.18	0.858	0.916	0.973	1.011	1.195	1.377	1.648	1.918	2.456
0.20	0.807	0.865	0.922	0.958	1.138	1.314	1.576	1.836	2.353
0.22	0.758	0.817	0.872	0.909	1.085	1.255	1.508	1.759	2.257
0.24	0.709	0.769	0.825	0.862	1.034	1.199	1.444	1.685	2.167
0.26	0.662	0.725	0.781	0.817	0.987	1.148	1.384	1.618	2.082
0.28	0.617	0.682	0.740	0.776	0.942	1.100	1.330	1.556	2.004
0.30	0.573	0.641	0.700	0.737	0.901	1.054	1.277	1.497	1.932
0.32	0.533	0.603	0.662	0.698	0.863	1.013	1.230	1.443	1.865
0.34	0.494	0.568	0.627	0.663	0.826	0.973	1.184	1.391	1.800
0.36	0.450	0.536	0.595	0.631	0.791	0.937	1.143	1.344	1.740
0.38	0.408	0.507	0.566	0.601	0.757	0.901	1.103	1.300	1.685
0.40	0.368	0.475	0.539	0.573	0.726	0.867	1.067	1.258	1.633
0.42	0.330	0.440	0.515	0.548	0.698	0.834	1.031	1.218	1.583
0.44	0.294	0.407	0.492	0.525	0.671	0.803	0.995	1.182	1.537
0.46	0.261	0.377	0.462	0.504	0.646	0.775	0.961	1.143	1.492
0.48	0.232	0.349	0.434	0.483	0.623	0.749	0.929	1.106	1.450
0.50	0.206	0.324	0.407	0.456	0.602	0.724	0.900	1.072	1.409
0.55	0.156	0.268	0.349	0.396	0.554	0.669	0.833	0.993	1.310
0.60	0.122	0.225	0.302	0.346	0.513	0.621	0.776	0.926	1.222
0.65	0.099	0.192	0.263	0.305	0.478	0.580	0.726	0.867	1.146
0.70	0.083	0.167	0.232	0.271	0.439	0.544	0.681	0.815	1.077
0.75	0.071	0.147	0.207	0.243	0.401	0.512	0.642	0.769	1.018
0.80	0.062	0.131	0.186	0.220	0.368	0.484	0.608	0.728	0.964
0.85	0.055	0.118	0.169	0.200	0.339	0.458	0.576	0.690	0.915
0.90	0.049	0.107	0.155	0.184	0.314	0.432	0.548	0.657	0.873
0.95	0.045	0.098	0.143	0.170	0.292	0.404	0.522	0.627	0.832
1.00	0.041	0.090	0.132	0.158	0.273	0.379	0.499	0.600	0.796
1.10	0.035	0.078	0.115	0.138	0.241	0.337	0.458	0.551	0.732
1.20	0.030	0.068	0.102	0.122	0.215	0.302	0.423	0.509	0.677
1.30	0.027	0.061	0.091	0.110	0.194	0.274	0.389	0.473	0.631
1.40	0.024	0.055	0.082	0.099	0.177	0.250	0.356	0.443	0.591
1.50	0.022	0.050	0.075	0.091	0.163	0.230	0.329	0.416	0.554
1.60	0.020	0.046	0.069	0.084	0.150	0.213	0.305	0.391	0.523
1.70	0.018	0.042	0.064	0.078	0.139	0.199	0.284	0.369	0.494
1.80	0.017	0.039	0.060	0.072	0.130	0.186	0.266	0.345	0.469
1.90	0.016	0.037	0.056	0.068	0.122	0.174	0.250	0.325	0.446
2.00	0.015	0.035	0.052	0.064	0.115	0.164	0.236	0.307	0.424
2.20	0.013	0.031	0.047	0.057	0.103	0.147	0.212	0.276	0.389
2.40	0.012	0.028	0.042	0.051	0.093	0.133	0.192	0.250	0.359
2.60	0.011	0.025	0.038	0.047	0.085	0.122	0.176	0.229	0.331
2.80	0.010	0.023	0.035	0.043	0.078	0.112	0.162	0.211	0.309
3.00	0.009	0.021	0.033	0.040	0.073	0.104	0.150	0.196	0.287
4.00	0.006	0.015	0.024	0.029	0.053	0.076	0.110	0.143	0.210
5.00	0.005	0.012	0.018	0.023	0.042	0.060	0.087	0.113	0.166
6.00	0.004	0.010	0.015	0.019	0.034	0.049	0.071	0.093	0.137
7.00	0.004	0.008	0.013	0.016	0.029	0.042	0.061	0.079	0.117
8.00	0.003	0.007	0.011	0.014	0.025	0.036	0.053	0.069	0.102
9.00	0.003	0.006	0.010	0.012	0.022	0.032	0.047	0.061	0.090
10.00	0.002	0.006	0.009	0.011	0.020	0.029	0.042	0.055	0.081

e/d \ μ	0.2 %	0.5 %	0.8 %	1.0 %	1.2 %	1.4 %	1.6 %	1.8 %	2.0 %
0.00	1.135	1.195	1.255	1.295	1.335	1.375	1.415	1.455	1.495
0.01	1.107	1.168	1.230	1.270	1.311	1.351	1.391	1.431	1.471
0.02	1.078	1.140	1.201	1.242	1.282	1.323	1.363	1.403	1.443
0.03	1.051	1.113	1.173	1.214	1.254	1.294	1.334	1.374	1.414
0.04	1.024	1.084	1.144	1.184	1.224	1.264	1.304	1.344	1.384
0.05	0.999	1.057	1.115	1.153	1.192	1.231	1.269	1.308	1.347
0.06	0.975	1.031	1.087	1.124	1.162	1.200	1.237	1.275	1.313
0.07	0.952	1.006	1.061	1.097	1.134	1.170	1.207	1.243	1.280
0.08	0.930	0.983	1.036	1.071	1.107	1.142	1.178	1.213	1.249
0.09	0.908	0.960	1.012	1.046	1.081	1.116	1.150	1.185	1.219
0.10	0.886	0.937	0.987	1.021	1.055	1.088	1.122	1.156	1.190
0.12	0.842	0.890	0.938	0.970	1.002	1.035	1.067	1.099	1.131
0.14	0.798	0.844	0.890	0.920	0.951	0.982	1.012	1.043	1.073
0.16	0.754	0.798	0.842	0.871	0.901	0.930	0.959	0.988	1.018
0.18	0.710	0.753	0.796	0.824	0.852	0.880	0.908	0.936	0.964
0.20	0.671	0.710	0.750	0.776	0.802	0.829	0.856	0.883	0.909
0.22	0.636	0.674	0.712	0.737	0.762	0.787	0.812	0.837	0.862
0.24	0.602	0.639	0.675	0.700	0.724	0.748	0.772	0.796	0.820
0.26	0.569	0.606	0.641	0.665	0.688	0.711	0.734	0.757	0.780
0.28	0.537	0.574	0.609	0.632	0.655	0.677	0.699	0.721	0.743
0.30	0.508	0.545	0.579	0.602	0.623	0.645	0.667	0.688	0.710
0.32	0.480	0.518	0.552	0.574	0.595	0.616	0.637	0.658	0.678
0.34	0.454	0.493	0.526	0.548	0.569	0.589	0.609	0.629	0.649
0.36	0.428	0.470	0.503	0.524	0.544	0.564	0.584	0.604	0.623
0.38	0.394	0.449	0.481	0.502	0.522	0.541	0.560	0.579	0.598
0.40	0.355	0.429	0.462	0.482	0.501	0.520	0.539	0.557	0.575
0.42	0.318	0.407	0.443	0.463	0.482	0.500	0.518	0.536	0.554
0.44	0.284	0.380	0.427	0.446	0.464	0.482	0.500	0.517	0.534
0.46	0.253	0.351	0.409	0.430	0.448	0.465	0.482	0.499	0.516
0.48	0.225	0.325	0.391	0.415	0.432	0.449	0.466	0.482	0.499
0.50	0.201	0.301	0.372	0.399	0.418	0.435	0.451	0.467	0.483
0.55	0.153	0.251	0.319	0.357	0.383	0.402	0.417	0.432	0.446
0.60	0.120	0.213	0.276	0.313	0.347	0.370	0.388	0.402	0.416
0.65	0.098	0.183	0.243	0.277	0.308	0.338	0.358	0.376	0.389
0.70	0.082	0.159	0.215	0.247	0.277	0.305	0.331	0.349	0.365
0.75	0.070	0.141	0.193	0.223	0.250	0.277	0.302	0.324	0.341
0.80	0.062	0.126	0.174	0.202	0.228	0.253	0.276	0.299	0.318
0.85	0.055	0.114	0.159	0.185	0.209	0.232	0.255	0.276	0.297
0.90	0.049	0.104	0.146	0.170	0.193	0.215	0.236	0.256	0.276
0.95	0.044	0.095	0.135	0.158	0.179	0.200	0.219	0.239	0.257
1.00	0.041	0.088	0.125	0.147	0.167	0.187	0.205	0.223	0.241
1.10	0.035	0.076	0.109	0.129	0.147	0.165	0.181	0.198	0.214
1.20	0.030	0.067	0.097	0.114	0.131	0.147	0.162	0.177	0.192
1.30	0.027	0.060	0.087	0.103	0.118	0.133	0.147	0.160	0.174
1.40	0.024	0.054	0.079	0.094	0.108	0.121	0.134	0.146	0.159
1.50	0.022	0.049	0.072	0.086	0.099	0.111	0.123	0.135	0.146
1.60	0.020	0.045	0.066	0.079	0.091	0.103	0.114	0.125	0.135
1.70	0.018	0.042	0.062	0.074	0.085	0.096	0.106	0.116	0.126
1.80	0.017	0.039	0.057	0.069	0.079	0.089	0.099	0.108	0.118
1.90	0.016	0.036	0.054	0.064	0.074	0.084	0.093	0.102	0.111
2.00	0.015	0.034	0.050	0.061	0.070	0.079	0.088	0.096	0.104
2.20	0.013	0.030	0.045	0.054	0.063	0.071	0.078	0.086	0.094
2.40	0.012	0.027	0.041	0.049	0.057	0.064	0.071	0.078	0.085
2.60	0.011	0.025	0.037	0.045	0.052	0.058	0.065	0.071	0.078
2.80	0.010	0.023	0.034	0.041	0.047	0.054	0.060	0.066	0.071
3.00	0.009	0.021	0.031	0.038	0.044	0.050	0.055	0.061	0.066
4.00	0.006	0.015	0.023	0.028	0.032	0.036	0.040	0.044	0.048
5.00	0.005	0.012	0.018	0.022	0.025	0.029	0.032	0.035	0.038
6.00	0.004	0.010	0.015	0.018	0.021	0.024	0.026	0.029	0.032
7.00	0.004	0.008	0.012	0.015	0.018	0.020	0.022	0.025	0.027
8.00	0.003	0.007	0.011	0.013	0.015	0.017	0.019	0.021	0.023
9.00	0.003	0.006	0.010	0.012	0.014	0.015	0.017	0.019	0.021
10.00	0.002	0.006	0.008	0.010	0.012	0.014	0.015	0.017	0.018

Tabelle 40

Regelbemessung

$\gamma = 2{,}10$ bis $1{,}75$

Beton: **B 35**

$d_1/d =$ **0,25**

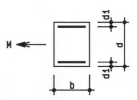

$e/d = M/N \cdot d$

$ges. A_s = \mu \cdot b \cdot d$

Tafelwerte:

$zul.\sigma_{bi} = N/b \cdot d$ (kN/cm²)

2,5 %	3,0 %	4,5 %	6,0 %	7,5 %	9,0 %	µ \ e/d
1.595	1.695	1.995	2.295	2.595	2.895	0.00
1.571	1.671	1.969	2.266	2.563	2.860	0.01
1.543	1.642	1.938	2.234	2.528	2.822	0.02
1.513	1.612	1.906	2.199	2.491	2.783	0.03
1.483	1.581	1.873	2.164	2.453	2.742	0.04
1.445	1.542	1.836	2.129	2.415	2.701	0.05
1.407	1.501	1.785	2.071	2.356	2.642	0.06
1.371	1.463	1.738	2.015	2.292	2.569	0.07
1.338	1.426	1.694	1.962	2.231	2.500	0.08
1.306	1.392	1.652	1.913	2.173	2.435	0.09
1.274	1.359	1.612	1.866	2.119	2.373	0.10
1.211	1.291	1.532	1.773	2.014	2.255	0.12
1.150	1.226	1.455	1.684	1.913	2.142	0.14
1.091	1.163	1.382	1.600	1.818	2.036	0.16
1.034	1.104	1.313	1.521	1.729	1.937	0.18
0.977	1.044	1.245	1.447	1.647	1.846	0.20
0.925	0.988	1.176	1.364	1.554	1.745	0.22
0.880	0.939	1.119	1.298	1.477	1.656	0.24
0.838	0.895	1.066	1.237	1.408	1.579	0.26
0.799	0.853	1.017	1.181	1.344	1.508	0.28
0.763	0.815	0.973	1.130	1.286	1.442	0.30
0.729	0.780	0.931	1.082	1.232	1.382	0.32
0.699	0.748	0.894	1.038	1.183	1.326	0.34
0.670	0.718	0.858	0.998	1.136	1.276	0.36
0.644	0.690	0.826	0.960	1.094	1.228	0.38
0.620	0.664	0.795	0.925	1.055	1.184	0.40
0.597	0.640	0.767	0.893	1.018	1.142	0.42
0.576	0.618	0.741	0.862	0.983	1.104	0.44
0.557	0.597	0.716	0.834	0.951	1.068	0.46
0.539	0.577	0.693	0.807	0.921	1.035	0.48
0.521	0.559	0.672	0.783	0.893	1.002	0.50
0.483	0.518	0.623	0.727	0.829	0.931	0.55
0.449	0.483	0.581	0.678	0.774	0.869	0.60
0.421	0.452	0.544	0.635	0.725	0.815	0.65
0.395	0.425	0.512	0.598	0.683	0.768	0.70
0.373	0.401	0.483	0.564	0.645	0.725	0.75
0.353	0.379	0.457	0.534	0.611	0.686	0.80
0.335	0.360	0.434	0.508	0.580	0.653	0.85
0.315	0.343	0.414	0.483	0.553	0.621	0.90
0.298	0.327	0.394	0.461	0.527	0.593	0.95
0.282	0.312	0.377	0.441	0.505	0.567	1.00
0.253	0.283	0.347	0.406	0.464	0.522	1.10
0.227	0.259	0.321	0.376	0.430	0.484	1.20
0.206	0.238	0.299	0.350	0.400	0.450	1.30
0.189	0.218	0.279	0.327	0.374	0.421	1.40
0.174	0.201	0.262	0.307	0.352	0.396	1.50
0.161	0.186	0.247	0.290	0.332	0.373	1.60
0.150	0.174	0.234	0.274	0.313	0.353	1.70
0.141	0.163	0.220	0.260	0.298	0.335	1.80
0.132	0.153	0.208	0.247	0.283	0.318	1.90
0.125	0.144	0.198	0.236	0.270	0.304	2.00
0.112	0.130	0.179	0.216	0.247	0.278	2.20
0.101	0.118	0.164	0.198	0.227	0.256	2.40
0.093	0.108	0.151	0.184	0.211	0.237	2.60
0.086	0.099	0.140	0.172	0.197	0.221	2.80
0.079	0.092	0.130	0.161	0.184	0.207	3.00
0.058	0.068	0.095	0.120	0.140	0.158	4.00
0.046	0.053	0.076	0.096	0.113	0.127	5.00
0.038	0.044	0.062	0.080	0.094	0.106	6.00
0.032	0.038	0.053	0.068	0.081	0.091	7.00
0.028	0.033	0.046	0.060	0.071	0.080	8.00
0.025	0.029	0.041	0.053	0.063	0.071	9.00
0.022	0.026	0.037	0.047	0.056	0.064	10.00

B 35 — Tabelle 41

$d_1/d = 0{,}25$

1. Zeile: $M_u/1{,}75 \cdot d^2 \cdot b$ (kN/m²)
2. Zeile: $1000 \cdot k_u \cdot d$
3. Zeile: $B_{II}/1000 \cdot 1{,}75 \cdot d^3 \cdot b$ (kN/m²)

σ_{bi} \ μ	0,2 %	0,5 %	0,8 %	1,0 %	2,0 %	3,0 %	4,5 %	6,0 %	9,0 %
0.00	234 4.16 56	545 4.53 118	831 4.86 168	1009 4.99 196	1808 5.59 305	2541 6.11 382	3601 6.73 480	4652 7.21 575	6738 7.79 775
0.10	643 5.12 70	919 5.27 116	1172 5.44 160	1331 5.54 186	2075 6.08 285	2785 6.60 357	3832 7.19 456	4870 7.59 555	6710 7.71 768
0.20	1000 5.99 92	1239 5.91 125	1464 6.01 157	1612 6.13 177	2318 6.70 262	3011 7.16 333	4044 7.64 434	4998 7.78 540	6609 7.55 764
0.30	1291 6.72 106	1503 6.62 132	1711 6.75 153	1850 6.85 169	2532 7.36 242	3212 7.71 312	4100 7.69 423	4911 7.55 536	6513 7.39 760
0.40	1507 7.44 113	1707 7.45 132	1908 7.58 147	2041 7.66 160	2659 7.70 229	3211 7.53 305	4020 7.39 419	4821 7.31 532	6411 7.22 756
0.50	1638 7.37 126	1806 7.31 143	1972 7.26 160	2080 7.24 172	2618 7.17 235	3149 7.13 306	3943 7.10 416	4732 7.07 528	6314 7.06 752
0.60	1684 6.30 160	1826 6.40 172	1971 6.48 184	2069 6.52 193	2573 6.67 246	3085 6.74 310	3864 6.81 415	4645 6.85 525	6211 6.89 749
0.70	1674 5.47 191	1809 5.65 199	1947 5.80 209	2040 5.89 217	2521 6.19 261	3019 6.36 318	3782 6.52 417	4554 6.62 524	6113 6.73 746
0.80	1601 4.82 218	1747 5.03 228	1890 5.22 236	1985 5.33 243	2460 5.75 280	2948 6.00 330	3701 6.25 420	4467 6.40 524	6013 6.57 744
1.00	1242 3.68 245	1447 3.94 265	1639 4.20 281	1761 4.38 288	2290 4.95 326	2784 5.33 365	3527 5.71 440	4281 5.96 531	5815 6.26 742
1.20	599 2.73 158	877 3.08 215	1145 3.31 270	1302 3.43 301	2000 4.15 374	2574 4.72 409	3335 5.21 472	4087 5.54 549	5612 5.95 745
1.40	0 0.00 0	151 1.22 104	458 2.14 176	642 2.45 218	1511 3.33 390	2229 4.00 463	3110 4.73 515	3878 5.13 581	5400 5.63 755
1.60	0 0.00 0	0 0.00 0	0 0.00 0	0 0.00 0	867 2.49 320	1724 3.28 479	2786 4.17 569	3647 4.74 623	5183 5.33 774
1.80	0 0.00 0	0 0.00 0	0 0.00 0	0 0.00 0	0 0.00 0	1088 2.54 416	2314 3.51 617	3346 4.29 675	4964 5.04 803
2.00	0 0.00 0	0 0.00 0	0 0.00 0	0 0.00 0	0 0.00 0	231 0.82 296	1732 2.92 581	2883 3.70 733	4727 4.75 843
2.50	0 0.00 0	0 0.00 0	0 0.00 0	0 0.00 0	0 0.00 0	0 0.00 0	0 0.00 0	1454 2.32 648	3775 3.75 972
3.00	0 0.00 0	0 0.00 0	0 0.00 0	0 0.00 0	0 0.00 0	0 0.00 0	0 0.00 0	0 0.00 0	2409 2.69 924
3.50	0 0.00 0	0 0.00 0	0 0.00 0	0 0.00 0	0 0.00 0	0 0.00 0	0 0.00 0	0 0.00 0	0 0.00 0

B 35 $d_1/d = 0{,}25$ $\gamma = 1{,}75$ konst. **Tabelle 42**

ges.$A_s = \mu \cdot b \cdot d$ Tafelwerte: zul.$\sigma_{bi} = N/b \cdot d$ (kN/cm²)

e/d \ μ	0,2 %	0,5 %	0,8 %	1,0 %	2,0 %	3,0 %	4,5 %	6,0 %	9,0 %
0.00	1.362	1.434	1.506	1.554	1.794	2.034	2.394	2.754	3.474
0.01	1.328	1.402	1.476	1.524	1.766	2.005	2.363	2.719	3.432
0.02	1.294	1.368	1.442	1.490	1.732	1.970	2.326	2.680	3.387
0.03	1.261	1.335	1.408	1.456	1.696	1.934	2.287	2.639	3.339
0.04	1.229	1.301	1.373	1.420	1.661	1.897	2.248	2.597	3.291
0.05	1.199	1.268	1.338	1.384	1.617	1.851	2.203	2.554	3.242
0.06	1.170	1.237	1.304	1.349	1.575	1.802	2.142	2.485	3.171
0.07	1.142	1.208	1.273	1.317	1.536	1.755	2.086	2.417	3.082
0.08	1.116	1.180	1.243	1.286	1.498	1.712	2.033	2.355	3.000
0.09	1.090	1.152	1.214	1.256	1.463	1.670	1.983	2.295	2.922
0.10	1.063	1.124	1.185	1.225	1.428	1.630	1.934	2.239	2.848
0.12	1.010	1.068	1.126	1.165	1.357	1.550	1.839	2.128	2.706
0.14	0.958	1.013	1.068	1.104	1.288	1.471	1.746	2.021	2.570
0.16	0.905	0.958	1.011	1.046	1.221	1.396	1.658	1.920	2.443
0.18	0.853	0.904	0.955	0.989	1.157	1.325	1.575	1.825	2.325
0.20	0.800	0.848	0.897	0.930	1.091	1.252	1.495	1.736	2.215
0.22	0.748	0.795	0.842	0.873	1.027	1.180	1.408	1.637	2.093
0.24	0.697	0.744	0.790	0.820	0.967	1.113	1.330	1.546	1.977
0.26	0.648	0.696	0.741	0.770	0.912	1.051	1.258	1.463	1.873
0.28	0.601	0.651	0.695	0.724	0.862	0.995	1.192	1.388	1.779
0.30	0.557	0.608	0.653	0.682	0.816	0.944	1.132	1.320	1.692
0.32	0.515	0.569	0.615	0.643	0.774	0.897	1.078	1.258	1.614
0.34	0.476	0.534	0.580	0.608	0.735	0.854	1.028	1.201	1.541
0.36	0.435	0.502	0.548	0.576	0.700	0.815	0.983	1.149	1.476
0.38	0.394	0.473	0.519	0.546	0.667	0.780	0.941	1.100	1.416
0.40	0.355	0.445	0.493	0.520	0.638	0.746	0.903	1.055	1.360
0.42	0.318	0.411	0.468	0.495	0.611	0.716	0.867	1.015	1.307
0.44	0.284	0.380	0.447	0.473	0.586	0.688	0.833	0.977	1.259
0.46	0.253	0.351	0.423	0.452	0.563	0.662	0.803	0.941	1.214
0.48	0.225	0.325	0.396	0.433	0.541	0.637	0.775	0.908	1.173
0.50	0.201	0.301	0.372	0.412	0.522	0.615	0.748	0.878	1.133
0.55	0.153	0.251	0.319	0.357	0.477	0.565	0.688	0.810	1.046
0.60	0.120	0.213	0.276	0.313	0.440	0.522	0.638	0.751	0.972
0.65	0.098	0.183	0.243	0.277	0.408	0.485	0.594	0.700	0.908
0.70	0.082	0.159	0.215	0.247	0.380	0.454	0.556	0.656	0.850
0.75	0.070	0.141	0.193	0.223	0.350	0.425	0.523	0.616	0.800
0.80	0.062	0.126	0.174	0.202	0.322	0.401	0.492	0.582	0.755
0.85	0.055	0.114	0.159	0.185	0.297	0.379	0.466	0.551	0.717
0.90	0.049	0.104	0.146	0.170	0.276	0.359	0.442	0.523	0.680
0.95	0.044	0.095	0.135	0.158	0.257	0.341	0.421	0.497	0.647
1.00	0.041	0.088	0.125	0.147	0.241	0.325	0.402	0.475	0.618
1.10	0.035	0.076	0.109	0.129	0.214	0.290	0.367	0.435	0.566
1.20	0.030	0.067	0.097	0.114	0.192	0.262	0.339	0.402	0.524
1.30	0.027	0.060	0.087	0.103	0.173	0.238	0.314	0.372	0.486
1.40	0.024	0.054	0.079	0.094	0.159	0.218	0.292	0.347	0.453
1.50	0.022	0.049	0.072	0.086	0.146	0.201	0.274	0.325	0.426
1.60	0.020	0.045	0.066	0.079	0.135	0.186	0.258	0.306	0.399
1.70	0.018	0.042	0.062	0.074	0.126	0.174	0.243	0.289	0.378
1.80	0.017	0.039	0.057	0.069	0.118	0.163	0.228	0.273	0.357
1.90	0.016	0.036	0.054	0.064	0.111	0.153	0.214	0.259	0.339
2.00	0.015	0.034	0.050	0.061	0.104	0.144	0.202	0.247	0.323
2.20	0.013	0.030	0.045	0.054	0.094	0.130	0.182	0.225	0.295
2.40	0.012	0.027	0.041	0.049	0.085	0.118	0.165	0.207	0.271
2.60	0.011	0.025	0.037	0.045	0.078	0.108	0.151	0.192	0.252
2.80	0.010	0.023	0.034	0.041	0.071	0.099	0.140	0.178	0.234
3.00	0.009	0.021	0.031	0.038	0.066	0.092	0.130	0.167	0.219
4.00	0.006	0.015	0.023	0.028	0.048	0.068	0.095	0.123	0.166
5.00	0.005	0.012	0.018	0.022	0.038	0.053	0.076	0.097	0.132
6.00	0.004	0.010	0.015	0.018	0.032	0.044	0.062	0.080	0.111
7.00	0.004	0.008	0.012	0.015	0.027	0.037	0.053	0.069	0.095
8.00	0.003	0.007	0.011	0.013	0.023	0.033	0.046	0.060	0.084
9.00	0.003	0.006	0.010	0.012	0.021	0.029	0.041	0.053	0.074
10.00	0.002	0.006	0.008	0.010	0.018	0.026	0.037	0.047	0.066

e/d \ μ	0,2 %	0,5 %	0,8 %	1,0 %	1,2 %	1,4 %	1,6 %	1,8 %	2,0 %
0.00	1.326	1.386	1.446	1.486	1.526	1.566	1.606	1.646	1.686
0.01	1.298	1.365	1.429	1.471	1.512	1.553	1.594	1.634	1.674
0.02	1.264	1.333	1.402	1.448	1.492	1.534	1.576	1.617	1.658
0.03	1.231	1.299	1.367	1.412	1.457	1.502	1.547	1.591	1.636
0.04	1.201	1.267	1.333	1.377	1.421	1.465	1.509	1.553	1.597
0.05	1.171	1.236	1.301	1.344	1.387	1.430	1.473	1.516	1.559
0.06	1.143	1.207	1.271	1.313	1.355	1.397	1.439	1.481	1.523
0.07	1.117	1.179	1.241	1.282	1.324	1.365	1.406	1.447	1.488
0.08	1.091	1.152	1.213	1.254	1.294	1.334	1.375	1.415	1.455
0.09	1.067	1.127	1.186	1.226	1.265	1.305	1.345	1.384	1.424
0.10	1.041	1.102	1.161	1.200	1.238	1.277	1.316	1.355	1.393
0.12	0.991	1.051	1.109	1.148	1.186	1.224	1.262	1.299	1.336
0.14	0.945	1.001	1.059	1.097	1.135	1.172	1.209	1.245	1.282
0.16	0.906	0.960	1.014	1.049	1.084	1.121	1.157	1.193	1.229
0.18	0.867	0.922	0.975	1.010	1.044	1.077	1.111	1.144	1.178
0.20	0.829	0.885	0.937	0.972	1.006	1.039	1.072	1.105	1.137
0.22	0.792	0.848	0.901	0.936	0.969	1.002	1.034	1.067	1.099
0.24	0.756	0.814	0.867	0.901	0.934	0.967	0.999	1.031	1.062
0.26	0.722	0.781	0.835	0.869	0.902	0.934	0.965	0.996	1.027
0.28	0.689	0.750	0.804	0.838	0.870	0.902	0.933	0.964	0.994
0.30	0.659	0.721	0.775	0.809	0.841	0.872	0.903	0.933	0.963
0.32	0.629	0.694	0.748	0.781	0.813	0.844	0.875	0.905	0.934
0.34	0.596	0.669	0.723	0.756	0.787	0.818	0.848	0.877	0.906
0.36	0.546	0.645	0.699	0.732	0.763	0.793	0.823	0.851	0.880
0.38	0.498	0.621	0.677	0.709	0.740	0.770	0.799	0.827	0.855
0.40	0.451	0.591	0.656	0.688	0.718	0.748	0.776	0.804	0.832
0.42	0.402	0.551	0.636	0.668	0.698	0.727	0.755	0.783	0.810
0.44	0.355	0.514	0.615	0.650	0.679	0.708	0.735	0.762	0.789
0.46	0.313	0.479	0.587	0.631	0.661	0.689	0.716	0.743	0.769
0.48	0.276	0.444	0.555	0.612	0.644	0.672	0.699	0.725	0.750
0.50	0.243	0.408	0.524	0.586	0.626	0.655	0.681	0.707	0.732
0.55	0.179	0.332	0.454	0.515	0.571	0.615	0.643	0.667	0.691
0.60	0.138	0.275	0.386	0.454	0.509	0.559	0.606	0.631	0.655
0.65	0.111	0.232	0.332	0.395	0.455	0.504	0.549	0.592	0.621
0.70	0.092	0.199	0.290	0.346	0.402	0.455	0.499	0.541	0.581
0.75	0.079	0.173	0.256	0.307	0.357	0.407	0.455	0.496	0.534
0.80	0.068	0.153	0.228	0.275	0.321	0.367	0.412	0.455	0.493
0.85	0.060	0.137	0.206	0.249	0.291	0.333	0.374	0.416	0.455
0.90	0.054	0.123	0.187	0.227	0.266	0.304	0.343	0.381	0.419
0.95	0.049	0.112	0.171	0.208	0.244	0.280	0.315	0.351	0.386
1.00	0.045	0.103	0.157	0.192	0.226	0.259	0.292	0.325	0.358
1.10	0.038	0.089	0.136	0.166	0.196	0.225	0.254	0.283	0.312
1.20	0.033	0.078	0.119	0.146	0.173	0.199	0.225	0.251	0.276
1.30	0.029	0.069	0.107	0.131	0.154	0.178	0.202	0.225	0.248
1.40	0.026	0.062	0.096	0.118	0.140	0.161	0.182	0.203	0.224
1.50	0.024	0.056	0.087	0.108	0.127	0.147	0.166	0.186	0.205
1.60	0.022	0.052	0.080	0.099	0.117	0.135	0.153	0.171	0.189
1.70	0.020	0.047	0.074	0.091	0.108	0.125	0.142	0.158	0.175
1.80	0.018	0.044	0.069	0.085	0.100	0.116	0.132	0.147	0.163
1.90	0.017	0.041	0.064	0.079	0.094	0.109	0.123	0.138	0.152
2.00	0.016	0.039	0.060	0.074	0.088	0.102	0.116	0.129	0.143
2.20	0.014	0.034	0.053	0.066	0.079	0.091	0.103	0.115	0.127
2.40	0.013	0.031	0.048	0.059	0.071	0.082	0.093	0.104	0.115
2.60	0.012	0.028	0.044	0.054	0.064	0.074	0.084	0.095	0.104
2.80	0.011	0.026	0.040	0.050	0.059	0.068	0.078	0.087	0.096
3.00	0.010	0.024	0.037	0.046	0.054	0.063	0.072	0.080	0.089
4.00	0.007	0.017	0.027	0.033	0.039	0.046	0.052	0.058	0.064
5.00	0.005	0.013	0.021	0.026	0.031	0.036	0.041	0.045	0.050
6.00	0.004	0.011	0.017	0.021	0.025	0.029	0.033	0.037	0.041
7.00	0.004	0.009	0.015	0.018	0.021	0.025	0.028	0.032	0.035
8.00	0.003	0.008	0.012	0.015	0.019	0.022	0.025	0.028	0.031
9.00	0.003	0.007	0.011	0.014	0.016	0.019	0.022	0.024	0.027
10.00	0.003	0.006	0.010	0.012	0.015	0.017	0.019	0.022	0.024

Tabelle 43

Regelbemessung

γ = 2,10 bis 1,75

2,5 %	3,0 %	4,5 %	6,0 %	7,5 %	9,0 %	μ \ e/d
1.786	1.886	2.186	2.486	2.786	3.086	0.00
1.775	1.875	2.175	2.474	2.772	3.071	0.01
1.760	1.861	2.161	2.460	2.758	3.055	0.02
1.742	1.844	2.145	2.444	2.742	3.039	0.03
1.706	1.815	2.128	2.427	2.724	3.021	0.04
1.666	1.772	2.092	2.409	2.706	3.002	0.05
1.628	1.732	2.044	2.356	2.667	2.978	0.06
1.591	1.693	2.000	2.305	2.609	2.914	0.07
1.556	1.656	1.956	2.255	2.553	2.852	0.08
1.522	1.620	1.915	2.207	2.500	2.792	0.09
1.490	1.586	1.874	2.162	2.449	2.735	0.10
1.429	1.522	1.799	2.076	2.352	2.628	0.12
1.373	1.462	1.730	1.996	2.262	2.528	0.14
1.317	1.405	1.665	1.922	2.178	2.434	0.16
1.265	1.350	1.603	1.853	2.101	2.348	0.18
1.217	1.297	1.544	1.787	2.028	2.268	0.20
1.177	1.255	1.487	1.723	1.957	2.190	0.22
1.139	1.215	1.440	1.663	1.891	2.117	0.24
1.103	1.178	1.397	1.614	1.828	2.048	0.26
1.069	1.142	1.357	1.568	1.778	1.986	0.28
1.036	1.108	1.319	1.525	1.730	1.934	0.30
1.006	1.076	1.282	1.484	1.684	1.883	0.32
0.977	1.046	1.248	1.445	1.641	1.836	0.34
0.949	1.017	1.215	1.409	1.600	1.790	0.36
0.923	0.990	1.184	1.373	1.560	1.747	0.38
0.899	0.964	1.154	1.340	1.523	1.706	0.40
0.875	0.940	1.126	1.308	1.488	1.666	0.42
0.853	0.916	1.099	1.278	1.454	1.628	0.44
0.832	0.894	1.074	1.249	1.421	1.592	0.46
0.812	0.873	1.049	1.221	1.390	1.558	0.48
0.794	0.853	1.026	1.194	1.361	1.525	0.50
0.750	0.807	0.972	1.133	1.291	1.449	0.55
0.711	0.766	0.924	1.077	1.229	1.379	0.60
0.676	0.729	0.880	1.027	1.173	1.317	0.65
0.645	0.695	0.840	0.982	1.121	1.259	0.70
0.616	0.665	0.804	0.940	1.074	1.207	0.75
0.579	0.637	0.771	0.902	1.031	1.158	0.80
0.539	0.612	0.741	0.867	0.991	1.114	0.85
0.503	0.578	0.713	0.835	0.954	1.073	0.90
0.471	0.543	0.687	0.804	0.920	1.035	0.95
0.441	0.511	0.663	0.777	0.889	0.999	1.00
0.385	0.456	0.622	0.726	0.831	0.936	1.10
0.341	0.405	0.577	0.682	0.781	0.879	1.20
0.306	0.364	0.527	0.643	0.737	0.830	1.30
0.277	0.330	0.485	0.614	0.697	0.785	1.40
0.253	0.301	0.447	0.575	0.661	0.745	1.50
0.233	0.277	0.412	0.536	0.632	0.709	1.60
0.216	0.257	0.382	0.502	0.608	0.676	1.70
0.201	0.239	0.356	0.471	0.575	0.647	1.80
0.188	0.224	0.333	0.443	0.542	0.624	1.90
0.177	0.211	0.313	0.416	0.513	0.605	2.00
0.157	0.188	0.279	0.371	0.462	0.546	2.20
0.142	0.169	0.252	0.335	0.419	0.498	2.40
0.129	0.154	0.229	0.305	0.381	0.457	2.60
0.119	0.142	0.211	0.280	0.350	0.420	2.80
0.110	0.131	0.195	0.259	0.323	0.388	3.00
0.079	0.095	0.141	0.188	0.234	0.281	4.00
0.062	0.074	0.111	0.147	0.184	0.220	5.00
0.051	0.061	0.091	0.121	0.151	0.181	6.00
0.043	0.052	0.077	0.103	0.128	0.154	7.00
0.038	0.045	0.067	0.089	0.111	0.134	8.00
0.033	0.040	0.059	0.079	0.099	0.118	9.00
0.030	0.036	0.053	0.071	0.088	0.106	10.00

Beton: **B 45**

d_1/d = **0,10**

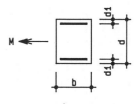

d_1/d = **0,07**

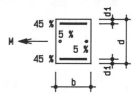

$e/d = M/N \cdot d$

ges. $A_s = \mu \cdot b \cdot d$

Tafelwerte:

zul. $\sigma_{bi} = N/b \cdot d$ (kN/cm²)

B 45 — Tabelle 44

$d_1/d = 0{,}10/0{,}07$

1. Zeile: $M_u/1{,}75 \cdot d^2 \cdot b$ (kN/m²)
2. Zeile: $1000 \cdot k_u \cdot d$
3. Zeile: $B_{II}/1000 \cdot 1{,}75 \cdot d^3 \cdot b$ (kN/m²)

σ_{bi} \ μ	0,2 %	0,5 %	0,8 %	1,0 %	2,0 %	3,0 %	4,5 %	6,0 %	9,0 %
0.00	249 3.09 81	608 3.32 183	956 3.47 273	1187 3.58 328	2323 3.98 576	3453 4.24 795	5136 4.54 1098	6818 4.74 1389	10204 5.04 1956
0.10	676 3.85 101	1017 3.88 184	1359 3.97 268	1583 4.04 321	2703 4.33 562	3821 4.54 777	5503 4.80 1077	7185 4.97 1366	10574 5.22 1933
0.20	1062 4.52 132	1392 4.40 199	1725 4.41 272	1946 4.47 320	3056 4.66 548	4174 4.86 757	5853 5.07 1053	7550 5.22 1341	10952 5.41 1911
0.30	1400 5.14 156	1728 4.92 216	2058 4.89 278	2280 4.90 320	3395 5.05 532	4513 5.20 735	6204 5.35 1028	7906 5.45 1317	11312 5.57 1891
0.40	1682 5.67 172	2019 5.46 225	2355 5.41 281	2581 5.43 317	3711 5.50 514	4847 5.56 711	6557 5.67 1003	8262 5.71 1293	11680 5.78 1870
0.50	1895 6.16 177	2238 5.90 231	2581 5.85 280	2810 5.85 314	3952 5.84 499	5095 5.87 691	6810 5.89 983	8524 5.90 1274	11952 5.92 1853
0.60	2029 6.25 193	2372 6.11 237	2715 6.06 283	2944 6.04 316	4086 6.01 490	5229 6.00 679	6944 5.99 968	8658 5.98 1259	12086 5.97 1840
0.70	2084 5.90 215	2412 5.85 257	2743 5.84 297	2965 5.86 328	4085 5.87 494	5216 5.91 675	6919 5.92 961	8622 5.93 1251	12041 5.94 1832
0.80	2057 5.11 258	2349 5.09 301	2650 5.15 340	2854 5.20 368	3906 5.35 519	4992 5.47 689	6652 5.59 966	8338 5.67 1251	11725 5.75 1829
1.00	1846 4.01 325	2112 3.96 386	2384 4.04 434	2569 4.09 461	3532 4.42 593	4546 4.69 737	6130 4.96 989	7759 5.14 1262	11088 5.36 1830
1.20	1402 3.21 334	1689 3.24 409	1970 3.28 482	2159 3.31 528	3103 3.65 690	4081 3.98 826	5604 4.36 1043	7192 4.64 1291	10465 4.99 1836
1.40	726 2.43 225	1049 2.57 325	1373 2.71 418	1586 2.78 479	2585 3.05 743	3566 3.37 916	5067 3.83 1126	6620 4.18 1344	9829 4.62 1857
1.60	0 0.00 0	323 1.39 194	641 1.77 310	861 1.97 378	1944 2.57 681	2984 2.88 950	4502 3.34 1214	6034 3.73 1428	9203 4.27 1891
1.80	0 0.00 0	0 0.00 0	0 0.00 0	0 0.00 0	1207 1.91 587	2293 2.44 878	3882 2.92 1256	5420 3.30 1512	8566 3.93 1947
2.00	0 0.00 0	0 0.00 0	0 0.00 0	0 0.00 0	304 0.69 450	1547 1.88 792	3197 2.55 1205	4782 2.93 1557	7929 3.60 2028
2.50	0 0.00 0	0 0.00 0	0 0.00 0	0 0.00 0	0 0.00 0	0 0.00 0	1303 1.33 1005	2961 2.05 1425	6248 2.84 2154
3.00	0 0.00 0	0 0.00 0	0 0.00 0	0 0.00 0	0 0.00 0	0 0.00 0	0 0.00 0	0 0.00 0	4388 2.15 2034
3.50	0 0.00 0	0 0.00 0	0 0.00 0	0 0.00 0	0 0.00 0	0 0.00 0	0 0.00 0	0 0.00 0	2452 1.32 1881

B 45 $d_1/d = 0,10/0,07$ $\gamma = 1,75$ konst. **Tabelle 45**

$A_S = \mu \cdot b \cdot d$ (0,07 bei 10 % Mittenbew.)

Tafelwerte: zul.$\sigma_{bi} = N/b \cdot d$ (kN/cm²)

e/d \ μ	0,2 %	0,5 %	0,8 %	1,0 %	2,0 %	3,0 %	4,5 %	6,0 %	9,0 %
0.00	1.591	1.663	1.735	1.783	2.023	2.263	2.623	2.983	3.703
0.01	1.558	1.638	1.715	1.765	2.009	2.250	2.609	2.968	3.685
0.02	1.517	1.600	1.683	1.738	1.990	2.233	2.593	2.952	3.666
0.03	1.478	1.559	1.640	1.695	1.963	2.213	2.574	2.933	3.646
0.04	1.441	1.521	1.600	1.653	1.916	2.178	2.554	2.913	3.625
0.05	1.405	1.483	1.562	1.613	1.871	2.127	2.510	2.891	3.602
0.06	1.372	1.448	1.525	1.575	1.828	2.078	2.453	2.828	3.574
0.07	1.340	1.415	1.489	1.539	1.786	2.032	2.399	2.765	3.497
0.08	1.309	1.382	1.456	1.504	1.746	1.988	2.347	2.706	3.423
0.09	1.280	1.352	1.424	1.471	1.709	1.944	2.298	2.649	3.351
0.10	1.250	1.322	1.393	1.439	1.672	1.904	2.249	2.594	3.282
0.12	1.190	1.261	1.331	1.377	1.604	1.826	2.159	2.491	3.153
0.14	1.130	1.201	1.271	1.316	1.538	1.755	2.076	2.396	3.033
0.16	1.071	1.143	1.212	1.257	1.474	1.686	1.998	2.307	2.921
0.18	1.013	1.085	1.154	1.199	1.413	1.620	1.924	2.224	2.818
0.20	0.955	1.030	1.099	1.143	1.355	1.557	1.852	2.144	2.721
0.22	0.899	0.976	1.046	1.090	1.299	1.496	1.784	2.068	2.628
0.24	0.845	0.925	0.996	1.040	1.246	1.439	1.720	1.996	2.540
0.26	0.793	0.876	0.948	0.992	1.196	1.385	1.659	1.928	2.458
0.28	0.742	0.830	0.903	0.947	1.149	1.335	1.602	1.863	2.378
0.30	0.695	0.786	0.860	0.905	1.104	1.287	1.548	1.803	2.304
0.32	0.647	0.746	0.821	0.866	1.063	1.242	1.497	1.746	2.234
0.34	0.596	0.708	0.784	0.829	1.024	1.199	1.449	1.691	2.167
0.36	0.546	0.673	0.750	0.794	0.987	1.159	1.403	1.640	2.104
0.38	0.498	0.632	0.718	0.762	0.953	1.122	1.360	1.592	2.044
0.40	0.451	0.591	0.688	0.732	0.920	1.086	1.320	1.546	1.988
0.42	0.402	0.551	0.658	0.705	0.890	1.053	1.282	1.502	1.934
0.44	0.355	0.514	0.622	0.679	0.862	1.021	1.245	1.462	1.883
0.46	0.313	0.479	0.587	0.649	0.835	0.992	1.211	1.423	1.835
0.48	0.276	0.444	0.555	0.617	0.810	0.963	1.178	1.386	1.789
0.50	0.243	0.408	0.524	0.586	0.786	0.937	1.148	1.350	1.745
0.55	0.179	0.332	0.454	0.515	0.732	0.876	1.077	1.270	1.645
0.60	0.138	0.275	0.386	0.454	0.685	0.823	1.015	1.198	1.555
0.65	0.111	0.232	0.332	0.395	0.633	0.776	0.959	1.134	1.475
0.70	0.092	0.199	0.290	0.346	0.581	0.734	0.909	1.077	1.402
0.75	0.079	0.173	0.256	0.307	0.534	0.696	0.864	1.025	1.336
0.80	0.068	0.153	0.228	0.275	0.493	0.660	0.823	0.978	1.276
0.85	0.060	0.137	0.206	0.249	0.455	0.617	0.786	0.934	1.222
0.90	0.054	0.123	0.187	0.227	0.419	0.578	0.753	0.895	1.171
0.95	0.049	0.112	0.171	0.208	0.386	0.543	0.721	0.859	1.125
1.00	0.045	0.103	0.157	0.192	0.358	0.511	0.693	0.826	1.082
1.10	0.038	0.089	0.136	0.166	0.312	0.456	0.634	0.766	1.006
1.20	0.033	0.078	0.119	0.146	0.276	0.405	0.577	0.715	0.939
1.30	0.029	0.069	0.107	0.131	0.248	0.364	0.527	0.670	0.882
1.40	0.026	0.062	0.096	0.118	0.224	0.330	0.485	0.620	0.830
1.50	0.024	0.056	0.087	0.108	0.205	0.301	0.447	0.575	0.785
1.60	0.022	0.052	0.080	0.099	0.189	0.277	0.412	0.536	0.744
1.70	0.020	0.047	0.074	0.091	0.175	0.257	0.382	0.502	0.707
1.80	0.018	0.044	0.069	0.085	0.163	0.239	0.356	0.471	0.674
1.90	0.017	0.041	0.064	0.079	0.152	0.224	0.333	0.443	0.638
2.00	0.016	0.039	0.060	0.074	0.143	0.211	0.313	0.416	0.605
2.20	0.014	0.034	0.053	0.066	0.127	0.188	0.279	0.371	0.546
2.40	0.013	0.031	0.048	0.059	0.115	0.169	0.252	0.335	0.498
2.60	0.012	0.028	0.044	0.054	0.104	0.154	0.229	0.305	0.457
2.80	0.011	0.026	0.040	0.050	0.096	0.142	0.211	0.280	0.420
3.00	0.010	0.024	0.037	0.046	0.089	0.131	0.195	0.259	0.388
4.00	0.007	0.017	0.027	0.033	0.064	0.095	0.141	0.188	0.281
5.00	0.005	0.013	0.021	0.026	0.050	0.074	0.111	0.147	0.220
6.00	0.004	0.011	0.017	0.021	0.041	0.061	0.091	0.121	0.181
7.00	0.004	0.009	0.015	0.018	0.035	0.052	0.077	0.103	0.154
8.00	0.003	0.008	0.012	0.015	0.031	0.045	0.067	0.089	0.134
9.00	0.003	0.007	0.011	0.014	0.027	0.040	0.059	0.079	0.118
10.00	0.003	0.006	0.010	0.012	0.024	0.036	0.053	0.071	0.106

e/d \ μ	0.2 %	0.5 %	0.8 %	1.0 %	1.2 %	1.4 %	1.6 %	1.8 %	2.0 %
0.00	1.326	1.386	1.446	1.486	1.526	1.566	1.606	1.646	1.686
0.01	1.296	1.361	1.425	1.467	1.508	1.549	1.590	1.630	1.671
0.02	1.262	1.330	1.397	1.441	1.483	1.526	1.567	1.608	1.649
0.03	1.230	1.295	1.361	1.405	1.448	1.492	1.536	1.580	1.623
0.04	1.199	1.263	1.326	1.369	1.412	1.454	1.497	1.540	1.582
0.05	1.169	1.231	1.294	1.335	1.377	1.418	1.460	1.502	1.543
0.06	1.141	1.202	1.263	1.303	1.344	1.384	1.425	1.466	1.506
0.07	1.114	1.174	1.233	1.273	1.312	1.352	1.391	1.431	1.471
0.08	1.089	1.147	1.205	1.243	1.282	1.321	1.359	1.398	1.437
0.09	1.064	1.121	1.178	1.216	1.253	1.291	1.329	1.367	1.404
0.10	1.039	1.095	1.152	1.189	1.226	1.263	1.300	1.336	1.374
0.12	0.988	1.044	1.098	1.135	1.171	1.207	1.243	1.279	1.315
0.14	0.938	0.992	1.046	1.082	1.117	1.152	1.188	1.222	1.257
0.16	0.892	0.943	0.995	1.030	1.065	1.099	1.133	1.167	1.201
0.18	0.852	0.903	0.952	0.985	1.017	1.048	1.081	1.114	1.147
0.20	0.813	0.864	0.913	0.945	0.977	1.008	1.039	1.070	1.101
0.22	0.775	0.827	0.876	0.907	0.939	0.970	1.000	1.031	1.061
0.24	0.738	0.791	0.840	0.872	0.903	0.933	0.963	0.993	1.022
0.26	0.703	0.757	0.806	0.838	0.868	0.898	0.928	0.957	0.986
0.28	0.670	0.725	0.774	0.806	0.836	0.866	0.895	0.924	0.952
0.30	0.638	0.695	0.744	0.776	0.806	0.835	0.864	0.892	0.920
0.32	0.608	0.667	0.717	0.747	0.777	0.806	0.835	0.862	0.890
0.34	0.578	0.641	0.690	0.721	0.751	0.779	0.807	0.834	0.862
0.36	0.532	0.617	0.666	0.697	0.726	0.754	0.781	0.808	0.835
0.38	0.482	0.592	0.644	0.674	0.703	0.730	0.757	0.784	0.810
0.40	0.434	0.565	0.623	0.652	0.681	0.708	0.735	0.761	0.786
0.42	0.385	0.523	0.603	0.632	0.660	0.687	0.713	0.739	0.764
0.44	0.340	0.483	0.581	0.614	0.641	0.668	0.693	0.718	0.743
0.46	0.299	0.447	0.552	0.595	0.623	0.649	0.674	0.699	0.723
0.48	0.263	0.411	0.517	0.575	0.606	0.632	0.657	0.681	0.705
0.50	0.231	0.377	0.485	0.545	0.588	0.615	0.640	0.664	0.687
0.55	0.171	0.307	0.412	0.472	0.526	0.574	0.601	0.624	0.646
0.60	0.132	0.255	0.350	0.409	0.461	0.510	0.557	0.588	0.611
0.65	0.106	0.215	0.302	0.355	0.407	0.453	0.498	0.540	0.577
0.70	0.088	0.185	0.264	0.312	0.359	0.405	0.447	0.487	0.526
0.75	0.075	0.161	0.234	0.278	0.321	0.362	0.404	0.442	0.479
0.80	0.065	0.143	0.209	0.250	0.289	0.327	0.365	0.403	0.437
0.85	0.058	0.128	0.189	0.227	0.263	0.298	0.333	0.368	0.402
0.90	0.052	0.116	0.172	0.207	0.241	0.273	0.305	0.338	0.370
0.95	0.047	0.105	0.158	0.190	0.222	0.252	0.282	0.312	0.342
1.00	0.043	0.097	0.146	0.176	0.205	0.234	0.262	0.290	0.317
1.10	0.036	0.083	0.126	0.153	0.179	0.204	0.229	0.253	0.278
1.20	0.032	0.073	0.111	0.135	0.158	0.181	0.203	0.225	0.247
1.30	0.028	0.065	0.099	0.121	0.142	0.162	0.182	0.202	0.222
1.40	0.025	0.058	0.089	0.109	0.128	0.147	0.165	0.183	0.201
1.50	0.023	0.053	0.081	0.100	0.117	0.134	0.151	0.168	0.185
1.60	0.021	0.049	0.075	0.091	0.108	0.124	0.139	0.155	0.170
1.70	0.019	0.045	0.069	0.085	0.100	0.114	0.129	0.144	0.158
1.80	0.018	0.042	0.064	0.079	0.093	0.107	0.120	0.134	0.147
1.90	0.016	0.039	0.060	0.074	0.087	0.100	0.113	0.125	0.138
2.00	0.015	0.036	0.056	0.069	0.082	0.094	0.106	0.118	0.129
2.20	0.014	0.032	0.050	0.061	0.073	0.084	0.094	0.105	0.115
2.40	0.012	0.029	0.045	0.055	0.065	0.075	0.085	0.095	0.104
2.60	0.011	0.026	0.041	0.050	0.059	0.069	0.077	0.086	0.095
2.80	0.010	0.024	0.038	0.046	0.055	0.063	0.071	0.079	0.087
3.00	0.009	0.022	0.035	0.043	0.050	0.058	0.066	0.073	0.081
4.00	0.007	0.016	0.025	0.031	0.036	0.042	0.048	0.053	0.059
5.00	0.005	0.013	0.020	0.024	0.029	0.033	0.037	0.042	0.046
6.00	0.004	0.010	0.016	0.020	0.024	0.027	0.031	0.034	0.038
7.00	0.004	0.009	0.014	0.017	0.020	0.023	0.026	0.029	0.032
8.00	0.003	0.008	0.012	0.015	0.017	0.020	0.023	0.025	0.028
9.00	0.003	0.007	0.010	0.013	0.015	0.018	0.020	0.022	0.025
10.00	0.003	0.006	0.009	0.011	0.014	0.016	0.018	0.020	0.022

Tabelle 46

Regelbemessung

$\gamma = 2{,}10$ bis $1{,}75$

Beton: **B 45**

$d1/d = $ **0,15**

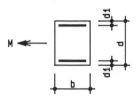

$e/d = M/N \cdot d$

ges. $A_s = \mu \cdot b \cdot d$

Tafelwerte:

zul. $\sigma_{bi} = N/b \cdot d$ (kN/cm²)

2,5 %	3,0 %	4,5 %	6,0 %	7,5 %	9,0 %	µ \ e/d
1.786	1.886	2.186	2.486	2.786	3.086	0.00
1.771	1.871	2.171	2.470	2.768	3.067	0.01
1.751	1.852	2.152	2.451	2.748	3.046	0.02
1.729	1.830	2.132	2.430	2.727	3.023	0.03
1.689	1.795	2.109	2.407	2.704	2.999	0.04
1.647	1.751	2.063	2.376	2.680	2.974	0.05
1.607	1.709	2.013	2.318	2.622	2.927	0.06
1.569	1.668	1.966	2.263	2.561	2.858	0.07
1.533	1.630	1.920	2.211	2.501	2.792	0.08
1.499	1.593	1.877	2.161	2.445	2.729	0.09
1.466	1.559	1.836	2.113	2.391	2.669	0.10
1.404	1.493	1.758	2.024	2.289	2.555	0.12
1.344	1.430	1.687	1.942	2.196	2.452	0.14
1.285	1.369	1.618	1.865	2.110	2.356	0.16
1.229	1.310	1.552	1.790	2.028	2.265	0.18
1.177	1.255	1.489	1.720	1.950	2.179	0.20
1.135	1.209	1.429	1.653	1.876	2.097	0.22
1.095	1.168	1.381	1.592	1.806	2.021	0.24
1.058	1.128	1.337	1.542	1.746	1.950	0.26
1.022	1.091	1.295	1.495	1.694	1.892	0.28
0.989	1.056	1.255	1.451	1.645	1.838	0.30
0.957	1.024	1.218	1.409	1.598	1.786	0.32
0.928	0.993	1.183	1.369	1.554	1.737	0.34
0.900	0.963	1.149	1.331	1.512	1.691	0.36
0.874	0.936	1.118	1.296	1.472	1.647	0.38
0.849	0.910	1.088	1.262	1.434	1.605	0.40
0.825	0.885	1.060	1.230	1.398	1.566	0.42
0.803	0.862	1.033	1.199	1.364	1.528	0.44
0.782	0.840	1.007	1.170	1.332	1.492	0.46
0.762	0.819	0.983	1.143	1.301	1.458	0.48
0.744	0.799	0.960	1.116	1.272	1.425	0.50
0.701	0.753	0.907	1.056	1.203	1.349	0.55
0.663	0.713	0.859	1.001	1.142	1.281	0.60
0.628	0.677	0.816	0.953	1.087	1.220	0.65
0.598	0.644	0.778	0.908	1.037	1.164	0.70
0.567	0.615	0.743	0.868	0.991	1.113	0.75
0.521	0.588	0.711	0.831	0.950	1.067	0.80
0.481	0.557	0.682	0.798	0.911	1.024	0.85
0.445	0.517	0.655	0.766	0.876	0.985	0.90
0.414	0.483	0.630	0.738	0.843	0.948	0.95
0.387	0.451	0.607	0.711	0.813	0.914	1.00
0.339	0.399	0.567	0.663	0.759	0.853	1.10
0.301	0.356	0.511	0.621	0.711	0.801	1.20
0.271	0.320	0.463	0.588	0.670	0.754	1.30
0.246	0.291	0.423	0.551	0.633	0.712	1.40
0.226	0.267	0.389	0.507	0.601	0.675	1.50
0.208	0.246	0.360	0.470	0.575	0.641	1.60
0.193	0.228	0.335	0.438	0.540	0.610	1.70
0.180	0.213	0.312	0.409	0.505	0.588	1.80
0.169	0.200	0.292	0.384	0.475	0.563	1.90
0.159	0.188	0.275	0.362	0.448	0.533	2.00
0.142	0.168	0.246	0.324	0.401	0.478	2.20
0.128	0.152	0.222	0.294	0.364	0.433	2.40
0.117	0.138	0.203	0.268	0.332	0.396	2.60
0.107	0.127	0.186	0.246	0.306	0.365	2.80
0.099	0.118	0.173	0.228	0.283	0.338	3.00
0.072	0.085	0.126	0.166	0.206	0.247	4.00
0.057	0.067	0.099	0.130	0.162	0.194	5.00
0.047	0.055	0.081	0.107	0.134	0.159	6.00
0.040	0.047	0.069	0.091	0.113	0.136	7.00
0.034	0.041	0.060	0.079	0.098	0.118	8.00
0.030	0.036	0.053	0.070	0.087	0.104	9.00
0.027	0.032	0.048	0.063	0.078	0.094	10.00

B 45 — Tabelle 47

$d1/d = 0{,}15$

1. Zeile: $M_u / 1{,}75 \cdot d^2 \cdot b$ (kN/m²)
2. Zeile: $1000 \cdot k_u \cdot d$
3. Zeile: $B_{II} / 1000 \cdot 1{,}75 \cdot d^3 \cdot b$ (kN/m²)

σ_{bi} \ μ	0,2 %	0,5 %	0,8 %	1,0 %	2,0 %	3,0 %	4,5 %	6,0 %	9,0 %
0.00	240 3.35 72	576 3.60 160	901 3.80 236	1116 3.92 282	2144 4.33 482	3144 4.66 652	4621 5.02 882	6098 5.28 1099	9069 5.67 1521
0.10	664 4.18 90	980 4.18 161	1291 4.31 231	1494 4.39 275	2489 4.69 467	3476 4.97 632	4949 5.31 858	6423 5.54 1074	9398 5.88 1499
0.20	1046 4.89 121	1344 4.74 175	1642 4.79 233	1840 4.83 272	2815 5.09 452	3792 5.34 611	5268 5.63 832	6747 5.82 1048	9722 6.08 1478
0.30	1378 5.48 141	1668 5.29 190	1957 5.26 239	2151 5.31 271	3122 5.53 433	4103 5.74 587	5580 5.96 807	7062 6.11 1024	10032 6.30 1458
0.40	1654 6.09 152	1945 5.87 197	2236 5.88 238	2430 5.88 266	3410 6.05 414	4389 6.15 563	5864 6.29 783	7343 6.36 1003	10312 6.48 1440
0.50	1863 6.62 162	2157 6.42 200	2451 6.40 235	2649 6.40 261	3634 6.47 398	4621 6.52 543	6106 6.56 763	7594 6.60 984	10577 6.65 1425
0.60	2001 6.87 169	2301 6.82 201	2601 6.79 234	2801 6.79 257	3801 6.80 387	4801 6.79 528	6301 6.80 747	7801 6.80 968	10801 6.81 1411
0.70	2044 6.17 200	2314 6.22 226	2590 6.28 256	2777 6.30 277	3731 6.44 394	4701 6.51 529	6175 6.58 744	7661 6.62 964	10647 6.67 1406
0.80	2024 5.32 239	2266 5.41 268	2516 5.50 293	2688 5.57 312	3581 5.86 417	4516 6.04 541	5954 6.22 747	7411 6.32 964	10364 6.46 1404
1.00	1822 4.16 305	2054 4.19 345	2285 4.30 377	2442 4.38 395	3263 4.81 485	4135 5.16 585	5504 5.51 767	6916 5.74 972	9815 6.03 1403
1.20	1386 3.28 320	1647 3.39 373	1900 3.46 429	2069 3.54 459	2892 3.97 570	3735 4.38 660	5055 4.86 812	6422 5.19 995	9268 5.60 1408
1.40	717 2.53 209	1021 2.72 293	1324 2.87 371	1518 2.95 423	2425 3.29 627	3286 3.70 742	4585 4.23 885	5931 4.65 1038	8720 5.19 1423
1.60	0 0.00 0	307 1.49 169	609 1.91 268	811 2.10 327	1838 2.80 580	2761 3.14 789	4090 3.68 967	5425 4.15 1110	8180 4.78 1451
1.80	0 0.00 0	0 0.00 0	0 0.00 0	0 0.00 0	1116 2.08 493	2123 2.66 736	3543 3.20 1023	4890 3.66 1193	7619 4.39 1498
2.00	0 0.00 0	0 0.00 0	0 0.00 0	0 0.00 0	242 0.69 360	1414 2.06 655	2920 2.79 997	4326 3.24 1251	7067 4.02 1564
2.50	0 0.00 0	0 0.00 0	0 0.00 0	0 0.00 0	0 0.00 0	0 0.00 0	1158 1.47 809	2667 2.27 1158	5603 3.15 1718
3.00	0 0.00 0	0 0.00 0	0 0.00 0	0 0.00 0	0 0.00 0	0 0.00 0	0 0.00 0	0 0.00 0	3931 2.39 1635
3.50	0 0.00 0	0 0.00 0	0 0.00 0	0 0.00 0	0 0.00 0	0 0.00 0	0 0.00 0	0 0.00 0	2165 1.49 1487

B 45 $d_1/d = 0.15$ $\gamma = 1.75$ konst.   Tabelle 48

ges. $A_s = \mu \cdot b \cdot d$ Tafelwerte : zul.σ_{bi} = N/b·d   (kN/cm²)

e/d \ µ	0.2 %	0.5 %	0.8 %	1.0 %	2.0 %	3.0 %	4.5 %	6.0 %	9.0 %
0.00	1.591	1.663	1.735	1.783	2.023	2.263	2.623	2.983	3.703
0.01	1.555	1.634	1.710	1.760	2.005	2.246	2.605	2.963	3.680
0.02	1.515	1.596	1.677	1.729	1.979	2.223	2.583	2.941	3.655
0.03	1.476	1.554	1.633	1.685	1.948	2.197	2.558	2.916	3.628
0.04	1.438	1.515	1.592	1.643	1.899	2.155	2.531	2.889	3.599
0.05	1.403	1.478	1.552	1.602	1.852	2.101	2.476	2.851	3.569
0.06	1.369	1.442	1.515	1.564	1.807	2.051	2.416	2.782	3.512
0.07	1.337	1.409	1.480	1.527	1.765	2.002	2.359	2.716	3.430
0.08	1.306	1.376	1.446	1.492	1.724	1.956	2.305	2.653	3.350
0.09	1.277	1.345	1.413	1.459	1.685	1.912	2.252	2.593	3.275
0.10	1.247	1.314	1.382	1.427	1.648	1.870	2.203	2.536	3.202
0.12	1.186	1.252	1.318	1.362	1.578	1.791	2.110	2.429	3.066
0.14	1.125	1.191	1.256	1.298	1.509	1.716	2.024	2.330	2.942
0.16	1.065	1.130	1.194	1.236	1.442	1.643	1.941	2.238	2.828
0.18	1.006	1.071	1.135	1.176	1.377	1.573	1.862	2.148	2.718
0.20	0.948	1.014	1.077	1.118	1.316	1.506	1.786	2.064	2.614
0.22	0.891	0.959	1.022	1.063	1.257	1.443	1.715	1.984	2.516
0.24	0.835	0.906	0.970	1.010	1.201	1.383	1.648	1.908	2.425
0.26	0.781	0.855	0.920	0.961	1.150	1.327	1.584	1.838	2.337
0.28	0.730	0.807	0.873	0.914	1.101	1.274	1.525	1.772	2.257
0.30	0.680	0.762	0.830	0.871	1.055	1.225	1.470	1.708	2.180
0.32	0.634	0.721	0.789	0.830	1.013	1.179	1.418	1.650	2.108
0.34	0.583	0.682	0.751	0.792	0.973	1.136	1.369	1.595	2.041
0.36	0.532	0.646	0.716	0.757	0.936	1.095	1.323	1.544	1.977
0.38	0.482	0.607	0.684	0.725	0.901	1.058	1.280	1.496	1.917
0.40	0.434	0.565	0.654	0.695	0.868	1.022	1.239	1.449	1.860
0.42	0.385	0.523	0.625	0.667	0.838	0.989	1.201	1.406	1.807
0.44	0.340	0.483	0.588	0.641	0.810	0.958	1.165	1.365	1.756
0.46	0.299	0.447	0.552	0.611	0.783	0.928	1.131	1.327	1.709
0.48	0.263	0.411	0.517	0.578	0.759	0.900	1.099	1.290	1.665
0.50	0.231	0.377	0.485	0.545	0.735	0.874	1.069	1.256	1.621
0.55	0.171	0.307	0.412	0.472	0.683	0.815	0.999	1.177	1.522
0.60	0.132	0.255	0.350	0.409	0.637	0.763	0.939	1.107	1.435
0.65	0.106	0.215	0.302	0.355	0.581	0.718	0.885	1.046	1.358
0.70	0.088	0.185	0.264	0.312	0.526	0.677	0.837	0.991	1.288
0.75	0.075	0.161	0.234	0.278	0.479	0.641	0.794	0.941	1.224
0.80	0.065	0.143	0.209	0.250	0.437	0.600	0.756	0.895	1.168
0.85	0.058	0.128	0.189	0.227	0.402	0.557	0.721	0.855	1.116
0.90	0.052	0.116	0.172	0.207	0.370	0.517	0.688	0.818	1.069
0.95	0.047	0.105	0.158	0.190	0.342	0.482	0.659	0.784	1.024
1.00	0.043	0.097	0.146	0.176	0.317	0.451	0.632	0.752	0.984
1.10	0.036	0.083	0.126	0.153	0.278	0.399	0.568	0.696	0.913
1.20	0.032	0.073	0.111	0.135	0.247	0.356	0.511	0.648	0.851
1.30	0.028	0.065	0.099	0.121	0.222	0.320	0.463	0.600	0.797
1.40	0.025	0.058	0.089	0.109	0.201	0.291	0.423	0.551	0.750
1.50	0.023	0.053	0.081	0.100	0.185	0.267	0.389	0.508	0.708
1.60	0.021	0.049	0.075	0.091	0.170	0.246	0.360	0.470	0.670
1.70	0.019	0.045	0.069	0.085	0.158	0.228	0.335	0.438	0.635
1.80	0.018	0.042	0.064	0.079	0.147	0.213	0.312	0.409	0.600
1.90	0.016	0.039	0.060	0.074	0.138	0.200	0.292	0.384	0.565
2.00	0.015	0.036	0.056	0.069	0.129	0.188	0.275	0.362	0.533
2.20	0.014	0.032	0.050	0.061	0.115	0.168	0.246	0.324	0.478
2.40	0.012	0.029	0.045	0.055	0.104	0.152	0.222	0.294	0.433
2.60	0.011	0.026	0.041	0.050	0.095	0.138	0.203	0.268	0.396
2.80	0.010	0.024	0.038	0.046	0.087	0.127	0.186	0.246	0.365
3.00	0.009	0.022	0.035	0.043	0.081	0.118	0.173	0.228	0.338
4.00	0.007	0.016	0.025	0.031	0.059	0.085	0.126	0.166	0.247
5.00	0.005	0.013	0.020	0.024	0.046	0.067	0.099	0.130	0.194
6.00	0.004	0.010	0.016	0.020	0.038	0.055	0.081	0.107	0.159
7.00	0.004	0.009	0.014	0.017	0.032	0.047	0.069	0.091	0.136
8.00	0.003	0.008	0.012	0.015	0.028	0.041	0.060	0.079	0.118
9.00	0.003	0.007	0.010	0.013	0.025	0.036	0.053	0.070	0.104
10.00	0.003	0.006	0.009	0.011	0.022	0.032	0.048	0.063	0.094

e/d \ μ	0.2 %	0.5 %	0.8 %	1.0 %	1.2 %	1.4 %	1.6 %	1.8 %	2.0 %
0.00	1.326	1.386	1.446	1.486	1.526	1.566	1.606	1.646	1.686
0.01	1.294	1.358	1.420	1.462	1.503	1.544	1.584	1.625	1.665
0.02	1.261	1.326	1.390	1.432	1.474	1.515	1.556	1.597	1.638
0.03	1.228	1.291	1.355	1.398	1.440	1.483	1.525	1.568	1.609
0.04	1.197	1.259	1.320	1.361	1.403	1.444	1.485	1.527	1.568
0.05	1.168	1.227	1.287	1.327	1.367	1.407	1.448	1.488	1.528
0.06	1.139	1.198	1.256	1.295	1.334	1.373	1.412	1.451	1.490
0.07	1.112	1.169	1.226	1.264	1.302	1.340	1.378	1.416	1.454
0.08	1.087	1.142	1.197	1.234	1.271	1.308	1.345	1.382	1.419
0.09	1.062	1.116	1.170	1.206	1.243	1.278	1.315	1.351	1.387
0.10	1.036	1.090	1.143	1.179	1.214	1.249	1.285	1.320	1.356
0.12	0.985	1.037	1.088	1.123	1.157	1.191	1.225	1.259	1.293
0.14	0.934	0.985	1.034	1.068	1.101	1.134	1.166	1.199	1.232
0.16	0.884	0.933	0.982	1.014	1.046	1.078	1.109	1.141	1.173
0.18	0.838	0.884	0.930	0.961	0.993	1.024	1.055	1.085	1.116
0.20	0.798	0.844	0.889	0.918	0.948	0.977	1.006	1.035	1.064
0.22	0.759	0.805	0.850	0.879	0.908	0.936	0.965	0.993	1.021
0.24	0.721	0.768	0.812	0.841	0.870	0.898	0.926	0.953	0.981
0.26	0.684	0.733	0.777	0.806	0.834	0.862	0.889	0.916	0.943
0.28	0.649	0.698	0.744	0.772	0.800	0.828	0.855	0.881	0.908
0.30	0.615	0.665	0.710	0.740	0.768	0.796	0.822	0.849	0.874
0.32	0.583	0.634	0.679	0.708	0.736	0.764	0.791	0.818	0.843
0.34	0.552	0.606	0.651	0.679	0.706	0.733	0.760	0.786	0.812
0.36	0.515	0.580	0.624	0.652	0.679	0.705	0.731	0.756	0.782
0.38	0.465	0.554	0.599	0.627	0.653	0.679	0.704	0.729	0.753
0.40	0.417	0.527	0.577	0.603	0.629	0.654	0.679	0.703	0.727
0.42	0.371	0.489	0.555	0.582	0.607	0.631	0.656	0.679	0.703
0.44	0.327	0.450	0.531	0.562	0.586	0.610	0.634	0.657	0.679
0.46	0.288	0.415	0.505	0.541	0.567	0.590	0.613	0.636	0.658
0.48	0.253	0.382	0.472	0.519	0.549	0.572	0.594	0.616	0.638
0.50	0.223	0.351	0.442	0.494	0.528	0.555	0.576	0.598	0.619
0.55	0.165	0.287	0.375	0.425	0.471	0.509	0.535	0.556	0.576
0.60	0.128	0.239	0.320	0.369	0.412	0.453	0.492	0.517	0.539
0.65	0.103	0.202	0.278	0.322	0.364	0.402	0.440	0.475	0.501
0.70	0.085	0.175	0.244	0.285	0.323	0.360	0.395	0.428	0.461
0.75	0.073	0.153	0.216	0.254	0.290	0.324	0.357	0.388	0.419
0.80	0.063	0.136	0.194	0.229	0.262	0.294	0.325	0.354	0.383
0.85	0.056	0.122	0.176	0.208	0.239	0.269	0.298	0.325	0.352
0.90	0.050	0.110	0.161	0.191	0.219	0.247	0.274	0.300	0.326
0.95	0.046	0.101	0.148	0.176	0.203	0.228	0.254	0.278	0.303
1.00	0.042	0.093	0.136	0.163	0.188	0.212	0.236	0.259	0.282
1.10	0.035	0.080	0.118	0.142	0.165	0.186	0.207	0.228	0.248
1.20	0.031	0.070	0.104	0.126	0.146	0.165	0.184	0.203	0.221
1.30	0.027	0.062	0.093	0.113	0.131	0.149	0.166	0.183	0.199
1.40	0.024	0.056	0.084	0.102	0.119	0.135	0.151	0.166	0.182
1.50	0.022	0.051	0.077	0.093	0.109	0.124	0.138	0.153	0.167
1.60	0.020	0.047	0.071	0.086	0.100	0.114	0.128	0.141	0.154
1.70	0.019	0.043	0.065	0.079	0.093	0.106	0.118	0.131	0.143
1.80	0.017	0.040	0.061	0.074	0.087	0.099	0.111	0.122	0.133
1.90	0.016	0.037	0.057	0.069	0.081	0.092	0.104	0.114	0.125
2.00	0.015	0.035	0.053	0.065	0.076	0.087	0.097	0.108	0.118
2.20	0.013	0.031	0.048	0.058	0.068	0.078	0.087	0.096	0.105
2.40	0.012	0.028	0.043	0.052	0.061	0.070	0.079	0.087	0.095
2.60	0.011	0.025	0.039	0.047	0.056	0.064	0.072	0.079	0.087
2.80	0.010	0.023	0.036	0.044	0.051	0.059	0.066	0.073	0.080
3.00	0.009	0.022	0.033	0.040	0.047	0.054	0.061	0.068	0.074
4.00	0.007	0.015	0.024	0.029	0.034	0.040	0.044	0.049	0.054
5.00	0.005	0.012	0.019	0.023	0.027	0.031	0.035	0.039	0.042
6.00	0.004	0.010	0.015	0.019	0.022	0.025	0.029	0.032	0.035
7.00	0.004	0.008	0.013	0.016	0.019	0.022	0.024	0.027	0.030
8.00	0.003	0.007	0.011	0.014	0.016	0.019	0.021	0.023	0.026
9.00	0.003	0.006	0.010	0.012	0.014	0.017	0.019	0.021	0.023
10.00	0.002	0.006	0.009	0.011	0.013	0.015	0.017	0.019	0.020

Tabelle 49

Regelbemessung

$\gamma = 2{,}10$ bis $1{,}75$

Beton: **B 45**

$d_1/d = 0{,}20$

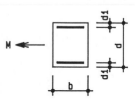

$e/d = M/N \cdot d$

$\text{ges.} A_S = \mu \cdot b \cdot d$

Tafelwerte:

$\text{zul.} \sigma_{bi} = N/b \cdot d \ (kN/cm^2)$

2,5 %	3,0 %	4,5 %	6,0 %	7,5 %	9,0 %	μ \ e/d
1.786	1.886	2.186	2.486	2.786	3.086	0.00
1.766	1.866	2.165	2.463	2.761	3.059	0.01
1.739	1.840	2.140	2.437	2.734	3.030	0.02
1.711	1.812	2.112	2.409	2.705	2.999	0.03
1.672	1.776	2.083	2.379	2.673	2.967	0.04
1.628	1.729	2.033	2.337	2.641	2.933	0.05
1.588	1.686	1.980	2.276	2.572	2.868	0.06
1.549	1.644	1.931	2.218	2.506	2.794	0.07
1.512	1.605	1.884	2.164	2.444	2.725	0.08
1.477	1.567	1.839	2.112	2.385	2.658	0.09
1.444	1.532	1.797	2.063	2.329	2.596	0.10
1.378	1.463	1.717	1.971	2.225	2.479	0.12
1.314	1.395	1.640	1.884	2.127	2.371	0.14
1.252	1.330	1.566	1.800	2.033	2.267	0.16
1.193	1.269	1.495	1.720	1.945	2.169	0.18
1.136	1.210	1.428	1.646	1.861	2.077	0.20
1.091	1.160	1.366	1.575	1.784	1.991	0.22
1.049	1.117	1.317	1.515	1.713	1.911	0.24
1.010	1.076	1.271	1.463	1.655	1.847	0.26
0.973	1.037	1.227	1.415	1.601	1.787	0.28
0.938	1.001	1.186	1.369	1.550	1.731	0.30
0.906	0.967	1.148	1.326	1.502	1.678	0.32
0.875	0.936	1.112	1.286	1.457	1.628	0.34
0.844	0.905	1.078	1.247	1.415	1.581	0.36
0.814	0.874	1.046	1.211	1.374	1.537	0.38
0.786	0.844	1.015	1.177	1.336	1.495	0.40
0.760	0.816	0.983	1.145	1.300	1.455	0.42
0.736	0.790	0.952	1.112	1.266	1.417	0.44
0.713	0.766	0.924	1.079	1.233	1.382	0.46
0.691	0.743	0.897	1.047	1.197	1.346	0.48
0.671	0.722	0.871	1.018	1.164	1.309	0.50
0.625	0.673	0.813	0.951	1.088	1.224	0.55
0.585	0.630	0.762	0.892	1.022	1.150	0.60
0.550	0.593	0.718	0.841	0.962	1.083	0.65
0.519	0.559	0.678	0.794	0.910	1.024	0.70
0.485	0.530	0.642	0.753	0.863	0.972	0.75
0.453	0.502	0.610	0.716	0.820	0.924	0.80
0.418	0.473	0.581	0.682	0.782	0.881	0.85
0.387	0.447	0.555	0.651	0.747	0.842	0.90
0.361	0.417	0.531	0.624	0.715	0.806	0.95
0.337	0.391	0.509	0.598	0.686	0.773	1.00
0.298	0.346	0.469	0.552	0.633	0.714	1.10
0.267	0.310	0.431	0.513	0.589	0.664	1.20
0.241	0.281	0.397	0.479	0.550	0.620	1.30
0.219	0.256	0.364	0.450	0.516	0.582	1.40
0.201	0.236	0.335	0.420	0.486	0.548	1.50
0.186	0.218	0.311	0.395	0.459	0.518	1.60
0.173	0.203	0.289	0.372	0.435	0.491	1.70
0.161	0.189	0.271	0.351	0.413	0.467	1.80
0.152	0.178	0.254	0.330	0.392	0.445	1.90
0.143	0.167	0.240	0.311	0.373	0.425	2.00
0.128	0.150	0.215	0.279	0.339	0.390	2.20
0.116	0.136	0.195	0.253	0.311	0.358	2.40
0.106	0.124	0.178	0.232	0.285	0.331	2.60
0.097	0.114	0.164	0.214	0.263	0.307	2.80
0.090	0.106	0.152	0.198	0.244	0.287	3.00
0.066	0.077	0.111	0.145	0.179	0.212	4.00
0.052	0.061	0.088	0.115	0.141	0.168	5.00
0.043	0.050	0.072	0.094	0.116	0.138	6.00
0.036	0.043	0.062	0.080	0.099	0.118	7.00
0.031	0.037	0.054	0.070	0.086	0.103	8.00
0.028	0.033	0.047	0.062	0.076	0.091	9.00
0.025	0.029	0.043	0.056	0.068	0.081	10.00

B 45   Tabelle 50

$d_1/d = 0{,}20$

1. Zeile: $M_u/1{,}75 \cdot d^2 \cdot b$ (kN/m²)
2. Zeile: $1000 \cdot k_u \cdot d$
3. Zeile: $B_{II}/1000 \cdot 1{,}75 \cdot d^3 \cdot b$ (kN/m²)

σ_{bi} \ μ	0,2 %	0,5 %	0,8 %	1,0 %	2,0 %	3,0 %	4,5 %	6,0 %	9,0 %
0.00	235 3.69 64	561 4.00 140	865 4.21 203	1062 4.34 241	1985 4.81 398	2858 5.18 525	4136 5.63 688	5405 5.99 838	7939 6.49 1136
0.10	654 4.51 81	951 4.57 140	1235 4.72 198	1421 4.81 233	2302 5.20 383	3152 5.55 503	4419 5.99 662	5685 6.30 813	8206 6.71 1116
0.20	1033 5.26 109	1306 5.17 152	1572 5.24 199	1743 5.27 229	2595 5.65 365	3437 5.97 479	4693 6.34 636	5947 6.61 789	8460 6.92 1098
0.30	1359 5.86 130	1614 5.69 167	1865 5.75 203	2033 5.80 227	2869 6.15 345	3697 6.42 455	4944 6.70 613	6192 6.89 768	8702 7.14 1081
0.40	1629 6.57 140	1874 6.33 173	2119 6.36 202	2282 6.40 222	3103 6.65 327	3927 6.86 434	5169 7.05 591	6417 7.17 749	8928 7.35 1066
0.50	1829 7.05 146	2072 6.93 173	2316 6.96 199	2478 6.98 216	3298 7.14 312	4123 7.25 415	5368 7.35 574	6522 7.29 736	8809 7.20 1061
0.60	1960 7.24 155	2197 7.21 178	2430 7.18 201	2585 7.17 219	3352 7.12 309	4116 7.10 411	5256 7.08 571	6394 7.06 733	8668 7.05 1057
0.70	2001 6.32 188	2207 6.41 206	2417 6.48 228	2559 6.52 241	3284 6.65 321	4023 6.73 415	5142 6.80 570	6265 6.84 729	8526 6.89 1053
0.80	1994 5.59 220	2186 5.74 238	2383 5.87 252	2518 5.94 266	3210 6.21 337	3927 6.37 424	5027 6.53 571	6138 6.62 728	8384 6.73 1050
1.00	1802 4.33 284	1999 4.46 306	2195 4.64 325	2328 4.76 336	3013 5.33 385	3726 5.71 453	4792 6.00 582	5881 6.19 730	8096 6.42 1046
1.20	1372 3.36 304	1611 3.58 337	1840 3.70 376	1986 3.80 396	2695 4.36 461	3406 4.87 514	4522 5.47 611	5620 5.78 742	7809 6.11 1046
1.40	709 2.65 195	998 2.86 266	1283 3.05 331	1466 3.14 374	2271 3.58 520	3022 4.09 589	4127 4.76 672	5269 5.28 774	7521 5.81 1053
1.60	0 0.00 0	286 1.56 147	580 2.04 232	774 2.28 281	1715 3.01 494	2550 3.44 643	3697 4.10 749	4835 4.69 830	7175 5.46 1069
1.80	0 0.00 0	0 0.00 0	0 0.00 0	0 0.00 0	1034 2.28 412	1976 2.94 612	3222 3.55 810	4379 4.12 907	6713 5.01 1105
2.00	0 0.00 0	0 0.00 0	0 0.00 0	0 0.00 0	188 0.69 282	1300 2.29 539	2670 3.08 819	3887 3.63 974	6237 4.58 1158
2.50	0 0.00 0	0 0.00 0	0 0.00 0	0 0.00 0	0 0.00 0	0 0.00 0	1005 1.62 641	2408 2.57 930	4968 3.55 1324
3.00	0 0.00 0	0 0.00 0	0 0.00 0	0 0.00 0	0 0.00 0	0 0.00 0	0 0.00 0	0 0.00 0	3492 2.71 1294
3.50	0 0.00 0	0 0.00 0	0 0.00 0	0 0.00 0	0 0.00 0	0 0.00 0	0 0.00 0	0 0.00 0	1882 1.69 1148

B 45 $d_1/d = 0.20$ $\gamma = 1.75$ konst. Tabelle 51

ges.$A_s = \mu \cdot b \cdot d$ Tafelwerte: zul.$\sigma_{bi} = N/b \cdot d$ (kN/cm²)

e/d \ μ	0,2 %	0,5 %	0,8 %	1,0 %	2,0 %	3,0 %	4,5 %	6,0 %	9,0 %
0.00	1.591	1.663	1.735	1.783	2.023	2.263	2.623	2.983	3.703
0.01	1.553	1.629	1.704	1.754	1.998	2.239	2.598	2.956	3.671
0.02	1.513	1.591	1.668	1.718	1.966	2.208	2.568	2.925	3.637
0.03	1.474	1.550	1.626	1.677	1.931	2.175	2.534	2.891	3.599
0.04	1.437	1.510	1.584	1.634	1.882	2.131	2.499	2.855	3.560
0.05	1.401	1.473	1.545	1.593	1.833	2.075	2.439	2.804	3.520
0.06	1.367	1.437	1.507	1.554	1.788	2.023	2.376	2.731	3.442
0.07	1.335	1.403	1.471	1.517	1.744	1.973	2.317	2.662	3.353
0.08	1.305	1.371	1.437	1.481	1.703	1.926	2.261	2.596	3.270
0.09	1.274	1.339	1.404	1.448	1.664	1.881	2.207	2.534	3.190
0.10	1.244	1.308	1.372	1.414	1.627	1.838	2.156	2.475	3.115
0.12	1.182	1.244	1.306	1.347	1.552	1.756	2.061	2.365	2.975
0.14	1.121	1.181	1.241	1.281	1.478	1.675	1.968	2.260	2.845
0.16	1.060	1.119	1.178	1.216	1.407	1.597	1.879	2.160	2.720
0.18	1.000	1.059	1.116	1.154	1.339	1.522	1.794	2.065	2.603
0.20	0.941	0.999	1.056	1.093	1.274	1.451	1.714	1.975	2.493
0.22	0.882	0.942	0.998	1.035	1.213	1.385	1.639	1.890	2.390
0.24	0.825	0.887	0.944	0.980	1.155	1.322	1.568	1.812	2.293
0.26	0.769	0.834	0.892	0.928	1.101	1.264	1.503	1.738	2.203
0.28	0.715	0.783	0.843	0.880	1.050	1.210	1.442	1.669	2.120
0.30	0.664	0.734	0.795	0.833	1.002	1.159	1.384	1.605	2.042
0.32	0.615	0.690	0.751	0.788	0.959	1.111	1.331	1.546	1.969
0.34	0.566	0.649	0.710	0.747	0.915	1.068	1.282	1.491	1.901
0.36	0.515	0.611	0.673	0.710	0.874	1.026	1.236	1.438	1.837
0.38	0.465	0.574	0.639	0.675	0.837	0.984	1.192	1.390	1.777
0.40	0.417	0.530	0.607	0.644	0.802	0.945	1.150	1.344	1.721
0.42	0.371	0.489	0.579	0.614	0.769	0.909	1.109	1.301	1.668
0.44	0.327	0.450	0.541	0.588	0.739	0.875	1.069	1.258	1.619
0.46	0.288	0.414	0.505	0.558	0.711	0.844	1.032	1.215	1.571
0.48	0.253	0.382	0.472	0.525	0.686	0.815	0.998	1.176	1.526
0.50	0.223	0.351	0.441	0.494	0.661	0.787	0.965	1.138	1.479
0.55	0.165	0.287	0.375	0.425	0.608	0.726	0.893	1.055	1.373
0.60	0.128	0.239	0.320	0.368	0.562	0.674	0.831	0.982	1.280
0.65	0.103	0.202	0.278	0.322	0.510	0.629	0.777	0.920	1.199
0.70	0.085	0.175	0.244	0.285	0.461	0.589	0.729	0.864	1.129
0.75	0.073	0.153	0.216	0.254	0.419	0.554	0.687	0.814	1.065
0.80	0.063	0.136	0.194	0.229	0.383	0.520	0.649	0.771	1.009
0.85	0.056	0.122	0.176	0.208	0.352	0.481	0.616	0.732	0.959
0.90	0.050	0.110	0.161	0.191	0.326	0.447	0.585	0.696	0.912
0.95	0.046	0.101	0.148	0.176	0.303	0.417	0.558	0.664	0.870
1.00	0.042	0.093	0.136	0.163	0.282	0.391	0.533	0.635	0.832
1.10	0.035	0.080	0.118	0.142	0.248	0.346	0.486	0.582	0.765
1.20	0.031	0.070	0.104	0.126	0.221	0.310	0.437	0.538	0.708
1.30	0.027	0.062	0.093	0.113	0.199	0.281	0.397	0.501	0.659
1.40	0.024	0.056	0.084	0.102	0.182	0.256	0.363	0.468	0.617
1.50	0.022	0.051	0.077	0.093	0.167	0.236	0.335	0.432	0.579
1.60	0.020	0.047	0.071	0.086	0.154	0.218	0.311	0.401	0.546
1.70	0.019	0.043	0.065	0.079	0.143	0.203	0.289	0.374	0.516
1.80	0.017	0.040	0.061	0.074	0.133	0.189	0.270	0.350	0.490
1.90	0.016	0.037	0.057	0.069	0.125	0.178	0.254	0.330	0.465
2.00	0.015	0.035	0.053	0.065	0.118	0.167	0.240	0.311	0.443
2.20	0.013	0.031	0.048	0.058	0.105	0.150	0.215	0.279	0.406
2.40	0.012	0.028	0.043	0.052	0.095	0.136	0.195	0.253	0.369
2.60	0.011	0.025	0.039	0.047	0.087	0.124	0.178	0.232	0.338
2.80	0.010	0.023	0.036	0.044	0.080	0.114	0.164	0.213	0.312
3.00	0.009	0.022	0.033	0.040	0.074	0.106	0.152	0.198	0.289
4.00	0.007	0.015	0.024	0.029	0.054	0.077	0.111	0.145	0.212
5.00	0.005	0.012	0.019	0.023	0.042	0.061	0.088	0.114	0.168
6.00	0.004	0.010	0.015	0.019	0.035	0.050	0.072	0.094	0.138
7.00	0.004	0.008	0.013	0.016	0.030	0.043	0.062	0.080	0.118
8.00	0.003	0.007	0.011	0.014	0.026	0.037	0.054	0.070	0.103
9.00	0.003	0.006	0.010	0.012	0.023	0.033	0.047	0.062	0.091
10.00	0.002	0.006	0.009	0.011	0.020	0.029	0.043	0.056	0.081

e/d \ μ	0.2 %	0.5 %	0.8 %	1.0 %	1.2 %	1.4 %	1.6 %	1.8 %	2.0 %
0.00	1.326	1.386	1.446	1.486	1.526	1.566	1.606	1.646	1.686
0.01	1.292	1.354	1.415	1.456	1.496	1.537	1.577	1.617	1.658
0.02	1.259	1.321	1.382	1.423	1.463	1.504	1.544	1.584	1.624
0.03	1.227	1.288	1.349	1.390	1.430	1.470	1.510	1.550	1.590
0.04	1.196	1.255	1.315	1.355	1.395	1.435	1.475	1.515	1.555
0.05	1.166	1.224	1.282	1.320	1.359	1.398	1.436	1.475	1.514
0.06	1.138	1.194	1.250	1.288	1.325	1.363	1.400	1.438	1.475
0.07	1.111	1.166	1.220	1.256	1.293	1.329	1.366	1.402	1.439
0.08	1.086	1.139	1.191	1.227	1.262	1.298	1.333	1.369	1.404
0.09	1.060	1.112	1.164	1.199	1.233	1.268	1.302	1.337	1.371
0.10	1.035	1.085	1.135	1.169	1.203	1.237	1.270	1.304	1.338
0.12	0.983	1.031	1.079	1.111	1.143	1.175	1.207	1.240	1.272
0.14	0.931	0.977	1.023	1.054	1.085	1.115	1.146	1.176	1.207
0.16	0.880	0.924	0.968	0.998	1.027	1.056	1.085	1.115	1.144
0.18	0.829	0.872	0.914	0.943	0.971	0.999	1.027	1.055	1.083
0.20	0.783	0.822	0.862	0.888	0.914	0.941	0.967	0.994	1.021
0.22	0.742	0.780	0.818	0.843	0.868	0.893	0.919	0.943	0.969
0.24	0.702	0.739	0.776	0.800	0.824	0.849	0.873	0.897	0.921
0.26	0.663	0.700	0.736	0.760	0.783	0.807	0.830	0.853	0.876
0.28	0.626	0.664	0.699	0.722	0.745	0.767	0.790	0.812	0.834
0.30	0.591	0.629	0.664	0.687	0.709	0.731	0.753	0.774	0.796
0.32	0.558	0.597	0.632	0.654	0.676	0.698	0.719	0.740	0.760
0.34	0.528	0.568	0.603	0.625	0.646	0.667	0.687	0.707	0.728
0.36	0.497	0.541	0.575	0.597	0.618	0.638	0.658	0.678	0.697
0.38	0.450	0.516	0.550	0.572	0.592	0.612	0.631	0.651	0.669
0.40	0.403	0.490	0.527	0.548	0.568	0.587	0.606	0.625	0.644
0.42	0.360	0.459	0.506	0.527	0.546	0.565	0.584	0.602	0.620
0.44	0.318	0.422	0.484	0.507	0.526	0.544	0.562	0.580	0.597
0.46	0.280	0.388	0.462	0.488	0.507	0.525	0.542	0.559	0.576
0.48	0.247	0.358	0.434	0.467	0.489	0.507	0.524	0.541	0.557
0.50	0.218	0.330	0.406	0.447	0.472	0.490	0.507	0.523	0.539
0.55	0.163	0.272	0.345	0.386	0.425	0.449	0.468	0.484	0.498
0.60	0.126	0.228	0.297	0.336	0.372	0.406	0.429	0.450	0.464
0.65	0.102	0.194	0.259	0.296	0.329	0.361	0.391	0.413	0.432
0.70	0.085	0.168	0.228	0.263	0.294	0.323	0.352	0.379	0.400
0.75	0.073	0.148	0.204	0.236	0.265	0.293	0.319	0.345	0.369
0.80	0.063	0.132	0.184	0.213	0.241	0.267	0.291	0.315	0.339
0.85	0.056	0.118	0.167	0.195	0.220	0.245	0.268	0.290	0.312
0.90	0.050	0.107	0.153	0.179	0.203	0.226	0.248	0.269	0.289
0.95	0.045	0.098	0.141	0.165	0.188	0.210	0.230	0.250	0.269
1.00	0.041	0.090	0.130	0.154	0.175	0.195	0.215	0.234	0.252
1.10	0.035	0.078	0.113	0.134	0.154	0.172	0.189	0.206	0.223
1.20	0.031	0.068	0.100	0.119	0.137	0.153	0.169	0.185	0.200
1.30	0.027	0.061	0.090	0.107	0.123	0.138	0.153	0.167	0.181
1.40	0.024	0.055	0.081	0.097	0.112	0.126	0.139	0.152	0.165
1.50	0.022	0.050	0.074	0.089	0.103	0.115	0.128	0.140	0.152
1.60	0.020	0.046	0.068	0.082	0.095	0.107	0.118	0.129	0.140
1.70	0.019	0.042	0.063	0.076	0.088	0.099	0.110	0.120	0.131
1.80	0.017	0.039	0.059	0.071	0.082	0.092	0.103	0.113	0.122
1.90	0.016	0.037	0.055	0.066	0.077	0.087	0.096	0.105	0.115
2.00	0.015	0.035	0.052	0.062	0.072	0.082	0.091	0.099	0.108
2.20	0.013	0.031	0.046	0.056	0.065	0.073	0.081	0.089	0.097
2.40	0.012	0.028	0.042	0.050	0.058	0.066	0.073	0.081	0.088
2.60	0.011	0.025	0.038	0.046	0.053	0.060	0.067	0.074	0.080
2.80	0.010	0.023	0.035	0.042	0.049	0.055	0.062	0.068	0.074
3.00	0.009	0.021	0.032	0.039	0.045	0.051	0.057	0.063	0.068
4.00	0.007	0.015	0.023	0.028	0.033	0.037	0.042	0.046	0.050
5.00	0.005	0.012	0.018	0.022	0.026	0.029	0.033	0.036	0.039
6.00	0.004	0.010	0.015	0.018	0.021	0.024	0.027	0.030	0.032
7.00	0.004	0.008	0.013	0.015	0.018	0.020	0.023	0.025	0.028
8.00	0.003	0.007	0.011	0.013	0.016	0.018	0.020	0.022	0.024
9.00	0.003	0.006	0.010	0.012	0.014	0.016	0.018	0.019	0.021
10.00	0.002	0.006	0.009	0.011	0.012	0.014	0.016	0.017	0.019

Tabelle 52

Regelbemessung

$\gamma = 2{,}10$ bis $1{,}75$

Beton: **B 45**

$d_1/d = 0{,}25$

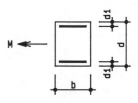

$e/d = M/N \cdot d$

$\text{ges.}A_s = \mu \cdot b \cdot d$

Tafelwerte:

$\text{zul.}\sigma_{bi} = N/b \cdot d \ (kN/cm^2)$

2,5 %	3,0 %	4,5 %	6,0 %	7,5 %	9,0 %	μ / e/d
1.786	1.886	2.186	2.486	2.786	3.086	0.00
1.758	1.857	2.156	2.453	2.751	3.048	0.01
1.724	1.824	2.121	2.417	2.712	3.006	0.02
1.690	1.789	2.084	2.378	2.671	2.962	0.03
1.655	1.754	2.047	2.338	2.628	2.918	0.04
1.611	1.708	2.002	2.295	2.586	2.873	0.05
1.569	1.664	1.948	2.232	2.517	2.803	0.06
1.530	1.622	1.897	2.173	2.449	2.726	0.07
1.493	1.582	1.849	2.117	2.385	2.654	0.08
1.457	1.544	1.804	2.064	2.324	2.585	0.09
1.422	1.507	1.760	2.014	2.267	2.521	0.10
1.352	1.432	1.673	1.914	2.155	2.396	0.12
1.283	1.360	1.589	1.818	2.047	2.276	0.14
1.217	1.290	1.508	1.727	1.945	2.162	0.16
1.153	1.223	1.432	1.640	1.849	2.057	0.18
1.088	1.155	1.357	1.559	1.760	1.959	0.20
1.031	1.094	1.282	1.470	1.659	1.849	0.22
0.981	1.040	1.220	1.399	1.578	1.757	0.24
0.933	0.991	1.162	1.333	1.504	1.675	0.26
0.890	0.945	1.109	1.272	1.436	1.600	0.28
0.849	0.902	1.060	1.217	1.374	1.530	0.30
0.812	0.863	1.015	1.166	1.316	1.466	0.32
0.777	0.827	0.973	1.118	1.263	1.407	0.34
0.746	0.793	0.934	1.074	1.213	1.352	0.36
0.716	0.762	0.899	1.033	1.168	1.302	0.38
0.689	0.734	0.866	0.996	1.125	1.255	0.40
0.664	0.707	0.835	0.960	1.086	1.211	0.42
0.640	0.682	0.806	0.928	1.049	1.170	0.44
0.618	0.659	0.779	0.897	1.015	1.132	0.46
0.597	0.637	0.754	0.869	0.982	1.096	0.48
0.578	0.617	0.730	0.842	0.952	1.062	0.50
0.535	0.571	0.677	0.781	0.884	0.986	0.55
0.498	0.532	0.631	0.728	0.825	0.921	0.60
0.466	0.498	0.591	0.683	0.773	0.863	0.65
0.438	0.468	0.556	0.642	0.727	0.813	0.70
0.412	0.441	0.525	0.606	0.687	0.767	0.75
0.385	0.417	0.497	0.574	0.651	0.727	0.80
0.362	0.396	0.472	0.545	0.618	0.690	0.85
0.339	0.375	0.449	0.519	0.588	0.657	0.90
0.316	0.354	0.428	0.495	0.562	0.628	0.95
0.296	0.335	0.409	0.474	0.537	0.601	1.00
0.263	0.301	0.376	0.435	0.494	0.553	1.10
0.236	0.271	0.348	0.403	0.458	0.511	1.20
0.214	0.246	0.324	0.375	0.426	0.476	1.30
0.195	0.225	0.301	0.351	0.398	0.446	1.40
0.180	0.208	0.281	0.329	0.374	0.419	1.50
0.167	0.192	0.262	0.311	0.353	0.395	1.60
0.155	0.179	0.247	0.294	0.334	0.373	1.70
0.145	0.168	0.233	0.279	0.316	0.354	1.80
0.137	0.158	0.220	0.265	0.301	0.337	1.90
0.129	0.149	0.208	0.253	0.287	0.321	2.00
0.116	0.134	0.187	0.230	0.262	0.294	2.20
0.105	0.121	0.170	0.211	0.242	0.270	2.40
0.096	0.111	0.155	0.194	0.224	0.251	2.60
0.088	0.102	0.143	0.180	0.209	0.234	2.80
0.082	0.095	0.133	0.168	0.196	0.219	3.00
0.060	0.070	0.098	0.125	0.148	0.166	4.00
0.047	0.055	0.077	0.099	0.118	0.134	5.00
0.039	0.045	0.064	0.082	0.098	0.112	6.00
0.033	0.039	0.054	0.070	0.084	0.097	7.00
0.029	0.033	0.047	0.061	0.073	0.084	8.00
0.025	0.030	0.042	0.054	0.065	0.075	9.00
0.023	0.027	0.038	0.048	0.059	0.067	10.00

B 45
d1/d = 0,25

1. Zeile: $M_u/1{,}75 \cdot d^2 \cdot b$ (kN/m²)
2. Zeile: $1000 \cdot k_u \cdot d$
3. Zeile: $B_{II}/1000 \cdot 1{,}75 \cdot d^3 \cdot b$ (kN/m²)

Tabelle 53

σ_{bi} \ μ	0,2 %	0,5 %	0,8 %	1,0 %	2,0 %	3,0 %	4,5 %	6,0 %	9,0 %
0.00	234 4.12 57	555 4.50 123	845 4.70 175	1031 4.87 206	1858 5.42 325	2606 5.88 411	3678 6.47 514	4731 6.94 608	6824 7.57 804
0.10	652 5.04 72	937 5.11 121	1201 5.29 169	1368 5.37 197	2139 5.87 307	2860 6.31 388	3912 6.88 489	4956 7.31 586	7038 7.84 786
0.20	1028 5.84 97	1279 5.72 132	1517 5.78 168	1668 5.88 191	2396 6.35 288	3096 6.78 364	4135 7.30 465	5168 7.65 566	6957 7.69 782
0.30	1347 6.46 116	1571 6.25 145	1789 6.35 170	1931 6.46 187	2626 6.90 268	3313 7.30 340	4340 7.73 444	5244 7.74 553	6859 7.52 778
0.40	1605 7.08 126	1811 6.93 150	2016 7.03 169	2152 7.12 182	2828 7.50 251	3505 7.82 321	4350 7.64 435	5160 7.51 549	6764 7.36 774
0.50	1799 7.63 132	1998 7.64 149	2196 7.74 165	2329 7.79 176	2915 7.62 245	3467 7.47 319	4277 7.35 432	5078 7.28 545	6670 7.20 770
0.60	1913 7.25 151	2078 7.21 165	2240 7.18 183	2348 7.17 193	2883 7.12 255	3413 7.10 321	4206 7.07 430	4996 7.06 541	6574 7.04 766
0.70	1960 6.32 184	2101 6.41 194	2246 6.48 208	2344 6.52 217	2845 6.65 268	3357 6.73 328	4131 6.79 431	4911 6.83 540	6478 6.88 763
0.80	1957 5.59 216	2091 5.74 227	2228 5.87 236	2321 5.94 240	2801 6.21 286	3296 6.37 339	4056 6.52 434	4828 6.62 539	6381 6.72 760
1.00	1784 4.51 266	1945 4.70 278	2098 4.87 288	2196 4.98 294	2677 5.41 330	3160 5.71 370	3901 6.00 449	4654 6.19 545	6193 6.42 756
1.20	1361 3.43 293	1580 3.79 305	1783 3.98 327	1912 4.15 336	2483 4.72 376	2986 5.10 413	3729 5.51 479	4477 5.78 560	5995 6.11 759
1.40	703 2.76 182	979 3.03 241	1253 3.28 294	1414 3.34 333	2141 3.96 422	2756 4.56 458	3530 5.03 518	4284 5.38 586	5793 5.80 768
1.60	0 0.00 0	261 1.56 132	556 2.21 201	743 2.48 243	1630 3.29 418	2365 3.85 511	3295 4.60 563	4072 4.99 625	5593 5.51 783
1.80	0 0.00 0	0 0.00 0	0 0.00 0	0 0.00 0	969 2.53 344	1841 3.24 508	2921 4.02 620	3834 4.63 670	5374 5.22 809
2.00	0 0.00 0	0 0.00 0	0 0.00 0	0 0.00 0	143 0.69 217	1188 2.54 442	2432 3.43 657	3481 4.14 728	5150 4.94 844
2.50	0 0.00 0	0 0.00 0	0 0.00 0	0 0.00 0	0 0.00 0	0 0.00 0	765 1.62 493	2163 2.90 741	4376 4.12 971
3.00	0 0.00 0	0 0.00 0	0 0.00 0	0 0.00 0	0 0.00 0	0 0.00 0	0 0.00 0	0 0.00 0	3109 3.10 1012
3.50	0 0.00 0	0 0.00 0	0 0.00 0	0 0.00 0	0 0.00 0	0 0.00 0	0 0.00 0	0 0.00 0	1416 1.73 854

B 45 $d_1/d = 0{,}25$ $\gamma = 1{,}75$ konst.   **Tabelle 54**

ges.$A_s = \mu \cdot b \cdot d$ Tafelwerte: zul.$\sigma_{bi} = N/b \cdot d$ (kN/cm²)

e/d \ μ	0,2 %	0,5 %	0,8 %	1,0 %	2,0 %	3,0 %	4,5 %	6,0 %	9,0 %
0.00	1.591	1.663	1.735	1.783	2.023	2.263	2.623	2.983	3.703
0.01	1.550	1.625	1.698	1.747	1.989	2.229	2.587	2.944	3.657
0.02	1.511	1.585	1.658	1.707	1.949	2.189	2.545	2.900	3.607
0.03	1.472	1.546	1.619	1.668	1.909	2.147	2.501	2.854	3.555
0.04	1.435	1.506	1.578	1.626	1.866	2.105	2.457	2.806	3.501
0.05	1.399	1.469	1.538	1.584	1.817	2.050	2.402	2.754	3.447
0.06	1.365	1.433	1.500	1.545	1.771	1.996	2.337	2.679	3.364
0.07	1.333	1.399	1.464	1.508	1.727	1.946	2.276	2.607	3.272
0.08	1.303	1.366	1.430	1.472	1.685	1.898	2.219	2.540	3.184
0.09	1.272	1.335	1.397	1.438	1.646	1.853	2.164	2.477	3.103
0.10	1.241	1.302	1.362	1.403	1.605	1.808	2.112	2.417	3.026
0.12	1.179	1.237	1.295	1.333	1.526	1.719	2.008	2.296	2.875
0.14	1.118	1.173	1.228	1.265	1.448	1.631	1.906	2.181	2.731
0.16	1.056	1.109	1.162	1.197	1.373	1.548	1.810	2.072	2.595
0.18	0.995	1.046	1.097	1.131	1.300	1.468	1.718	1.969	2.468
0.20	0.933	0.982	1.031	1.063	1.225	1.386	1.628	1.870	2.351
0.22	0.873	0.920	0.967	0.998	1.153	1.305	1.534	1.762	2.219
0.24	0.813	0.860	0.907	0.936	1.085	1.230	1.448	1.665	2.097
0.26	0.755	0.803	0.849	0.879	1.022	1.162	1.368	1.574	1.985
0.28	0.700	0.750	0.796	0.825	0.965	1.099	1.297	1.493	1.884
0.30	0.647	0.700	0.747	0.776	0.912	1.042	1.231	1.420	1.792
0.32	0.597	0.654	0.702	0.731	0.864	0.989	1.172	1.352	1.709
0.34	0.551	0.612	0.660	0.690	0.820	0.941	1.117	1.290	1.633
0.36	0.500	0.574	0.623	0.652	0.780	0.897	1.067	1.233	1.562
0.38	0.450	0.539	0.589	0.618	0.744	0.857	1.021	1.180	1.497
0.40	0.403	0.499	0.558	0.587	0.710	0.820	0.979	1.132	1.437
0.42	0.360	0.459	0.530	0.558	0.679	0.786	0.940	1.089	1.382
0.44	0.318	0.422	0.499	0.532	0.650	0.755	0.903	1.048	1.330
0.46	0.280	0.388	0.465	0.509	0.624	0.726	0.869	1.009	1.284
0.48	0.247	0.358	0.434	0.478	0.600	0.699	0.838	0.974	1.239
0.50	0.218	0.330	0.405	0.449	0.578	0.674	0.809	0.940	1.198
0.55	0.163	0.272	0.345	0.386	0.528	0.618	0.745	0.867	1.106
0.60	0.126	0.228	0.297	0.336	0.486	0.571	0.689	0.803	1.026
0.65	0.102	0.194	0.259	0.295	0.448	0.531	0.642	0.749	0.957
0.70	0.085	0.168	0.228	0.263	0.406	0.495	0.600	0.700	0.897
0.75	0.073	0.148	0.204	0.236	0.369	0.464	0.564	0.658	0.844
0.80	0.063	0.132	0.184	0.213	0.338	0.437	0.531	0.621	0.797
0.85	0.056	0.118	0.167	0.195	0.312	0.413	0.502	0.589	0.754
0.90	0.050	0.107	0.153	0.179	0.289	0.387	0.476	0.558	0.717
0.95	0.045	0.098	0.141	0.165	0.269	0.361	0.453	0.532	0.683
1.00	0.041	0.090	0.130	0.154	0.252	0.339	0.432	0.507	0.651
1.10	0.035	0.078	0.113	0.134	0.223	0.301	0.395	0.463	0.596
1.20	0.031	0.068	0.100	0.119	0.200	0.271	0.364	0.428	0.551
1.30	0.027	0.061	0.090	0.107	0.181	0.246	0.337	0.396	0.511
1.40	0.024	0.055	0.081	0.097	0.165	0.225	0.311	0.370	0.478
1.50	0.022	0.050	0.074	0.089	0.152	0.207	0.288	0.346	0.448
1.60	0.020	0.046	0.068	0.082	0.140	0.192	0.267	0.326	0.421
1.70	0.019	0.042	0.063	0.076	0.131	0.179	0.249	0.307	0.398
1.80	0.017	0.039	0.059	0.071	0.122	0.168	0.234	0.291	0.376
1.90	0.016	0.037	0.055	0.066	0.115	0.158	0.220	0.276	0.357
2.00	0.015	0.035	0.052	0.062	0.108	0.149	0.208	0.263	0.340
2.20	0.013	0.031	0.046	0.056	0.097	0.134	0.187	0.239	0.310
2.40	0.012	0.028	0.042	0.050	0.088	0.121	0.169	0.217	0.286
2.60	0.011	0.025	0.038	0.046	0.080	0.111	0.155	0.199	0.264
2.80	0.010	0.023	0.035	0.042	0.074	0.102	0.143	0.183	0.246
3.00	0.009	0.021	0.032	0.039	0.068	0.095	0.133	0.170	0.230
4.00	0.007	0.015	0.023	0.028	0.050	0.070	0.098	0.125	0.174
5.00	0.005	0.012	0.018	0.022	0.039	0.055	0.077	0.099	0.140
6.00	0.004	0.010	0.015	0.018	0.032	0.045	0.064	0.082	0.117
7.00	0.004	0.008	0.013	0.015	0.028	0.039	0.054	0.070	0.100
8.00	0.003	0.007	0.011	0.013	0.024	0.033	0.047	0.061	0.088
9.00	0.003	0.006	0.010	0.012	0.021	0.030	0.042	0.054	0.077
10.00	0.002	0.006	0.009	0.011	0.019	0.027	0.038	0.048	0.070

e/d \ μ	0.2 %	0.5 %	0.8 %	1.0 %	1.2 %	1.4 %	1.6 %	1.8 %	2.0 %
0.00	1.469	1.529	1.589	1.629	1.669	1.709	1.749	1.789	1.829
0.01	1.437	1.505	1.569	1.611	1.653	1.694	1.735	1.775	1.816
0.02	1.399	1.469	1.538	1.584	1.629	1.672	1.714	1.756	1.797
0.03	1.363	1.431	1.499	1.544	1.589	1.634	1.678	1.723	1.768
0.04	1.329	1.396	1.462	1.506	1.550	1.594	1.638	1.682	1.725
0.05	1.297	1.362	1.426	1.470	1.513	1.556	1.599	1.642	1.685
0.06	1.266	1.329	1.393	1.435	1.477	1.519	1.561	1.604	1.646
0.07	1.236	1.298	1.361	1.402	1.443	1.485	1.526	1.567	1.608
0.08	1.208	1.269	1.330	1.370	1.411	1.451	1.492	1.532	1.572
0.09	1.181	1.241	1.300	1.340	1.380	1.419	1.459	1.498	1.538
0.10	1.153	1.213	1.272	1.311	1.350	1.389	1.428	1.466	1.505
0.12	1.097	1.157	1.215	1.254	1.293	1.331	1.368	1.406	1.443
0.14	1.046	1.101	1.159	1.198	1.235	1.273	1.310	1.347	1.384
0.16	1.002	1.057	1.111	1.146	1.181	1.217	1.253	1.290	1.326
0.18	0.959	1.014	1.068	1.103	1.137	1.171	1.205	1.238	1.271
0.20	0.916	0.973	1.026	1.061	1.095	1.129	1.162	1.195	1.227
0.22	0.875	0.933	0.986	1.021	1.055	1.088	1.121	1.153	1.185
0.24	0.835	0.894	0.948	0.983	1.016	1.049	1.081	1.113	1.145
0.26	0.797	0.858	0.912	0.946	0.980	1.012	1.044	1.076	1.107
0.28	0.761	0.823	0.878	0.912	0.945	0.978	1.009	1.040	1.071
0.30	0.727	0.791	0.846	0.880	0.913	0.945	0.976	1.007	1.037
0.32	0.693	0.761	0.816	0.850	0.882	0.914	0.945	0.975	1.005
0.34	0.651	0.732	0.788	0.821	0.854	0.885	0.915	0.945	0.975
0.36	0.595	0.705	0.761	0.795	0.827	0.858	0.888	0.917	0.946
0.38	0.541	0.677	0.737	0.770	0.802	0.832	0.862	0.891	0.919
0.40	0.488	0.634	0.714	0.747	0.778	0.808	0.837	0.866	0.894
0.42	0.431	0.590	0.689	0.725	0.756	0.785	0.814	0.842	0.870
0.44	0.379	0.548	0.661	0.703	0.735	0.764	0.792	0.820	0.847
0.46	0.332	0.508	0.623	0.681	0.715	0.744	0.772	0.799	0.825
0.48	0.290	0.466	0.587	0.652	0.694	0.725	0.752	0.779	0.805
0.50	0.254	0.426	0.552	0.617	0.675	0.706	0.734	0.760	0.786
0.55	0.185	0.345	0.471	0.540	0.598	0.652	0.689	0.717	0.742
0.60	0.142	0.283	0.397	0.468	0.530	0.583	0.632	0.676	0.701
0.65	0.113	0.237	0.340	0.404	0.467	0.522	0.570	0.615	0.658
0.70	0.094	0.203	0.296	0.354	0.410	0.465	0.516	0.559	0.601
0.75	0.080	0.176	0.260	0.313	0.364	0.414	0.464	0.510	0.551
0.80	0.069	0.155	0.232	0.280	0.326	0.372	0.417	0.463	0.506
0.85	0.061	0.138	0.209	0.253	0.295	0.337	0.379	0.420	0.462
0.90	0.055	0.125	0.189	0.230	0.270	0.308	0.347	0.385	0.423
0.95	0.049	0.114	0.173	0.211	0.247	0.283	0.319	0.354	0.390
1.00	0.045	0.104	0.159	0.194	0.229	0.262	0.295	0.328	0.361
1.10	0.038	0.089	0.137	0.168	0.198	0.228	0.257	0.286	0.315
1.20	0.033	0.078	0.121	0.148	0.175	0.201	0.227	0.253	0.279
1.30	0.029	0.069	0.107	0.132	0.156	0.180	0.203	0.226	0.250
1.40	0.026	0.062	0.097	0.119	0.141	0.162	0.184	0.205	0.226
1.50	0.024	0.057	0.088	0.108	0.128	0.148	0.168	0.187	0.206
1.60	0.022	0.052	0.081	0.099	0.118	0.136	0.154	0.172	0.190
1.70	0.020	0.048	0.075	0.092	0.109	0.126	0.143	0.159	0.176
1.80	0.019	0.044	0.069	0.085	0.101	0.117	0.133	0.148	0.164
1.90	0.017	0.041	0.065	0.080	0.095	0.109	0.124	0.139	0.153
2.00	0.016	0.039	0.060	0.075	0.089	0.103	0.116	0.130	0.144
2.20	0.014	0.034	0.054	0.066	0.079	0.091	0.104	0.116	0.128
2.40	0.013	0.031	0.048	0.060	0.071	0.082	0.093	0.104	0.115
2.60	0.012	0.028	0.044	0.054	0.065	0.075	0.085	0.095	0.105
2.80	0.011	0.026	0.040	0.050	0.059	0.069	0.078	0.087	0.096
3.00	0.010	0.024	0.037	0.046	0.055	0.063	0.072	0.081	0.089
4.00	0.007	0.017	0.027	0.033	0.039	0.046	0.052	0.058	0.064
5.00	0.005	0.013	0.021	0.026	0.031	0.036	0.041	0.046	0.051
6.00	0.004	0.011	0.017	0.021	0.025	0.029	0.033	0.037	0.042
7.00	0.004	0.009	0.015	0.018	0.021	0.025	0.028	0.032	0.035
8.00	0.003	0.008	0.013	0.016	0.019	0.022	0.024	0.028	0.031
9.00	0.003	0.007	0.011	0.014	0.016	0.019	0.022	0.024	0.027
10.00	0.003	0.006	0.010	0.012	0.015	0.017	0.020	0.022	0.024

Tabelle 55

Regelbemessung

$\gamma = 2{,}10$ bis $1{,}75$

Beton: **B 55**

$d_1/d =$ **0,10**

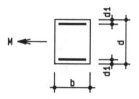

$d_1/d =$ **0,07**

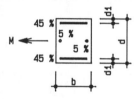

$e/d = M/N \cdot d$

$\text{ges.} A_s = \mu \cdot b \cdot d$

Tafelwerte:
$\text{zul.} \sigma_{bi} = N/b \cdot d \ (\text{kN/cm}^2)$

2,5 %	3,0 %	4,5 %	6,0 %	7,5 %	9,0 %	μ / e/d
1.929	2.029	2.329	2.629	2.929	3.229	0.00
1.916	2.017	2.316	2.615	2.914	3.213	0.01
1.899	2.000	2.301	2.600	2.899	3.196	0.02
1.879	1.981	2.284	2.583	2.881	3.178	0.03
1.835	1.944	2.265	2.564	2.862	3.159	0.04
1.791	1.898	2.218	2.536	2.842	3.139	0.05
1.750	1.855	2.167	2.480	2.791	3.102	0.06
1.711	1.813	2.120	2.425	2.730	3.035	0.07
1.673	1.773	2.073	2.373	2.671	2.970	0.08
1.637	1.735	2.029	2.322	2.615	2.908	0.09
1.602	1.698	1.987	2.275	2.561	2.848	0.10
1.537	1.629	1.907	2.183	2.460	2.736	0.12
1.475	1.566	1.833	2.099	2.365	2.631	0.14
1.415	1.503	1.764	2.022	2.278	2.534	0.16
1.357	1.443	1.697	1.948	2.197	2.444	0.18
1.308	1.388	1.634	1.877	2.119	2.360	0.20
1.264	1.343	1.573	1.810	2.045	2.279	0.22
1.223	1.300	1.526	1.748	1.975	2.202	0.24
1.184	1.259	1.480	1.697	1.912	2.129	0.26
1.146	1.220	1.437	1.649	1.859	2.068	0.28
1.111	1.184	1.396	1.603	1.808	2.013	0.30
1.078	1.149	1.357	1.560	1.761	1.960	0.32
1.046	1.116	1.320	1.518	1.715	1.910	0.34
1.017	1.085	1.285	1.479	1.672	1.862	0.36
0.988	1.056	1.251	1.442	1.630	1.817	0.38
0.962	1.028	1.220	1.407	1.591	1.774	0.40
0.936	1.001	1.190	1.373	1.553	1.732	0.42
0.913	0.976	1.161	1.340	1.518	1.693	0.44
0.890	0.953	1.134	1.310	1.484	1.656	0.46
0.868	0.930	1.108	1.281	1.450	1.619	0.48
0.848	0.908	1.083	1.252	1.420	1.585	0.50
0.801	0.859	1.026	1.187	1.347	1.505	0.55
0.759	0.814	0.974	1.129	1.282	1.433	0.60
0.722	0.775	0.928	1.076	1.222	1.367	0.65
0.687	0.739	0.886	1.029	1.169	1.307	0.70
0.645	0.706	0.848	0.985	1.119	1.253	0.75
0.597	0.677	0.813	0.945	1.074	1.202	0.80
0.554	0.635	0.781	0.908	1.033	1.156	0.85
0.515	0.593	0.751	0.874	0.994	1.113	0.90
0.479	0.556	0.724	0.842	0.958	1.074	0.95
0.444	0.522	0.699	0.813	0.925	1.037	1.00
0.387	0.460	0.648	0.760	0.866	0.970	1.10
0.343	0.407	0.587	0.714	0.813	0.912	1.20
0.307	0.365	0.535	0.678	0.766	0.860	1.30
0.278	0.331	0.491	0.630	0.725	0.814	1.40
0.255	0.303	0.448	0.584	0.692	0.772	1.50
0.234	0.279	0.413	0.543	0.660	0.735	1.60
0.217	0.258	0.382	0.507	0.619	0.703	1.70
0.202	0.240	0.356	0.474	0.581	0.679	1.80
0.189	0.225	0.333	0.443	0.548	0.645	1.90
0.178	0.211	0.313	0.416	0.518	0.611	2.00
0.158	0.189	0.279	0.371	0.464	0.551	2.20
0.143	0.170	0.252	0.335	0.418	0.502	2.40
0.130	0.155	0.230	0.305	0.381	0.457	2.60
0.119	0.142	0.211	0.280	0.349	0.420	2.80
0.110	0.132	0.195	0.259	0.323	0.388	3.00
0.080	0.095	0.141	0.188	0.234	0.281	4.00
0.063	0.075	0.111	0.147	0.184	0.220	5.00
0.051	0.061	0.091	0.121	0.151	0.181	6.00
0.044	0.052	0.077	0.103	0.128	0.154	7.00
0.038	0.045	0.067	0.089	0.112	0.133	8.00
0.033	0.040	0.059	0.079	0.098	0.118	9.00
0.030	0.036	0.053	0.071	0.088	0.106	10.00

B 55
Tabelle 56

$d_1/d = 0{,}10/0{,}07$

1. Zeile: $M_u/1{,}75 \cdot d^2 \cdot b$ (kN/m²)
2. Zeile: $1000 \cdot k_u \cdot d$
3. Zeile: $B_{II}/1000 \cdot 1{,}75 \cdot d^3 \cdot b$ (kN/m²)

σ_{bi} \ μ	0,2 %	0,5 %	0,8 %	1,0 %	2,0 %	3,0 %	4,5 %	6,0 %	9,0 %
0.00	250 3.06 82	609 3.29 185	961 3.47 277	1192 3.55 334	2335 3.91 588	3459 4.15 813	5142 4.47 1121	6826 4.67 1416	10210 4.98 1984
0.10	679 3.76 102	1023 3.82 187	1367 3.89 274	1589 3.93 328	2713 4.22 575	3832 4.45 795	5511 4.71 1100	7196 4.88 1393	10575 5.15 1962
0.20	1073 4.45 136	1408 4.29 204	1739 4.31 278	1961 4.34 328	3071 4.55 563	4183 4.73 777	5862 4.94 1078	7554 5.11 1369	10948 5.31 1939
0.30	1422 4.96 163	1754 4.78 224	2084 4.76 288	2304 4.77 331	3411 4.89 550	4528 5.04 757	6214 5.21 1054	7912 5.33 1344	11316 5.50 1916
0.40	1725 5.49 180	2059 5.23 238	2389 5.17 295	2613 5.19 333	3733 5.28 535	4860 5.38 735	6559 5.49 1029	8261 5.57 1319	11678 5.68 1895
0.50	1977 6.03 190	2319 5.78 241	2662 5.71 294	2891 5.71 329	4034 5.73 517	5177 5.75 713	6891 5.79 1005	8605 5.82 1296	12034 5.87 1874
0.60	2149 6.26 201	2492 6.04 250	2835 5.97 297	3064 5.95 330	4207 5.93 508	5349 5.92 698	7064 5.92 989	8778 5.92 1279	12207 5.94 1860
0.70	2259 6.25 215	2602 6.13 259	2945 6.08 304	3174 6.07 334	4317 6.04 503	5459 6.01 688	7174 6.00 976	8888 6.00 1265	12317 5.99 1847
0.80	2291 5.72 247	2610 5.69 286	2932 5.70 329	3150 5.71 358	4253 5.76 515	5371 5.80 691	7064 5.85 972	8762 5.87 1261	12172 5.90 1841
1.00	2179 4.49 325	2450 4.45 375	2730 4.52 419	2919 4.56 445	3908 4.82 581	4947 5.03 733	6555 5.23 991	8208 5.36 1268	11552 5.52 1840
1.20	1867 3.72 364	2135 3.63 442	2406 3.66 498	2590 3.71 533	3528 4.02 673	4512 4.32 808	6052 4.65 1035	7651 4.87 1291	10934 5.14 1845
1.40	1335 3.19 311	1634 3.03 426	1929 3.08 509	2123 3.13 558	3078 3.40 756	4044 3.71 904	5537 4.08 1109	7092 4.39 1338	10317 4.79 1861
1.60	625 2.17 216	942 2.33 321	1265 2.48 418	1484 2.60 478	2525 2.90 768	3511 3.17 977	5002 3.60 1203	6532 3.95 1410	9697 4.44 1892
1.80	0 0.00 0	210 1.08 170	541 1.57 295	756 1.78 368	1840 2.42 683	2905 2.79 964	4422 3.16 1279	5950 3.54 1503	9081 4.10 1943
2.00	0 0.00 0	0 0.00 0	0 0.00 0	0 0.00 0	1095 1.76 582	2184 2.31 883	3794 2.79 1285	5346 3.16 1575	8453 3.77 2016
2.50	0 0.00 0	0 0.00 0	0 0.00 0	0 0.00 0	0 0.00 0	0 0.00 0	1952 1.75 1095	3614 2.34 1504	6839 3.03 2185
3.00	0 0.00 0	0 0.00 0	0 0.00 0	0 0.00 0	0 0.00 0	0 0.00 0	0 0.00 0	1699 1.33 1312	5043 2.36 2107
3.50	0 0.00 0	0 0.00 0	0 0.00 0	0 0.00 0	0 0.00 0	0 0.00 0	0 0.00 0	0 0.00 0	3107 1.60 1953

B 55 d1/d = 0.10/0.07   γ = 1.75 konst.   Tabelle 57

$A_S = \mu \cdot b \cdot d$ (0.07 bei 10 % Mittenbew.)   Tafelwerte: $zul.\sigma_{bi} = N/b \cdot d$ (kN/cm²)

e/d \ μ	0.2 %	0.5 %	0.8 %	1.0 %	2.0 %	3.0 %	4.5 %	6.0 %	9.0 %
0.00	1.762	1.834	1.906	1.954	2.194	2.434	2.794	3.154	3.874
0.01	1.724	1.805	1.883	1.933	2.179	2.420	2.780	3.139	3.856
0.02	1.679	1.762	1.845	1.901	2.156	2.400	2.761	3.120	3.836
0.03	1.636	1.717	1.799	1.853	2.122	2.378	2.741	3.100	3.814
0.04	1.595	1.675	1.754	1.807	2.070	2.333	2.717	3.077	3.791
0.05	1.556	1.634	1.712	1.764	2.021	2.278	2.661	3.044	3.766
0.06	1.519	1.595	1.671	1.722	1.975	2.226	2.601	2.976	3.722
0.07	1.483	1.558	1.633	1.682	1.930	2.176	2.544	2.910	3.642
0.08	1.450	1.523	1.596	1.644	1.887	2.128	2.488	2.847	3.564
0.09	1.417	1.489	1.560	1.608	1.846	2.082	2.435	2.787	3.490
0.10	1.383	1.456	1.527	1.573	1.806	2.038	2.384	2.730	3.418
0.12	1.317	1.388	1.459	1.505	1.732	1.955	2.288	2.620	3.283
0.14	1.250	1.322	1.391	1.437	1.660	1.879	2.199	2.519	3.157
0.16	1.185	1.256	1.326	1.371	1.591	1.803	2.117	2.426	3.041
0.18	1.119	1.193	1.262	1.307	1.524	1.732	2.037	2.338	2.933
0.20	1.056	1.131	1.201	1.246	1.460	1.663	1.960	2.253	2.832
0.22	0.993	1.071	1.142	1.187	1.398	1.598	1.887	2.172	2.735
0.24	0.932	1.014	1.086	1.131	1.340	1.536	1.819	2.095	2.642
0.26	0.874	0.959	1.032	1.078	1.285	1.477	1.753	2.024	2.555
0.28	0.817	0.907	0.982	1.028	1.234	1.422	1.692	1.955	2.471
0.30	0.764	0.859	0.935	0.981	1.185	1.370	1.634	1.890	2.394
0.32	0.708	0.813	0.891	0.937	1.139	1.321	1.579	1.829	2.320
0.34	0.651	0.771	0.850	0.896	1.097	1.275	1.528	1.772	2.251
0.36	0.595	0.729	0.812	0.858	1.057	1.232	1.479	1.718	2.184
0.38	0.541	0.680	0.776	0.823	1.019	1.191	1.433	1.667	2.122
0.40	0.488	0.634	0.743	0.790	0.984	1.153	1.390	1.618	2.062
0.42	0.431	0.590	0.702	0.759	0.951	1.117	1.349	1.572	2.006
0.44	0.379	0.548	0.661	0.726	0.920	1.083	1.310	1.528	1.953
0.46	0.332	0.508	0.623	0.688	0.891	1.051	1.274	1.488	1.903
0.48	0.290	0.466	0.587	0.652	0.863	1.021	1.239	1.448	1.855
0.50	0.254	0.426	0.552	0.617	0.838	0.992	1.206	1.411	1.809
0.55	0.185	0.345	0.471	0.540	0.779	0.927	1.131	1.326	1.704
0.60	0.142	0.283	0.397	0.468	0.722	0.870	1.065	1.251	1.610
0.65	0.113	0.237	0.340	0.404	0.658	0.819	1.006	1.183	1.526
0.70	0.094	0.203	0.296	0.354	0.601	0.774	0.953	1.122	1.450
0.75	0.080	0.176	0.260	0.313	0.551	0.731	0.906	1.068	1.381
0.80	0.069	0.155	0.232	0.280	0.506	0.680	0.862	1.018	1.319
0.85	0.061	0.138	0.209	0.253	0.462	0.635	0.823	0.973	1.263
0.90	0.055	0.125	0.189	0.230	0.423	0.593	0.788	0.932	1.210
0.95	0.049	0.114	0.173	0.211	0.390	0.556	0.755	0.894	1.162
1.00	0.045	0.104	0.159	0.194	0.361	0.522	0.719	0.859	1.118
1.10	0.038	0.089	0.137	0.168	0.315	0.460	0.648	0.797	1.038
1.20	0.033	0.078	0.121	0.148	0.279	0.407	0.587	0.743	0.970
1.30	0.029	0.069	0.107	0.132	0.250	0.365	0.535	0.682	0.909
1.40	0.026	0.062	0.097	0.119	0.226	0.331	0.491	0.630	0.857
1.50	0.024	0.057	0.088	0.108	0.206	0.303	0.448	0.584	0.809
1.60	0.022	0.052	0.081	0.099	0.190	0.279	0.413	0.543	0.767
1.70	0.020	0.048	0.075	0.092	0.176	0.258	0.382	0.507	0.726
1.80	0.019	0.044	0.069	0.085	0.164	0.240	0.356	0.474	0.683
1.90	0.017	0.041	0.065	0.080	0.153	0.225	0.333	0.443	0.645
2.00	0.016	0.039	0.060	0.075	0.144	0.211	0.313	0.416	0.611
2.20	0.014	0.034	0.054	0.066	0.128	0.189	0.279	0.371	0.551
2.40	0.013	0.031	0.048	0.060	0.115	0.170	0.252	0.335	0.502
2.60	0.012	0.028	0.044	0.054	0.105	0.155	0.230	0.305	0.457
2.80	0.011	0.026	0.040	0.050	0.096	0.142	0.211	0.280	0.420
3.00	0.010	0.024	0.037	0.046	0.089	0.132	0.195	0.259	0.388
4.00	0.007	0.017	0.027	0.033	0.064	0.095	0.141	0.188	0.281
5.00	0.005	0.013	0.021	0.026	0.051	0.075	0.111	0.147	0.220
6.00	0.004	0.011	0.017	0.021	0.042	0.061	0.091	0.121	0.181
7.00	0.004	0.009	0.015	0.018	0.035	0.052	0.077	0.103	0.154
8.00	0.003	0.008	0.013	0.016	0.031	0.045	0.067	0.089	0.133
9.00	0.003	0.007	0.011	0.014	0.027	0.040	0.059	0.079	0.118
10.00	0.003	0.006	0.010	0.012	0.024	0.036	0.053	0.071	0.106

e/d \ μ	0.2 %	0.5 %	0.8 %	1.0 %	1.2 %	1.4 %	1.6 %	1.8 %	2.0 %
0.00	1.469	1.529	1.589	1.629	1.669	1.709	1.749	1.789	1.829
0.01	1.435	1.501	1.565	1.606	1.648	1.689	1.730	1.771	1.811
0.02	1.398	1.465	1.532	1.577	1.620	1.662	1.704	1.746	1.787
0.03	1.361	1.427	1.493	1.536	1.580	1.624	1.668	1.711	1.755
0.04	1.327	1.391	1.455	1.498	1.540	1.583	1.625	1.668	1.711
0.05	1.294	1.357	1.419	1.461	1.502	1.544	1.585	1.627	1.668
0.06	1.263	1.324	1.385	1.426	1.466	1.506	1.547	1.588	1.628
0.07	1.234	1.293	1.353	1.392	1.432	1.471	1.511	1.550	1.590
0.08	1.206	1.263	1.321	1.360	1.399	1.437	1.476	1.515	1.553
0.09	1.178	1.235	1.292	1.330	1.367	1.405	1.443	1.481	1.519
0.10	1.150	1.207	1.263	1.300	1.337	1.374	1.411	1.448	1.485
0.12	1.094	1.149	1.205	1.241	1.277	1.313	1.349	1.385	1.421
0.14	1.038	1.093	1.147	1.182	1.218	1.253	1.288	1.323	1.358
0.16	0.987	1.038	1.090	1.125	1.160	1.195	1.229	1.263	1.297
0.18	0.943	0.994	1.043	1.076	1.108	1.140	1.172	1.205	1.238
0.20	0.900	0.951	1.000	1.032	1.064	1.096	1.127	1.158	1.189
0.22	0.857	0.909	0.959	0.991	1.022	1.053	1.084	1.115	1.145
0.24	0.816	0.870	0.919	0.951	0.982	1.013	1.043	1.073	1.103
0.26	0.777	0.832	0.882	0.913	0.944	0.975	1.005	1.034	1.064
0.28	0.739	0.796	0.846	0.878	0.909	0.939	0.968	0.998	1.026
0.30	0.704	0.762	0.813	0.845	0.875	0.905	0.934	0.963	0.991
0.32	0.671	0.731	0.782	0.814	0.844	0.873	0.902	0.930	0.958
0.34	0.637	0.702	0.753	0.784	0.814	0.844	0.872	0.900	0.927
0.36	0.580	0.675	0.726	0.757	0.787	0.816	0.844	0.871	0.898
0.38	0.524	0.646	0.701	0.732	0.762	0.790	0.817	0.844	0.871
0.40	0.470	0.606	0.678	0.709	0.738	0.766	0.793	0.819	0.845
0.42	0.414	0.559	0.653	0.687	0.715	0.743	0.769	0.795	0.821
0.44	0.364	0.515	0.625	0.665	0.694	0.721	0.747	0.773	0.798
0.46	0.318	0.474	0.584	0.642	0.675	0.701	0.727	0.752	0.777
0.48	0.278	0.433	0.546	0.609	0.653	0.682	0.708	0.732	0.756
0.50	0.243	0.396	0.510	0.573	0.631	0.663	0.689	0.713	0.737
0.55	0.177	0.320	0.428	0.492	0.549	0.602	0.645	0.671	0.693
0.60	0.135	0.263	0.362	0.422	0.479	0.529	0.578	0.624	0.653
0.65	0.108	0.221	0.311	0.366	0.418	0.468	0.514	0.558	0.600
0.70	0.089	0.189	0.271	0.321	0.368	0.415	0.460	0.501	0.541
0.75	0.076	0.165	0.239	0.285	0.328	0.370	0.412	0.453	0.491
0.80	0.066	0.145	0.214	0.255	0.295	0.334	0.372	0.410	0.447
0.85	0.058	0.130	0.193	0.231	0.268	0.304	0.339	0.374	0.408
0.90	0.052	0.117	0.175	0.211	0.245	0.278	0.311	0.343	0.375
0.95	0.047	0.107	0.160	0.194	0.226	0.256	0.287	0.317	0.347
1.00	0.043	0.098	0.148	0.179	0.209	0.238	0.266	0.294	0.322
1.10	0.037	0.084	0.128	0.155	0.182	0.207	0.232	0.257	0.282
1.20	0.032	0.074	0.112	0.137	0.160	0.183	0.206	0.228	0.250
1.30	0.028	0.066	0.100	0.122	0.144	0.164	0.185	0.205	0.225
1.40	0.025	0.059	0.090	0.110	0.130	0.149	0.167	0.186	0.204
1.50	0.023	0.054	0.082	0.101	0.118	0.136	0.153	0.170	0.187
1.60	0.021	0.049	0.075	0.092	0.109	0.125	0.141	0.157	0.172
1.70	0.019	0.045	0.070	0.085	0.101	0.116	0.131	0.145	0.159
1.80	0.018	0.042	0.065	0.079	0.094	0.108	0.121	0.135	0.148
1.90	0.017	0.039	0.061	0.074	0.087	0.101	0.114	0.127	0.139
2.00	0.015	0.037	0.057	0.070	0.082	0.095	0.107	0.119	0.131
2.20	0.014	0.033	0.050	0.062	0.073	0.084	0.095	0.106	0.117
2.40	0.012	0.029	0.045	0.056	0.066	0.076	0.086	0.096	0.105
2.60	0.011	0.027	0.041	0.051	0.060	0.069	0.078	0.087	0.096
2.80	0.010	0.024	0.038	0.047	0.055	0.063	0.072	0.080	0.088
3.00	0.009	0.023	0.035	0.043	0.051	0.059	0.066	0.074	0.081
4.00	0.007	0.016	0.025	0.031	0.037	0.043	0.048	0.054	0.059
5.00	0.005	0.013	0.020	0.024	0.029	0.033	0.038	0.042	0.046
6.00	0.004	0.010	0.016	0.020	0.024	0.027	0.031	0.035	0.038
7.00	0.004	0.009	0.014	0.017	0.020	0.023	0.026	0.029	0.032
8.00	0.003	0.008	0.012	0.015	0.017	0.020	0.023	0.026	0.028
9.00	0.003	0.007	0.011	0.013	0.015	0.018	0.020	0.023	0.025
10.00	0.002	0.006	0.009	0.012	0.014	0.016	0.018	0.020	0.022

Tabelle 58

Regelbemessung

$\gamma = 2{,}10$ bis $1{,}75$

Beton: **B 55**

$d_1/d = 0{,}15$

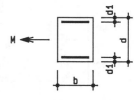

$e/d = M/N \cdot d$

$\text{ges.} A_s = \mu \cdot b \cdot d$

Tafelwerte:

$\text{zul.} \sigma_{bi} = N/b \cdot d$ (kN/cm²)

2,5 %	3,0 %	4,5 %	6,0 %	7,5 %	9,0 %	μ / e/d
1.929	2.029	2.329	2.629	2.929	3.229	0.00
1.912	2.012	2.312	2.611	2.910	3.208	0.01
1.889	1.991	2.292	2.591	2.888	3.186	0.02
1.864	1.966	2.269	2.568	2.865	3.161	0.03
1.817	1.924	2.244	2.543	2.840	3.136	0.04
1.772	1.877	2.188	2.500	2.813	3.109	0.05
1.729	1.831	2.135	2.440	2.745	3.049	0.06
1.689	1.788	2.085	2.383	2.680	2.977	0.07
1.650	1.747	2.037	2.327	2.618	2.908	0.08
1.613	1.707	1.991	2.275	2.558	2.843	0.09
1.578	1.670	1.947	2.225	2.502	2.780	0.10
1.511	1.600	1.865	2.130	2.397	2.662	0.12
1.445	1.531	1.789	2.044	2.299	2.554	0.14
1.382	1.465	1.715	1.962	2.208	2.454	0.16
1.321	1.402	1.644	1.883	2.121	2.359	0.18
1.266	1.342	1.576	1.808	2.039	2.268	0.20
1.220	1.294	1.514	1.738	1.961	2.183	0.22
1.177	1.249	1.464	1.675	1.888	2.102	0.24
1.136	1.207	1.416	1.623	1.827	2.031	0.26
1.097	1.167	1.372	1.573	1.772	1.971	0.28
1.061	1.129	1.329	1.525	1.720	1.914	0.30
1.027	1.093	1.289	1.481	1.671	1.859	0.32
0.994	1.060	1.251	1.439	1.624	1.808	0.34
0.964	1.028	1.216	1.399	1.580	1.759	0.36
0.935	0.999	1.182	1.361	1.538	1.713	0.38
0.909	0.970	1.150	1.325	1.498	1.670	0.40
0.883	0.944	1.120	1.291	1.460	1.628	0.42
0.859	0.919	1.091	1.259	1.425	1.589	0.44
0.837	0.895	1.064	1.228	1.390	1.551	0.46
0.815	0.872	1.038	1.199	1.358	1.515	0.48
0.795	0.851	1.014	1.171	1.327	1.481	0.50
0.749	0.802	0.957	1.107	1.255	1.402	0.55
0.708	0.759	0.906	1.050	1.191	1.331	0.60
0.671	0.720	0.861	0.998	1.133	1.267	0.65
0.635	0.685	0.820	0.952	1.081	1.209	0.70
0.582	0.653	0.783	0.909	1.033	1.156	0.75
0.533	0.615	0.750	0.870	0.989	1.107	0.80
0.491	0.568	0.719	0.835	0.949	1.063	0.85
0.454	0.527	0.690	0.802	0.912	1.021	0.90
0.421	0.491	0.665	0.772	0.878	0.984	0.95
0.391	0.459	0.642	0.744	0.847	0.948	1.00
0.343	0.404	0.576	0.694	0.790	0.886	1.10
0.305	0.359	0.517	0.653	0.740	0.830	1.20
0.274	0.323	0.468	0.607	0.697	0.782	1.30
0.249	0.294	0.427	0.556	0.661	0.738	1.40
0.228	0.269	0.392	0.511	0.628	0.699	1.50
0.210	0.248	0.362	0.474	0.583	0.666	1.60
0.195	0.230	0.336	0.441	0.543	0.640	1.70
0.182	0.215	0.314	0.412	0.508	0.604	1.80
0.170	0.201	0.294	0.387	0.477	0.568	1.90
0.160	0.189	0.276	0.364	0.450	0.535	2.00
0.143	0.169	0.247	0.326	0.403	0.480	2.20
0.129	0.153	0.224	0.295	0.365	0.435	2.40
0.118	0.139	0.204	0.269	0.334	0.398	2.60
0.108	0.128	0.187	0.247	0.307	0.366	2.80
0.100	0.119	0.174	0.229	0.284	0.339	3.00
0.073	0.086	0.126	0.166	0.206	0.247	4.00
0.057	0.068	0.099	0.131	0.163	0.194	5.00
0.047	0.056	0.082	0.108	0.134	0.160	6.00
0.040	0.047	0.070	0.091	0.114	0.136	7.00
0.035	0.041	0.060	0.080	0.099	0.118	8.00
0.031	0.036	0.053	0.070	0.087	0.104	9.00
0.028	0.033	0.048	0.063	0.078	0.093	10.00

B 55
$d_1/d = 0{,}15$

1. Zeile: $M_u/1{,}75 \cdot d^2 \cdot b$ (kN/m²)
2. Zeile: $1000 \cdot k_u \cdot d$
3. Zeile: $B_{II}/1000 \cdot 1{,}75 \cdot d^3 \cdot b$ (kN/m²)

Tabelle 59

σ_{bi} \ µ	0,2 %	0,5 %	0,8 %	1,0 %	2,0 %	3,0 %	4,5 %	6,0 %	9,0 %
0.00	241 3.33 73	582 3.58 162	910 3.76 240	1122 3.86 288	2160 4.28 494	3163 4.56 670	4643 4.93 906	6119 5.19 1126	9082 5.58 1549
0.10	668 4.04 91	986 4.08 164	1298 4.20 236	1506 4.30 282	2511 4.60 481	3497 4.87 652	4968 5.18 883	6448 5.44 1100	9408 5.76 1526
0.20	1057 4.73 124	1362 4.65 180	1659 4.67 240	1862 4.72 280	2841 4.97 467	3821 5.21 631	5290 5.47 858	6768 5.70 1075	9740 5.99 1503
0.30	1405 5.38 147	1698 5.14 197	1986 5.11 248	2183 5.14 283	3154 5.34 452	4130 5.55 609	5604 5.79 832	7086 5.96 1050	10059 6.19 1482
0.40	1701 5.87 163	1989 5.60 210	2278 5.61 253	2470 5.61 282	3448 5.80 434	4430 5.96 585	5907 6.13 807	7384 6.23 1026	10347 6.37 1463
0.50	1944 6.44 171	2236 6.19 214	2528 6.15 252	2723 6.17 278	3702 6.24 418	4684 6.33 565	6161 6.41 786	7644 6.47 1006	10616 6.54 1445
0.60	2118 6.75 180	2415 6.61 216	2712 6.60 249	2910 6.60 274	3900 6.60 405	4894 6.63 548	6384 6.66 767	7876 6.69 987	10865 6.72 1429
0.70	2231 6.86 190	2531 6.86 218	2831 6.84 252	3031 6.83 274	4031 6.84 397	5031 6.84 535	6531 6.82 753	8031 6.83 974	11031 6.83 1417
0.80	2252 5.98 228	2514 6.02 255	2783 6.09 283	2965 6.14 304	3899 6.28 416	4860 6.38 544	6323 6.49 755	7802 6.54 973	10776 6.63 1414
1.00	2151 4.68 305	2381 4.72 337	2616 4.82 364	2775 4.90 383	3616 5.26 472	4504 5.52 582	5891 5.78 772	7322 5.97 979	10231 6.20 1413
1.20	1845 3.81 346	2086 3.83 397	2322 3.91 438	2480 3.97 463	3287 4.37 555	4133 4.74 645	5457 5.13 808	6839 5.42 997	9700 5.78 1417
1.40	1322 3.26 298	1602 3.18 391	1867 3.25 455	2041 3.31 495	2884 3.65 636	3723 4.03 732	5014 4.51 872	6360 4.89 1036	9159 5.37 1428
1.60	617 2.28 199	918 2.46 290	1222 2.65 371	1422 2.75 423	2373 3.10 658	3251 3.46 804	4549 3.95 957	5877 4.39 1099	8624 4.96 1454
1.80	0 0.00 0	186 1.08 147	508 1.68 255	713 1.91 317	1728 2.61 583	2699 2.99<>815	4045 3.46 1031	5372 3.91 1180	8095 4.59 1493
2.00	0 0.00 0	0 0.00 0	0 0.00 0	0 0.00 0	1017 1.92 488	2021 2.51 740	3478 3.05 1062	4831 3.49 1257	7552 4.21 1552
2.50	0 0.00 0	0 0.00 0	0 0.00 0	0 0.00 0	0 0.00 0	0 0.00 0	1765 1.93 896	3274 2.57 1232	6135 3.35 1731
3.00	0 0.00 0	0 0.00 0	0 0.00 0	0 0.00 0	0 0.00 0	0 0.00 0	0 0.00 0	1512 1.47 1051	4532 2.62 1705
3.50	0 0.00 0	0 0.00 0	0 0.00 0	0 0.00 0	0 0.00 0	0 0.00 0	0 0.00 0	0 0.00 0	2762 1.80 1559

B 55 $d_1/d = 0.15$ $\gamma = 1.75$ konst. **Tabelle 60**

ges.$A_s = \mu \cdot b \cdot d$ Tafelwerte: zul.$\sigma_{bi} = N/b \cdot d$ (kN/cm²)

e/d \ μ	0.2 %	0.5 %	0.8 %	1.0 %	2.0 %	3.0 %	4.5 %	6.0 %	9.0 %
0.00	1.762	1.834	1.906	1.954	2.194	2.434	2.794	3.154	3.874
0.01	1.722	1.801	1.878	1.928	2.173	2.415	2.775	3.134	3.850
0.02	1.677	1.758	1.839	1.893	2.144	2.389	2.750	3.109	3.823
0.03	1.634	1.712	1.791	1.844	2.106	2.359	2.722	3.081	3.794
0.04	1.593	1.669	1.746	1.797	2.053	2.309	2.692	3.051	3.763
0.05	1.553	1.628	1.703	1.753	2.002	2.252	2.626	3.001	3.730
0.06	1.516	1.589	1.662	1.711	1.954	2.197	2.563	2.928	3.659
0.07	1.480	1.552	1.623	1.670	1.908	2.145	2.502	2.859	3.572
0.08	1.447	1.516	1.586	1.632	1.864	2.096	2.444	2.793	3.490
0.09	1.414	1.482	1.550	1.596	1.822	2.049	2.389	2.730	3.411
0.10	1.380	1.448	1.515	1.560	1.782	2.004	2.337	2.670	3.336
0.12	1.312	1.379	1.445	1.489	1.705	1.919	2.238	2.557	3.194
0.14	1.245	1.311	1.376	1.419	1.630	1.838	2.146	2.453	3.064
0.16	1.179	1.244	1.308	1.350	1.557	1.759	2.058	2.355	2.945
0.18	1.113	1.179	1.242	1.284	1.486	1.683	1.973	2.260	2.830
0.20	1.048	1.115	1.178	1.220	1.419	1.610	1.892	2.170	2.722
0.22	0.984	1.053	1.118	1.158	1.354	1.541	1.815	2.085	2.619
0.24	0.922	0.994	1.059	1.100	1.294	1.477	1.743	2.005	2.522
0.26	0.862	0.937	1.004	1.045	1.237	1.416	1.675	1.930	2.432
0.28	0.804	0.884	0.952	0.993	1.183	1.359	1.612	1.859	2.346
0.30	0.749	0.833	0.903	0.945	1.133	1.306	1.553	1.793	2.267
0.32	0.696	0.787	0.857	0.900	1.086	1.255	1.497	1.730	2.190
0.34	0.638	0.743	0.815	0.858	1.043	1.209	1.444	1.672	2.120
0.36	0.580	0.703	0.776	0.819	1.002	1.165	1.395	1.618	2.053
0.38	0.524	0.655	0.741	0.783	0.964	1.124	1.349	1.566	1.991
0.40	0.470	0.606	0.708	0.750	0.929	1.086	1.306	1.518	1.931
0.42	0.414	0.559	0.667	0.719	0.896	1.050	1.265	1.471	1.875
0.44	0.364	0.515	0.625	0.686	0.865	1.016	1.227	1.428	1.823
0.46	0.318	0.474	0.584	0.648	0.836	0.984	1.190	1.388	1.773
0.48	0.278	0.433	0.546	0.609	0.809	0.954	1.156	1.350	1.726
0.50	0.243	0.396	0.510	0.573	0.784	0.927	1.124	1.313	1.681
0.55	0.177	0.320	0.428	0.492	0.727	0.863	1.051	1.230	1.577
0.60	0.135	0.263	0.362	0.422	0.667	0.807	0.986	1.157	1.487
0.65	0.108	0.221	0.311	0.366	0.600	0.759	0.929	1.092	1.405
0.70	0.089	0.189	0.271	0.321	0.541	0.716	0.878	1.033	1.333
0.75	0.076	0.165	0.239	0.285	0.491	0.667	0.832	0.981	1.268
0.80	0.066	0.145	0.214	0.255	0.447	0.615	0.791	0.934	1.208
0.85	0.058	0.130	0.193	0.231	0.408	0.568	0.755	0.891	1.153
0.90	0.052	0.117	0.175	0.211	0.375	0.527	0.721	0.852	1.104
0.95	0.047	0.107	0.160	0.194	0.347	0.491	0.686	0.816	1.058
1.00	0.043	0.098	0.148	0.179	0.322	0.459	0.648	0.783	1.017
1.10	0.037	0.084	0.128	0.155	0.282	0.404	0.576	0.725	0.943
1.20	0.032	0.074	0.112	0.137	0.250	0.359	0.517	0.667	0.878
1.30	0.028	0.066	0.100	0.122	0.225	0.323	0.468	0.607	0.822
1.40	0.025	0.059	0.090	0.110	0.204	0.294	0.427	0.555	0.773
1.50	0.023	0.054	0.082	0.101	0.187	0.269	0.392	0.511	0.730
1.60	0.021	0.049	0.075	0.092	0.172	0.248	0.362	0.474	0.689
1.70	0.019	0.045	0.070	0.085	0.159	0.230	0.336	0.441	0.645
1.80	0.018	0.042	0.065	0.079	0.148	0.215	0.314	0.412	0.604
1.90	0.017	0.039	0.061	0.074	0.139	0.201	0.294	0.387	0.567
2.00	0.015	0.037	0.057	0.070	0.131	0.189	0.276	0.364	0.535
2.20	0.014	0.033	0.050	0.062	0.117	0.169	0.247	0.326	0.480
2.40	0.012	0.029	0.045	0.056	0.105	0.153	0.224	0.295	0.435
2.60	0.011	0.027	0.041	0.051	0.096	0.139	0.204	0.269	0.397
2.80	0.010	0.024	0.038	0.047	0.088	0.128	0.187	0.247	0.366
3.00	0.009	0.023	0.035	0.043	0.081	0.119	0.174	0.229	0.339
4.00	0.007	0.016	0.025	0.031	0.059	0.086	0.126	0.166	0.247
5.00	0.005	0.013	0.020	0.024	0.046	0.068	0.099	0.131	0.194
6.00	0.004	0.010	0.016	0.020	0.038	0.056	0.082	0.108	0.160
7.00	0.004	0.009	0.014	0.017	0.032	0.047	0.070	0.091	0.136
8.00	0.003	0.008	0.012	0.015	0.028	0.041	0.060	0.080	0.118
9.00	0.003	0.007	0.011	0.013	0.025	0.036	0.053	0.070	0.104
10.00	0.002	0.006	0.009	0.012	0.022	0.033	0.048	0.063	0.093

e/d \ μ	0.2 %	0.5 %	0.8 %	1.0 %	1.2 %	1.4 %	1.6 %	1.8 %	2.0 %
0.00	1.469	1.529	1.589	1.629	1.669	1.709	1.749	1.789	1.829
0.01	1.433	1.497	1.560	1.601	1.642	1.683	1.724	1.765	1.805
0.02	1.396	1.462	1.526	1.568	1.610	1.651	1.693	1.734	1.775
0.03	1.360	1.423	1.487	1.529	1.572	1.614	1.657	1.699	1.742
0.04	1.325	1.387	1.449	1.490	1.531	1.572	1.614	1.655	1.696
0.05	1.293	1.353	1.412	1.452	1.492	1.533	1.573	1.613	1.653
0.06	1.262	1.320	1.378	1.417	1.456	1.495	1.534	1.573	1.612
0.07	1.232	1.288	1.345	1.383	1.421	1.459	1.497	1.535	1.573
0.08	1.204	1.259	1.314	1.351	1.388	1.425	1.462	1.499	1.536
0.09	1.176	1.230	1.284	1.320	1.357	1.392	1.428	1.464	1.501
0.10	1.148	1.201	1.254	1.290	1.325	1.361	1.396	1.432	1.467
0.12	1.091	1.143	1.194	1.228	1.263	1.297	1.331	1.365	1.399
0.14	1.034	1.085	1.134	1.168	1.201	1.234	1.267	1.300	1.332
0.16	0.978	1.028	1.076	1.108	1.141	1.173	1.205	1.236	1.268
0.18	0.928	0.974	1.019	1.051	1.082	1.113	1.144	1.175	1.206
0.20	0.883	0.929	0.974	1.004	1.034	1.063	1.092	1.121	1.150
0.22	0.840	0.886	0.931	0.960	0.989	1.018	1.047	1.075	1.103
0.24	0.798	0.845	0.890	0.919	0.948	0.976	1.004	1.032	1.059
0.26	0.757	0.805	0.851	0.880	0.908	0.936	0.964	0.991	1.018
0.28	0.717	0.767	0.813	0.843	0.871	0.899	0.926	0.953	0.979
0.30	0.679	0.730	0.776	0.806	0.834	0.863	0.890	0.917	0.943
0.32	0.644	0.696	0.742	0.771	0.799	0.827	0.854	0.882	0.908
0.34	0.609	0.664	0.710	0.739	0.767	0.794	0.821	0.847	0.873
0.36	0.563	0.635	0.681	0.709	0.736	0.763	0.789	0.815	0.840
0.38	0.507	0.605	0.653	0.681	0.708	0.734	0.760	0.785	0.810
0.40	0.453	0.570	0.628	0.656	0.682	0.707	0.732	0.757	0.781
0.42	0.400	0.524	0.602	0.632	0.658	0.683	0.707	0.731	0.755
0.44	0.351	0.481	0.575	0.609	0.635	0.659	0.683	0.707	0.730
0.46	0.307	0.442	0.536	0.583	0.614	0.638	0.661	0.684	0.707
0.48	0.268	0.404	0.500	0.555	0.590	0.618	0.640	0.663	0.685
0.50	0.235	0.370	0.466	0.520	0.567	0.597	0.621	0.643	0.664
0.55	0.171	0.300	0.392	0.445	0.493	0.538	0.571	0.598	0.618
0.60	0.131	0.248	0.333	0.383	0.429	0.472	0.513	0.549	0.574
0.65	0.105	0.209	0.288	0.333	0.377	0.417	0.456	0.493	0.528
0.70	0.087	0.180	0.252	0.294	0.334	0.372	0.408	0.442	0.476
0.75	0.074	0.156	0.223	0.262	0.298	0.334	0.368	0.400	0.432
0.80	0.064	0.138	0.200	0.236	0.269	0.302	0.334	0.364	0.394
0.85	0.057	0.124	0.180	0.214	0.245	0.275	0.305	0.334	0.362
0.90	0.051	0.112	0.164	0.196	0.225	0.253	0.280	0.307	0.334
0.95	0.046	0.102	0.151	0.180	0.207	0.234	0.259	0.284	0.309
1.00	0.042	0.094	0.139	0.167	0.193	0.217	0.241	0.265	0.288
1.10	0.036	0.081	0.121	0.145	0.168	0.190	0.211	0.232	0.253
1.20	0.031	0.071	0.106	0.128	0.149	0.169	0.188	0.207	0.225
1.30	0.027	0.063	0.095	0.115	0.133	0.152	0.169	0.186	0.203
1.40	0.025	0.057	0.086	0.104	0.121	0.138	0.154	0.169	0.185
1.50	0.022	0.052	0.078	0.095	0.111	0.126	0.141	0.155	0.169
1.60	0.020	0.047	0.072	0.087	0.102	0.116	0.130	0.143	0.157
1.70	0.019	0.044	0.066	0.081	0.094	0.107	0.120	0.133	0.145
1.80	0.017	0.040	0.062	0.075	0.088	0.100	0.112	0.124	0.136
1.90	0.016	0.038	0.058	0.070	0.082	0.094	0.105	0.116	0.127
2.00	0.015	0.035	0.054	0.066	0.077	0.088	0.099	0.109	0.120
2.20	0.013	0.032	0.048	0.059	0.069	0.079	0.088	0.098	0.107
2.40	0.012	0.028	0.043	0.053	0.062	0.071	0.080	0.088	0.097
2.60	0.011	0.026	0.039	0.048	0.057	0.065	0.073	0.080	0.088
2.80	0.010	0.024	0.036	0.044	0.052	0.059	0.067	0.074	0.081
3.00	0.009	0.022	0.033	0.041	0.048	0.055	0.062	0.068	0.075
4.00	0.007	0.016	0.024	0.030	0.035	0.040	0.045	0.050	0.055
5.00	0.005	0.012	0.019	0.023	0.027	0.031	0.035	0.039	0.043
6.00	0.004	0.010	0.016	0.019	0.022	0.026	0.029	0.032	0.035
7.00	0.004	0.008	0.013	0.016	0.019	0.022	0.025	0.027	0.030
8.00	0.003	0.007	0.011	0.014	0.016	0.019	0.021	0.024	0.026
9.00	0.003	0.006	0.010	0.012	0.015	0.017	0.019	0.021	0.023
10.00	0.002	0.006	0.009	0.011	0.013	0.015	0.017	0.019	0.021

Tabelle 61

Regelbemessung

$\gamma = 2{,}10$ bis $1{,}75$

Beton: **B 55**

$d_1/d = 0{,}20$

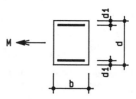

$e/d = M/N \cdot d$

ges. $A_s = \mu \cdot b \cdot d$

Tafelwerte:

zul. $\sigma_{bi} = N/b \cdot d$ (kN/cm²)

2,5 %	3,0 %	4,5 %	6,0 %	7,5 %	9,0 %	μ / e/d
1.929	2.029	2.329	2.629	2.929	3.229	0.00
1.906	2.006	2.306	2.605	2.903	3.201	0.01
1.877	1.978	2.278	2.576	2.873	3.170	0.02
1.845	1.946	2.247	2.545	2.841	3.136	0.03
1.800	1.904	2.215	2.512	2.807	3.101	0.04
1.754	1.854	2.157	2.461	2.766	3.064	0.05
1.710	1.807	2.102	2.397	2.693	2.989	0.06
1.668	1.763	2.050	2.337	2.624	2.913	0.07
1.628	1.721	2.000	2.280	2.560	2.840	0.08
1.591	1.681	1.953	2.226	2.498	2.771	0.09
1.555	1.643	1.908	2.174	2.440	2.706	0.10
1.484	1.569	1.823	2.078	2.331	2.585	0.12
1.415	1.496	1.741	1.984	2.228	2.471	0.14
1.347	1.426	1.661	1.896	2.130	2.363	0.16
1.283	1.359	1.586	1.811	2.036	2.260	0.18
1.221	1.295	1.515	1.732	1.949	2.164	0.20
1.173	1.243	1.449	1.657	1.866	2.074	0.22
1.128	1.196	1.397	1.596	1.794	1.991	0.24
1.085	1.151	1.347	1.541	1.733	1.924	0.26
1.045	1.110	1.300	1.489	1.676	1.862	0.28
1.007	1.071	1.257	1.440	1.622	1.803	0.30
0.972	1.034	1.216	1.394	1.571	1.748	0.32
0.938	1.000	1.177	1.351	1.524	1.695	0.34
0.903	0.965	1.141	1.311	1.479	1.646	0.36
0.871	0.931	1.107	1.273	1.437	1.599	0.38
0.841	0.899	1.071	1.237	1.397	1.556	0.40
0.813	0.870	1.037	1.202	1.359	1.514	0.42
0.786	0.842	1.005	1.164	1.323	1.474	0.44
0.762	0.816	0.974	1.130	1.284	1.437	0.46
0.738	0.791	0.945	1.097	1.247	1.397	0.48
0.717	0.768	0.918	1.066	1.212	1.358	0.50
0.667	0.716	0.857	0.996	1.133	1.270	0.55
0.625	0.670	0.803	0.934	1.063	1.192	0.60
0.587	0.630	0.756	0.879	1.001	1.123	0.65
0.547	0.595	0.714	0.831	0.947	1.062	0.70
0.507	0.561	0.677	0.788	0.898	1.007	0.75
0.465	0.527	0.643	0.749	0.854	0.958	0.80
0.428	0.493	0.612	0.713	0.814	0.913	0.85
0.397	0.457	0.585	0.681	0.777	0.872	0.90
0.369	0.426	0.559	0.652	0.743	0.835	0.95
0.344	0.399	0.535	0.625	0.713	0.800	1.00
0.304	0.353	0.487	0.577	0.659	0.740	1.10
0.271	0.316	0.444	0.536	0.612	0.688	1.20
0.245	0.286	0.403	0.499	0.572	0.642	1.30
0.223	0.260	0.369	0.464	0.537	0.603	1.40
0.205	0.239	0.339	0.434	0.506	0.568	1.50
0.189	0.221	0.314	0.406	0.477	0.536	1.60
0.175	0.205	0.293	0.378	0.449	0.509	1.70
0.164	0.192	0.274	0.354	0.425	0.484	1.80
0.154	0.180	0.257	0.333	0.403	0.460	1.90
0.145	0.170	0.242	0.314	0.383	0.439	2.00
0.130	0.152	0.218	0.282	0.346	0.399	2.20
0.117	0.137	0.197	0.256	0.314	0.367	2.40
0.107	0.125	0.180	0.234	0.287	0.339	2.60
0.098	0.115	0.166	0.215	0.265	0.314	2.80
0.091	0.107	0.153	0.200	0.245	0.291	3.00
0.066	0.078	0.112	0.146	0.180	0.214	4.00
0.052	0.061	0.088	0.115	0.142	0.168	5.00
0.043	0.051	0.073	0.095	0.117	0.139	6.00
0.037	0.043	0.062	0.081	0.100	0.118	7.00
0.032	0.037	0.054	0.070	0.087	0.103	8.00
0.028	0.033	0.048	0.062	0.077	0.091	9.00
0.025	0.030	0.043	0.056	0.069	0.082	10.00

B 55 Tabelle 62

$d_1/d = 0{,}20$

1. Zeile: $M_u/1{,}75 \cdot d^2 \cdot b$ (kN/m²)
2. Zeile: $1000 \cdot k_u \cdot d$
3. Zeile: $B_{II}/1000 \cdot 1{,}75 \cdot d^3 \cdot b$ (kN/m²)

σ_{bi} \ μ	0,2 %	0,5 %	0,8 %	1,0 %	2,0 %	3,0 %	4,5 %	6,0 %	9,0 %
0.00	235 3.69 65	565 3.94 142	871 4.14 208	1072 4.25 248	2009 4.74 411	2888 5.07 543	4170 5.51 712	5443 5.87 865	7980 6.36 1162
0.10	659 4.45 83	963 4.50 143	1249 4.63 203	1440 4.74 240	2331 5.10 397	3188 5.41 523	4458 5.84 687	5728 6.17 839	8249 6.58 1141
0.20	1048 5.18 111	1326 5.06 158	1598 5.11 206	1773 5.16 238	2630 5.47 381	3475 5.77 501	4739 6.18 661	5994 6.44 814	8506 6.80 1121
0.30	1389 5.79 133	1648 5.53 174	1904 5.57 212	2073 5.60 238	2912 5.91 364	3748 6.21 477	4996 6.53 636	6244 6.73 791	8751 7.01 1102
0.40	1680 6.32 149	1929 6.10 184	2176 6.10 216	2343 6.14 236	3166 6.41 346	3990 6.62 455	5231 6.84 614	6478 7.01 771	8985 7.23 1085
0.50	1912 6.88 157	2155 6.66 188	2399 6.67 215	2562 6.70 233	3379 6.86 332	4202 7.01 436	5443 7.17 594	6690 7.29 753	9102 7.31 1074
0.60	2083 7.22 163	2326 7.15 188	2571 7.17 213	2734 7.18 229	3555 7.28 320	4375 7.35 420	5533 7.26 582	6680 7.21 744	8963 7.15 1069
0.70	2181 6.95 182	2405 6.95 203	2631 6.96 226	2781 6.96 242	3535 6.98 326	4291 6.99 424	5422 6.99 581	6558 6.99 741	8824 6.99 1065
0.80	2212 6.15 216	2413 6.25 234	2619 6.33 252	2758 6.38 266	3472 6.54 342	4203 6.63 431	5315 6.72 581	6434 6.78 739	8683 6.84 1061
1.00	2127 4.90 284	2316 5.02 302	2511 5.20 314	2643 5.32 325	3323 5.73 381	4019 5.97 458	5093 6.21 591	6189 6.36 740	8406 6.53 1056
1.20	1828 3.95 327	2038 4.03 363	2245 4.19 383	2381 4.29 398	3065 4.81 449	3772 5.27 504	4859 5.71 615	5935 5.94 751	8129 6.23 1055
1.40	1312 3.33 287	1568 3.30 365	1812 3.45 405	1967 3.52 435	2706 3.99 522	3421 4.47 579	4518 5.09 662	5655 5.52 775	7846 5.93 1061
1.60	605 2.32 189	898 2.61 262	1186 2.84 329	1378 2.95 373	2241 3.35 556	3008 3.79 649	4123 4.43 736	5243 4.95 824	7560 5.63 1073
1.80	0 0.00 0	165 1.08 128	485 1.83 219	675 2.05 273	1629 2.83<ь>496	2507 3.25 677	3681 3.85 810	4815 4.40 896	7128 5.22 1104
2.00	0 0.00 0	0 0.00 0	0 0.00 0	0 0.00 0	938 2.09 408	1884 2.77 617	3175 3.36 856	4351 3.90 970	6670 4.79 1150
2.50	0 0.00 0	0 0.00 0	0 0.00 0	0 0.00 0	0 0.00 0	0 0.00 0	1596 2.18 726	2995 2.89 1000	5451 3.77 1323
3.00	0 0.00 0	0 0.00 0	0 0.00 0	0 0.00 0	0 0.00 0	0 0.00 0	0 0.00 0	1317 1.64 827	4058 2.94 1361
3.50	0 0.00 0	0 0.00 0	0 0.00 0	0 0.00 0	0 0.00 0	0 0.00 0	0 0.00 0	0 0.00 0	2443 2.04 1222

B 55 $d_1/d = 0.20$ $\gamma = 1.75$ konst. **Tabelle 63**

ges.$A_s = \mu \cdot b \cdot d$ Tafelwerte: zul.$\sigma_{bi} = N/b \cdot d$ (kN/cm²)

e/d \ μ	0,2 %	0,5 %	0,8 %	1,0 %	2,0 %	3,0 %	4,5 %	6,0 %	9,0 %
0.00	1.762	1.834	1.906	1.954	2.194	2.434	2.794	3.154	3.874
0.01	1.719	1.796	1.871	1.921	2.166	2.408	2.767	3.126	3.841
0.02	1.675	1.754	1.831	1.881	2.130	2.373	2.734	3.091	3.803
0.03	1.632	1.708	1.784	1.835	2.091	2.335	2.697	3.054	3.763
0.04	1.591	1.664	1.739	1.788	2.035	2.284	2.658	3.014	3.721
0.05	1.551	1.623	1.695	1.743	1.983	2.225	2.589	2.953	3.677
0.06	1.514	1.584	1.654	1.700	1.934	2.169	2.522	2.877	3.587
0.07	1.478	1.546	1.614	1.660	1.887	2.116	2.460	2.804	3.496
0.08	1.445	1.510	1.577	1.621	1.843	2.065	2.400	2.736	3.408
0.09	1.411	1.476	1.541	1.584	1.801	2.017	2.343	2.671	3.326
0.10	1.377	1.441	1.505	1.548	1.760	1.972	2.290	2.609	3.247
0.12	1.309	1.371	1.433	1.474	1.679	1.883	2.188	2.493	3.102
0.14	1.241	1.301	1.361	1.401	1.599	1.796	2.089	2.381	2.966
0.16	1.174	1.233	1.292	1.330	1.522	1.711	1.994	2.275	2.836
0.18	1.107	1.165	1.223	1.261	1.447	1.631	1.903	2.174	2.713
0.20	1.041	1.099	1.156	1.193	1.376	1.554	1.817	2.078	2.597
0.22	0.976	1.036	1.093	1.130	1.309	1.481	1.737	1.989	2.489
0.24	0.912	0.974	1.032	1.069	1.245	1.413	1.661	1.904	2.387
0.26	0.850	0.915	0.974	1.011	1.186	1.350	1.591	1.826	2.293
0.28	0.790	0.858	0.919	0.957	1.130	1.291	1.525	1.754	2.205
0.30	0.732	0.804	0.866	0.904	1.078	1.236	1.464	1.686	2.124
0.32	0.677	0.754	0.817	0.855	1.030	1.185	1.407	1.622	2.047
0.34	0.621	0.708	0.772	0.810	0.981	1.138	1.354	1.563	1.976
0.36	0.563	0.665	0.730	0.769	0.937	1.090	1.304	1.508	1.909
0.38	0.507	0.619	0.692	0.730	0.895	1.045	1.258	1.457	1.847
0.40	0.453	0.570	0.658	0.695	0.857	1.003	1.210	1.408	1.787
0.42	0.400	0.524	0.618	0.663	0.823	0.964	1.166	1.362	1.732
0.44	0.351	0.481	0.576	0.631	0.790	0.928	1.124	1.314	1.680
0.46	0.307	0.442	0.536	0.592	0.760	0.895	1.085	1.269	1.631
0.48	0.268	0.404	0.500	0.555	0.732	0.863	1.048	1.228	1.580
0.50	0.235	0.370	0.466	0.520	0.706	0.834	1.014	1.188	1.530
0.55	0.171	0.300	0.392	0.445	0.648	0.769	0.937	1.101	1.421
0.60	0.131	0.248	0.333	0.383	0.590	0.713	0.872	1.025	1.324
0.65	0.105	0.209	0.288	0.333	0.528	0.664	0.814	0.958	1.240
0.70	0.087	0.180	0.252	0.294	0.476	0.622	0.764	0.900	1.167
0.75	0.074	0.156	0.223	0.262	0.432	0.580	0.720	0.849	1.101
0.80	0.064	0.138	0.200	0.236	0.394	0.533	0.680	0.803	1.042
0.85	0.057	0.124	0.180	0.214	0.362	0.493	0.644	0.762	0.989
0.90	0.051	0.112	0.164	0.196	0.334	0.457	0.612	0.724	0.942
0.95	0.046	0.102	0.151	0.180	0.309	0.426	0.583	0.690	0.898
1.00	0.042	0.094	0.139	0.167	0.288	0.399	0.555	0.660	0.859
1.10	0.036	0.081	0.121	0.145	0.253	0.353	0.494	0.606	0.790
1.20	0.031	0.071	0.106	0.128	0.225	0.316	0.444	0.560	0.731
1.30	0.027	0.063	0.095	0.115	0.203	0.285	0.403	0.517	0.679
1.40	0.025	0.057	0.086	0.104	0.185	0.260	0.368	0.474	0.635
1.50	0.022	0.052	0.078	0.095	0.169	0.239	0.339	0.437	0.597
1.60	0.020	0.047	0.072	0.087	0.157	0.221	0.314	0.405	0.562
1.70	0.019	0.044	0.066	0.081	0.145	0.205	0.293	0.378	0.532
1.80	0.017	0.040	0.062	0.075	0.136	0.192	0.274	0.354	0.505
1.90	0.016	0.038	0.058	0.070	0.127	0.180	0.257	0.333	0.480
2.00	0.015	0.035	0.054	0.066	0.120	0.170	0.242	0.314	0.455
2.20	0.013	0.032	0.048	0.059	0.107	0.152	0.217	0.282	0.409
2.40	0.012	0.028	0.043	0.053	0.097	0.137	0.197	0.256	0.371
2.60	0.011	0.026	0.039	0.048	0.088	0.125	0.180	0.234	0.340
2.80	0.010	0.024	0.036	0.044	0.081	0.115	0.166	0.215	0.314
3.00	0.009	0.022	0.033	0.041	0.075	0.107	0.153	0.200	0.291
4.00	0.007	0.016	0.024	0.030	0.055	0.078	0.112	0.146	0.214
5.00	0.005	0.012	0.019	0.023	0.043	0.061	0.088	0.115	0.168
6.00	0.004	0.010	0.016	0.019	0.035	0.051	0.073	0.095	0.139
7.00	0.004	0.008	0.013	0.016	0.030	0.043	0.062	0.081	0.118
8.00	0.003	0.007	0.011	0.014	0.026	0.037	0.054	0.070	0.103
9.00	0.003	0.006	0.010	0.012	0.023	0.033	0.048	0.062	0.091
10.00	0.002	0.006	0.009	0.011	0.021	0.030	0.043	0.056	0.082

e/d \ μ	0.2 %	0.5 %	0.8 %	1.0 %	1.2 %	1.4 %	1.6 %	1.8 %	2.0 %
0.00	1.469	1.529	1.589	1.629	1.669	1.709	1.749	1.789	1.829
0.01	1.431	1.493	1.554	1.595	1.636	1.676	1.717	1.757	1.797
0.02	1.394	1.456	1.517	1.558	1.599	1.639	1.680	1.720	1.760
0.03	1.359	1.420	1.481	1.522	1.562	1.603	1.643	1.683	1.723
0.04	1.324	1.384	1.443	1.483	1.523	1.563	1.603	1.643	1.683
0.05	1.291	1.349	1.407	1.446	1.484	1.523	1.561	1.600	1.639
0.06	1.260	1.316	1.372	1.410	1.447	1.485	1.522	1.560	1.597
0.07	1.230	1.285	1.339	1.376	1.412	1.449	1.485	1.522	1.558
0.08	1.202	1.255	1.308	1.344	1.379	1.414	1.450	1.485	1.521
0.09	1.174	1.226	1.278	1.312	1.347	1.382	1.416	1.451	1.485
0.10	1.146	1.196	1.247	1.280	1.314	1.348	1.382	1.415	1.449
0.12	1.088	1.137	1.185	1.217	1.249	1.281	1.313	1.345	1.377
0.14	1.031	1.077	1.123	1.154	1.185	1.215	1.246	1.276	1.307
0.16	0.975	1.019	1.063	1.092	1.122	1.151	1.180	1.209	1.238
0.18	0.918	0.961	1.003	1.032	1.060	1.088	1.116	1.144	1.173
0.20	0.867	0.906	0.946	0.972	0.998	1.025	1.051	1.077	1.104
0.22	0.822	0.860	0.898	0.923	0.948	0.973	0.998	1.023	1.048
0.24	0.777	0.815	0.851	0.876	0.900	0.924	0.948	0.972	0.996
0.26	0.734	0.771	0.807	0.831	0.855	0.878	0.901	0.924	0.948
0.28	0.693	0.731	0.766	0.789	0.812	0.835	0.858	0.880	0.902
0.30	0.654	0.692	0.728	0.751	0.773	0.795	0.817	0.839	0.860
0.32	0.617	0.657	0.692	0.715	0.737	0.758	0.780	0.801	0.822
0.34	0.583	0.624	0.660	0.682	0.703	0.725	0.745	0.766	0.786
0.36	0.548	0.594	0.630	0.651	0.673	0.693	0.714	0.734	0.753
0.38	0.492	0.566	0.602	0.623	0.644	0.664	0.684	0.703	0.723
0.40	0.439	0.535	0.577	0.598	0.618	0.638	0.657	0.676	0.695
0.42	0.389	0.494	0.553	0.574	0.594	0.613	0.632	0.650	0.668
0.44	0.342	0.453	0.526	0.552	0.572	0.590	0.609	0.627	0.644
0.46	0.300	0.415	0.496	0.528	0.551	0.569	0.587	0.605	0.622
0.48	0.263	0.382	0.461	0.504	0.530	0.549	0.567	0.584	0.601
0.50	0.231	0.350	0.430	0.475	0.508	0.531	0.548	0.565	0.581
0.55	0.169	0.286	0.364	0.407	0.447	0.481	0.503	0.522	0.537
0.60	0.130	0.238	0.311	0.352	0.389	0.425	0.458	0.479	0.499
0.65	0.104	0.202	0.270	0.308	0.343	0.376	0.408	0.438	0.459
0.70	0.087	0.174	0.237	0.273	0.306	0.337	0.366	0.394	0.421
0.75	0.074	0.152	0.211	0.244	0.275	0.304	0.331	0.357	0.383
0.80	0.064	0.135	0.190	0.221	0.249	0.276	0.302	0.326	0.350
0.85	0.057	0.121	0.172	0.201	0.228	0.253	0.277	0.300	0.322
0.90	0.051	0.110	0.157	0.184	0.210	0.233	0.256	0.278	0.298
0.95	0.046	0.100	0.145	0.170	0.194	0.216	0.237	0.258	0.278
1.00	0.042	0.092	0.134	0.158	0.180	0.201	0.221	0.241	0.260
1.10	0.036	0.079	0.116	0.138	0.158	0.177	0.195	0.212	0.229
1.20	0.031	0.070	0.103	0.122	0.140	0.158	0.174	0.190	0.205
1.30	0.028	0.062	0.092	0.110	0.126	0.142	0.157	0.171	0.185
1.40	0.025	0.056	0.083	0.099	0.115	0.129	0.143	0.156	0.169
1.50	0.022	0.051	0.076	0.091	0.105	0.118	0.131	0.143	0.155
1.60	0.020	0.047	0.070	0.084	0.097	0.109	0.121	0.133	0.144
1.70	0.019	0.043	0.065	0.078	0.090	0.101	0.112	0.123	0.134
1.80	0.017	0.040	0.060	0.072	0.084	0.095	0.105	0.115	0.125
1.90	0.016	0.037	0.056	0.068	0.078	0.089	0.099	0.108	0.117
2.00	0.015	0.035	0.053	0.064	0.074	0.083	0.093	0.102	0.111
2.20	0.013	0.031	0.047	0.057	0.066	0.075	0.083	0.091	0.099
2.40	0.012	0.028	0.042	0.051	0.059	0.067	0.075	0.082	0.090
2.60	0.011	0.025	0.038	0.046	0.054	0.062	0.069	0.075	0.082
2.80	0.010	0.023	0.035	0.043	0.050	0.057	0.063	0.069	0.075
3.00	0.009	0.021	0.033	0.039	0.046	0.052	0.058	0.064	0.070
4.00	0.007	0.016	0.024	0.029	0.033	0.038	0.042	0.047	0.051
5.00	0.005	0.012	0.018	0.022	0.026	0.030	0.033	0.037	0.040
6.00	0.004	0.010	0.015	0.019	0.022	0.025	0.027	0.030	0.033
7.00	0.004	0.008	0.013	0.016	0.018	0.021	0.023	0.026	0.028
8.00	0.003	0.007	0.011	0.014	0.016	0.018	0.020	0.022	0.024
9.00	0.003	0.006	0.010	0.012	0.014	0.016	0.018	0.020	0.022
10.00	0.002	0.006	0.009	0.011	0.013	0.014	0.016	0.018	0.019

Tabelle 64

Regelbemessung

$\gamma = 2{,}10$ bis $1{,}75$

Beton: **B 55**

$d_1/d = 0{,}25$

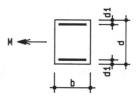

$e/d = M/N \cdot d$

ges. $A_s = \mu \cdot b \cdot d$

Tafelwerte:

zul. $\sigma_{bi} = N/b \cdot d$ (kN/cm²)

2,5 %	3,0 %	4,5 %	6,0 %	7,5 %	9,0 %	μ \ e/d
1.929	2.029	2.329	2.629	2.929	3.229	0.00
1.897	1.997	2.296	2.594	2.891	3.188	0.01
1.860	1.960	2.258	2.554	2.849	3.144	0.02
1.823	1.922	2.218	2.512	2.805	3.097	0.03
1.783	1.883	2.177	2.469	2.759	3.049	0.04
1.736	1.833	2.126	2.420	2.714	3.001	0.05
1.691	1.786	2.069	2.353	2.639	2.924	0.06
1.650	1.741	2.016	2.292	2.568	2.845	0.07
1.610	1.698	1.965	2.233	2.501	2.770	0.08
1.572	1.658	1.917	2.178	2.438	2.699	0.09
1.533	1.618	1.871	2.125	2.379	2.632	0.10
1.458	1.538	1.778	2.019	2.260	2.501	0.12
1.384	1.460	1.689	1.918	2.147	2.376	0.14
1.311	1.385	1.603	1.821	2.040	2.258	0.16
1.242	1.313	1.521	1.730	1.939	2.147	0.18
1.172	1.239	1.441	1.642	1.844	2.044	0.20
1.111	1.174	1.362	1.550	1.738	1.928	0.22
1.056	1.116	1.295	1.475	1.654	1.833	0.24
1.005	1.062	1.234	1.405	1.576	1.747	0.26
0.958	1.013	1.178	1.341	1.505	1.668	0.28
0.914	0.967	1.125	1.283	1.439	1.595	0.30
0.874	0.925	1.077	1.228	1.379	1.529	0.32
0.836	0.886	1.032	1.178	1.323	1.467	0.34
0.802	0.850	0.991	1.132	1.271	1.410	0.36
0.770	0.816	0.953	1.089	1.223	1.357	0.38
0.740	0.786	0.918	1.049	1.179	1.308	0.40
0.713	0.757	0.885	1.012	1.137	1.262	0.42
0.687	0.730	0.854	0.977	1.098	1.220	0.44
0.664	0.705	0.826	0.944	1.062	1.180	0.46
0.642	0.682	0.799	0.914	1.028	1.142	0.48
0.621	0.660	0.774	0.886	0.997	1.107	0.50
0.575	0.611	0.717	0.821	0.925	1.028	0.55
0.534	0.569	0.669	0.766	0.863	0.960	0.60
0.500	0.532	0.626	0.718	0.809	0.899	0.65
0.469	0.500	0.589	0.675	0.761	0.846	0.70
0.436	0.471	0.555	0.637	0.719	0.799	0.75
0.407	0.445	0.526	0.604	0.681	0.757	0.80
0.376	0.418	0.499	0.573	0.646	0.719	0.85
0.349	0.394	0.475	0.546	0.616	0.684	0.90
0.326	0.372	0.453	0.521	0.588	0.653	0.95
0.305	0.348	0.433	0.498	0.562	0.625	1.00
0.270	0.309	0.398	0.458	0.516	0.575	1.10
0.242	0.278	0.367	0.424	0.478	0.532	1.20
0.219	0.252	0.338	0.394	0.445	0.495	1.30
0.200	0.231	0.313	0.369	0.416	0.464	1.40
0.184	0.212	0.292	0.346	0.391	0.435	1.50
0.171	0.197	0.272	0.326	0.369	0.410	1.60
0.159	0.183	0.254	0.309	0.348	0.388	1.70
0.149	0.172	0.238	0.292	0.331	0.368	1.80
0.140	0.161	0.224	0.276	0.314	0.351	1.90
0.132	0.152	0.211	0.262	0.300	0.334	2.00
0.118	0.136	0.190	0.238	0.274	0.305	2.20
0.107	0.124	0.172	0.217	0.252	0.281	2.40
0.098	0.113	0.158	0.200	0.235	0.261	2.60
0.090	0.104	0.146	0.186	0.218	0.243	2.80
0.083	0.097	0.135	0.173	0.203	0.228	3.00
0.061	0.071	0.099	0.127	0.152	0.173	4.00
0.048	0.056	0.078	0.100	0.121	0.139	5.00
0.040	0.046	0.065	0.083	0.101	0.115	6.00
0.034	0.039	0.055	0.071	0.086	0.099	7.00
0.029	0.034	0.048	0.062	0.075	0.086	8.00
0.026	0.030	0.043	0.055	0.066	0.077	9.00
0.023	0.027	0.038	0.049	0.060	0.069	10.00

B 55
$d_1/d = 0{,}25$

1. Zeile: $M_u/1{,}75 \cdot d^2 \cdot b$ (kN/m²)
2. Zeile: $1000 \cdot k_u \cdot d$
3. Zeile: $B_{II}/1000 \cdot 1{,}75 \cdot d^3 \cdot b$ (kN/m²)

Tabelle 65

σ_{bi} \ μ	0,2 %	0,5 %	0,8 %	1,0 %	2,0 %	3,0 %	4,5 %	6,0 %	9,0 %
0.00	236 4.04 58	559 4.40 125	855 4.66 180	1042 4.80 212	1890 5.34 338	2652 5.74 431	3732 6.30 538	4789 6.78 634	6886 7.41 826
0.10	659 4.95 73	950 5.02 125	1221 5.19 175	1395 5.29 204	2180 5.70 323	2910 6.12 409	3973 6.68 513	5018 7.10 610	7102 7.69 808
0.20	1045 5.75 99	1305 5.60 137	1549 5.69 175	1704 5.73 200	2448 6.15 305	3155 6.55 385	4201 7.09 488	5238 7.45 588	7209 7.79 795
0.30	1378 6.30 119	1611 6.10 151	1836 6.14 181	1983 6.23 199	2690 6.65 287	3382 7.02 362	4414 7.49 466	5441 7.78 568	7117 7.63 791
0.40	1662 6.88 133	1875 6.66 161	2084 6.73 182	2221 6.79 197	2905 7.20 270	3586 7.52 342	4590 7.83 447	5412 7.66 561	7024 7.47 787
0.50	1885 7.41 141	2086 7.28 162	2288 7.36 181	2421 7.42 192	3092 7.75 255	3697 7.72 329	4521 7.54 444	5333 7.43 557	6931 7.31 782
0.60	2051 7.81 147	2244 7.79 164	2424 7.68 183	2541 7.62 195	3103 7.44 260	3648 7.35 331	4453 7.26 442	5253 7.21 553	6842 7.15 778
0.70	2135 6.95 176	2291 6.95 191	2447 6.96 206	2551 6.96 218	3075 6.98 273	3598 6.98 337	4385 6.99 442	5171 6.99 552	6748 6.99 775
0.80	2171 6.15 210	2310 6.25 223	2452 6.33 234	2548 6.38 243	3041 6.54 290	3547 6.63 346	4317 6.72 444	5091 6.77 551	6653 6.83 772
1.00	2100 4.98 272	2242 5.15 282	2383 5.30 289	2475 5.39 295	2944 5.73 331	3427 5.97 377	4171 6.20 458	4930 6.35 554	6469 6.53 769
1.20	1815 4.14 305	1999 4.31 322	2175 4.50 334	2284 4.60 343	2791 5.04 379	3279 5.37 412	4013 5.71 484	4757 5.94 569	6279 6.23 769
1.40	1303 3.39 280	1539 3.42 338	1764 3.68 359	1908 3.81 376	2547 4.44 420	3082 4.83 461	3832 5.25 521	4576 5.55 594	6088 5.93 776
1.60	600 2.43 177	882 2.78 237	1157 3.04 292	1343 3.20 327	2122 3.68 462	2788 4.26 510	3621 4.82 565	4379 5.17 627	5886 5.63 791
1.80	0 0.00 0	148 1.08 112	448 1.88 191	649 2.25 234	1555 3.11 420	2338 3.59 551	3344 4.38 612	4157 4.81 671	5683 5.35 815
2.00	0 0.00 0	0 0.00 0	0 0.00 0	0 0.00 0	875 2.31 341	1765 3.08 513	2904 3.77 671	3900 4.47 717	5465 5.07 848
2.50	0 0.00 0	0 0.00 0	0 0.00 0	0 0.00 0	0 0.00 0	0 0.00 0	1438 2.44 585	2705 3.23 806	4811 4.38 962
3.00	0 0.00 0	0 0.00 0	0 0.00 0	0 0.00 0	0 0.00 0	0 0.00 0	0 0.00 0	993 1.64 630	3617 3.35 1070
3.50	0 0.00 0	0 0.00 0	0 0.00 0	0 0.00 0	0 0.00 0	0 0.00 0	0 0.00 0	0 0.00 0	2136 2.34 942

B 55 $d_1/d = 0{,}25$ $\gamma = 1{,}75$ konst. **Tabelle 66**

ges.$A_s = \mu \cdot b \cdot d$ Tafelwerte: zul.$\sigma_{bi} = N/b \cdot d$ (kN/cm²)

e/d \ μ	0,2 %	0,5 %	0,8 %	1,0 %	2,0 %	3,0 %	4,5 %	6,0 %	9,0 %
0.00	1.762	1.834	1.906	1.954	2.194	2.434	2.794	3.154	3.874
0.01	1.717	1.791	1.865	1.914	2.156	2.397	2.755	3.113	3.826
0.02	1.673	1.747	1.821	1.870	2.112	2.352	2.709	3.065	3.773
0.03	1.630	1.704	1.777	1.826	2.067	2.306	2.661	3.014	3.717
0.04	1.589	1.660	1.732	1.780	2.020	2.260	2.613	2.963	3.659
0.05	1.550	1.619	1.688	1.735	1.967	2.200	2.551	2.903	3.601
0.06	1.512	1.580	1.647	1.692	1.917	2.143	2.483	2.824	3.509
0.07	1.476	1.542	1.607	1.651	1.870	2.089	2.419	2.750	3.413
0.08	1.443	1.506	1.570	1.612	1.825	2.038	2.358	2.680	3.324
0.09	1.409	1.471	1.533	1.575	1.782	1.990	2.301	2.613	3.239
0.10	1.375	1.436	1.496	1.536	1.739	1.941	2.245	2.550	3.159
0.12	1.306	1.364	1.422	1.460	1.653	1.846	2.134	2.423	3.001
0.14	1.238	1.293	1.348	1.385	1.568	1.752	2.027	2.302	2.851
0.16	1.170	1.222	1.275	1.311	1.486	1.661	1.924	2.186	2.709
0.18	1.102	1.153	1.204	1.238	1.407	1.575	1.826	2.076	2.576
0.20	1.034	1.082	1.131	1.164	1.325	1.486	1.729	1.971	2.453
0.22	0.966	1.014	1.061	1.092	1.246	1.400	1.628	1.857	2.313
0.24	0.900	0.948	0.994	1.024	1.173	1.319	1.536	1.753	2.186
0.26	0.836	0.884	0.930	0.960	1.105	1.245	1.453	1.659	2.070
0.28	0.774	0.825	0.871	0.901	1.042	1.177	1.376	1.573	1.964
0.30	0.714	0.769	0.816	0.846	0.984	1.115	1.306	1.494	1.868
0.32	0.658	0.718	0.766	0.796	0.932	1.058	1.242	1.422	1.780
0.34	0.606	0.670	0.720	0.750	0.884	1.006	1.183	1.357	1.701
0.36	0.548	0.628	0.679	0.709	0.840	0.959	1.130	1.297	1.627
0.38	0.492	0.587	0.641	0.671	0.800	0.916	1.081	1.242	1.559
0.40	0.439	0.539	0.606	0.636	0.763	0.876	1.035	1.191	1.496
0.42	0.389	0.494	0.574	0.605	0.730	0.839	0.994	1.144	1.439
0.44	0.342	0.453	0.533	0.576	0.699	0.805	0.955	1.100	1.386
0.46	0.300	0.415	0.496	0.542	0.670	0.774	0.919	1.060	1.336
0.48	0.263	0.382	0.461	0.507	0.644	0.745	0.886	1.022	1.289
0.50	0.231	0.350	0.430	0.475	0.619	0.718	0.855	0.987	1.246
0.55	0.169	0.286	0.364	0.407	0.566	0.658	0.786	0.909	1.150
0.60	0.130	0.238	0.311	0.352	0.520	0.607	0.727	0.842	1.067
0.65	0.104	0.202	0.270	0.308	0.467	0.564	0.677	0.785	0.995
0.70	0.087	0.174	0.237	0.273	0.421	0.526	0.633	0.734	0.932
0.75	0.074	0.152	0.211	0.244	0.383	0.493	0.594	0.690	0.877
0.80	0.064	0.135	0.190	0.221	0.350	0.463	0.560	0.651	0.828
0.85	0.057	0.121	0.172	0.201	0.322	0.428	0.529	0.616	0.784
0.90	0.051	0.110	0.157	0.184	0.298	0.398	0.502	0.584	0.744
0.95	0.046	0.100	0.145	0.170	0.278	0.372	0.477	0.556	0.708
1.00	0.042	0.092	0.134	0.158	0.260	0.348	0.455	0.530	0.676
1.10	0.036	0.079	0.116	0.138	0.229	0.309	0.416	0.485	0.620
1.20	0.031	0.070	0.103	0.122	0.205	0.278	0.381	0.447	0.572
1.30	0.028	0.062	0.092	0.110	0.185	0.252	0.347	0.415	0.530
1.40	0.025	0.056	0.083	0.099	0.169	0.230	0.318	0.387	0.495
1.50	0.022	0.051	0.076	0.091	0.155	0.212	0.293	0.362	0.464
1.60	0.020	0.047	0.070	0.084	0.144	0.197	0.272	0.341	0.436
1.70	0.019	0.043	0.065	0.078	0.134	0.183	0.254	0.322	0.412
1.80	0.017	0.040	0.060	0.072	0.125	0.172	0.238	0.303	0.390
1.90	0.016	0.037	0.056	0.068	0.117	0.161	0.224	0.285	0.371
2.00	0.015	0.035	0.053	0.064	0.111	0.152	0.211	0.269	0.353
2.20	0.013	0.031	0.047	0.057	0.099	0.136	0.190	0.242	0.322
2.40	0.012	0.028	0.042	0.051	0.090	0.124	0.172	0.220	0.296
2.60	0.011	0.025	0.038	0.046	0.082	0.113	0.158	0.202	0.274
2.80	0.010	0.023	0.035	0.043	0.075	0.104	0.146	0.186	0.255
3.00	0.009	0.021	0.033	0.039	0.070	0.097	0.135	0.173	0.239
4.00	0.007	0.016	0.024	0.029	0.051	0.071	0.099	0.127	0.180
5.00	0.005	0.012	0.018	0.022	0.040	0.056	0.078	0.100	0.144
6.00	0.004	0.010	0.015	0.019	0.033	0.046	0.065	0.083	0.119
7.00	0.004	0.008	0.013	0.016	0.028	0.039	0.055	0.071	0.102
8.00	0.003	0.007	0.011	0.014	0.024	0.034	0.048	0.062	0.088
9.00	0.003	0.006	0.010	0.012	0.022	0.030	0.043	0.055	0.078
10.00	0.002	0.006	0.009	0.011	0.019	0.027	0.038	0.049	0.070

Druckzonenhöhe B 15 Tabelle 67

$\mu = ges.A_s/b \cdot d$ $d_1/d = 0,10/0,07$ Tafelwerte: x/d

e/d \ μ	0,2 %	0,5 %	0,8 %	1,0 %	1,5 %	2,0 %	2,5 %	3,0 %	5,0 %
0.00	1.000	1.000	1.000	1.000	1.000	1.000	1.000	1.000	1.000
0.01	1.000	1.000	1.000	1.000	1.000	1.000	1.000	1.000	1.000
0.02	1.000	1.000	1.000	1.000	1.000	1.000	1.000	1.000	1.000
0.03	1.000	1.000	1.000	1.000	1.000	1.000	1.000	1.000	1.000
0.04	1.000	1.000	1.000	1.000	1.000	1.000	1.000	1.000	1.000
0.05	1.000	1.000	1.000	1.000	1.000	1.000	1.000	1.000	1.000
0.06	1.000	1.000	1.000	1.000	1.000	1.000	1.000	1.000	1.000
0.07	1.000	1.000	1.000	1.000	1.000	1.000	1.000	1.000	1.000
0.08	1.000	1.000	1.000	1.000	1.000	1.000	1.000	1.000	1.000
0.09	1.000	1.000	1.000	1.000	1.000	1.000	1.000	1.000	1.000
0.10	0.994	1.000	1.000	1.000	1.000	1.000	1.000	1.000	1.000
0.12	0.949	0.989	1.000	1.000	1.000	1.000	1.000	1.000	1.000
0.14	0.905	0.947	0.979	0.996	1.000	1.000	1.000	1.000	1.000
0.16	0.863	0.908	0.940	0.958	0.992	1.000	1.000	1.000	1.000
0.18	0.821	0.870	0.904	0.922	0.957	0.983	1.000	1.000	1.000
0.20	0.781	0.835	0.870	0.889	0.924	0.950	0.970	0.986	1.000
0.22	0.744	0.802	0.839	0.858	0.894	0.920	0.939	0.955	0.997
0.24	0.708	0.771	0.810	0.829	0.866	0.892	0.912	0.927	0.968
0.26	0.674	0.742	0.783	0.803	0.840	0.866	0.886	0.902	0.942
0.28	0.643	0.715	0.758	0.779	0.817	0.843	0.863	0.878	0.918
0.30	0.614	0.691	0.735	0.756	0.795	0.822	0.841	0.857	0.895
0.32	0.587	0.669	0.714	0.736	0.775	0.802	0.822	0.837	0.875
0.34	0.563	0.648	0.695	0.717	0.757	0.784	0.804	0.819	0.857
0.36	0.541	0.629	0.677	0.700	0.740	0.767	0.787	0.802	0.840
0.38	0.510	0.612	0.661	0.684	0.724	0.752	0.771	0.787	0.824
0.40	0.477	0.596	0.646	0.669	0.710	0.737	0.757	0.773	0.810
0.42	0.446	0.581	0.632	0.655	0.697	0.724	0.744	0.759	0.797
0.44	0.416	0.568	0.619	0.643	0.684	0.712	0.732	0.747	0.784
0.46	0.388	0.556	0.607	0.631	0.673	0.701	0.721	0.736	0.773
0.48	0.364	0.544	0.596	0.621	0.662	0.690	0.710	0.725	0.762
0.50	0.346	0.532	0.586	0.610	0.653	0.680	0.700	0.715	0.752
0.55	0.310	0.475	0.564	0.588	0.631	0.658	0.678	0.693	0.730
0.60	0.282	0.425	0.545	0.570	0.612	0.640	0.660	0.675	0.711
0.65	0.261	0.381	0.516	0.554	0.596	0.624	0.643	0.658	0.694
0.70	0.245	0.353	0.474	0.540	0.582	0.610	0.629	0.644	0.680
0.75	0.232	0.336	0.436	0.509	0.570	0.597	0.617	0.632	0.667
0.80	0.221	0.321	0.403	0.473	0.559	0.587	0.606	0.621	0.656
0.85	0.213	0.309	0.373	0.441	0.550	0.577	0.596	0.611	0.646
0.90	0.205	0.299	0.355	0.412	0.541	0.568	0.588	0.602	0.637
0.95	0.199	0.290	0.345	0.385	0.527	0.561	0.580	0.594	0.629
1.00	0.194	0.283	0.336	0.364	0.499	0.554	0.573	0.587	0.622
1.10	0.186	0.271	0.322	0.346	0.449	0.542	0.560	0.575	0.609
1.20	0.179	0.261	0.310	0.334	0.406	0.515	0.550	0.564	0.598
1.30	0.174	0.253	0.301	0.324	0.370	0.472	0.541	0.556	0.589
1.40	0.169	0.247	0.293	0.316	0.354	0.435	0.526	0.548	0.581
1.50	0.166	0.241	0.287	0.309	0.346	0.403	0.489	0.541	0.574
1.60	0.163	0.237	0.281	0.303	0.340	0.375	0.456	0.534	0.568
1.70	0.160	0.233	0.277	0.298	0.334	0.357	0.427	0.501	0.563
1.80	0.158	0.229	0.272	0.293	0.330	0.352	0.401	0.472	0.558
1.90	0.156	0.227	0.269	0.290	0.325	0.348	0.378	0.445	0.554
2.00	0.154	0.224	0.266	0.286	0.321	0.344	0.361	0.421	0.550
2.20	0.151	0.220	0.260	0.280	0.315	0.337	0.352	0.380	0.543
2.40	0.149	0.216	0.256	0.276	0.310	0.331	0.346	0.357	0.537
2.60	0.147	0.213	0.252	0.272	0.305	0.327	0.341	0.352	0.509
2.80	0.145	0.210	0.249	0.268	0.302	0.323	0.337	0.348	0.471
3.00	0.144	0.208	0.247	0.265	0.298	0.319	0.334	0.344	0.439
4.00	0.139	0.201	0.238	0.256	0.288	0.308	0.322	0.332	0.355
5.00	0.136	0.197	0.233	0.250	0.281	0.301	0.315	0.325	0.348
6.00	0.134	0.194	0.230	0.247	0.277	0.297	0.311	0.321	0.343
7.00	0.133	0.192	0.227	0.244	0.274	0.294	0.308	0.317	0.339
8.00	0.132	0.191	0.226	0.242	0.272	0.292	0.305	0.315	0.337
9.00	0.131	0.190	0.224	0.241	0.271	0.290	0.303	0.313	0.335
10.00	0.131	0.189	0.223	0.240	0.269	0.289	0.302	0.312	0.334

Druckzonenhöhe   B 15   Tabelle 68

μ = ges.A_S/b·d d_1/d = 0,15   Tafelwerte : x/d

e/d \ μ	0,2 %	0,5 %	0,8 %	1,0 %	1,5 %	2,0 %	2,5 %	3,0 %	5,0 %
0.00	1.000	1.000	1.000	1.000	1.000	1.000	1.000	1.000	1.000
0.01	1.000	1.000	1.000	1.000	1.000	1.000	1.000	1.000	1.000
0.02	1.000	1.000	1.000	1.000	1.000	1.000	1.000	1.000	1.000
0.03	1.000	1.000	1.000	1.000	1.000	1.000	1.000	1.000	1.000
0.04	1.000	1.000	1.000	1.000	1.000	1.000	1.000	1.000	1.000
0.05	1.000	1.000	1.000	1.000	1.000	1.000	1.000	1.000	1.000
0.06	1.000	1.000	1.000	1.000	1.000	1.000	1.000	1.000	1.000
0.07	1.000	1.000	1.000	1.000	1.000	1.000	1.000	1.000	1.000
0.08	1.000	1.000	1.000	1.000	1.000	1.000	1.000	1.000	1.000
0.09	1.000	1.000	1.000	1.000	1.000	1.000	1.000	1.000	1.000
0.10	0.985	1.000	1.000	1.000	1.000	1.000	1.000	1.000	1.000
0.12	0.938	0.967	0.989	1.000	1.000	1.000	1.000	1.000	1.000
0.14	0.893	0.924	0.947	0.959	0.985	1.000	1.000	1.000	1.000
0.16	0.849	0.882	0.907	0.920	0.945	0.965	0.980	0.993	1.000
0.18	0.806	0.843	0.869	0.883	0.909	0.928	0.943	0.956	0.988
0.20	0.765	0.806	0.834	0.848	0.875	0.895	0.910	0.922	0.953
0.22	0.726	0.772	0.801	0.816	0.844	0.864	0.879	0.891	0.921
0.24	0.689	0.739	0.771	0.787	0.816	0.836	0.851	0.863	0.893
0.26	0.654	0.710	0.743	0.760	0.790	0.810	0.826	0.838	0.868
0.28	0.622	0.683	0.718	0.735	0.766	0.787	0.803	0.815	0.845
0.30	0.592	0.658	0.695	0.713	0.744	0.766	0.782	0.794	0.824
0.32	0.565	0.635	0.674	0.692	0.725	0.747	0.763	0.775	0.805
0.34	0.540	0.614	0.655	0.674	0.707	0.729	0.745	0.758	0.788
0.36	0.517	0.595	0.637	0.657	0.691	0.713	0.730	0.742	0.772
0.38	0.490	0.578	0.621	0.641	0.676	0.699	0.715	0.727	0.758
0.40	0.457	0.563	0.607	0.627	0.662	0.685	0.702	0.714	0.744
0.42	0.426	0.548	0.593	0.614	0.649	0.673	0.689	0.702	0.732
0.44	0.397	0.535	0.581	0.602	0.638	0.661	0.678	0.691	0.721
0.46	0.369	0.523	0.569	0.591	0.627	0.650	0.667	0.680	0.711
0.48	0.346	0.512	0.559	0.580	0.617	0.641	0.658	0.670	0.701
0.50	0.330	0.497	0.549	0.571	0.608	0.632	0.649	0.661	0.692
0.55	0.297	0.443	0.528	0.550	0.587	0.611	0.628	0.641	0.672
0.60	0.272	0.399	0.511	0.533	0.570	0.594	0.611	0.624	0.655
0.65	0.253	0.363	0.474	0.518	0.555	0.580	0.597	0.610	0.640
0.70	0.238	0.340	0.438	0.503	0.543	0.567	0.584	0.597	0.628
0.75	0.226	0.325	0.408	0.465	0.532	0.556	0.573	0.586	0.616
0.80	0.216	0.313	0.383	0.437	0.522	0.546	0.563	0.576	0.607
0.85	0.208	0.303	0.362	0.413	0.513	0.538	0.555	0.568	0.598
0.90	0.202	0.294	0.347	0.392	0.506	0.530	0.547	0.560	0.590
0.95	0.196	0.286	0.338	0.374	0.476	0.523	0.540	0.553	0.583
1.00	0.192	0.279	0.331	0.359	0.454	0.517	0.534	0.547	0.577
1.10	0.184	0.269	0.319	0.342	0.421	0.506	0.523	0.536	0.566
1.20	0.178	0.260	0.309	0.332	0.395	0.464	0.514	0.527	0.556
1.30	0.173	0.253	0.301	0.324	0.375	0.438	0.506	0.519	0.548
1.40	0.169	0.247	0.294	0.317	0.358	0.417	0.470	0.512	0.542
1.50	0.166	0.243	0.289	0.311	0.348	0.400	0.449	0.506	0.536
1.60	0.164	0.239	0.284	0.306	0.342	0.386	0.432	0.476	0.530
1.70	0.161	0.235	0.280	0.302	0.338	0.374	0.417	0.456	0.526
1.80	0.159	0.232	0.276	0.298	0.334	0.364	0.405	0.442	0.522
1.90	0.157	0.230	0.273	0.294	0.330	0.355	0.394	0.429	0.518
2.00	0.156	0.227	0.271	0.291	0.327	0.349	0.385	0.418	0.515
2.20	0.153	0.223	0.266	0.286	0.322	0.343	0.370	0.401	0.509
2.40	0.151	0.220	0.262	0.282	0.317	0.339	0.358	0.387	0.489
2.60	0.149	0.218	0.259	0.279	0.314	0.335	0.349	0.376	0.461
2.80	0.148	0.215	0.256	0.276	0.310	0.332	0.346	0.367	0.447
3.00	0.146	0.213	0.254	0.274	0.308	0.329	0.343	0.360	0.436
4.00	0.142	0.207	0.246	0.265	0.299	0.320	0.334	0.344	0.400
5.00	0.140	0.204	0.242	0.261	0.293	0.314	0.328	0.338	0.381
6.00	0.138	0.201	0.239	0.258	0.290	0.311	0.325	0.335	0.369
7.00	0.137	0.199	0.237	0.255	0.287	0.308	0.322	0.332	0.361
8.00	0.136	0.198	0.235	0.254	0.286	0.306	0.320	0.330	0.356
9.00	0.135	0.197	0.234	0.252	0.284	0.305	0.318	0.329	0.351
10.00	0.135	0.197	0.233	0.251	0.283	0.303	0.317	0.327	0.349

Druckzonenhöhe   **B 15**   **Tabelle 69**

μ = ges.A$_s$/b·d   d1/d = 0,20   Tafelwerte : x/d

e/d \ μ	0,2 %	0,5 %	0,8 %	1,0 %	1,5 %	2,0 %	2,5 %	3,0 %	5,0 %
0.00	1.000	1.000	1.000	1.000	1.000	1.000	1.000	1.000	1.000
0.01	1.000	1.000	1.000	1.000	1.000	1.000	1.000	1.000	1.000
0.02	1.000	1.000	1.000	1.000	1.000	1.000	1.000	1.000	1.000
0.03	1.000	1.000	1.000	1.000	1.000	1.000	1.000	1.000	1.000
0.04	1.000	1.000	1.000	1.000	1.000	1.000	1.000	1.000	1.000
0.05	1.000	1.000	1.000	1.000	1.000	1.000	1.000	1.000	1.000
0.06	1.000	1.000	1.000	1.000	1.000	1.000	1.000	1.000	1.000
0.07	1.000	1.000	1.000	1.000	1.000	1.000	1.000	1.000	1.000
0.08	1.000	1.000	1.000	1.000	1.000	1.000	1.000	1.000	1.000
0.09	0.999	1.000	1.000	1.000	1.000	1.000	1.000	1.000	1.000
0.10	0.975	0.992	1.000	1.000	1.000	1.000	1.000	1.000	1.000
0.12	0.928	0.945	0.959	0.967	0.983	0.996	1.000	1.000	1.000
0.14	0.881	0.900	0.914	0.922	0.938	0.951	0.960	0.969	0.991
0.16	0.836	0.857	0.872	0.880	0.897	0.909	0.919	0.926	0.947
0.18	0.792	0.815	0.832	0.841	0.858	0.871	0.881	0.888	0.908
0.20	0.749	0.777	0.795	0.805	0.823	0.836	0.846	0.854	0.874
0.22	0.709	0.741	0.761	0.772	0.791	0.805	0.815	0.823	0.843
0.24	0.670	0.707	0.730	0.742	0.763	0.777	0.788	0.796	0.816
0.26	0.634	0.676	0.702	0.714	0.736	0.752	0.763	0.771	0.792
0.28	0.600	0.648	0.676	0.689	0.713	0.729	0.740	0.749	0.770
0.30	0.569	0.623	0.653	0.667	0.692	0.708	0.720	0.729	0.751
0.32	0.541	0.600	0.632	0.647	0.673	0.690	0.702	0.711	0.734
0.34	0.516	0.579	0.613	0.628	0.655	0.673	0.686	0.695	0.718
0.36	0.494	0.561	0.596	0.612	0.640	0.658	0.671	0.680	0.704
0.38	0.472	0.545	0.581	0.597	0.625	0.644	0.657	0.667	0.690
0.40	0.440	0.530	0.567	0.584	0.613	0.631	0.645	0.655	0.678
0.42	0.410	0.516	0.555	0.572	0.601	0.620	0.633	0.644	0.668
0.44	0.382	0.504	0.543	0.561	0.591	0.610	0.623	0.633	0.658
0.46	0.357	0.493	0.533	0.551	0.581	0.600	0.614	0.624	0.648
0.48	0.334	0.483	0.524	0.542	0.573	0.592	0.606	0.616	0.640
0.50	0.318	0.472	0.515	0.534	0.565	0.584	0.598	0.608	0.632
0.55	0.288	0.425	0.497	0.516	0.547	0.567	0.581	0.591	0.615
0.60	0.265	0.387	0.482	0.501	0.533	0.553	0.567	0.577	0.601
0.65	0.247	0.357	0.457	0.488	0.521	0.541	0.555	0.565	0.589
0.70	0.233	0.333	0.428	0.478	0.510	0.531	0.545	0.555	0.580
0.75	0.222	0.319	0.403	0.455	0.501	0.522	0.536	0.547	0.571
0.80	0.213	0.308	0.383	0.432	0.494	0.514	0.528	0.539	0.563
0.85	0.206	0.299	0.366	0.413	0.487	0.508	0.522	0.532	0.557
0.90	0.200	0.292	0.352	0.397	0.481	0.502	0.516	0.526	0.551
0.95	0.195	0.285	0.340	0.383	0.475	0.496	0.511	0.521	0.546
1.00	0.191	0.279	0.330	0.371	0.459	0.491	0.506	0.516	0.541
1.10	0.184	0.270	0.320	0.352	0.433	0.483	0.498	0.508	0.533
1.20	0.178	0.262	0.311	0.337	0.413	0.477	0.491	0.502	0.526
1.30	0.174	0.256	0.305	0.327	0.397	0.458	0.485	0.496	0.520
1.40	0.171	0.251	0.299	0.321	0.385	0.442	0.480	0.491	0.515
1.50	0.168	0.247	0.294	0.316	0.374	0.429	0.476	0.487	0.511
1.60	0.165	0.243	0.290	0.312	0.365	0.418	0.463	0.483	0.507
1.70	0.163	0.240	0.286	0.308	0.358	0.408	0.452	0.480	0.504
1.80	0.161	0.237	0.283	0.305	0.351	0.400	0.442	0.477	0.501
1.90	0.160	0.235	0.281	0.302	0.346	0.393	0.434	0.470	0.499
2.00	0.158	0.233	0.278	0.300	0.341	0.387	0.426	0.461	0.496
2.20	0.156	0.229	0.274	0.296	0.333	0.377	0.414	0.447	0.492
2.40	0.154	0.226	0.271	0.292	0.328	0.369	0.405	0.436	0.489
2.60	0.152	0.224	0.268	0.289	0.325	0.362	0.397	0.427	0.486
2.80	0.151	0.222	0.266	0.287	0.322	0.357	0.390	0.420	0.484
3.00	0.150	0.220	0.264	0.285	0.320	0.352	0.385	0.413	0.482
4.00	0.146	0.215	0.257	0.277	0.312	0.337	0.367	0.393	0.469
5.00	0.144	0.211	0.253	0.273	0.308	0.329	0.357	0.381	0.453
6.00	0.142	0.209	0.250	0.270	0.305	0.326	0.351	0.374	0.442
7.00	0.141	0.208	0.249	0.269	0.303	0.324	0.347	0.369	0.435
8.00	0.140	0.207	0.247	0.267	0.301	0.323	0.344	0.366	0.430
9.00	0.140	0.206	0.246	0.266	0.300	0.321	0.341	0.363	0.426
10.00	0.139	0.205	0.245	0.265	0.299	0.320	0.339	0.361	0.423

Druckzonenhöhe   B 15   Tabelle 70

$\mu = \text{ges.} A_S / b \cdot d$ $d_1/d = 0,25$ Tafelwerte: x/d

e/d \ μ	0,2 %	0,5 %	0,8 %	1,0 %	1,5 %	2,0 %	2,5 %	3,0 %	5,0 %
0.00	1.000	1.000	1.000	1.000	1.000	1.000	1.000	1.000	1.000
0.01	1.000	1.000	1.000	1.000	1.000	1.000	1.000	1.000	1.000
0.02	1.000	1.000	1.000	1.000	1.000	1.000	1.000	1.000	1.000
0.03	1.000	1.000	1.000	1.000	1.000	1.000	1.000	1.000	1.000
0.04	1.000	1.000	1.000	1.000	1.000	1.000	1.000	1.000	1.000
0.05	1.000	1.000	1.000	1.000	1.000	1.000	1.000	1.000	1.000
0.06	1.000	1.000	1.000	1.000	1.000	1.000	1.000	1.000	1.000
0.07	1.000	1.000	1.000	1.000	1.000	1.000	1.000	1.000	1.000
0.08	1.000	1.000	1.000	1.000	1.000	1.000	1.000	1.000	1.000
0.09	0.991	0.998	1.000	1.000	1.000	1.000	1.000	1.000	1.000
0.10	0.967	0.973	0.979	0.982	0.989	0.995	0.999	1.000	1.000
0.12	0.918	0.924	0.929	0.932	0.937	0.942	0.946	0.949	0.958
0.14	0.870	0.876	0.881	0.884	0.889	0.894	0.897	0.900	0.907
0.16	0.823	0.831	0.836	0.839	0.845	0.849	0.853	0.856	0.863
0.18	0.778	0.787	0.794	0.798	0.805	0.810	0.814	0.817	0.824
0.20	0.733	0.746	0.755	0.759	0.768	0.774	0.779	0.782	0.791
0.22	0.691	0.708	0.719	0.725	0.735	0.742	0.748	0.752	0.761
0.24	0.651	0.673	0.687	0.694	0.706	0.714	0.721	0.725	0.736
0.26	0.613	0.642	0.658	0.667	0.681	0.690	0.697	0.702	0.714
0.28	0.579	0.614	0.633	0.642	0.659	0.669	0.677	0.682	0.695
0.30	0.548	0.589	0.611	0.621	0.639	0.651	0.659	0.665	0.679
0.32	0.519	0.566	0.591	0.602	0.622	0.634	0.643	0.649	0.664
0.34	0.494	0.547	0.574	0.586	0.607	0.620	0.629	0.636	0.652
0.36	0.472	0.529	0.558	0.571	0.593	0.607	0.617	0.624	0.640
0.38	0.452	0.514	0.544	0.558	0.581	0.596	0.606	0.613	0.630
0.40	0.426	0.500	0.532	0.546	0.570	0.585	0.596	0.603	0.621
0.42	0.398	0.488	0.521	0.536	0.560	0.576	0.587	0.594	0.613
0.44	0.372	0.477	0.511	0.526	0.552	0.567	0.578	0.586	0.605
0.46	0.349	0.467	0.502	0.518	0.544	0.560	0.571	0.579	0.598
0.48	0.328	0.458	0.494	0.510	0.536	0.553	0.564	0.573	0.592
0.50	0.310	0.450	0.486	0.503	0.530	0.546	0.558	0.567	0.586
0.55	0.282	0.414	0.471	0.487	0.515	0.533	0.545	0.553	0.574
0.60	0.261	0.382	0.458	0.475	0.503	0.521	0.533	0.542	0.563
0.65	0.244	0.357	0.447	0.464	0.494	0.512	0.524	0.533	0.554
0.70	0.231	0.337	0.424	0.456	0.485	0.503	0.516	0.526	0.547
0.75	0.221	0.321	0.405	0.448	0.478	0.496	0.509	0.519	0.540
0.80	0.213	0.308	0.388	0.433	0.472	0.490	0.503	0.513	0.535
0.85	0.206	0.301	0.375	0.418	0.466	0.485	0.498	0.508	0.530
0.90	0.201	0.294	0.364	0.405	0.461	0.480	0.494	0.503	0.526
0.95	0.196	0.288	0.354	0.394	0.457	0.476	0.489	0.499	0.522
1.00	0.192	0.283	0.345	0.385	0.453	0.473	0.486	0.496	0.518
1.10	0.186	0.274	0.332	0.369	0.447	0.466	0.479	0.489	0.512
1.20	0.181	0.268	0.322	0.357	0.432	0.461	0.474	0.484	0.507
1.30	0.177	0.262	0.313	0.348	0.419	0.456	0.470	0.480	0.503
1.40	0.173	0.257	0.307	0.340	0.409	0.453	0.466	0.476	0.499
1.50	0.170	0.254	0.303	0.333	0.401	0.449	0.463	0.473	0.496
1.60	0.168	0.250	0.299	0.328	0.393	0.446	0.460	0.470	0.493
1.70	0.166	0.247	0.296	0.323	0.387	0.439	0.458	0.468	0.491
1.80	0.164	0.245	0.294	0.319	0.382	0.433	0.455	0.465	0.489
1.90	0.163	0.243	0.291	0.316	0.377	0.427	0.453	0.463	0.487
2.00	0.162	0.241	0.289	0.313	0.373	0.422	0.452	0.462	0.485
2.20	0.159	0.238	0.286	0.308	0.366	0.414	0.449	0.459	0.482
2.40	0.158	0.235	0.283	0.305	0.361	0.407	0.445	0.456	0.479
2.60	0.156	0.233	0.280	0.303	0.357	0.401	0.439	0.454	0.477
2.80	0.155	0.231	0.278	0.300	0.353	0.397	0.434	0.452	0.476
3.00	0.154	0.229	0.277	0.299	0.350	0.393	0.429	0.451	0.474
4.00	0.150	0.224	0.270	0.292	0.339	0.380	0.414	0.443	0.469
5.00	0.148	0.221	0.267	0.289	0.333	0.373	0.405	0.433	0.465
6.00	0.147	0.219	0.265	0.286	0.329	0.368	0.400	0.427	0.463
7.00	0.146	0.218	0.263	0.285	0.327	0.365	0.396	0.423	0.462
8.00	0.145	0.217	0.262	0.284	0.325	0.362	0.393	0.419	0.461
9.00	0.145	0.216	0.261	0.283	0.323	0.361	0.391	0.417	0.460
10.00	0.144	0.215	0.260	0.282	0.322	0.359	0.389	0.415	0.459

Druckzonenhöhe B 25 Tabelle 71

$\mu = ges.A_S/b \cdot d$ $d_1/d = 0,10/0,07$ Tafelwerte: x/d

e/d \ μ	0,2 %	0,5 %	0,8 %	1,0 %	2,0 %	3,0 %	4,5 %	6,0 %	9,0 %
0.00	1.000	1.000	1.000	1.000	1.000	1.000	1.000	1.000	1.000
0.01	1.000	1.000	1.000	1.000	1.000	1.000	1.000	1.000	1.000
0.02	1.000	1.000	1.000	1.000	1.000	1.000	1.000	1.000	1.000
0.03	1.000	1.000	1.000	1.000	1.000	1.000	1.000	1.000	1.000
0.04	1.000	1.000	1.000	1.000	1.000	1.000	1.000	1.000	1.000
0.05	1.000	1.000	1.000	1.000	1.000	1.000	1.000	1.000	1.000
0.06	1.000	1.000	1.000	1.000	1.000	1.000	1.000	1.000	1.000
0.07	1.000	1.000	1.000	1.000	1.000	1.000	1.000	1.000	1.000
0.08	1.000	1.000	1.000	1.000	1.000	1.000	1.000	1.000	1.000
0.09	1.000	1.000	1.000	1.000	1.000	1.000	1.000	1.000	1.000
0.10	0.982	1.000	1.000	1.000	1.000	1.000	1.000	1.000	1.000
0.12	0.936	0.964	0.986	1.000	1.000	1.000	1.000	1.000	1.000
0.14	0.891	0.921	0.945	0.959	1.000	1.000	1.000	1.000	1.000
0.16	0.847	0.880	0.905	0.920	0.973	1.000	1.000	1.000	1.000
0.18	0.803	0.840	0.868	0.883	0.937	0.973	1.000	1.000	1.000
0.20	0.761	0.802	0.832	0.848	0.904	0.940	0.977	1.000	1.000
0.22	0.721	0.767	0.799	0.816	0.874	0.910	0.946	0.971	1.000
0.24	0.682	0.733	0.768	0.785	0.846	0.882	0.918	0.942	0.974
0.26	0.645	0.702	0.739	0.757	0.820	0.857	0.893	0.916	0.947
0.28	0.611	0.673	0.712	0.732	0.796	0.834	0.869	0.893	0.923
0.30	0.579	0.646	0.687	0.708	0.774	0.812	0.848	0.871	0.901
0.32	0.549	0.622	0.665	0.686	0.754	0.792	0.828	0.852	0.880
0.34	0.516	0.599	0.644	0.666	0.735	0.774	0.810	0.833	0.862
0.36	0.478	0.579	0.625	0.648	0.718	0.757	0.793	0.816	0.845
0.38	0.442	0.560	0.608	0.631	0.702	0.742	0.778	0.801	0.829
0.40	0.407	0.543	0.592	0.615	0.688	0.727	0.764	0.787	0.815
0.42	0.374	0.519	0.577	0.601	0.674	0.714	0.751	0.774	0.802
0.44	0.350	0.490	0.564	0.588	0.662	0.702	0.738	0.761	0.789
0.46	0.328	0.463	0.551	0.576	0.650	0.691	0.727	0.750	0.778
0.48	0.309	0.437	0.540	0.565	0.640	0.680	0.717	0.739	0.767
0.50	0.292	0.412	0.521	0.554	0.630	0.670	0.707	0.730	0.757
0.55	0.256	0.360	0.464	0.526	0.608	0.648	0.685	0.707	0.734
0.60	0.231	0.330	0.415	0.475	0.589	0.630	0.666	0.689	0.715
0.65	0.212	0.307	0.371	0.430	0.573	0.614	0.650	0.672	0.699
0.70	0.198	0.289	0.347	0.390	0.559	0.600	0.636	0.658	0.684
0.75	0.187	0.274	0.330	0.359	0.547	0.588	0.623	0.645	0.672
0.80	0.178	0.262	0.316	0.344	0.536	0.577	0.612	0.634	0.661
0.85	0.171	0.252	0.305	0.331	0.504	0.567	0.603	0.625	0.651
0.90	0.165	0.243	0.295	0.321	0.473	0.559	0.594	0.616	0.642
0.95	0.160	0.236	0.286	0.311	0.445	0.551	0.586	0.608	0.634
1.00	0.156	0.230	0.278	0.303	0.419	0.544	0.579	0.601	0.626
1.10	0.149	0.220	0.266	0.290	0.374	0.519	0.567	0.588	0.613
1.20	0.143	0.212	0.257	0.280	0.352	0.472	0.556	0.578	0.603
1.30	0.139	0.206	0.249	0.271	0.342	0.432	0.548	0.568	0.593
1.40	0.136	0.201	0.243	0.264	0.334	0.398	0.540	0.561	0.585
1.50	0.133	0.197	0.237	0.259	0.326	0.368	0.522	0.554	0.579
1.60	0.130	0.193	0.233	0.254	0.320	0.355	0.488	0.548	0.572
1.70	0.128	0.190	0.229	0.249	0.315	0.349	0.457	0.543	0.567
1.80	0.126	0.187	0.226	0.246	0.310	0.344	0.430	0.538	0.562
1.90	0.125	0.185	0.223	0.243	0.306	0.340	0.405	0.524	0.558
2.00	0.123	0.183	0.220	0.240	0.302	0.336	0.383	0.496	0.554
2.20	0.121	0.179	0.216	0.235	0.296	0.329	0.356	0.449	0.547
2.40	0.119	0.176	0.213	0.231	0.291	0.324	0.351	0.409	0.542
2.60	0.118	0.174	0.210	0.228	0.287	0.319	0.346	0.375	0.537
2.80	0.116	0.172	0.207	0.225	0.284	0.315	0.342	0.357	0.506
3.00	0.115	0.170	0.205	0.223	0.281	0.312	0.338	0.354	0.471
4.00	0.111	0.165	0.198	0.215	0.270	0.301	0.327	0.341	0.358
5.00	0.109	0.161	0.194	0.211	0.265	0.294	0.320	0.334	0.350
6.00	0.108	0.159	0.191	0.208	0.261	0.290	0.315	0.330	0.346
7.00	0.107	0.158	0.190	0.206	0.258	0.287	0.312	0.326	0.342
8.00	0.106	0.156	0.188	0.204	0.256	0.285	0.309	0.324	0.340
9.00	0.105	0.156	0.187	0.203	0.255	0.283	0.308	0.322	0.338
10.00	0.105	0.155	0.186	0.202	0.253	0.282	0.306	0.320	0.336

Druckzonenhöhe   **B 25**   **Tabelle 72**

$\mu = ges.A_S/b \cdot d$ $d_1/d = 0{,}15$ Tafelwerte : x/d

e/d \ μ	0,2 %	0,5 %	0,8 %	1,0 %	2,0 %	3,0 %	4,5 %	6,0 %	9,0 %
0.00	1.000	1.000	1.000	1.000	1.000	1.000	1.000	1.000	1.000
0.01	1.000	1.000	1.000	1.000	1.000	1.000	1.000	1.000	1.000
0.02	1.000	1.000	1.000	1.000	1.000	1.000	1.000	1.000	1.000
0.03	1.000	1.000	1.000	1.000	1.000	1.000	1.000	1.000	1.000
0.04	1.000	1.000	1.000	1.000	1.000	1.000	1.000	1.000	1.000
0.05	1.000	1.000	1.000	1.000	1.000	1.000	1.000	1.000	1.000
0.06	1.000	1.000	1.000	1.000	1.000	1.000	1.000	1.000	1.000
0.07	1.000	1.000	1.000	1.000	1.000	1.000	1.000	1.000	1.000
0.08	1.000	1.000	1.000	1.000	1.000	1.000	1.000	1.000	1.000
0.09	0.999	1.000	1.000	1.000	1.000	1.000	1.000	1.000	1.000
0.10	0.976	0.994	1.000	1.000	1.000	1.000	1.000	1.000	1.000
0.12	0.929	0.949	0.965	0.975	1.000	1.000	1.000	1.000	1.000
0.14	0.883	0.905	0.922	0.932	0.971	0.997	1.000	1.000	1.000
0.16	0.838	0.861	0.881	0.891	0.931	0.958	0.985	1.000	1.000
0.18	0.793	0.820	0.841	0.852	0.894	0.921	0.949	0.967	0.992
0.20	0.750	0.781	0.804	0.816	0.860	0.887	0.915	0.933	0.957
0.22	0.709	0.744	0.769	0.782	0.828	0.857	0.884	0.902	0.926
0.24	0.669	0.709	0.737	0.751	0.800	0.828	0.856	0.874	0.897
0.26	0.631	0.677	0.707	0.722	0.773	0.803	0.831	0.849	0.872
0.28	0.595	0.647	0.680	0.696	0.749	0.780	0.808	0.826	0.849
0.30	0.562	0.620	0.655	0.672	0.727	0.758	0.787	0.805	0.828
0.32	0.532	0.594	0.632	0.650	0.707	0.739	0.768	0.786	0.809
0.34	0.503	0.572	0.611	0.630	0.689	0.721	0.751	0.769	0.792
0.36	0.464	0.551	0.592	0.612	0.672	0.705	0.735	0.754	0.776
0.38	0.428	0.532	0.575	0.595	0.657	0.690	0.720	0.739	0.762
0.40	0.393	0.515	0.559	0.580	0.643	0.677	0.707	0.726	0.748
0.42	0.360	0.493	0.544	0.566	0.630	0.664	0.695	0.714	0.736
0.44	0.335	0.464	0.531	0.553	0.618	0.653	0.683	0.702	0.725
0.46	0.315	0.437	0.519	0.541	0.607	0.642	0.673	0.692	0.714
0.48	0.296	0.412	0.508	0.531	0.597	0.632	0.663	0.682	0.705
0.50	0.280	0.389	0.487	0.521	0.588	0.623	0.654	0.673	0.696
0.55	0.247	0.343	0.434	0.488	0.567	0.603	0.634	0.653	0.676
0.60	0.223	0.317	0.390	0.441	0.550	0.586	0.617	0.636	0.659
0.65	0.205	0.296	0.354	0.402	0.535	0.571	0.602	0.622	0.644
0.70	0.192	0.280	0.335	0.371	0.522	0.558	0.590	0.609	0.632
0.75	0.182	0.267	0.320	0.347	0.511	0.547	0.579	0.598	0.620
0.80	0.174	0.256	0.308	0.334	0.490	0.538	0.569	0.588	0.611
0.85	0.168	0.247	0.298	0.323	0.460	0.529	0.560	0.579	0.602
0.90	0.162	0.239	0.289	0.314	0.436	0.521	0.553	0.572	0.594
0.95	0.158	0.233	0.282	0.306	0.417	0.515	0.546	0.565	0.587
1.00	0.154	0.227	0.275	0.299	0.399	0.508	0.539	0.558	0.580
1.10	0.147	0.218	0.264	0.288	0.371	0.467	0.529	0.547	0.569
1.20	0.142	0.211	0.256	0.279	0.350	0.438	0.519	0.538	0.560
1.30	0.139	0.206	0.249	0.271	0.341	0.414	0.512	0.530	0.552
1.40	0.135	0.201	0.243	0.265	0.334	0.395	0.501	0.524	0.545
1.50	0.133	0.197	0.239	0.260	0.328	0.379	0.467	0.518	0.539
1.60	0.131	0.194	0.235	0.256	0.323	0.366	0.449	0.513	0.534
1.70	0.129	0.191	0.231	0.252	0.318	0.355	0.433	0.508	0.530
1.80	0.127	0.189	0.228	0.249	0.315	0.348	0.420	0.492	0.525
1.90	0.126	0.187	0.226	0.246	0.311	0.344	0.409	0.467	0.522
2.00	0.124	0.185	0.224	0.244	0.308	0.341	0.399	0.454	0.518
2.20	0.122	0.182	0.220	0.239	0.303	0.336	0.383	0.434	0.513
2.40	0.121	0.179	0.217	0.236	0.299	0.331	0.370	0.418	0.508
2.60	0.119	0.177	0.214	0.233	0.295	0.328	0.360	0.405	0.483
2.80	0.118	0.175	0.212	0.231	0.292	0.324	0.352	0.394	0.460
3.00	0.117	0.174	0.210	0.229	0.289	0.322	0.348	0.386	0.448
4.00	0.114	0.169	0.204	0.222	0.281	0.312	0.338	0.358	0.410
5.00	0.112	0.166	0.200	0.218	0.276	0.307	0.333	0.347	0.390
6.00	0.110	0.164	0.198	0.215	0.272	0.303	0.329	0.344	0.377
7.00	0.109	0.163	0.196	0.214	0.270	0.301	0.326	0.341	0.369
8.00	0.109	0.162	0.195	0.212	0.268	0.299	0.324	0.339	0.363
9.00	0.108	0.161	0.194	0.211	0.267	0.297	0.323	0.337	0.359
10.00	0.108	0.160	0.193	0.211	0.266	0.296	0.322	0.336	0.355

Druckzonenhöhe B 25 Tabelle 73

µ = ges.A$_S$/b·d   d1/d = 0,20   Tafelwerte : x/d

e/d \ µ	0,2 %	0,5 %	0,8 %	1,0 %	2,0 %	3,0 %	4,5 %	6,0 %	9,0 %
0.00	1.000	1.000	1.000	1.000	1.000	1.000	1.000	1.000	1.000
0.01	1.000	1.000	1.000	1.000	1.000	1.000	1.000	1.000	1.000
0.02	1.000	1.000	1.000	1.000	1.000	1.000	1.000	1.000	1.000
0.03	1.000	1.000	1.000	1.000	1.000	1.000	1.000	1.000	1.000
0.04	1.000	1.000	1.000	1.000	1.000	1.000	1.000	1.000	1.000
0.05	1.000	1.000	1.000	1.000	1.000	1.000	1.000	1.000	1.000
0.06	1.000	1.000	1.000	1.000	1.000	1.000	1.000	1.000	1.000
0.07	1.000	1.000	1.000	1.000	1.000	1.000	1.000	1.000	1.000
0.08	1.000	1.000	1.000	1.000	1.000	1.000	1.000	1.000	1.000
0.09	0.994	1.000	1.000	1.000	1.000	1.000	1.000	1.000	1.000
0.10	0.970	0.981	0.991	0.997	1.000	1.000	1.000	1.000	1.000
0.12	0.923	0.934	0.944	0.950	0.974	0.992	1.000	1.000	1.000
0.14	0.875	0.888	0.899	0.905	0.929	0.946	0.964	0.977	0.994
0.16	0.829	0.844	0.855	0.862	0.887	0.904	0.922	0.934	0.950
0.18	0.784	0.801	0.814	0.822	0.849	0.866	0.884	0.896	0.911
0.20	0.740	0.760	0.775	0.783	0.813	0.831	0.849	0.861	0.877
0.22	0.697	0.721	0.739	0.748	0.781	0.800	0.819	0.831	0.846
0.24	0.655	0.685	0.705	0.716	0.751	0.772	0.791	0.804	0.819
0.26	0.616	0.651	0.674	0.686	0.724	0.746	0.766	0.779	0.795
0.28	0.579	0.620	0.646	0.659	0.700	0.723	0.744	0.757	0.773
0.30	0.545	0.592	0.620	0.634	0.678	0.702	0.724	0.738	0.754
0.32	0.514	0.566	0.597	0.612	0.659	0.684	0.706	0.720	0.736
0.34	0.485	0.543	0.576	0.592	0.641	0.667	0.690	0.704	0.721
0.36	0.451	0.523	0.558	0.575	0.625	0.651	0.675	0.689	0.706
0.38	0.415	0.505	0.541	0.559	0.610	0.637	0.661	0.676	0.693
0.40	0.381	0.488	0.526	0.544	0.597	0.625	0.649	0.664	0.681
0.42	0.349	0.471	0.513	0.531	0.586	0.613	0.638	0.653	0.671
0.44	0.323	0.444	0.501	0.520	0.575	0.603	0.628	0.643	0.661
0.46	0.303	0.419	0.490	0.509	0.565	0.594	0.618	0.633	0.651
0.48	0.286	0.396	0.480	0.499	0.556	0.585	0.610	0.625	0.643
0.50	0.271	0.375	0.463	0.491	0.548	0.577	0.602	0.617	0.635
0.55	0.240	0.331	0.417	0.465	0.530	0.560	0.585	0.600	0.618
0.60	0.217	0.307	0.379	0.425	0.516	0.546	0.571	0.587	0.604
0.65	0.201	0.289	0.349	0.393	0.503	0.534	0.559	0.575	0.592
0.70	0.189	0.274	0.327	0.367	0.493	0.523	0.549	0.565	0.583
0.75	0.179	0.262	0.314	0.346	0.484	0.515	0.541	0.556	0.574
0.80	0.172	0.253	0.304	0.329	0.476	0.507	0.533	0.549	0.566
0.85	0.166	0.244	0.295	0.320	0.456	0.500	0.526	0.542	0.560
0.90	0.161	0.238	0.287	0.312	0.437	0.494	0.520	0.536	0.554
0.95	0.156	0.232	0.281	0.305	0.422	0.489	0.515	0.531	0.549
1.00	0.153	0.227	0.275	0.299	0.408	0.484	0.510	0.526	0.544
1.10	0.147	0.219	0.265	0.289	0.386	0.476	0.502	0.518	0.536
1.20	0.143	0.212	0.258	0.281	0.369	0.453	0.495	0.511	0.529
1.30	0.139	0.207	0.252	0.275	0.356	0.435	0.490	0.505	0.523
1.40	0.136	0.203	0.247	0.269	0.345	0.420	0.485	0.501	0.518
1.50	0.134	0.200	0.243	0.265	0.336	0.408	0.481	0.496	0.514
1.60	0.132	0.197	0.239	0.261	0.329	0.398	0.477	0.493	0.510
1.70	0.130	0.194	0.236	0.258	0.325	0.389	0.468	0.489	0.507
1.80	0.129	0.192	0.233	0.255	0.322	0.381	0.458	0.487	0.504
1.90	0.127	0.190	0.231	0.252	0.319	0.375	0.449	0.484	0.502
2.00	0.126	0.188	0.229	0.250	0.317	0.369	0.441	0.482	0.499
2.20	0.124	0.186	0.225	0.246	0.312	0.360	0.428	0.478	0.495
2.40	0.123	0.183	0.223	0.243	0.309	0.353	0.418	0.469	0.492
2.60	0.121	0.181	0.220	0.241	0.306	0.347	0.409	0.459	0.489
2.80	0.120	0.180	0.218	0.239	0.303	0.342	0.403	0.450	0.487
3.00	0.119	0.178	0.217	0.237	0.301	0.337	0.397	0.443	0.485
4.00	0.116	0.174	0.211	0.231	0.294	0.326	0.378	0.419	0.477
5.00	0.114	0.171	0.208	0.227	0.289	0.322	0.367	0.406	0.464
6.00	0.113	0.169	0.206	0.225	0.286	0.319	0.361	0.398	0.453
7.00	0.112	0.168	0.204	0.223	0.284	0.317	0.356	0.392	0.445
8.00	0.112	0.167	0.203	0.222	0.283	0.315	0.353	0.388	0.440
9.00	0.111	0.167	0.202	0.221	0.282	0.314	0.350	0.385	0.436
10.00	0.111	0.166	0.202	0.220	0.281	0.313	0.348	0.383	0.432

Druckzonenhöhe B 25 Tabelle 74

µ = ges.A_s/b·d   d1/d = 0,25   Tafelwerte: x/d

e/d \ µ	0,2 %	0,5 %	0,8 %	1,0 %	2,0 %	3,0 %	4,5 %	6,0 %	9,0 %
0.00	1.000	1.000	1.000	1.000	1.000	1.000	1.000	1.000	1.000
0.01	1.000	1.000	1.000	1.000	1.000	1.000	1.000	1.000	1.000
0.02	1.000	1.000	1.000	1.000	1.000	1.000	1.000	1.000	1.000
0.03	1.000	1.000	1.000	1.000	1.000	1.000	1.000	1.000	1.000
0.04	1.000	1.000	1.000	1.000	1.000	1.000	1.000	1.000	1.000
0.05	1.000	1.000	1.000	1.000	1.000	1.000	1.000	1.000	1.000
0.06	1.000	1.000	1.000	1.000	1.000	1.000	1.000	1.000	1.000
0.07	1.000	1.000	1.000	1.000	1.000	1.000	1.000	1.000	1.000
0.08	1.000	1.000	1.000	1.000	1.000	1.000	1.000	1.000	1.000
0.09	0.989	0.993	0.998	1.000	1.000	1.000	1.000	1.000	1.000
0.10	0.965	0.969	0.973	0.975	0.985	0.993	1.000	1.000	1.000
0.12	0.916	0.920	0.923	0.926	0.934	0.940	0.947	0.952	0.959
0.14	0.868	0.872	0.876	0.878	0.886	0.892	0.898	0.902	0.908
0.16	0.821	0.826	0.830	0.833	0.842	0.848	0.854	0.858	0.864
0.18	0.775	0.781	0.787	0.790	0.801	0.808	0.815	0.820	0.825
0.20	0.729	0.738	0.745	0.749	0.763	0.772	0.780	0.786	0.792
0.22	0.685	0.697	0.707	0.712	0.729	0.740	0.749	0.756	0.763
0.24	0.642	0.660	0.672	0.678	0.699	0.712	0.723	0.729	0.738
0.26	0.602	0.625	0.640	0.648	0.673	0.687	0.699	0.707	0.716
0.28	0.564	0.593	0.612	0.621	0.650	0.665	0.679	0.687	0.697
0.30	0.529	0.565	0.587	0.597	0.629	0.647	0.661	0.670	0.681
0.32	0.497	0.539	0.564	0.576	0.611	0.630	0.646	0.655	0.666
0.34	0.468	0.517	0.544	0.557	0.596	0.615	0.632	0.642	0.654
0.36	0.441	0.497	0.527	0.541	0.581	0.602	0.620	0.630	0.642
0.38	0.405	0.479	0.511	0.526	0.569	0.590	0.609	0.620	0.632
0.40	0.372	0.464	0.497	0.513	0.557	0.580	0.599	0.610	0.623
0.42	0.342	0.450	0.485	0.501	0.547	0.570	0.590	0.602	0.615
0.44	0.315	0.428	0.474	0.490	0.538	0.562	0.582	0.594	0.607
0.46	0.295	0.406	0.464	0.481	0.530	0.554	0.575	0.587	0.601
0.48	0.279	0.385	0.455	0.472	0.522	0.547	0.568	0.580	0.594
0.50	0.264	0.366	0.447	0.464	0.515	0.541	0.562	0.574	0.589
0.55	0.235	0.328	0.406	0.448	0.500	0.526	0.548	0.561	0.576
0.60	0.214	0.302	0.375	0.416	0.488	0.515	0.537	0.551	0.566
0.65	0.199	0.286	0.350	0.390	0.478	0.505	0.528	0.542	0.557
0.70	0.187	0.273	0.330	0.368	0.469	0.497	0.520	0.534	0.550
0.75	0.178	0.262	0.315	0.351	0.462	0.490	0.513	0.527	0.543
0.80	0.171	0.253	0.304	0.337	0.456	0.484	0.508	0.522	0.538
0.85	0.165	0.245	0.296	0.325	0.450	0.478	0.502	0.517	0.533
0.90	0.161	0.239	0.289	0.316	0.443	0.474	0.498	0.512	0.528
0.95	0.157	0.234	0.284	0.308	0.431	0.470	0.494	0.508	0.524
1.00	0.153	0.229	0.278	0.303	0.420	0.466	0.490	0.504	0.521
1.10	0.148	0.221	0.270	0.294	0.403	0.459	0.484	0.498	0.515
1.20	0.144	0.216	0.263	0.287	0.389	0.454	0.479	0.493	0.510
1.30	0.140	0.211	0.258	0.281	0.378	0.449	0.474	0.489	0.505
1.40	0.138	0.207	0.253	0.277	0.370	0.444	0.470	0.485	0.502
1.50	0.136	0.204	0.249	0.273	0.362	0.435	0.467	0.482	0.499
1.60	0.134	0.201	0.246	0.269	0.356	0.426	0.464	0.479	0.496
1.70	0.132	0.199	0.243	0.266	0.351	0.419	0.462	0.477	0.494
1.80	0.131	0.197	0.241	0.264	0.346	0.413	0.460	0.475	0.491
1.90	0.129	0.195	0.239	0.262	0.342	0.408	0.458	0.473	0.490
2.00	0.128	0.193	0.237	0.260	0.339	0.403	0.456	0.471	0.488
2.20	0.127	0.191	0.234	0.256	0.333	0.396	0.453	0.468	0.485
2.40	0.125	0.189	0.231	0.253	0.328	0.390	0.450	0.465	0.482
2.60	0.124	0.187	0.229	0.251	0.325	0.385	0.448	0.463	0.480
2.80	0.123	0.185	0.227	0.249	0.321	0.380	0.447	0.461	0.478
3.00	0.122	0.184	0.225	0.247	0.319	0.377	0.442	0.460	0.477
4.00	0.119	0.180	0.220	0.242	0.310	0.365	0.426	0.454	0.472
5.00	0.118	0.177	0.217	0.238	0.306	0.358	0.417	0.451	0.468
6.00	0.116	0.176	0.215	0.236	0.303	0.354	0.411	0.449	0.466
7.00	0.116	0.175	0.214	0.235	0.302	0.351	0.407	0.447	0.465
8.00	0.115	0.174	0.213	0.234	0.301	0.348	0.404	0.446	0.464
9.00	0.115	0.173	0.212	0.233	0.300	0.347	0.402	0.443	0.463
10.00	0.114	0.173	0.212	0.232	0.299	0.345	0.400	0.441	0.462

Druckzonenhöhe B 35 Tabelle 75

$\mu = \text{ges.}A_S/b \cdot d$ $d_1/d = 0,10/0,07$ Tafelwerte: x/d

e/d \ μ	0,2 %	0,5 %	0,8 %	1,0 %	2,0 %	3,0 %	4,5 %	6,0 %	9,0 %
0.00	1.000	1.000	1.000	1.000	1.000	1.000	1.000	1.000	1.000
0.01	1.000	1.000	1.000	1.000	1.000	1.000	1.000	1.000	1.000
0.02	1.000	1.000	1.000	1.000	1.000	1.000	1.000	1.000	1.000
0.03	1.000	1.000	1.000	1.000	1.000	1.000	1.000	1.000	1.000
0.04	1.000	1.000	1.000	1.000	1.000	1.000	1.000	1.000	1.000
0.05	1.000	1.000	1.000	1.000	1.000	1.000	1.000	1.000	1.000
0.06	1.000	1.000	1.000	1.000	1.000	1.000	1.000	1.000	1.000
0.07	1.000	1.000	1.000	1.000	1.000	1.000	1.000	1.000	1.000
0.08	1.000	1.000	1.000	1.000	1.000	1.000	1.000	1.000	1.000
0.09	1.000	1.000	1.000	1.000	1.000	1.000	1.000	1.000	1.000
0.10	0.977	0.998	1.000	1.000	1.000	1.000	1.000	1.000	1.000
0.12	0.931	0.953	0.972	0.984	1.000	1.000	1.000	1.000	1.000
0.14	0.885	0.910	0.930	0.942	0.989	1.000	1.000	1.000	1.000
0.16	0.840	0.868	0.890	0.902	0.951	0.984	1.000	1.000	1.000
0.18	0.796	0.827	0.851	0.864	0.915	0.949	0.985	1.000	1.000
0.20	0.753	0.788	0.814	0.829	0.881	0.916	0.952	0.978	1.000
0.22	0.711	0.751	0.779	0.795	0.850	0.886	0.922	0.947	0.981
0.24	0.671	0.716	0.747	0.764	0.821	0.858	0.894	0.920	0.953
0.26	0.633	0.683	0.717	0.734	0.795	0.832	0.869	0.894	0.927
0.28	0.597	0.652	0.689	0.708	0.770	0.808	0.845	0.871	0.903
0.30	0.563	0.624	0.663	0.683	0.748	0.787	0.824	0.849	0.881
0.32	0.530	0.598	0.639	0.660	0.727	0.766	0.804	0.829	0.861
0.34	0.490	0.574	0.618	0.639	0.708	0.748	0.786	0.811	0.843
0.36	0.451	0.553	0.598	0.620	0.690	0.731	0.769	0.795	0.826
0.38	0.413	0.531	0.580	0.602	0.674	0.715	0.754	0.779	0.811
0.40	0.377	0.499	0.563	0.586	0.660	0.701	0.740	0.765	0.797
0.42	0.350	0.468	0.548	0.572	0.646	0.688	0.727	0.752	0.783
0.44	0.326	0.439	0.532	0.558	0.633	0.675	0.714	0.740	0.771
0.46	0.304	0.411	0.505	0.546	0.622	0.664	0.703	0.728	0.760
0.48	0.284	0.384	0.479	0.533	0.611	0.653	0.693	0.718	0.749
0.50	0.267	0.362	0.454	0.508	0.601	0.643	0.683	0.708	0.739
0.55	0.232	0.326	0.398	0.452	0.578	0.621	0.661	0.686	0.717
0.60	0.207	0.297	0.356	0.402	0.560	0.603	0.642	0.667	0.698
0.65	0.189	0.275	0.332	0.362	0.544	0.587	0.626	0.651	0.682
0.70	0.176	0.258	0.313	0.341	0.517	0.573	0.612	0.637	0.667
0.75	0.166	0.245	0.297	0.324	0.478	0.561	0.600	0.625	0.655
0.80	0.158	0.234	0.284	0.310	0.443	0.550	0.589	0.614	0.644
0.85	0.152	0.225	0.273	0.299	0.412	0.541	0.579	0.604	0.634
0.90	0.146	0.217	0.264	0.289	0.384	0.522	0.571	0.595	0.625
0.95	0.142	0.211	0.256	0.280	0.362	0.492	0.563	0.587	0.617
1.00	0.138	0.205	0.250	0.273	0.351	0.465	0.556	0.580	0.610
1.10	0.132	0.196	0.239	0.261	0.336	0.417	0.544	0.568	0.597
1.20	0.127	0.189	0.230	0.252	0.324	0.376	0.526	0.557	0.586
1.30	0.123	0.184	0.223	0.244	0.315	0.355	0.483	0.549	0.577
1.40	0.120	0.179	0.218	0.238	0.307	0.346	0.445	0.541	0.569
1.50	0.118	0.175	0.213	0.233	0.300	0.338	0.413	0.528	0.563
1.60	0.115	0.172	0.209	0.229	0.294	0.332	0.384	0.494	0.557
1.70	0.113	0.169	0.206	0.225	0.289	0.327	0.362	0.463	0.551
1.80	0.112	0.167	0.203	0.222	0.285	0.322	0.354	0.435	0.547
1.90	0.110	0.165	0.200	0.219	0.281	0.318	0.350	0.410	0.542
2.00	0.109	0.163	0.198	0.216	0.278	0.314	0.346	0.388	0.538
2.20	0.107	0.160	0.194	0.212	0.272	0.307	0.339	0.357	0.506
2.40	0.105	0.157	0.191	0.209	0.268	0.302	0.333	0.352	0.462
2.60	0.104	0.155	0.188	0.206	0.264	0.298	0.329	0.347	0.425
2.80	0.103	0.154	0.186	0.203	0.261	0.294	0.325	0.343	0.392
3.00	0.102	0.152	0.184	0.201	0.258	0.291	0.321	0.339	0.366
4.00	0.098	0.147	0.178	0.194	0.249	0.281	0.310	0.327	0.347
5.00	0.096	0.144	0.175	0.190	0.243	0.275	0.303	0.320	0.340
6.00	0.095	0.142	0.172	0.188	0.240	0.271	0.299	0.316	0.335
7.00	0.094	0.141	0.171	0.186	0.237	0.268	0.296	0.313	0.332
8.00	0.094	0.140	0.169	0.185	0.236	0.266	0.293	0.310	0.330
9.00	0.093	0.139	0.168	0.184	0.234	0.264	0.292	0.308	0.328
10.00	0.093	0.138	0.168	0.183	0.233	0.263	0.290	0.307	0.326

Druckzonenhöhe   B 35   Tabelle 76

µ = ges.A$_s$/b·d   d1/d = 0,15   Tafelwerte : x/d

e/d \ µ	0,2 %	0,5 %	0,8 %	1,0 %	2,0 %	3,0 %	4,5 %	6,0 %	9,0 %
0.00	1.000	1.000	1.000	1.000	1.000	1.000	1.000	1.000	1.000
0.01	1.000	1.000	1.000	1.000	1.000	1.000	1.000	1.000	1.000
0.02	1.000	1.000	1.000	1.000	1.000	1.000	1.000	1.000	1.000
0.03	1.000	1.000	1.000	1.000	1.000	1.000	1.000	1.000	1.000
0.04	1.000	1.000	1.000	1.000	1.000	1.000	1.000	1.000	1.000
0.05	1.000	1.000	1.000	1.000	1.000	1.000	1.000	1.000	1.000
0.06	1.000	1.000	1.000	1.000	1.000	1.000	1.000	1.000	1.000
0.07	1.000	1.000	1.000	1.000	1.000	1.000	1.000	1.000	1.000
0.08	1.000	1.000	1.000	1.000	1.000	1.000	1.000	1.000	1.000
0.09	0.996	1.000	1.000	1.000	1.000	1.000	1.000	1.000	1.000
0.10	0.973	0.987	1.000	1.000	1.000	1.000	1.000	1.000	1.000
0.12	0.926	0.941	0.955	0.963	0.997	1.000	1.000	1.000	1.000
0.14	0.879	0.896	0.911	0.920	0.954	0.979	1.000	1.000	1.000
0.16	0.833	0.853	0.869	0.878	0.914	0.939	0.967	0.986	1.000
0.18	0.788	0.811	0.828	0.839	0.877	0.903	0.930	0.949	0.976
0.20	0.744	0.770	0.790	0.801	0.842	0.869	0.896	0.916	0.941
0.22	0.701	0.732	0.754	0.766	0.810	0.838	0.866	0.885	0.910
0.24	0.660	0.695	0.720	0.734	0.780	0.809	0.838	0.857	0.882
0.26	0.621	0.661	0.689	0.704	0.753	0.783	0.812	0.832	0.857
0.28	0.583	0.630	0.660	0.676	0.728	0.759	0.789	0.809	0.834
0.30	0.548	0.601	0.634	0.651	0.705	0.737	0.768	0.788	0.813
0.32	0.516	0.574	0.610	0.628	0.685	0.718	0.749	0.769	0.794
0.34	0.479	0.550	0.588	0.607	0.666	0.700	0.731	0.752	0.777
0.36	0.439	0.528	0.568	0.587	0.649	0.683	0.715	0.736	0.761
0.38	0.401	0.508	0.550	0.570	0.633	0.668	0.700	0.721	0.747
0.40	0.365	0.477	0.533	0.554	0.619	0.654	0.687	0.708	0.734
0.42	0.336	0.446	0.518	0.540	0.605	0.642	0.675	0.696	0.722
0.44	0.313	0.417	0.503	0.526	0.593	0.630	0.663	0.684	0.710
0.46	0.292	0.390	0.476	0.514	0.582	0.619	0.653	0.674	0.700
0.48	0.273	0.365	0.451	0.500	0.572	0.609	0.643	0.664	0.690
0.50	0.256	0.345	0.427	0.475	0.562	0.600	0.634	0.655	0.681
0.55	0.223	0.312	0.376	0.422	0.541	0.579	0.614	0.635	0.661
0.60	0.200	0.286	0.340	0.379	0.524	0.562	0.596	0.618	0.644
0.65	0.184	0.266	0.319	0.346	0.509	0.547	0.582	0.603	0.629
0.70	0.171	0.251	0.302	0.329	0.474	0.535	0.569	0.591	0.617
0.75	0.162	0.238	0.289	0.314	0.441	0.524	0.558	0.580	0.606
0.80	0.155	0.228	0.277	0.302	0.414	0.514	0.548	0.570	0.596
0.85	0.149	0.220	0.267	0.292	0.391	0.504	0.540	0.561	0.587
0.90	0.144	0.213	0.259	0.283	0.372	0.473	0.532	0.554	0.579
0.95	0.140	0.208	0.252	0.276	0.355	0.450	0.525	0.547	0.572
1.00	0.136	0.203	0.246	0.270	0.345	0.431	0.519	0.540	0.566
1.10	0.131	0.195	0.237	0.259	0.333	0.400	0.508	0.530	0.555
1.20	0.126	0.188	0.229	0.251	0.323	0.376	0.472	0.520	0.546
1.30	0.123	0.183	0.223	0.244	0.315	0.357	0.445	0.513	0.538
1.40	0.120	0.179	0.218	0.239	0.308	0.346	0.423	0.506	0.531
1.50	0.117	0.176	0.214	0.234	0.302	0.340	0.406	0.471	0.525
1.60	0.116	0.173	0.211	0.230	0.297	0.335	0.391	0.452	0.520
1.70	0.114	0.171	0.207	0.227	0.293	0.330	0.379	0.436	0.516
1.80	0.112	0.168	0.205	0.224	0.289	0.326	0.368	0.423	0.512
1.90	0.111	0.166	0.203	0.221	0.286	0.323	0.360	0.411	0.508
2.00	0.110	0.165	0.201	0.219	0.283	0.319	0.352	0.401	0.496
2.20	0.108	0.162	0.197	0.215	0.278	0.314	0.345	0.385	0.459
2.40	0.107	0.160	0.194	0.213	0.274	0.310	0.341	0.372	0.441
2.60	0.105	0.158	0.192	0.210	0.271	0.306	0.337	0.362	0.427
2.80	0.104	0.156	0.190	0.208	0.268	0.303	0.334	0.354	0.415
3.00	0.103	0.155	0.189	0.206	0.266	0.300	0.331	0.349	0.405
4.00	0.100	0.150	0.183	0.200	0.258	0.292	0.321	0.339	0.375
5.00	0.099	0.148	0.180	0.196	0.253	0.286	0.316	0.333	0.358
6.00	0.098	0.146	0.178	0.194	0.250	0.283	0.312	0.330	0.349
7.00	0.097	0.145	0.176	0.193	0.248	0.281	0.310	0.327	0.347
8.00	0.096	0.144	0.175	0.191	0.246	0.279	0.308	0.325	0.345
9.00	0.096	0.143	0.174	0.190	0.245	0.277	0.306	0.324	0.343
10.00	0.095	0.143	0.174	0.190	0.244	0.276	0.305	0.322	0.342

Druckzonenhöhe   B 35   Tabelle 77

$\mu = ges.A_S/b \cdot d$ $d_1/d = 0,20$ Tafelwerte: x/d

e/d \ μ	0,2 %	0,5 %	0,8 %	1,0 %	2,0 %	3,0 %	4,5 %	6,0 %	9,0 %
0.00	1.000	1.000	1.000	1.000	1.000	1.000	1.000	1.000	1.000
0.01	1.000	1.000	1.000	1.000	1.000	1.000	1.000	1.000	1.000
0.02	1.000	1.000	1.000	1.000	1.000	1.000	1.000	1.000	1.000
0.03	1.000	1.000	1.000	1.000	1.000	1.000	1.000	1.000	1.000
0.04	1.000	1.000	1.000	1.000	1.000	1.000	1.000	1.000	1.000
0.05	1.000	1.000	1.000	1.000	1.000	1.000	1.000	1.000	1.000
0.06	1.000	1.000	1.000	1.000	1.000	1.000	1.000	1.000	1.000
0.07	1.000	1.000	1.000	1.000	1.000	1.000	1.000	1.000	1.000
0.08	1.000	1.000	1.000	1.000	1.000	1.000	1.000	1.000	1.000
0.09	0.992	1.000	1.000	1.000	1.000	1.000	1.000	1.000	1.000
0.10	0.968	0.977	0.985	0.990	1.000	1.000	1.000	1.000	1.000
0.12	0.920	0.930	0.938	0.943	0.964	0.980	0.997	1.000	1.000
0.14	0.873	0.883	0.892	0.898	0.919	0.934	0.952	0.965	0.983
0.16	0.827	0.838	0.848	0.854	0.877	0.893	0.910	0.923	0.940
0.18	0.781	0.795	0.806	0.813	0.837	0.854	0.872	0.884	0.901
0.20	0.735	0.752	0.766	0.773	0.801	0.819	0.838	0.850	0.867
0.22	0.692	0.712	0.728	0.737	0.768	0.787	0.806	0.819	0.836
0.24	0.649	0.675	0.693	0.703	0.737	0.758	0.778	0.792	0.809
0.26	0.609	0.639	0.661	0.672	0.709	0.732	0.753	0.767	0.785
0.28	0.570	0.606	0.631	0.643	0.684	0.708	0.730	0.745	0.763
0.30	0.534	0.576	0.604	0.617	0.661	0.686	0.710	0.725	0.743
0.32	0.501	0.549	0.579	0.594	0.641	0.667	0.691	0.707	0.726
0.34	0.468	0.525	0.557	0.573	0.622	0.650	0.675	0.691	0.710
0.36	0.429	0.503	0.538	0.554	0.606	0.634	0.659	0.676	0.695
0.38	0.391	0.484	0.520	0.537	0.591	0.619	0.646	0.662	0.682
0.40	0.356	0.458	0.504	0.522	0.577	0.607	0.633	0.650	0.670
0.42	0.325	0.428	0.490	0.509	0.565	0.595	0.622	0.639	0.659
0.44	0.302	0.401	0.477	0.496	0.554	0.584	0.611	0.628	0.649
0.46	0.282	0.376	0.454	0.485	0.544	0.575	0.602	0.619	0.640
0.48	0.264	0.353	0.431	0.474	0.535	0.566	0.594	0.611	0.631
0.50	0.248	0.332	0.410	0.453	0.526	0.558	0.586	0.603	0.623
0.55	0.217	0.301	0.364	0.407	0.508	0.540	0.569	0.586	0.607
0.60	0.195	0.278	0.329	0.369	0.493	0.526	0.555	0.572	0.593
0.65	0.180	0.260	0.311	0.340	0.481	0.514	0.543	0.560	0.581
0.70	0.168	0.246	0.296	0.321	0.459	0.503	0.532	0.550	0.571
0.75	0.159	0.235	0.284	0.309	0.433	0.495	0.524	0.541	0.562
0.80	0.153	0.226	0.273	0.298	0.412	0.487	0.516	0.534	0.555
0.85	0.147	0.218	0.265	0.289	0.393	0.480	0.509	0.527	0.548
0.90	0.142	0.212	0.258	0.282	0.378	0.469	0.503	0.521	0.542
0.95	0.139	0.207	0.252	0.275	0.365	0.452	0.498	0.516	0.537
1.00	0.135	0.202	0.246	0.269	0.354	0.438	0.493	0.511	0.532
1.10	0.130	0.195	0.237	0.260	0.336	0.414	0.485	0.503	0.524
1.20	0.126	0.189	0.231	0.253	0.325	0.395	0.478	0.496	0.517
1.30	0.123	0.184	0.225	0.247	0.318	0.380	0.464	0.491	0.512
1.40	0.120	0.181	0.220	0.242	0.312	0.368	0.448	0.486	0.507
1.50	0.118	0.178	0.217	0.238	0.307	0.358	0.434	0.482	0.503
1.60	0.116	0.175	0.214	0.234	0.303	0.350	0.423	0.478	0.499
1.70	0.115	0.173	0.211	0.231	0.300	0.343	0.413	0.471	0.496
1.80	0.114	0.171	0.208	0.228	0.296	0.337	0.405	0.460	0.493
1.90	0.112	0.169	0.206	0.226	0.294	0.332	0.398	0.451	0.490
2.00	0.111	0.168	0.205	0.224	0.291	0.328	0.392	0.444	0.488
2.20	0.110	0.165	0.201	0.221	0.287	0.324	0.381	0.431	0.484
2.40	0.108	0.163	0.199	0.218	0.283	0.320	0.373	0.420	0.481
2.60	0.107	0.161	0.197	0.216	0.281	0.317	0.366	0.412	0.478
2.80	0.106	0.160	0.195	0.214	0.278	0.315	0.361	0.405	0.473
3.00	0.105	0.159	0.194	0.212	0.276	0.312	0.356	0.399	0.465
4.00	0.103	0.155	0.189	0.207	0.269	0.305	0.341	0.380	0.439
5.00	0.101	0.152	0.186	0.204	0.265	0.300	0.332	0.369	0.425
6.00	0.100	0.151	0.184	0.202	0.262	0.298	0.328	0.363	0.416
7.00	0.099	0.150	0.183	0.200	0.260	0.296	0.326	0.358	0.410
8.00	0.099	0.149	0.182	0.199	0.259	0.294	0.324	0.355	0.405
9.00	0.098	0.148	0.181	0.198	0.258	0.293	0.323	0.352	0.402
10.00	0.098	0.148	0.180	0.198	0.257	0.292	0.322	0.350	0.399

Druckzonenhöhe B 35 Tabelle 78

$\mu = ges.A_S/b \cdot d$ $d1/d = 0,25$ Tafelwerte: x/d

e/d \ μ	0,2 %	0,5 %	0,8 %	1,0 %	2,0 %	3,0 %	4,5 %	6,0 %	9,0 %
0.00	1.000	1.000	1.000	1.000	1.000	1.000	1.000	1.000	1.000
0.01	1.000	1.000	1.000	1.000	1.000	1.000	1.000	1.000	1.000
0.02	1.000	1.000	1.000	1.000	1.000	1.000	1.000	1.000	1.000
0.03	1.000	1.000	1.000	1.000	1.000	1.000	1.000	1.000	1.000
0.04	1.000	1.000	1.000	1.000	1.000	1.000	1.000	1.000	1.000
0.05	1.000	1.000	1.000	1.000	1.000	1.000	1.000	1.000	1.000
0.06	1.000	1.000	1.000	1.000	1.000	1.000	1.000	1.000	1.000
0.07	1.000	1.000	1.000	1.000	1.000	1.000	1.000	1.000	1.000
0.08	1.000	1.000	1.000	1.000	1.000	1.000	1.000	1.000	1.000
0.09	0.988	0.992	0.995	0.997	1.000	1.000	1.000	1.000	1.000
0.10	0.964	0.967	0.970	0.972	0.981	0.987	0.995	1.000	1.000
0.12	0.916	0.919	0.921	0.923	0.930	0.936	0.943	0.947	0.954
0.14	0.868	0.871	0.874	0.876	0.883	0.888	0.894	0.898	0.904
0.16	0.820	0.824	0.828	0.830	0.838	0.844	0.850	0.854	0.860
0.18	0.773	0.779	0.783	0.786	0.796	0.803	0.810	0.815	0.822
0.20	0.727	0.735	0.741	0.744	0.757	0.766	0.775	0.781	0.788
0.22	0.682	0.693	0.701	0.706	0.722	0.733	0.743	0.750	0.758
0.24	0.639	0.653	0.665	0.670	0.691	0.703	0.715	0.723	0.732
0.26	0.597	0.617	0.631	0.639	0.663	0.678	0.691	0.700	0.710
0.28	0.557	0.583	0.601	0.610	0.639	0.655	0.670	0.680	0.691
0.30	0.520	0.553	0.574	0.584	0.617	0.635	0.652	0.662	0.674
0.32	0.486	0.526	0.550	0.561	0.598	0.618	0.635	0.646	0.659
0.34	0.456	0.502	0.528	0.541	0.581	0.602	0.621	0.633	0.646
0.36	0.420	0.480	0.509	0.524	0.566	0.588	0.608	0.620	0.635
0.38	0.383	0.461	0.493	0.508	0.553	0.576	0.597	0.609	0.624
0.40	0.349	0.442	0.478	0.494	0.541	0.565	0.586	0.599	0.615
0.42	0.318	0.414	0.465	0.481	0.530	0.555	0.577	0.591	0.606
0.44	0.294	0.389	0.453	0.470	0.520	0.546	0.569	0.583	0.599
0.46	0.275	0.366	0.437	0.460	0.511	0.538	0.561	0.575	0.592
0.48	0.258	0.345	0.417	0.451	0.503	0.531	0.554	0.569	0.585
0.50	0.243	0.327	0.398	0.437	0.496	0.524	0.548	0.562	0.579
0.55	0.213	0.295	0.359	0.397	0.481	0.509	0.534	0.549	0.567
0.60	0.192	0.274	0.329	0.366	0.468	0.497	0.523	0.538	0.556
0.65	0.177	0.257	0.307	0.341	0.457	0.487	0.513	0.529	0.547
0.70	0.167	0.244	0.294	0.322	0.448	0.479	0.505	0.521	0.540
0.75	0.158	0.234	0.283	0.307	0.432	0.472	0.498	0.514	0.533
0.80	0.152	0.225	0.274	0.298	0.414	0.465	0.492	0.508	0.527
0.85	0.147	0.218	0.266	0.290	0.400	0.460	0.487	0.503	0.522
0.90	0.142	0.213	0.260	0.284	0.388	0.455	0.482	0.499	0.518
0.95	0.139	0.208	0.254	0.278	0.377	0.451	0.478	0.494	0.514
1.00	0.136	0.204	0.249	0.273	0.368	0.447	0.474	0.491	0.510
1.10	0.131	0.197	0.241	0.265	0.354	0.429	0.468	0.484	0.504
1.20	0.127	0.191	0.235	0.258	0.342	0.414	0.462	0.479	0.499
1.30	0.124	0.187	0.230	0.252	0.333	0.402	0.458	0.475	0.495
1.40	0.122	0.184	0.225	0.248	0.326	0.392	0.454	0.471	0.491
1.50	0.120	0.181	0.222	0.244	0.320	0.385	0.451	0.468	0.488
1.60	0.118	0.178	0.219	0.241	0.315	0.378	0.448	0.465	0.485
1.70	0.117	0.176	0.216	0.238	0.310	0.372	0.444	0.463	0.483
1.80	0.115	0.174	0.214	0.236	0.307	0.367	0.438	0.461	0.481
1.90	0.114	0.173	0.212	0.234	0.305	0.363	0.432	0.459	0.479
2.00	0.113	0.171	0.211	0.232	0.303	0.359	0.427	0.457	0.477
2.20	0.112	0.169	0.208	0.229	0.299	0.353	0.418	0.454	0.474
2.40	0.110	0.167	0.205	0.226	0.296	0.347	0.411	0.451	0.471
2.60	0.109	0.166	0.204	0.224	0.294	0.343	0.406	0.449	0.469
2.80	0.108	0.164	0.202	0.222	0.292	0.340	0.401	0.447	0.467
3.00	0.108	0.163	0.201	0.221	0.290	0.337	0.397	0.444	0.466
4.00	0.105	0.159	0.196	0.216	0.284	0.327	0.384	0.428	0.461
5.00	0.104	0.157	0.193	0.213	0.280	0.321	0.377	0.419	0.457
6.00	0.103	0.156	0.191	0.211	0.278	0.318	0.372	0.413	0.455
7.00	0.102	0.155	0.190	0.209	0.276	0.315	0.369	0.409	0.454
8.00	0.101	0.154	0.189	0.208	0.275	0.314	0.366	0.406	0.452
9.00	0.101	0.154	0.189	0.208	0.274	0.312	0.364	0.404	0.451
10.00	0.101	0.153	0.188	0.207	0.273	0.311	0.363	0.402	0.451

Druckzonenhöhe — B 45 — Tabelle 79

$\mu = \text{ges.}A_S / b \cdot d$ $d_1/d = 0{,}10/0{,}07$ Tafelwerte: x/d

e/d \ μ	0,2 %	0,5 %	0,8 %	1,0 %	2,0 %	3,0 %	4,5 %	6,0 %	9,0 %
0.00	1.000	1.000	1.000	1.000	1.000	1.000	1.000	1.000	1.000
0.01	1.000	1.000	1.000	1.000	1.000	1.000	1.000	1.000	1.000
0.02	1.000	1.000	1.000	1.000	1.000	1.000	1.000	1.000	1.000
0.03	1.000	1.000	1.000	1.000	1.000	1.000	1.000	1.000	1.000
0.04	1.000	1.000	1.000	1.000	1.000	1.000	1.000	1.000	1.000
0.05	1.000	1.000	1.000	1.000	1.000	1.000	1.000	1.000	1.000
0.06	1.000	1.000	1.000	1.000	1.000	1.000	1.000	1.000	1.000
0.07	1.000	1.000	1.000	1.000	1.000	1.000	1.000	1.000	1.000
0.08	1.000	1.000	1.000	1.000	1.000	1.000	1.000	1.000	1.000
0.09	0.999	1.000	1.000	1.000	1.000	1.000	1.000	1.000	1.000
0.10	0.975	0.993	1.000	1.000	1.000	1.000	1.000	1.000	1.000
0.12	0.929	0.948	0.965	0.975	1.000	1.000	1.000	1.000	1.000
0.14	0.883	0.904	0.923	0.934	0.977	1.000	1.000	1.000	1.000
0.16	0.837	0.861	0.881	0.893	0.938	0.970	1.000	1.000	1.000
0.18	0.792	0.820	0.842	0.855	0.902	0.935	0.971	0.997	1.000
0.20	0.749	0.780	0.804	0.818	0.868	0.902	0.938	0.964	0.999
0.22	0.706	0.742	0.769	0.784	0.837	0.871	0.908	0.933	0.968
0.24	0.666	0.706	0.736	0.751	0.807	0.843	0.880	0.906	0.940
0.26	0.626	0.673	0.705	0.722	0.780	0.817	0.854	0.880	0.914
0.28	0.589	0.641	0.676	0.694	0.755	0.793	0.831	0.857	0.891
0.30	0.554	0.612	0.649	0.669	0.732	0.771	0.809	0.835	0.869
0.32	0.518	0.585	0.625	0.645	0.711	0.751	0.790	0.816	0.849
0.34	0.477	0.561	0.603	0.624	0.692	0.732	0.771	0.797	0.831
0.36	0.437	0.538	0.582	0.604	0.674	0.715	0.755	0.781	0.814
0.38	0.399	0.506	0.564	0.586	0.658	0.700	0.739	0.765	0.799
0.40	0.364	0.473	0.546	0.570	0.643	0.685	0.725	0.751	0.785
0.42	0.337	0.441	0.526	0.555	0.629	0.671	0.712	0.738	0.771
0.44	0.313	0.412	0.498	0.541	0.616	0.659	0.699	0.726	0.759
0.46	0.291	0.383	0.470	0.520	0.604	0.647	0.688	0.715	0.748
0.48	0.271	0.360	0.444	0.494	0.593	0.637	0.677	0.704	0.737
0.50	0.253	0.343	0.420	0.469	0.583	0.627	0.668	0.694	0.727
0.55	0.218	0.307	0.365	0.413	0.561	0.605	0.646	0.672	0.705
0.60	0.194	0.279	0.335	0.366	0.542	0.586	0.627	0.654	0.686
0.65	0.177	0.258	0.312	0.340	0.507	0.570	0.611	0.637	0.670
0.70	0.165	0.242	0.293	0.320	0.465	0.556	0.597	0.623	0.656
0.75	0.155	0.229	0.278	0.304	0.428	0.544	0.585	0.611	0.644
0.80	0.147	0.219	0.266	0.291	0.394	0.528	0.574	0.600	0.632
0.85	0.141	0.210	0.256	0.280	0.366	0.494	0.565	0.591	0.623
0.90	0.136	0.203	0.247	0.271	0.352	0.463	0.556	0.582	0.614
0.95	0.132	0.197	0.240	0.263	0.342	0.435	0.548	0.574	0.606
1.00	0.128	0.192	0.234	0.256	0.333	0.409	0.541	0.567	0.599
1.10	0.123	0.183	0.224	0.245	0.319	0.367	0.508	0.555	0.586
1.20	0.118	0.177	0.216	0.236	0.307	0.350	0.462	0.545	0.576
1.30	0.115	0.172	0.209	0.229	0.298	0.339	0.422	0.536	0.567
1.40	0.112	0.167	0.204	0.223	0.290	0.331	0.388	0.496	0.559
1.50	0.109	0.164	0.200	0.219	0.284	0.324	0.362	0.461	0.552
1.60	0.107	0.161	0.196	0.215	0.279	0.317	0.353	0.429	0.546
1.70	0.106	0.158	0.193	0.211	0.274	0.312	0.347	0.402	0.541
1.80	0.104	0.156	0.190	0.208	0.270	0.308	0.342	0.377	0.536
1.90	0.103	0.154	0.188	0.205	0.266	0.304	0.338	0.359	0.511
2.00	0.102	0.152	0.186	0.203	0.263	0.300	0.334	0.354	0.484
2.20	0.100	0.149	0.182	0.199	0.258	0.294	0.327	0.347	0.438
2.40	0.098	0.147	0.179	0.196	0.253	0.289	0.322	0.342	0.399
2.60	0.097	0.145	0.177	0.193	0.250	0.285	0.317	0.337	0.367
2.80	0.096	0.143	0.175	0.191	0.247	0.281	0.313	0.333	0.356
3.00	0.095	0.142	0.173	0.189	0.244	0.278	0.310	0.330	0.352
4.00	0.092	0.137	0.167	0.183	0.236	0.268	0.299	0.318	0.340
5.00	0.090	0.135	0.164	0.179	0.231	0.262	0.292	0.311	0.333
6.00	0.088	0.133	0.161	0.177	0.228	0.259	0.288	0.307	0.328
7.00	0.088	0.132	0.160	0.175	0.225	0.256	0.285	0.304	0.325
8.00	0.087	0.131	0.159	0.173	0.224	0.254	0.283	0.301	0.323
9.00	0.087	0.130	0.158	0.173	0.222	0.253	0.281	0.299	0.321
10.00	0.086	0.129	0.157	0.172	0.221	0.251	0.280	0.298	0.319

Druckzonenhöhe B 45 Tabelle 80

$\mu = \text{ges.} A_s / b \cdot d$ $d_1/d = 0{,}15$ Tafelwerte: x/d

e/d \ μ	0,2 %	0,5 %	0,8 %	1,0 %	2,0 %	3,0 %	4,5 %	6,0 %	9,0 %
0.00	1.000	1.000	1.000	1.000	1.000	1.000	1.000	1.000	1.000
0.01	1.000	1.000	1.000	1.000	1.000	1.000	1.000	1.000	1.000
0.02	1.000	1.000	1.000	1.000	1.000	1.000	1.000	1.000	1.000
0.03	1.000	1.000	1.000	1.000	1.000	1.000	1.000	1.000	1.000
0.04	1.000	1.000	1.000	1.000	1.000	1.000	1.000	1.000	1.000
0.05	1.000	1.000	1.000	1.000	1.000	1.000	1.000	1.000	1.000
0.06	1.000	1.000	1.000	1.000	1.000	1.000	1.000	1.000	1.000
0.07	1.000	1.000	1.000	1.000	1.000	1.000	1.000	1.000	1.000
0.08	1.000	1.000	1.000	1.000	1.000	1.000	1.000	1.000	1.000
0.09	0.995	1.000	1.000	1.000	1.000	1.000	1.000	1.000	1.000
0.10	0.971	0.984	0.995	1.000	1.000	1.000	1.000	1.000	1.000
0.12	0.924	0.938	0.950	0.957	0.988	1.000	1.000	1.000	1.000
0.14	0.877	0.892	0.906	0.913	0.945	0.969	0.995	1.000	1.000
0.16	0.831	0.848	0.863	0.871	0.905	0.929	0.956	0.975	1.000
0.18	0.786	0.806	0.822	0.831	0.867	0.892	0.919	0.939	0.966
0.20	0.741	0.764	0.783	0.793	0.832	0.858	0.885	0.905	0.931
0.22	0.698	0.725	0.746	0.757	0.799	0.826	0.855	0.874	0.900
0.24	0.656	0.688	0.711	0.724	0.769	0.798	0.826	0.846	0.873
0.26	0.615	0.653	0.679	0.693	0.741	0.771	0.801	0.821	0.847
0.28	0.577	0.620	0.649	0.665	0.716	0.747	0.777	0.798	0.825
0.30	0.541	0.590	0.622	0.639	0.693	0.725	0.756	0.777	0.804
0.32	0.508	0.563	0.597	0.615	0.672	0.705	0.737	0.758	0.785
0.34	0.467	0.538	0.575	0.593	0.652	0.687	0.719	0.741	0.768
0.36	0.427	0.515	0.554	0.573	0.635	0.670	0.703	0.725	0.752
0.38	0.388	0.486	0.535	0.555	0.619	0.654	0.688	0.710	0.737
0.40	0.351	0.453	0.518	0.539	0.604	0.640	0.674	0.697	0.724
0.42	0.325	0.422	0.500	0.524	0.590	0.628	0.662	0.684	0.712
0.44	0.301	0.392	0.471	0.511	0.578	0.616	0.650	0.673	0.700
0.46	0.280	0.365	0.444	0.489	0.567	0.605	0.640	0.662	0.690
0.48	0.260	0.343	0.419	0.464	0.556	0.595	0.630	0.653	0.680
0.50	0.243	0.327	0.396	0.440	0.547	0.585	0.621	0.643	0.671
0.55	0.210	0.294	0.347	0.389	0.525	0.565	0.600	0.623	0.651
0.60	0.188	0.269	0.321	0.348	0.508	0.547	0.583	0.606	0.634
0.65	0.172	0.250	0.301	0.327	0.466	0.532	0.569	0.592	0.620
0.70	0.160	0.235	0.284	0.310	0.431	0.520	0.556	0.579	0.607
0.75	0.151	0.223	0.271	0.296	0.401	0.509	0.545	0.568	0.596
0.80	0.144	0.214	0.260	0.284	0.377	0.480	0.535	0.558	0.586
0.85	0.139	0.206	0.250	0.274	0.356	0.452	0.527	0.550	0.578
0.90	0.134	0.199	0.243	0.266	0.344	0.429	0.519	0.542	0.570
0.95	0.130	0.194	0.236	0.259	0.335	0.410	0.512	0.535	0.563
1.00	0.127	0.189	0.231	0.253	0.328	0.393	0.506	0.529	0.557
1.10	0.121	0.182	0.222	0.243	0.316	0.365	0.460	0.518	0.546
1.20	0.117	0.176	0.215	0.235	0.306	0.347	0.431	0.509	0.537
1.30	0.114	0.171	0.209	0.229	0.298	0.339	0.407	0.480	0.529
1.40	0.112	0.167	0.204	0.224	0.292	0.331	0.389	0.453	0.522
1.50	0.109	0.164	0.200	0.220	0.286	0.325	0.373	0.433	0.516
1.60	0.107	0.162	0.197	0.216	0.281	0.320	0.361	0.417	0.511
1.70	0.106	0.159	0.194	0.213	0.277	0.316	0.350	0.403	0.506
1.80	0.105	0.157	0.192	0.210	0.274	0.312	0.346	0.392	0.480
1.90	0.103	0.155	0.190	0.208	0.271	0.309	0.342	0.382	0.461
2.00	0.102	0.154	0.188	0.206	0.268	0.305	0.339	0.373	0.449
2.20	0.100	0.151	0.185	0.202	0.263	0.300	0.334	0.359	0.429
2.40	0.099	0.149	0.182	0.199	0.259	0.296	0.329	0.349	0.413
2.60	0.098	0.147	0.180	0.197	0.256	0.293	0.325	0.345	0.400
2.80	0.097	0.146	0.178	0.195	0.254	0.290	0.322	0.342	0.390
3.00	0.096	0.145	0.177	0.193	0.252	0.287	0.320	0.339	0.382
4.00	0.093	0.140	0.171	0.188	0.244	0.278	0.310	0.330	0.354
5.00	0.092	0.138	0.168	0.184	0.239	0.273	0.305	0.324	0.346
6.00	0.091	0.136	0.166	0.182	0.237	0.270	0.301	0.320	0.342
7.00	0.090	0.135	0.165	0.181	0.235	0.268	0.299	0.318	0.340
8.00	0.089	0.135	0.164	0.180	0.233	0.266	0.297	0.316	0.338
9.00	0.089	0.134	0.163	0.179	0.232	0.265	0.295	0.314	0.336
10.00	0.089	0.133	0.163	0.178	0.231	0.264	0.294	0.313	0.335

Druckzonenhöhe B 45 Tabelle 81

$\mu = ges.A_S/b \cdot d$ $d_1/d = 0{,}20$ Tafelwerte: x/d

e/d \ μ	0,2 %	0,5 %	0,8 %	1,0 %	2,0 %	3,0 %	4,5 %	6,0 %	9,0 %
0.00	1.000	1.000	1.000	1.000	1.000	1.000	1.000	1.000	1.000
0.01	1.000	1.000	1.000	1.000	1.000	1.000	1.000	1.000	1.000
0.02	1.000	1.000	1.000	1.000	1.000	1.000	1.000	1.000	1.000
0.03	1.000	1.000	1.000	1.000	1.000	1.000	1.000	1.000	1.000
0.04	1.000	1.000	1.000	1.000	1.000	1.000	1.000	1.000	1.000
0.05	1.000	1.000	1.000	1.000	1.000	1.000	1.000	1.000	1.000
0.06	1.000	1.000	1.000	1.000	1.000	1.000	1.000	1.000	1.000
0.07	1.000	1.000	1.000	1.000	1.000	1.000	1.000	1.000	1.000
0.08	1.000	1.000	1.000	1.000	1.000	1.000	1.000	1.000	1.000
0.09	0.991	0.999	1.000	1.000	1.000	1.000	1.000	1.000	1.000
0.10	0.967	0.975	0.982	0.986	1.000	1.000	1.000	1.000	1.000
0.12	0.919	0.928	0.935	0.939	0.958	0.973	0.990	1.000	1.000
0.14	0.872	0.881	0.889	0.894	0.913	0.928	0.945	0.958	0.976
0.16	0.825	0.835	0.844	0.850	0.871	0.886	0.903	0.916	0.933
0.18	0.779	0.791	0.802	0.808	0.831	0.847	0.865	0.878	0.895
0.20	0.734	0.749	0.761	0.768	0.794	0.812	0.830	0.843	0.860
0.22	0.689	0.708	0.722	0.730	0.760	0.779	0.799	0.812	0.830
0.24	0.646	0.669	0.686	0.696	0.729	0.750	0.770	0.784	0.802
0.26	0.605	0.633	0.653	0.664	0.700	0.723	0.745	0.759	0.778
0.28	0.565	0.599	0.622	0.634	0.674	0.699	0.722	0.737	0.756
0.30	0.528	0.568	0.594	0.607	0.651	0.677	0.701	0.717	0.736
0.32	0.494	0.540	0.569	0.583	0.630	0.657	0.682	0.698	0.719
0.34	0.458	0.515	0.546	0.562	0.611	0.639	0.665	0.682	0.703
0.36	0.417	0.492	0.526	0.542	0.594	0.623	0.650	0.667	0.688
0.38	0.379	0.468	0.507	0.525	0.579	0.608	0.636	0.653	0.675
0.40	0.343	0.436	0.491	0.509	0.565	0.595	0.623	0.641	0.663
0.42	0.314	0.406	0.477	0.495	0.552	0.583	0.612	0.629	0.652
0.44	0.291	0.378	0.450	0.483	0.541	0.573	0.601	0.619	0.641
0.46	0.271	0.353	0.425	0.466	0.531	0.563	0.592	0.610	0.632
0.48	0.252	0.330	0.402	0.443	0.522	0.554	0.583	0.601	0.623
0.50	0.236	0.315	0.381	0.421	0.513	0.546	0.575	0.594	0.616
0.55	0.204	0.285	0.337	0.376	0.495	0.528	0.558	0.577	0.599
0.60	0.183	0.262	0.311	0.340	0.479	0.513	0.544	0.563	0.585
0.65	0.168	0.244	0.293	0.318	0.450	0.501	0.532	0.551	0.573
0.70	0.157	0.230	0.278	0.303	0.421	0.491	0.522	0.541	0.563
0.75	0.149	0.220	0.266	0.291	0.397	0.482	0.513	0.532	0.555
0.80	0.142	0.211	0.256	0.280	0.378	0.470	0.505	0.524	0.547
0.85	0.137	0.204	0.248	0.272	0.361	0.449	0.498	0.518	0.541
0.90	0.133	0.198	0.241	0.264	0.347	0.431	0.492	0.512	0.535
0.95	0.129	0.193	0.235	0.258	0.335	0.416	0.487	0.506	0.529
1.00	0.126	0.189	0.230	0.253	0.327	0.402	0.482	0.502	0.525
1.10	0.121	0.182	0.222	0.244	0.317	0.381	0.469	0.493	0.517
1.20	0.117	0.176	0.216	0.237	0.308	0.364	0.447	0.487	0.510
1.30	0.114	0.172	0.210	0.231	0.302	0.351	0.429	0.481	0.504
1.40	0.112	0.169	0.206	0.226	0.296	0.340	0.414	0.476	0.499
1.50	0.110	0.166	0.203	0.222	0.291	0.332	0.402	0.461	0.495
1.60	0.108	0.163	0.200	0.219	0.287	0.326	0.392	0.449	0.491
1.70	0.107	0.161	0.197	0.216	0.284	0.323	0.384	0.438	0.488
1.80	0.106	0.159	0.195	0.214	0.281	0.319	0.377	0.429	0.485
1.90	0.104	0.158	0.193	0.212	0.278	0.317	0.370	0.421	0.483
2.00	0.103	0.156	0.191	0.210	0.275	0.314	0.365	0.414	0.480
2.20	0.102	0.154	0.188	0.207	0.271	0.310	0.356	0.402	0.476
2.40	0.101	0.152	0.186	0.204	0.268	0.306	0.348	0.393	0.464
2.60	0.099	0.150	0.184	0.202	0.265	0.303	0.343	0.386	0.454
2.80	0.099	0.149	0.183	0.200	0.263	0.301	0.338	0.380	0.445
3.00	0.098	0.148	0.181	0.199	0.261	0.298	0.334	0.375	0.438
4.00	0.095	0.144	0.176	0.194	0.254	0.291	0.324	0.358	0.415
5.00	0.094	0.142	0.174	0.191	0.250	0.287	0.320	0.348	0.402
6.00	0.093	0.140	0.172	0.189	0.248	0.284	0.317	0.342	0.394
7.00	0.092	0.139	0.171	0.188	0.246	0.282	0.315	0.338	0.389
8.00	0.092	0.139	0.170	0.187	0.245	0.281	0.313	0.335	0.385
9.00	0.091	0.138	0.169	0.186	0.244	0.279	0.312	0.333	0.382
10.00	0.091	0.138	0.169	0.185	0.243	0.278	0.311	0.331	0.379

Druckzonenhöhe B 45 Tabelle 82

$\mu = ges.A_S/b \cdot d$ $d1/d = 0{,}25$ Tafelwerte: x/d

e/d \ μ	0,2 %	0,5 %	0,8 %	1,0 %	2,0 %	3,0 %	4,5 %	6,0 %	9,0 %
0.00	1.000	1.000	1.000	1.000	1.000	1.000	1.000	1.000	1.000
0.01	1.000	1.000	1.000	1.000	1.000	1.000	1.000	1.000	1.000
0.02	1.000	1.000	1.000	1.000	1.000	1.000	1.000	1.000	1.000
0.03	1.000	1.000	1.000	1.000	1.000	1.000	1.000	1.000	1.000
0.04	1.000	1.000	1.000	1.000	1.000	1.000	1.000	1.000	1.000
0.05	1.000	1.000	1.000	1.000	1.000	1.000	1.000	1.000	1.000
0.06	1.000	1.000	1.000	1.000	1.000	1.000	1.000	1.000	1.000
0.07	1.000	1.000	1.000	1.000	1.000	1.000	1.000	1.000	1.000
0.08	1.000	1.000	1.000	1.000	1.000	1.000	1.000	1.000	1.000
0.09	0.988	0.991	0.994	0.996	1.000	1.000	1.000	1.000	1.000
0.10	0.964	0.966	0.969	0.971	0.978	0.985	0.992	0.998	1.000
0.12	0.915	0.918	0.920	0.922	0.928	0.934	0.940	0.945	0.952
0.14	0.867	0.870	0.873	0.874	0.881	0.886	0.891	0.896	0.902
0.16	0.820	0.823	0.826	0.828	0.836	0.841	0.847	0.852	0.858
0.18	0.773	0.777	0.782	0.784	0.794	0.800	0.807	0.812	0.819
0.20	0.726	0.733	0.739	0.742	0.754	0.763	0.771	0.777	0.785
0.22	0.681	0.690	0.698	0.702	0.718	0.729	0.739	0.746	0.755
0.24	0.637	0.650	0.661	0.666	0.686	0.699	0.711	0.719	0.729
0.26	0.594	0.613	0.626	0.633	0.657	0.672	0.686	0.695	0.706
0.28	0.554	0.578	0.595	0.603	0.632	0.649	0.664	0.674	0.687
0.30	0.516	0.546	0.566	0.577	0.610	0.628	0.645	0.656	0.669
0.32	0.481	0.518	0.541	0.553	0.590	0.610	0.629	0.640	0.654
0.34	0.449	0.493	0.519	0.532	0.572	0.594	0.614	0.626	0.641
0.36	0.410	0.470	0.499	0.513	0.556	0.580	0.601	0.614	0.629
0.38	0.372	0.450	0.482	0.497	0.543	0.567	0.589	0.602	0.619
0.40	0.337	0.423	0.466	0.482	0.530	0.556	0.578	0.592	0.609
0.42	0.306	0.394	0.453	0.469	0.519	0.546	0.569	0.583	0.601
0.44	0.284	0.368	0.434	0.458	0.509	0.536	0.560	0.575	0.593
0.46	0.264	0.345	0.411	0.447	0.500	0.528	0.553	0.568	0.586
0.48	0.246	0.324	0.391	0.427	0.492	0.520	0.545	0.561	0.579
0.50	0.231	0.307	0.372	0.409	0.484	0.513	0.539	0.555	0.573
0.55	0.201	0.279	0.334	0.369	0.468	0.498	0.525	0.541	0.560
0.60	0.180	0.258	0.306	0.339	0.455	0.486	0.513	0.530	0.550
0.65	0.166	0.242	0.290	0.316	0.442	0.476	0.503	0.520	0.540
0.70	0.156	0.229	0.277	0.301	0.418	0.467	0.495	0.512	0.533
0.75	0.148	0.219	0.266	0.290	0.399	0.460	0.488	0.505	0.526
0.80	0.142	0.211	0.257	0.281	0.383	0.454	0.482	0.500	0.520
0.85	0.137	0.204	0.249	0.273	0.370	0.448	0.477	0.494	0.515
0.90	0.133	0.198	0.243	0.266	0.359	0.437	0.472	0.490	0.511
0.95	0.129	0.194	0.237	0.261	0.349	0.425	0.468	0.486	0.507
1.00	0.126	0.190	0.233	0.256	0.341	0.414	0.464	0.482	0.503
1.10	0.122	0.183	0.225	0.248	0.328	0.397	0.457	0.475	0.497
1.20	0.118	0.178	0.219	0.241	0.317	0.384	0.452	0.470	0.492
1.30	0.115	0.174	0.214	0.236	0.309	0.373	0.448	0.466	0.487
1.40	0.113	0.171	0.210	0.232	0.304	0.365	0.439	0.462	0.484
1.50	0.111	0.168	0.207	0.228	0.300	0.358	0.429	0.459	0.481
1.60	0.110	0.166	0.204	0.225	0.297	0.352	0.421	0.456	0.478
1.70	0.108	0.164	0.202	0.222	0.294	0.346	0.414	0.453	0.475
1.80	0.107	0.162	0.200	0.220	0.291	0.342	0.408	0.451	0.473
1.90	0.106	0.161	0.198	0.218	0.289	0.338	0.403	0.449	0.471
2.00	0.105	0.160	0.196	0.216	0.286	0.335	0.399	0.447	0.470
2.20	0.104	0.157	0.194	0.213	0.283	0.329	0.391	0.441	0.466
2.40	0.102	0.156	0.192	0.211	0.280	0.324	0.385	0.433	0.464
2.60	0.101	0.154	0.190	0.209	0.277	0.321	0.380	0.427	0.462
2.80	0.101	0.153	0.188	0.207	0.275	0.318	0.376	0.422	0.460
3.00	0.100	0.152	0.187	0.206	0.274	0.315	0.372	0.418	0.459
4.00	0.097	0.148	0.183	0.201	0.268	0.307	0.361	0.403	0.453
5.00	0.096	0.146	0.180	0.199	0.264	0.303	0.354	0.395	0.450
6.00	0.095	0.145	0.179	0.197	0.262	0.301	0.350	0.390	0.448
7.00	0.095	0.144	0.177	0.196	0.260	0.299	0.347	0.386	0.446
8.00	0.094	0.143	0.177	0.195	0.259	0.298	0.345	0.384	0.442
9.00	0.094	0.143	0.176	0.194	0.258	0.297	0.343	0.382	0.439
10.00	0.093	0.143	0.175	0.193	0.257	0.296	0.342	0.380	0.437

Druckzonenhöhe B 55 Tabelle 83

$\mu = \text{ges.}A_S/b \cdot d$ $d_1/d = 0,10/0,07$ Tafelwerte: x/d

e/d \ μ	0,2 %	0,5 %	0,8 %	1,0 %	2,0 %	3,0 %	4,5 %	6,0 %	9,0 %
0.00	1.000	1.000	1.000	1.000	1.000	1.000	1.000	1.000	1.000
0.01	1.000	1.000	1.000	1.000	1.000	1.000	1.000	1.000	1.000
0.02	1.000	1.000	1.000	1.000	1.000	1.000	1.000	1.000	1.000
0.03	1.000	1.000	1.000	1.000	1.000	1.000	1.000	1.000	1.000
0.04	1.000	1.000	1.000	1.000	1.000	1.000	1.000	1.000	1.000
0.05	1.000	1.000	1.000	1.000	1.000	1.000	1.000	1.000	1.000
0.06	1.000	1.000	1.000	1.000	1.000	1.000	1.000	1.000	1.000
0.07	1.000	1.000	1.000	1.000	1.000	1.000	1.000	1.000	1.000
0.08	1.000	1.000	1.000	1.000	1.000	1.000	1.000	1.000	1.000
0.09	0.997	1.000	1.000	1.000	1.000	1.000	1.000	1.000	1.000
0.10	0.974	0.991	1.000	1.000	1.000	1.000	1.000	1.000	1.000
0.12	0.927	0.945	0.961	0.971	1.000	1.000	1.000	1.000	1.000
0.14	0.881	0.901	0.918	0.928	0.969	1.000	1.000	1.000	1.000
0.16	0.835	0.858	0.876	0.887	0.931	0.962	0.996	1.000	1.000
0.18	0.790	0.816	0.836	0.848	0.894	0.926	0.961	0.987	1.000
0.20	0.746	0.775	0.798	0.811	0.860	0.893	0.928	0.954	0.990
0.22	0.704	0.737	0.762	0.776	0.828	0.862	0.898	0.924	0.960
0.24	0.662	0.700	0.728	0.744	0.798	0.834	0.870	0.896	0.931
0.26	0.622	0.666	0.697	0.713	0.771	0.807	0.845	0.871	0.906
0.28	0.585	0.634	0.668	0.685	0.746	0.783	0.821	0.847	0.882
0.30	0.549	0.604	0.641	0.659	0.722	0.761	0.800	0.826	0.861
0.32	0.510	0.577	0.616	0.635	0.701	0.741	0.780	0.806	0.841
0.34	0.469	0.552	0.593	0.614	0.681	0.722	0.761	0.788	0.823
0.36	0.429	0.525	0.572	0.594	0.663	0.705	0.745	0.771	0.806
0.38	0.390	0.490	0.553	0.575	0.647	0.689	0.729	0.756	0.791
0.40	0.357	0.457	0.536	0.559	0.632	0.674	0.715	0.742	0.776
0.42	0.330	0.425	0.506	0.543	0.618	0.661	0.702	0.729	0.763
0.44	0.305	0.395	0.477	0.523	0.605	0.648	0.689	0.716	0.751
0.46	0.282	0.367	0.449	0.496	0.593	0.636	0.678	0.705	0.740
0.48	0.262	0.348	0.423	0.470	0.582	0.626	0.667	0.695	0.729
0.50	0.244	0.331	0.398	0.445	0.572	0.616	0.657	0.685	0.719
0.55	0.210	0.295	0.351	0.389	0.549	0.594	0.635	0.663	0.697
0.60	0.186	0.268	0.322	0.350	0.520	0.575	0.617	0.644	0.678
0.65	0.169	0.247	0.299	0.326	0.474	0.559	0.601	0.628	0.662
0.70	0.157	0.232	0.281	0.307	0.433	0.545	0.587	0.614	0.648
0.75	0.148	0.219	0.266	0.292	0.397	0.527	0.575	0.602	0.636
0.80	0.141	0.209	0.254	0.279	0.366	0.490	0.564	0.591	0.625
0.85	0.135	0.201	0.245	0.268	0.350	0.457	0.554	0.581	0.615
0.90	0.130	0.194	0.237	0.259	0.339	0.428	0.546	0.573	0.606
0.95	0.126	0.188	0.230	0.252	0.329	0.401	0.538	0.565	0.598
1.00	0.122	0.183	0.224	0.245	0.321	0.376	0.518	0.558	0.591
1.10	0.117	0.175	0.214	0.235	0.307	0.351	0.467	0.546	0.579
1.20	0.113	0.169	0.206	0.226	0.296	0.339	0.423	0.535	0.568
1.30	0.109	0.164	0.200	0.220	0.287	0.329	0.386	0.492	0.559
1.40	0.106	0.160	0.195	0.214	0.280	0.321	0.358	0.454	0.551
1.50	0.104	0.157	0.191	0.209	0.274	0.314	0.351	0.421	0.545
1.60	0.102	0.154	0.188	0.206	0.268	0.308	0.344	0.391	0.539
1.70	0.101	0.151	0.185	0.202	0.264	0.302	0.338	0.367	0.523
1.80	0.099	0.149	0.182	0.199	0.260	0.298	0.334	0.356	0.492
1.90	0.098	0.147	0.180	0.197	0.257	0.294	0.329	0.351	0.465
2.00	0.097	0.146	0.178	0.195	0.254	0.290	0.325	0.347	0.440
2.20	0.095	0.143	0.174	0.191	0.248	0.285	0.319	0.340	0.397
2.40	0.093	0.141	0.171	0.188	0.244	0.280	0.314	0.335	0.364
2.60	0.092	0.139	0.169	0.185	0.241	0.276	0.309	0.330	0.355
2.80	0.091	0.137	0.167	0.183	0.238	0.272	0.305	0.326	0.350
3.00	0.090	0.136	0.166	0.181	0.236	0.270	0.302	0.323	0.347
4.00	0.087	0.131	0.160	0.175	0.227	0.260	0.291	0.311	0.335
5.00	0.086	0.129	0.157	0.172	0.223	0.254	0.285	0.305	0.328
6.00	0.084	0.127	0.155	0.169	0.220	0.251	0.281	0.300	0.323
7.00	0.084	0.126	0.153	0.168	0.217	0.248	0.278	0.297	0.320
8.00	0.083	0.125	0.152	0.166	0.216	0.246	0.276	0.295	0.317
9.00	0.083	0.124	0.151	0.166	0.214	0.245	0.274	0.293	0.316
10.00	0.082	0.124	0.151	0.165	0.213	0.244	0.273	0.292	0.314

Druckzonenhöhe B 55 Tabelle 84

$\mu = ges.A_s/b \cdot d$ $d_1/d = 0{,}15$ Tafelwerte: x/d

e/d \ μ	0,2 %	0,5 %	0,8 %	1,0 %	2,0 %	3,0 %	4,5 %	6,0 %	9,0 %
0.00	1.000	1.000	1.000	1.000	1.000	1.000	1.000	1.000	1.000
0.01	1.000	1.000	1.000	1.000	1.000	1.000	1.000	1.000	1.000
0.02	1.000	1.000	1.000	1.000	1.000	1.000	1.000	1.000	1.000
0.03	1.000	1.000	1.000	1.000	1.000	1.000	1.000	1.000	1.000
0.04	1.000	1.000	1.000	1.000	1.000	1.000	1.000	1.000	1.000
0.05	1.000	1.000	1.000	1.000	1.000	1.000	1.000	1.000	1.000
0.06	1.000	1.000	1.000	1.000	1.000	1.000	1.000	1.000	1.000
0.07	1.000	1.000	1.000	1.000	1.000	1.000	1.000	1.000	1.000
0.08	1.000	1.000	1.000	1.000	1.000	1.000	1.000	1.000	1.000
0.09	0.994	1.000	1.000	1.000	1.000	1.000	1.000	1.000	1.000
0.10	0.970	0.982	0.992	0.999	1.000	1.000	1.000	1.000	1.000
0.12	0.923	0.935	0.947	0.954	0.982	1.000	1.000	1.000	1.000
0.14	0.876	0.890	0.902	0.910	0.940	0.962	0.988	1.000	1.000
0.16	0.830	0.846	0.859	0.867	0.899	0.923	0.949	0.968	0.996
0.18	0.784	0.803	0.818	0.827	0.861	0.885	0.912	0.931	0.959
0.20	0.739	0.761	0.778	0.788	0.825	0.851	0.878	0.898	0.925
0.22	0.696	0.721	0.741	0.752	0.792	0.819	0.847	0.867	0.894
0.24	0.653	0.683	0.706	0.718	0.762	0.790	0.819	0.839	0.866
0.26	0.612	0.648	0.673	0.686	0.733	0.763	0.793	0.814	0.841
0.28	0.573	0.614	0.643	0.657	0.708	0.739	0.770	0.791	0.818
0.30	0.537	0.584	0.615	0.631	0.684	0.717	0.748	0.770	0.797
0.32	0.502	0.556	0.589	0.606	0.663	0.696	0.729	0.750	0.778
0.34	0.460	0.530	0.566	0.584	0.643	0.678	0.711	0.733	0.761
0.36	0.419	0.507	0.545	0.564	0.625	0.661	0.695	0.717	0.745
0.38	0.380	0.472	0.526	0.546	0.609	0.645	0.680	0.702	0.731
0.40	0.345	0.438	0.509	0.529	0.594	0.631	0.666	0.689	0.717
0.42	0.318	0.407	0.481	0.514	0.580	0.618	0.653	0.676	0.705
0.44	0.294	0.377	0.452	0.495	0.568	0.606	0.642	0.665	0.694
0.46	0.272	0.350	0.425	0.467	0.556	0.595	0.631	0.654	0.683
0.48	0.252	0.332	0.400	0.442	0.546	0.585	0.621	0.644	0.674
0.50	0.235	0.316	0.377	0.419	0.536	0.575	0.612	0.635	0.665
0.55	0.202	0.283	0.335	0.368	0.515	0.555	0.591	0.615	0.645
0.60	0.180	0.258	0.309	0.335	0.481	0.537	0.574	0.598	0.628
0.65	0.164	0.239	0.289	0.314	0.439	0.522	0.560	0.584	0.613
0.70	0.153	0.225	0.272	0.297	0.405	0.510	0.547	0.571	0.600
0.75	0.144	0.213	0.259	0.284	0.377	0.480	0.536	0.560	0.589
0.80	0.138	0.204	0.249	0.272	0.354	0.450	0.526	0.550	0.580
0.85	0.132	0.197	0.240	0.263	0.341	0.425	0.518	0.542	0.571
0.90	0.128	0.191	0.232	0.255	0.332	0.404	0.510	0.534	0.563
0.95	0.124	0.186	0.226	0.248	0.324	0.385	0.495	0.527	0.556
1.00	0.121	0.181	0.221	0.242	0.316	0.370	0.468	0.521	0.550
1.10	0.116	0.174	0.212	0.233	0.305	0.347	0.433	0.510	0.539
1.20	0.112	0.168	0.205	0.225	0.295	0.337	0.406	0.480	0.530
1.30	0.109	0.164	0.200	0.219	0.287	0.328	0.385	0.450	0.522
1.40	0.106	0.160	0.195	0.214	0.281	0.321	0.368	0.428	0.515
1.50	0.104	0.157	0.192	0.210	0.276	0.316	0.354	0.410	0.510
1.60	0.102	0.154	0.189	0.207	0.271	0.311	0.346	0.395	0.496
1.70	0.101	0.152	0.186	0.204	0.267	0.306	0.342	0.383	0.467
1.80	0.100	0.150	0.184	0.201	0.264	0.302	0.338	0.372	0.452
1.90	0.098	0.148	0.182	0.199	0.261	0.299	0.334	0.363	0.439
2.00	0.097	0.147	0.180	0.197	0.258	0.296	0.331	0.355	0.428
2.20	0.096	0.144	0.177	0.194	0.254	0.291	0.326	0.347	0.409
2.40	0.094	0.142	0.174	0.191	0.250	0.287	0.321	0.342	0.395
2.60	0.093	0.141	0.172	0.189	0.247	0.283	0.317	0.338	0.384
2.80	0.092	0.139	0.170	0.187	0.244	0.280	0.314	0.335	0.374
3.00	0.091	0.138	0.169	0.185	0.242	0.278	0.312	0.332	0.366
4.00	0.089	0.134	0.164	0.180	0.235	0.270	0.302	0.323	0.347
5.00	0.087	0.132	0.161	0.177	0.231	0.265	0.297	0.317	0.341
6.00	0.086	0.130	0.159	0.175	0.228	0.262	0.294	0.314	0.337
7.00	0.086	0.129	0.158	0.173	0.226	0.259	0.291	0.311	0.334
8.00	0.085	0.128	0.157	0.172	0.225	0.258	0.289	0.309	0.333
9.00	0.085	0.128	0.156	0.171	0.224	0.256	0.288	0.308	0.331
10.00	0.084	0.127	0.156	0.171	0.223	0.255	0.287	0.307	0.330

Druckzonenhöhe   **B 55**   **Tabelle 85**

$\mu = \text{ges.} A_S / b \cdot d$ $d_1/d = 0{,}20$ Tafelwerte: x/d

e/d \ μ	0,2 %	0,5 %	0,8 %	1,0 %	2,0 %	3,0 %	4,5 %	6,0 %	9,0 %
0.00	1.000	1.000	1.000	1.000	1.000	1.000	1.000	1.000	1.000
0.01	1.000	1.000	1.000	1.000	1.000	1.000	1.000	1.000	1.000
0.02	1.000	1.000	1.000	1.000	1.000	1.000	1.000	1.000	1.000
0.03	1.000	1.000	1.000	1.000	1.000	1.000	1.000	1.000	1.000
0.04	1.000	1.000	1.000	1.000	1.000	1.000	1.000	1.000	1.000
0.05	1.000	1.000	1.000	1.000	1.000	1.000	1.000	1.000	1.000
0.06	1.000	1.000	1.000	1.000	1.000	1.000	1.000	1.000	1.000
0.07	1.000	1.000	1.000	1.000	1.000	1.000	1.000	1.000	1.000
0.08	1.000	1.000	1.000	1.000	1.000	1.000	1.000	1.000	1.000
0.09	0.990	0.997	1.000	1.000	1.000	1.000	1.000	1.000	1.000
0.10	0.967	0.973	0.980	0.984	1.000	1.000	1.000	1.000	1.000
0.12	0.919	0.926	0.933	0.937	0.955	0.969	0.985	0.999	1.000
0.14	0.871	0.880	0.887	0.891	0.910	0.924	0.940	0.953	0.971
0.16	0.824	0.834	0.842	0.847	0.867	0.882	0.899	0.911	0.929
0.18	0.778	0.789	0.799	0.805	0.827	0.843	0.860	0.873	0.890
0.20	0.732	0.746	0.758	0.764	0.790	0.807	0.825	0.838	0.856
0.22	0.688	0.705	0.719	0.727	0.755	0.774	0.794	0.807	0.825
0.24	0.644	0.666	0.682	0.691	0.723	0.744	0.765	0.779	0.798
0.26	0.602	0.629	0.648	0.658	0.694	0.717	0.739	0.754	0.773
0.28	0.562	0.594	0.617	0.628	0.668	0.692	0.716	0.731	0.751
0.30	0.524	0.563	0.588	0.601	0.644	0.670	0.695	0.711	0.732
0.32	0.489	0.534	0.562	0.576	0.623	0.650	0.676	0.693	0.714
0.34	0.451	0.508	0.539	0.554	0.603	0.632	0.659	0.676	0.698
0.36	0.411	0.485	0.518	0.534	0.586	0.615	0.643	0.661	0.683
0.38	0.372	0.455	0.499	0.517	0.571	0.601	0.629	0.647	0.670
0.40	0.335	0.423	0.483	0.501	0.557	0.588	0.616	0.634	0.657
0.42	0.308	0.392	0.460	0.486	0.544	0.576	0.605	0.623	0.646
0.44	0.285	0.364	0.432	0.471	0.533	0.565	0.594	0.613	0.636
0.46	0.263	0.339	0.407	0.446	0.522	0.555	0.585	0.604	0.627
0.48	0.245	0.320	0.384	0.423	0.513	0.546	0.576	0.595	0.618
0.50	0.228	0.305	0.364	0.402	0.504	0.538	0.568	0.587	0.610
0.55	0.197	0.274	0.323	0.357	0.485	0.520	0.551	0.570	0.594
0.60	0.176	0.251	0.300	0.325	0.460	0.505	0.536	0.556	0.580
0.65	0.161	0.234	0.282	0.306	0.426	0.493	0.524	0.544	0.568
0.70	0.150	0.221	0.267	0.291	0.398	0.482	0.514	0.534	0.558
0.75	0.142	0.210	0.255	0.279	0.375	0.467	0.505	0.525	0.549
0.80	0.136	0.202	0.246	0.269	0.357	0.444	0.497	0.517	0.542
0.85	0.131	0.195	0.237	0.260	0.341	0.424	0.491	0.511	0.535
0.90	0.127	0.189	0.231	0.253	0.329	0.407	0.485	0.505	0.529
0.95	0.123	0.184	0.225	0.247	0.322	0.393	0.479	0.500	0.524
1.00	0.120	0.180	0.220	0.242	0.316	0.381	0.471	0.495	0.519
1.10	0.115	0.174	0.212	0.233	0.306	0.361	0.444	0.487	0.511
1.20	0.112	0.168	0.206	0.226	0.297	0.345	0.424	0.480	0.504
1.30	0.109	0.164	0.201	0.221	0.291	0.333	0.407	0.469	0.498
1.40	0.107	0.161	0.197	0.217	0.285	0.326	0.394	0.453	0.494
1.50	0.105	0.158	0.194	0.213	0.281	0.321	0.383	0.439	0.489
1.60	0.103	0.156	0.191	0.210	0.277	0.317	0.373	0.427	0.486
1.70	0.102	0.154	0.189	0.207	0.273	0.313	0.366	0.417	0.483
1.80	0.100	0.152	0.186	0.205	0.270	0.310	0.359	0.409	0.480
1.90	0.099	0.151	0.185	0.203	0.267	0.307	0.353	0.402	0.477
2.00	0.098	0.149	0.183	0.201	0.265	0.304	0.348	0.395	0.471
2.20	0.097	0.147	0.180	0.198	0.261	0.300	0.340	0.385	0.456
2.40	0.096	0.145	0.178	0.195	0.258	0.297	0.333	0.376	0.445
2.60	0.095	0.144	0.176	0.193	0.255	0.294	0.328	0.370	0.435
2.80	0.094	0.142	0.175	0.192	0.253	0.291	0.326	0.364	0.428
3.00	0.093	0.141	0.173	0.190	0.251	0.289	0.324	0.359	0.421
4.00	0.091	0.138	0.169	0.185	0.245	0.282	0.316	0.344	0.400
5.00	0.089	0.135	0.166	0.183	0.241	0.278	0.312	0.335	0.388
6.00	0.088	0.134	0.165	0.181	0.238	0.275	0.309	0.329	0.381
7.00	0.088	0.133	0.163	0.179	0.237	0.273	0.307	0.327	0.375
8.00	0.087	0.132	0.162	0.178	0.235	0.271	0.305	0.326	0.372
9.00	0.087	0.132	0.162	0.178	0.234	0.270	0.304	0.325	0.369
10.00	0.087	0.131	0.161	0.177	0.234	0.269	0.303	0.324	0.367

Druckzonenhöhe   **B 55**   **Tabelle 86**

$\mu = \text{ges.}A_S/b \cdot d$ $d_1/d = 0{,}25$ Tafelwerte: x/d

e/d \ μ	0,2 %	0,5 %	0,8 %	1,0 %	2,0 %	3,0 %	4,5 %	6,0 %	9,0 %
0.00	1.000	1.000	1.000	1.000	1.000	1.000	1.000	1.000	1.000
0.01	1.000	1.000	1.000	1.000	1.000	1.000	1.000	1.000	1.000
0.02	1.000	1.000	1.000	1.000	1.000	1.000	1.000	1.000	1.000
0.03	1.000	1.000	1.000	1.000	1.000	1.000	1.000	1.000	1.000
0.04	1.000	1.000	1.000	1.000	1.000	1.000	1.000	1.000	1.000
0.05	1.000	1.000	1.000	1.000	1.000	1.000	1.000	1.000	1.000
0.06	1.000	1.000	1.000	1.000	1.000	1.000	1.000	1.000	1.000
0.07	1.000	1.000	1.000	1.000	1.000	1.000	1.000	1.000	1.000
0.08	1.000	1.000	1.000	1.000	1.000	1.000	1.000	1.000	1.000
0.09	0.988	0.990	0.993	0.995	1.000	1.000	1.000	1.000	1.000
0.10	0.963	0.966	0.968	0.970	0.977	0.983	0.990	0.996	1.000
0.12	0.915	0.918	0.920	0.921	0.927	0.932	0.938	0.943	0.950
0.14	0.867	0.870	0.872	0.874	0.880	0.885	0.890	0.894	0.900
0.16	0.820	0.823	0.826	0.827	0.834	0.840	0.846	0.850	0.856
0.18	0.772	0.777	0.781	0.783	0.792	0.799	0.806	0.811	0.817
0.20	0.726	0.732	0.737	0.740	0.752	0.760	0.769	0.775	0.783
0.22	0.680	0.689	0.696	0.700	0.716	0.726	0.736	0.743	0.753
0.24	0.636	0.648	0.658	0.663	0.683	0.695	0.708	0.716	0.726
0.26	0.593	0.610	0.623	0.630	0.654	0.668	0.683	0.692	0.704
0.28	0.552	0.575	0.591	0.599	0.628	0.644	0.661	0.671	0.684
0.30	0.513	0.542	0.562	0.572	0.605	0.624	0.641	0.652	0.666
0.32	0.477	0.513	0.536	0.547	0.584	0.605	0.624	0.636	0.651
0.34	0.444	0.487	0.513	0.526	0.566	0.589	0.609	0.622	0.638
0.36	0.404	0.464	0.493	0.507	0.550	0.574	0.596	0.609	0.626
0.38	0.366	0.442	0.475	0.490	0.536	0.561	0.584	0.598	0.615
0.40	0.330	0.410	0.459	0.475	0.523	0.549	0.573	0.588	0.605
0.42	0.300	0.382	0.443	0.461	0.512	0.539	0.563	0.578	0.596
0.44	0.277	0.356	0.418	0.449	0.502	0.529	0.554	0.570	0.589
0.46	0.257	0.332	0.395	0.430	0.492	0.521	0.547	0.562	0.581
0.48	0.239	0.312	0.375	0.410	0.484	0.513	0.539	0.555	0.575
0.50	0.223	0.297	0.356	0.391	0.476	0.506	0.533	0.549	0.569
0.55	0.193	0.269	0.318	0.352	0.460	0.491	0.518	0.535	0.556
0.60	0.173	0.248	0.295	0.323	0.447	0.478	0.507	0.524	0.545
0.65	0.159	0.231	0.279	0.302	0.420	0.468	0.497	0.515	0.536
0.70	0.149	0.219	0.265	0.289	0.397	0.459	0.488	0.506	0.528
0.75	0.141	0.209	0.255	0.278	0.379	0.452	0.481	0.499	0.521
0.80	0.135	0.201	0.246	0.269	0.364	0.444	0.475	0.493	0.515
0.85	0.130	0.195	0.238	0.262	0.351	0.428	0.470	0.488	0.510
0.90	0.126	0.190	0.232	0.255	0.341	0.415	0.465	0.483	0.506
0.95	0.123	0.185	0.227	0.250	0.332	0.404	0.461	0.479	0.502
1.00	0.120	0.181	0.222	0.245	0.324	0.394	0.457	0.476	0.498
1.10	0.116	0.175	0.215	0.237	0.311	0.378	0.450	0.469	0.492
1.20	0.113	0.170	0.209	0.230	0.304	0.366	0.442	0.464	0.487
1.30	0.110	0.166	0.205	0.225	0.298	0.356	0.429	0.459	0.482
1.40	0.108	0.163	0.201	0.221	0.293	0.348	0.418	0.456	0.479
1.50	0.106	0.161	0.198	0.218	0.289	0.341	0.409	0.452	0.475
1.60	0.104	0.158	0.195	0.215	0.286	0.335	0.402	0.449	0.473
1.70	0.103	0.157	0.193	0.212	0.283	0.330	0.396	0.447	0.470
1.80	0.102	0.155	0.191	0.210	0.280	0.326	0.390	0.442	0.468
1.90	0.101	0.154	0.189	0.208	0.278	0.323	0.385	0.436	0.466
2.00	0.100	0.152	0.188	0.207	0.276	0.320	0.381	0.431	0.464
2.20	0.099	0.150	0.185	0.204	0.272	0.314	0.374	0.422	0.461
2.40	0.097	0.148	0.183	0.202	0.269	0.310	0.369	0.415	0.459
2.60	0.097	0.147	0.181	0.200	0.267	0.307	0.364	0.409	0.457
2.80	0.096	0.146	0.180	0.198	0.265	0.305	0.360	0.405	0.455
3.00	0.095	0.145	0.179	0.197	0.263	0.303	0.357	0.401	0.453
4.00	0.093	0.142	0.174	0.192	0.257	0.297	0.346	0.387	0.448
5.00	0.092	0.140	0.172	0.190	0.254	0.293	0.340	0.380	0.441
6.00	0.091	0.138	0.171	0.188	0.251	0.291	0.336	0.375	0.434
7.00	0.090	0.137	0.170	0.187	0.250	0.289	0.333	0.372	0.430
8.00	0.090	0.137	0.169	0.186	0.249	0.288	0.331	0.369	0.426
9.00	0.089	0.136	0.168	0.185	0.248	0.287	0.330	0.367	0.424
10.00	0.089	0.136	0.168	0.185	0.247	0.286	0.328	0.366	0.422

Tabellen
für
Rundstützen

e/d \ μ	0.2 %	0.5 %	0.8 %	1.0 %	1.2 %	1.4 %	1.6 %	1.8 %	2.0 %
0.00	0.548	0.619	0.690	0.738	0.786	0.833	0.881	0.929	0.976
0.01	0.528	0.590	0.651	0.691	0.731	0.771	0.811	0.851	0.891
0.02	0.513	0.576	0.638	0.680	0.720	0.761	0.800	0.840	0.880
0.03	0.498	0.560	0.621	0.662	0.703	0.744	0.784	0.825	0.865
0.04	0.484	0.544	0.604	0.644	0.684	0.724	0.764	0.804	0.843
0.05	0.471	0.530	0.588	0.627	0.666	0.705	0.744	0.783	0.821
0.06	0.458	0.516	0.572	0.610	0.648	0.686	0.724	0.762	0.800
0.07	0.445	0.502	0.558	0.594	0.631	0.669	0.706	0.742	0.779
0.08	0.433	0.488	0.543	0.579	0.616	0.652	0.688	0.724	0.760
0.09	0.420	0.474	0.527	0.563	0.598	0.634	0.670	0.705	0.741
0.10	0.408	0.459	0.512	0.547	0.582	0.616	0.651	0.686	0.721
0.12	0.388	0.437	0.485	0.518	0.550	0.581	0.615	0.648	0.681
0.14	0.368	0.415	0.462	0.493	0.524	0.555	0.586	0.617	0.648
0.16	0.348	0.395	0.439	0.470	0.499	0.529	0.559	0.588	0.618
0.18	0.329	0.374	0.418	0.447	0.476	0.505	0.533	0.562	0.590
0.20	0.310	0.355	0.398	0.426	0.454	0.482	0.509	0.537	0.564
0.22	0.293	0.337	0.379	0.406	0.433	0.460	0.487	0.513	0.539
0.24	0.276	0.320	0.361	0.388	0.414	0.440	0.465	0.491	0.516
0.26	0.261	0.305	0.345	0.370	0.396	0.421	0.446	0.471	0.495
0.28	0.246	0.290	0.329	0.355	0.379	0.403	0.428	0.452	0.475
0.30	0.233	0.277	0.315	0.339	0.364	0.387	0.411	0.434	0.457
0.32	0.220	0.264	0.302	0.326	0.349	0.372	0.395	0.417	0.439
0.34	0.204	0.253	0.290	0.313	0.336	0.358	0.380	0.402	0.424
0.36	0.188	0.242	0.278	0.301	0.323	0.345	0.366	0.388	0.409
0.38	0.174	0.232	0.268	0.290	0.311	0.333	0.354	0.374	0.395
0.40	0.161	0.222	0.258	0.280	0.301	0.321	0.341	0.361	0.381
0.42	0.148	0.213	0.249	0.270	0.290	0.310	0.331	0.350	0.369
0.44	0.137	0.202	0.240	0.261	0.281	0.301	0.320	0.339	0.358
0.46	0.126	0.191	0.232	0.253	0.272	0.291	0.310	0.328	0.347
0.48	0.116	0.181	0.224	0.245	0.264	0.282	0.300	0.319	0.337
0.50	0.107	0.173	0.216	0.237	0.256	0.274	0.292	0.310	0.327
0.55	0.089	0.153	0.196	0.219	0.237	0.255	0.272	0.289	0.305
0.60	0.076	0.137	0.178	0.201	0.221	0.238	0.254	0.271	0.286
0.65	0.066	0.123	0.162	0.185	0.205	0.223	0.239	0.253	0.269
0.70	0.057	0.111	0.149	0.170	0.190	0.209	0.224	0.239	0.253
0.75	0.051	0.101	0.137	0.158	0.177	0.195	0.211	0.225	0.239
0.80	0.046	0.092	0.127	0.147	0.165	0.182	0.199	0.213	0.227
0.85	0.042	0.084	0.119	0.137	0.154	0.171	0.187	0.202	0.215
0.90	0.038	0.078	0.111	0.129	0.145	0.161	0.176	0.190	0.205
0.95	0.035	0.072	0.104	0.121	0.137	0.152	0.167	0.180	0.194
1.00	0.032	0.067	0.098	0.114	0.129	0.144	0.158	0.171	0.184
1.10	0.028	0.059	0.087	0.102	0.117	0.130	0.143	0.155	0.167
1.20	0.025	0.053	0.078	0.093	0.106	0.118	0.130	0.141	0.153
1.30	0.022	0.048	0.071	0.085	0.097	0.108	0.120	0.130	0.141
1.40	0.020	0.044	0.064	0.077	0.089	0.100	0.110	0.121	0.130
1.50	0.018	0.040	0.059	0.072	0.083	0.093	0.103	0.112	0.121
1.60	0.017	0.037	0.055	0.066	0.077	0.087	0.096	0.105	0.113
1.70	0.016	0.034	0.051	0.062	0.072	0.081	0.090	0.098	0.107
1.80	0.015	0.032	0.048	0.058	0.067	0.076	0.084	0.092	0.100
1.90	0.014	0.030	0.045	0.054	0.063	0.072	0.080	0.087	0.095
2.00	0.013	0.028	0.042	0.051	0.060	0.068	0.076	0.083	0.090
2.20	0.011	0.025	0.038	0.046	0.054	0.062	0.068	0.075	0.081
2.40	0.010	0.023	0.034	0.041	0.049	0.056	0.062	0.068	0.074
2.60	0.009	0.021	0.031	0.038	0.045	0.051	0.057	0.063	0.068
2.80	0.008	0.019	0.029	0.035	0.041	0.047	0.053	0.058	0.063
3.00	0.008	0.018	0.027	0.032	0.038	0.044	0.049	0.054	0.059
4.00	0.006	0.013	0.019	0.024	0.028	0.032	0.036	0.040	0.044
5.00	0.004	0.010	0.015	0.019	0.022	0.025	0.028	0.032	0.035
6.00	0.004	0.008	0.013	0.015	0.018	0.021	0.024	0.026	0.029
7.00	0.003	0.007	0.011	0.013	0.015	0.018	0.020	0.022	0.025
8.00	0.003	0.006	0.009	0.011	0.014	0.015	0.017	0.020	0.021
9.00	0.002	0.005	0.008	0.010	0.012	0.014	0.015	0.017	0.019
10.00	0.002	0.005	0.007	0.009	0.011	0.012	0.014	0.015	0.017

Tabelle 87

Regelbemessung

$\gamma = 2{,}10$ bis $1{,}75$

Beton: **B 15**

$d_1/d =$ **0,10**

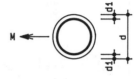

$e/d = M/N \cdot d$

$\text{ges.}A_s = \mu \cdot A_b$

Tafelwerte:

$\text{zul.}\sigma_{bi} = N/A_b$ (kN/cm²)

2,5 %	3,0 %	3,5 %	4,0 %	4,5 %	5,0 %	µ \ e/d
1.095	1.214	1.333	1.452	1.571	1.690	0.00
0.990	1.089	1.188	1.288	1.387	1.486	0.01
0.979	1.077	1.176	1.274	1.373	1.471	0.02
0.965	1.064	1.163	1.261	1.358	1.456	0.03
0.943	1.042	1.140	1.239	1.336	1.434	0.04
0.919	1.016	1.113	1.209	1.306	1.402	0.05
0.895	0.990	1.084	1.179	1.274	1.368	0.06
0.872	0.965	1.057	1.149	1.242	1.334	0.07
0.850	0.941	1.031	1.121	1.211	1.301	0.08
0.829	0.917	1.005	1.093	1.181	1.269	0.09
0.808	0.895	0.981	1.067	1.153	1.239	0.10
0.763	0.846	0.929	1.010	1.093	1.175	0.12
0.724	0.802	0.879	0.956	1.034	1.112	0.14
0.692	0.766	0.839	0.913	0.987	1.060	0.16
0.661	0.732	0.802	0.872	0.944	1.014	0.18
0.632	0.700	0.768	0.836	0.903	0.972	0.20
0.605	0.671	0.736	0.801	0.867	0.931	0.22
0.580	0.643	0.705	0.769	0.831	0.894	0.24
0.556	0.617	0.678	0.738	0.799	0.859	0.26
0.534	0.593	0.651	0.710	0.769	0.827	0.28
0.514	0.571	0.627	0.684	0.741	0.797	0.30
0.495	0.550	0.605	0.659	0.714	0.768	0.32
0.478	0.531	0.584	0.637	0.689	0.741	0.34
0.461	0.512	0.563	0.615	0.666	0.717	0.36
0.445	0.495	0.545	0.594	0.644	0.694	0.38
0.430	0.480	0.528	0.575	0.624	0.672	0.40
0.417	0.464	0.511	0.558	0.605	0.651	0.42
0.404	0.450	0.496	0.541	0.587	0.633	0.44
0.392	0.437	0.481	0.526	0.570	0.614	0.46
0.380	0.424	0.467	0.511	0.554	0.597	0.48
0.370	0.412	0.454	0.497	0.539	0.580	0.50
0.345	0.385	0.425	0.464	0.504	0.543	0.55
0.324	0.361	0.399	0.437	0.474	0.511	0.60
0.305	0.341	0.376	0.411	0.446	0.481	0.65
0.289	0.322	0.355	0.389	0.423	0.455	0.70
0.273	0.305	0.337	0.368	0.400	0.431	0.75
0.259	0.290	0.320	0.351	0.381	0.411	0.80
0.246	0.276	0.306	0.334	0.363	0.391	0.85
0.234	0.263	0.292	0.319	0.347	0.375	0.90
0.224	0.252	0.279	0.306	0.332	0.358	0.95
0.214	0.240	0.267	0.293	0.319	0.343	1.00
0.196	0.221	0.246	0.270	0.294	0.318	1.10
0.180	0.204	0.228	0.250	0.273	0.295	1.20
0.166	0.190	0.212	0.233	0.255	0.275	1.30
0.154	0.177	0.199	0.218	0.238	0.257	1.40
0.143	0.165	0.186	0.205	0.224	0.242	1.50
0.134	0.154	0.174	0.193	0.211	0.228	1.60
0.126	0.145	0.164	0.182	0.199	0.216	1.70
0.119	0.137	0.155	0.172	0.189	0.205	1.80
0.113	0.130	0.147	0.164	0.180	0.195	1.90
0.107	0.124	0.140	0.155	0.171	0.186	2.00
0.097	0.112	0.127	0.142	0.155	0.170	2.20
0.089	0.103	0.116	0.129	0.142	0.155	2.40
0.082	0.094	0.107	0.120	0.131	0.144	2.60
0.076	0.087	0.099	0.111	0.122	0.134	2.80
0.071	0.082	0.093	0.104	0.114	0.125	3.00
0.053	0.061	0.069	0.077	0.086	0.094	4.00
0.042	0.048	0.055	0.062	0.068	0.075	5.00
0.035	0.040	0.046	0.051	0.057	0.062	6.00
0.029	0.035	0.039	0.044	0.048	0.053	7.00
0.026	0.030	0.034	0.038	0.043	0.046	8.00
0.023	0.027	0.030	0.034	0.037	0.041	9.00
0.021	0.024	0.027	0.031	0.033	0.037	10.00

B 15
$d_1/d = 0{,}10$

1. Zeile: $M_u/1{,}75 \cdot A_b \cdot d$ (kN/m²)
2. Zeile: $1000 \cdot k_u \cdot d$
3. Zeile: $B_{II}/1000 \cdot 1{,}75 \cdot A_b \cdot d^2$ (kN/m²)

Tabelle 88

σ_{bi} \ μ	0,2 %	0,5 %	0,8 %	1,0 %	1,5 %	2,0 %	2,5 %	3,0 %	5,0 %
0.00	211 4.49 47	486 5.04 93	738 5.42 130	899 5.61 152	1295 6.03 202	1684 6.33 249	2055 6.51 295	2400 6.57 342	3733 6.67 531
0.10	519 6.08 52	753 6.29 85	982 6.51 116	1125 6.54 137	1472 6.62 187	1809 6.66 236	2140 6.68 284	2467 6.69 332	3755 6.66 524
0.20	690 6.80 61	886 6.72 85	1080 6.68 112	1208 6.67 131	1527 6.65 179	1844 6.64 227	2160 6.62 276	2475 6.61 324	3733 6.59 518
0.30	717 5.62 82	885 5.80 100	1059 5.92 122	1179 6.00 138	1483 6.14 180	1792 6.24 225	2103 6.29 273	2415 6.33 320	3664 6.42 514
0.40	643 4.40 105	808 4.64 126	974 4.90 145	1087 5.04 157	1377 5.35 193	1674 5.58 233	1976 5.72 276	2283 5.84 322	3533 6.13 512
0.50	464 3.53 103	662 3.77 142	844 4.05 168	961 4.22 182	1252 4.62 214	1545 4.92 249	1843 5.17 287	2145 5.35 329	3380 5.80 512
0.60	173 2.19 64	429 3.01 122	651 3.34 171	785 3.53 195	1099 3.96 238	1400 4.33 271	1699 4.64 305	1998 4.86 342	3223 5.47 515
0.70	0 0.00 0	108 1.35 78	374 2.46 140	545 2.89 175	904 3.38 247	1230 3.78 293	1537 4.11 328	1841 4.40 362	3063 5.13 521
0.80	0 0.00 0	0 0.00 0	0 0.00 0	222 1.62 137	657 2.79 226	1026 3.28 297	1353 3.64 346	1669 3.96 384	2900 4.81 532
1.00	0 0.00 0	0 0.00 0	0 0.00 0	0 0.00 0	0 0.00 0	449 1.86 246	883 2.70 326	1258 3.13 396	2552 4.17 566
1.20	0 0.00 0	0 0.00 0	0 0.00 0	0 0.00 0	0 0.00 0	0 0.00 0	0 0.00 0	676 1.97 349	2169 3.55 596
1.40	0 0.00 0	0 0.00 0	0 0.00 0	0 0.00 0	0 0.00 0	0 0.00 0	0 0.00 0	0 0.00 0	1725 2.95 586
1.60	0 0.00 0	0 0.00 0	0 0.00 0	0 0.00 0	0 0.00 0	0 0.00 0	0 0.00 0	0 0.00 0	1129 2.08 549
1.80	0 0.00 0	0 0.00 0	0 0.00 0	0 0.00 0	0 0.00 0	0 0.00 0	0 0.00 0	0 0.00 0	0 0.00 0
2.00	0 0.00 0	0 0.00 0	0 0.00 0	0 0.00 0	0 0.00 0	0 0.00 0	0 0.00 0	0 0.00 0	0 0.00 0
2.50	0 0.00 0	0 0.00 0	0 0.00 0	0 0.00 0	0 0.00 0	0 0.00 0	0 0.00 0	0 0.00 0	0 0.00 0
3.00	0 0.00 0	0 0.00 0	0 0.00 0	0 0.00 0	0 0.00 0	0 0.00 0	0 0.00 0	0 0.00 0	0 0.00 0
3.50	0 0.00 0	0 0.00 0	0 0.00 0	0 0.00 0	0 0.00 0	0 0.00 0	0 0.00 0	0 0.00 0	0 0.00 0

B 15 $d_1/d = 0{,}10$ $\gamma = 1{,}75$ konst.   **Tabelle 89**

ges. $A_s = \mu \cdot A_b$ Tafelwerte: zul. $\sigma_{bi} = N/A_b$ (kN/cm²)

e/d \ μ	0,2 %	0,5 %	0,8 %	1,0 %	1,5 %	2,0 %	2,5 %	3,0 %	5,0 %
0.00	0.657	0.743	0.829	0.886	1.029	1.171	1.314	1.457	2.029
0.01	0.633	0.708	0.781	0.830	0.949	1.069	1.188	1.307	1.783
0.02	0.615	0.691	0.766	0.816	0.937	1.056	1.174	1.293	1.766
0.03	0.598	0.672	0.746	0.795	0.917	1.038	1.158	1.277	1.747
0.04	0.581	0.653	0.725	0.773	0.893	1.012	1.131	1.250	1.721
0.05	0.565	0.635	0.705	0.752	0.869	0.986	1.103	1.219	1.682
0.06	0.550	0.619	0.687	0.732	0.846	0.960	1.074	1.188	1.642
0.07	0.535	0.602	0.669	0.713	0.825	0.935	1.047	1.158	1.601
0.08	0.519	0.585	0.651	0.695	0.804	0.912	1.020	1.129	1.561
0.09	0.504	0.568	0.632	0.675	0.782	0.890	0.995	1.100	1.523
0.10	0.488	0.551	0.614	0.656	0.760	0.865	0.969	1.074	1.486
0.12	0.458	0.519	0.579	0.619	0.718	0.817	0.916	1.015	1.410
0.14	0.429	0.488	0.546	0.583	0.678	0.772	0.866	0.961	1.335
0.16	0.401	0.458	0.513	0.550	0.640	0.730	0.820	0.909	1.265
0.18	0.373	0.429	0.483	0.518	0.605	0.691	0.776	0.862	1.200
0.20	0.347	0.402	0.454	0.488	0.572	0.654	0.736	0.817	1.141
0.22	0.322	0.377	0.428	0.461	0.541	0.620	0.699	0.776	1.085
0.24	0.299	0.354	0.404	0.436	0.513	0.589	0.664	0.739	1.034
0.26	0.277	0.333	0.382	0.412	0.487	0.560	0.632	0.704	0.988
0.28	0.257	0.313	0.361	0.391	0.464	0.534	0.603	0.673	0.946
0.30	0.239	0.295	0.342	0.371	0.442	0.510	0.577	0.643	0.906
0.32	0.221	0.279	0.325	0.354	0.422	0.487	0.552	0.616	0.868
0.34	0.204	0.264	0.309	0.337	0.403	0.467	0.529	0.591	0.833
0.36	0.188	0.251	0.295	0.322	0.386	0.448	0.508	0.567	0.803
0.38	0.174	0.237	0.282	0.308	0.370	0.430	0.488	0.545	0.773
0.40	0.161	0.225	0.270	0.295	0.355	0.413	0.470	0.526	0.746
0.42	0.148	0.213	0.258	0.283	0.342	0.398	0.453	0.507	0.720
0.44	0.137	0.202	0.247	0.273	0.330	0.384	0.437	0.490	0.697
0.46	0.126	0.191	0.236	0.262	0.318	0.371	0.423	0.474	0.674
0.48	0.116	0.181	0.226	0.252	0.307	0.359	0.408	0.458	0.653
0.50	0.107	0.173	0.217	0.242	0.296	0.347	0.395	0.443	0.632
0.55	0.089	0.153	0.196	0.220	0.274	0.321	0.367	0.411	0.587
0.60	0.076	0.137	0.178	0.201	0.253	0.298	0.341	0.383	0.549
0.65	0.066	0.123	0.162	0.185	0.234	0.279	0.320	0.359	0.515
0.70	0.057	0.111	0.149	0.170	0.218	0.261	0.300	0.337	0.484
0.75	0.051	0.101	0.137	0.158	0.203	0.244	0.282	0.318	0.457
0.80	0.046	0.092	0.127	0.147	0.190	0.230	0.266	0.301	0.433
0.85	0.042	0.084	0.119	0.137	0.179	0.216	0.252	0.286	0.411
0.90	0.038	0.078	0.111	0.129	0.168	0.205	0.239	0.271	0.393
0.95	0.035	0.072	0.104	0.121	0.159	0.194	0.227	0.258	0.374
1.00	0.032	0.067	0.098	0.114	0.151	0.184	0.216	0.245	0.358
1.10	0.028	0.059	0.087	0.102	0.136	0.167	0.196	0.224	0.330
1.20	0.025	0.053	0.078	0.093	0.124	0.153	0.180	0.205	0.304
1.30	0.022	0.048	0.071	0.085	0.114	0.141	0.166	0.190	0.282
1.40	0.020	0.044	0.064	0.077	0.105	0.130	0.154	0.177	0.263
1.50	0.018	0.040	0.059	0.072	0.098	0.121	0.143	0.165	0.247
1.60	0.017	0.037	0.055	0.066	0.091	0.113	0.134	0.154	0.231
1.70	0.016	0.034	0.051	0.062	0.085	0.107	0.126	0.145	0.218
1.80	0.015	0.032	0.048	0.058	0.080	0.100	0.119	0.137	0.207
1.90	0.014	0.030	0.045	0.054	0.076	0.095	0.113	0.130	0.196
2.00	0.013	0.028	0.042	0.051	0.072	0.090	0.107	0.124	0.186
2.20	0.011	0.025	0.038	0.046	0.065	0.081	0.097	0.112	0.170
2.40	0.010	0.023	0.034	0.041	0.059	0.074	0.089	0.103	0.155
2.60	0.009	0.021	0.031	0.038	0.055	0.068	0.082	0.094	0.144
2.80	0.008	0.019	0.029	0.035	0.050	0.063	0.076	0.087	0.134
3.00	0.008	0.018	0.027	0.032	0.047	0.059	0.071	0.082	0.125
4.00	0.006	0.013	0.019	0.024	0.034	0.044	0.053	0.061	0.094
5.00	0.004	0.010	0.015	0.019	0.027	0.035	0.042	0.048	0.075
6.00	0.004	0.008	0.013	0.015	0.022	0.029	0.035	0.040	0.062
7.00	0.003	0.007	0.011	0.013	0.019	0.025	0.029	0.035	0.053
8.00	0.003	0.006	0.009	0.011	0.016	0.021	0.026	0.030	0.046
9.00	0.002	0.005	0.008	0.010	0.014	0.019	0.023	0.027	0.041
10.00	0.002	0.005	0.007	0.009	0.013	0.017	0.021	0.024	0.037

e/d \ μ	0.2 %	0.5 %	0.8 %	1.0 %	1.2 %	1.4 %	1.6 %	1.8 %	2.0 %
0.00	0.548	0.619	0.690	0.738	0.786	0.833	0.881	0.929	0.976
0.01	0.527	0.588	0.649	0.689	0.729	0.769	0.809	0.848	0.888
0.02	0.512	0.573	0.634	0.675	0.715	0.755	0.795	0.834	0.874
0.03	0.497	0.557	0.617	0.656	0.697	0.736	0.776	0.816	0.856
0.04	0.483	0.541	0.599	0.638	0.677	0.716	0.755	0.794	0.833
0.05	0.470	0.526	0.583	0.620	0.658	0.696	0.734	0.771	0.809
0.06	0.457	0.512	0.567	0.603	0.640	0.677	0.714	0.750	0.787
0.07	0.444	0.497	0.551	0.586	0.623	0.659	0.694	0.730	0.766
0.08	0.431	0.483	0.535	0.570	0.605	0.640	0.675	0.710	0.745
0.09	0.417	0.468	0.519	0.553	0.587	0.621	0.654	0.688	0.722
0.10	0.405	0.454	0.503	0.536	0.568	0.601	0.634	0.667	0.700
0.12	0.381	0.427	0.472	0.503	0.534	0.564	0.595	0.627	0.658
0.14	0.361	0.404	0.447	0.476	0.505	0.534	0.562	0.591	0.619
0.16	0.340	0.382	0.423	0.451	0.479	0.506	0.533	0.561	0.588
0.18	0.320	0.361	0.400	0.427	0.453	0.480	0.506	0.532	0.558
0.20	0.301	0.341	0.379	0.405	0.430	0.455	0.480	0.505	0.530
0.22	0.283	0.322	0.359	0.384	0.408	0.432	0.456	0.480	0.504
0.24	0.265	0.304	0.340	0.364	0.388	0.411	0.434	0.457	0.480
0.26	0.250	0.288	0.323	0.346	0.369	0.391	0.413	0.436	0.458
0.28	0.235	0.273	0.308	0.330	0.352	0.373	0.395	0.416	0.438
0.30	0.221	0.259	0.293	0.314	0.336	0.357	0.378	0.398	0.418
0.32	0.208	0.247	0.280	0.301	0.321	0.341	0.361	0.382	0.402
0.34	0.195	0.235	0.267	0.288	0.308	0.328	0.347	0.366	0.385
0.36	0.180	0.225	0.256	0.276	0.295	0.314	0.333	0.352	0.370
0.38	0.166	0.214	0.246	0.265	0.284	0.302	0.320	0.339	0.357
0.40	0.153	0.205	0.236	0.255	0.273	0.291	0.309	0.326	0.343
0.42	0.141	0.196	0.227	0.245	0.263	0.280	0.298	0.314	0.331
0.44	0.130	0.187	0.218	0.237	0.254	0.271	0.287	0.303	0.320
0.46	0.121	0.177	0.210	0.228	0.245	0.261	0.277	0.294	0.310
0.48	0.111	0.168	0.202	0.221	0.237	0.253	0.268	0.284	0.300
0.50	0.103	0.159	0.195	0.213	0.229	0.245	0.260	0.275	0.291
0.55	0.086	0.141	0.178	0.196	0.212	0.227	0.241	0.255	0.270
0.60	0.073	0.126	0.161	0.181	0.196	0.211	0.224	0.238	0.251
0.65	0.063	0.113	0.147	0.166	0.182	0.197	0.210	0.223	0.236
0.70	0.055	0.103	0.135	0.153	0.170	0.184	0.197	0.209	0.221
0.75	0.049	0.094	0.124	0.142	0.158	0.172	0.185	0.197	0.208
0.80	0.044	0.085	0.115	0.132	0.147	0.162	0.174	0.186	0.197
0.85	0.040	0.079	0.107	0.123	0.138	0.152	0.164	0.175	0.187
0.90	0.037	0.073	0.100	0.115	0.130	0.143	0.155	0.166	0.177
0.95	0.034	0.068	0.094	0.108	0.122	0.135	0.147	0.158	0.168
1.00	0.031	0.063	0.088	0.102	0.115	0.128	0.139	0.151	0.160
1.10	0.027	0.056	0.079	0.092	0.104	0.115	0.126	0.136	0.146
1.20	0.024	0.050	0.071	0.083	0.094	0.105	0.115	0.124	0.134
1.30	0.022	0.045	0.065	0.076	0.086	0.096	0.105	0.114	0.123
1.40	0.020	0.041	0.060	0.070	0.080	0.089	0.098	0.106	0.114
1.50	0.018	0.038	0.055	0.065	0.074	0.082	0.090	0.098	0.106
1.60	0.016	0.035	0.051	0.060	0.069	0.077	0.084	0.092	0.099
1.70	0.015	0.033	0.047	0.057	0.064	0.072	0.079	0.086	0.093
1.80	0.014	0.030	0.044	0.053	0.060	0.068	0.075	0.081	0.087
1.90	0.013	0.029	0.042	0.050	0.057	0.064	0.070	0.077	0.083
2.00	0.013	0.027	0.039	0.047	0.054	0.060	0.067	0.073	0.079
2.20	0.011	0.024	0.035	0.042	0.049	0.055	0.060	0.066	0.071
2.40	0.010	0.022	0.032	0.039	0.045	0.050	0.055	0.060	0.065
2.60	0.009	0.020	0.029	0.035	0.041	0.046	0.051	0.055	0.060
2.80	0.008	0.018	0.027	0.032	0.038	0.042	0.047	0.051	0.055
3.00	0.008	0.017	0.025	0.030	0.035	0.039	0.044	0.048	0.052
4.00	0.006	0.012	0.018	0.022	0.026	0.029	0.032	0.035	0.038
5.00	0.004	0.010	0.015	0.017	0.020	0.023	0.026	0.028	0.030
6.00	0.004	0.008	0.012	0.014	0.017	0.019	0.021	0.023	0.025
7.00	0.003	0.007	0.010	0.012	0.014	0.016	0.018	0.020	0.021
8.00	0.003	0.006	0.009	0.010	0.013	0.014	0.016	0.017	0.019
9.00	0.002	0.005	0.008	0.010	0.011	0.012	0.014	0.015	0.017
10.00	0.002	0.005	0.007	0.008	0.010	0.011	0.013	0.014	0.015

Tabelle 90

Regelbemessung

$\gamma = 2{,}10$ bis $1{,}75$

Beton: **B 15**

$d_1/d =$ **0,15**

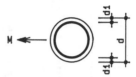

$e/d = M/N \cdot d$

ges. $A_s = \mu \cdot A_b$

Tafelwerte:

zul. $\sigma_{bi} = N/A_b$ (kN/cm²)

2,5 %	3,0 %	3,5 %	4,0 %	4,5 %	5,0 %	µ e/d
1.095	1.214	1.333	1.452	1.571	1.690	0.00
0.987	1.086	1.185	1.284	1.383	1.482	0.01
0.972	1.071	1.169	1.267	1.365	1.462	0.02
0.955	1.053	1.151	1.248	1.346	1.443	0.03
0.929	1.026	1.124	1.220	1.317	1.414	0.04
0.904	0.998	1.093	1.188	1.283	1.377	0.05
0.879	0.971	1.063	1.155	1.247	1.339	0.06
0.855	0.945	1.035	1.124	1.213	1.303	0.07
0.832	0.920	1.007	1.093	1.181	1.268	0.08
0.808	0.892	0.978	1.063	1.149	1.235	0.09
0.782	0.864	0.947	1.030	1.112	1.195	0.10
0.734	0.812	0.889	0.967	1.044	1.121	0.12
0.692	0.763	0.836	0.908	0.981	1.053	0.14
0.656	0.725	0.793	0.862	0.929	0.997	0.16
0.623	0.688	0.753	0.819	0.884	0.949	0.18
0.592	0.655	0.717	0.778	0.841	0.903	0.20
0.564	0.624	0.683	0.741	0.801	0.860	0.22
0.537	0.594	0.651	0.708	0.764	0.822	0.24
0.513	0.568	0.622	0.677	0.731	0.785	0.26
0.490	0.543	0.596	0.647	0.700	0.752	0.28
0.469	0.520	0.570	0.621	0.672	0.721	0.30
0.451	0.499	0.548	0.596	0.645	0.693	0.32
0.432	0.480	0.527	0.574	0.620	0.667	0.34
0.416	0.462	0.507	0.552	0.597	0.641	0.36
0.400	0.445	0.489	0.533	0.576	0.619	0.38
0.386	0.429	0.471	0.514	0.555	0.597	0.40
0.373	0.414	0.455	0.496	0.537	0.578	0.42
0.361	0.400	0.440	0.480	0.520	0.559	0.44
0.349	0.388	0.426	0.465	0.503	0.542	0.46
0.337	0.375	0.413	0.450	0.487	0.524	0.48
0.327	0.364	0.401	0.437	0.473	0.509	0.50
0.304	0.338	0.373	0.406	0.441	0.474	0.55
0.284	0.316	0.348	0.380	0.411	0.443	0.60
0.266	0.296	0.327	0.357	0.387	0.416	0.65
0.250	0.279	0.308	0.336	0.364	0.393	0.70
0.237	0.264	0.290	0.318	0.345	0.370	0.75
0.224	0.249	0.276	0.301	0.327	0.351	0.80
0.212	0.238	0.261	0.286	0.310	0.334	0.85
0.202	0.226	0.249	0.273	0.295	0.319	0.90
0.192	0.216	0.238	0.260	0.283	0.304	0.95
0.184	0.206	0.228	0.249	0.270	0.292	1.00
0.168	0.189	0.209	0.229	0.249	0.269	1.10
0.155	0.174	0.194	0.212	0.230	0.249	1.20
0.144	0.162	0.180	0.197	0.215	0.231	1.30
0.134	0.151	0.167	0.184	0.200	0.217	1.40
0.125	0.141	0.157	0.173	0.188	0.203	1.50
0.116	0.133	0.148	0.163	0.177	0.192	1.60
0.109	0.126	0.139	0.153	0.167	0.180	1.70
0.103	0.118	0.132	0.145	0.159	0.171	1.80
0.098	0.112	0.125	0.138	0.150	0.163	1.90
0.093	0.106	0.119	0.131	0.143	0.155	2.00
0.084	0.096	0.108	0.120	0.130	0.142	2.20
0.077	0.089	0.100	0.110	0.120	0.130	2.40
0.071	0.082	0.092	0.102	0.111	0.120	2.60
0.066	0.075	0.085	0.095	0.103	0.112	2.80
0.061	0.071	0.079	0.088	0.097	0.105	3.00
0.045	0.053	0.060	0.066	0.073	0.079	4.00
0.036	0.042	0.047	0.053	0.058	0.063	5.00
0.030	0.035	0.039	0.044	0.049	0.053	6.00
0.026	0.030	0.033	0.037	0.041	0.045	7.00
0.022	0.026	0.030	0.033	0.036	0.040	8.00
0.020	0.023	0.026	0.029	0.032	0.035	9.00
0.018	0.021	0.023	0.026	0.029	0.031	10.00

B 15
$d_1/d = 0{,}15$

1. Zeile: $M_u/1{,}75 \cdot A_b \cdot d$ (kN/m²)
2. Zeile: $1000 \cdot k_u \cdot d$
3. Zeile: $B_{II}/1000 \cdot 1{,}75 \cdot A_b \cdot d^2$ (kN/m²)

Tabelle 91

σ_{bi} \ μ	0,2 %	0,5 %	0,8 %	1,0 %	1,5 %	2,0 %	2,5 %	3,0 %	5,0 %
0.00	208 4.89 42	465 5.49 81	694 5.93 110	838 6.17 127	1189 6.69 164	1496 6.88 199	1790 6.99 235	2076 7.05 270	3176 7.15 413
0.10	507 6.56 46	714 6.83 72	901 6.96 97	1021 6.99 113	1310 7.10 150	1590 7.14 187	1863 7.15 224	2133 7.15 261	3192 7.16 407
0.20	669 7.20 55	831 7.16 73	991 7.13 92	1097 7.12 107	1358 7.11 143	1618 7.09 180	1877 7.07 217	2135 7.06 254	3163 7.02 402
0.30	696 5.81 76	830 6.01 89	970 6.18 104	1065 6.28 115	1308 6.41 146	1556 6.51 180	1807 6.58 215	2059 6.64 251	3073 6.75 399
0.40	629 4.55 98	767 4.86 112	904 5.15 124	997 5.32 133	1230 5.65 157	1471 5.86 186	1714 6.02 219	1961 6.16 253	2963 6.44 397
0.50	456 3.66 96	634 3.95 127	792 4.27 145	891 4.47 154	1132 4.91 176	1371 5.23 200	1613 5.47 228	1856 5.65 259	2850 6.12 397
0.60	167 2.28 58	412 3.18 109	614 3.53 150	733 3.73 168	1003 4.21 197	1253 4.61 220	1499 4.93 244	1744 5.17 271	2733 5.79 399
0.70	0 0.00 0	96 1.40 67	348 2.62 121	509 3.08 151	830 3.60 209	1107 4.03 241	1367 4.41 264	1617 4.71 288	2611 5.45 405
0.80	0 0.00 0	0 0.00 0	0 0.00 0	199 1.72 116	606 3.02 192	927 3.50 249	1211 3.91 283	1475 4.24 308	2484 5.13 414
1.00	0 0.00 0	0 0.00 0	0 0.00 0	0 0.00 0	0 0.00 0	400 2.02 203	802 2.94 271	1122 3.37 327	2208 4.47 444
1.20	0 0.00 0	0 0.00 0	0 0.00 0	0 0.00 0	0 0.00 0	0 0.00 0	0 0.00 0	599 2.15 285	1888 3.82 475
1.40	0 0.00 0	0 0.00 0	0 0.00 0	0 0.00 0	0 0.00 0	0 0.00 0	0 0.00 0	0 0.00 0	1512 3.21 476
1.60	0 0.00 0	0 0.00 0	0 0.00 0	0 0.00 0	0 0.00 0	0 0.00 0	0 0.00 0	0 0.00 0	990 2.31 440
1.80	0 0.00 0	0 0.00 0	0 0.00 0	0 0.00 0	0 0.00 0	0 0.00 0	0 0.00 0	0 0.00 0	0 0.00 0
2.00	0 0.00 0	0 0.00 0	0 0.00 0	0 0.00 0	0 0.00 0	0 0.00 0	0 0.00 0	0 0.00 0	0 0.00 0
2.50	0 0.00 0	0 0.00 0	0 0.00 0	0 0.00 0	0 0.00 0	0 0.00 0	0 0.00 0	0 0.00 0	0 0.00 0
3.00	0 0.00 0	0 0.00 0	0 0.00 0	0 0.00 0	0 0.00 0	0 0.00 0	0 0.00 0	0 0.00 0	0 0.00 0
3.50	0 0.00 0	0 0.00 0	0 0.00 0	0 0.00 0	0 0.00 0	0 0.00 0	0 0.00 0	0 0.00 0	0 0.00 0

B 15 $d_1/d = 0.15$ $\gamma = 1.75$ konst. **Tabelle 92**

ges.$A_s = \mu \cdot A_b$ Tafelwerte: zul.$\sigma_{bi} = N/A_b$ (kN/cm²)

e/d \ μ	0.2 %	0.5 %	0.8 %	1.0 %	1.5 %	2.0 %	2.5 %	3.0 %	5.0 %
0.00	0.657	0.743	0.829	0.886	1.029	1.171	1.314	1.457	2.029
0.01	0.632	0.706	0.778	0.827	0.946	1.065	1.184	1.303	1.778
0.02	0.614	0.688	0.761	0.810	0.930	1.049	1.167	1.285	1.755
0.03	0.596	0.668	0.740	0.788	0.907	1.027	1.146	1.263	1.731
0.04	0.579	0.649	0.719	0.766	0.882	0.999	1.115	1.232	1.697
0.05	0.564	0.631	0.699	0.744	0.858	0.971	1.085	1.198	1.653
0.06	0.548	0.614	0.680	0.724	0.835	0.945	1.055	1.165	1.607
0.07	0.532	0.597	0.662	0.704	0.812	0.919	1.027	1.134	1.564
0.08	0.517	0.579	0.642	0.684	0.789	0.894	0.999	1.103	1.521
0.09	0.501	0.562	0.623	0.663	0.765	0.867	0.969	1.071	1.481
0.10	0.486	0.544	0.603	0.643	0.741	0.840	0.939	1.037	1.434
0.12	0.455	0.511	0.567	0.603	0.696	0.789	0.881	0.975	1.346
0.14	0.425	0.478	0.531	0.566	0.653	0.740	0.828	0.915	1.263
0.16	0.395	0.446	0.497	0.530	0.613	0.695	0.777	0.861	1.188
0.18	0.367	0.416	0.464	0.496	0.575	0.653	0.731	0.809	1.121
0.20	0.340	0.389	0.435	0.466	0.541	0.615	0.689	0.763	1.057
0.22	0.314	0.362	0.408	0.437	0.509	0.580	0.651	0.721	1.000
0.24	0.290	0.338	0.382	0.411	0.480	0.548	0.615	0.682	0.949
0.26	0.268	0.317	0.360	0.387	0.453	0.519	0.583	0.647	0.900
0.28	0.248	0.296	0.339	0.365	0.429	0.492	0.553	0.614	0.857
0.30	0.230	0.278	0.320	0.345	0.407	0.467	0.527	0.585	0.818
0.32	0.212	0.262	0.302	0.328	0.388	0.446	0.502	0.559	0.782
0.34	0.195	0.247	0.287	0.311	0.369	0.425	0.480	0.534	0.749
0.36	0.180	0.234	0.273	0.296	0.352	0.406	0.459	0.511	0.717
0.38	0.166	0.221	0.259	0.282	0.337	0.389	0.440	0.490	0.689
0.40	0.153	0.209	0.248	0.270	0.323	0.373	0.422	0.471	0.663
0.42	0.141	0.197	0.236	0.258	0.310	0.358	0.406	0.453	0.638
0.44	0.130	0.187	0.226	0.248	0.297	0.345	0.391	0.436	0.616
0.46	0.121	0.177	0.216	0.238	0.286	0.332	0.377	0.421	0.595
0.48	0.111	0.168	0.207	0.229	0.275	0.320	0.363	0.406	0.574
0.50	0.103	0.159	0.198	0.220	0.266	0.310	0.351	0.393	0.555
0.55	0.086	0.141	0.178	0.199	0.244	0.285	0.324	0.362	0.514
0.60	0.073	0.126	0.161	0.181	0.226	0.264	0.301	0.336	0.478
0.65	0.063	0.113	0.147	0.166	0.209	0.246	0.280	0.314	0.447
0.70	0.055	0.103	0.135	0.153	0.194	0.230	0.262	0.294	0.420
0.75	0.049	0.094	0.124	0.142	0.181	0.215	0.247	0.277	0.394
0.80	0.044	0.085	0.115	0.132	0.169	0.202	0.232	0.261	0.372
0.85	0.040	0.079	0.107	0.123	0.158	0.190	0.220	0.247	0.354
0.90	0.037	0.073	0.100	0.115	0.149	0.180	0.208	0.235	0.337
0.95	0.034	0.068	0.094	0.108	0.141	0.170	0.197	0.223	0.320
1.00	0.031	0.063	0.088	0.102	0.134	0.161	0.188	0.213	0.306
1.10	0.027	0.056	0.079	0.092	0.120	0.146	0.171	0.194	0.281
1.20	0.024	0.050	0.071	0.083	0.110	0.134	0.156	0.178	0.259
1.30	0.022	0.045	0.065	0.076	0.101	0.123	0.144	0.165	0.240
1.40	0.020	0.041	0.060	0.070	0.093	0.114	0.134	0.153	0.225
1.50	0.018	0.038	0.055	0.065	0.086	0.106	0.125	0.142	0.210
1.60	0.016	0.035	0.051	0.060	0.081	0.099	0.116	0.134	0.198
1.70	0.015	0.033	0.047	0.057	0.075	0.093	0.109	0.126	0.185
1.80	0.014	0.030	0.044	0.053	0.071	0.087	0.103	0.118	0.176
1.90	0.013	0.029	0.042	0.050	0.067	0.083	0.098	0.112	0.167
2.00	0.013	0.027	0.039	0.047	0.064	0.079	0.093	0.106	0.159
2.20	0.011	0.024	0.035	0.042	0.057	0.071	0.084	0.096	0.145
2.40	0.010	0.022	0.032	0.039	0.053	0.065	0.077	0.089	0.132
2.60	0.009	0.020	0.029	0.035	0.048	0.060	0.071	0.082	0.122
2.80	0.008	0.018	0.027	0.032	0.045	0.055	0.066	0.075	0.114
3.00	0.008	0.017	0.025	0.030	0.042	0.052	0.061	0.071	0.106
4.00	0.006	0.012	0.018	0.022	0.031	0.038	0.045	0.053	0.079
5.00	0.004	0.010	0.015	0.017	0.024	0.030	0.036	0.042	0.063
6.00	0.004	0.008	0.012	0.014	0.020	0.025	0.030	0.035	0.053
7.00	0.003	0.007	0.010	0.012	0.017	0.021	0.026	0.030	0.045
8.00	0.003	0.006	0.009	0.010	0.015	0.019	0.022	0.026	0.040
9.00	0.002	0.005	0.008	0.010	0.013	0.017	0.020	0.023	0.035
10.00	0.002	0.005	0.007	0.008	0.012	0.015	0.018	0.021	0.031

e/d \ μ	0.2 %	0.5 %	0.8 %	1.0 %	1.2 %	1.4 %	1.6 %	1.8 %	2.0 %
0.00	0.548	0.619	0.690	0.738	0.786	0.833	0.881	0.929	0.976
0.01	0.525	0.586	0.646	0.686	0.725	0.765	0.805	0.844	0.884
0.02	0.510	0.570	0.630	0.670	0.709	0.748	0.787	0.827	0.866
0.03	0.495	0.553	0.612	0.651	0.689	0.728	0.767	0.806	0.845
0.04	0.481	0.538	0.594	0.632	0.669	0.707	0.745	0.783	0.820
0.05	0.468	0.523	0.577	0.614	0.650	0.687	0.723	0.760	0.797
0.06	0.456	0.508	0.561	0.597	0.632	0.667	0.703	0.738	0.773
0.07	0.442	0.493	0.544	0.579	0.613	0.647	0.682	0.716	0.750
0.08	0.429	0.478	0.527	0.560	0.593	0.626	0.659	0.692	0.725
0.09	0.415	0.462	0.510	0.542	0.573	0.605	0.637	0.669	0.701
0.10	0.402	0.447	0.493	0.524	0.554	0.584	0.615	0.646	0.676
0.12	0.376	0.418	0.461	0.489	0.516	0.545	0.573	0.601	0.629
0.14	0.353	0.392	0.431	0.457	0.483	0.509	0.535	0.561	0.588
0.16	0.332	0.369	0.405	0.430	0.454	0.479	0.503	0.528	0.552
0.18	0.311	0.346	0.381	0.404	0.427	0.450	0.473	0.496	0.520
0.20	0.291	0.325	0.358	0.380	0.402	0.424	0.446	0.468	0.489
0.22	0.272	0.305	0.337	0.358	0.379	0.399	0.420	0.441	0.462
0.24	0.254	0.286	0.317	0.337	0.357	0.377	0.396	0.417	0.436
0.26	0.238	0.269	0.299	0.318	0.337	0.356	0.375	0.394	0.413
0.28	0.222	0.254	0.282	0.301	0.319	0.337	0.356	0.373	0.391
0.30	0.208	0.239	0.267	0.285	0.303	0.320	0.338	0.354	0.372
0.32	0.196	0.227	0.254	0.271	0.288	0.305	0.321	0.338	0.354
0.34	0.184	0.215	0.241	0.258	0.274	0.290	0.306	0.322	0.338
0.36	0.171	0.205	0.230	0.246	0.262	0.278	0.293	0.308	0.323
0.38	0.158	0.195	0.220	0.236	0.250	0.265	0.280	0.295	0.310
0.40	0.145	0.186	0.210	0.225	0.240	0.254	0.269	0.283	0.297
0.42	0.134	0.177	0.202	0.216	0.231	0.245	0.258	0.272	0.286
0.44	0.124	0.169	0.194	0.208	0.221	0.235	0.249	0.262	0.275
0.46	0.115	0.162	0.186	0.200	0.214	0.226	0.240	0.252	0.265
0.48	0.107	0.154	0.179	0.193	0.206	0.218	0.231	0.243	0.256
0.50	0.099	0.146	0.172	0.186	0.198	0.211	0.223	0.235	0.247
0.55	0.083	0.129	0.157	0.171	0.183	0.194	0.205	0.217	0.228
0.60	0.071	0.116	0.144	0.157	0.169	0.180	0.191	0.201	0.211
0.65	0.061	0.104	0.132	0.145	0.157	0.168	0.178	0.187	0.197
0.70	0.054	0.095	0.121	0.135	0.146	0.156	0.166	0.175	0.185
0.75	0.048	0.086	0.112	0.125	0.137	0.147	0.156	0.165	0.174
0.80	0.044	0.080	0.104	0.117	0.128	0.138	0.147	0.155	0.164
0.85	0.039	0.074	0.096	0.109	0.121	0.130	0.138	0.147	0.155
0.90	0.036	0.069	0.090	0.102	0.114	0.123	0.131	0.139	0.147
0.95	0.033	0.064	0.085	0.096	0.107	0.117	0.125	0.132	0.140
1.00	0.031	0.060	0.080	0.091	0.101	0.111	0.118	0.126	0.133
1.10	0.027	0.053	0.071	0.082	0.091	0.100	0.108	0.115	0.121
1.20	0.024	0.048	0.065	0.074	0.083	0.091	0.099	0.105	0.112
1.30	0.021	0.043	0.059	0.068	0.076	0.084	0.091	0.097	0.103
1.40	0.019	0.039	0.054	0.063	0.070	0.078	0.084	0.090	0.096
1.50	0.018	0.036	0.050	0.058	0.065	0.072	0.078	0.085	0.090
1.60	0.016	0.034	0.047	0.054	0.061	0.067	0.073	0.079	0.084
1.70	0.015	0.031	0.044	0.051	0.057	0.063	0.069	0.074	0.079
1.80	0.014	0.029	0.041	0.048	0.054	0.059	0.065	0.070	0.075
1.90	0.013	0.027	0.039	0.045	0.051	0.056	0.061	0.066	0.071
2.00	0.012	0.026	0.037	0.043	0.048	0.053	0.058	0.063	0.067
2.20	0.011	0.023	0.033	0.038	0.043	0.048	0.053	0.057	0.061
2.40	0.010	0.021	0.030	0.035	0.040	0.044	0.048	0.052	0.056
2.60	0.009	0.019	0.027	0.032	0.036	0.040	0.044	0.048	0.051
2.80	0.008	0.018	0.025	0.030	0.034	0.037	0.041	0.044	0.047
3.00	0.008	0.016	0.024	0.028	0.031	0.035	0.038	0.041	0.044
4.00	0.006	0.012	0.017	0.020	0.023	0.026	0.028	0.031	0.033
5.00	0.004	0.009	0.014	0.016	0.018	0.020	0.022	0.024	0.026
6.00	0.003	0.008	0.011	0.013	0.015	0.017	0.019	0.020	0.022
7.00	0.003	0.006	0.010	0.011	0.013	0.015	0.016	0.017	0.018
8.00	0.003	0.006	0.008	0.010	0.011	0.013	0.014	0.015	0.016
9.00	0.002	0.005	0.007	0.009	0.010	0.011	0.012	0.013	0.014
10.00	0.002	0.004	0.007	0.008	0.009	0.010	0.011	0.012	0.013

Tabelle 93

Regelbemessung

$\gamma = 2{,}10$ bis $1{,}75$

Beton: **B 15**

$d_1/d = 0{,}20$

$e/d = M/N \cdot d$

ges. $A_s = \mu \cdot A_b$

Tafelwerte:
zul. $\sigma_{bi} = N/A_b$ (kN/cm²)

2,5 %	3,0 %	3,5 %	4,0 %	4,5 %	5,0 %	µ / e/d
1.095	1.214	1.333	1.452	1.571	1.690	0.00
0.982	1.081	1.179	1.278	1.377	1.475	0.01
0.963	1.061	1.158	1.255	1.353	1.449	0.02
0.942	1.039	1.135	1.231	1.327	1.423	0.03
0.915	1.009	1.104	1.198	1.293	1.387	0.04
0.888	0.980	1.071	1.163	1.254	1.346	0.05
0.862	0.951	1.040	1.128	1.218	1.306	0.06
0.837	0.923	1.010	1.097	1.183	1.268	0.07
0.808	0.891	0.974	1.057	1.141	1.225	0.08
0.780	0.860	0.940	1.020	1.099	1.178	0.09
0.753	0.830	0.905	0.983	1.059	1.135	0.10
0.700	0.771	0.841	0.913	0.983	1.054	0.12
0.652	0.718	0.784	0.848	0.913	0.978	0.14
0.614	0.675	0.736	0.797	0.859	0.920	0.16
0.577	0.635	0.693	0.751	0.808	0.866	0.18
0.544	0.598	0.653	0.707	0.762	0.816	0.20
0.513	0.565	0.617	0.669	0.720	0.771	0.22
0.486	0.534	0.584	0.632	0.681	0.731	0.24
0.460	0.506	0.553	0.600	0.647	0.692	0.26
0.437	0.481	0.525	0.570	0.614	0.659	0.28
0.414	0.457	0.500	0.543	0.584	0.627	0.30
0.395	0.436	0.477	0.517	0.557	0.597	0.32
0.377	0.416	0.455	0.493	0.533	0.571	0.34
0.361	0.399	0.436	0.473	0.510	0.547	0.36
0.346	0.382	0.417	0.454	0.489	0.525	0.38
0.332	0.367	0.402	0.435	0.470	0.504	0.40
0.319	0.353	0.386	0.419	0.452	0.486	0.42
0.308	0.340	0.372	0.403	0.436	0.468	0.44
0.296	0.327	0.358	0.390	0.421	0.451	0.46
0.286	0.317	0.346	0.376	0.406	0.436	0.48
0.277	0.306	0.335	0.363	0.393	0.421	0.50
0.255	0.282	0.309	0.336	0.363	0.390	0.55
0.237	0.262	0.287	0.312	0.336	0.362	0.60
0.221	0.244	0.268	0.292	0.314	0.338	0.65
0.207	0.229	0.252	0.273	0.295	0.318	0.70
0.195	0.216	0.237	0.258	0.278	0.299	0.75
0.184	0.204	0.223	0.244	0.262	0.282	0.80
0.174	0.194	0.212	0.231	0.250	0.267	0.85
0.166	0.183	0.201	0.219	0.237	0.254	0.90
0.158	0.174	0.192	0.208	0.225	0.242	0.95
0.150	0.166	0.182	0.199	0.216	0.231	1.00
0.138	0.153	0.167	0.182	0.197	0.212	1.10
0.127	0.141	0.155	0.168	0.183	0.195	1.20
0.118	0.131	0.143	0.156	0.168	0.181	1.30
0.109	0.122	0.134	0.146	0.158	0.170	1.40
0.102	0.114	0.126	0.137	0.148	0.159	1.50
0.096	0.107	0.118	0.129	0.140	0.149	1.60
0.090	0.101	0.112	0.121	0.131	0.141	1.70
0.086	0.095	0.105	0.115	0.125	0.133	1.80
0.081	0.090	0.100	0.109	0.118	0.127	1.90
0.077	0.086	0.095	0.104	0.112	0.121	2.00
0.070	0.079	0.087	0.095	0.102	0.111	2.20
0.065	0.072	0.080	0.087	0.095	0.102	2.40
0.059	0.067	0.073	0.080	0.088	0.094	2.60
0.055	0.062	0.069	0.075	0.082	0.088	2.80
0.052	0.058	0.064	0.070	0.077	0.082	3.00
0.039	0.043	0.048	0.052	0.057	0.061	4.00
0.031	0.035	0.039	0.042	0.046	0.049	5.00
0.026	0.029	0.032	0.035	0.038	0.041	6.00
0.021	0.025	0.027	0.030	0.033	0.036	7.00
0.019	0.022	0.024	0.027	0.029	0.030	8.00
0.017	0.019	0.021	0.024	0.025	0.028	9.00
0.015	0.017	0.019	0.021	0.023	0.024	10.00

B 15
$d_1/d = 0{,}20$

1. Zeile: $M_u/1{,}75 \cdot A_b \cdot d$ (kN/m²)
2. Zeile: $1000 \cdot k_u \cdot d$
3. Zeile: $B_{II}/1000 \cdot 1{,}75 \cdot A_b \cdot d^2$ (kN/m²)

Tabelle 94

σ_{bi} \ μ	0,2 %	0,5 %	0,8 %	1,0 %	1,5 %	2,0 %	2,5 %	3,0 %	5,0 %
0.00	207 5.37 38	449 6.10 70	656 6.61 92	784 6.91 104	1054 7.23 131	1299 7.39 157	1530 7.49 182	1751 7.52 208	2587 7.53 313
0.10	497 7.21 40	671 7.34 61	825 7.45 79	921 7.49 91	1148 7.55 119	1364 7.55 146	1572 7.54 173	1776 7.49 200	2564 7.39 308
0.20	645 7.47 50	771 7.40 63	891 7.34 78	969 7.29 88	1163 7.24 115	1355 7.20 142	1546 7.17 169	1737 7.14 196	2497 7.10 305
0.30	675 5.89 72	774 6.11 80	878 6.28 90	948 6.36 98	1127 6.49 119	1310 6.58 143	1494 6.64 168	1680 6.70 194	2428 6.81 302
0.40	615 4.71 91	729 5.06 100	836 5.37 107	906 5.51 113	1081 5.81 129	1259 6.01 149	1439 6.15 171	1620 6.27 196	2360 6.52 300
0.50	447 3.77 90	607 4.12 113	741 4.48 125	823 4.71 131	1013 5.15 144	1195 5.45 161	1376 5.69 180	1556 5.83 201	2288 6.22 300
0.60	163 2.40 53	395 3.34 98	579 3.73 130	683 3.96 143	908 4.46 163	1108 4.88 177	1298 5.19 193	1484 5.43 210	2217 5.95 302
0.70	0 0.00 0	82 1.40 57	328 2.82 105	474 3.26 131	758 3.83 174	990 4.30 195	1197 4.67 210	1394 4.98 225	2142 5.67 307
0.80	0 0.00 0	0 0.00 0	0 0.00 0	175 1.82 97	555 3.23 164	834 3.74 206	1070 4.16 227	1283 4.52 243	2059 5.38 314
1.00	0 0.00 0	0 0.00 0	0 0.00 0	0 0.00 0	0 0.00 0	350 2.17 166	718 3.19 225	989 3.63 266	1859 4.76 339
1.20	0 0.00 0	0 0.00 0	0 0.00 0	0 0.00 0	0 0.00 0	0 0.00 0	0 0.00 0	520 2.35 229	1612 4.12 369
1.40	0 0.00 0	0 0.00 0	0 0.00 0	0 0.00 0	0 0.00 0	0 0.00 0	0 0.00 0	0 0.00 0	1303 3.48 379
1.60	0 0.00 0	0 0.00 0	0 0.00 0	0 0.00 0	0 0.00 0	0 0.00 0	0 0.00 0	0 0.00 0	857 2.55 347
1.80	0 0.00 0	0 0.00 0	0 0.00 0	0 0.00 0	0 0.00 0	0 0.00 0	0 0.00 0	0 0.00 0	0 0.00 0
2.00	0 0.00 0	0 0.00 0	0 0.00 0	0 0.00 0	0 0.00 0	0 0.00 0	0 0.00 0	0 0.00 0	0 0.00 0
2.50	0 0.00 0	0 0.00 0	0 0.00 0	0 0.00 0	0 0.00 0	0 0.00 0	0 0.00 0	0 0.00 0	0 0.00 0
3.00	0 0.00 0	0 0.00 0	0 0.00 0	0 0.00 0	0 0.00 0	0 0.00 0	0 0.00 0	0 0.00 0	0 0.00 0
3.50	0 0.00 0	0 0.00 0	0 0.00 0	0 0.00 0	0 0.00 0	0 0.00 0	0 0.00 0	0 0.00 0	0 0.00 0

B 15   d1/d = 0,20   γ = 1,75 konst.   **Tabelle 95**

ges.$A_s = \mu \cdot A_b$ Tafelwerte : zul.$\sigma_{bi} = N/A_b$ (kN/cm²)

e/d \ μ	0,2 %	0,5 %	0,8 %	1,0 %	1,5 %	2,0 %	2,5 %	3,0 %	5,0 %
0.00	0.657	0.743	0.829	0.886	1.029	1.171	1.314	1.457	2.029
0.01	0.630	0.703	0.775	0.823	0.942	1.060	1.179	1.297	1.770
0.02	0.612	0.684	0.756	0.804	0.921	1.039	1.156	1.273	1.739
0.03	0.594	0.664	0.734	0.781	0.897	1.014	1.130	1.246	1.708
0.04	0.578	0.645	0.713	0.758	0.871	0.984	1.098	1.211	1.665
0.05	0.562	0.627	0.693	0.737	0.846	0.956	1.065	1.175	1.616
0.06	0.547	0.609	0.674	0.716	0.822	0.928	1.035	1.141	1.567
0.07	0.530	0.592	0.653	0.695	0.797	0.900	1.004	1.108	1.521
0.08	0.514	0.573	0.633	0.672	0.771	0.870	0.969	1.069	1.469
0.09	0.498	0.555	0.612	0.650	0.746	0.841	0.936	1.032	1.414
0.10	0.483	0.537	0.592	0.628	0.720	0.811	0.904	0.996	1.362
0.12	0.451	0.502	0.553	0.587	0.671	0.755	0.840	0.925	1.264
0.14	0.420	0.467	0.515	0.546	0.624	0.703	0.781	0.860	1.173
0.16	0.390	0.434	0.478	0.508	0.581	0.654	0.728	0.801	1.092
0.18	0.361	0.403	0.444	0.472	0.541	0.610	0.678	0.746	1.020
0.20	0.333	0.373	0.413	0.439	0.504	0.568	0.632	0.696	0.953
0.22	0.306	0.346	0.384	0.409	0.470	0.531	0.592	0.652	0.894
0.24	0.281	0.321	0.358	0.381	0.440	0.498	0.556	0.612	0.841
0.26	0.258	0.298	0.334	0.357	0.413	0.468	0.522	0.576	0.792
0.28	0.238	0.277	0.312	0.334	0.388	0.440	0.493	0.544	0.750
0.30	0.219	0.259	0.293	0.314	0.365	0.415	0.465	0.515	0.710
0.32	0.202	0.243	0.276	0.296	0.346	0.394	0.441	0.488	0.673
0.34	0.186	0.228	0.260	0.280	0.327	0.373	0.419	0.464	0.641
0.36	0.171	0.215	0.246	0.265	0.312	0.356	0.399	0.442	0.612
0.38	0.158	0.203	0.233	0.253	0.297	0.339	0.381	0.422	0.585
0.40	0.145	0.192	0.222	0.240	0.283	0.324	0.364	0.403	0.559
0.42	0.134	0.181	0.212	0.229	0.270	0.310	0.349	0.387	0.538
0.44	0.124	0.171	0.202	0.219	0.259	0.297	0.335	0.372	0.517
0.46	0.115	0.162	0.194	0.210	0.249	0.286	0.322	0.357	0.497
0.48	0.107	0.154	0.185	0.202	0.239	0.275	0.310	0.344	0.479
0.50	0.099	0.146	0.177	0.194	0.230	0.265	0.299	0.331	0.462
0.55	0.083	0.129	0.159	0.176	0.211	0.242	0.273	0.304	0.425
0.60	0.071	0.116	0.144	0.160	0.194	0.224	0.253	0.281	0.393
0.65	0.061	0.104	0.132	0.147	0.179	0.207	0.234	0.261	0.365
0.70	0.054	0.095	0.121	0.136	0.167	0.194	0.219	0.244	0.342
0.75	0.048	0.086	0.112	0.125	0.156	0.182	0.205	0.228	0.322
0.80	0.044	0.080	0.104	0.117	0.146	0.171	0.193	0.215	0.303
0.85	0.039	0.074	0.096	0.109	0.137	0.161	0.182	0.204	0.285
0.90	0.036	0.069	0.090	0.102	0.129	0.152	0.173	0.193	0.271
0.95	0.033	0.064	0.085	0.096	0.122	0.144	0.164	0.183	0.258
1.00	0.031	0.060	0.080	0.091	0.116	0.137	0.156	0.174	0.246
1.10	0.027	0.053	0.071	0.082	0.104	0.124	0.142	0.160	0.225
1.20	0.024	0.048	0.065	0.074	0.095	0.114	0.131	0.147	0.206
1.30	0.021	0.043	0.059	0.068	0.087	0.105	0.121	0.136	0.191
1.40	0.019	0.039	0.054	0.063	0.081	0.097	0.112	0.126	0.179
1.50	0.018	0.036	0.050	0.058	0.075	0.090	0.104	0.118	0.167
1.60	0.016	0.034	0.047	0.054	0.070	0.085	0.098	0.110	0.157
1.70	0.015	0.031	0.044	0.051	0.066	0.079	0.092	0.104	0.148
1.80	0.014	0.029	0.041	0.048	0.062	0.075	0.087	0.098	0.140
1.90	0.013	0.027	0.039	0.045	0.059	0.071	0.082	0.093	0.133
2.00	0.012	0.026	0.037	0.043	0.055	0.067	0.078	0.088	0.126
2.20	0.011	0.023	0.033	0.038	0.050	0.061	0.071	0.081	0.116
2.40	0.010	0.021	0.030	0.035	0.046	0.056	0.065	0.073	0.106
2.60	0.009	0.019	0.027	0.032	0.042	0.051	0.060	0.068	0.098
2.80	0.008	0.018	0.025	0.030	0.039	0.047	0.055	0.063	0.092
3.00	0.008	0.016	0.024	0.028	0.036	0.044	0.052	0.059	0.085
4.00	0.006	0.012	0.017	0.020	0.027	0.033	0.039	0.044	0.063
5.00	0.004	0.009	0.014	0.016	0.021	0.026	0.031	0.035	0.051
6.00	0.003	0.008	0.011	0.013	0.018	0.022	0.026	0.029	0.042
7.00	0.003	0.006	0.010	0.011	0.015	0.018	0.021	0.025	0.037
8.00	0.003	0.006	0.008	0.010	0.013	0.016	0.019	0.022	0.031
9.00	0.002	0.005	0.007	0.009	0.012	0.014	0.017	0.019	0.029
10.00	0.002	0.004	0.007	0.008	0.010	0.013	0.015	0.017	0.025

e/d \ μ	0.2 %	0.5 %	0.8 %	1.0 %	1.2 %	1.4 %	1.6 %	1.8 %	2.0 %
0.00	0.548	0.619	0.690	0.738	0.786	0.833	0.881	0.929	0.976
0.01	0.524	0.583	0.642	0.682	0.721	0.760	0.799	0.839	0.878
0.02	0.509	0.567	0.625	0.663	0.702	0.740	0.778	0.817	0.855
0.03	0.494	0.550	0.607	0.645	0.682	0.720	0.757	0.795	0.833
0.04	0.480	0.534	0.589	0.626	0.662	0.698	0.735	0.771	0.808
0.05	0.467	0.520	0.572	0.607	0.643	0.678	0.713	0.748	0.783
0.06	0.454	0.504	0.556	0.589	0.623	0.657	0.691	0.725	0.759
0.07	0.440	0.488	0.537	0.569	0.601	0.634	0.665	0.698	0.730
0.08	0.427	0.473	0.519	0.550	0.579	0.610	0.641	0.672	0.702
0.09	0.413	0.457	0.501	0.529	0.559	0.587	0.616	0.645	0.674
0.10	0.399	0.441	0.483	0.510	0.538	0.565	0.592	0.620	0.646
0.12	0.373	0.410	0.447	0.472	0.497	0.520	0.545	0.570	0.594
0.14	0.346	0.380	0.412	0.435	0.456	0.479	0.500	0.522	0.544
0.16	0.324	0.354	0.384	0.404	0.424	0.444	0.464	0.484	0.504
0.18	0.302	0.330	0.357	0.376	0.394	0.413	0.431	0.449	0.468
0.20	0.282	0.307	0.333	0.350	0.367	0.384	0.401	0.418	0.435
0.22	0.262	0.286	0.310	0.326	0.342	0.358	0.375	0.390	0.407
0.24	0.243	0.267	0.290	0.305	0.320	0.336	0.351	0.366	0.381
0.26	0.226	0.250	0.272	0.286	0.301	0.315	0.330	0.343	0.358
0.28	0.211	0.234	0.255	0.269	0.283	0.297	0.310	0.324	0.338
0.30	0.196	0.220	0.241	0.254	0.267	0.280	0.293	0.306	0.319
0.32	0.184	0.207	0.227	0.241	0.253	0.265	0.278	0.290	0.302
0.34	0.172	0.196	0.216	0.228	0.240	0.252	0.264	0.276	0.287
0.36	0.161	0.185	0.205	0.217	0.229	0.240	0.251	0.263	0.274
0.38	0.150	0.176	0.195	0.206	0.218	0.229	0.240	0.251	0.261
0.40	0.139	0.168	0.186	0.197	0.208	0.219	0.229	0.240	0.250
0.42	0.128	0.160	0.178	0.189	0.199	0.210	0.220	0.229	0.240
0.44	0.119	0.153	0.170	0.181	0.191	0.201	0.211	0.220	0.230
0.46	0.110	0.146	0.163	0.173	0.183	0.193	0.202	0.212	0.221
0.48	0.102	0.139	0.157	0.167	0.177	0.186	0.195	0.204	0.213
0.50	0.096	0.133	0.151	0.161	0.170	0.179	0.188	0.197	0.206
0.55	0.081	0.119	0.138	0.147	0.156	0.164	0.172	0.181	0.189
0.60	0.070	0.107	0.126	0.136	0.144	0.152	0.159	0.167	0.174
0.65	0.061	0.096	0.116	0.126	0.133	0.140	0.148	0.155	0.162
0.70	0.054	0.088	0.108	0.117	0.124	0.131	0.138	0.144	0.151
0.75	0.048	0.080	0.100	0.109	0.116	0.123	0.129	0.136	0.142
0.80	0.043	0.074	0.093	0.102	0.109	0.116	0.122	0.127	0.134
0.85	0.039	0.069	0.087	0.096	0.103	0.109	0.115	0.121	0.126
0.90	0.036	0.064	0.081	0.090	0.097	0.103	0.109	0.114	0.119
0.95	0.033	0.060	0.077	0.086	0.092	0.098	0.104	0.108	0.114
1.00	0.031	0.056	0.072	0.081	0.087	0.093	0.099	0.103	0.108
1.10	0.027	0.050	0.065	0.073	0.079	0.085	0.090	0.094	0.099
1.20	0.024	0.045	0.059	0.066	0.073	0.078	0.082	0.087	0.091
1.30	0.021	0.041	0.054	0.061	0.067	0.072	0.076	0.080	0.084
1.40	0.020	0.038	0.050	0.056	0.062	0.066	0.070	0.075	0.078
1.50	0.018	0.035	0.046	0.052	0.058	0.062	0.066	0.070	0.073
1.60	0.016	0.032	0.043	0.049	0.054	0.058	0.062	0.065	0.069
1.70	0.015	0.030	0.040	0.045	0.050	0.055	0.058	0.062	0.065
1.80	0.014	0.028	0.038	0.043	0.048	0.051	0.055	0.058	0.061
1.90	0.013	0.026	0.036	0.040	0.045	0.049	0.052	0.055	0.058
2.00	0.012	0.025	0.034	0.038	0.042	0.046	0.049	0.053	0.055
2.20	0.011	0.022	0.030	0.035	0.038	0.042	0.045	0.047	0.050
2.40	0.010	0.020	0.028	0.031	0.035	0.038	0.041	0.044	0.046
2.60	0.009	0.019	0.025	0.029	0.032	0.035	0.038	0.040	0.043
2.80	0.008	0.017	0.023	0.027	0.030	0.033	0.035	0.037	0.039
3.00	0.008	0.016	0.022	0.025	0.028	0.030	0.033	0.035	0.037
4.00	0.006	0.012	0.016	0.018	0.021	0.023	0.025	0.026	0.027
5.00	0.004	0.009	0.013	0.015	0.016	0.018	0.019	0.021	0.022
6.00	0.004	0.007	0.011	0.012	0.014	0.015	0.016	0.017	0.018
7.00	0.003	0.007	0.009	0.010	0.012	0.013	0.014	0.015	0.016
8.00	0.003	0.006	0.008	0.009	0.010	0.011	0.012	0.013	0.014
9.00	0.002	0.005	0.007	0.008	0.009	0.010	0.011	0.011	0.012
10.00	0.002	0.004	0.006	0.007	0.008	0.009	0.010	0.010	0.011

Tabelle 96

Regelbemessung

$\gamma = 2{,}10$ bis $1{,}75$

Beton: **B 15**

$d_1/d = 0{,}25$

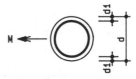

$e/d = M/N \cdot d$

ges. $A_s = \mu \cdot A_b$

Tafelwerte:

zul. $\sigma_{bi} = N/A_b$ (kN/cm²)

2,5 %	3,0 %	3,5 %	4,0 %	4,5 %	5,0 %	μ e/d
1.095	1.214	1.333	1.452	1.571	1.690	0.00
0.976	1.074	1.172	1.269	1.367	1.465	0.01
0.951	1.047	1.143	1.239	1.335	1.430	0.02
0.927	1.021	1.115	1.209	1.303	1.396	0.03
0.899	0.990	1.082	1.173	1.264	1.355	0.04
0.872	0.959	1.047	1.136	1.224	1.312	0.05
0.843	0.928	1.012	1.097	1.181	1.266	0.06
0.811	0.891	0.970	1.050	1.131	1.210	0.07
0.778	0.854	0.929	1.005	1.081	1.156	0.08
0.746	0.818	0.889	0.960	1.032	1.104	0.09
0.714	0.783	0.851	0.918	0.985	1.052	0.10
0.654	0.715	0.775	0.836	0.896	0.957	0.12
0.599	0.653	0.708	0.762	0.817	0.872	0.14
0.554	0.604	0.654	0.704	0.753	0.804	0.16
0.514	0.560	0.606	0.652	0.698	0.744	0.18
0.478	0.521	0.564	0.606	0.649	0.692	0.20
0.447	0.486	0.526	0.566	0.606	0.647	0.22
0.419	0.456	0.494	0.531	0.569	0.606	0.24
0.394	0.429	0.464	0.499	0.535	0.571	0.26
0.371	0.405	0.438	0.471	0.506	0.539	0.28
0.351	0.383	0.415	0.447	0.479	0.511	0.30
0.333	0.363	0.394	0.424	0.454	0.484	0.32
0.316	0.346	0.374	0.403	0.431	0.460	0.34
0.302	0.329	0.357	0.384	0.413	0.440	0.36
0.288	0.315	0.341	0.367	0.394	0.420	0.38
0.276	0.301	0.327	0.352	0.377	0.402	0.40
0.264	0.289	0.314	0.338	0.362	0.386	0.42
0.254	0.278	0.301	0.324	0.347	0.371	0.44
0.244	0.267	0.290	0.313	0.335	0.358	0.46
0.235	0.258	0.280	0.300	0.323	0.344	0.48
0.227	0.248	0.270	0.290	0.312	0.332	0.50
0.208	0.228	0.247	0.267	0.287	0.305	0.55
0.193	0.211	0.228	0.247	0.265	0.282	0.60
0.179	0.196	0.213	0.229	0.247	0.262	0.65
0.167	0.183	0.199	0.214	0.230	0.246	0.70
0.157	0.172	0.187	0.202	0.216	0.230	0.75
0.148	0.162	0.176	0.190	0.203	0.218	0.80
0.139	0.153	0.167	0.180	0.192	0.206	0.85
0.133	0.145	0.158	0.170	0.182	0.195	0.90
0.126	0.138	0.150	0.162	0.174	0.186	0.95
0.120	0.132	0.143	0.155	0.166	0.176	1.00
0.110	0.121	0.130	0.141	0.151	0.161	1.10
0.101	0.111	0.120	0.129	0.140	0.149	1.20
0.093	0.103	0.111	0.120	0.129	0.138	1.30
0.087	0.096	0.104	0.113	0.120	0.128	1.40
0.081	0.089	0.097	0.105	0.113	0.121	1.50
0.077	0.083	0.092	0.099	0.106	0.113	1.60
0.072	0.079	0.086	0.093	0.100	0.107	1.70
0.068	0.074	0.081	0.088	0.095	0.100	1.80
0.065	0.071	0.078	0.083	0.090	0.096	1.90
0.061	0.067	0.073	0.079	0.085	0.091	2.00
0.056	0.061	0.067	0.073	0.077	0.083	2.20
0.051	0.056	0.062	0.066	0.072	0.077	2.40
0.047	0.052	0.057	0.061	0.066	0.070	2.60
0.044	0.048	0.052	0.057	0.062	0.066	2.80
0.041	0.045	0.049	0.053	0.057	0.061	3.00
0.031	0.034	0.037	0.040	0.043	0.047	4.00
0.024	0.027	0.029	0.033	0.034	0.037	5.00
0.021	0.022	0.025	0.027	0.029	0.031	6.00
0.017	0.020	0.021	0.023	0.024	0.026	7.00
0.015	0.017	0.019	0.019	0.021	0.023	8.00
0.014	0.015	0.016	0.018	0.018	0.020	9.00
0.012	0.013	0.014	0.016	0.017	0.018	10.00

B 15
$d_1/d = 0{,}25$

1. Zeile: $M_u/1{,}75 \cdot A_b \cdot d$ (kN/m²)
2. Zeile: $1000 \cdot k_u \cdot d$
3. Zeile: $B_{II}/1000 \cdot 1{,}75 \cdot A_b \cdot d^2$ (kN/m²)

Tabelle 97

σ_{bi} \ µ	0,2 %	0,5 %	0,8 %	1,0 %	1,5 %	2,0 %	2,5 %	3,0 %	5,0 %
0.00	207 5.94 34	439 6.81 60	620 7.38 75	717 7.56 84	928 7.85 102	1113 7.97 120	1281 7.99 138	1437 7.97 156	2000 7.69 230
0.10	487 7.84 36	632 7.94 51	753 8.00 65	826 8.00 73	992 7.95 93	1140 7.81 113	1280 7.69 132	1417 7.60 152	1956 7.39 227
0.20	622 7.55 47	710 7.42 57	794 7.34 67	849 7.29 74	984 7.22 92	1118 7.20 111	1251 7.15 130	1384 7.14 149	1912 7.10 224
0.30	655 5.89 69	724 6.11 74	795 6.26 80	843 6.34 85	967 6.49 98	1093 6.58 113	1220 6.64 130	1349 6.70 147	1868 6.81 221
0.40	601 4.76 88	688 5.10 92	766 5.39 96	815 5.51 99	938 5.81 109	1061 6.01 120	1185 6.15 134	1311 6.27 150	1822 6.52 220
0.50	439 3.87 85	581 4.29 102	689 4.62 110	751 4.82 114	888 5.19 123	1017 5.47 132	1142 5.69 143	1268 5.85 156	1775 6.24 220
0.60	157 2.43 50	380 3.50 89	543 3.91 114	633 4.15 123	811 4.63 136	955 4.97 145	1088 5.22 155	1217 5.43 166	1726 5.95 223
0.70	0 0.00 0	71 1.40 49	307 2.99 92	443 3.46 114	688 4.05 146	870 4.50 159	1019 4.81 168	1156 5.06 177	1674 5.67 228
0.80	0 0.00 0	0 0.00 0	0 0.00 0	146 1.83 81	505 3.45 139	744 3.98 168	929 4.39 181	1083 4.69 190	1618 5.40 236
1.00	0 0.00 0	0 0.00 0	0 0.00 0	0 0.00 0	0 0.00 0	299 2.33 135	633 3.43 185	858 3.88 213	1492 4.88 257
1.20	0 0.00 0	0 0.00 0	0 0.00 0	0 0.00 0	0 0.00 0	0 0.00 0	0 0.00 0	444 2.56 182	1331 4.37 281
1.40	0 0.00 0	0 0.00 0	0 0.00 0	0 0.00 0	0 0.00 0	0 0.00 0	0 0.00 0	0 0.00 0	1095 3.75 296
1.60	0 0.00 0	0 0.00 0	0 0.00 0	0 0.00 0	0 0.00 0	0 0.00 0	0 0.00 0	0 0.00 0	726 2.84 269
1.80	0 0.00 0	0 0.00 0	0 0.00 0	0 0.00 0	0 0.00 0	0 0.00 0	0 0.00 0	0 0.00 0	0 0.00 0
2.00	0 0.00 0	0 0.00 0	0 0.00 0	0 0.00 0	0 0.00 0	0 0.00 0	0 0.00 0	0 0.00 0	0 0.00 0
2.50	0 0.00 0	0 0.00 0	0 0.00 0	0 0.00 0	0 0.00 0	0 0.00 0	0 0.00 0	0 0.00 0	0 0.00 0
3.00	0 0.00 0	0 0.00 0	0 0.00 0	0 0.00 0	0 0.00 0	0 0.00 0	0 0.00 0	0 0.00 0	0 0.00 0
3.50	0 0.00 0	0 0.00 0	0 0.00 0	0 0.00 0	0 0.00 0	0 0.00 0	0 0.00 0	0 0.00 0	0 0.00 0

B 15 $d_1/d = 0{,}25$ $\gamma = 1{,}75$ konst. **Tabelle 98**

ges.$A_s = \mu \cdot A_b$ Tafelwerte: zul.$\sigma_{bi} = N/A_b$ (kN/cm²)

e/d \ μ	0,2 %	0,5 %	0,8 %	1,0 %	1,5 %	2,0 %	2,5 %	3,0 %	5,0 %
0.00	0.657	0.743	0.829	0.886	1.029	1.171	1.314	1.457	2.029
0.01	0.629	0.700	0.771	0.818	0.936	1.053	1.171	1.289	1.758
0.02	0.611	0.680	0.750	0.796	0.911	1.026	1.142	1.257	1.717
0.03	0.593	0.660	0.728	0.774	0.886	0.999	1.112	1.225	1.676
0.04	0.576	0.641	0.707	0.751	0.860	0.969	1.079	1.189	1.626
0.05	0.560	0.624	0.687	0.729	0.835	0.940	1.046	1.151	1.575
0.06	0.544	0.605	0.667	0.707	0.809	0.910	1.012	1.113	1.519
0.07	0.528	0.586	0.644	0.683	0.780	0.876	0.973	1.069	1.452
0.08	0.512	0.568	0.623	0.660	0.751	0.842	0.933	1.025	1.388
0.09	0.496	0.549	0.601	0.635	0.723	0.809	0.895	0.981	1.325
0.10	0.479	0.529	0.579	0.612	0.694	0.776	0.857	0.939	1.262
0.12	0.448	0.492	0.537	0.566	0.639	0.712	0.785	0.859	1.148
0.14	0.415	0.456	0.495	0.522	0.587	0.652	0.718	0.782	1.042
0.16	0.385	0.420	0.456	0.479	0.539	0.597	0.657	0.715	0.951
0.18	0.354	0.387	0.419	0.441	0.495	0.549	0.602	0.657	0.873
0.20	0.325	0.355	0.386	0.406	0.456	0.506	0.556	0.606	0.806
0.22	0.298	0.327	0.356	0.374	0.422	0.469	0.515	0.561	0.748
0.24	0.272	0.302	0.329	0.347	0.392	0.435	0.480	0.523	0.697
0.26	0.249	0.279	0.305	0.322	0.364	0.406	0.448	0.489	0.653
0.28	0.228	0.258	0.284	0.301	0.341	0.381	0.419	0.459	0.613
0.30	0.209	0.240	0.265	0.282	0.320	0.358	0.395	0.431	0.579
0.32	0.192	0.224	0.249	0.265	0.301	0.337	0.373	0.408	0.546
0.34	0.178	0.209	0.234	0.249	0.285	0.319	0.353	0.387	0.518
0.36	0.163	0.197	0.221	0.236	0.270	0.303	0.336	0.367	0.493
0.38	0.150	0.185	0.209	0.223	0.256	0.288	0.318	0.349	0.470
0.40	0.139	0.175	0.198	0.212	0.244	0.274	0.305	0.333	0.449
0.42	0.128	0.166	0.189	0.202	0.233	0.262	0.291	0.318	0.429
0.44	0.119	0.157	0.180	0.192	0.223	0.251	0.279	0.306	0.412
0.46	0.110	0.149	0.172	0.184	0.213	0.240	0.267	0.293	0.396
0.48	0.102	0.141	0.164	0.176	0.204	0.231	0.256	0.282	0.380
0.50	0.096	0.134	0.158	0.170	0.197	0.222	0.247	0.271	0.366
0.55	0.081	0.119	0.142	0.154	0.179	0.203	0.225	0.248	0.335
0.60	0.070	0.107	0.129	0.141	0.164	0.186	0.208	0.228	0.309
0.65	0.061	0.096	0.118	0.130	0.152	0.173	0.193	0.211	0.286
0.70	0.054	0.088	0.108	0.120	0.141	0.161	0.179	0.197	0.267
0.75	0.048	0.080	0.100	0.111	0.132	0.151	0.168	0.185	0.250
0.80	0.043	0.074	0.093	0.103	0.124	0.141	0.158	0.174	0.236
0.85	0.039	0.069	0.087	0.097	0.116	0.133	0.148	0.164	0.223
0.90	0.036	0.064	0.081	0.091	0.110	0.125	0.141	0.155	0.211
0.95	0.033	0.060	0.077	0.086	0.104	0.119	0.133	0.147	0.200
1.00	0.031	0.056	0.072	0.081	0.099	0.113	0.127	0.140	0.190
1.10	0.027	0.050	0.065	0.073	0.089	0.103	0.115	0.128	0.173
1.20	0.024	0.045	0.059	0.066	0.082	0.095	0.106	0.117	0.160
1.30	0.021	0.041	0.054	0.061	0.076	0.087	0.098	0.108	0.148
1.40	0.020	0.038	0.050	0.056	0.070	0.081	0.091	0.101	0.137
1.50	0.018	0.035	0.046	0.052	0.065	0.076	0.085	0.094	0.129
1.60	0.016	0.032	0.043	0.049	0.061	0.071	0.080	0.088	0.120
1.70	0.015	0.030	0.040	0.045	0.057	0.067	0.076	0.083	0.114
1.80	0.014	0.028	0.038	0.043	0.054	0.063	0.071	0.078	0.107
1.90	0.013	0.026	0.036	0.040	0.051	0.059	0.067	0.075	0.102
2.00	0.012	0.025	0.034	0.038	0.048	0.057	0.064	0.071	0.097
2.20	0.011	0.022	0.030	0.035	0.044	0.051	0.058	0.064	0.088
2.40	0.010	0.020	0.028	0.031	0.040	0.047	0.053	0.059	0.081
2.60	0.009	0.019	0.025	0.029	0.037	0.043	0.049	0.054	0.075
2.80	0.008	0.017	0.023	0.027	0.034	0.040	0.046	0.050	0.070
3.00	0.008	0.016	0.022	0.025	0.032	0.038	0.043	0.047	0.065
4.00	0.006	0.012	0.016	0.018	0.023	0.028	0.032	0.036	0.049
5.00	0.004	0.009	0.013	0.015	0.019	0.022	0.025	0.028	0.039
6.00	0.004	0.007	0.011	0.012	0.015	0.019	0.021	0.023	0.033
7.00	0.003	0.007	0.009	0.010	0.013	0.016	0.018	0.020	0.028
8.00	0.003	0.006	0.008	0.009	0.012	0.014	0.016	0.018	0.024
9.00	0.002	0.005	0.007	0.008	0.010	0.012	0.014	0.016	0.021
10.00	0.002	0.004	0.006	0.007	0.009	0.011	0.013	0.014	0.019

e/d \ μ	0.2 %	0.5 %	0.8 %	1.0 %	1.2 %	1.4 %	1.6 %	1.8 %	2.0 %
0.00	0.881	0.952	1.024	1.071	1.119	1.167	1.214	1.262	1.310
0.01	0.851	0.915	0.977	1.018	1.058	1.099	1.139	1.179	1.219
0.02	0.826	0.890	0.953	0.995	1.037	1.078	1.119	1.160	1.201
0.03	0.802	0.864	0.926	0.967	1.008	1.049	1.090	1.131	1.172
0.04	0.780	0.840	0.901	0.940	0.981	1.020	1.060	1.101	1.141
0.05	0.759	0.817	0.876	0.915	0.954	0.993	1.032	1.071	1.110
0.06	0.739	0.796	0.853	0.891	0.928	0.967	1.005	1.042	1.081
0.07	0.718	0.774	0.830	0.867	0.904	0.941	0.979	1.015	1.052
0.08	0.696	0.752	0.807	0.843	0.879	0.916	0.953	0.990	1.026
0.09	0.676	0.730	0.783	0.819	0.855	0.891	0.927	0.962	0.997
0.10	0.658	0.709	0.760	0.796	0.830	0.865	0.899	0.935	0.969
0.12	0.625	0.674	0.723	0.755	0.787	0.820	0.852	0.884	0.916
0.14	0.592	0.640	0.687	0.718	0.749	0.781	0.811	0.843	0.874
0.16	0.559	0.606	0.652	0.683	0.712	0.743	0.773	0.803	0.832
0.18	0.527	0.574	0.619	0.648	0.678	0.707	0.735	0.764	0.793
0.20	0.496	0.543	0.587	0.616	0.645	0.672	0.700	0.728	0.756
0.22	0.467	0.514	0.557	0.586	0.613	0.641	0.668	0.695	0.722
0.24	0.439	0.486	0.529	0.557	0.584	0.610	0.637	0.664	0.690
0.26	0.412	0.460	0.503	0.530	0.557	0.583	0.609	0.634	0.660
0.28	0.387	0.437	0.479	0.506	0.532	0.557	0.582	0.607	0.632
0.30	0.363	0.415	0.457	0.483	0.508	0.533	0.558	0.582	0.606
0.32	0.331	0.394	0.437	0.462	0.487	0.512	0.535	0.559	0.582
0.34	0.301	0.374	0.418	0.443	0.467	0.491	0.514	0.537	0.560
0.36	0.274	0.354	0.400	0.425	0.449	0.472	0.495	0.516	0.538
0.38	0.248	0.331	0.382	0.408	0.432	0.454	0.476	0.498	0.519
0.40	0.224	0.309	0.366	0.392	0.416	0.438	0.460	0.480	0.501
0.42	0.200	0.289	0.349	0.376	0.400	0.423	0.444	0.464	0.484
0.44	0.180	0.271	0.330	0.362	0.385	0.408	0.429	0.449	0.468
0.46	0.162	0.254	0.313	0.346	0.372	0.393	0.415	0.435	0.453
0.48	0.147	0.239	0.297	0.329	0.358	0.380	0.401	0.421	0.440
0.50	0.134	0.225	0.282	0.314	0.343	0.367	0.388	0.407	0.427
0.55	0.108	0.191	0.250	0.281	0.309	0.335	0.358	0.377	0.395
0.60	0.089	0.165	0.223	0.253	0.280	0.305	0.328	0.350	0.368
0.65	0.075	0.145	0.200	0.229	0.254	0.278	0.301	0.322	0.342
0.70	0.065	0.128	0.180	0.208	0.233	0.255	0.277	0.298	0.317
0.75	0.057	0.115	0.162	0.191	0.214	0.236	0.256	0.276	0.295
0.80	0.051	0.104	0.148	0.175	0.198	0.219	0.238	0.257	0.275
0.85	0.046	0.095	0.136	0.161	0.184	0.204	0.223	0.240	0.257
0.90	0.041	0.087	0.126	0.149	0.172	0.191	0.209	0.225	0.242
0.95	0.038	0.080	0.116	0.139	0.160	0.179	0.196	0.212	0.228
1.00	0.035	0.075	0.108	0.129	0.150	0.169	0.185	0.201	0.216
1.10	0.030	0.066	0.096	0.114	0.133	0.150	0.166	0.180	0.194
1.20	0.027	0.058	0.085	0.102	0.118	0.135	0.150	0.164	0.176
1.30	0.024	0.052	0.077	0.092	0.108	0.122	0.137	0.150	0.161
1.40	0.022	0.048	0.070	0.084	0.098	0.111	0.125	0.138	0.149
1.50	0.020	0.044	0.064	0.078	0.090	0.103	0.115	0.127	0.138
1.60	0.018	0.040	0.060	0.072	0.084	0.095	0.107	0.118	0.128
1.70	0.017	0.037	0.056	0.067	0.078	0.088	0.099	0.109	0.120
1.80	0.015	0.035	0.052	0.063	0.073	0.083	0.093	0.103	0.112
1.90	0.014	0.032	0.048	0.058	0.068	0.078	0.087	0.097	0.106
2.00	0.014	0.031	0.046	0.055	0.064	0.074	0.082	0.091	0.100
2.20	0.012	0.027	0.041	0.049	0.058	0.066	0.074	0.082	0.090
2.40	0.011	0.025	0.037	0.044	0.053	0.060	0.067	0.075	0.082
2.60	0.010	0.022	0.034	0.041	0.048	0.054	0.061	0.068	0.074
2.80	0.009	0.021	0.031	0.037	0.044	0.050	0.057	0.063	0.069
3.00	0.008	0.019	0.028	0.034	0.041	0.046	0.053	0.058	0.064
4.00	0.006	0.014	0.021	0.025	0.029	0.034	0.039	0.043	0.046
5.00	0.005	0.011	0.017	0.020	0.023	0.027	0.030	0.033	0.036
6.00	0.004	0.008	0.013	0.016	0.019	0.022	0.024	0.028	0.030
7.00	0.003	0.007	0.011	0.014	0.016	0.019	0.021	0.023	0.025
8.00	0.003	0.006	0.009	0.012	0.014	0.016	0.019	0.020	0.023
9.00	0.002	0.006	0.009	0.010	0.012	0.014	0.016	0.018	0.020
10.00	0.002	0.005	0.008	0.010	0.011	0.012	0.014	0.016	0.018

Tabelle 99

Regelbemessung

$\gamma = 2{,}10$ bis $1{,}75$

Beton: **B 25**

$d_1/d = $ **0,10**

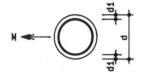

$e/d = M/N \cdot d$

ges. $A_S = \mu \cdot A_b$

Tafelwerte:

zul. $\sigma_{bi} = N/A_b$ (kN/cm²)

2,5 %	3,0 %	4,5 %	6,0 %	7,5 %	9,0 %	μ \ e/d
1.429	1.548	1.905	2.262	2.619	2.976	0.00
1.319	1.418	1.716	2.014	2.311	2.609	0.01
1.301	1.401	1.697	1.993	2.288	2.583	0.02
1.273	1.374	1.675	1.971	2.264	2.557	0.03
1.240	1.340	1.638	1.933	2.227	2.522	0.04
1.207	1.305	1.596	1.887	2.177	2.465	0.05
1.175	1.271	1.555	1.838	2.124	2.406	0.06
1.145	1.237	1.516	1.792	2.071	2.346	0.07
1.117	1.206	1.478	1.748	2.019	2.288	0.08
1.086	1.176	1.441	1.704	1.969	2.232	0.09
1.056	1.143	1.404	1.664	1.921	2.179	0.10
0.997	1.080	1.327	1.575	1.821	2.068	0.12
0.951	1.028	1.259	1.490	1.724	1.958	0.14
0.907	0.980	1.203	1.423	1.644	1.864	0.16
0.865	0.936	1.148	1.362	1.573	1.783	0.18
0.825	0.894	1.099	1.302	1.506	1.709	0.20
0.788	0.855	1.053	1.248	1.445	1.639	0.22
0.754	0.818	1.008	1.197	1.385	1.574	0.24
0.722	0.785	0.968	1.150	1.332	1.513	0.26
0.693	0.753	0.930	1.105	1.281	1.457	0.28
0.665	0.723	0.895	1.064	1.235	1.403	0.30
0.639	0.696	0.862	1.026	1.190	1.353	0.32
0.615	0.669	0.832	0.990	1.149	1.306	0.34
0.593	0.646	0.802	0.957	1.110	1.262	0.36
0.571	0.623	0.776	0.925	1.074	1.222	0.38
0.552	0.602	0.750	0.896	1.039	1.185	0.40
0.534	0.583	0.726	0.869	1.009	1.147	0.42
0.517	0.565	0.704	0.841	0.979	1.114	0.44
0.501	0.547	0.684	0.817	0.950	1.081	0.46
0.486	0.531	0.663	0.794	0.924	1.051	0.48
0.471	0.516	0.644	0.772	0.898	1.023	0.50
0.439	0.481	0.603	0.722	0.841	0.956	0.55
0.411	0.451	0.565	0.678	0.790	0.900	0.60
0.384	0.422	0.532	0.639	0.743	0.848	0.65
0.361	0.398	0.502	0.603	0.705	0.804	0.70
0.339	0.375	0.476	0.573	0.666	0.762	0.75
0.317	0.355	0.453	0.545	0.635	0.725	0.80
0.298	0.336	0.430	0.518	0.605	0.690	0.85
0.281	0.317	0.410	0.496	0.578	0.661	0.90
0.265	0.300	0.392	0.474	0.553	0.631	0.95
0.251	0.285	0.374	0.454	0.531	0.607	1.00
0.227	0.258	0.344	0.418	0.491	0.560	1.10
0.207	0.236	0.317	0.387	0.455	0.522	1.20
0.190	0.217	0.293	0.361	0.424	0.486	1.30
0.175	0.201	0.272	0.337	0.397	0.456	1.40
0.163	0.187	0.253	0.317	0.373	0.429	1.50
0.152	0.175	0.237	0.297	0.351	0.404	1.60
0.142	0.164	0.224	0.280	0.332	0.382	1.70
0.134	0.154	0.211	0.264	0.316	0.362	1.80
0.127	0.146	0.200	0.250	0.300	0.345	1.90
0.120	0.138	0.190	0.238	0.285	0.330	2.00
0.108	0.125	0.172	0.216	0.259	0.302	2.20
0.099	0.114	0.158	0.198	0.237	0.277	2.40
0.091	0.105	0.145	0.183	0.219	0.256	2.60
0.083	0.097	0.134	0.169	0.204	0.238	2.80
0.078	0.090	0.125	0.158	0.190	0.221	3.00
0.057	0.067	0.093	0.118	0.143	0.167	4.00
0.045	0.053	0.074	0.095	0.114	0.133	5.00
0.037	0.044	0.062	0.078	0.095	0.110	6.00
0.031	0.037	0.053	0.067	0.080	0.095	7.00
0.027	0.033	0.046	0.058	0.071	0.082	8.00
0.024	0.028	0.040	0.052	0.062	0.073	9.00
0.022	0.025	0.037	0.046	0.056	0.067	10.00

B 25
$d_1/d = 0{,}10$

1. Zeile: $M_u/1{,}75 \cdot A_b \cdot d$ (kN/m²)
2. Zeile: $1000 \cdot k_u \cdot d$
3. Zeile: $B_{II}/1000 \cdot 1{,}75 \cdot A_b \cdot d^2$ (kN/m²)

Tabelle 100

σ_{bi} \ μ	0,2 %	0,5 %	0,8 %	1,0 %	2,0 %	3,0 %	4,5 %	6,0 %	9,0 %
0.00	219 4.22 51	511 4.71 106	780 5.03 151	952 5.18 177	1765 5.78 288	2548 6.23 384	3657 6.55 523	4677 6.63 664	6658 6.67 948
0.10	568 5.43 61	822 5.58 103	1066 5.77 142	1225 5.88 166	2005 6.37 271	2727 6.55 369	3746 6.65 512	4737 6.67 655	6681 6.67 941
0.20	841 6.41 76	1072 6.40 105	1302 6.54 135	1447 6.55 156	2144 6.64 259	2816 6.67 357	3799 6.67 502	4767 6.66 647	6680 6.65 934
0.30	1023 6.93 86	1227 6.77 111	1429 6.74 137	1561 6.71 155	2215 6.69 251	2858 6.66 348	3814 6.65 494	4764 6.62 639	6655 6.61 929
0.40	1114 6.56 102	1298 6.54 123	1483 6.53 145	1606 6.52 161	2228 6.53 249	2851 6.52 344	3788 6.53 489	4726 6.52 634	6602 6.53 924
0.50	1123 5.59 128	1286 5.67 147	1455 5.79 166	1570 5.85 179	2166 6.07 256	2779 6.19 345	3714 6.31 486	4649 6.36 631	6524 6.43 921
0.60	1069 4.79 152	1229 4.91 173	1391 5.06 191	1501 5.14 204	2071 5.53 271	2667 5.76 353	3586 6.00 487	4521 6.13 629	6410 6.27 918
0.70	949 4.18 166	1121 4.27 194	1290 4.44 216	1401 4.54 230	1965 5.02 292	2550 5.35 365	3453 5.68 492	4378 5.88 631	6256 6.10 917
0.80	759 3.67 158	957 3.75 201	1142 3.90 232	1264 4.02 249	1843 4.55 317	2425 4.95 383	3319 5.35 502	4234 5.61 634	6099 5.91 916
1.00	172 1.80 75	433 2.54 141	691 2.98 197	845 3.15 233	1523 3.71 357	2135 4.21 430	3029 4.73 532	3939 5.11 651	5784 5.53 920
1.20	0 0.00 0	0 0.00 0	0 0.00 0	220 1.43 150	1072 2.99 335	1768 3.51 463	2710 4.15 577	3625 4.60 681	5463 5.16 930
1.40	0 0.00 0	0 0.00 0	0 0.00 0	0 0.00 0	446 1.69 267	1305 2.90 436	2339 3.59 612	3282 4.11 724	5133 4.80 950
1.60	0 0.00 0	0 0.00 0	0 0.00 0	0 0.00 0	0 0.00 0	671 1.81 375	1899 3.09 605	2906 3.65 759	4791 4.44 980
1.80	0 0.00 0	0 0.00 0	0 0.00 0	0 0.00 0	0 0.00 0	0 0.00 0	1340 2.41 559	2482 3.21 764	4425 4.07 1017
2.00	0 0.00 0	0 0.00 0	0 0.00 0	0 0.00 0	0 0.00 0	0 0.00 0	650 1.35 497	1992 2.73 730	4044 3.72 1048
2.50	0 0.00 0	0 0.00 0	0 0.00 0	0 0.00 0	0 0.00 0	0 0.00 0	0 0.00 0	0 0.00 0	2954 2.87 1035
3.00	0 0.00 0	0 0.00 0	0 0.00 0	0 0.00 0	0 0.00 0	0 0.00 0	0 0.00 0	0 0.00 0	1332 1.46 938
3.50	0 0.00 0	0 0.00 0	0 0.00 0	0 0.00 0	0 0.00 0	0 0.00 0	0 0.00 0	0 0.00 0	0 0.00 0

B 25 $d_1/d = 0.10$ $\gamma = 1.75$ konst. **Tabelle 101**

ges.$A_s = \mu \cdot A_b$ Tafelwerte: zul.$\sigma_{bi} = N/A_b$ (kN/cm²)

e/d \ μ	0.2 %	0.5 %	0.8 %	1.0 %	2.0 %	3.0 %	4.5 %	6.0 %	9.0 %
0.00	1.057	1.143	1.229	1.286	1.571	1.857	2.286	2.714	3.571
0.01	1.021	1.098	1.172	1.221	1.463	1.702	2.059	2.417	3.130
0.02	0.991	1.067	1.143	1.194	1.441	1.681	2.037	2.391	3.100
0.03	0.963	1.037	1.111	1.160	1.406	1.649	2.009	2.365	3.068
0.04	0.936	1.008	1.081	1.129	1.369	1.608	1.965	2.319	3.026
0.05	0.911	0.981	1.051	1.098	1.332	1.566	1.915	2.264	2.958
0.06	0.886	0.955	1.024	1.069	1.297	1.525	1.866	2.206	2.887
0.07	0.861	0.928	0.996	1.041	1.262	1.485	1.819	2.150	2.815
0.08	0.836	0.902	0.968	1.012	1.232	1.447	1.773	2.098	2.745
0.09	0.811	0.876	0.940	0.983	1.197	1.411	1.729	2.045	2.678
0.10	0.786	0.849	0.912	0.955	1.163	1.371	1.684	1.997	2.615
0.12	0.737	0.798	0.859	0.899	1.097	1.296	1.592	1.890	2.482
0.14	0.689	0.748	0.807	0.845	1.036	1.225	1.507	1.788	2.349
0.16	0.641	0.700	0.757	0.794	0.977	1.157	1.426	1.693	2.228
0.18	0.595	0.654	0.709	0.745	0.921	1.094	1.350	1.606	2.113
0.20	0.551	0.610	0.664	0.700	0.869	1.036	1.280	1.523	2.009
0.22	0.509	0.569	0.622	0.658	0.823	0.981	1.217	1.448	1.912
0.24	0.469	0.530	0.584	0.618	0.779	0.931	1.156	1.380	1.823
0.26	0.432	0.495	0.549	0.582	0.738	0.886	1.103	1.317	1.741
0.28	0.397	0.463	0.516	0.549	0.700	0.844	1.052	1.257	1.667
0.30	0.363	0.433	0.487	0.519	0.667	0.804	1.005	1.202	1.596
0.32	0.331	0.406	0.460	0.491	0.635	0.769	0.963	1.153	1.532
0.34	0.301	0.379	0.435	0.466	0.607	0.735	0.924	1.107	1.471
0.36	0.274	0.354	0.412	0.444	0.580	0.706	0.886	1.065	1.414
0.38	0.248	0.331	0.389	0.422	0.555	0.676	0.853	1.024	1.363
0.40	0.224	0.309	0.368	0.402	0.533	0.650	0.820	0.987	1.316
0.42	0.200	0.289	0.349	0.381	0.512	0.627	0.791	0.953	1.269
0.44	0.180	0.271	0.330	0.363	0.492	0.604	0.764	0.920	1.229
0.46	0.162	0.254	0.313	0.346	0.474	0.583	0.739	0.890	1.188
0.48	0.147	0.239	0.297	0.329	0.458	0.563	0.714	0.861	1.151
0.50	0.134	0.225	0.282	0.314	0.442	0.545	0.691	0.835	1.117
0.55	0.108	0.191	0.250	0.281	0.404	0.504	0.642	0.775	1.037
0.60	0.089	0.165	0.223	0.253	0.371	0.468	0.596	0.723	0.970
0.65	0.075	0.145	0.200	0.229	0.342	0.435	0.558	0.677	0.909
0.70	0.065	0.128	0.180	0.208	0.317	0.406	0.524	0.636	0.857
0.75	0.057	0.115	0.162	0.191	0.295	0.380	0.494	0.602	0.809
0.80	0.051	0.104	0.148	0.175	0.275	0.357	0.468	0.570	0.766
0.85	0.046	0.095	0.136	0.161	0.257	0.336	0.442	0.540	0.727
0.90	0.041	0.087	0.126	0.149	0.242	0.317	0.419	0.514	0.694
0.95	0.038	0.080	0.116	0.139	0.228	0.300	0.399	0.490	0.661
1.00	0.035	0.075	0.108	0.129	0.216	0.285	0.379	0.467	0.634
1.10	0.030	0.066	0.096	0.114	0.194	0.258	0.345	0.427	0.582
1.20	0.027	0.058	0.085	0.102	0.176	0.236	0.317	0.393	0.540
1.30	0.024	0.052	0.077	0.092	0.161	0.217	0.293	0.365	0.500
1.40	0.022	0.048	0.070	0.084	0.149	0.201	0.272	0.338	0.467
1.50	0.020	0.044	0.064	0.078	0.138	0.187	0.253	0.317	0.438
1.60	0.018	0.040	0.060	0.072	0.128	0.175	0.237	0.297	0.411
1.70	0.017	0.037	0.056	0.067	0.120	0.164	0.224	0.280	0.388
1.80	0.015	0.035	0.052	0.063	0.112	0.154	0.211	0.264	0.367
1.90	0.014	0.032	0.048	0.058	0.106	0.146	0.200	0.250	0.348
2.00	0.014	0.031	0.046	0.055	0.100	0.138	0.190	0.238	0.332
2.20	0.012	0.027	0.041	0.049	0.090	0.125	0.172	0.216	0.302
2.40	0.011	0.025	0.037	0.044	0.082	0.114	0.158	0.198	0.277
2.60	0.010	0.022	0.034	0.041	0.074	0.105	0.145	0.183	0.256
2.80	0.009	0.021	0.031	0.037	0.069	0.097	0.134	0.169	0.238
3.00	0.008	0.019	0.028	0.034	0.064	0.090	0.125	0.158	0.221
4.00	0.006	0.014	0.021	0.025	0.046	0.067	0.093	0.118	0.167
5.00	0.005	0.011	0.017	0.020	0.036	0.053	0.074	0.095	0.133
6.00	0.004	0.008	0.013	0.016	0.030	0.044	0.062	0.078	0.110
7.00	0.003	0.007	0.011	0.014	0.025	0.037	0.053	0.067	0.095
8.00	0.003	0.006	0.009	0.012	0.023	0.033	0.046	0.058	0.082
9.00	0.002	0.006	0.009	0.010	0.020	0.028	0.040	0.052	0.073
10.00	0.002	0.005	0.008	0.010	0.018	0.025	0.037	0.046	0.067

e/d \ μ	0.2 %	0.5 %	0.8 %	1.0 %	1.2 %	1.4 %	1.6 %	1.8 %	2.0 %
0.00	0.881	0.952	1.024	1.071	1.119	1.167	1.214	1.262	1.310
0.01	0.850	0.912	0.973	1.014	1.054	1.095	1.135	1.175	1.215
0.02	0.825	0.887	0.948	0.989	1.030	1.071	1.111	1.152	1.192
0.03	0.801	0.861	0.921	0.961	1.001	1.041	1.081	1.121	1.161
0.04	0.779	0.837	0.895	0.933	0.972	1.012	1.050	1.090	1.128
0.05	0.757	0.814	0.870	0.908	0.946	0.983	1.021	1.059	1.096
0.06	0.737	0.792	0.846	0.883	0.920	0.957	0.993	1.030	1.066
0.07	0.715	0.769	0.823	0.859	0.895	0.931	0.966	1.002	1.038
0.08	0.695	0.747	0.798	0.833	0.868	0.903	0.938	0.973	1.009
0.09	0.674	0.724	0.774	0.808	0.842	0.876	0.910	0.944	0.978
0.10	0.652	0.702	0.751	0.784	0.816	0.850	0.882	0.914	0.947
0.12	0.615	0.661	0.706	0.736	0.767	0.797	0.828	0.858	0.889
0.14	0.581	0.625	0.668	0.697	0.726	0.754	0.783	0.813	0.841
0.16	0.548	0.590	0.632	0.660	0.687	0.715	0.742	0.770	0.798
0.18	0.515	0.557	0.597	0.624	0.650	0.677	0.702	0.730	0.755
0.20	0.484	0.524	0.564	0.589	0.615	0.640	0.666	0.691	0.716
0.22	0.453	0.494	0.532	0.557	0.582	0.607	0.631	0.656	0.680
0.24	0.424	0.465	0.503	0.528	0.552	0.576	0.599	0.623	0.646
0.26	0.397	0.438	0.476	0.500	0.523	0.547	0.570	0.592	0.615
0.28	0.371	0.414	0.451	0.475	0.497	0.520	0.542	0.564	0.586
0.30	0.347	0.392	0.428	0.451	0.474	0.496	0.517	0.539	0.560
0.32	0.321	0.371	0.407	0.430	0.452	0.474	0.495	0.515	0.535
0.34	0.291	0.351	0.388	0.410	0.432	0.453	0.473	0.493	0.513
0.36	0.264	0.333	0.371	0.392	0.413	0.433	0.453	0.473	0.492
0.38	0.239	0.312	0.354	0.376	0.396	0.416	0.435	0.454	0.473
0.40	0.216	0.291	0.338	0.360	0.381	0.399	0.418	0.437	0.455
0.42	0.194	0.272	0.323	0.345	0.365	0.384	0.403	0.421	0.439
0.44	0.175	0.254	0.306	0.331	0.351	0.371	0.388	0.406	0.423
0.46	0.158	0.238	0.290	0.317	0.338	0.357	0.375	0.392	0.408
0.48	0.143	0.223	0.275	0.303	0.325	0.344	0.361	0.378	0.394
0.50	0.130	0.210	0.260	0.289	0.312	0.331	0.349	0.366	0.382
0.55	0.105	0.181	0.230	0.257	0.281	0.304	0.320	0.337	0.353
0.60	0.087	0.157	0.205	0.231	0.254	0.276	0.296	0.312	0.327
0.65	0.074	0.137	0.184	0.209	0.231	0.252	0.271	0.289	0.304
0.70	0.064	0.122	0.167	0.190	0.211	0.231	0.249	0.267	0.284
0.75	0.056	0.110	0.152	0.174	0.194	0.213	0.230	0.247	0.263
0.80	0.050	0.100	0.138	0.161	0.180	0.198	0.214	0.230	0.245
0.85	0.045	0.091	0.127	0.149	0.167	0.184	0.200	0.215	0.229
0.90	0.041	0.084	0.118	0.138	0.156	0.172	0.187	0.202	0.216
0.95	0.037	0.077	0.109	0.129	0.146	0.161	0.176	0.190	0.203
1.00	0.034	0.072	0.102	0.121	0.137	0.152	0.166	0.179	0.192
1.10	0.030	0.063	0.090	0.107	0.123	0.136	0.149	0.161	0.173
1.20	0.026	0.056	0.081	0.096	0.110	0.123	0.135	0.146	0.157
1.30	0.023	0.050	0.073	0.087	0.100	0.112	0.123	0.134	0.144
1.40	0.021	0.046	0.067	0.079	0.091	0.103	0.114	0.123	0.133
1.50	0.019	0.042	0.061	0.073	0.084	0.095	0.105	0.114	0.123
1.60	0.018	0.039	0.056	0.067	0.078	0.088	0.098	0.106	0.115
1.70	0.016	0.036	0.053	0.063	0.072	0.082	0.091	0.099	0.107
1.80	0.015	0.033	0.049	0.059	0.068	0.077	0.086	0.093	0.101
1.90	0.014	0.031	0.046	0.055	0.064	0.073	0.080	0.088	0.095
2.00	0.013	0.029	0.043	0.052	0.060	0.068	0.076	0.083	0.090
2.20	0.012	0.026	0.039	0.046	0.054	0.061	0.068	0.075	0.081
2.40	0.011	0.024	0.035	0.043	0.049	0.056	0.062	0.069	0.074
2.60	0.010	0.021	0.032	0.039	0.045	0.051	0.057	0.063	0.068
2.80	0.009	0.020	0.029	0.035	0.041	0.047	0.052	0.057	0.063
3.00	0.008	0.018	0.027	0.033	0.038	0.043	0.049	0.054	0.058
4.00	0.006	0.013	0.020	0.024	0.028	0.032	0.035	0.040	0.043
5.00	0.005	0.011	0.015	0.019	0.022	0.025	0.028	0.031	0.034
6.00	0.004	0.008	0.013	0.016	0.018	0.020	0.023	0.025	0.028
7.00	0.003	0.007	0.011	0.013	0.015	0.018	0.020	0.022	0.024
8.00	0.003	0.006	0.009	0.012	0.013	0.015	0.017	0.019	0.021
9.00	0.002	0.006	0.008	0.010	0.012	0.013	0.015	0.017	0.018
10.00	0.002	0.005	0.007	0.009	0.011	0.012	0.014	0.015	0.017

Tabelle 102

Regelbemessung

$\gamma = 2{,}10$ bis $1{,}75$

Beton : **B 25**

$d_1/d =$ **0,15**

$e/d = M/N \cdot d$

$\text{ges.} A_s = \mu \cdot A_b$

Tafelwerte :

$\text{zul.} \sigma_{bi} = N/A_b$ (kN/cm²)

2,5 %	3,0 %	4,5 %	6,0 %	7,5 %	9,0 %	μ \ e/d
1.429	1.548	1.905	2.262	2.619	2.976	0.00
1.314	1.414	1.711	2.008	2.305	2.601	0.01
1.292	1.391	1.686	1.981	2.274	2.568	0.02
1.260	1.360	1.657	1.951	2.243	2.534	0.03
1.225	1.323	1.614	1.905	2.195	2.484	0.04
1.191	1.286	1.570	1.854	2.138	2.420	0.05
1.159	1.251	1.527	1.803	2.078	2.355	0.06
1.127	1.217	1.484	1.754	2.022	2.292	0.07
1.096	1.183	1.446	1.707	1.968	2.230	0.08
1.063	1.147	1.402	1.658	1.915	2.171	0.09
1.029	1.111	1.358	1.607	1.854	2.102	0.10
0.966	1.045	1.276	1.508	1.739	1.972	0.12
0.913	0.985	1.201	1.415	1.635	1.852	0.14
0.866	0.935	1.139	1.345	1.549	1.756	0.16
0.821	0.887	1.081	1.277	1.474	1.667	0.18
0.779	0.841	1.028	1.215	1.402	1.588	0.20
0.740	0.800	0.980	1.158	1.335	1.513	0.22
0.705	0.762	0.933	1.104	1.274	1.446	0.24
0.671	0.726	0.891	1.056	1.219	1.382	0.26
0.640	0.694	0.853	1.009	1.166	1.324	0.28
0.612	0.663	0.817	0.968	1.119	1.269	0.30
0.586	0.636	0.783	0.928	1.074	1.220	0.32
0.562	0.610	0.753	0.892	1.034	1.173	0.34
0.539	0.586	0.724	0.860	0.995	1.130	0.36
0.519	0.564	0.698	0.829	0.960	1.090	0.38
0.500	0.544	0.673	0.800	0.926	1.052	0.40
0.482	0.524	0.650	0.773	0.895	1.017	0.42
0.465	0.506	0.628	0.747	0.867	0.984	0.44
0.449	0.489	0.607	0.723	0.838	0.953	0.46
0.434	0.473	0.588	0.701	0.812	0.925	0.48
0.421	0.459	0.571	0.679	0.788	0.897	0.50
0.390	0.425	0.529	0.633	0.734	0.835	0.55
0.363	0.397	0.495	0.590	0.685	0.780	0.60
0.339	0.372	0.464	0.555	0.645	0.733	0.65
0.317	0.349	0.437	0.523	0.606	0.691	0.70
0.298	0.328	0.413	0.492	0.574	0.654	0.75
0.280	0.309	0.390	0.468	0.545	0.619	0.80
0.264	0.292	0.371	0.445	0.517	0.590	0.85
0.249	0.277	0.353	0.424	0.492	0.563	0.90
0.235	0.263	0.337	0.404	0.471	0.536	0.95
0.223	0.251	0.322	0.387	0.450	0.514	1.00
0.201	0.227	0.294	0.356	0.415	0.473	1.10
0.183	0.207	0.271	0.328	0.383	0.437	1.20
0.168	0.190	0.252	0.304	0.358	0.407	1.30
0.155	0.176	0.235	0.284	0.334	0.381	1.40
0.144	0.164	0.219	0.268	0.314	0.359	1.50
0.135	0.153	0.206	0.251	0.295	0.337	1.60
0.126	0.144	0.193	0.236	0.278	0.318	1.70
0.118	0.135	0.182	0.225	0.265	0.302	1.80
0.112	0.128	0.173	0.213	0.250	0.286	1.90
0.106	0.121	0.163	0.203	0.239	0.273	2.00
0.096	0.109	0.148	0.184	0.217	0.251	2.20
0.088	0.100	0.136	0.170	0.200	0.229	2.40
0.080	0.092	0.125	0.156	0.185	0.212	2.60
0.074	0.085	0.116	0.145	0.171	0.197	2.80
0.069	0.080	0.108	0.135	0.161	0.185	3.00
0.051	0.059	0.081	0.101	0.122	0.139	4.00
0.040	0.047	0.065	0.080	0.096	0.113	5.00
0.034	0.039	0.053	0.067	0.081	0.092	6.00
0.029	0.033	0.045	0.057	0.068	0.080	7.00
0.025	0.029	0.040	0.051	0.060	0.070	8.00
0.022	0.026	0.035	0.044	0.053	0.062	9.00
0.020	0.023	0.031	0.039	0.049	0.057	10.00

B 25
$d_1/d = 0{,}15$

1. Zeile: $M_u/1{,}75 \cdot A_b \cdot d$ (kN/m²)
2. Zeile: $1000 \cdot k_u \cdot d$
3. Zeile: $B_{II}/1000 \cdot 1{,}75 \cdot A_b \cdot d^2$ (kN/m²)

Tabelle 103

σ_{bi} \ μ	0,2 %	0,5 %	0,8 %	1,0 %	2,0 %	3,0 %	4,5 %	6,0 %	9,0 %
0.00	218 4.65 47	497 5.13 94	748 5.49 131	907 5.67 153	1634 6.39 237	2291 6.81 309	3175 7.01 415	4020 7.10 522	5651 7.15 737
0.10	562 5.89 55	798 6.05 90	1019 6.30 122	1161 6.44 140	1817 6.89 221	2408 7.02 296	3252 7.13 404	4071 7.15 513	5669 7.17 730
0.20	829 6.90 68	1033 6.92 91	1223 6.96 116	1346 7.01 132	1930 7.10 210	2487 7.15 285	3298 7.16 395	4094 7.15 505	5665 7.13 725
0.30	1002 7.31 79	1174 7.20 98	1343 7.17 117	1453 7.17 131	1994 7.15 203	2524 7.13 277	3307 7.11 388	4085 7.08 499	5633 7.06 720
0.40	1089 6.77 96	1237 6.79 111	1387 6.82 127	1487 6.84 138	1993 6.89 202	2502 6.91 274	3268 6.93 384	4035 6.94 494	5568 6.94 716
0.50	1102 5.73 121	1233 5.88 133	1368 6.00 146	1460 6.08 156	1936 6.34 211	2428 6.49 276	3178 6.60 383	3936 6.69 492	5464 6.78 714
0.60	1054 4.94 145	1185 5.10 158	1318 5.28 170	1408 5.38 178	1868 5.80 225	2348 6.07 283	3086 6.29 384	3834 6.43 492	5352 6.60 712
0.70	937 4.29 158	1086 4.44 177	1230 4.63 192	1323 4.76 200	1786 5.30 243	2259 5.64 295	2987 5.98 389	3731 6.18 493	5237 6.40 711
0.80	750 3.77 150	929 3.91 184	1094 4.08 207	1198 4.22 219	1685 4.81 264	2160 5.23 311	2886 5.67 397	3624 5.92 496	5125 6.23 710
1.00	168 1.87 69	418 2.66 127	661 3.14 176	805 3.31 207	1407 3.94 303	1924 4.47 352	2660 5.03 424	3395 5.41 510	4887 5.87 712
1.20	0 0.00 0	0 0.00 0	0 0.00 0	194 1.48 128	996 3.18 289	1607 3.75 386	2400 4.43 463	3149 4.91 537	4641 5.49 721
1.40	0 0.00 0	0 0.00 0	0 0.00 0	0 0.00 0	397 1.79 224	1187 3.10 369	2086 3.86 499	2873 4.40 575	4385 5.11 738
1.60	0 0.00 0	0 0.00 0	0 0.00 0	0 0.00 0	0 0.00 0	601 1.97 311	1705 3.31 503	2563 3.92 610	4116 4.76 763
1.80	0 0.00 0	0 0.00 0	0 0.00 0	0 0.00 0	0 0.00 0	0 0.00 0	1202 2.62 462	2198 3.46 624	3823 4.38 797
2.00	0 0.00 0	0 0.00 0	0 0.00 0	0 0.00 0	0 0.00 0	0 0.00 0	550 1.43 398	1774 2.98 599	3507 4.02 829
2.50	0 0.00 0	0 0.00 0	0 0.00 0	0 0.00 0	0 0.00 0	0 0.00 0	0 0.00 0	0 0.00 0	2582 3.11 838
3.00	0 0.00 0	0 0.00 0	0 0.00 0	0 0.00 0	0 0.00 0	0 0.00 0	0 0.00 0	0 0.00 0	1131 1.57 739
3.50	0 0.00 0	0 0.00 0	0 0.00 0	0 0.00 0	0 0.00 0	0 0.00 0	0 0.00 0	0 0.00 0	0 0.00 0

B 25   d1/d = 0.15   γ = 1.75 konst.   **Tabelle 104**

ges.$A_s = \mu \cdot A_b$ Tafelwerte: zul.$\sigma_{bi} = N/A_b$ (kN/cm²)

e/d \ μ	0.2 %	0.5 %	0.8 %	1.0 %	2.0 %	3.0 %	4.5 %	6.0 %	9.0 %
0.00	1.057	1.143	1.229	1.286	1.571	1.857	2.286	2.714	3.571
0.01	1.020	1.095	1.168	1.217	1.458	1.696	2.053	2.410	3.121
0.02	0.990	1.064	1.138	1.187	1.431	1.669	2.024	2.377	3.082
0.03	0.961	1.033	1.105	1.153	1.393	1.632	1.988	2.341	3.041
0.04	0.935	1.004	1.074	1.120	1.353	1.587	1.937	2.286	2.981
0.05	0.909	0.977	1.044	1.090	1.316	1.543	1.884	2.225	2.904
0.06	0.884	0.950	1.016	1.060	1.280	1.501	1.832	2.163	2.826
0.07	0.858	0.923	0.987	1.031	1.246	1.460	1.781	2.105	2.751
0.08	0.834	0.896	0.958	1.000	1.210	1.420	1.735	2.048	2.676
0.09	0.808	0.869	0.929	0.970	1.173	1.377	1.683	1.990	2.605
0.10	0.783	0.842	0.901	0.941	1.137	1.334	1.630	1.928	2.522
0.12	0.734	0.790	0.845	0.882	1.067	1.253	1.532	1.809	2.367
0.14	0.684	0.738	0.791	0.825	1.001	1.176	1.438	1.698	2.222
0.16	0.636	0.688	0.739	0.772	0.939	1.105	1.351	1.599	2.093
0.18	0.589	0.640	0.689	0.722	0.880	1.038	1.270	1.504	1.970
0.20	0.544	0.594	0.643	0.674	0.826	0.975	1.198	1.419	1.862
0.22	0.500	0.552	0.599	0.629	0.777	0.920	1.132	1.341	1.761
0.24	0.460	0.512	0.559	0.589	0.731	0.868	1.069	1.270	1.670
0.26	0.422	0.476	0.523	0.552	0.689	0.821	1.014	1.206	1.587
0.28	0.386	0.442	0.490	0.518	0.652	0.779	0.964	1.146	1.511
0.30	0.353	0.413	0.459	0.487	0.617	0.739	0.918	1.093	1.441
0.32	0.321	0.385	0.432	0.460	0.586	0.704	0.875	1.042	1.378
0.34	0.291	0.360	0.407	0.435	0.557	0.671	0.836	0.997	1.318
0.36	0.264	0.335	0.385	0.412	0.531	0.641	0.800	0.956	1.265
0.38	0.239	0.312	0.364	0.391	0.508	0.614	0.768	0.918	1.215
0.40	0.216	0.291	0.343	0.371	0.486	0.589	0.737	0.882	1.169
0.42	0.194	0.272	0.324	0.353	0.466	0.565	0.709	0.849	1.125
0.44	0.175	0.254	0.306	0.335	0.447	0.543	0.682	0.818	1.085
0.46	0.158	0.238	0.290	0.318	0.429	0.523	0.657	0.789	1.048
0.48	0.143	0.223	0.275	0.303	0.413	0.504	0.635	0.763	1.014
0.50	0.130	0.210	0.260	0.289	0.398	0.487	0.614	0.736	0.981
0.55	0.105	0.181	0.230	0.257	0.363	0.448	0.565	0.682	0.907
0.60	0.087	0.157	0.205	0.231	0.333	0.415	0.526	0.632	0.843
0.65	0.074	0.137	0.184	0.209	0.307	0.386	0.490	0.591	0.788
0.70	0.064	0.122	0.167	0.190	0.284	0.359	0.459	0.554	0.740
0.75	0.056	0.110	0.152	0.174	0.263	0.336	0.432	0.520	0.697
0.80	0.050	0.100	0.138	0.161	0.245	0.315	0.407	0.492	0.658
0.85	0.045	0.091	0.127	0.149	0.229	0.296	0.384	0.466	0.625
0.90	0.041	0.084	0.118	0.138	0.216	0.279	0.365	0.443	0.595
0.95	0.037	0.077	0.109	0.129	0.203	0.264	0.347	0.422	0.565
1.00	0.034	0.072	0.102	0.121	0.192	0.251	0.330	0.403	0.541
1.10	0.030	0.063	0.090	0.107	0.173	0.227	0.299	0.369	0.495
1.20	0.026	0.056	0.081	0.096	0.157	0.207	0.275	0.338	0.456
1.30	0.023	0.050	0.073	0.087	0.144	0.190	0.254	0.312	0.423
1.40	0.021	0.046	0.067	0.079	0.133	0.176	0.236	0.291	0.395
1.50	0.019	0.042	0.061	0.073	0.123	0.164	0.219	0.273	0.371
1.60	0.018	0.039	0.056	0.067	0.115	0.153	0.206	0.255	0.348
1.70	0.016	0.036	0.053	0.063	0.107	0.144	0.193	0.239	0.328
1.80	0.015	0.033	0.049	0.059	0.101	0.135	0.182	0.227	0.311
1.90	0.014	0.031	0.046	0.055	0.095	0.128	0.173	0.215	0.294
2.00	0.013	0.029	0.043	0.052	0.090	0.121	0.163	0.204	0.280
2.20	0.012	0.026	0.039	0.046	0.081	0.109	0.148	0.185	0.257
2.40	0.011	0.024	0.035	0.043	0.074	0.100	0.136	0.170	0.234
2.60	0.010	0.021	0.032	0.039	0.068	0.092	0.125	0.156	0.216
2.80	0.009	0.020	0.029	0.035	0.063	0.085	0.116	0.145	0.200
3.00	0.008	0.018	0.027	0.033	0.058	0.080	0.108	0.135	0.187
4.00	0.006	0.013	0.020	0.024	0.043	0.059	0.081	0.101	0.140
5.00	0.005	0.011	0.015	0.019	0.034	0.047	0.065	0.080	0.113
6.00	0.004	0.008	0.013	0.016	0.028	0.039	0.053	0.067	0.092
7.00	0.003	0.007	0.011	0.013	0.024	0.033	0.045	0.057	0.080
8.00	0.003	0.006	0.009	0.012	0.021	0.029	0.040	0.051	0.070
9.00	0.002	0.006	0.008	0.010	0.018	0.026	0.035	0.044	0.062
10.00	0.002	0.005	0.007	0.009	0.017	0.023	0.031	0.039	0.057

e/d \ μ	0.2 %	0.5 %	0.8 %	1.0 %	1.2 %	1.4 %	1.6 %	1.8 %	2.0 %
0.00	0.881	0.952	1.024	1.071	1.119	1.167	1.214	1.262	1.310
0.01	0.848	0.909	0.970	1.010	1.050	1.090	1.130	1.169	1.209
0.02	0.824	0.883	0.943	0.983	1.024	1.063	1.103	1.142	1.182
0.03	0.800	0.858	0.916	0.955	0.994	1.033	1.071	1.110	1.149
0.04	0.777	0.833	0.890	0.928	0.966	1.002	1.040	1.078	1.116
0.05	0.756	0.811	0.865	0.901	0.938	0.974	1.011	1.047	1.084
0.06	0.735	0.789	0.841	0.877	0.912	0.948	0.982	1.018	1.053
0.07	0.713	0.765	0.816	0.850	0.884	0.919	0.953	0.987	1.022
0.08	0.692	0.741	0.791	0.823	0.857	0.889	0.922	0.956	0.989
0.09	0.671	0.719	0.766	0.797	0.829	0.861	0.892	0.924	0.955
0.10	0.650	0.696	0.741	0.771	0.802	0.832	0.863	0.893	0.924
0.12	0.608	0.650	0.692	0.721	0.749	0.777	0.805	0.833	0.861
0.14	0.571	0.610	0.649	0.675	0.701	0.727	0.753	0.779	0.805
0.16	0.537	0.574	0.610	0.635	0.659	0.684	0.708	0.733	0.757
0.18	0.503	0.538	0.573	0.596	0.619	0.643	0.666	0.689	0.712
0.20	0.470	0.505	0.538	0.560	0.582	0.604	0.626	0.648	0.670
0.22	0.439	0.472	0.504	0.526	0.547	0.568	0.589	0.610	0.631
0.24	0.409	0.442	0.473	0.494	0.514	0.535	0.555	0.575	0.595
0.26	0.381	0.414	0.445	0.465	0.485	0.504	0.523	0.543	0.562
0.28	0.355	0.389	0.420	0.439	0.457	0.477	0.495	0.513	0.532
0.30	0.331	0.366	0.396	0.415	0.434	0.451	0.469	0.487	0.504
0.32	0.308	0.345	0.375	0.393	0.411	0.429	0.446	0.462	0.480
0.34	0.282	0.326	0.355	0.373	0.391	0.408	0.425	0.441	0.457
0.36	0.255	0.308	0.338	0.355	0.372	0.389	0.405	0.421	0.436
0.38	0.231	0.291	0.322	0.339	0.356	0.372	0.387	0.403	0.417
0.40	0.209	0.273	0.307	0.324	0.340	0.355	0.370	0.386	0.400
0.42	0.190	0.255	0.292	0.310	0.326	0.341	0.356	0.370	0.385
0.44	0.171	0.238	0.279	0.297	0.313	0.327	0.342	0.355	0.369
0.46	0.154	0.223	0.266	0.284	0.300	0.315	0.328	0.343	0.356
0.48	0.140	0.210	0.252	0.272	0.288	0.303	0.317	0.330	0.343
0.50	0.128	0.197	0.239	0.262	0.277	0.292	0.306	0.318	0.331
0.55	0.103	0.171	0.211	0.234	0.252	0.266	0.280	0.293	0.305
0.60	0.086	0.149	0.189	0.210	0.229	0.245	0.258	0.270	0.281
0.65	0.073	0.132	0.170	0.190	0.208	0.225	0.238	0.250	0.261
0.70	0.063	0.117	0.154	0.174	0.191	0.207	0.221	0.233	0.243
0.75	0.056	0.106	0.141	0.159	0.176	0.191	0.205	0.217	0.228
0.80	0.049	0.096	0.130	0.147	0.163	0.177	0.190	0.203	0.214
0.85	0.045	0.087	0.120	0.136	0.151	0.165	0.178	0.190	0.201
0.90	0.041	0.081	0.111	0.127	0.142	0.155	0.167	0.178	0.189
0.95	0.037	0.075	0.103	0.119	0.133	0.146	0.157	0.168	0.179
1.00	0.034	0.070	0.097	0.112	0.125	0.137	0.148	0.159	0.169
1.10	0.030	0.061	0.086	0.100	0.112	0.123	0.133	0.143	0.152
1.20	0.026	0.054	0.077	0.090	0.101	0.111	0.121	0.130	0.138
1.30	0.023	0.049	0.069	0.082	0.092	0.102	0.111	0.119	0.127
1.40	0.021	0.044	0.063	0.075	0.085	0.093	0.102	0.110	0.117
1.50	0.019	0.041	0.058	0.069	0.078	0.086	0.094	0.102	0.109
1.60	0.018	0.038	0.054	0.064	0.073	0.081	0.088	0.095	0.101
1.70	0.016	0.035	0.050	0.059	0.068	0.076	0.082	0.089	0.095
1.80	0.015	0.033	0.047	0.056	0.064	0.071	0.077	0.083	0.089
1.90	0.014	0.031	0.044	0.052	0.060	0.067	0.073	0.079	0.084
2.00	0.013	0.029	0.042	0.049	0.057	0.063	0.069	0.075	0.080
2.20	0.012	0.026	0.037	0.044	0.051	0.057	0.062	0.067	0.072
2.40	0.010	0.023	0.034	0.040	0.046	0.052	0.057	0.061	0.066
2.60	0.010	0.021	0.031	0.037	0.042	0.048	0.052	0.056	0.060
2.80	0.009	0.020	0.029	0.034	0.039	0.044	0.048	0.052	0.056
3.00	0.008	0.018	0.026	0.031	0.036	0.041	0.045	0.048	0.052
4.00	0.006	0.013	0.019	0.023	0.027	0.030	0.033	0.036	0.039
5.00	0.005	0.010	0.015	0.018	0.021	0.023	0.026	0.028	0.031
6.00	0.004	0.009	0.012	0.015	0.017	0.019	0.021	0.024	0.025
7.00	0.003	0.007	0.011	0.012	0.015	0.016	0.019	0.020	0.022
8.00	0.003	0.006	0.009	0.011	0.013	0.014	0.016	0.018	0.019
9.00	0.002	0.006	0.008	0.010	0.011	0.013	0.014	0.015	0.017
10.00	0.002	0.005	0.007	0.008	0.010	0.011	0.013	0.014	0.015

Tabelle 105

Regelbemessung

$\gamma = 2{,}10$ bis $1{,}75$

Beton: **B 25**

$d_1/d =$ **0,20**

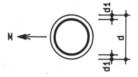

$e/d = M/N \cdot d$

ges.$A_s = \mu \cdot A_b$

Tafelwerte:
zul.$\sigma_{bi} = N/A_b$ (kN/cm²)

2,5 %	3,0 %	4,5 %	6,0 %	7,5 %	9,0 %	μ \ e/d
1.429	1.548	1.905	2.262	2.619	2.976	0.00
1.308	1.407	1.703	1.999	2.295	2.590	0.01
1.280	1.378	1.670	1.962	2.254	2.545	0.02
1.246	1.343	1.634	1.924	2.212	2.500	0.03
1.210	1.304	1.588	1.871	2.155	2.438	0.04
1.175	1.267	1.541	1.816	2.091	2.366	0.05
1.142	1.230	1.497	1.763	2.029	2.296	0.06
1.108	1.194	1.454	1.713	1.971	2.229	0.07
1.070	1.154	1.403	1.652	1.901	2.152	0.08
1.036	1.115	1.354	1.592	1.832	2.071	0.09
1.000	1.076	1.305	1.536	1.765	1.995	0.10
0.932	1.002	1.215	1.427	1.638	1.851	0.12
0.870	0.935	1.130	1.327	1.522	1.718	0.14
0.819	0.880	1.063	1.246	1.431	1.614	0.16
0.770	0.827	1.001	1.174	1.347	1.520	0.18
0.725	0.779	0.944	1.106	1.270	1.434	0.20
0.683	0.735	0.890	1.044	1.199	1.355	0.22
0.645	0.694	0.842	0.989	1.135	1.282	0.24
0.609	0.657	0.797	0.938	1.078	1.216	0.26
0.577	0.622	0.757	0.890	1.023	1.155	0.28
0.548	0.591	0.719	0.847	0.973	1.101	0.30
0.521	0.563	0.686	0.807	0.928	1.051	0.32
0.497	0.537	0.654	0.771	0.888	1.003	0.34
0.476	0.513	0.626	0.739	0.849	0.961	0.36
0.455	0.492	0.601	0.707	0.815	0.922	0.38
0.436	0.471	0.577	0.681	0.784	0.887	0.40
0.419	0.454	0.554	0.654	0.754	0.852	0.42
0.403	0.436	0.534	0.630	0.727	0.823	0.44
0.388	0.421	0.515	0.609	0.701	0.794	0.46
0.375	0.405	0.497	0.588	0.676	0.767	0.48
0.362	0.392	0.480	0.567	0.655	0.740	0.50
0.333	0.361	0.444	0.525	0.605	0.683	0.55
0.309	0.335	0.412	0.487	0.561	0.637	0.60
0.288	0.312	0.384	0.454	0.524	0.594	0.65
0.269	0.292	0.361	0.427	0.491	0.558	0.70
0.252	0.275	0.339	0.402	0.463	0.525	0.75
0.237	0.259	0.320	0.379	0.437	0.495	0.80
0.224	0.245	0.303	0.359	0.416	0.470	0.85
0.212	0.232	0.287	0.342	0.395	0.448	0.90
0.201	0.220	0.274	0.324	0.376	0.426	0.95
0.191	0.210	0.261	0.310	0.359	0.407	1.00
0.174	0.191	0.240	0.285	0.328	0.373	1.10
0.159	0.175	0.221	0.263	0.304	0.345	1.20
0.146	0.162	0.204	0.243	0.281	0.320	1.30
0.135	0.151	0.190	0.228	0.264	0.297	1.40
0.126	0.141	0.179	0.214	0.247	0.281	1.50
0.117	0.132	0.167	0.201	0.233	0.264	1.60
0.110	0.124	0.159	0.189	0.218	0.249	1.70
0.103	0.117	0.150	0.180	0.208	0.235	1.80
0.098	0.110	0.141	0.169	0.196	0.224	1.90
0.092	0.105	0.134	0.163	0.187	0.213	2.00
0.084	0.095	0.122	0.147	0.171	0.195	2.20
0.077	0.086	0.113	0.136	0.158	0.178	2.40
0.070	0.080	0.104	0.124	0.147	0.167	2.60
0.065	0.074	0.097	0.116	0.136	0.153	2.80
0.061	0.068	0.090	0.108	0.128	0.145	3.00
0.045	0.051	0.067	0.082	0.095	0.108	4.00
0.036	0.041	0.054	0.065	0.077	0.086	5.00
0.030	0.034	0.045	0.054	0.063	0.074	6.00
0.025	0.029	0.038	0.047	0.055	0.062	7.00
0.022	0.025	0.034	0.041	0.048	0.054	8.00
0.020	0.022	0.030	0.036	0.042	0.047	9.00
0.017	0.020	0.026	0.033	0.038	0.042	10.00

B 25   Tabelle 106

$d_1/d = 0.20$

1. Zeile: $M_u/1{,}75 \cdot A_b \cdot d$ (kN/m²)
2. Zeile: $1000 \cdot k_u \cdot d$
3. Zeile: $B_{II}/1000 \cdot 1{,}75 \cdot A_b \cdot d^2$ (kN/m²)

σ_{bi} \ μ	0,2 %	0,5 %	0,8 %	1,0 %	2,0 %	3,0 %	4,5 %	6,0 %	9,0 %
0.00	217 5.03 43	489 5.67 84	725 6.07 114	869 6.27 130	1494 7.05 191	2006 7.33 244	2699 7.51 321	3347 7.54 399	4580 7.53 556
0.10	558 6.39 50	777 6.65 78	978 6.94 103	1100 7.09 117	1626 7.38 178	2093 7.51 232	2744 7.56 312	3364 7.53 391	4560 7.44 552
0.20	818 7.52 61	990 7.43 80	1149 7.46 98	1249 7.49 110	1714 7.56 168	2143 7.55 223	2756 7.48 305	3350 7.42 386	4505 7.31 548
0.30	981 7.69 73	1120 7.58 87	1253 7.53 101	1338 7.52 111	1750 7.42 164	2144 7.35 218	2722 7.26 301	3295 7.21 382	4437 7.15 545
0.40	1063 6.77 93	1172 6.84 104	1282 6.85 115	1356 6.86 123	1728 6.92 167	2104 6.93 218	2669 6.95 298	3235 6.98 379	4368 6.98 542
0.50	1082 5.82 116	1179 5.97 124	1280 6.11 132	1347 6.17 140	1699 6.41 176	2061 6.55 221	2614 6.66 298	3172 6.73 377	4298 6.82 540
0.60	1038 5.05 138	1144 5.27 145	1247 5.45 152	1315 5.56 157	1660 5.94 189	2014 6.17 228	2557 6.39 299	3111 6.52 377	4228 6.66 537
0.70	925 4.39 150	1054 4.63 162	1172 4.85 171	1248 4.98 177	1607 5.50 203	1960 5.82 239	2498 6.10 303	3045 6.28 377	4156 6.51 536
0.80	739 3.83 144	903 4.05 169	1049 4.28 185	1136 4.43 192	1532 5.06 221	1897 5.47 251	2435 5.83 310	2981 6.08 380	4084 6.33 536
1.00	164 1.94 64	405 2.80 116	634 3.30 159	765 3.46 185	1297 4.18 254	1717 4.73 286	2288 5.30 333	2841 5.65 392	3940 6.01 537
1.20	0 0.00 0	0 0.00 0	0 0.00 0	168 1.51 109	922 3.38 249	1451 4.01 317	2090 4.71 365	2672 5.19 415	3789 5.71 545
1.40	0 0.00 0	0 0.00 0	0 0.00 0	0 0.00 0	350 1.92 186	1078 3.33 311	1839 4.13 399	2467 4.70 446	3625 5.39 558
1.60	0 0.00 0	0 0.00 0	0 0.00 0	0 0.00 0	0 0.00 0	524 2.12 255	1510 3.55 413	2221 4.22 479	3432 5.05 580
1.80	0 0.00 0	0 0.00 0	0 0.00 0	0 0.00 0	0 0.00 0	0 0.00 0	1071 2.88 378	1919 3.73 501	3217 4.69 608
2.00	0 0.00 0	0 0.00 0	0 0.00 0	0 0.00 0	0 0.00 0	0 0.00 0	427 1.44 311	1555 3.24 486	2977 4.32 638
2.50	0 0.00 0	0 0.00 0	0 0.00 0	0 0.00 0	0 0.00 0	0 0.00 0	0 0.00 0	0 0.00 0	2217 3.38 666
3.00	0 0.00 0	0 0.00 0	0 0.00 0	0 0.00 0	0 0.00 0	0 0.00 0	0 0.00 0	0 0.00 0	909 1.67 567
3.50	0 0.00 0	0 0.00 0	0 0.00 0	0 0.00 0	0 0.00 0	0 0.00 0	0 0.00 0	0 0.00 0	0 0.00 0

B 25 $d_1/d = 0.20$ $\gamma = 1.75$ konst. **Tabelle 107**

ges.$A_s = \mu \cdot A_b$ Tafelwerte: zul.$\sigma_{bi} = N/A_b$ (kN/cm²)

e/d \ μ	0.2 %	0.5 %	0.8 %	1.0 %	2.0 %	3.0 %	4.5 %	6.0 %	9.0 %
0.00	1.057	1.143	1.229	1.286	1.571	1.857	2.286	2.714	3.571
0.01	1.018	1.091	1.164	1.212	1.451	1.689	2.044	2.399	3.108
0.02	0.989	1.060	1.132	1.180	1.418	1.653	2.004	2.355	3.055
0.03	0.960	1.029	1.100	1.146	1.379	1.612	1.961	2.309	3.000
0.04	0.933	1.000	1.068	1.113	1.339	1.565	1.906	2.246	2.925
0.05	0.907	0.973	1.038	1.082	1.300	1.520	1.849	2.179	2.839
0.06	0.882	0.946	1.009	1.052	1.264	1.476	1.796	2.115	2.755
0.07	0.856	0.918	0.980	1.020	1.226	1.433	1.744	2.055	2.675
0.08	0.831	0.890	0.949	0.988	1.186	1.385	1.684	1.982	2.582
0.09	0.805	0.863	0.919	0.956	1.146	1.338	1.625	1.910	2.485
0.10	0.780	0.835	0.889	0.925	1.108	1.291	1.566	1.843	2.394
0.12	0.730	0.780	0.831	0.865	1.033	1.202	1.458	1.712	2.222
0.14	0.680	0.727	0.774	0.806	0.962	1.119	1.354	1.591	2.061
0.16	0.631	0.675	0.719	0.749	0.895	1.041	1.261	1.479	1.918
0.18	0.583	0.625	0.667	0.694	0.833	0.970	1.176	1.381	1.790
0.20	0.536	0.578	0.618	0.644	0.775	0.904	1.098	1.289	1.675
0.22	0.491	0.533	0.572	0.598	0.723	0.845	1.028	1.208	1.571
0.24	0.450	0.491	0.530	0.555	0.675	0.792	0.964	1.137	1.477
0.26	0.411	0.454	0.492	0.517	0.632	0.744	0.907	1.071	1.393
0.28	0.375	0.420	0.458	0.482	0.593	0.699	0.855	1.009	1.316
0.30	0.342	0.390	0.427	0.451	0.558	0.659	0.808	0.955	1.247
0.32	0.311	0.362	0.400	0.423	0.527	0.624	0.767	0.906	1.186
0.34	0.282	0.338	0.376	0.398	0.499	0.593	0.728	0.862	1.127
0.36	0.255	0.314	0.354	0.376	0.474	0.563	0.693	0.823	1.076
0.38	0.231	0.293	0.334	0.356	0.450	0.538	0.662	0.784	1.028
0.40	0.209	0.273	0.316	0.338	0.429	0.512	0.633	0.752	0.986
0.42	0.190	0.255	0.298	0.321	0.411	0.491	0.606	0.721	0.945
0.44	0.171	0.238	0.281	0.305	0.392	0.470	0.583	0.691	0.910
0.46	0.154	0.223	0.266	0.290	0.377	0.452	0.560	0.667	0.875
0.48	0.140	0.210	0.252	0.275	0.362	0.434	0.539	0.642	0.843
0.50	0.128	0.197	0.239	0.263	0.347	0.419	0.519	0.617	0.812
0.55	0.103	0.171	0.211	0.234	0.318	0.383	0.477	0.569	0.746
0.60	0.086	0.149	0.189	0.210	0.291	0.353	0.441	0.525	0.693
0.65	0.073	0.132	0.170	0.190	0.268	0.327	0.408	0.487	0.643
0.70	0.063	0.117	0.154	0.174	0.248	0.305	0.382	0.457	0.603
0.75	0.056	0.106	0.141	0.159	0.230	0.286	0.359	0.428	0.565
0.80	0.049	0.096	0.130	0.147	0.215	0.268	0.336	0.402	0.531
0.85	0.045	0.087	0.120	0.136	0.202	0.253	0.318	0.381	0.504
0.90	0.041	0.081	0.111	0.127	0.189	0.239	0.301	0.361	0.479
0.95	0.037	0.075	0.103	0.119	0.179	0.226	0.286	0.342	0.454
1.00	0.034	0.070	0.097	0.112	0.169	0.214	0.272	0.327	0.433
1.10	0.030	0.061	0.086	0.100	0.152	0.194	0.250	0.299	0.396
1.20	0.026	0.054	0.077	0.090	0.138	0.177	0.228	0.276	0.365
1.30	0.023	0.049	0.069	0.082	0.127	0.163	0.211	0.254	0.338
1.40	0.021	0.044	0.063	0.075	0.117	0.151	0.196	0.237	0.314
1.50	0.019	0.041	0.058	0.069	0.109	0.141	0.183	0.223	0.295
1.60	0.018	0.038	0.054	0.064	0.101	0.132	0.171	0.209	0.277
1.70	0.016	0.035	0.050	0.059	0.095	0.124	0.162	0.195	0.262
1.80	0.015	0.033	0.047	0.056	0.089	0.117	0.153	0.186	0.247
1.90	0.014	0.031	0.044	0.052	0.084	0.110	0.144	0.175	0.234
2.00	0.013	0.029	0.042	0.049	0.080	0.105	0.136	0.168	0.222
2.20	0.012	0.026	0.037	0.044	0.072	0.095	0.124	0.152	0.204
2.40	0.010	0.023	0.034	0.040	0.066	0.086	0.114	0.140	0.186
2.60	0.010	0.021	0.031	0.037	0.060	0.080	0.105	0.128	0.174
2.80	0.009	0.020	0.029	0.034	0.056	0.074	0.097	0.119	0.159
3.00	0.008	0.018	0.026	0.031	0.052	0.068	0.090	0.111	0.150
4.00	0.006	0.013	0.019	0.023	0.039	0.051	0.067	0.083	0.112
5.00	0.005	0.010	0.015	0.018	0.031	0.041	0.054	0.066	0.089
6.00	0.004	0.009	0.012	0.015	0.025	0.034	0.045	0.055	0.076
7.00	0.003	0.007	0.011	0.012	0.022	0.029	0.038	0.047	0.063
8.00	0.003	0.006	0.009	0.011	0.019	0.025	0.034	0.041	0.056
9.00	0.002	0.006	0.008	0.010	0.017	0.022	0.030	0.037	0.049
10.00	0.002	0.005	0.007	0.008	0.015	0.020	0.026	0.034	0.044

e/d \ μ	0.2 %	0.5 %	0.8 %	1.0 %	1.2 %	1.4 %	1.6 %	1.8 %	2.0 %
0.00	0.881	0.952	1.024	1.071	1.119	1.167	1.214	1.262	1.310
0.01	0.847	0.907	0.966	1.005	1.045	1.084	1.123	1.162	1.202
0.02	0.823	0.881	0.938	0.977	1.016	1.054	1.093	1.131	1.170
0.03	0.799	0.855	0.911	0.949	0.987	1.024	1.062	1.099	1.137
0.04	0.776	0.830	0.885	0.921	0.958	0.995	1.031	1.067	1.104
0.05	0.755	0.808	0.860	0.895	0.931	0.965	1.001	1.036	1.071
0.06	0.734	0.784	0.835	0.870	0.904	0.937	0.971	1.005	1.039
0.07	0.712	0.761	0.809	0.841	0.874	0.905	0.938	0.970	1.002
0.08	0.690	0.737	0.783	0.814	0.844	0.874	0.906	0.936	0.966
0.09	0.669	0.713	0.757	0.786	0.815	0.845	0.874	0.903	0.931
0.10	0.648	0.689	0.731	0.758	0.786	0.813	0.841	0.869	0.896
0.12	0.605	0.643	0.680	0.705	0.729	0.753	0.779	0.803	0.828
0.14	0.562	0.596	0.629	0.651	0.673	0.695	0.717	0.739	0.760
0.16	0.526	0.556	0.586	0.606	0.626	0.646	0.666	0.686	0.706
0.18	0.491	0.519	0.546	0.565	0.583	0.601	0.620	0.639	0.657
0.20	0.457	0.483	0.509	0.526	0.543	0.561	0.577	0.595	0.611
0.22	0.425	0.450	0.474	0.490	0.506	0.523	0.539	0.554	0.571
0.24	0.395	0.419	0.442	0.458	0.473	0.489	0.504	0.519	0.534
0.26	0.366	0.390	0.413	0.429	0.443	0.458	0.473	0.487	0.502
0.28	0.339	0.364	0.388	0.402	0.416	0.430	0.444	0.458	0.472
0.30	0.315	0.341	0.364	0.378	0.392	0.406	0.419	0.433	0.446
0.32	0.292	0.320	0.343	0.357	0.370	0.383	0.396	0.409	0.422
0.34	0.271	0.302	0.324	0.338	0.351	0.363	0.376	0.388	0.401
0.36	0.247	0.285	0.307	0.320	0.333	0.345	0.357	0.369	0.381
0.38	0.223	0.269	0.292	0.304	0.317	0.328	0.340	0.352	0.363
0.40	0.203	0.254	0.278	0.290	0.302	0.314	0.325	0.336	0.347
0.42	0.184	0.240	0.264	0.277	0.289	0.300	0.311	0.321	0.332
0.44	0.168	0.224	0.252	0.265	0.277	0.287	0.298	0.308	0.318
0.46	0.152	0.210	0.240	0.254	0.265	0.276	0.286	0.296	0.306
0.48	0.139	0.198	0.230	0.243	0.255	0.265	0.275	0.284	0.294
0.50	0.127	0.186	0.220	0.233	0.245	0.255	0.265	0.274	0.283
0.55	0.103	0.162	0.196	0.211	0.223	0.233	0.242	0.251	0.259
0.60	0.086	0.142	0.175	0.192	0.203	0.214	0.223	0.231	0.239
0.65	0.073	0.127	0.158	0.174	0.188	0.197	0.206	0.214	0.222
0.70	0.064	0.114	0.143	0.159	0.173	0.183	0.192	0.200	0.207
0.75	0.056	0.103	0.131	0.146	0.159	0.170	0.178	0.186	0.194
0.80	0.050	0.093	0.121	0.135	0.148	0.159	0.167	0.175	0.182
0.85	0.045	0.086	0.112	0.126	0.138	0.148	0.157	0.164	0.172
0.90	0.041	0.079	0.104	0.118	0.129	0.139	0.148	0.155	0.162
0.95	0.037	0.073	0.098	0.110	0.121	0.131	0.140	0.147	0.153
1.00	0.035	0.068	0.092	0.104	0.114	0.124	0.132	0.139	0.145
1.10	0.030	0.060	0.082	0.093	0.102	0.111	0.119	0.126	0.132
1.20	0.026	0.054	0.074	0.084	0.093	0.101	0.108	0.115	0.121
1.30	0.024	0.048	0.067	0.076	0.085	0.092	0.099	0.106	0.112
1.40	0.021	0.044	0.061	0.070	0.078	0.085	0.091	0.098	0.103
1.50	0.019	0.041	0.056	0.065	0.072	0.079	0.085	0.091	0.096
1.60	0.018	0.037	0.052	0.060	0.067	0.073	0.079	0.085	0.090
1.70	0.016	0.035	0.049	0.056	0.063	0.069	0.074	0.079	0.084
1.80	0.015	0.032	0.046	0.053	0.059	0.065	0.070	0.074	0.079
1.90	0.014	0.030	0.043	0.050	0.056	0.061	0.066	0.070	0.075
2.00	0.013	0.029	0.040	0.047	0.053	0.058	0.062	0.066	0.071
2.20	0.012	0.026	0.036	0.042	0.047	0.052	0.056	0.060	0.064
2.40	0.011	0.023	0.033	0.038	0.043	0.047	0.051	0.055	0.059
2.60	0.010	0.021	0.030	0.035	0.039	0.043	0.047	0.051	0.054
2.80	0.009	0.019	0.028	0.033	0.037	0.040	0.044	0.047	0.050
3.00	0.008	0.018	0.025	0.030	0.034	0.037	0.040	0.043	0.046
4.00	0.006	0.013	0.019	0.022	0.025	0.028	0.030	0.032	0.034
5.00	0.005	0.010	0.015	0.017	0.020	0.022	0.024	0.026	0.027
6.00	0.004	0.009	0.012	0.014	0.016	0.018	0.020	0.021	0.023
7.00	0.003	0.007	0.010	0.012	0.014	0.015	0.017	0.018	0.019
8.00	0.003	0.006	0.009	0.011	0.012	0.014	0.015	0.016	0.017
9.00	0.002	0.005	0.008	0.009	0.011	0.012	0.013	0.014	0.015
10.00	0.002	0.005	0.007	0.008	0.010	0.011	0.012	0.013	0.013

Tabelle 108

Regelbemessung

$\gamma = 2{,}10$ bis $1{,}75$

Beton: **B 25**

$d_1/d = $ **0,25**

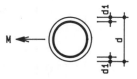

$e/d = M/N \cdot d$

$ges.A_s = \mu \cdot A_b$

Tafelwerte:
$zul.\sigma_{bi} = N/A_b$ (kN/cm²)

2,5 %	3,0 %	4,5 %	6,0 %	7,5 %	9,0 %	μ \ e/d
1.429	1.548	1.905	2.262	2.619	2.976	0.00
1.300	1.398	1.691	1.985	2.279	2.572	0.01
1.266	1.362	1.650	1.937	2.225	2.511	0.02
1.231	1.325	1.608	1.890	2.171	2.452	0.03
1.195	1.286	1.559	1.832	2.106	2.380	0.04
1.159	1.247	1.511	1.775	2.040	2.304	0.05
1.123	1.208	1.462	1.715	1.969	2.223	0.06
1.083	1.163	1.403	1.644	1.884	2.124	0.07
1.043	1.119	1.346	1.574	1.801	2.027	0.08
1.004	1.076	1.291	1.507	1.720	1.935	0.09
0.964	1.033	1.236	1.439	1.642	1.843	0.10
0.888	0.950	1.131	1.313	1.493	1.672	0.12
0.816	0.870	1.034	1.199	1.362	1.526	0.14
0.757	0.806	0.957	1.107	1.255	1.405	0.16
0.703	0.749	0.886	1.026	1.164	1.302	0.18
0.654	0.697	0.826	0.953	1.082	1.211	0.20
0.611	0.650	0.770	0.892	1.010	1.131	0.22
0.572	0.610	0.723	0.836	0.948	1.061	0.24
0.537	0.572	0.680	0.785	0.892	0.999	0.26
0.506	0.540	0.641	0.741	0.843	0.941	0.28
0.478	0.511	0.607	0.701	0.798	0.891	0.30
0.453	0.483	0.576	0.666	0.757	0.847	0.32
0.430	0.459	0.547	0.634	0.719	0.807	0.34
0.410	0.438	0.522	0.604	0.688	0.770	0.36
0.391	0.418	0.498	0.578	0.656	0.736	0.38
0.374	0.400	0.476	0.554	0.629	0.704	0.40
0.358	0.382	0.457	0.531	0.604	0.675	0.42
0.344	0.367	0.439	0.510	0.579	0.648	0.44
0.329	0.353	0.423	0.490	0.558	0.624	0.46
0.317	0.340	0.406	0.473	0.538	0.603	0.48
0.306	0.328	0.393	0.455	0.519	0.581	0.50
0.281	0.301	0.360	0.419	0.478	0.535	0.55
0.259	0.278	0.333	0.387	0.441	0.495	0.60
0.240	0.258	0.310	0.360	0.411	0.460	0.65
0.224	0.241	0.289	0.337	0.383	0.430	0.70
0.211	0.227	0.271	0.316	0.360	0.405	0.75
0.198	0.212	0.256	0.297	0.339	0.381	0.80
0.187	0.201	0.243	0.282	0.320	0.362	0.85
0.177	0.191	0.229	0.266	0.304	0.342	0.90
0.168	0.181	0.218	0.255	0.290	0.326	0.95
0.160	0.172	0.208	0.241	0.276	0.309	1.00
0.145	0.157	0.189	0.222	0.252	0.284	1.10
0.133	0.144	0.174	0.204	0.234	0.260	1.20
0.124	0.134	0.162	0.189	0.215	0.243	1.30
0.115	0.124	0.151	0.175	0.200	0.226	1.40
0.106	0.116	0.141	0.165	0.189	0.210	1.50
0.100	0.109	0.133	0.156	0.177	0.198	1.60
0.094	0.103	0.125	0.146	0.167	0.187	1.70
0.089	0.097	0.118	0.138	0.158	0.176	1.80
0.084	0.092	0.111	0.130	0.151	0.168	1.90
0.080	0.088	0.107	0.124	0.141	0.159	2.00
0.073	0.079	0.097	0.114	0.129	0.145	2.20
0.067	0.073	0.089	0.104	0.120	0.134	2.40
0.061	0.067	0.083	0.097	0.110	0.123	2.60
0.057	0.062	0.077	0.089	0.103	0.114	2.80
0.053	0.058	0.071	0.083	0.096	0.106	3.00
0.039	0.044	0.054	0.063	0.072	0.081	4.00
0.031	0.035	0.043	0.051	0.057	0.064	5.00
0.026	0.029	0.035	0.041	0.048	0.052	6.00
0.022	0.024	0.030	0.035	0.040	0.047	7.00
0.019	0.022	0.026	0.031	0.035	0.041	8.00
0.017	0.019	0.023	0.027	0.031	0.035	9.00
0.015	0.017	0.021	0.025	0.028	0.032	10.00

B 25
$d_1/d = 0{,}25$

1. Zeile: $M_u/1{,}75 \cdot A_b \cdot d$ (kN/m²)
2. Zeile: $1000 \cdot k_u \cdot d$
3. Zeile: $B_{II}/1000 \cdot 1{,}75 \cdot A_b \cdot d^2$ (kN/m²)

Tabelle 109

σ_{bi} \ μ	0,2 %	0,5 %	0,8 %	1,0 %	2,0 %	3,0 %	4,5 %	6,0 %	9,0 %
0.00	221 5.55 39	488 6.30 74	709 6.76 98	841 7.05 109	1343 7.72 152	1736 7.94 188	2241 8.00 241	2692 7.90 296	3512 7.65 407
0.10	558 7.05 45	765 7.42 68	934 7.61 87	1032 7.73 98	1446 7.97 141	1791 8.00 179	2245 7.85 236	2658 7.68 292	3466 7.48 405
0.20	805 8.07 55	953 7.98 70	1081 8.02 83	1160 8.03 92	1505 7.94 134	1800 7.74 174	2215 7.54 233	2621 7.44 289	3423 7.31 402
0.30	962 8.01 68	1067 7.88 78	1162 7.72 89	1222 7.66 97	1507 7.44 134	1781 7.35 172	2184 7.24 230	2584 7.21 286	3377 7.15 399
0.40	1041 6.79 91	1115 6.81 98	1192 6.85 105	1243 6.86 110	1501 6.92 140	1761 6.93 174	2153 6.95 228	2545 6.96 284	3332 6.98 396
0.50	1063 5.82 114	1130 5.97 119	1199 6.11 122	1246 6.17 126	1487 6.41 150	1737 6.55 178	2120 6.66 228	2507 6.73 283	3286 6.82 394
0.60	1022 5.07 135	1101 5.27 139	1175 5.47 142	1224 5.56 144	1464 5.94 162	1708 6.17 186	2084 6.39 231	2466 6.52 282	3240 6.66 392
0.70	914 4.47 144	1020 4.70 153	1112 4.90 157	1169 5.04 161	1426 5.52 176	1672 5.82 196	2046 6.10 236	2424 6.28 284	3192 6.49 391
0.80	732 3.92 138	880 4.19 157	1003 4.43 167	1075 4.56 172	1370 5.10 192	1627 5.47 209	2003 5.83 244	2380 6.06 288	3146 6.33 391
1.00	158 1.95 61	393 2.93 106	611 3.45 144	733 3.64 165	1185 4.37 216	1499 4.84 236	1900 5.32 265	2283 5.63 301	3046 6.01 394
1.20	0 0.00 0	0 0.00 0	0 0.00 0	144 1.51 93	850 3.59 214	1296 4.22 261	1767 4.83 291	2171 5.22 321	2941 5.71 402
1.40	0 0.00 0	0 0.00 0	0 0.00 0	0 0.00 0	297 1.97 154	973 3.56 262	1587 4.35 317	2036 4.82 347	2831 5.41 416
1.60	0 0.00 0	0 0.00 0	0 0.00 0	0 0.00 0	0 0.00 0	451 2.26 208	1322 3.82 334	1869 4.42 373	2709 5.11 434
1.80	0 0.00 0	0 0.00 0	0 0.00 0	0 0.00 0	0 0.00 0	0 0.00 0	948 3.16 309	1643 4.00 394	2574 4.82 458
2.00	0 0.00 0	0 0.00 0	0 0.00 0	0 0.00 0	0 0.00 0	0 0.00 0	321 1.44 236	1343 3.51 391	2423 4.53 481
2.50	0 0.00 0	0 0.00 0	0 0.00 0	0 0.00 0	0 0.00 0	0 0.00 0	0 0.00 0	0 0.00 0	1861 3.67 519
3.00	0 0.00 0	0 0.00 0	0 0.00 0	0 0.00 0	0 0.00 0	0 0.00 0	0 0.00 0	0 0.00 0	664 1.67 418
3.50	0 0.00 0	0 0.00 0	0 0.00 0	0 0.00 0	0 0.00 0	0 0.00 0	0 0.00 0	0 0.00 0	0 0.00 0

B 25 $d_1/d = 0{,}25$ $\gamma = 1{,}75$ konst. **Tabelle 110**

ges.$A_s = \mu \cdot A_b$ Tafelwerte: zul.$\sigma_{bi} = N/A_b$ (kN/cm²)

e/d \ μ	0,2 %	0,5 %	0,8 %	1,0 %	2,0 %	3,0 %	4,5 %	6,0 %	9,0 %
0.00	1.057	1.143	1.229	1.286	1.571	1.857	2.286	2.714	3.571
0.01	1.017	1.088	1.159	1.206	1.442	1.678	2.030	2.382	3.087
0.02	0.987	1.057	1.126	1.173	1.404	1.634	1.980	2.324	3.013
0.03	0.959	1.026	1.094	1.139	1.364	1.590	1.929	2.268	2.942
0.04	0.931	0.996	1.062	1.105	1.324	1.543	1.871	2.199	2.856
0.05	0.906	0.969	1.032	1.074	1.286	1.497	1.813	2.130	2.764
0.06	0.880	0.941	1.002	1.044	1.247	1.450	1.754	2.058	2.667
0.07	0.855	0.913	0.970	1.009	1.202	1.396	1.684	1.973	2.549
0.08	0.828	0.884	0.940	0.976	1.159	1.343	1.615	1.889	2.432
0.09	0.803	0.856	0.908	0.943	1.118	1.291	1.549	1.808	2.322
0.10	0.778	0.827	0.877	0.910	1.075	1.239	1.483	1.727	2.212
0.12	0.726	0.771	0.816	0.846	0.993	1.139	1.357	1.576	2.006
0.14	0.675	0.715	0.755	0.781	0.912	1.043	1.237	1.434	1.824
0.16	0.625	0.660	0.696	0.719	0.837	0.956	1.133	1.310	1.662
0.18	0.576	0.609	0.641	0.662	0.771	0.878	1.040	1.204	1.527
0.20	0.528	0.559	0.589	0.609	0.710	0.810	0.961	1.109	1.411
0.22	0.483	0.513	0.542	0.561	0.656	0.749	0.889	1.030	1.309
0.24	0.440	0.471	0.499	0.518	0.608	0.697	0.828	0.959	1.220
0.26	0.400	0.432	0.461	0.480	0.566	0.649	0.774	0.896	1.142
0.28	0.363	0.398	0.427	0.445	0.529	0.609	0.725	0.841	1.072
0.30	0.331	0.368	0.397	0.414	0.496	0.572	0.683	0.793	1.011
0.32	0.301	0.341	0.370	0.387	0.466	0.538	0.645	0.749	0.956
0.34	0.273	0.317	0.346	0.364	0.440	0.509	0.611	0.711	0.909
0.36	0.247	0.295	0.325	0.342	0.416	0.483	0.581	0.675	0.864
0.38	0.223	0.275	0.306	0.323	0.395	0.460	0.552	0.643	0.823
0.40	0.203	0.257	0.289	0.306	0.376	0.438	0.526	0.614	0.786
0.42	0.184	0.240	0.273	0.290	0.358	0.417	0.503	0.588	0.751
0.44	0.168	0.224	0.259	0.276	0.342	0.399	0.482	0.563	0.720
0.46	0.152	0.210	0.245	0.262	0.327	0.383	0.463	0.539	0.692
0.48	0.139	0.198	0.233	0.250	0.314	0.368	0.444	0.519	0.667
0.50	0.127	0.186	0.221	0.238	0.301	0.354	0.428	0.500	0.642
0.55	0.103	0.162	0.196	0.213	0.273	0.323	0.390	0.458	0.589
0.60	0.086	0.142	0.175	0.192	0.251	0.296	0.360	0.421	0.543
0.65	0.073	0.127	0.158	0.174	0.231	0.274	0.334	0.391	0.503
0.70	0.064	0.114	0.143	0.159	0.215	0.255	0.311	0.365	0.469
0.75	0.056	0.103	0.131	0.146	0.200	0.239	0.290	0.341	0.441
0.80	0.050	0.093	0.121	0.135	0.187	0.223	0.274	0.320	0.413
0.85	0.045	0.086	0.112	0.126	0.176	0.211	0.258	0.303	0.392
0.90	0.041	0.079	0.104	0.118	0.165	0.199	0.243	0.286	0.371
0.95	0.037	0.073	0.098	0.110	0.156	0.189	0.232	0.273	0.352
1.00	0.035	0.068	0.092	0.104	0.147	0.179	0.220	0.258	0.334
1.10	0.030	0.060	0.082	0.093	0.134	0.163	0.200	0.237	0.306
1.20	0.026	0.054	0.074	0.084	0.122	0.150	0.184	0.217	0.279
1.30	0.024	0.048	0.067	0.076	0.112	0.138	0.170	0.200	0.261
1.40	0.021	0.044	0.061	0.070	0.103	0.128	0.159	0.186	0.243
1.50	0.019	0.041	0.056	0.065	0.096	0.119	0.147	0.175	0.224
1.60	0.018	0.037	0.052	0.060	0.090	0.112	0.139	0.165	0.212
1.70	0.016	0.035	0.049	0.056	0.084	0.105	0.131	0.154	0.200
1.80	0.015	0.032	0.046	0.053	0.079	0.099	0.123	0.146	0.188
1.90	0.014	0.030	0.043	0.050	0.075	0.094	0.116	0.137	0.179
2.00	0.013	0.029	0.040	0.047	0.071	0.089	0.111	0.131	0.170
2.20	0.012	0.026	0.036	0.042	0.064	0.080	0.102	0.120	0.155
2.40	0.011	0.023	0.033	0.038	0.059	0.074	0.092	0.110	0.143
2.60	0.010	0.021	0.030	0.035	0.054	0.068	0.086	0.101	0.131
2.80	0.009	0.019	0.028	0.033	0.050	0.063	0.080	0.093	0.122
3.00	0.008	0.018	0.025	0.030	0.046	0.058	0.074	0.087	0.112
4.00	0.006	0.013	0.019	0.022	0.034	0.044	0.056	0.066	0.085
5.00	0.005	0.010	0.015	0.017	0.027	0.035	0.044	0.053	0.067
6.00	0.004	0.009	0.012	0.014	0.023	0.029	0.036	0.043	0.055
7.00	0.003	0.007	0.010	0.012	0.019	0.024	0.031	0.037	0.049
8.00	0.003	0.006	0.009	0.011	0.017	0.022	0.027	0.032	0.043
9.00	0.002	0.005	0.008	0.009	0.015	0.019	0.024	0.028	0.037
10.00	0.002	0.005	0.007	0.008	0.013	0.017	0.021	0.026	0.034

e/d \ μ	0.2 %	0.5 %	0.8 %	1.0 %	1.2 %	1.4 %	1.6 %	1.8 %	2.0 %
0.00	1.143	1.214	1.286	1.333	1.381	1.429	1.476	1.524	1.571
0.01	1.105	1.169	1.232	1.273	1.314	1.355	1.396	1.436	1.476
0.02	1.072	1.136	1.199	1.241	1.283	1.325	1.367	1.409	1.449
0.03	1.042	1.103	1.165	1.207	1.248	1.289	1.330	1.371	1.412
0.04	1.012	1.073	1.133	1.173	1.213	1.253	1.293	1.333	1.373
0.05	0.985	1.043	1.102	1.141	1.180	1.219	1.258	1.297	1.337
0.06	0.959	1.016	1.072	1.110	1.149	1.186	1.225	1.263	1.301
0.07	0.931	0.988	1.044	1.081	1.118	1.156	1.193	1.231	1.267
0.08	0.904	0.958	1.014	1.051	1.087	1.124	1.161	1.198	1.233
0.09	0.876	0.931	0.985	1.021	1.055	1.092	1.127	1.163	1.199
0.10	0.854	0.905	0.955	0.990	1.025	1.061	1.095	1.130	1.165
0.12	0.811	0.860	0.909	0.941	0.974	1.006	1.039	1.071	1.103
0.14	0.767	0.816	0.864	0.895	0.926	0.957	0.989	1.020	1.050
0.16	0.725	0.772	0.819	0.850	0.880	0.910	0.940	0.970	1.000
0.18	0.683	0.730	0.776	0.806	0.836	0.865	0.893	0.923	0.952
0.20	0.642	0.690	0.734	0.764	0.793	0.822	0.850	0.879	0.907
0.22	0.603	0.651	0.696	0.724	0.754	0.782	0.809	0.836	0.864
0.24	0.565	0.615	0.659	0.688	0.716	0.744	0.771	0.797	0.824
0.26	0.530	0.581	0.626	0.654	0.682	0.708	0.735	0.761	0.787
0.28	0.496	0.550	0.595	0.623	0.650	0.676	0.702	0.728	0.753
0.30	0.458	0.521	0.566	0.594	0.621	0.646	0.671	0.696	0.720
0.32	0.415	0.493	0.539	0.567	0.593	0.619	0.643	0.668	0.691
0.34	0.374	0.462	0.514	0.542	0.568	0.593	0.617	0.641	0.664
0.36	0.337	0.428	0.490	0.518	0.545	0.569	0.592	0.616	0.638
0.38	0.300	0.397	0.465	0.496	0.522	0.547	0.570	0.592	0.615
0.40	0.266	0.368	0.437	0.474	0.501	0.525	0.549	0.572	0.593
0.42	0.235	0.342	0.411	0.449	0.480	0.505	0.529	0.551	0.572
0.44	0.210	0.318	0.387	0.425	0.459	0.486	0.509	0.532	0.553
0.46	0.186	0.295	0.364	0.402	0.436	0.468	0.491	0.513	0.534
0.48	0.167	0.273	0.344	0.381	0.415	0.446	0.473	0.495	0.516
0.50	0.150	0.253	0.325	0.362	0.395	0.426	0.455	0.478	0.499
0.55	0.119	0.212	0.284	0.320	0.352	0.382	0.409	0.435	0.459
0.60	0.097	0.182	0.248	0.285	0.315	0.344	0.370	0.395	0.419
0.65	0.081	0.158	0.218	0.254	0.285	0.312	0.337	0.361	0.384
0.70	0.069	0.138	0.194	0.228	0.259	0.284	0.309	0.332	0.353
0.75	0.060	0.124	0.175	0.206	0.235	0.261	0.284	0.306	0.327
0.80	0.053	0.111	0.158	0.187	0.215	0.241	0.263	0.284	0.304
0.85	0.048	0.101	0.145	0.172	0.198	0.223	0.244	0.264	0.283
0.90	0.044	0.092	0.134	0.159	0.182	0.206	0.228	0.247	0.265
0.95	0.039	0.085	0.123	0.147	0.169	0.191	0.213	0.232	0.249
1.00	0.037	0.079	0.115	0.137	0.158	0.179	0.199	0.218	0.235
1.10	0.031	0.069	0.101	0.121	0.140	0.158	0.176	0.193	0.210
1.20	0.028	0.061	0.089	0.107	0.125	0.141	0.157	0.174	0.190
1.30	0.024	0.055	0.081	0.097	0.113	0.128	0.143	0.158	0.172
1.40	0.022	0.050	0.073	0.089	0.103	0.117	0.131	0.144	0.157
1.50	0.020	0.045	0.068	0.081	0.095	0.107	0.120	0.133	0.145
1.60	0.018	0.042	0.062	0.075	0.088	0.099	0.112	0.123	0.135
1.70	0.017	0.039	0.058	0.070	0.081	0.093	0.104	0.115	0.125
1.80	0.016	0.036	0.054	0.065	0.076	0.087	0.097	0.107	0.117
1.90	0.015	0.034	0.050	0.061	0.072	0.081	0.091	0.101	0.109
2.00	0.014	0.032	0.046	0.057	0.067	0.077	0.085	0.095	0.103
2.20	0.012	0.028	0.042	0.051	0.060	0.068	0.076	0.085	0.093
2.40	0.011	0.025	0.038	0.047	0.054	0.062	0.070	0.077	0.084
2.60	0.010	0.023	0.035	0.042	0.050	0.057	0.064	0.070	0.077
2.80	0.009	0.021	0.032	0.039	0.045	0.052	0.059	0.065	0.071
3.00	0.008	0.020	0.029	0.036	0.043	0.048	0.054	0.060	0.066
4.00	0.006	0.014	0.021	0.026	0.031	0.035	0.039	0.043	0.048
5.00	0.005	0.011	0.016	0.021	0.025	0.028	0.031	0.034	0.038
6.00	0.004	0.009	0.014	0.017	0.020	0.023	0.025	0.028	0.031
7.00	0.003	0.008	0.012	0.014	0.016	0.019	0.021	0.024	0.027
8.00	0.003	0.006	0.010	0.012	0.015	0.017	0.019	0.021	0.023
9.00	0.002	0.006	0.009	0.011	0.013	0.015	0.016	0.019	0.020
10.00	0.002	0.005	0.008	0.010	0.012	0.013	0.015	0.017	0.018

Tabelle 111

Regelbemessung

$\gamma = 2{,}10$ bis $1{,}75$

Beton: **B 35**

$d_1/d =$ **0,10**

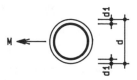

$e/d = M/N \cdot d$

$ges. A_s = \mu \cdot A_b$

Tafelwerte:

$zul.\sigma_{bi} = N/A_b$ (kN/cm²)

2,5 %	3,0 %	4,5 %	6,0 %	7,5 %	9,0 %	μ / e/d
1.690	1.810	2.167	2.524	2.881	3.238	0.00
1.577	1.676	1.975	2.272	2.570	2.868	0.01
1.552	1.653	1.951	2.247	2.543	2.839	0.02
1.514	1.615	1.919	2.218	2.514	2.807	0.03
1.473	1.573	1.872	2.168	2.465	2.760	0.04
1.433	1.531	1.823	2.115	2.406	2.695	0.05
1.396	1.491	1.775	2.060	2.344	2.629	0.06
1.359	1.452	1.729	2.007	2.285	2.563	0.07
1.325	1.416	1.686	1.956	2.228	2.499	0.08
1.288	1.376	1.644	1.908	2.172	2.436	0.09
1.251	1.338	1.599	1.860	2.121	2.377	0.10
1.184	1.264	1.511	1.759	2.006	2.255	0.12
1.128	1.206	1.436	1.666	1.899	2.131	0.14
1.074	1.149	1.371	1.592	1.814	2.035	0.16
1.025	1.095	1.310	1.522	1.734	1.947	0.18
0.976	1.045	1.252	1.456	1.660	1.863	0.20
0.932	0.999	1.197	1.395	1.589	1.786	0.22
0.889	0.955	1.146	1.336	1.525	1.713	0.24
0.851	0.914	1.099	1.283	1.466	1.645	0.26
0.815	0.876	1.055	1.232	1.408	1.582	0.28
0.781	0.840	1.015	1.185	1.356	1.525	0.30
0.750	0.808	0.976	1.142	1.306	1.470	0.32
0.721	0.777	0.940	1.102	1.260	1.420	0.34
0.694	0.748	0.908	1.063	1.219	1.373	0.36
0.669	0.722	0.876	1.028	1.177	1.325	0.38
0.646	0.696	0.848	0.995	1.141	1.286	0.40
0.623	0.674	0.820	0.964	1.104	1.246	0.42
0.603	0.652	0.794	0.934	1.072	1.209	0.44
0.584	0.632	0.771	0.905	1.039	1.172	0.46
0.566	0.612	0.747	0.880	1.009	1.140	0.48
0.548	0.594	0.727	0.855	0.982	1.107	0.50
0.508	0.553	0.678	0.798	0.919	1.038	0.55
0.472	0.515	0.635	0.749	0.863	0.973	0.60
0.437	0.482	0.597	0.705	0.811	0.918	0.65
0.404	0.451	0.563	0.666	0.769	0.869	0.70
0.375	0.421	0.532	0.631	0.728	0.822	0.75
0.350	0.393	0.504	0.599	0.693	0.784	0.80
0.328	0.369	0.478	0.571	0.660	0.745	0.85
0.308	0.347	0.455	0.544	0.630	0.712	0.90
0.290	0.328	0.433	0.520	0.602	0.682	0.95
0.274	0.311	0.411	0.497	0.577	0.653	1.00
0.246	0.280	0.373	0.457	0.530	0.604	1.10
0.224	0.255	0.341	0.421	0.491	0.559	1.20
0.205	0.234	0.314	0.389	0.458	0.521	1.30
0.188	0.216	0.291	0.361	0.428	0.488	1.40
0.175	0.200	0.271	0.336	0.400	0.458	1.50
0.162	0.187	0.253	0.316	0.376	0.432	1.60
0.151	0.175	0.238	0.297	0.353	0.407	1.70
0.142	0.164	0.224	0.280	0.333	0.385	1.80
0.133	0.155	0.212	0.265	0.317	0.365	1.90
0.125	0.147	0.201	0.252	0.301	0.348	2.00
0.113	0.132	0.182	0.229	0.273	0.315	2.20
0.102	0.120	0.167	0.209	0.250	0.289	2.40
0.094	0.109	0.153	0.193	0.231	0.268	2.60
0.086	0.101	0.142	0.179	0.214	0.248	2.80
0.080	0.094	0.132	0.167	0.199	0.232	3.00
0.059	0.069	0.098	0.123	0.149	0.174	4.00
0.046	0.055	0.078	0.098	0.118	0.138	5.00
0.038	0.044	0.065	0.082	0.099	0.115	6.00
0.032	0.038	0.055	0.070	0.085	0.098	7.00
0.028	0.033	0.048	0.061	0.073	0.086	8.00
0.025	0.029	0.043	0.054	0.066	0.076	9.00
0.023	0.026	0.038	0.049	0.058	0.069	10.00

B 35
$d_1/d = 0{,}10$

1. Zeile: $M_u/1{,}75 \cdot A_b \cdot d$ (kN/m²)
2. Zeile: $1000 \cdot k_u \cdot d$
3. Zeile: $B_{II}/1000 \cdot 1{,}75 \cdot A_b \cdot d^2$ (kN/m²)

Tabelle 112

σ_{bi} \ μ	0,2 %	0,5 %	0,8 %	1,0 %	2,0 %	3,0 %	4,5 %	6,0 %	9,0 %
0.00	224 4.15 54	523 4.56 113	803 4.85 162	980 4.96 191	1816 5.54 313	2612 5.93 416	3782 6.38 556	4865 6.54 696	6892 6.65 978
0.10	590 5.18 66	856 5.29 111	1110 5.45 156	1274 5.55 183	2071 6.01 298	2850 6.35 398	3935 6.57 542	4957 6.64 684	6942 6.68 969
0.20	895 6.00 85	1138 5.97 118	1374 6.06 153	1531 6.13 176	2301 6.48 283	3007 6.59 384	4027 6.65 530	5022 6.67 674	6971 6.67 961
0.30	1141 6.76 96	1368 6.64 124	1588 6.61 153	1731 6.63 173	2427 6.64 274	3100 6.68 373	4087 6.69 520	5059 6.68 665	6978 6.67 954
0.40	1308 6.98 108	1513 6.80 134	1715 6.76 159	1848 6.72 176	2506 6.70 269	3153 6.67 365	4113 6.65 512	5066 6.64 657	6963 6.62 948
0.50	1409 6.73 124	1597 6.66 146	1785 6.61 168	1910 6.62 184	2537 6.58 269	3164 6.57 362	4103 6.56 506	5043 6.55 652	6922 6.56 943
0.60	1446 6.00 149	1615 6.04 168	1789 6.09 188	1906 6.13 201	2509 6.26 277	3125 6.34 364	4053 6.38 504	4987 6.43 648	6856 6.45 938
0.70	1429 5.30 176	1588 5.36 195	1750 5.46 213	1861 5.53 225	2434 5.78 293	3031 5.95 373	3949 6.10 506	4880 6.21 647	6759 6.33 935
0.80	1362 4.74 198	1521 4.80 220	1682 4.89 240	1791 4.98 251	2348 5.31 314	2929 5.57 387	3832 5.82 513	4752 5.97 649	6622 6.17 934
1.00	1067 3.88 205	1256 3.89 247	1438 4.00 278	1556 4.07 295	2128 4.50 364	2702 4.86 428	3580 5.22 536	4485 5.49 661	6328 5.81 935
1.20	538 2.90 140	793 3.16 200	1020 3.27 258	1166 3.36 289	1820 3.79 403	2422 4.18 478	3308 4.67 575	4202 5.01 686	6028 5.45 943
1.40	0 0.00 0	153 1.32 102	417 2.07 175	592 2.38 216	1397 3.20 392	2070 3.62 510	2997 4.14 624	3901 4.56 723	5721 5.10 960
1.60	0 0.00 0	0 0.00 0	0 0.00 0	0 0.00 0	818 2.35 327	1626 3.09 493	2637 3.66 660	3573 4.13 768	5402 4.74 985
1.80	0 0.00 0	0 0.00 0	0 0.00 0	0 0.00 0	0 0.00 0	1046 2.36 434	2217 3.22 661	3210 3.71 807	5074 4.43 1020
2.00	0 0.00 0	0 0.00 0	0 0.00 0	0 0.00 0	0 0.00 0	289 0.89 342	1699 2.72 616	2792 3.31 818	4721 4.09 1062
2.50	0 0.00 0	0 0.00 0	0 0.00 0	0 0.00 0	0 0.00 0	0 0.00 0	0 0.00 0	1400 2.00 711	3726 3.29 1118
3.00	0 0.00 0	0 0.00 0	0 0.00 0	0 0.00 0	0 0.00 0	0 0.00 0	0 0.00 0	0 0.00 0	2408 2.36 1036
3.50	0 0.00 0	0 0.00 0	0 0.00 0	0 0.00 0	0 0.00 0	0 0.00 0	0 0.00 0	0 0.00 0	0 0.00 0

B 35 $d_1/d = 0{,}10$ $\gamma = 1{,}75$ konst.   **Tabelle 113**

ges.$A_s = \mu \cdot A_b$ Tafelwerte: zul.$\sigma_{bi} = N/A_b$ (kN/cm²)

e/d \ μ	0,2 %	0,5 %	0,8 %	1,0 %	2,0 %	3,0 %	4,5 %	6,0 %	9,0 %
0.00	1.371	1.457	1.543	1.600	1.886	2.171	2.600	3.029	3.886
0.01	1.326	1.403	1.479	1.528	1.772	2.012	2.370	2.727	3.441
0.02	1.287	1.363	1.439	1.490	1.739	1.983	2.341	2.697	3.406
0.03	1.250	1.324	1.398	1.448	1.694	1.939	2.302	2.662	3.369
0.04	1.215	1.288	1.359	1.407	1.648	1.887	2.246	2.602	3.312
0.05	1.182	1.252	1.323	1.369	1.604	1.837	2.188	2.538	3.234
0.06	1.150	1.220	1.287	1.332	1.561	1.789	2.130	2.472	3.155
0.07	1.118	1.185	1.253	1.298	1.520	1.743	2.075	2.408	3.076
0.08	1.084	1.150	1.217	1.261	1.480	1.699	2.023	2.347	2.998
0.09	1.052	1.117	1.182	1.225	1.439	1.652	1.973	2.289	2.924
0.10	1.020	1.083	1.146	1.188	1.398	1.605	1.919	2.233	2.853
0.12	0.956	1.018	1.078	1.118	1.318	1.517	1.813	2.110	2.706
0.14	0.892	0.953	1.012	1.050	1.241	1.432	1.714	1.994	2.557
0.16	0.831	0.890	0.947	0.985	1.169	1.351	1.621	1.888	2.424
0.18	0.770	0.829	0.886	0.923	1.100	1.275	1.534	1.789	2.300
0.20	0.711	0.772	0.827	0.864	1.038	1.205	1.452	1.697	2.184
0.22	0.655	0.717	0.774	0.809	0.979	1.141	1.377	1.613	2.076
0.24	0.602	0.667	0.723	0.759	0.924	1.081	1.308	1.532	1.977
0.26	0.552	0.619	0.677	0.712	0.874	1.026	1.244	1.461	1.886
0.28	0.504	0.577	0.635	0.670	0.828	0.975	1.186	1.394	1.803
0.30	0.458	0.537	0.596	0.631	0.785	0.928	1.133	1.332	1.727
0.32	0.415	0.499	0.561	0.596	0.748	0.886	1.083	1.277	1.656
0.34	0.374	0.462	0.527	0.564	0.712	0.847	1.036	1.224	1.592
0.36	0.337	0.428	0.495	0.533	0.679	0.810	0.996	1.174	1.531
0.38	0.300	0.397	0.465	0.503	0.650	0.776	0.956	1.130	1.471
0.40	0.266	0.368	0.437	0.475	0.622	0.745	0.920	1.089	1.421
0.42	0.235	0.342	0.411	0.449	0.597	0.717	0.885	1.050	1.372
0.44	0.210	0.318	0.387	0.425	0.574	0.690	0.854	1.014	1.326
0.46	0.186	0.295	0.364	0.402	0.550	0.666	0.825	0.978	1.280
0.48	0.167	0.273	0.344	0.381	0.528	0.641	0.796	0.948	1.241
0.50	0.150	0.253	0.325	0.362	0.507	0.620	0.772	0.917	1.202
0.55	0.119	0.212	0.284	0.320	0.459	0.571	0.714	0.849	1.118
0.60	0.097	0.182	0.248	0.285	0.419	0.526	0.664	0.791	1.041
0.65	0.081	0.158	0.218	0.254	0.384	0.486	0.619	0.741	0.977
0.70	0.069	0.138	0.194	0.228	0.353	0.451	0.579	0.695	0.920
0.75	0.060	0.124	0.175	0.206	0.327	0.421	0.544	0.656	0.867
0.80	0.053	0.111	0.158	0.187	0.304	0.393	0.512	0.620	0.823
0.85	0.048	0.101	0.145	0.172	0.283	0.369	0.482	0.587	0.779
0.90	0.044	0.092	0.134	0.159	0.265	0.347	0.456	0.557	0.741
0.95	0.039	0.085	0.123	0.147	0.249	0.328	0.433	0.529	0.709
1.00	0.037	0.079	0.115	0.137	0.235	0.311	0.411	0.504	0.676
1.10	0.031	0.069	0.101	0.121	0.210	0.280	0.373	0.459	0.621
1.20	0.028	0.061	0.089	0.107	0.190	0.255	0.341	0.421	0.572
1.30	0.024	0.055	0.081	0.097	0.172	0.234	0.314	0.389	0.530
1.40	0.022	0.050	0.073	0.089	0.157	0.216	0.291	0.361	0.494
1.50	0.020	0.045	0.068	0.081	0.145	0.200	0.271	0.336	0.462
1.60	0.018	0.042	0.062	0.075	0.135	0.187	0.253	0.316	0.434
1.70	0.017	0.039	0.058	0.070	0.125	0.175	0.238	0.297	0.407
1.80	0.016	0.036	0.054	0.065	0.117	0.164	0.224	0.280	0.385
1.90	0.015	0.034	0.050	0.061	0.109	0.155	0.212	0.265	0.365
2.00	0.014	0.032	0.046	0.057	0.103	0.147	0.201	0.252	0.348
2.20	0.012	0.028	0.042	0.051	0.093	0.132	0.182	0.229	0.315
2.40	0.011	0.025	0.038	0.047	0.084	0.120	0.167	0.209	0.289
2.60	0.010	0.023	0.035	0.042	0.077	0.109	0.153	0.193	0.268
2.80	0.009	0.021	0.032	0.039	0.071	0.101	0.142	0.179	0.248
3.00	0.008	0.020	0.029	0.036	0.066	0.094	0.132	0.167	0.232
4.00	0.006	0.014	0.021	0.026	0.048	0.069	0.098	0.123	0.174
5.00	0.005	0.011	0.016	0.021	0.038	0.055	0.078	0.098	0.138
6.00	0.004	0.009	0.014	0.017	0.031	0.044	0.065	0.082	0.115
7.00	0.003	0.008	0.012	0.014	0.027	0.038	0.055	0.070	0.098
8.00	0.003	0.006	0.010	0.012	0.023	0.033	0.048	0.061	0.086
9.00	0.002	0.006	0.009	0.011	0.020	0.029	0.043	0.054	0.076
10.00	0.002	0.005	0.008	0.010	0.018	0.026	0.038	0.049	0.069

e/d \ μ	0.2 %	0.5 %	0.8 %	1.0 %	1.2 %	1.4 %	1.6 %	1.8 %	2.0 %
0.00	1.143	1.214	1.286	1.333	1.381	1.429	1.476	1.524	1.571
0.01	1.104	1.166	1.228	1.269	1.310	1.350	1.391	1.431	1.471
0.02	1.071	1.133	1.195	1.236	1.277	1.318	1.359	1.399	1.440
0.03	1.040	1.100	1.161	1.201	1.240	1.280	1.320	1.360	1.400
0.04	1.011	1.069	1.128	1.166	1.205	1.244	1.283	1.321	1.361
0.05	0.984	1.040	1.097	1.134	1.172	1.209	1.248	1.285	1.323
0.06	0.957	1.010	1.066	1.104	1.141	1.177	1.213	1.250	1.287
0.07	0.929	0.983	1.036	1.072	1.108	1.144	1.180	1.217	1.252
0.08	0.901	0.954	1.006	1.040	1.075	1.110	1.145	1.180	1.215
0.09	0.874	0.925	0.975	1.010	1.044	1.076	1.111	1.145	1.178
0.10	0.847	0.896	0.946	0.978	1.011	1.044	1.077	1.109	1.141
0.12	0.799	0.844	0.890	0.920	0.950	0.980	1.011	1.041	1.072
0.14	0.755	0.798	0.842	0.871	0.900	0.929	0.958	0.987	1.015
0.16	0.711	0.754	0.795	0.823	0.851	0.879	0.906	0.934	0.962
0.18	0.668	0.710	0.750	0.777	0.804	0.831	0.858	0.884	0.910
0.20	0.626	0.668	0.708	0.734	0.760	0.785	0.811	0.836	0.862
0.22	0.587	0.628	0.667	0.693	0.718	0.743	0.768	0.792	0.817
0.24	0.548	0.590	0.630	0.655	0.679	0.704	0.728	0.751	0.775
0.26	0.512	0.555	0.595	0.619	0.643	0.667	0.690	0.714	0.737
0.28	0.478	0.523	0.562	0.587	0.610	0.634	0.657	0.679	0.701
0.30	0.445	0.494	0.533	0.557	0.580	0.603	0.625	0.647	0.669
0.32	0.404	0.465	0.506	0.529	0.553	0.575	0.596	0.618	0.639
0.34	0.364	0.439	0.480	0.505	0.527	0.548	0.570	0.591	0.611
0.36	0.326	0.408	0.456	0.481	0.503	0.525	0.545	0.566	0.586
0.38	0.293	0.377	0.434	0.459	0.482	0.503	0.523	0.543	0.562
0.40	0.259	0.349	0.410	0.438	0.460	0.482	0.502	0.522	0.541
0.42	0.230	0.323	0.384	0.418	0.441	0.462	0.482	0.502	0.520
0.44	0.204	0.300	0.361	0.394	0.422	0.444	0.464	0.483	0.501
0.46	0.182	0.279	0.339	0.373	0.403	0.426	0.446	0.465	0.483
0.48	0.163	0.260	0.320	0.353	0.382	0.409	0.429	0.448	0.466
0.50	0.147	0.241	0.302	0.335	0.364	0.391	0.413	0.432	0.450
0.55	0.116	0.203	0.264	0.295	0.323	0.349	0.373	0.395	0.412
0.60	0.095	0.173	0.233	0.262	0.289	0.314	0.336	0.358	0.379
0.65	0.080	0.151	0.205	0.236	0.261	0.284	0.306	0.327	0.347
0.70	0.068	0.133	0.184	0.213	0.237	0.259	0.280	0.300	0.318
0.75	0.059	0.119	0.165	0.192	0.217	0.238	0.258	0.276	0.294
0.80	0.052	0.107	0.150	0.175	0.200	0.220	0.239	0.256	0.273
0.85	0.047	0.098	0.137	0.161	0.184	0.204	0.222	0.239	0.254
0.90	0.043	0.089	0.127	0.150	0.171	0.190	0.207	0.223	0.238
0.95	0.039	0.082	0.118	0.138	0.159	0.178	0.194	0.209	0.224
1.00	0.036	0.076	0.110	0.129	0.148	0.166	0.182	0.197	0.211
1.10	0.031	0.067	0.097	0.114	0.131	0.147	0.163	0.176	0.189
1.20	0.027	0.059	0.086	0.102	0.117	0.132	0.146	0.159	0.171
1.30	0.024	0.053	0.077	0.092	0.106	0.120	0.132	0.145	0.157
1.40	0.022	0.048	0.071	0.084	0.097	0.109	0.121	0.133	0.144
1.50	0.020	0.044	0.065	0.077	0.089	0.101	0.112	0.123	0.133
1.60	0.018	0.041	0.060	0.072	0.083	0.093	0.104	0.114	0.124
1.70	0.017	0.037	0.055	0.066	0.077	0.086	0.097	0.106	0.116
1.80	0.016	0.035	0.051	0.062	0.071	0.081	0.090	0.100	0.108
1.90	0.015	0.033	0.048	0.058	0.067	0.076	0.085	0.093	0.101
2.00	0.014	0.031	0.045	0.054	0.063	0.072	0.080	0.088	0.096
2.20	0.012	0.027	0.041	0.049	0.057	0.064	0.072	0.079	0.086
2.40	0.011	0.025	0.037	0.044	0.052	0.058	0.065	0.071	0.078
2.60	0.010	0.023	0.033	0.040	0.047	0.053	0.059	0.066	0.071
2.80	0.009	0.021	0.031	0.037	0.044	0.049	0.055	0.060	0.066
3.00	0.008	0.019	0.029	0.035	0.040	0.046	0.051	0.056	0.062
4.00	0.006	0.014	0.021	0.025	0.030	0.034	0.037	0.041	0.045
5.00	0.004	0.011	0.015	0.020	0.023	0.026	0.029	0.032	0.036
6.00	0.004	0.009	0.013	0.016	0.019	0.022	0.024	0.027	0.029
7.00	0.003	0.007	0.011	0.014	0.016	0.018	0.021	0.022	0.025
8.00	0.003	0.006	0.009	0.012	0.014	0.016	0.018	0.019	0.021
9.00	0.002	0.006	0.009	0.010	0.012	0.014	0.015	0.018	0.019
10.00	0.002	0.005	0.008	0.010	0.011	0.012	0.014	0.016	0.017

Tabelle 114

Regelbemessung

$\gamma = 2{,}10$ bis $1{,}75$

Beton: **B 35**

$d_1/d =$ **0,15**

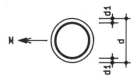

$e/d = M/N \cdot d$

ges. $A_s = \mu \cdot A_b$

Tafelwerte:

zul. $\sigma_{bi} = N/A_b$ (kN/cm²)

2,5 %	3,0 %	4,5 %	6,0 %	7,5 %	9,0 %	μ \ e/d
1.690	1.810	2.167	2.524	2.881	3.238	0.00
1.571	1.670	1.968	2.266	2.563	2.860	0.01
1.541	1.641	1.938	2.233	2.527	2.821	0.02
1.500	1.599	1.898	2.195	2.489	2.781	0.03
1.458	1.555	1.847	2.137	2.429	2.718	0.04
1.418	1.512	1.796	2.078	2.364	2.647	0.05
1.379	1.471	1.747	2.023	2.298	2.574	0.06
1.342	1.432	1.699	1.967	2.236	2.504	0.07
1.302	1.390	1.652	1.914	2.175	2.437	0.08
1.262	1.347	1.603	1.859	2.115	2.370	0.09
1.224	1.307	1.553	1.801	2.047	2.296	0.10
1.150	1.227	1.459	1.690	1.923	2.155	0.12
1.088	1.159	1.374	1.589	1.805	2.023	0.14
1.030	1.098	1.304	1.510	1.714	1.920	0.16
0.976	1.042	1.237	1.433	1.628	1.825	0.18
0.926	0.988	1.176	1.363	1.549	1.735	0.20
0.878	0.939	1.118	1.297	1.476	1.655	0.22
0.834	0.892	1.065	1.236	1.408	1.577	0.24
0.794	0.850	1.017	1.180	1.345	1.507	0.26
0.756	0.810	0.971	1.130	1.288	1.445	0.28
0.722	0.775	0.930	1.082	1.233	1.385	0.30
0.690	0.741	0.891	1.038	1.183	1.330	0.32
0.661	0.710	0.854	0.997	1.138	1.277	0.34
0.634	0.682	0.822	0.959	1.095	1.230	0.36
0.610	0.656	0.790	0.924	1.056	1.185	0.38
0.586	0.631	0.762	0.891	1.019	1.145	0.40
0.565	0.609	0.735	0.860	0.984	1.106	0.42
0.544	0.588	0.710	0.831	0.952	1.071	0.44
0.526	0.568	0.687	0.806	0.920	1.036	0.46
0.508	0.549	0.665	0.780	0.892	1.004	0.48
0.492	0.531	0.645	0.755	0.866	0.974	0.50
0.453	0.492	0.599	0.702	0.806	0.907	0.55
0.420	0.457	0.558	0.655	0.752	0.847	0.60
0.390	0.426	0.523	0.615	0.704	0.795	0.65
0.362	0.398	0.492	0.580	0.664	0.748	0.70
0.336	0.373	0.464	0.546	0.628	0.709	0.75
0.313	0.349	0.438	0.518	0.595	0.670	0.80
0.293	0.328	0.415	0.491	0.566	0.639	0.85
0.274	0.308	0.393	0.468	0.539	0.608	0.90
0.259	0.291	0.374	0.445	0.515	0.580	0.95
0.244	0.276	0.357	0.425	0.492	0.555	1.00
0.220	0.249	0.326	0.389	0.452	0.512	1.10
0.200	0.226	0.299	0.360	0.417	0.474	1.20
0.183	0.207	0.275	0.333	0.388	0.439	1.30
0.168	0.191	0.254	0.311	0.361	0.411	1.40
0.156	0.178	0.237	0.291	0.338	0.385	1.50
0.145	0.166	0.221	0.274	0.318	0.363	1.60
0.136	0.155	0.208	0.257	0.301	0.343	1.70
0.128	0.146	0.195	0.242	0.285	0.325	1.80
0.120	0.138	0.185	0.229	0.270	0.307	1.90
0.114	0.130	0.175	0.217	0.258	0.294	2.00
0.103	0.118	0.159	0.197	0.235	0.268	2.20
0.094	0.107	0.145	0.180	0.215	0.245	2.40
0.086	0.099	0.134	0.167	0.197	0.228	2.60
0.079	0.091	0.124	0.154	0.183	0.211	2.80
0.074	0.085	0.115	0.144	0.171	0.197	3.00
0.054	0.062	0.086	0.107	0.127	0.147	4.00
0.043	0.050	0.068	0.085	0.101	0.117	5.00
0.035	0.041	0.056	0.070	0.085	0.097	6.00
0.030	0.035	0.048	0.061	0.072	0.084	7.00
0.026	0.031	0.042	0.053	0.063	0.074	8.00
0.022	0.027	0.037	0.047	0.057	0.064	9.00
0.020	0.024	0.033	0.042	0.050	0.059	10.00

B 35
$d_1/d = 0.15$

1. Zeile: $M_u/1.75 \cdot A_b \cdot d$ (kN/m²)
2. Zeile: $1000 \cdot k_u \cdot d$
3. Zeile: $B_{II}/1000 \cdot 1.75 \cdot A_b \cdot d^2$ (kN/m²)

Tabelle 115

σ_{bi} \ μ	0,2 %	0,5 %	0,8 %	1,0 %	2,0 %	3,0 %	4,5 %	6,0 %	9,0 %
0.00	222 4.51 49	512 4.95 101	775 5.25 143	942 5.43 167	1700 6.08 263	2408 6.56 338	3348 6.90 445	4223 7.02 552	5896 7.13 765
0.10	586 5.60 59	836 5.74 99	1070 5.92 136	1223 6.05 158	1934 6.60 247	2572 6.87 323	3456 7.04 432	4302 7.11 540	5939 7.16 757
0.20	887 6.46 77	1110 6.46 104	1322 6.59 132	1462 6.69 150	2099 6.94 234	2690 7.05 310	3537 7.13 421	4358 7.16 531	5963 7.15 749
0.30	1126 7.24 88	1321 7.06 111	1508 7.04 133	1630 7.07 147	2214 7.12 224	2773 7.15 300	3588 7.17 412	4389 7.15 523	5966 7.15 743
0.40	1288 7.36 100	1460 7.24 119	1630 7.21 138	1741 7.18 151	2286 7.15 220	2820 7.13 294	3609 7.12 405	4391 7.10 516	5943 7.08 738
0.50	1386 6.97 117	1540 6.99 132	1694 6.98 149	1796 6.98 159	2308 6.97 222	2820 6.98 292	3587 6.97 401	4355 6.97 511	5890 6.97 733
0.60	1423 6.13 143	1557 6.22 156	1695 6.30 168	1788 6.35 178	2269 6.49 233	2763 6.60 296	3514 6.70 400	4273 6.76 509	5798 6.82 730
0.70	1410 5.44 167	1538 5.54 180	1669 5.66 192	1758 5.73 200	2218 6.03 248	2696 6.22 305	3433 6.40 403	4181 6.52 509	5697 6.66 728
0.80	1347 4.86 188	1480 4.98 203	1612 5.10 216	1701 5.19 224	2154 5.57 267	2622 5.84 317	3348 6.10 409	4087 6.28 511	5589 6.47 727
1.00	1055 3.94 198	1228 4.05 227	1388 4.18 251	1491 4.28 262	1973 4.74 310	2444 5.13 353	3159 5.52 431	3888 5.80 522	5375 6.14 728
1.20	534 2.98 134	776 3.29 185	988 3.43 233	1120 3.53 260	1701 4.01 346	2213 4.46 396	2943 4.96 464	3671 5.33 543	5149 5.77 735
1.40	0 0.00 0	142 1.37 90	395 2.17 156	564 2.53 192	1308 3.38 342	1904 3.84 430	2688 4.42 506	3434 4.85 576	4914 5.42 749
1.60	0 0.00 0	0 0.00 0	0 0.00 0	0 0.00 0	759 2.52 282	1498 3.29 422	2380 3.91 543	3164 4.41 617	4665 5.08 771
1.80	0 0.00 0	0 0.00 0	0 0.00 0	0 0.00 0	0 0.00 0	954 2.52 368	2007 3.44 553	2856 3.97 655	4396 4.72 802
2.00	0 0.00 0	0 0.00 0	0 0.00 0	0 0.00 0	0 0.00 0	230 0.89 274	1553 2.95 517	2499 3.55 674	4111 4.37 840
2.50	0 0.00 0	0 0.00 0	0 0.00 0	0 0.00 0	0 0.00 0	0 0.00 0	0 0.00 0	1238 2.17 581	3276 3.54 906
3.00	0 0.00 0	0 0.00 0	0 0.00 0	0 0.00 0	0 0.00 0	0 0.00 0	0 0.00 0	0 0.00 0	2127 2.57 840
3.50	0 0.00 0	0 0.00 0	0 0.00 0	0 0.00 0	0 0.00 0	0 0.00 0	0 0.00 0	0 0.00 0	0 0.00 0

B 35 $d_1/d = 0{,}15$ $\gamma = 1{,}75$ konst.   **Tabelle 116**

ges.$A_s = \mu \cdot A_b$ Tafelwerte: zul.$\sigma_{bi} = N/A_b$ (kN/cm²)

e/d \ μ	0,2 %	0,5 %	0,8 %	1,0 %	2,0 %	3,0 %	4,5 %	6,0 %	9,0 %
0.00	1.371	1.457	1.543	1.600	1.886	2.171	2.600	3.029	3.886
0.01	1.324	1.399	1.474	1.523	1.765	2.004	2.362	2.719	3.432
0.02	1.285	1.360	1.434	1.483	1.728	1.969	2.326	2.679	3.386
0.03	1.248	1.321	1.393	1.441	1.680	1.919	2.277	2.634	3.337
0.04	1.213	1.283	1.353	1.399	1.633	1.867	2.216	2.565	3.262
0.05	1.181	1.248	1.316	1.360	1.588	1.814	2.155	2.494	3.176
0.06	1.149	1.213	1.280	1.325	1.544	1.765	2.096	2.428	3.089
0.07	1.115	1.179	1.244	1.286	1.502	1.718	2.038	2.361	3.005
0.08	1.082	1.144	1.207	1.248	1.458	1.667	1.983	2.297	2.924
0.09	1.049	1.110	1.170	1.212	1.414	1.617	1.923	2.230	2.844
0.10	1.017	1.076	1.135	1.174	1.370	1.568	1.863	2.161	2.756
0.12	0.952	1.008	1.064	1.101	1.287	1.472	1.751	2.028	2.586
0.14	0.888	0.941	0.994	1.030	1.206	1.380	1.642	1.903	2.428
0.16	0.825	0.877	0.928	0.961	1.130	1.294	1.542	1.791	2.285
0.18	0.763	0.815	0.864	0.897	1.057	1.215	1.449	1.684	2.152
0.20	0.703	0.755	0.804	0.836	0.991	1.141	1.366	1.588	2.029
0.22	0.647	0.699	0.748	0.779	0.929	1.074	1.287	1.498	1.920
0.24	0.592	0.646	0.696	0.727	0.872	1.012	1.216	1.418	1.817
0.26	0.541	0.599	0.648	0.679	0.822	0.955	1.152	1.344	1.725
0.28	0.493	0.555	0.605	0.635	0.774	0.904	1.092	1.278	1.644
0.30	0.447	0.515	0.566	0.596	0.732	0.858	1.039	1.216	1.566
0.32	0.404	0.477	0.530	0.560	0.693	0.815	0.989	1.159	1.496
0.34	0.364	0.442	0.497	0.528	0.658	0.776	0.943	1.108	1.430
0.36	0.326	0.408	0.466	0.499	0.627	0.740	0.902	1.060	1.371
0.38	0.293	0.377	0.437	0.470	0.597	0.707	0.863	1.017	1.315
0.40	0.259	0.349	0.410	0.443	0.570	0.677	0.829	0.976	1.266
0.42	0.230	0.323	0.384	0.418	0.545	0.650	0.796	0.938	1.217
0.44	0.204	0.300	0.361	0.394	0.522	0.624	0.766	0.903	1.175
0.46	0.182	0.279	0.339	0.373	0.501	0.600	0.738	0.873	1.133
0.48	0.163	0.260	0.320	0.353	0.481	0.578	0.711	0.842	1.095
0.50	0.147	0.241	0.302	0.335	0.461	0.557	0.687	0.812	1.059
0.55	0.116	0.203	0.264	0.295	0.417	0.511	0.634	0.750	0.979
0.60	0.095	0.173	0.233	0.262	0.379	0.470	0.586	0.695	0.909
0.65	0.080	0.151	0.205	0.236	0.347	0.434	0.546	0.650	0.849
0.70	0.068	0.133	0.184	0.213	0.318	0.403	0.511	0.609	0.795
0.75	0.059	0.119	0.165	0.192	0.294	0.374	0.479	0.571	0.751
0.80	0.052	0.107	0.150	0.175	0.273	0.349	0.450	0.539	0.707
0.85	0.047	0.098	0.137	0.161	0.254	0.328	0.424	0.509	0.673
0.90	0.043	0.089	0.127	0.150	0.238	0.308	0.400	0.484	0.638
0.95	0.039	0.082	0.118	0.138	0.224	0.291	0.379	0.459	0.607
1.00	0.036	0.076	0.110	0.129	0.211	0.276	0.360	0.437	0.579
1.10	0.031	0.067	0.097	0.114	0.189	0.249	0.326	0.398	0.533
1.20	0.027	0.059	0.086	0.102	0.171	0.226	0.299	0.365	0.491
1.30	0.024	0.053	0.077	0.092	0.157	0.207	0.275	0.337	0.453
1.40	0.022	0.048	0.071	0.084	0.144	0.191	0.254	0.313	0.423
1.50	0.020	0.044	0.065	0.077	0.133	0.178	0.237	0.292	0.395
1.60	0.018	0.041	0.060	0.072	0.124	0.166	0.221	0.274	0.371
1.70	0.017	0.037	0.055	0.066	0.116	0.155	0.208	0.257	0.349
1.80	0.016	0.035	0.051	0.062	0.108	0.146	0.195	0.242	0.331
1.90	0.015	0.033	0.048	0.058	0.101	0.138	0.185	0.229	0.312
2.00	0.014	0.031	0.045	0.054	0.096	0.130	0.175	0.217	0.298
2.20	0.012	0.027	0.041	0.049	0.086	0.118	0.159	0.197	0.271
2.40	0.011	0.025	0.037	0.044	0.078	0.107	0.145	0.180	0.247
2.60	0.010	0.023	0.033	0.040	0.071	0.099	0.134	0.167	0.229
2.80	0.009	0.021	0.031	0.037	0.066	0.091	0.124	0.154	0.212
3.00	0.008	0.019	0.029	0.035	0.062	0.085	0.115	0.144	0.197
4.00	0.006	0.014	0.021	0.025	0.045	0.062	0.086	0.107	0.147
5.00	0.004	0.011	0.015	0.020	0.036	0.050	0.068	0.085	0.117
6.00	0.004	0.009	0.013	0.016	0.029	0.041	0.056	0.070	0.097
7.00	0.003	0.007	0.011	0.014	0.025	0.035	0.048	0.061	0.084
8.00	0.003	0.006	0.009	0.012	0.021	0.031	0.042	0.053	0.074
9.00	0.002	0.006	0.009	0.010	0.019	0.027	0.037	0.047	0.064
10.00	0.002	0.005	0.008	0.010	0.017	0.024	0.033	0.042	0.059

e/d \ μ	0.2 %	0.5 %	0.8 %	1.0 %	1.2 %	1.4 %	1.6 %	1.8 %	2.0 %
0.00	1.143	1.214	1.286	1.333	1.381	1.429	1.476	1.524	1.571
0.01	1.103	1.163	1.224	1.264	1.304	1.344	1.384	1.424	1.464
0.02	1.070	1.130	1.190	1.230	1.270	1.310	1.349	1.389	1.429
0.03	1.039	1.098	1.156	1.194	1.233	1.272	1.311	1.349	1.388
0.04	1.010	1.066	1.122	1.160	1.197	1.236	1.273	1.310	1.348
0.05	0.983	1.037	1.091	1.127	1.164	1.200	1.237	1.274	1.309
0.06	0.955	1.008	1.062	1.096	1.132	1.168	1.203	1.238	1.274
0.07	0.927	0.978	1.030	1.063	1.098	1.132	1.166	1.200	1.234
0.08	0.900	0.949	0.998	1.030	1.064	1.097	1.130	1.162	1.195
0.09	0.873	0.920	0.967	0.999	1.030	1.062	1.093	1.125	1.157
0.10	0.845	0.890	0.936	0.966	0.997	1.027	1.058	1.088	1.119
0.12	0.791	0.833	0.875	0.903	0.931	0.959	0.987	1.015	1.044
0.14	0.742	0.782	0.821	0.846	0.872	0.898	0.925	0.951	0.976
0.16	0.698	0.735	0.771	0.796	0.820	0.845	0.870	0.893	0.918
0.18	0.654	0.689	0.724	0.747	0.771	0.794	0.817	0.840	0.863
0.20	0.612	0.645	0.679	0.701	0.723	0.745	0.768	0.790	0.811
0.22	0.570	0.603	0.636	0.658	0.679	0.700	0.721	0.743	0.764
0.24	0.530	0.564	0.596	0.617	0.638	0.659	0.679	0.698	0.719
0.26	0.493	0.528	0.560	0.580	0.600	0.620	0.639	0.659	0.678
0.28	0.458	0.494	0.526	0.546	0.566	0.585	0.604	0.623	0.641
0.30	0.426	0.464	0.496	0.515	0.534	0.553	0.571	0.590	0.608
0.32	0.393	0.436	0.468	0.487	0.506	0.524	0.542	0.560	0.577
0.34	0.353	0.410	0.443	0.462	0.481	0.498	0.515	0.532	0.549
0.36	0.317	0.386	0.420	0.440	0.458	0.474	0.491	0.507	0.524
0.38	0.284	0.357	0.398	0.418	0.436	0.453	0.469	0.485	0.501
0.40	0.254	0.330	0.378	0.398	0.416	0.433	0.449	0.465	0.479
0.42	0.226	0.306	0.357	0.379	0.398	0.415	0.430	0.445	0.460
0.44	0.201	0.284	0.336	0.362	0.380	0.397	0.413	0.427	0.442
0.46	0.180	0.265	0.316	0.343	0.364	0.381	0.396	0.411	0.425
0.48	0.161	0.247	0.298	0.325	0.348	0.365	0.381	0.396	0.409
0.50	0.146	0.231	0.281	0.308	0.332	0.351	0.366	0.381	0.395
0.55	0.115	0.196	0.246	0.272	0.295	0.316	0.333	0.348	0.361
0.60	0.094	0.168	0.217	0.242	0.264	0.285	0.303	0.319	0.332
0.65	0.079	0.146	0.194	0.218	0.239	0.258	0.276	0.293	0.307
0.70	0.068	0.130	0.174	0.197	0.217	0.236	0.253	0.269	0.283
0.75	0.059	0.116	0.157	0.180	0.199	0.217	0.233	0.248	0.262
0.80	0.053	0.105	0.143	0.166	0.184	0.200	0.215	0.230	0.243
0.85	0.047	0.095	0.132	0.153	0.170	0.186	0.201	0.215	0.227
0.90	0.043	0.087	0.122	0.141	0.159	0.174	0.188	0.201	0.213
0.95	0.039	0.080	0.113	0.131	0.148	0.163	0.176	0.188	0.200
1.00	0.036	0.075	0.105	0.123	0.139	0.153	0.166	0.178	0.189
1.10	0.031	0.065	0.093	0.109	0.123	0.137	0.148	0.159	0.170
1.20	0.027	0.058	0.083	0.097	0.111	0.123	0.134	0.145	0.154
1.30	0.024	0.052	0.075	0.088	0.100	0.112	0.122	0.132	0.141
1.40	0.022	0.047	0.068	0.081	0.092	0.103	0.112	0.121	0.130
1.50	0.020	0.043	0.062	0.074	0.085	0.095	0.104	0.112	0.120
1.60	0.018	0.040	0.058	0.068	0.078	0.088	0.097	0.104	0.112
1.70	0.017	0.037	0.054	0.063	0.073	0.082	0.090	0.098	0.105
1.80	0.016	0.034	0.050	0.060	0.068	0.077	0.085	0.092	0.098
1.90	0.015	0.032	0.047	0.056	0.064	0.072	0.080	0.086	0.093
2.00	0.014	0.030	0.044	0.053	0.060	0.068	0.075	0.082	0.088
2.20	0.012	0.027	0.039	0.047	0.054	0.061	0.068	0.074	0.079
2.40	0.011	0.024	0.036	0.043	0.049	0.055	0.061	0.067	0.072
2.60	0.010	0.022	0.033	0.039	0.045	0.051	0.056	0.062	0.066
2.80	0.009	0.020	0.030	0.036	0.041	0.047	0.052	0.057	0.061
3.00	0.008	0.019	0.028	0.033	0.038	0.043	0.048	0.052	0.057
4.00	0.006	0.014	0.020	0.024	0.028	0.032	0.035	0.038	0.042
5.00	0.005	0.011	0.016	0.019	0.022	0.025	0.028	0.030	0.033
6.00	0.004	0.009	0.013	0.015	0.018	0.021	0.023	0.025	0.027
7.00	0.003	0.007	0.011	0.013	0.016	0.018	0.020	0.021	0.023
8.00	0.003	0.006	0.009	0.012	0.013	0.015	0.017	0.019	0.020
9.00	0.003	0.006	0.008	0.010	0.012	0.013	0.015	0.016	0.018
10.00	0.002	0.005	0.007	0.009	0.010	0.012	0.013	0.014	0.016

Tabelle 117

Regelbemessung

$\gamma = 2.10$ bis 1.75

Beton: **B 35**

$d_1/d = 0.20$

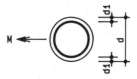

$e/d = M/N \cdot d$

$ges. A_s = \mu \cdot A_b$

Tafelwerte:

$zul. \sigma_{bi} = N/A_b$ (kN/cm²)

2.5 %	3.0 %	4.5 %	6.0 %	7.5 %	9.0 %	μ / (e/d)
1.690	1.810	2.167	2.524	2.881	3.238	0.00
1.563	1.662	1.959	2.255	2.551	2.847	0.01
1.528	1.626	1.920	2.213	2.504	2.796	0.02
1.485	1.582	1.874	2.165	2.454	2.744	0.03
1.442	1.537	1.819	2.103	2.386	2.670	0.04
1.401	1.492	1.766	2.042	2.317	2.592	0.05
1.362	1.451	1.716	1.982	2.249	2.515	0.06
1.320	1.407	1.665	1.925	2.184	2.442	0.07
1.277	1.360	1.609	1.858	2.106	2.357	0.08
1.236	1.316	1.553	1.793	2.032	2.271	0.09
1.194	1.270	1.499	1.730	1.958	2.188	0.10
1.114	1.185	1.396	1.608	1.819	2.032	0.12
1.042	1.107	1.302	1.499	1.693	1.888	0.14
0.980	1.040	1.224	1.408	1.592	1.774	0.16
0.921	0.978	1.151	1.325	1.499	1.670	0.18
0.866	0.922	1.085	1.249	1.412	1.576	0.20
0.816	0.868	1.023	1.178	1.334	1.487	0.22
0.769	0.819	0.967	1.115	1.262	1.408	0.24
0.726	0.774	0.915	1.056	1.195	1.336	0.26
0.687	0.733	0.868	1.002	1.136	1.268	0.28
0.651	0.695	0.824	0.952	1.079	1.208	0.30
0.620	0.661	0.785	0.909	1.030	1.153	0.32
0.590	0.631	0.750	0.867	0.984	1.101	0.34
0.564	0.602	0.716	0.831	0.942	1.054	0.36
0.539	0.576	0.688	0.795	0.904	1.009	0.38
0.517	0.552	0.659	0.763	0.868	0.971	0.40
0.496	0.531	0.633	0.735	0.834	0.935	0.42
0.476	0.511	0.609	0.707	0.803	0.899	0.44
0.459	0.492	0.587	0.681	0.775	0.868	0.46
0.442	0.474	0.568	0.659	0.748	0.837	0.48
0.427	0.458	0.549	0.637	0.724	0.812	0.50
0.393	0.422	0.506	0.587	0.669	0.748	0.55
0.363	0.391	0.469	0.545	0.621	0.697	0.60
0.336	0.364	0.437	0.509	0.579	0.649	0.65
0.313	0.339	0.410	0.476	0.543	0.609	0.70
0.292	0.318	0.385	0.450	0.511	0.572	0.75
0.275	0.298	0.364	0.423	0.482	0.541	0.80
0.257	0.282	0.344	0.401	0.457	0.512	0.85
0.242	0.266	0.327	0.381	0.435	0.486	0.90
0.228	0.253	0.310	0.362	0.413	0.463	0.95
0.216	0.240	0.296	0.346	0.396	0.443	1.00
0.194	0.216	0.269	0.318	0.361	0.406	1.10
0.177	0.197	0.249	0.293	0.334	0.377	1.20
0.162	0.181	0.230	0.272	0.312	0.348	1.30
0.150	0.167	0.214	0.252	0.289	0.324	1.40
0.138	0.156	0.200	0.237	0.271	0.304	1.50
0.129	0.146	0.187	0.222	0.255	0.286	1.60
0.121	0.136	0.176	0.210	0.240	0.272	1.70
0.114	0.128	0.167	0.199	0.227	0.258	1.80
0.108	0.121	0.158	0.187	0.216	0.244	1.90
0.101	0.115	0.150	0.179	0.206	0.233	2.00
0.092	0.104	0.136	0.163	0.187	0.212	2.20
0.084	0.094	0.124	0.149	0.173	0.194	2.40
0.077	0.087	0.114	0.138	0.159	0.179	2.60
0.071	0.081	0.106	0.127	0.149	0.167	2.80
0.066	0.075	0.099	0.120	0.139	0.157	3.00
0.049	0.056	0.074	0.089	0.104	0.118	4.00
0.039	0.044	0.059	0.072	0.083	0.095	5.00
0.032	0.036	0.048	0.060	0.069	0.078	6.00
0.028	0.031	0.042	0.051	0.060	0.067	7.00
0.024	0.027	0.037	0.044	0.051	0.058	8.00
0.021	0.024	0.032	0.039	0.045	0.053	9.00
0.019	0.022	0.028	0.035	0.042	0.046	10.00

B 35
d₁/d = 0,20

1. Zeile: $M_u / 1{,}75 \cdot A_b \cdot d$ (kN/m²)
2. Zeile: $1000 \cdot k_u \cdot d$
3. Zeile: $B_{II} / 1000 \cdot 1{,}75 \cdot A_b \cdot d^2$ (kN/m²)

Tabelle 118

σ_{bi} \ μ	0,2 %	0,5 %	0,8 %	1,0 %	2,0 %	3,0 %	4,5 %	6,0 %	9,0 %
0.00	223 4.92 45	508 5.45 91	760 5.81 126	915 6.02 145	1597 6.79 216	2161 7.16 272	2901 7.41 349	3585 7.51 426	4866 7.55 582
0.10	583 6.08 54	823 6.30 87	1041 6.53 117	1178 6.68 135	1775 7.20 202	2283 7.38 258	2979 7.52 338	3632 7.54 417	4874 7.52 576
0.20	882 7.03 70	1085 7.07 92	1272 7.20 113	1387 7.24 127	1906 7.45 190	2375 7.53 247	3031 7.55 329	3656 7.53 409	4860 7.45 570
0.30	1110 7.68 81	1277 7.52 98	1432 7.52 115	1532 7.53 126	1998 7.56 183	2432 7.55 239	3052 7.49 322	3652 7.43 403	4816 7.33 566
0.40	1267 7.69 94	1406 7.59 108	1541 7.55 121	1628 7.55 131	2047 7.44 181	2448 7.38 236	3031 7.29 318	3607 7.23 400	4751 7.16 563
0.50	1359 6.99 114	1473 7.01 124	1587 7.00 136	1662 7.01 145	2041 7.02 188	2419 7.02 237	2986 7.01 317	3553 7.01 397	4688 7.01 560
0.60	1400 6.18 138	1499 6.28 146	1600 6.37 155	1669 6.41 162	2023 6.56 199	2387 6.66 243	2940 6.74 317	3499 6.80 396	4624 6.86 557
0.70	1392 5.52 162	1490 5.66 168	1589 5.79 177	1655 5.87 180	1997 6.14 213	2350 6.32 251	2892 6.48 320	3443 6.58 396	4559 6.70 555
0.80	1332 4.95 181	1440 5.13 188	1545 5.27 196	1615 5.39 200	1958 5.75 228	2306 5.98 263	2841 6.23 326	3387 6.38 397	4492 6.54 554
1.00	1046 4.03 190	1199 4.16 214	1341 4.35 228	1428 4.46 236	1823 4.98 264	2190 5.36 292	2727 5.72 345	3265 5.96 408	4359 6.24 555
1.20	525 3.03 128	756 3.38 173	955 3.57 214	1078 3.68 235	1588 4.25 296	2007 4.70 329	2580 5.23 371	3130 5.54 426	4220 5.93 561
1.40	0 0.00 0	129 1.37 81	375 2.27 139	534 2.64 171	1230 3.59 297	1744 4.10 359	2383 4.70 407	2962 5.12 452	4075 5.64 572
1.60	0 0.00 0	0 0.00 0	0 0.00 0	0 0.00 0	706 2.70 243	1380 3.51 360	2130 4.17 441	2758 4.69 487	3913 5.34 590
1.80	0 0.00 0	0 0.00 0	0 0.00 0	0 0.00 0	0 0.00 0	874 2.73 311	1803 3.68 458	2510 4.24 522	3721 5.01 617
2.00	0 0.00 0	0 0.00 0	0 0.00 0	0 0.00 0	0 0.00 0	179 0.89 216	1404 3.21 433	2206 3.80 546	3510 4.68 648
2.50	0 0.00 0	0 0.00 0	0 0.00 0	0 0.00 0	0 0.00 0	0 0.00 0	0 0.00 0	1087 2.39 471	2842 3.83 719
3.00	0 0.00 0	0 0.00 0	0 0.00 0	0 0.00 0	0 0.00 0	0 0.00 0	0 0.00 0	0 0.00 0	1872 2.86 673
3.50	0 0.00 0	0 0.00 0	0 0.00 0	0 0.00 0	0 0.00 0	0 0.00 0	0 0.00 0	0 0.00 0	0 0.00 0

B 35 $d_1/d = 0.20$ $\gamma = 1.75$ konst. **Tabelle 119**

ges. $A_s = \mu \cdot A_b$ Tafelwerte: zul. $\sigma_{bi} = N/A_b$ (kN/cm²)

e/d \ μ	0.2 %	0.5 %	0.8 %	1.0 %	2.0 %	3.0 %	4.5 %	6.0 %	9.0 %
0.00	1.371	1.457	1.543	1.600	1.886	2.171	2.600	3.029	3.886
0.01	1.323	1.396	1.469	1.517	1.757	1.995	2.351	2.706	3.416
0.02	1.284	1.356	1.428	1.476	1.715	1.951	2.304	2.655	3.356
0.03	1.247	1.317	1.387	1.433	1.666	1.898	2.249	2.598	3.292
0.04	1.212	1.279	1.347	1.392	1.618	1.844	2.183	2.523	3.204
0.05	1.179	1.244	1.309	1.353	1.571	1.791	2.119	2.450	3.110
0.06	1.146	1.210	1.274	1.315	1.529	1.741	2.059	2.378	3.018
0.07	1.113	1.173	1.236	1.276	1.481	1.688	1.998	2.310	2.931
0.08	1.080	1.139	1.197	1.236	1.434	1.631	1.931	2.229	2.828
0.09	1.047	1.104	1.161	1.199	1.388	1.579	1.863	2.151	2.725
0.10	1.014	1.068	1.123	1.160	1.343	1.524	1.798	2.076	2.625
0.12	0.949	0.999	1.050	1.083	1.252	1.422	1.676	1.930	2.438
0.14	0.883	0.931	0.978	1.009	1.166	1.323	1.558	1.795	2.264
0.16	0.820	0.864	0.908	0.938	1.084	1.230	1.449	1.669	2.107
0.18	0.757	0.799	0.842	0.869	1.007	1.145	1.350	1.556	1.965
0.20	0.696	0.738	0.778	0.805	0.936	1.067	1.260	1.453	1.839
0.22	0.637	0.679	0.719	0.745	0.872	0.996	1.178	1.360	1.722
0.24	0.582	0.625	0.665	0.690	0.813	0.931	1.104	1.278	1.619
0.26	0.529	0.575	0.616	0.641	0.759	0.872	1.037	1.202	1.526
0.28	0.481	0.530	0.571	0.596	0.710	0.820	0.977	1.133	1.441
0.30	0.436	0.489	0.531	0.556	0.668	0.772	0.922	1.071	1.365
0.32	0.393	0.453	0.495	0.520	0.629	0.729	0.874	1.016	1.297
0.34	0.353	0.419	0.464	0.488	0.594	0.691	0.830	0.964	1.232
0.36	0.317	0.387	0.435	0.460	0.564	0.656	0.789	0.920	1.175
0.38	0.284	0.357	0.407	0.433	0.535	0.624	0.754	0.877	1.121
0.40	0.254	0.330	0.381	0.408	0.509	0.596	0.719	0.838	1.075
0.42	0.226	0.306	0.357	0.385	0.485	0.570	0.688	0.805	1.032
0.44	0.201	0.284	0.336	0.363	0.464	0.546	0.660	0.772	0.989
0.46	0.180	0.265	0.316	0.343	0.445	0.524	0.634	0.741	0.952
0.48	0.161	0.247	0.298	0.325	0.426	0.503	0.611	0.715	0.916
0.50	0.146	0.231	0.281	0.308	0.410	0.484	0.589	0.689	0.887
0.55	0.115	0.196	0.246	0.272	0.370	0.442	0.539	0.631	0.812
0.60	0.094	0.168	0.217	0.242	0.337	0.407	0.497	0.583	0.753
0.65	0.079	0.146	0.194	0.218	0.308	0.376	0.460	0.541	0.699
0.70	0.068	0.130	0.174	0.197	0.283	0.349	0.430	0.505	0.654
0.75	0.059	0.116	0.157	0.180	0.262	0.325	0.403	0.475	0.612
0.80	0.053	0.105	0.143	0.166	0.243	0.303	0.380	0.446	0.577
0.85	0.047	0.095	0.132	0.153	0.227	0.285	0.358	0.421	0.545
0.90	0.043	0.087	0.122	0.141	0.213	0.268	0.338	0.399	0.516
0.95	0.039	0.080	0.113	0.131	0.200	0.254	0.320	0.379	0.491
1.00	0.036	0.075	0.105	0.123	0.189	0.240	0.305	0.361	0.469
1.10	0.031	0.065	0.093	0.109	0.170	0.216	0.276	0.330	0.428
1.20	0.027	0.058	0.083	0.097	0.154	0.197	0.254	0.304	0.396
1.30	0.024	0.052	0.075	0.088	0.141	0.181	0.233	0.281	0.365
1.40	0.022	0.047	0.068	0.081	0.130	0.167	0.216	0.260	0.340
1.50	0.020	0.043	0.062	0.074	0.120	0.156	0.202	0.243	0.318
1.60	0.018	0.040	0.058	0.068	0.112	0.146	0.188	0.227	0.299
1.70	0.017	0.037	0.054	0.063	0.105	0.136	0.177	0.215	0.283
1.80	0.016	0.034	0.050	0.060	0.098	0.128	0.167	0.203	0.268
1.90	0.015	0.032	0.047	0.056	0.093	0.121	0.159	0.191	0.253
2.00	0.014	0.030	0.044	0.053	0.088	0.115	0.150	0.182	0.242
2.20	0.012	0.027	0.039	0.047	0.079	0.104	0.136	0.166	0.220
2.40	0.011	0.024	0.036	0.043	0.072	0.094	0.124	0.151	0.201
2.60	0.010	0.022	0.033	0.039	0.066	0.087	0.114	0.140	0.185
2.80	0.009	0.020	0.030	0.036	0.061	0.081	0.106	0.129	0.172
3.00	0.008	0.019	0.028	0.033	0.057	0.075	0.099	0.121	0.161
4.00	0.006	0.014	0.020	0.024	0.042	0.056	0.074	0.090	0.121
5.00	0.005	0.011	0.016	0.019	0.033	0.044	0.059	0.072	0.097
6.00	0.004	0.009	0.013	0.015	0.027	0.036	0.048	0.060	0.080
7.00	0.003	0.007	0.011	0.013	0.023	0.031	0.042	0.051	0.068
8.00	0.003	0.006	0.009	0.012	0.020	0.027	0.037	0.044	0.059
9.00	0.003	0.006	0.008	0.010	0.018	0.024	0.032	0.039	0.054
10.00	0.002	0.005	0.007	0.009	0.016	0.022	0.028	0.035	0.047

e/d \ μ	0.2 %	0.5 %	0.8 %	1.0 %	1.2 %	1.4 %	1.6 %	1.8 %	2.0 %
0.00	1.143	1.214	1.286	1.333	1.381	1.429	1.476	1.524	1.571
0.01	1.101	1.160	1.220	1.259	1.298	1.338	1.377	1.417	1.456
0.02	1.069	1.127	1.185	1.223	1.262	1.300	1.339	1.378	1.416
0.03	1.038	1.094	1.150	1.188	1.226	1.264	1.301	1.338	1.376
0.04	1.009	1.064	1.118	1.154	1.190	1.227	1.263	1.299	1.335
0.05	0.981	1.034	1.086	1.122	1.157	1.192	1.227	1.262	1.298
0.06	0.953	1.004	1.055	1.089	1.122	1.158	1.191	1.225	1.259
0.07	0.926	0.974	1.023	1.054	1.087	1.120	1.152	1.183	1.216
0.08	0.898	0.945	0.991	1.021	1.051	1.083	1.113	1.144	1.174
0.09	0.870	0.915	0.958	0.987	1.016	1.045	1.075	1.104	1.133
0.10	0.842	0.884	0.926	0.954	0.981	1.009	1.037	1.064	1.092
0.12	0.787	0.825	0.862	0.887	0.911	0.936	0.961	0.985	1.010
0.14	0.733	0.766	0.799	0.820	0.843	0.864	0.887	0.909	0.931
0.16	0.684	0.715	0.745	0.765	0.785	0.805	0.825	0.845	0.866
0.18	0.640	0.667	0.695	0.713	0.732	0.750	0.768	0.787	0.805
0.20	0.596	0.622	0.647	0.664	0.681	0.699	0.716	0.733	0.750
0.22	0.554	0.578	0.603	0.619	0.635	0.651	0.668	0.684	0.700
0.24	0.513	0.538	0.562	0.578	0.593	0.609	0.624	0.639	0.654
0.26	0.475	0.500	0.525	0.540	0.555	0.570	0.584	0.599	0.614
0.28	0.439	0.466	0.490	0.505	0.520	0.535	0.549	0.563	0.577
0.30	0.407	0.436	0.460	0.475	0.489	0.503	0.517	0.531	0.544
0.32	0.377	0.408	0.432	0.447	0.461	0.475	0.488	0.501	0.514
0.34	0.344	0.383	0.407	0.422	0.436	0.450	0.462	0.475	0.487
0.36	0.309	0.360	0.385	0.400	0.413	0.426	0.439	0.451	0.463
0.38	0.277	0.338	0.365	0.380	0.393	0.405	0.417	0.430	0.441
0.40	0.249	0.314	0.346	0.361	0.374	0.387	0.398	0.410	0.421
0.42	0.224	0.292	0.328	0.344	0.357	0.370	0.381	0.392	0.403
0.44	0.199	0.271	0.312	0.328	0.341	0.353	0.365	0.375	0.386
0.46	0.179	0.252	0.295	0.312	0.326	0.339	0.349	0.360	0.371
0.48	0.161	0.236	0.278	0.298	0.313	0.325	0.336	0.346	0.356
0.50	0.146	0.221	0.263	0.285	0.299	0.312	0.323	0.334	0.343
0.55	0.116	0.189	0.231	0.252	0.270	0.282	0.294	0.304	0.313
0.60	0.095	0.164	0.204	0.225	0.243	0.258	0.269	0.279	0.288
0.65	0.080	0.144	0.183	0.203	0.220	0.235	0.247	0.257	0.266
0.70	0.069	0.127	0.165	0.184	0.201	0.215	0.228	0.239	0.248
0.75	0.060	0.114	0.151	0.169	0.184	0.198	0.211	0.222	0.231
0.80	0.053	0.103	0.138	0.155	0.170	0.183	0.195	0.207	0.216
0.85	0.048	0.094	0.128	0.144	0.158	0.171	0.182	0.193	0.203
0.90	0.043	0.086	0.118	0.134	0.147	0.160	0.171	0.181	0.191
0.95	0.040	0.080	0.109	0.125	0.138	0.149	0.161	0.170	0.180
1.00	0.036	0.074	0.102	0.118	0.130	0.141	0.151	0.160	0.169
1.10	0.031	0.065	0.090	0.104	0.116	0.126	0.135	0.144	0.152
1.20	0.027	0.057	0.081	0.094	0.105	0.114	0.123	0.131	0.138
1.30	0.025	0.052	0.073	0.085	0.095	0.104	0.112	0.120	0.127
1.40	0.022	0.047	0.067	0.078	0.087	0.096	0.103	0.110	0.117
1.50	0.020	0.043	0.061	0.072	0.081	0.089	0.096	0.102	0.109
1.60	0.019	0.040	0.057	0.066	0.075	0.082	0.089	0.095	0.101
1.70	0.017	0.037	0.053	0.062	0.070	0.077	0.083	0.089	0.095
1.80	0.016	0.034	0.049	0.058	0.066	0.072	0.078	0.084	0.089
1.90	0.015	0.032	0.046	0.054	0.062	0.068	0.074	0.079	0.084
2.00	0.014	0.030	0.044	0.051	0.058	0.064	0.070	0.075	0.080
2.20	0.012	0.027	0.039	0.046	0.052	0.058	0.063	0.067	0.072
2.40	0.011	0.024	0.035	0.041	0.048	0.053	0.057	0.061	0.065
2.60	0.010	0.022	0.032	0.038	0.043	0.048	0.052	0.056	0.060
2.80	0.009	0.020	0.030	0.035	0.040	0.044	0.048	0.052	0.056
3.00	0.009	0.019	0.028	0.032	0.037	0.042	0.045	0.048	0.052
4.00	0.006	0.013	0.020	0.023	0.027	0.031	0.033	0.036	0.038
5.00	0.005	0.011	0.015	0.019	0.022	0.024	0.026	0.028	0.030
6.00	0.004	0.009	0.013	0.015	0.018	0.019	0.022	0.024	0.025
7.00	0.003	0.007	0.011	0.013	0.015	0.017	0.018	0.020	0.021
8.00	0.003	0.007	0.009	0.011	0.013	0.015	0.016	0.017	0.018
9.00	0.003	0.006	0.008	0.010	0.011	0.013	0.014	0.015	0.017
10.00	0.002	0.005	0.008	0.009	0.010	0.011	0.013	0.014	0.015

Tabelle 120

Regelbemessung

γ = 2,10 bis 1,75

Beton: **B 35**

d1/d = **0,25**

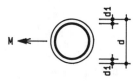

e/d = M/N·d

ges.A_S = $\mu \cdot A_b$

Tafelwerte:

zul.σ_{bi} = N/A_b (kN/cm²)

2,5 %	3,0 %	4,5 %	6,0 %	7,5 %	9,0 %	μ \ e/d
1.690	1.810	2.167	2.524	2.881	3.238	0.00
1.554	1.653	1.947	2.240	2.534	2.828	0.01
1.513	1.608	1.897	2.184	2.472	2.759	0.02
1.471	1.564	1.847	2.128	2.411	2.692	0.03
1.427	1.518	1.792	2.064	2.337	2.612	0.04
1.386	1.473	1.738	2.000	2.265	2.529	0.05
1.344	1.428	1.682	1.936	2.189	2.443	0.06
1.296	1.377	1.617	1.858	2.098	2.338	0.07
1.251	1.327	1.556	1.782	2.009	2.238	0.08
1.205	1.276	1.493	1.709	1.923	2.138	0.09
1.159	1.228	1.433	1.636	1.840	2.042	0.10
1.071	1.133	1.316	1.497	1.677	1.860	0.12
0.985	1.040	1.204	1.368	1.532	1.697	0.14
0.916	0.965	1.116	1.266	1.415	1.565	0.16
0.852	0.898	1.035	1.173	1.313	1.451	0.18
0.793	0.836	0.964	1.093	1.221	1.350	0.20
0.740	0.780	0.899	1.021	1.141	1.260	0.22
0.692	0.730	0.843	0.955	1.068	1.182	0.24
0.650	0.686	0.793	0.898	1.004	1.111	0.26
0.611	0.646	0.747	0.849	0.948	1.048	0.28
0.578	0.609	0.706	0.803	0.898	0.993	0.30
0.546	0.577	0.669	0.762	0.851	0.944	0.32
0.518	0.548	0.636	0.724	0.811	0.897	0.34
0.493	0.522	0.606	0.691	0.773	0.856	0.36
0.470	0.498	0.580	0.659	0.738	0.818	0.38
0.449	0.475	0.554	0.632	0.707	0.782	0.40
0.430	0.456	0.531	0.604	0.679	0.751	0.42
0.412	0.437	0.510	0.580	0.652	0.721	0.44
0.396	0.420	0.490	0.559	0.626	0.693	0.46
0.380	0.404	0.472	0.539	0.605	0.668	0.48
0.366	0.390	0.455	0.519	0.583	0.646	0.50
0.336	0.356	0.417	0.477	0.536	0.593	0.55
0.310	0.330	0.386	0.441	0.495	0.548	0.60
0.287	0.306	0.359	0.409	0.461	0.512	0.65
0.267	0.285	0.335	0.383	0.430	0.478	0.70
0.250	0.267	0.314	0.359	0.403	0.450	0.75
0.235	0.251	0.295	0.339	0.381	0.421	0.80
0.221	0.238	0.279	0.321	0.360	0.399	0.85
0.209	0.225	0.265	0.303	0.343	0.379	0.90
0.197	0.213	0.252	0.289	0.326	0.359	0.95
0.187	0.202	0.240	0.275	0.309	0.345	1.00
0.171	0.184	0.219	0.250	0.282	0.313	1.10
0.156	0.169	0.201	0.232	0.260	0.290	1.20
0.143	0.155	0.187	0.214	0.240	0.267	1.30
0.132	0.144	0.174	0.200	0.225	0.250	1.40
0.122	0.135	0.162	0.187	0.211	0.233	1.50
0.114	0.126	0.152	0.175	0.198	0.219	1.60
0.107	0.118	0.144	0.165	0.186	0.207	1.70
0.101	0.112	0.135	0.157	0.176	0.196	1.80
0.095	0.106	0.129	0.149	0.166	0.187	1.90
0.090	0.100	0.122	0.140	0.159	0.178	2.00
0.082	0.091	0.111	0.128	0.144	0.161	2.20
0.075	0.083	0.102	0.118	0.134	0.149	2.40
0.069	0.076	0.094	0.110	0.124	0.138	2.60
0.063	0.070	0.088	0.101	0.114	0.126	2.80
0.059	0.065	0.081	0.095	0.107	0.120	3.00
0.044	0.049	0.061	0.071	0.079	0.088	4.00
0.035	0.039	0.048	0.057	0.064	0.071	5.00
0.029	0.032	0.041	0.048	0.054	0.059	6.00
0.025	0.028	0.035	0.041	0.047	0.050	7.00
0.022	0.024	0.030	0.036	0.040	0.044	8.00
0.019	0.022	0.026	0.031	0.035	0.038	9.00
0.017	0.019	0.024	0.027	0.032	0.035	10.00

B 35 Tabelle 121

$d_1/d = 0{,}25$

1. Zeile: $M_u/1{,}75 \cdot A_b \cdot d$ (kN/m²)
2. Zeile: $1000 \cdot k_u \cdot d$
3. Zeile: $B_{II}/1000 \cdot 1{,}75 \cdot A_b \cdot d^2$ (kN/m²)

σ_{bi} \ μ	0,2 %	0,5 %	0,8 %	1,0 %	2,0 %	3,0 %	4,5 %	6,0 %	9,0 %
0.00	226 5.39 42	510 6.07 82	752 6.48 110	898 6.73 125	1480 7.50 176	1920 7.82 214	2478 7.98 267	2972 7.99 320	3849 7.82 430
0.10	586 6.69 49	816 6.96 77	1019 7.28 101	1142 7.47 114	1620 7.81 163	2013 7.98 203	2523 8.00 258	2980 7.90 315	3809 7.64 427
0.20	878 7.71 63	1063 7.76 80	1219 7.83 97	1314 7.87 107	1725 8.00 154	2074 8.00 194	2535 7.85 253	2954 7.70 310	3769 7.49 424
0.30	1096 8.18 75	1237 8.05 88	1363 8.04 100	1442 8.04 108	1790 7.95 149	2092 7.77 190	2513 7.58 250	2923 7.45 308	3728 7.33 421
0.40	1248 8.01 87	1354 7.90 99	1451 7.77 109	1513 7.71 116	1805 7.49 153	2083 7.38 191	2490 7.29 248	2892 7.23 305	3689 7.18 418
0.50	1337 7.02 112	1415 7.01 119	1494 7.00 127	1547 7.01 132	1809 7.02 161	2072 7.02 194	2466 7.01 248	2860 7.01 303	3649 7.01 415
0.60	1380 6.18 136	1447 6.28 141	1517 6.37 147	1564 6.41 151	1807 6.56 173	2057 6.66 201	2440 6.74 250	2827 6.80 302	3606 6.86 413
0.70	1374 5.52 159	1443 5.66 162	1513 5.79 167	1559 5.87 168	1794 6.14 187	2037 6.32 210	2411 6.48 254	2792 6.58 304	3564 6.70 412
0.80	1316 4.97 177	1399 5.14 182	1477 5.31 185	1527 5.39 187	1769 5.75 202	2010 5.98 222	2380 6.23 260	2756 6.36 307	3523 6.56 411
1.00	1035 4.08 185	1175 4.30 199	1293 4.46 211	1365 4.58 216	1667 5.04 233	1928 5.38 250	2302 5.72 281	2676 5.96 318	3435 6.24 413
1.20	522 3.11 122	744 3.52 161	930 3.73 195	1040 3.86 212	1473 4.41 258	1792 4.81 279	2199 5.25 305	2583 5.56 337	3341 5.95 420
1.40	0 0.00 0	118 1.37 72	357 2.37 125	512 2.79 152	1150 3.78 258	1584 4.30 301	2060 4.81 332	2469 5.18 361	3240 5.66 433
1.60	0 0.00 0	0 0.00 0	0 0.00 0	0 0.00 0	653 2.87 210	1266 3.72 305	1872 4.39 358	2330 4.80 388	3129 5.35 450
1.80	0 0.00 0	0 0.00 0	0 0.00 0	0 0.00 0	0 0.00 0	796 2.94 264	1605 3.92 376	2158 4.46 413	3006 5.09 473
2.00	0 0.00 0	0 0.00 0	0 0.00 0	0 0.00 0	0 0.00 0	136 0.89 166	1252 3.42 361	1922 4.06 436	2867 4.80 498
2.50	0 0.00 0	0 0.00 0	0 0.00 0	0 0.00 0	0 0.00 0	0 0.00 0	0 0.00 0	937 2.60 378	2397 4.08 559
3.00	0 0.00 0	0 0.00 0	0 0.00 0	0 0.00 0	0 0.00 0	0 0.00 0	0 0.00 0	0 0.00 0	1618 3.17 534
3.50	0 0.00 0	0 0.00 0	0 0.00 0	0 0.00 0	0 0.00 0	0 0.00 0	0 0.00 0	0 0.00 0	0 0.00 0

B 35 $d_1/d = 0{,}25$ $\gamma = 1{,}75$ konst. **Tabelle 122**

ges.$A_s = \mu \cdot A_b$ Tafelwerte: zul.$\sigma_{bi} = N/A_b$ (kN/cm²)

e/d \ μ	0,2 %	0,5 %	0,8 %	1,0 %	2,0 %	3,0 %	4,5 %	6,0 %	9,0 %
0.00	1.371	1.457	1.543	1.600	1.886	2.171	2.600	3.029	3.886
0.01	1.321	1.393	1.464	1.511	1.747	1.983	2.336	2.688	3.393
0.02	1.283	1.352	1.422	1.468	1.700	1.930	2.276	2.621	3.311
0.03	1.245	1.313	1.381	1.426	1.652	1.876	2.216	2.554	3.231
0.04	1.210	1.276	1.341	1.385	1.603	1.821	2.150	2.477	3.134
0.05	1.177	1.241	1.303	1.346	1.557	1.767	2.085	2.401	3.035
0.06	1.144	1.205	1.266	1.306	1.511	1.714	2.018	2.323	2.931
0.07	1.111	1.169	1.227	1.265	1.459	1.653	1.940	2.230	2.806
0.08	1.078	1.134	1.189	1.225	1.409	1.593	1.867	2.139	2.686
0.09	1.044	1.098	1.149	1.184	1.359	1.532	1.792	2.051	2.566
0.10	1.011	1.061	1.111	1.144	1.310	1.473	1.719	1.964	2.450
0.12	0.945	0.989	1.035	1.064	1.212	1.359	1.579	1.796	2.233
0.14	0.879	0.919	0.958	0.984	1.117	1.248	1.443	1.638	2.029
0.16	0.814	0.849	0.885	0.909	1.028	1.145	1.322	1.500	1.853
0.18	0.750	0.782	0.815	0.837	0.944	1.053	1.214	1.376	1.702
0.20	0.688	0.719	0.749	0.769	0.870	0.970	1.121	1.271	1.572
0.22	0.628	0.658	0.688	0.707	0.803	0.898	1.036	1.178	1.457
0.24	0.572	0.603	0.632	0.652	0.742	0.832	0.964	1.095	1.357
0.26	0.518	0.552	0.582	0.601	0.690	0.776	0.901	1.022	1.268
0.28	0.469	0.506	0.538	0.556	0.644	0.725	0.843	0.961	1.191
0.30	0.425	0.466	0.497	0.517	0.602	0.679	0.792	0.905	1.124
0.32	0.383	0.430	0.462	0.481	0.565	0.640	0.747	0.854	1.064
0.34	0.344	0.398	0.431	0.450	0.531	0.604	0.707	0.809	1.007
0.36	0.309	0.367	0.403	0.423	0.502	0.572	0.671	0.769	0.958
0.38	0.277	0.340	0.378	0.398	0.476	0.543	0.639	0.731	0.912
0.40	0.249	0.314	0.355	0.376	0.451	0.516	0.609	0.698	0.869
0.42	0.224	0.292	0.333	0.355	0.430	0.493	0.581	0.665	0.833
0.44	0.199	0.271	0.313	0.335	0.410	0.471	0.557	0.637	0.798
0.46	0.179	0.252	0.295	0.317	0.392	0.451	0.533	0.612	0.765
0.48	0.161	0.236	0.278	0.300	0.375	0.432	0.513	0.589	0.736
0.50	0.146	0.221	0.263	0.285	0.360	0.416	0.493	0.566	0.710
0.55	0.116	0.189	0.231	0.252	0.326	0.378	0.449	0.518	0.649
0.60	0.095	0.164	0.204	0.225	0.298	0.348	0.413	0.477	0.598
0.65	0.080	0.144	0.183	0.203	0.273	0.321	0.383	0.441	0.557
0.70	0.069	0.127	0.165	0.184	0.252	0.298	0.356	0.412	0.518
0.75	0.060	0.114	0.151	0.169	0.233	0.278	0.333	0.385	0.487
0.80	0.053	0.103	0.138	0.155	0.217	0.261	0.312	0.362	0.455
0.85	0.048	0.094	0.128	0.144	0.203	0.246	0.295	0.342	0.430
0.90	0.043	0.086	0.118	0.134	0.191	0.231	0.279	0.322	0.408
0.95	0.040	0.080	0.109	0.125	0.180	0.219	0.265	0.307	0.386
1.00	0.036	0.074	0.102	0.118	0.169	0.207	0.251	0.291	0.370
1.10	0.031	0.065	0.090	0.104	0.152	0.188	0.229	0.265	0.335
1.20	0.027	0.057	0.081	0.094	0.138	0.171	0.210	0.245	0.310
1.30	0.025	0.052	0.073	0.085	0.127	0.157	0.194	0.225	0.285
1.40	0.022	0.047	0.067	0.078	0.117	0.146	0.180	0.210	0.266
1.50	0.020	0.043	0.061	0.072	0.109	0.136	0.168	0.197	0.248
1.60	0.019	0.040	0.057	0.066	0.101	0.127	0.157	0.184	0.232
1.70	0.017	0.037	0.053	0.062	0.095	0.119	0.148	0.173	0.220
1.80	0.016	0.034	0.049	0.058	0.089	0.112	0.140	0.164	0.207
1.90	0.015	0.032	0.046	0.054	0.084	0.106	0.132	0.155	0.198
2.00	0.014	0.030	0.044	0.051	0.080	0.100	0.125	0.147	0.189
2.20	0.012	0.027	0.039	0.046	0.072	0.091	0.114	0.133	0.170
2.40	0.011	0.024	0.035	0.041	0.065	0.083	0.104	0.123	0.158
2.60	0.010	0.022	0.032	0.038	0.060	0.076	0.096	0.115	0.145
2.80	0.009	0.020	0.030	0.035	0.056	0.070	0.089	0.104	0.133
3.00	0.009	0.019	0.028	0.032	0.052	0.065	0.083	0.099	0.127
4.00	0.006	0.013	0.020	0.023	0.038	0.049	0.062	0.074	0.093
5.00	0.005	0.011	0.015	0.019	0.030	0.039	0.049	0.059	0.074
6.00	0.004	0.009	0.013	0.015	0.025	0.032	0.041	0.050	0.062
7.00	0.003	0.007	0.011	0.013	0.021	0.028	0.035	0.042	0.052
8.00	0.003	0.007	0.009	0.011	0.018	0.024	0.030	0.037	0.046
9.00	0.003	0.006	0.008	0.010	0.017	0.022	0.026	0.032	0.040
10.00	0.002	0.005	0.008	0.009	0.015	0.019	0.024	0.028	0.037

e/d \ μ	0.2 %	0.5 %	0.8 %	1.0 %	1.2 %	1.4 %	1.6 %	1.8 %	2.0 %
0.00	1.333	1.405	1.476	1.524	1.571	1.619	1.667	1.714	1.762
0.01	1.290	1.354	1.418	1.459	1.500	1.541	1.582	1.622	1.663
0.02	1.252	1.315	1.379	1.421	1.463	1.505	1.546	1.588	1.630
0.03	1.215	1.278	1.339	1.381	1.422	1.463	1.504	1.545	1.586
0.04	1.181	1.242	1.301	1.342	1.382	1.423	1.462	1.503	1.543
0.05	1.149	1.208	1.266	1.305	1.345	1.383	1.422	1.461	1.500
0.06	1.119	1.177	1.232	1.271	1.309	1.347	1.385	1.422	1.461
0.07	1.087	1.143	1.199	1.236	1.275	1.311	1.349	1.385	1.423
0.08	1.054	1.109	1.164	1.202	1.238	1.275	1.312	1.347	1.385
0.09	1.023	1.077	1.130	1.167	1.202	1.238	1.274	1.310	1.345
0.10	0.997	1.048	1.098	1.131	1.168	1.202	1.237	1.271	1.307
0.12	0.946	0.996	1.044	1.077	1.110	1.143	1.174	1.207	1.239
0.14	0.896	0.943	0.992	1.022	1.055	1.086	1.117	1.148	1.179
0.16	0.845	0.893	0.940	0.970	1.001	1.031	1.061	1.092	1.122
0.18	0.796	0.844	0.890	0.920	0.949	0.979	1.008	1.038	1.067
0.20	0.748	0.796	0.842	0.871	0.900	0.929	0.958	0.987	1.015
0.22	0.702	0.751	0.796	0.825	0.855	0.883	0.911	0.939	0.966
0.24	0.657	0.708	0.754	0.783	0.812	0.840	0.867	0.894	0.922
0.26	0.616	0.668	0.715	0.744	0.771	0.799	0.826	0.853	0.879
0.28	0.576	0.632	0.678	0.707	0.735	0.762	0.788	0.814	0.840
0.30	0.526	0.596	0.644	0.673	0.700	0.727	0.753	0.779	0.803
0.32	0.474	0.563	0.613	0.642	0.669	0.695	0.721	0.745	0.770
0.34	0.426	0.521	0.583	0.613	0.640	0.665	0.690	0.714	0.739
0.36	0.381	0.481	0.553	0.584	0.612	0.639	0.663	0.686	0.710
0.38	0.336	0.443	0.517	0.557	0.585	0.611	0.636	0.660	0.683
0.40	0.295	0.409	0.483	0.525	0.560	0.586	0.612	0.635	0.659
0.42	0.260	0.378	0.453	0.494	0.531	0.563	0.587	0.611	0.634
0.44	0.228	0.348	0.424	0.466	0.503	0.537	0.565	0.589	0.611
0.46	0.202	0.319	0.398	0.440	0.476	0.511	0.542	0.567	0.590
0.48	0.180	0.294	0.375	0.415	0.452	0.485	0.517	0.547	0.569
0.50	0.161	0.271	0.353	0.393	0.429	0.463	0.493	0.522	0.550
0.55	0.125	0.226	0.302	0.345	0.380	0.411	0.441	0.470	0.496
0.60	0.101	0.192	0.261	0.303	0.338	0.369	0.398	0.424	0.450
0.65	0.084	0.165	0.229	0.267	0.303	0.333	0.360	0.386	0.410
0.70	0.072	0.145	0.203	0.238	0.272	0.303	0.329	0.353	0.376
0.75	0.062	0.129	0.182	0.214	0.245	0.275	0.302	0.325	0.347
0.80	0.055	0.114	0.165	0.195	0.223	0.251	0.278	0.301	0.321
0.85	0.049	0.104	0.151	0.179	0.205	0.231	0.256	0.279	0.299
0.90	0.044	0.095	0.139	0.165	0.189	0.213	0.236	0.259	0.280
0.95	0.040	0.088	0.128	0.152	0.176	0.199	0.220	0.241	0.262
1.00	0.037	0.081	0.119	0.142	0.164	0.185	0.206	0.226	0.246
1.10	0.032	0.070	0.104	0.124	0.144	0.163	0.182	0.200	0.218
1.20	0.028	0.063	0.093	0.111	0.129	0.145	0.163	0.179	0.195
1.30	0.025	0.056	0.084	0.100	0.116	0.132	0.147	0.162	0.177
1.40	0.022	0.050	0.075	0.091	0.106	0.121	0.134	0.148	0.161
1.50	0.020	0.046	0.069	0.083	0.097	0.110	0.123	0.136	0.148
1.60	0.019	0.042	0.063	0.077	0.090	0.102	0.114	0.126	0.138
1.70	0.017	0.039	0.059	0.071	0.083	0.094	0.107	0.117	0.129
1.80	0.016	0.037	0.055	0.066	0.078	0.089	0.099	0.109	0.119
1.90	0.015	0.034	0.051	0.063	0.073	0.083	0.094	0.102	0.112
2.00	0.014	0.032	0.049	0.059	0.069	0.079	0.088	0.097	0.107
2.20	0.013	0.029	0.043	0.053	0.062	0.070	0.078	0.087	0.095
2.40	0.011	0.026	0.039	0.046	0.055	0.064	0.071	0.079	0.087
2.60	0.010	0.023	0.036	0.043	0.050	0.057	0.065	0.072	0.078
2.80	0.009	0.022	0.033	0.039	0.046	0.053	0.060	0.066	0.072
3.00	0.009	0.020	0.030	0.036	0.043	0.049	0.055	0.062	0.067
4.00	0.006	0.014	0.022	0.027	0.031	0.036	0.041	0.044	0.049
5.00	0.004	0.011	0.017	0.021	0.025	0.028	0.032	0.035	0.038
6.00	0.004	0.009	0.014	0.017	0.019	0.024	0.027	0.028	0.032
7.00	0.003	0.008	0.011	0.014	0.017	0.019	0.022	0.025	0.027
8.00	0.003	0.006	0.011	0.012	0.015	0.017	0.019	0.021	0.024
9.00	0.002	0.006	0.009	0.011	0.013	0.015	0.017	0.019	0.020
10.00	0.002	0.005	0.008	0.010	0.012	0.013	0.015	0.017	0.018

Tabelle 123

Regelbemessung

$\gamma = 2,10$ bis $1,75$

Beton: **B 45**

$d_1/d =$ **0,10**

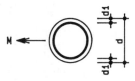

$e/d = M/N \cdot d$

$ges. A_s = \mu \cdot A_b$

Tafelwerte:

$zul.\sigma_{bi} = N/A_b$ (kN/cm²)

2,5 %	3,0 %	4,5 %	6,0 %	7,5 %	9,0 %	μ / e/d
1.881	2.000	2.357	2.714	3.071	3.429	0.00
1.764	1.863	2.163	2.461	2.758	3.056	0.01
1.733	1.835	2.135	2.432	2.729	3.024	0.02
1.689	1.791	2.095	2.396	2.694	2.990	0.03
1.643	1.742	2.041	2.339	2.635	2.932	0.04
1.598	1.695	1.987	2.279	2.571	2.862	0.05
1.556	1.651	1.935	2.221	2.504	2.789	0.06
1.515	1.608	1.886	2.164	2.440	2.718	0.07
1.477	1.568	1.838	2.109	2.379	2.651	0.08
1.434	1.524	1.792	2.056	2.320	2.584	0.09
1.394	1.481	1.741	2.003	2.264	2.523	0.10
1.320	1.400	1.645	1.893	2.140	2.388	0.12
1.257	1.334	1.565	1.797	2.026	2.259	0.14
1.197	1.272	1.495	1.715	1.936	2.158	0.16
1.139	1.212	1.425	1.640	1.851	2.063	0.18
1.085	1.155	1.362	1.568	1.770	1.975	0.20
1.034	1.103	1.302	1.501	1.695	1.893	0.22
0.987	1.052	1.245	1.436	1.626	1.814	0.24
0.943	1.007	1.193	1.378	1.561	1.743	0.26
0.903	0.964	1.145	1.324	1.501	1.675	0.28
0.864	0.924	1.100	1.273	1.443	1.612	0.30
0.829	0.887	1.059	1.226	1.391	1.555	0.32
0.796	0.853	1.019	1.181	1.341	1.501	0.34
0.767	0.821	0.984	1.140	1.295	1.449	0.36
0.738	0.792	0.949	1.102	1.252	1.402	0.38
0.712	0.764	0.917	1.065	1.212	1.358	0.40
0.688	0.739	0.887	1.031	1.174	1.314	0.42
0.664	0.715	0.859	1.000	1.138	1.276	0.44
0.643	0.693	0.833	0.970	1.104	1.237	0.46
0.622	0.670	0.808	0.941	1.073	1.201	0.48
0.602	0.650	0.785	0.915	1.042	1.168	0.50
0.556	0.602	0.732	0.854	0.974	1.093	0.55
0.509	0.560	0.685	0.801	0.914	1.026	0.60
0.467	0.520	0.642	0.754	0.860	0.968	0.65
0.430	0.480	0.604	0.711	0.814	0.914	0.70
0.399	0.447	0.570	0.674	0.770	0.866	0.75
0.371	0.417	0.539	0.638	0.734	0.823	0.80
0.346	0.390	0.509	0.606	0.698	0.787	0.85
0.324	0.366	0.480	0.577	0.665	0.750	0.90
0.305	0.345	0.455	0.550	0.634	0.716	0.95
0.288	0.327	0.431	0.527	0.608	0.686	1.00
0.258	0.294	0.390	0.480	0.559	0.632	1.10
0.234	0.267	0.357	0.439	0.517	0.587	1.20
0.213	0.244	0.328	0.405	0.479	0.545	1.30
0.195	0.225	0.304	0.376	0.446	0.511	1.40
0.179	0.209	0.283	0.351	0.415	0.478	1.50
0.166	0.194	0.264	0.328	0.389	0.447	1.60
0.154	0.181	0.247	0.308	0.366	0.421	1.70
0.144	0.169	0.233	0.291	0.345	0.399	1.80
0.137	0.159	0.220	0.275	0.327	0.378	1.90
0.128	0.150	0.208	0.260	0.311	0.359	2.00
0.115	0.135	0.188	0.236	0.282	0.325	2.20
0.105	0.123	0.172	0.216	0.258	0.298	2.40
0.096	0.112	0.158	0.199	0.238	0.275	2.60
0.089	0.104	0.147	0.184	0.221	0.256	2.80
0.082	0.095	0.136	0.171	0.205	0.238	3.00
0.059	0.070	0.101	0.128	0.154	0.178	4.00
0.047	0.055	0.079	0.101	0.122	0.143	5.00
0.038	0.045	0.066	0.084	0.102	0.117	6.00
0.033	0.038	0.056	0.071	0.086	0.100	7.00
0.028	0.034	0.048	0.063	0.075	0.088	8.00
0.025	0.030	0.043	0.056	0.067	0.078	9.00
0.023	0.027	0.039	0.050	0.060	0.070	10.00

B 45
$d_1/d = 0{,}10$

1. Zeile: $M_u/1{,}75 \cdot A_b \cdot d$ (kN/m²)
2. Zeile: $1000 \cdot k_u \cdot d$
3. Zeile: $B_{II}/1000 \cdot 1{,}75 \cdot A_b \cdot d^2$ (kN/m²)

Tabelle 124

σ_{bi} \ μ	0,2 %	0,5 %	0,8 %	1,0 %	2,0 %	3,0 %	4,5 %	6,0 %	9,0 %
0.00	227 4.14 55	532 4.48 117	814 4.74 169	998 4.87 200	1848 5.37 329	2655 5.77 436	3835 6.19 581	4984 6.48 719	7044 6.61 1001
0.10	600 5.06 68	874 5.17 116	1135 5.29 163	1303 5.40 192	2116 5.81 315	2902 6.14 420	4052 6.48 563	5096 6.58 706	7113 6.66 991
0.20	924 5.81 90	1172 5.76 125	1414 5.84 163	1575 5.91 187	2358 6.25 301	3119 6.49 403	4167 6.59 550	5182 6.65 694	7160 6.67 982
0.30	1191 6.42 105	1425 6.32 135	1658 6.37 165	1811 6.41 185	2546 6.56 290	3241 6.63 391	4253 6.68 539	5243 6.67 685	7188 6.68 973
0.40	1405 7.00 114	1623 6.78 142	1835 6.70 170	1975 6.69 187	2660 6.68 284	3326 6.70 382	4309 6.67 530	5277 6.68 676	7194 6.65 966
0.50	1550 6.99 128	1751 6.83 153	1950 6.75 178	2081 6.73 194	2733 6.70 282	3376 6.66 377	4333 6.65 522	5284 6.63 668	7178 6.61 960
0.60	1641 6.68 146	1828 6.62 167	2014 6.59 189	2138 6.58 204	2762 6.56 286	3386 6.56 376	4324 6.55 518	5262 6.55 663	7140 6.54 954
0.70	1677 6.04 172	1846 6.05 190	2020 6.11 210	2137 6.13 223	2736 6.24 297	3350 6.32 380	4277 6.39 518	5207 6.42 660	7075 6.45 950
0.80	1668 5.42 198	1826 5.46 217	1989 5.53 236	2099 5.57 248	2670 5.79 315	3264 5.95 392	4177 6.11 522	5106 6.22 660	6983 6.33 947
1.00	1514 4.49 237	1679 4.52 265	1842 4.59 288	1950 4.66 301	2503 5.00 362	3071 5.26 427	3952 5.55 542	4859 5.75 670	6710 5.98 947
1.20	1171 3.77 234	1371 3.79 278	1559 3.87 313	1681 3.94 334	2267 4.30 411	2840 4.63 474	3708 5.01 575	4598 5.28 691	6424 5.64 953
1.40	629 2.92 161	885 3.15 221	1119 3.27 279	1264 3.32 315	1936 3.69 441	2550 4.05 522	3436 4.51 620	4321 4.85 724	6130 5.30 967
1.60	0 0.00 0	248 1.62 127	510 2.18 197	680 2.43 239	1495 3.17 418	2183 3.54 547	3120 4.02 669	4022 4.41 769	5832 4.97 990
1.80	0 0.00 0	0 0.00 0	0 0.00 0	0 0.00 0	910 2.41 349	1725 3.08 520	2750 3.58 700	3688 4.01 816	5514 4.64 1024
2.00	0 0.00 0	0 0.00 0	0 0.00 0	0 0.00 0	176 0.76 243	1136 2.38 457	2314 3.19 692	3316 3.62 848	5185 4.31 1065
2.50	0 0.00 0	0 0.00 0	0 0.00 0	0 0.00 0	0 0.00 0	0 0.00 0	814 1.54 543	2132 2.67 792	4254 3.54 1152
3.00	0 0.00 0	0 0.00 0	0 0.00 0	0 0.00 0	0 0.00 0	0 0.00 0	0 0.00 0	0 0.00 0	3122 2.82 1108
3.50	0 0.00 0	0 0.00 0	0 0.00 0	0 0.00 0	0 0.00 0	0 0.00 0	0 0.00 0	0 0.00 0	1492 1.55 984

B 45 $d_1/d = 0{,}10$ $\gamma = 1{,}75$ konst. **Tabelle 125**

ges.$A_s = \mu \cdot A_b$ Tafelwerte: zul.$\sigma_{bi} = N/A_b$ (kN/cm²)

μ\\e/d	0,2 %	0,5 %	0,8 %	1,0 %	2,0 %	3,0 %	4,5 %	6,0 %	9,0 %
0.00	1.600	1.686	1.771	1.829	2.114	2.400	2.829	3.257	4.114
0.01	1.548	1.625	1.701	1.751	1.996	2.236	2.595	2.953	3.667
0.02	1.502	1.578	1.654	1.705	1.956	2.202	2.562	2.918	3.628
0.03	1.458	1.533	1.607	1.657	1.903	2.149	2.514	2.875	3.588
0.04	1.418	1.490	1.562	1.611	1.851	2.090	2.449	2.806	3.518
0.05	1.379	1.450	1.519	1.566	1.800	2.034	2.385	2.735	3.434
0.06	1.342	1.412	1.479	1.526	1.753	1.982	2.322	2.665	3.346
0.07	1.304	1.372	1.439	1.484	1.708	1.929	2.263	2.597	3.261
0.08	1.265	1.331	1.397	1.442	1.662	1.882	2.206	2.531	3.181
0.09	1.227	1.293	1.356	1.400	1.614	1.829	2.150	2.467	3.101
0.10	1.190	1.253	1.316	1.357	1.568	1.777	2.090	2.404	3.028
0.12	1.115	1.177	1.237	1.278	1.478	1.677	1.974	2.271	2.865
0.14	1.042	1.100	1.160	1.198	1.391	1.581	1.863	2.147	2.711
0.16	0.968	1.027	1.085	1.123	1.309	1.492	1.763	2.029	2.567
0.18	0.897	0.957	1.014	1.051	1.231	1.407	1.664	1.924	2.432
0.20	0.828	0.889	0.946	0.982	1.159	1.327	1.576	1.823	2.310
0.22	0.761	0.825	0.882	0.918	1.091	1.256	1.493	1.730	2.197
0.24	0.698	0.765	0.823	0.860	1.030	1.187	1.417	1.642	2.089
0.26	0.639	0.709	0.769	0.806	0.972	1.126	1.347	1.565	1.994
0.28	0.582	0.659	0.720	0.756	0.920	1.068	1.283	1.493	1.904
0.30	0.526	0.610	0.674	0.711	0.871	1.016	1.223	1.426	1.821
0.32	0.474	0.564	0.632	0.670	0.827	0.968	1.170	1.365	1.747
0.34	0.426	0.521	0.591	0.631	0.788	0.924	1.118	1.307	1.676
0.36	0.381	0.481	0.553	0.593	0.750	0.883	1.073	1.255	1.610
0.38	0.336	0.443	0.517	0.558	0.717	0.846	1.029	1.206	1.551
0.40	0.295	0.409	0.483	0.525	0.686	0.811	0.990	1.161	1.496
0.42	0.260	0.378	0.453	0.494	0.655	0.780	0.953	1.118	1.442
0.44	0.228	0.348	0.424	0.466	0.627	0.751	0.918	1.080	1.394
0.46	0.202	0.319	0.398	0.440	0.600	0.724	0.886	1.043	1.347
0.48	0.180	0.294	0.375	0.415	0.575	0.697	0.856	1.009	1.303
0.50	0.161	0.271	0.353	0.393	0.550	0.672	0.828	0.977	1.263
0.55	0.125	0.226	0.302	0.345	0.496	0.614	0.766	0.904	1.173
0.60	0.101	0.192	0.261	0.303	0.450	0.564	0.710	0.842	1.094
0.65	0.084	0.165	0.229	0.267	0.410	0.520	0.660	0.787	1.025
0.70	0.072	0.145	0.203	0.238	0.376	0.480	0.615	0.737	0.963
0.75	0.062	0.129	0.182	0.214	0.347	0.447	0.576	0.694	0.908
0.80	0.055	0.114	0.165	0.195	0.321	0.417	0.541	0.654	0.859
0.85	0.049	0.104	0.151	0.179	0.299	0.390	0.509	0.618	0.818
0.90	0.044	0.095	0.139	0.165	0.280	0.366	0.480	0.584	0.777
0.95	0.040	0.088	0.128	0.152	0.262	0.345	0.455	0.554	0.739
1.00	0.037	0.081	0.119	0.142	0.246	0.327	0.431	0.528	0.705
1.10	0.032	0.070	0.104	0.124	0.218	0.294	0.390	0.480	0.645
1.20	0.028	0.063	0.093	0.111	0.195	0.267	0.357	0.439	0.595
1.30	0.025	0.056	0.084	0.100	0.177	0.244	0.328	0.405	0.549
1.40	0.022	0.050	0.075	0.091	0.161	0.225	0.304	0.376	0.512
1.50	0.020	0.046	0.069	0.083	0.148	0.209	0.283	0.351	0.478
1.60	0.019	0.042	0.063	0.077	0.138	0.194	0.264	0.328	0.447
1.70	0.017	0.039	0.059	0.071	0.129	0.181	0.247	0.308	0.421
1.80	0.016	0.037	0.055	0.066	0.119	0.169	0.233	0.291	0.399
1.90	0.015	0.034	0.051	0.063	0.112	0.159	0.220	0.275	0.378
2.00	0.014	0.032	0.049	0.059	0.107	0.150	0.208	0.260	0.359
2.20	0.013	0.029	0.043	0.053	0.095	0.135	0.188	0.236	0.325
2.40	0.011	0.026	0.039	0.046	0.087	0.123	0.172	0.216	0.298
2.60	0.010	0.023	0.036	0.043	0.078	0.112	0.158	0.199	0.275
2.80	0.009	0.022	0.033	0.039	0.072	0.104	0.147	0.184	0.256
3.00	0.009	0.020	0.030	0.036	0.067	0.095	0.136	0.171	0.238
4.00	0.006	0.014	0.022	0.027	0.049	0.070	0.101	0.128	0.178
5.00	0.004	0.011	0.017	0.021	0.038	0.055	0.079	0.101	0.143
6.00	0.004	0.009	0.014	0.017	0.032	0.045	0.066	0.084	0.117
7.00	0.003	0.008	0.011	0.014	0.027	0.038	0.056	0.071	0.100
8.00	0.003	0.006	0.011	0.012	0.024	0.034	0.048	0.063	0.088
9.00	0.002	0.006	0.009	0.011	0.020	0.030	0.043	0.056	0.078
10.00	0.002	0.005	0.008	0.010	0.018	0.027	0.039	0.050	0.070

e/d \ μ	0.2 %	0.5 %	0.8 %	1.0 %	1.2 %	1.4 %	1.6 %	1.8 %	2.0 %
0.00	1.333	1.405	1.476	1.524	1.571	1.619	1.667	1.714	1.762
0.01	1.288	1.351	1.413	1.454	1.495	1.536	1.576	1.616	1.657
0.02	1.250	1.312	1.374	1.415	1.456	1.497	1.538	1.579	1.620
0.03	1.214	1.275	1.335	1.374	1.414	1.454	1.494	1.535	1.574
0.04	1.180	1.238	1.296	1.335	1.375	1.413	1.451	1.491	1.530
0.05	1.148	1.204	1.260	1.299	1.337	1.374	1.412	1.449	1.487
0.06	1.117	1.172	1.226	1.263	1.300	1.337	1.373	1.411	1.447
0.07	1.085	1.139	1.192	1.228	1.264	1.299	1.336	1.371	1.407
0.08	1.053	1.105	1.156	1.191	1.227	1.261	1.296	1.331	1.365
0.09	1.021	1.071	1.121	1.155	1.189	1.222	1.257	1.290	1.324
0.10	0.988	1.038	1.088	1.119	1.152	1.186	1.218	1.252	1.284
0.12	0.932	0.979	1.023	1.054	1.084	1.115	1.144	1.175	1.204
0.14	0.881	0.925	0.968	0.998	1.026	1.055	1.083	1.112	1.141
0.16	0.830	0.872	0.914	0.942	0.970	0.998	1.026	1.054	1.080
0.18	0.780	0.822	0.862	0.889	0.916	0.943	0.969	0.996	1.022
0.20	0.731	0.772	0.813	0.839	0.865	0.891	0.917	0.942	0.967
0.22	0.683	0.725	0.765	0.791	0.817	0.842	0.867	0.892	0.917
0.24	0.638	0.681	0.721	0.747	0.772	0.796	0.820	0.845	0.869
0.26	0.595	0.640	0.680	0.706	0.730	0.755	0.778	0.801	0.825
0.28	0.555	0.602	0.642	0.667	0.692	0.716	0.739	0.761	0.785
0.30	0.516	0.567	0.608	0.632	0.657	0.680	0.703	0.726	0.747
0.32	0.463	0.533	0.576	0.601	0.625	0.648	0.670	0.691	0.713
0.34	0.415	0.499	0.546	0.572	0.595	0.618	0.639	0.661	0.682
0.36	0.371	0.459	0.517	0.544	0.568	0.590	0.612	0.632	0.653
0.38	0.329	0.422	0.487	0.517	0.542	0.565	0.586	0.606	0.625
0.40	0.289	0.389	0.455	0.492	0.517	0.540	0.562	0.582	0.601
0.42	0.254	0.358	0.425	0.462	0.493	0.517	0.538	0.559	0.579
0.44	0.224	0.331	0.398	0.434	0.467	0.494	0.516	0.536	0.556
0.46	0.199	0.306	0.373	0.409	0.442	0.471	0.495	0.516	0.535
0.48	0.176	0.281	0.350	0.386	0.419	0.448	0.475	0.496	0.516
0.50	0.158	0.260	0.329	0.365	0.397	0.426	0.453	0.477	0.497
0.55	0.123	0.217	0.285	0.320	0.350	0.378	0.404	0.429	0.451
0.60	0.099	0.184	0.247	0.283	0.312	0.338	0.363	0.386	0.409
0.65	0.083	0.159	0.217	0.251	0.280	0.305	0.329	0.351	0.372
0.70	0.070	0.140	0.193	0.225	0.253	0.277	0.300	0.321	0.341
0.75	0.061	0.124	0.174	0.203	0.230	0.254	0.275	0.295	0.314
0.80	0.054	0.112	0.157	0.184	0.209	0.234	0.254	0.273	0.291
0.85	0.049	0.101	0.144	0.169	0.193	0.215	0.235	0.253	0.271
0.90	0.044	0.093	0.132	0.156	0.178	0.199	0.219	0.236	0.253
0.95	0.040	0.085	0.122	0.144	0.166	0.186	0.204	0.221	0.237
1.00	0.037	0.079	0.114	0.135	0.155	0.173	0.191	0.208	0.223
1.10	0.031	0.069	0.100	0.118	0.136	0.154	0.169	0.185	0.200
1.20	0.028	0.061	0.089	0.106	0.122	0.137	0.152	0.166	0.180
1.30	0.024	0.055	0.080	0.095	0.110	0.124	0.138	0.150	0.164
1.40	0.022	0.049	0.073	0.087	0.101	0.113	0.126	0.137	0.149
1.50	0.020	0.045	0.067	0.080	0.092	0.104	0.115	0.127	0.138
1.60	0.019	0.041	0.061	0.073	0.085	0.096	0.108	0.117	0.128
1.70	0.017	0.038	0.057	0.068	0.080	0.090	0.100	0.109	0.119
1.80	0.016	0.035	0.053	0.064	0.074	0.084	0.093	0.102	0.112
1.90	0.015	0.033	0.050	0.060	0.070	0.078	0.088	0.096	0.105
2.00	0.014	0.032	0.047	0.056	0.066	0.074	0.083	0.091	0.099
2.20	0.012	0.028	0.042	0.050	0.058	0.067	0.074	0.082	0.089
2.40	0.011	0.025	0.038	0.046	0.053	0.060	0.067	0.074	0.080
2.60	0.010	0.023	0.034	0.041	0.048	0.055	0.061	0.068	0.074
2.80	0.009	0.021	0.032	0.038	0.045	0.050	0.056	0.062	0.068
3.00	0.008	0.020	0.029	0.035	0.041	0.047	0.052	0.057	0.062
4.00	0.006	0.014	0.021	0.025	0.030	0.034	0.038	0.042	0.046
5.00	0.005	0.011	0.017	0.020	0.023	0.026	0.030	0.033	0.037
6.00	0.004	0.009	0.013	0.016	0.019	0.022	0.024	0.027	0.030
7.00	0.003	0.007	0.012	0.014	0.017	0.019	0.021	0.023	0.025
8.00	0.003	0.007	0.010	0.012	0.014	0.017	0.018	0.020	0.022
9.00	0.002	0.006	0.009	0.011	0.013	0.015	0.016	0.018	0.020
10.00	0.002	0.005	0.008	0.008	0.011	0.013	0.014	0.016	0.017

Tabelle 126

Regelbemessung

$\gamma = 2{,}10$ bis $1{,}75$

Beton : **B 45**

$d_1/d =$ **0,15**

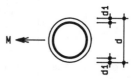

$e/d = M/N \cdot d$

ges. $A_s = \mu \cdot A_b$

Tafelwerte :
zul. $\sigma_{bi} = N/A_b$ (kN/cm²)

2,5 %	3,0 %	4,5 %	6,0 %	7,5 %	9,0 %	μ \ e/d
1.881	2.000	2.357	2.714	3.071	3.429	0.00
1.757	1.857	2.155	2.453	2.750	3.047	0.01
1.721	1.822	2.120	2.416	2.711	3.005	0.02
1.674	1.773	2.072	2.370	2.666	2.960	0.03
1.627	1.723	2.016	2.306	2.598	2.889	0.04
1.581	1.675	1.959	2.244	2.527	2.812	0.05
1.538	1.631	1.906	2.181	2.458	2.734	0.06
1.496	1.586	1.855	2.122	2.391	2.661	0.07
1.452	1.541	1.802	2.063	2.327	2.589	0.08
1.408	1.494	1.748	2.004	2.260	2.514	0.09
1.366	1.447	1.695	1.941	2.190	2.436	0.10
1.281	1.359	1.591	1.822	2.055	2.286	0.12
1.214	1.285	1.501	1.716	1.932	2.148	0.14
1.150	1.219	1.423	1.629	1.835	2.040	0.16
1.089	1.154	1.351	1.547	1.741	1.937	0.18
1.031	1.094	1.283	1.470	1.657	1.842	0.20
0.978	1.039	1.219	1.398	1.576	1.756	0.22
0.928	0.987	1.161	1.333	1.505	1.675	0.24
0.882	0.939	1.106	1.272	1.436	1.599	0.26
0.841	0.895	1.056	1.215	1.375	1.532	0.28
0.801	0.855	1.011	1.164	1.315	1.467	0.30
0.766	0.817	0.968	1.116	1.263	1.410	0.32
0.733	0.783	0.928	1.072	1.213	1.355	0.34
0.703	0.750	0.892	1.031	1.168	1.304	0.36
0.675	0.722	0.858	0.993	1.126	1.257	0.38
0.648	0.694	0.827	0.957	1.085	1.211	0.40
0.624	0.668	0.797	0.922	1.047	1.169	0.42
0.602	0.645	0.771	0.892	1.014	1.131	0.44
0.580	0.623	0.745	0.864	0.980	1.095	0.46
0.560	0.602	0.720	0.836	0.949	1.062	0.48
0.541	0.583	0.699	0.811	0.920	1.031	0.50
0.497	0.538	0.648	0.752	0.855	0.959	0.55
0.459	0.498	0.604	0.701	0.799	0.894	0.60
0.421	0.462	0.564	0.658	0.750	0.840	0.65
0.387	0.431	0.530	0.619	0.706	0.792	0.70
0.359	0.399	0.499	0.585	0.667	0.747	0.75
0.333	0.372	0.470	0.553	0.632	0.709	0.80
0.311	0.349	0.444	0.524	0.600	0.672	0.85
0.292	0.327	0.421	0.499	0.570	0.640	0.90
0.274	0.308	0.400	0.474	0.544	0.611	0.95
0.258	0.291	0.379	0.452	0.520	0.586	1.00
0.231	0.262	0.344	0.414	0.477	0.537	1.10
0.210	0.237	0.313	0.381	0.440	0.498	1.20
0.192	0.217	0.289	0.353	0.409	0.463	1.30
0.177	0.201	0.267	0.327	0.380	0.430	1.40
0.163	0.186	0.248	0.304	0.356	0.403	1.50
0.152	0.174	0.232	0.284	0.336	0.381	1.60
0.142	0.162	0.217	0.268	0.316	0.358	1.70
0.134	0.153	0.204	0.252	0.299	0.339	1.80
0.126	0.144	0.193	0.239	0.282	0.321	1.90
0.119	0.136	0.183	0.226	0.268	0.306	2.00
0.106	0.123	0.165	0.205	0.242	0.279	2.20
0.097	0.112	0.152	0.188	0.223	0.257	2.40
0.088	0.103	0.139	0.173	0.206	0.236	2.60
0.081	0.095	0.128	0.159	0.190	0.219	2.80
0.075	0.088	0.120	0.149	0.177	0.204	3.00
0.056	0.065	0.089	0.111	0.132	0.153	4.00
0.043	0.051	0.071	0.088	0.105	0.122	5.00
0.036	0.042	0.058	0.073	0.088	0.101	6.00
0.030	0.036	0.050	0.063	0.075	0.085	7.00
0.027	0.031	0.044	0.054	0.064	0.076	8.00
0.023	0.027	0.038	0.048	0.058	0.067	9.00
0.021	0.025	0.034	0.044	0.052	0.059	10.00

B 45
$d_1/d = 0{,}15$

1. Zeile: $M_u/1{,}75 \cdot A_b \cdot d$ (kN/m²)
2. Zeile: $1000 \cdot k_u \cdot d$
3. Zeile: $B_{II}/1000 \cdot 1{,}75 \cdot A_b \cdot d^2$ (kN/m²)

Tabelle 127

σ_{bi} \ µ	0,2 %	0,5 %	0,8 %	1,0 %	2,0 %	3,0 %	4,5 %	6,0 %	9,0 %
0.00	223 4.45 50	521 4.89 105	792 5.16 150	963 5.33 175	1744 5.91 279	2460 6.37 359	3456 6.79 467	4353 6.95 573	6059 7.10 786
0.10	598 5.47 61	857 5.57 104	1100 5.75 143	1257 5.86 167	1989 6.37 264	2671 6.75 343	3583 6.96 453	4451 7.06 561	6117 7.15 777
0.20	918 6.27 82	1149 6.22 111	1369 6.31 142	1515 6.42 162	2197 6.81 250	2812 6.94 329	3685 7.08 441	4526 7.13 551	6158 7.16 769
0.30	1182 6.94 95	1393 6.84 119	1597 6.89 143	1726 6.91 159	2340 7.03 240	2921 7.09 318	3761 7.14 431	4579 7.16 541	6180 7.17 761
0.40	1386 7.39 107	1572 7.17 128	1754 7.15 149	1872 7.13 162	2445 7.15 235	2999 7.15 310	3810 7.15 422	4608 7.15 533	6182 7.14 754
0.50	1529 7.34 120	1698 7.24 137	1864 7.20 156	1973 7.19 168	2512 7.14 234	3042 7.13 305	3828 7.11 415	4607 7.08 527	6158 7.06 749
0.60	1618 6.89 139	1769 6.90 154	1920 6.91 169	2022 6.92 180	2530 6.94 239	3039 6.93 306	3805 6.96 413	4571 6.95 523	6104 6.95 745
0.70	1654 6.15 164	1788 6.22 178	1925 6.30 191	2019 6.32 201	2496 6.49 253	2987 6.58 313	3736 6.67 415	4492 6.74 522	6016 6.80 742
0.80	1648 5.54 190	1776 5.63 202	1906 5.74 214	1995 5.80 223	2452 6.04 270	2928 6.23 324	3661 6.39 420	4404 6.51 523	5916 6.64 740
1.00	1501 4.59 228	1641 4.68 246	1779 4.78 260	1870 4.86 269	2324 5.25 309	2784 5.54 356	3497 5.83 438	4224 6.03 532	5710 6.29 740
1.20	1164 3.87 223	1342 3.92 260	1511 4.03 286	1620 4.12 300	2122 4.53 354	2597 4.89 397	3308 5.31 466	4030 5.60 550	5501 5.97 745
1.40	625 3.02 153	870 3.28 205	1085 3.40 256	1221 3.48 285	1822 3.89 383	2348 4.28 440	3087 4.77 507	3812 5.14 580	5278 5.62 757
1.60	0 0.00 0	236 1.69 115	489 2.30 177	653 2.57 213	1412 3.36 367	2023 3.76 466	2820 4.29 550	3569 4.70 618	5048 5.29 777
1.80	0 0.00 0	0 0.00 0	0 0.00 0	0 0.00 0	848 2.55 303	1598 3.27 449	2501 3.83 581	3293 4.28 660	4799 4.96<
806
2.00	0 0.00 0	0 0.00 0	0 0.00 0	0 0.00 0	142 0.76 198	1047 2.58 390	2115 3.40 584	2979 3.89 694	4530 4.62 842
2.50	0 0.00 0	0 0.00 0	0 0.00 0	0 0.00 0	0 0.00 0	0 0.00 0	707 1.64 445	1933 2.91 661	3755 3.82 930
3.00	0 0.00 0	0 0.00 0	0 0.00 0	0 0.00 0	0 0.00 0	0 0.00 0	0 0.00 0	0 0.00 0	2765 3.04 911
3.50	0 0.00 0	0 0.00 0	0 0.00 0	0 0.00 0	0 0.00 0	0 0.00 0	0 0.00 0	0 0.00 0	1283 1.68 788

B 45 $d_1/d = 0.15$ $\gamma = 1.75$ konst.   **Tabelle 128**

ges.$A_s = \mu \cdot A_b$ Tafelwerte : zul.$\sigma_{bi} = N/A_b$ (kN/cm²)

e/d \ μ	0,2 %	0,5 %	0,8 %	1,0 %	2,0 %	3,0 %	4,5 %	6,0 %	9,0 %
0.00	1.600	1.686	1.771	1.829	2.114	2.400	2.829	3.257	4.114
0.01	1.546	1.622	1.696	1.745	1.988	2.229	2.587	2.944	3.656
0.02	1.500	1.574	1.648	1.698	1.943	2.187	2.544	2.899	3.606
0.03	1.457	1.529	1.602	1.649	1.889	2.128	2.487	2.844	3.552
0.04	1.416	1.485	1.555	1.602	1.836	2.068	2.419	2.768	3.467
0.05	1.377	1.445	1.512	1.559	1.784	2.011	2.351	2.693	3.374
0.06	1.340	1.407	1.472	1.516	1.736	1.957	2.287	2.617	3.281
0.07	1.302	1.366	1.430	1.473	1.688	1.903	2.225	2.546	3.193
0.08	1.263	1.326	1.388	1.430	1.638	1.849	2.163	2.476	3.106
0.09	1.225	1.286	1.345	1.386	1.588	1.792	2.097	2.405	3.017
0.10	1.186	1.246	1.306	1.343	1.541	1.736	2.034	2.330	2.923
0.12	1.111	1.168	1.223	1.261	1.445	1.630	1.910	2.186	2.743
0.14	1.036	1.090	1.143	1.179	1.354	1.529	1.791	2.053	2.578
0.16	0.962	1.015	1.065	1.100	1.267	1.435	1.681	1.930	2.424
0.18	0.890	0.942	0.992	1.024	1.185	1.345	1.581	1.816	2.281
0.20	0.820	0.871	0.922	0.954	1.109	1.262	1.487	1.710	2.151
0.22	0.752	0.806	0.856	0.888	1.040	1.186	1.400	1.612	2.035
0.24	0.688	0.744	0.795	0.827	0.975	1.116	1.322	1.524	1.926
0.26	0.627	0.687	0.738	0.771	0.916	1.053	1.250	1.444	1.827
0.28	0.571	0.635	0.688	0.719	0.863	0.994	1.184	1.370	1.739
0.30	0.516	0.588	0.641	0.673	0.814	0.942	1.126	1.304	1.655
0.32	0.463	0.542	0.599	0.632	0.769	0.894	1.071	1.243	1.582
0.34	0.415	0.499	0.560	0.594	0.730	0.851	1.021	1.187	1.513
0.36	0.371	0.459	0.522	0.558	0.693	0.810	0.975	1.136	1.449
0.38	0.329	0.422	0.487	0.524	0.659	0.774	0.933	1.089	1.391
0.40	0.289	0.389	0.455	0.492	0.630	0.740	0.894	1.044	1.334
0.42	0.254	0.358	0.425	0.462	0.602	0.709	0.858	1.002	1.283
0.44	0.224	0.331	0.398	0.434	0.574	0.680	0.827	0.965	1.236
0.46	0.199	0.306	0.373	0.409	0.549	0.654	0.795	0.931	1.193
0.48	0.176	0.281	0.350	0.386	0.525	0.629	0.766	0.897	1.153
0.50	0.158	0.260	0.329	0.365	0.503	0.607	0.741	0.869	1.117
0.55	0.123	0.217	0.285	0.320	0.451	0.554	0.681	0.799	1.031
0.60	0.099	0.184	0.247	0.283	0.409	0.506	0.630	0.740	0.956
0.65	0.083	0.159	0.217	0.251	0.372	0.465	0.585	0.691	0.894
0.70	0.070	0.140	0.193	0.225	0.341	0.431	0.546	0.646	0.839
0.75	0.061	0.124	0.174	0.203	0.314	0.399	0.510	0.608	0.787
0.80	0.054	0.112	0.157	0.184	0.291	0.372	0.478	0.572	0.745
0.85	0.049	0.101	0.144	0.169	0.271	0.349	0.449	0.540	0.704
0.90	0.044	0.093	0.132	0.156	0.253	0.327	0.423	0.512	0.668
0.95	0.040	0.085	0.122	0.144	0.237	0.308	0.400	0.484	0.636
1.00	0.037	0.079	0.114	0.135	0.223	0.291	0.379	0.461	0.609
1.10	0.031	0.069	0.100	0.118	0.200	0.262	0.344	0.419	0.555
1.20	0.028	0.061	0.089	0.106	0.180	0.237	0.313	0.383	0.512
1.30	0.024	0.055	0.080	0.095	0.164	0.217	0.289	0.353	0.474
1.40	0.022	0.049	0.073	0.087	0.149	0.201	0.267	0.327	0.439
1.50	0.020	0.045	0.067	0.080	0.138	0.186	0.248	0.304	0.410
1.60	0.019	0.041	0.061	0.073	0.128	0.174	0.232	0.284	0.386
1.70	0.017	0.038	0.057	0.068	0.119	0.162	0.217	0.268	0.363
1.80	0.016	0.035	0.053	0.064	0.112	0.153	0.204	0.252	0.342
1.90	0.015	0.033	0.050	0.060	0.105	0.144	0.193	0.239	0.323
2.00	0.014	0.032	0.047	0.056	0.099	0.136	0.183	0.226	0.308
2.20	0.012	0.028	0.042	0.050	0.089	0.123	0.165	0.205	0.279
2.40	0.011	0.025	0.038	0.046	0.080	0.112	0.152	0.188	0.257
2.60	0.010	0.023	0.034	0.041	0.074	0.103	0.139	0.173	0.236
2.80	0.009	0.021	0.032	0.038	0.068	0.095	0.128	0.159	0.219
3.00	0.008	0.020	0.029	0.035	0.062	0.088	0.120	0.149	0.204
4.00	0.006	0.014	0.021	0.025	0.046	0.065	0.089	0.111	0.153
5.00	0.005	0.011	0.017	0.020	0.037	0.051	0.071	0.088	0.122
6.00	0.004	0.009	0.013	0.016	0.030	0.042	0.058	0.073	0.101
7.00	0.003	0.007	0.012	0.014	0.025	0.036	0.050	0.063	0.085
8.00	0.003	0.007	0.010	0.012	0.022	0.031	0.044	0.054	0.076
9.00	0.002	0.006	0.009	0.011	0.020	0.027	0.038	0.048	0.067
10.00	0.002	0.005	0.008	0.008	0.017	0.025	0.034	0.044	0.059

e/d \ μ	0.2 %	0.5 %	0.8 %	1.0 %	1.2 %	1.4 %	1.6 %	1.8 %	2.0 %
0.00	1.333	1.405	1.476	1.524	1.571	1.619	1.667	1.714	1.762
0.01	1.287	1.348	1.408	1.449	1.489	1.529	1.569	1.609	1.649
0.02	1.249	1.309	1.369	1.409	1.449	1.489	1.529	1.569	1.609
0.03	1.213	1.271	1.330	1.368	1.407	1.446	1.484	1.524	1.562
0.04	1.178	1.235	1.292	1.329	1.367	1.404	1.442	1.479	1.517
0.05	1.146	1.201	1.256	1.292	1.328	1.365	1.402	1.437	1.475
0.06	1.115	1.168	1.222	1.256	1.291	1.327	1.362	1.397	1.434
0.07	1.083	1.134	1.185	1.219	1.253	1.286	1.322	1.356	1.390
0.08	1.051	1.100	1.148	1.181	1.215	1.248	1.281	1.314	1.345
0.09	1.018	1.065	1.113	1.145	1.176	1.208	1.240	1.272	1.302
0.10	0.987	1.031	1.077	1.108	1.138	1.169	1.199	1.229	1.259
0.12	0.923	0.965	1.007	1.035	1.063	1.091	1.120	1.148	1.177
0.14	0.867	0.906	0.944	0.971	0.996	1.023	1.049	1.075	1.101
0.16	0.815	0.852	0.888	0.913	0.937	0.962	0.986	1.011	1.036
0.18	0.764	0.799	0.834	0.857	0.881	0.904	0.927	0.950	0.973
0.20	0.714	0.748	0.782	0.804	0.826	0.849	0.870	0.892	0.915
0.22	0.665	0.699	0.731	0.753	0.775	0.796	0.818	0.838	0.859
0.24	0.618	0.652	0.685	0.706	0.727	0.747	0.768	0.788	0.809
0.26	0.574	0.610	0.642	0.663	0.683	0.704	0.724	0.743	0.762
0.28	0.533	0.570	0.603	0.623	0.644	0.663	0.682	0.702	0.721
0.30	0.494	0.535	0.567	0.587	0.608	0.626	0.645	0.663	0.682
0.32	0.452	0.501	0.536	0.556	0.575	0.594	0.612	0.630	0.647
0.34	0.405	0.470	0.506	0.526	0.545	0.564	0.581	0.598	0.616
0.36	0.361	0.437	0.478	0.499	0.518	0.536	0.553	0.570	0.587
0.38	0.322	0.402	0.452	0.474	0.493	0.511	0.528	0.544	0.561
0.40	0.285	0.370	0.426	0.450	0.470	0.488	0.505	0.520	0.536
0.42	0.251	0.341	0.398	0.427	0.447	0.466	0.483	0.499	0.515
0.44	0.221	0.315	0.372	0.403	0.427	0.446	0.462	0.478	0.494
0.46	0.196	0.292	0.349	0.380	0.406	0.426	0.443	0.459	0.474
0.48	0.175	0.271	0.328	0.358	0.385	0.408	0.425	0.441	0.456
0.50	0.157	0.251	0.309	0.339	0.365	0.389	0.408	0.424	0.439
0.55	0.122	0.210	0.268	0.297	0.322	0.345	0.366	0.385	0.400
0.60	0.099	0.179	0.235	0.263	0.287	0.309	0.330	0.349	0.367
0.65	0.083	0.155	0.208	0.235	0.258	0.279	0.299	0.317	0.334
0.70	0.071	0.136	0.185	0.213	0.234	0.255	0.273	0.290	0.307
0.75	0.061	0.122	0.167	0.193	0.214	0.233	0.250	0.267	0.283
0.80	0.054	0.109	0.151	0.176	0.197	0.215	0.231	0.247	0.262
0.85	0.048	0.099	0.139	0.161	0.182	0.199	0.215	0.230	0.244
0.90	0.044	0.091	0.128	0.149	0.169	0.186	0.201	0.215	0.228
0.95	0.040	0.084	0.119	0.138	0.157	0.174	0.188	0.202	0.215
1.00	0.037	0.078	0.110	0.129	0.147	0.163	0.177	0.190	0.202
1.10	0.032	0.068	0.097	0.114	0.129	0.144	0.158	0.170	0.181
1.20	0.028	0.060	0.086	0.102	0.116	0.130	0.142	0.153	0.164
1.30	0.024	0.053	0.078	0.092	0.105	0.117	0.130	0.140	0.149
1.40	0.022	0.048	0.071	0.084	0.096	0.107	0.118	0.128	0.137
1.50	0.020	0.045	0.064	0.077	0.088	0.099	0.109	0.119	0.127
1.60	0.018	0.041	0.060	0.071	0.082	0.091	0.101	0.110	0.118
1.70	0.017	0.038	0.055	0.066	0.076	0.085	0.094	0.103	0.110
1.80	0.016	0.036	0.052	0.062	0.071	0.080	0.088	0.096	0.104
1.90	0.015	0.033	0.048	0.058	0.067	0.075	0.083	0.091	0.098
2.00	0.014	0.031	0.046	0.054	0.063	0.071	0.079	0.085	0.092
2.20	0.012	0.028	0.041	0.049	0.056	0.063	0.070	0.077	0.083
2.40	0.011	0.025	0.037	0.044	0.051	0.057	0.064	0.070	0.076
2.60	0.010	0.023	0.034	0.041	0.046	0.052	0.058	0.064	0.069
2.80	0.009	0.021	0.031	0.037	0.043	0.048	0.054	0.059	0.064
3.00	0.009	0.019	0.029	0.034	0.040	0.045	0.050	0.054	0.059
4.00	0.006	0.014	0.020	0.025	0.029	0.033	0.036	0.040	0.043
5.00	0.005	0.011	0.017	0.020	0.023	0.026	0.028	0.032	0.034
6.00	0.004	0.009	0.013	0.016	0.019	0.021	0.024	0.026	0.028
7.00	0.003	0.008	0.011	0.013	0.016	0.018	0.020	0.022	0.024
8.00	0.003	0.006	0.010	0.012	0.014	0.015	0.018	0.019	0.021
9.00	0.003	0.006	0.009	0.010	0.012	0.014	0.015	0.017	0.018
10.00	0.002	0.005	0.008	0.009	0.011	0.013	0.014	0.015	0.016

Tabelle 129

Regelbemessung

$\gamma = 2,10$ bis $1,75$

Beton: **B 45**

$d_1/d = $ **0,20**

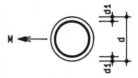

$e/d = M/N \cdot d$

ges. $A_S = \mu \cdot A_b$

Tafelwerte:

zul. $\sigma_{bi} = N/A_b$ (kN/cm²)

2,5 %	3,0 %	4,5 %	6,0 %	7,5 %	9,0 %	μ \ e/d
1.881	2.000	2.357	2.714	3.071	3.429	0.00
1.749	1.848	2.145	2.442	2.738	3.033	0.01
1.708	1.807	2.101	2.394	2.687	2.978	0.02
1.660	1.757	2.047	2.338	2.629	2.919	0.03
1.611	1.706	1.988	2.272	2.555	2.839	0.04
1.565	1.657	1.930	2.204	2.479	2.754	0.05
1.521	1.610	1.876	2.142	2.407	2.673	0.06
1.475	1.560	1.819	2.078	2.338	2.597	0.07
1.429	1.512	1.757	2.006	2.257	2.504	0.08
1.381	1.461	1.698	1.938	2.178	2.416	0.09
1.336	1.413	1.642	1.870	2.098	2.328	0.10
1.246	1.317	1.528	1.740	1.950	2.163	0.12
1.166	1.231	1.427	1.623	1.817	2.015	0.14
1.096	1.157	1.341	1.524	1.708	1.892	0.16
1.031	1.088	1.261	1.434	1.607	1.781	0.18
0.970	1.024	1.188	1.352	1.516	1.680	0.20
0.912	0.965	1.121	1.275	1.430	1.587	0.22
0.860	0.910	1.058	1.205	1.353	1.501	0.24
0.810	0.859	1.001	1.143	1.282	1.421	0.26
0.767	0.813	0.948	1.082	1.216	1.351	0.28
0.727	0.770	0.901	1.030	1.157	1.286	0.30
0.691	0.733	0.857	0.981	1.103	1.226	0.32
0.657	0.699	0.818	0.937	1.054	1.170	0.34
0.627	0.667	0.782	0.896	1.007	1.121	0.36
0.599	0.637	0.750	0.859	0.966	1.073	0.38
0.574	0.611	0.718	0.823	0.929	1.033	0.40
0.551	0.586	0.690	0.792	0.892	0.993	0.42
0.529	0.564	0.665	0.764	0.860	0.956	0.44
0.510	0.543	0.640	0.735	0.830	0.922	0.46
0.491	0.523	0.617	0.710	0.800	0.890	0.48
0.474	0.505	0.597	0.685	0.773	0.862	0.50
0.434	0.465	0.551	0.633	0.714	0.795	0.55
0.400	0.430	0.509	0.587	0.664	0.738	0.60
0.369	0.398	0.476	0.548	0.619	0.688	0.65
0.343	0.371	0.445	0.513	0.579	0.648	0.70
0.318	0.347	0.419	0.483	0.547	0.610	0.75
0.296	0.325	0.394	0.456	0.517	0.575	0.80
0.277	0.306	0.372	0.431	0.489	0.545	0.85
0.259	0.288	0.353	0.410	0.464	0.516	0.90
0.244	0.271	0.335	0.390	0.441	0.492	0.95
0.230	0.257	0.319	0.372	0.421	0.469	1.00
0.207	0.231	0.291	0.339	0.385	0.430	1.10
0.188	0.210	0.267	0.313	0.356	0.398	1.20
0.172	0.192	0.247	0.290	0.330	0.368	1.30
0.159	0.178	0.230	0.270	0.308	0.344	1.40
0.147	0.165	0.214	0.252	0.288	0.324	1.50
0.137	0.154	0.200	0.237	0.271	0.303	1.60
0.128	0.144	0.188	0.222	0.255	0.287	1.70
0.120	0.136	0.177	0.211	0.242	0.271	1.80
0.113	0.128	0.166	0.200	0.230	0.258	1.90
0.107	0.121	0.158	0.191	0.218	0.246	2.00
0.097	0.109	0.143	0.174	0.199	0.223	2.20
0.088	0.100	0.131	0.158	0.182	0.206	2.40
0.081	0.092	0.121	0.146	0.168	0.189	2.60
0.075	0.085	0.112	0.135	0.156	0.177	2.80
0.070	0.079	0.104	0.126	0.146	0.165	3.00
0.051	0.058	0.077	0.094	0.110	0.123	4.00
0.041	0.046	0.061	0.075	0.088	0.100	5.00
0.034	0.038	0.051	0.062	0.073	0.081	6.00
0.029	0.033	0.044	0.054	0.062	0.070	7.00
0.025	0.029	0.038	0.047	0.055	0.061	8.00
0.022	0.025	0.034	0.041	0.049	0.055	9.00
0.020	0.022	0.030	0.037	0.044	0.050	10.00

B 45 $d_1/d = 0{,}20$

1. Zeile: $M_u/1{,}75 \cdot A_b \cdot d$ (kN/m²)
2. Zeile: $1000 \cdot k_u \cdot d$
3. Zeile: $B_{II}/1000 \cdot 1{,}75 \cdot A_b \cdot d^2$ (kN/m²)

Tabelle 130

σ_{bi} \ μ	0,2 %	0,5 %	0,8 %	1,0 %	2,0 %	3,0 %	4,5 %	6,0 %	9,0 %
0.00	225 4.83 46	517 5.33 95	779 5.68 132	939 5.85 154	1650 6.58 233	2258 7.04 291	3031 7.32 370	3738 7.45 447	5056 7.54 601
0.10	596 5.92 56	848 6.13 92	1076 6.33 126	1219 6.48 145	1865 7.05 218	2400 7.27 277	3128 7.46 358	3805 7.52 437	5080 7.55 594
0.20	913 6.77 75	1130 6.81 99	1332 6.97 122	1461 7.07 138	2018 7.31 206	2516 7.46 265	3202 7.53 347	3850 7.54 428	5086 7.51 587
0.30	1175 7.60 85	1359 7.40 106	1529 7.40 125	1638 7.43 137	2139 7.51 198	2601 7.55 255	3249 7.53 339	3872 7.51 420	5071 7.44 582
0.40	1369 7.81 98	1524 7.61 116	1674 7.59 130	1770 7.58 140	2225 7.57 194	2653 7.53 249	3268 7.46 332	3864 7.41 415	5023 7.30 578
0.50	1507 7.63 112	1641 7.54 126	1771 7.51 139	1856 7.48 148	2267 7.39 196	2662 7.32 249	3244 7.24 330	3819 7.21 412	4963 7.15 575
0.60	1591 6.92 134	1702 6.93 146	1814 6.93 157	1888 6.94 165	2263 6.96 206	2639 6.98 253	3205 6.98 330	3771 6.99 410	4904 7.00 572
0.70	1631 6.19 161	1730 6.29 168	1831 6.35 178	1900 6.39 184	2251 6.54 220	2612 6.64 261	3163 6.71 332	3721 6.78 409	4842 6.85 570
0.80	1629 5.62 185	1726 5.75 190	1824 5.84 199	1890 5.90 204	2230 6.15 234	2580 6.31 272	3120 6.47 337	3669 6.57 411	4781 6.70 568
1.00	1488 4.67 220	1606 4.82 229	1719 4.97 238	1792 5.04 243	2147 5.44 269	2495 5.72 299	3023 5.98 354	3561 6.18 419	4655 6.39 568
1.20	1152 3.91 218	1319 4.05 243	1470 4.21 261	1563 4.30 272	1982 4.75 306	2359 5.12 333	2904 5.53 378	3440 5.78 436	4525 6.09 573
1.40	617 3.06 148	852 3.38 193	1055 3.53 236	1183 3.64 259	1716 4.11 332	2156 4.53 369	2743 5.04 410	3301 5.40 458	4389 5.80 584
1.60	0 0.00 0	225 1.75 104	469 2.41 159	624 2.70 191	1330 3.52 323	1869 4.00 394	2532 4.56 447	3124 4.98 491	4243 5.53 600
1.80	0 0.00 0	0 0.00 0	0 0.00 0	0 0.00 0	798 2.75 263	1482 3.48 385	2260 4.09 478	2907 4.56 527	4074 5.21 623
2.00	0 0.00 0	0 0.00 0	0 0.00 0	0 0.00 0	113 0.76 159	965 2.77 333	1915 3.62 489	2645 4.16 560	3879 4.91 652
2.50	0 0.00 0	0 0.00 0	0 0.00 0	0 0.00 0	0 0.00 0	0 0.00 0	596 1.73 360	1743 3.16<ii>549	3267 4.09 736
3.00	0 0.00 0	0 0.00 0	0 0.00 0	0 0.00 0	0 0.00 0	0 0.00 0	0 0.00 0	0 0.00 0	2429 3.31 742
3.50	0 0.00 0	0 0.00 0	0 0.00 0	0 0.00 0	0 0.00 0	0 0.00 0	0 0.00 0	0 0.00 0	1067 1.81 618

B 45 $d_1/d = 0{,}20$ $\gamma = 1{,}75$ konst.   **Tabelle 131**

ges.$A_s = \mu \cdot A_b$ Tafelwerte: zul.$\sigma_{bj} = N/A_b$ (kN/cm²)

e/d \ μ	0,2 %	0,5 %	0,8 %	1,0 %	2,0 %	3,0 %	4,5 %	6,0 %	9,0 %
0.00	1.600	1.686	1.771	1.829	2.114	2.400	2.829	3.257	4.114
0.01	1.545	1.618	1.690	1.739	1.979	2.218	2.575	2.930	3.640
0.02	1.499	1.571	1.643	1.690	1.930	2.168	2.521	2.872	3.574
0.03	1.456	1.525	1.596	1.641	1.875	2.108	2.457	2.806	3.503
0.04	1.414	1.482	1.550	1.595	1.821	2.047	2.385	2.726	3.406
0.05	1.375	1.441	1.507	1.551	1.769	1.989	2.316	2.645	3.305
0.06	1.338	1.401	1.466	1.508	1.721	1.932	2.251	2.571	3.208
0.07	1.300	1.361	1.422	1.463	1.668	1.872	2.182	2.494	3.116
0.08	1.261	1.320	1.378	1.417	1.614	1.814	2.109	2.407	3.005
0.09	1.222	1.279	1.336	1.374	1.562	1.753	2.038	2.326	2.899
0.10	1.184	1.238	1.293	1.329	1.511	1.695	1.970	2.245	2.793
0.12	1.107	1.158	1.209	1.242	1.412	1.580	1.834	2.088	2.595
0.14	1.032	1.079	1.125	1.157	1.314	1.471	1.707	1.943	2.415
0.16	0.957	1.001	1.045	1.075	1.222	1.367	1.587	1.806	2.246
0.18	0.883	0.926	0.968	0.996	1.135	1.272	1.477	1.683	2.094
0.20	0.812	0.854	0.895	0.922	1.054	1.184	1.379	1.571	1.958
0.22	0.743	0.786	0.825	0.852	0.980	1.105	1.289	1.470	1.836
0.24	0.677	0.721	0.762	0.788	0.912	1.032	1.206	1.378	1.724
0.26	0.615	0.662	0.704	0.730	0.850	0.966	1.133	1.298	1.621
0.28	0.558	0.609	0.651	0.677	0.796	0.906	1.065	1.221	1.532
0.30	0.504	0.561	0.604	0.630	0.747	0.852	1.005	1.155	1.450
0.32	0.452	0.517	0.563	0.589	0.703	0.805	0.950	1.093	1.376
0.34	0.405	0.476	0.525	0.551	0.663	0.762	0.902	1.040	1.307
0.36	0.361	0.437	0.490	0.518	0.627	0.724	0.857	0.989	1.248
0.38	0.322	0.402	0.457	0.486	0.596	0.687	0.819	0.944	1.189
0.40	0.285	0.370	0.426	0.456	0.566	0.655	0.780	0.901	1.141
0.42	0.251	0.341	0.398	0.428	0.540	0.626	0.747	0.864	1.093
0.44	0.221	0.315	0.372	0.403	0.515	0.599	0.717	0.830	1.049
0.46	0.196	0.292	0.349	0.380	0.492	0.574	0.688	0.796	1.008
0.48	0.175	0.271	0.328	0.358	0.470	0.551	0.660	0.767	0.971
0.50	0.157	0.251	0.309	0.339	0.450	0.530	0.637	0.738	0.938
0.55	0.122	0.210	0.268	0.297	0.405	0.483	0.584	0.678	0.861
0.60	0.099	0.179	0.235	0.263	0.367	0.444	0.536	0.625	0.794
0.65	0.083	0.155	0.208	0.235	0.334	0.408	0.499	0.580	0.738
0.70	0.071	0.136	0.185	0.213	0.307	0.378	0.463	0.541	0.692
0.75	0.061	0.122	0.167	0.193	0.283	0.350	0.435	0.508	0.649
0.80	0.054	0.109	0.151	0.176	0.262	0.327	0.407	0.478	0.610
0.85	0.048	0.099	0.139	0.161	0.244	0.306	0.383	0.450	0.578
0.90	0.044	0.091	0.128	0.149	0.228	0.288	0.362	0.427	0.545
0.95	0.040	0.084	0.119	0.138	0.215	0.271	0.343	0.405	0.519
1.00	0.037	0.078	0.110	0.129	0.202	0.257	0.325	0.386	0.493
1.10	0.032	0.068	0.097	0.114	0.181	0.231	0.295	0.350	0.451
1.20	0.028	0.060	0.086	0.102	0.164	0.210	0.269	0.321	0.416
1.30	0.024	0.053	0.078	0.092	0.149	0.192	0.248	0.297	0.384
1.40	0.022	0.048	0.071	0.084	0.137	0.178	0.230	0.276	0.358
1.50	0.020	0.045	0.064	0.077	0.127	0.165	0.214	0.256	0.337
1.60	0.018	0.041	0.060	0.071	0.118	0.154	0.200	0.241	0.314
1.70	0.017	0.038	0.055	0.066	0.110	0.144	0.188	0.225	0.297
1.80	0.016	0.036	0.052	0.062	0.104	0.136	0.177	0.214	0.280
1.90	0.015	0.033	0.048	0.058	0.098	0.128	0.166	0.202	0.267
2.00	0.014	0.031	0.046	0.054	0.092	0.121	0.158	0.192	0.253
2.20	0.012	0.028	0.041	0.049	0.083	0.109	0.143	0.174	0.229
2.40	0.011	0.025	0.037	0.044	0.076	0.100	0.131	0.159	0.211
2.60	0.010	0.023	0.034	0.041	0.069	0.092	0.121	0.146	0.193
2.80	0.009	0.021	0.031	0.037	0.064	0.085	0.112	0.135	0.181
3.00	0.009	0.019	0.029	0.034	0.059	0.079	0.104	0.126	0.168
4.00	0.006	0.014	0.020	0.025	0.043	0.058	0.077	0.094	0.125
5.00	0.005	0.011	0.017	0.020	0.034	0.046	0.061	0.075	0.101
6.00	0.004	0.009	0.013	0.016	0.028	0.038	0.051	0.062	0.082
7.00	0.003	0.008	0.011	0.013	0.024	0.033	0.044	0.054	0.071
8.00	0.003	0.006	0.010	0.012	0.021	0.029	0.038	0.047	0.062
9.00	0.003	0.006	0.009	0.010	0.018	0.025	0.034	0.041	0.055
10.00	0.002	0.005	0.008	0.009	0.016	0.022	0.030	0.037	0.051

e/d \ μ	0.2 %	0.5 %	0.8 %	1.0 %	1.2 %	1.4 %	1.6 %	1.8 %	2.0 %
0.00	1.333	1.405	1.476	1.524	1.571	1.619	1.667	1.714	1.762
0.01	1.286	1.345	1.404	1.444	1.483	1.523	1.562	1.601	1.641
0.02	1.248	1.306	1.364	1.403	1.442	1.479	1.518	1.557	1.595
0.03	1.212	1.268	1.324	1.363	1.400	1.437	1.474	1.513	1.550
0.04	1.178	1.232	1.286	1.323	1.359	1.396	1.433	1.468	1.505
0.05	1.146	1.198	1.251	1.285	1.321	1.356	1.391	1.427	1.462
0.06	1.113	1.164	1.215	1.249	1.282	1.316	1.352	1.385	1.419
0.07	1.081	1.129	1.178	1.211	1.242	1.275	1.307	1.340	1.371
0.08	1.049	1.095	1.141	1.171	1.203	1.233	1.264	1.294	1.325
0.09	1.016	1.061	1.105	1.134	1.163	1.191	1.220	1.250	1.279
0.10	0.984	1.027	1.068	1.095	1.123	1.151	1.178	1.206	1.233
0.12	0.920	0.958	0.995	1.019	1.044	1.070	1.093	1.118	1.143
0.14	0.856	0.890	0.922	0.945	0.966	0.989	1.011	1.033	1.054
0.16	0.800	0.831	0.861	0.881	0.901	0.921	0.941	0.961	0.982
0.18	0.748	0.775	0.803	0.822	0.840	0.858	0.876	0.895	0.913
0.20	0.696	0.722	0.748	0.765	0.782	0.799	0.817	0.833	0.851
0.22	0.647	0.672	0.697	0.713	0.729	0.745	0.761	0.778	0.793
0.24	0.599	0.625	0.648	0.664	0.680	0.696	0.711	0.726	0.741
0.26	0.554	0.580	0.604	0.620	0.635	0.650	0.665	0.680	0.695
0.28	0.512	0.540	0.565	0.580	0.595	0.610	0.625	0.638	0.653
0.30	0.474	0.504	0.529	0.544	0.559	0.573	0.587	0.601	0.615
0.32	0.437	0.471	0.497	0.512	0.526	0.540	0.554	0.568	0.581
0.34	0.396	0.441	0.468	0.483	0.498	0.511	0.525	0.538	0.550
0.36	0.353	0.413	0.442	0.457	0.471	0.484	0.498	0.510	0.523
0.38	0.315	0.384	0.417	0.433	0.447	0.461	0.474	0.486	0.497
0.40	0.281	0.354	0.394	0.411	0.426	0.439	0.451	0.463	0.475
0.42	0.249	0.327	0.373	0.390	0.406	0.419	0.431	0.442	0.454
0.44	0.220	0.302	0.350	0.371	0.387	0.400	0.413	0.424	0.435
0.46	0.196	0.280	0.329	0.353	0.369	0.383	0.395	0.406	0.417
0.48	0.175	0.261	0.309	0.334	0.352	0.366	0.378	0.390	0.400
0.50	0.157	0.243	0.291	0.316	0.337	0.351	0.364	0.375	0.386
0.55	0.124	0.206	0.253	0.277	0.299	0.317	0.329	0.341	0.352
0.60	0.100	0.176	0.223	0.247	0.266	0.284	0.301	0.311	0.322
0.65	0.084	0.153	0.199	0.221	0.240	0.258	0.273	0.287	0.296
0.70	0.071	0.135	0.179	0.200	0.218	0.235	0.250	0.263	0.275
0.75	0.062	0.121	0.162	0.182	0.200	0.216	0.229	0.242	0.255
0.80	0.055	0.109	0.147	0.168	0.184	0.199	0.212	0.225	0.236
0.85	0.049	0.099	0.135	0.155	0.171	0.185	0.198	0.210	0.221
0.90	0.045	0.091	0.125	0.144	0.159	0.172	0.185	0.196	0.207
0.95	0.041	0.084	0.116	0.134	0.149	0.161	0.173	0.184	0.194
1.00	0.037	0.078	0.108	0.125	0.139	0.152	0.163	0.174	0.184
1.10	0.032	0.067	0.095	0.111	0.124	0.136	0.146	0.156	0.164
1.20	0.028	0.060	0.085	0.099	0.112	0.122	0.132	0.141	0.149
1.30	0.025	0.054	0.077	0.089	0.102	0.112	0.120	0.129	0.136
1.40	0.022	0.049	0.070	0.082	0.093	0.102	0.111	0.118	0.126
1.50	0.020	0.045	0.064	0.075	0.085	0.094	0.102	0.109	0.116
1.60	0.019	0.041	0.059	0.069	0.079	0.088	0.095	0.102	0.108
1.70	0.017	0.038	0.055	0.064	0.073	0.082	0.089	0.095	0.101
1.80	0.016	0.036	0.052	0.060	0.069	0.077	0.083	0.089	0.095
1.90	0.015	0.033	0.048	0.057	0.065	0.072	0.079	0.084	0.090
2.00	0.014	0.031	0.045	0.053	0.061	0.068	0.074	0.080	0.085
2.20	0.013	0.028	0.041	0.048	0.055	0.061	0.067	0.072	0.077
2.40	0.011	0.025	0.036	0.043	0.050	0.055	0.061	0.065	0.070
2.60	0.010	0.023	0.034	0.040	0.045	0.051	0.056	0.060	0.064
2.80	0.009	0.021	0.031	0.036	0.042	0.046	0.052	0.055	0.059
3.00	0.009	0.019	0.028	0.034	0.039	0.043	0.048	0.051	0.055
4.00	0.006	0.014	0.021	0.025	0.029	0.031	0.035	0.038	0.040
5.00	0.005	0.011	0.016	0.019	0.022	0.025	0.028	0.030	0.032
6.00	0.004	0.009	0.014	0.016	0.018	0.020	0.023	0.025	0.026
7.00	0.003	0.008	0.011	0.013	0.015	0.017	0.019	0.021	0.023
8.00	0.003	0.007	0.010	0.012	0.013	0.015	0.017	0.019	0.020
9.00	0.003	0.006	0.009	0.011	0.012	0.013	0.015	0.016	0.017
10.00	0.002	0.005	0.008	0.009	0.011	0.012	0.013	0.015	0.016

Tabelle 132

Regelbemessung

γ = 2,10 bis 1,75

Beton: **B 45**

d_1/d = **0,25**

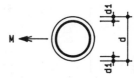

$e/d = M/N \cdot d$

$ges. A_s = \mu \cdot A_b$

Tafelwerte:
$zul. \sigma_{bi} = N/A_b$ (kN/cm²)

2,5 %	3,0 %	4,5 %	6,0 %	7,5 %	9,0 %	μ \ e/d
1.881	2.000	2.357	2.714	3.071	3.429	0.00
1.739	1.837	2.131	2.425	2.719	3.013	0.01
1.692	1.788	2.076	2.365	2.652	2.940	0.02
1.644	1.738	2.021	2.303	2.584	2.867	0.03
1.596	1.686	1.961	2.233	2.507	2.781	0.04
1.550	1.638	1.902	2.165	2.430	2.694	0.05
1.504	1.588	1.842	2.096	2.349	2.603	0.06
1.452	1.532	1.774	2.015	2.255	2.495	0.07
1.402	1.479	1.707	1.936	2.163	2.389	0.08
1.351	1.424	1.641	1.857	2.071	2.287	0.09
1.302	1.370	1.575	1.779	1.982	2.188	0.10
1.204	1.266	1.448	1.632	1.813	1.993	0.12
1.109	1.164	1.330	1.492	1.656	1.821	0.14
1.031	1.082	1.231	1.381	1.530	1.681	0.16
0.960	1.006	1.144	1.281	1.421	1.559	0.18
0.893	0.937	1.065	1.193	1.320	1.449	0.20
0.834	0.873	0.994	1.113	1.234	1.353	0.22
0.779	0.818	0.932	1.043	1.156	1.269	0.24
0.731	0.767	0.874	0.981	1.088	1.193	0.26
0.687	0.723	0.824	0.926	1.027	1.126	0.28
0.648	0.681	0.780	0.875	0.971	1.067	0.30
0.614	0.645	0.738	0.830	0.920	1.013	0.32
0.582	0.612	0.702	0.789	0.877	0.963	0.34
0.553	0.582	0.668	0.752	0.835	0.917	0.36
0.527	0.555	0.638	0.717	0.799	0.878	0.38
0.503	0.531	0.610	0.687	0.764	0.841	0.40
0.481	0.508	0.584	0.658	0.733	0.807	0.42
0.462	0.487	0.561	0.634	0.703	0.773	0.44
0.443	0.468	0.538	0.609	0.676	0.744	0.46
0.426	0.450	0.519	0.587	0.652	0.719	0.48
0.410	0.433	0.501	0.566	0.630	0.693	0.50
0.375	0.397	0.458	0.519	0.578	0.636	0.55
0.346	0.366	0.424	0.480	0.534	0.587	0.60
0.320	0.339	0.393	0.445	0.497	0.547	0.65
0.297	0.317	0.368	0.416	0.465	0.512	0.70
0.277	0.296	0.345	0.391	0.435	0.481	0.75
0.259	0.277	0.324	0.369	0.410	0.452	0.80
0.244	0.261	0.306	0.348	0.388	0.429	0.85
0.230	0.247	0.291	0.329	0.368	0.405	0.90
0.218	0.233	0.276	0.313	0.350	0.385	0.95
0.205	0.222	0.263	0.298	0.333	0.367	1.00
0.185	0.202	0.240	0.273	0.305	0.335	1.10
0.168	0.185	0.220	0.250	0.280	0.309	1.20
0.154	0.170	0.204	0.231	0.260	0.286	1.30
0.142	0.157	0.189	0.217	0.243	0.268	1.40
0.132	0.146	0.176	0.202	0.228	0.250	1.50
0.123	0.136	0.165	0.190	0.212	0.236	1.60
0.115	0.128	0.156	0.180	0.200	0.221	1.70
0.108	0.120	0.147	0.170	0.190	0.209	1.80
0.102	0.113	0.140	0.160	0.179	0.200	1.90
0.097	0.108	0.132	0.153	0.172	0.188	2.00
0.087	0.097	0.121	0.140	0.157	0.173	2.20
0.080	0.089	0.111	0.127	0.144	0.159	2.40
0.074	0.082	0.102	0.118	0.131	0.147	2.60
0.068	0.075	0.094	0.109	0.124	0.135	2.80
0.063	0.070	0.088	0.102	0.116	0.126	3.00
0.046	0.052	0.066	0.076	0.088	0.096	4.00
0.037	0.041	0.052	0.061	0.069	0.075	5.00
0.031	0.034	0.044	0.050	0.058	0.063	6.00
0.026	0.029	0.038	0.044	0.049	0.054	7.00
0.023	0.026	0.033	0.039	0.042	0.048	8.00
0.020	0.023	0.029	0.034	0.038	0.042	9.00
0.018	0.020	0.026	0.030	0.034	0.037	10.00

B 45　　1. Zeile: $M_U/1{,}75 \cdot A_b \cdot d$ (kN/m²)　　**Tabelle 133**
d1/d = 0,25　　2. Zeile: $1000 \cdot k_u \cdot d$
　　　　　　　3. Zeile: $B_{II}/1000 \cdot 1{,}75 \cdot A_b \cdot d^2$ (kN/m²)

σ_{bi} \ μ	0,2 %	0,5 %	0,8 %	1,0 %	2,0 %	3,0 %	4,5 %	6,0 %	9,0 %
0.00	230 5.33 43	521 5.90 86	776 6.34 117	928 6.53 134	1564 7.38 191	2035 7.69 232	2630 7.93 286	3152 8.00 339	4079 7.92 447
0.10	600 6.48 51	844 6.76 82	1061 7.04 109	1193 7.23 124	1725 7.69 178	2149 7.89 220	2696 7.99 276	3183 7.97 331	4050 7.78 444
0.20	912 7.39 67	1118 7.53 86	1296 7.66 106	1401 7.70 118	1855 7.93 168	2236 8.01 210	2737 7.97 268	3187 7.87 326	4014 7.62 440
0.30	1165 8.15 79	1326 7.97 95	1470 7.96 109	1559 7.99 118	1952 8.01 162	2291 7.96 204	2741 7.80 264	3161 7.64 323	3978 7.46 437
0.40	1352 8.23 92	1482 8.10 104	1600 8.06 115	1675 8.04 123	2009 7.88 161	2303 7.69 202	2724 7.52 262	3135 7.41 320	3942 7.30 434
0.50	1485 7.79 108	1584 7.67 119	1677 7.59 129	1737 7.55 135	2024 7.39 170	2300 7.32 205	2706 7.24 261	3108 7.21 317	3904 7.15 431
0.60	1568 6.89 133	1645 6.93 140	1723 6.93 147	1774 6.94 153	2034 6.96 180	2294 6.98 211	2687 6.98 263	3080 6.99 317	3866 7.00 429
0.70	1611 6.19 158	1678 6.29 162	1747 6.35 168	1794 6.39 171	2035 6.54 194	2284 6.62 221	2665 6.73 266	3051 6.78 318	3829 6.85 427
0.80	1610 5.62 182	1679 5.75 184	1747 5.84 189	1793 5.90 191	2027 6.15 209	2268 6.31 231	2640 6.47 272	3019 6.57 321	3789 6.68 426
1.00	1475 4.72 214	1570 4.87 220	1657 5.00 225	1712 5.08 229	1968 5.44 242	2213 5.72 258	2579 5.98 291	2951 6.16 331	3709 6.39 427
1.20	1146 3.98 209	1295 4.15 230	1425 4.30 243	1507 4.43 249	1837 4.84 272	2114 5.18 289	2496 5.53 314	2870 5.78 348	3623 6.09 435
1.40	614 3.14 143	836 3.48 182	1028 3.65 218	1144 3.78 237	1612 4.29 291	1956 4.68 315	2382 5.10 343	2770 5.40 371	3530 5.80 446
1.60	0 0.00 0	211 1.75 96	447 2.48 145	604 2.85 172	1256 3.71 283	1719 4.20 334	2228 4.69 370	2649 5.06 397	3427 5.53 463
1.80	0 0.00 0	0 0.00 0	0 0.00 0	0 0.00 0	747 2.92 230	1375 3.69 331	2016 4.28 394	2498 4.71 424	3313 5.25 484
2.00	0 0.00 0	0 0.00 0	0 0.00 0	0 0.00 0	89 0.76 126	884 2.96 285	1728 3.86 406	2307 4.38 450	3186 4.98 509
2.50	0 0.00 0	0 0.00 0	0 0.00 0	0 0.00 0	0 0.00 0	0 0.00 0	474 1.75 287	1545 3.42 455	2768 4.33 573
3.00	0 0.00 0	0 0.00 0	0 0.00 0	0 0.00 0	0 0.00 0	0 0.00 0	0 0.00 0	0 0.00 0	2094 3.57 597
3.50	0 0.00 0	0 0.00 0	0 0.00 0	0 0.00 0	0 0.00 0	0 0.00 0	0 0.00 0	0 0.00 0	814 1.83 471

B 45 $d_1/d = 0{,}25$ $\gamma = 1{,}75$ konst. **Tabelle 134**

ges.$A_s = \mu \cdot A_b$ Tafelwerte : zul.$\sigma_{bi} = N/A_b$ (kN/cm²)

e/d \ μ	0,2 %	0,5 %	0,8 %	1,0 %	2,0 %	3,0 %	4,5 %	6,0 %	9,0 %
0.00	1.600	1.686	1.771	1.829	2.114	2.400	2.829	3.257	4.114
0.01	1.543	1.614	1.685	1.732	1.969	2.205	2.558	2.910	3.616
0.02	1.498	1.567	1.637	1.683	1.914	2.145	2.491	2.838	3.528
0.03	1.454	1.522	1.589	1.635	1.860	2.086	2.425	2.763	3.440
0.04	1.414	1.478	1.543	1.587	1.806	2.023	2.353	2.680	3.337
0.05	1.375	1.437	1.501	1.543	1.754	1.966	2.282	2.598	3.232
0.06	1.336	1.397	1.458	1.498	1.703	1.906	2.210	2.515	3.124
0.07	1.298	1.355	1.414	1.453	1.645	1.838	2.128	2.418	2.994
0.08	1.259	1.314	1.369	1.406	1.590	1.774	2.048	2.323	2.867
0.09	1.219	1.273	1.326	1.360	1.535	1.709	1.969	2.228	2.744
0.10	1.181	1.232	1.281	1.315	1.480	1.644	1.890	2.134	2.625
0.12	1.104	1.149	1.194	1.223	1.371	1.519	1.738	1.958	2.392
0.14	1.027	1.068	1.107	1.134	1.264	1.397	1.594	1.787	2.178
0.16	0.952	0.987	1.023	1.046	1.165	1.283	1.459	1.637	1.990
0.18	0.877	0.909	0.942	0.964	1.071	1.180	1.341	1.503	1.829
0.20	0.804	0.834	0.865	0.885	0.987	1.087	1.237	1.387	1.686
0.22	0.734	0.764	0.794	0.813	0.909	1.003	1.145	1.284	1.563
0.24	0.667	0.699	0.728	0.748	0.840	0.931	1.064	1.194	1.456
0.26	0.604	0.639	0.669	0.690	0.780	0.866	0.991	1.116	1.361
0.28	0.546	0.584	0.617	0.636	0.726	0.809	0.929	1.046	1.278
0.30	0.493	0.536	0.570	0.590	0.677	0.757	0.873	0.983	1.205
0.32	0.443	0.493	0.528	0.549	0.635	0.712	0.822	0.928	1.140
0.34	0.396	0.454	0.492	0.512	0.598	0.671	0.778	0.878	1.078
0.36	0.353	0.418	0.459	0.480	0.564	0.635	0.736	0.834	1.024
0.38	0.315	0.384	0.428	0.451	0.533	0.603	0.701	0.792	0.977
0.40	0.281	0.354	0.400	0.424	0.506	0.574	0.668	0.756	0.933
0.42	0.249	0.327	0.374	0.398	0.481	0.547	0.637	0.722	0.893
0.44	0.220	0.302	0.350	0.375	0.458	0.522	0.610	0.694	0.853
0.46	0.196	0.280	0.329	0.353	0.437	0.500	0.583	0.665	0.820
0.48	0.175	0.261	0.309	0.334	0.418	0.479	0.560	0.639	0.790
0.50	0.157	0.243	0.291	0.316	0.402	0.459	0.539	0.615	0.760
0.55	0.124	0.206	0.253	0.277	0.362	0.418	0.491	0.561	0.694
0.60	0.100	0.176	0.223	0.247	0.329	0.383	0.452	0.516	0.639
0.65	0.084	0.153	0.199	0.221	0.300	0.353	0.417	0.477	0.593
0.70	0.071	0.135	0.179	0.200	0.276	0.328	0.389	0.445	0.554
0.75	0.062	0.121	0.162	0.182	0.255	0.305	0.364	0.417	0.518
0.80	0.055	0.109	0.147	0.168	0.236	0.285	0.340	0.392	0.486
0.85	0.049	0.099	0.135	0.155	0.221	0.267	0.321	0.369	0.460
0.90	0.045	0.091	0.125	0.144	0.207	0.251	0.304	0.348	0.434
0.95	0.041	0.084	0.116	0.134	0.194	0.237	0.288	0.330	0.412
1.00	0.037	0.078	0.108	0.125	0.184	0.225	0.274	0.314	0.393
1.10	0.032	0.067	0.095	0.111	0.164	0.203	0.249	0.287	0.357
1.20	0.028	0.060	0.085	0.099	0.149	0.185	0.227	0.262	0.329
1.30	0.025	0.054	0.077	0.089	0.136	0.170	0.210	0.242	0.303
1.40	0.022	0.049	0.070	0.082	0.126	0.157	0.194	0.226	0.284
1.50	0.020	0.045	0.064	0.075	0.116	0.146	0.181	0.211	0.265
1.60	0.019	0.041	0.059	0.069	0.108	0.136	0.169	0.197	0.249
1.70	0.017	0.038	0.055	0.064	0.101	0.128	0.160	0.187	0.233
1.80	0.016	0.036	0.052	0.060	0.095	0.120	0.150	0.176	0.220
1.90	0.015	0.033	0.048	0.057	0.090	0.113	0.143	0.166	0.211
2.00	0.014	0.031	0.045	0.053	0.085	0.108	0.135	0.158	0.198
2.20	0.013	0.028	0.041	0.048	0.077	0.097	0.123	0.145	0.182
2.40	0.011	0.025	0.036	0.043	0.070	0.089	0.112	0.131	0.167
2.60	0.010	0.023	0.034	0.040	0.064	0.082	0.103	0.122	0.154
2.80	0.009	0.021	0.031	0.036	0.059	0.075	0.095	0.112	0.141
3.00	0.009	0.019	0.028	0.034	0.055	0.070	0.089	0.105	0.132
4.00	0.006	0.014	0.021	0.025	0.040	0.052	0.066	0.078	0.100
5.00	0.005	0.011	0.016	0.019	0.032	0.041	0.052	0.062	0.078
6.00	0.004	0.009	0.014	0.016	0.026	0.034	0.044	0.052	0.066
7.00	0.003	0.008	0.011	0.013	0.023	0.029	0.038	0.045	0.057
8.00	0.003	0.007	0.010	0.012	0.020	0.026	0.033	0.040	0.050
9.00	0.003	0.006	0.009	0.011	0.017	0.023	0.029	0.034	0.044
10.00	0.002	0.005	0.008	0.009	0.016	0.020	0.026	0.031	0.038

e/d \ μ	0.2 %	0.5 %	0.8 %	1.0 %	1.2 %	1.4 %	1.6 %	1.8 %	2.0 %
0.00	1.476	1.548	1.619	1.667	1.714	1.762	1.810	1.857	1.905
0.01	1.428	1.493	1.556	1.598	1.640	1.681	1.722	1.762	1.803
0.02	1.386	1.449	1.513	1.555	1.597	1.639	1.681	1.723	1.764
0.03	1.346	1.408	1.470	1.511	1.552	1.593	1.635	1.675	1.717
0.04	1.309	1.369	1.428	1.469	1.509	1.549	1.590	1.630	1.670
0.05	1.272	1.332	1.389	1.429	1.468	1.507	1.546	1.585	1.623
0.06	1.238	1.295	1.354	1.392	1.428	1.467	1.506	1.543	1.580
0.07	1.203	1.259	1.316	1.353	1.391	1.429	1.464	1.502	1.539
0.08	1.168	1.223	1.279	1.315	1.352	1.387	1.425	1.461	1.497
0.09	1.133	1.187	1.240	1.277	1.313	1.349	1.383	1.418	1.456
0.10	1.104	1.155	1.206	1.240	1.274	1.309	1.344	1.378	1.412
0.12	1.048	1.097	1.146	1.179	1.211	1.243	1.275	1.308	1.341
0.14	0.992	1.039	1.088	1.119	1.151	1.182	1.213	1.245	1.276
0.16	0.936	0.984	1.030	1.061	1.091	1.123	1.153	1.183	1.213
0.18	0.881	0.928	0.975	1.005	1.035	1.065	1.095	1.124	1.153
0.20	0.827	0.876	0.922	0.952	0.981	1.011	1.039	1.068	1.097
0.22	0.776	0.825	0.872	0.902	0.930	0.959	0.987	1.015	1.044
0.24	0.727	0.778	0.824	0.854	0.883	0.911	0.938	0.966	0.994
0.26	0.680	0.734	0.781	0.810	0.839	0.867	0.894	0.921	0.948
0.28	0.635	0.693	0.740	0.770	0.798	0.825	0.852	0.879	0.904
0.30	0.577	0.653	0.703	0.732	0.760	0.787	0.814	0.840	0.865
0.32	0.519	0.613	0.667	0.697	0.725	0.752	0.778	0.804	0.828
0.34	0.464	0.564	0.633	0.664	0.693	0.719	0.745	0.769	0.794
0.36	0.413	0.518	0.594	0.632	0.662	0.689	0.715	0.739	0.762
0.38	0.362	0.476	0.554	0.598	0.632	0.660	0.685	0.710	0.733
0.40	0.316	0.438	0.517	0.561	0.601	0.631	0.658	0.683	0.706
0.42	0.277	0.403	0.483	0.527	0.566	0.602	0.631	0.656	0.679
0.44	0.243	0.369	0.451	0.495	0.535	0.571	0.604	0.631	0.654
0.46	0.213	0.337	0.423	0.466	0.505	0.542	0.575	0.606	0.630
0.48	0.188	0.309	0.396	0.439	0.479	0.514	0.547	0.578	0.608
0.50	0.167	0.285	0.371	0.415	0.453	0.488	0.521	0.552	0.580
0.55	0.129	0.235	0.315	0.362	0.399	0.433	0.464	0.493	0.522
0.60	0.103	0.198	0.270	0.314	0.354	0.386	0.417	0.445	0.472
0.65	0.085	0.170	0.237	0.276	0.313	0.348	0.376	0.403	0.429
0.70	0.073	0.148	0.209	0.246	0.279	0.313	0.343	0.368	0.392
0.75	0.063	0.132	0.188	0.220	0.253	0.283	0.312	0.338	0.361
0.80	0.056	0.118	0.170	0.200	0.230	0.257	0.285	0.311	0.334
0.85	0.050	0.106	0.154	0.183	0.211	0.237	0.262	0.287	0.310
0.90	0.045	0.097	0.142	0.168	0.194	0.218	0.243	0.265	0.288
0.95	0.041	0.089	0.131	0.156	0.180	0.203	0.225	0.247	0.268
1.00	0.037	0.083	0.122	0.145	0.168	0.190	0.210	0.231	0.251
1.10	0.032	0.072	0.106	0.127	0.147	0.166	0.186	0.204	0.222
1.20	0.028	0.064	0.094	0.113	0.131	0.148	0.166	0.182	0.199
1.30	0.025	0.056	0.085	0.102	0.118	0.134	0.150	0.166	0.180
1.40	0.022	0.051	0.077	0.093	0.108	0.123	0.136	0.151	0.165
1.50	0.020	0.047	0.071	0.085	0.098	0.112	0.126	0.139	0.151
1.60	0.019	0.043	0.065	0.078	0.091	0.103	0.116	0.128	0.140
1.70	0.017	0.040	0.060	0.073	0.084	0.096	0.108	0.120	0.130
1.80	0.016	0.037	0.056	0.066	0.079	0.090	0.101	0.111	0.121
1.90	0.015	0.035	0.053	0.063	0.074	0.084	0.095	0.104	0.114
2.00	0.014	0.032	0.049	0.060	0.070	0.079	0.089	0.098	0.108
2.20	0.013	0.029	0.044	0.053	0.062	0.071	0.080	0.088	0.096
2.40	0.011	0.026	0.040	0.049	0.057	0.065	0.073	0.080	0.087
2.60	0.010	0.024	0.036	0.043	0.051	0.059	0.066	0.073	0.080
2.80	0.009	0.022	0.033	0.040	0.047	0.054	0.061	0.067	0.073
3.00	0.008	0.020	0.030	0.037	0.044	0.050	0.056	0.062	0.068
4.00	0.006	0.015	0.022	0.027	0.031	0.036	0.041	0.045	0.049
5.00	0.005	0.011	0.017	0.021	0.025	0.028	0.032	0.035	0.039
6.00	0.004	0.009	0.014	0.017	0.021	0.023	0.026	0.029	0.032
7.00	0.003	0.007	0.012	0.014	0.017	0.020	0.023	0.024	0.028
8.00	0.003	0.007	0.011	0.012	0.015	0.018	0.019	0.022	0.024
9.00	0.002	0.006	0.009	0.011	0.013	0.015	0.017	0.019	0.021
10.00	0.002	0.005	0.008	0.010	0.012	0.012	0.016	0.017	0.019

Tabelle 135

Regelbemessung

γ = 2,10 bis 1,75

Beton: **B 55**

d_1/d = **0,10**

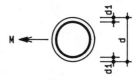

$e/d = M/N \cdot d$

$ges. A_s = \mu \cdot A_b$

Tafelwerte:

$zul. \sigma_{bi} = N/A_b$ (kN/cm²)

2,5 %	3,0 %	4,5 %	6,0 %	7,5 %	9,0 %	μ \ e/d
2.024	2.143	2.500	2.857	3.214	3.571	0.00
1.904	2.004	2.303	2.602	2.900	3.198	0.01
1.868	1.971	2.273	2.571	2.867	3.163	0.02
1.819	1.922	2.226	2.529	2.828	3.125	0.03
1.770	1.869	2.169	2.467	2.764	3.060	0.04
1.722	1.820	2.111	2.403	2.694	2.986	0.05
1.676	1.770	2.055	2.341	2.625	2.909	0.06
1.633	1.725	2.003	2.282	2.557	2.835	0.07
1.590	1.682	1.953	2.223	2.493	2.765	0.08
1.544	1.634	1.900	2.168	2.433	2.697	0.09
1.500	1.587	1.847	2.109	2.370	2.627	0.10
1.421	1.503	1.745	1.992	2.240	2.487	0.12
1.353	1.430	1.662	1.894	2.126	2.355	0.14
1.288	1.363	1.586	1.808	2.029	2.250	0.16
1.226	1.299	1.512	1.727	1.940	2.151	0.18
1.167	1.237	1.444	1.650	1.854	2.057	0.20
1.112	1.179	1.381	1.579	1.776	1.972	0.22
1.060	1.126	1.320	1.512	1.701	1.891	0.24
1.013	1.077	1.264	1.449	1.634	1.815	0.26
0.968	1.030	1.212	1.392	1.569	1.744	0.28
0.927	0.987	1.165	1.339	1.510	1.680	0.30
0.888	0.947	1.119	1.288	1.453	1.618	0.32
0.853	0.911	1.077	1.241	1.401	1.562	0.34
0.821	0.876	1.039	1.197	1.352	1.509	0.36
0.790	0.844	1.003	1.155	1.308	1.458	0.38
0.762	0.815	0.969	1.118	1.264	1.410	0.40
0.735	0.786	0.936	1.082	1.225	1.365	0.42
0.709	0.760	0.907	1.049	1.188	1.326	0.44
0.685	0.736	0.878	1.017	1.153	1.287	0.46
0.662	0.713	0.853	0.986	1.119	1.250	0.48
0.640	0.690	0.827	0.959	1.087	1.216	0.50
0.586	0.638	0.771	0.894	1.015	1.136	0.55
0.533	0.591	0.721	0.838	0.953	1.065	0.60
0.488	0.543	0.676	0.788	0.896	1.005	0.65
0.449	0.502	0.634	0.744	0.849	0.950	0.70
0.415	0.465	0.598	0.703	0.804	0.901	0.75
0.385	0.433	0.562	0.665	0.763	0.855	0.80
0.360	0.405	0.528	0.632	0.724	0.813	0.85
0.336	0.380	0.498	0.602	0.690	0.776	0.90
0.316	0.357	0.470	0.573	0.660	0.743	0.95
0.297	0.337	0.446	0.544	0.630	0.711	1.00
0.266	0.303	0.403	0.495	0.580	0.653	1.10
0.239	0.275	0.368	0.452	0.532	0.605	1.20
0.216	0.251	0.337	0.417	0.492	0.564	1.30
0.198	0.231	0.312	0.386	0.457	0.524	1.40
0.183	0.213	0.290	0.359	0.426	0.490	1.50
0.168	0.197	0.270	0.336	0.398	0.460	1.60
0.158	0.184	0.254	0.316	0.374	0.432	1.70
0.147	0.173	0.239	0.297	0.353	0.408	1.80
0.139	0.161	0.226	0.282	0.335	0.385	1.90
0.131	0.152	0.213	0.266	0.318	0.367	2.00
0.117	0.136	0.193	0.242	0.288	0.333	2.20
0.106	0.125	0.176	0.221	0.263	0.305	2.40
0.097	0.113	0.161	0.203	0.243	0.282	2.60
0.090	0.104	0.150	0.188	0.225	0.261	2.80
0.083	0.097	0.139	0.175	0.209	0.242	3.00
0.060	0.071	0.101	0.130	0.155	0.181	4.00
0.047	0.056	0.081	0.104	0.124	0.144	5.00
0.039	0.045	0.065	0.086	0.103	0.120	6.00
0.034	0.040	0.056	0.073	0.088	0.103	7.00
0.030	0.034	0.049	0.064	0.077	0.089	8.00
0.025	0.031	0.044	0.056	0.068	0.079	9.00
0.023	0.026	0.038	0.051	0.061	0.071	10.00

B 55
$d_1/d = 0{,}10$

1. Zeile: $M_u/1{,}75 \cdot A_b \cdot d$ (kN/m²)
2. Zeile: $1000 \cdot k_u \cdot d$
3. Zeile: $B_{II}/1000 \cdot 1{,}75 \cdot A_b \cdot d^2$ (kN/m²)

Tabelle 136

σ_{bi} \ μ	0,2 %	0,5 %	0,8 %	1,0 %	2,0 %	3,0 %	4,5 %	6,0 %	9,0 %
0.00	227 4.09 56	536 4.44 120	822 4.65 173	1005 4.80 205	1871 5.31 339	2682 5.66 450	3870 6.09 598	5034 6.40 737	7150 6.60 1018
0.10	609 4.99 69	886 5.08 119	1150 5.22 168	1321 5.28 198	2145 5.68 327	2936 6.02 434	4105 6.39 580	5190 6.54 723	7231 6.63 1007
0.20	938 5.68 92	1193 5.60 130	1440 5.69 169	1601 5.74 195	2395 6.10 314	3172 6.37 418	4261 6.55 566	5291 6.62 710	7292 6.66 997
0.30	1222 6.25 110	1461 6.14 142	1696 6.17 173	1852 6.24 194	2620 6.49 301	3332 6.59 405	4364 6.63 554	5367 6.65 699	7333 6.67 988
0.40	1459 6.88 120	1688 6.72 148	1908 6.64 177	2053 6.62 196	2757 6.65 295	3439 6.66 395	4438 6.68 543	5419 6.69 689	7354 6.66 980
0.50	1634 7.07 133	1843 6.84 159	2049 6.78 185	2185 6.74 201	2854 6.71 292	3511 6.70 389	4484 6.68 535	5446 6.66 682	7354 6.63 973
0.60	1755 6.91 149	1951 6.80 172	2145 6.75 194	2273 6.72 211	2913 6.65 295	3550 6.64 386	4499 6.62 530	5445 6.62 675	7333 6.58 967
0.70	1829 6.54 168	2010 6.50 188	2193 6.48 209	2315 6.49 223	2930 6.50 301	3549 6.51 388	4481 6.50 528	5417 6.51 671	7290 6.51 962
0.80	1853 5.90 195	2019 5.92 214	2188 5.96 233	2303 5.99 246	2892 6.13 316	3499 6.21 396	4425 6.32 529	5354 6.36 669	7219 6.43 958
1.00	1781 4.92 244	1938 4.94 267	2098 5.02 286	2205 5.06 299	2757 5.34 359	3329 5.53 428	4216 5.76 546	5128 5.92 678	6987 6.11 956
1.20	1543 4.19 267	1720 4.19 301	1891 4.27 327	2004 4.32 344	2562 4.63 410	3124 4.91 472	3993 5.25 577	4885 5.49 695	6712 5.77 961
1.40	1131 3.59 236	1345 3.61 289	1546 3.67 334	1676 3.71 360	2289 4.02 455	2874 4.36 521	3739 4.74 620	4624 5.04 725	6430 5.44 973
1.60	536 2.56 157	797 2.87 218	1054 3.10 275	1211 3.18 314	1919 3.51 466	2554 3.84 563	3455 4.28 668	4344 4.62 767	6139 5.11 995
1.80	0 0.00 0	152 1.20 108	418 1.90 188	594 2.19 232	1436 3.04 419	2158 3.39 569	3119 3.84 711	4032 4.22<>815	5841 4.81 1024
2.00	0 0.00 0	0 0.00 0	0 0.00 0	0 0.00 0	816 2.18 346	1666 2.95 523	2733 3.44 729	3692 3.85 858	5520 4.48 1063
2.50	0 0.00 0	0 0.00 0	0 0.00 0	0 0.00 0	0 0.00 0	0 0.00 0	1386 2.22 616	2617 3.00 850	4638 3.72 1167
3.00	0 0.00 0	0 0.00 0	0 0.00 0	0 0.00 0	0 0.00 0	0 0.00 0	0 0.00 0	1050 1.53 702	3556 3.03 1161
3.50	0 0.00 0	0 0.00 0	0 0.00 0	0 0.00 0	0 0.00 0	0 0.00 0	0 0.00 0	0 0.00 0	2072 2.01 1045

B 55 $d_1/d = 0.10$ $\gamma = 1.75$ konst. **Tabelle 137**

ges.$A_s = \mu \cdot A_b$ Tafelwerte: zul.$\sigma_{bi} = N/A_b$ (kN/cm²)

e/d \ μ	0.2 %	0.5 %	0.8 %	1.0 %	2.0 %	3.0 %	4.5 %	6.0 %	9.0 %
0.00	1.771	1.857	1.943	2.000	2.286	2.571	3.000	3.429	4.286
0.01	1.714	1.791	1.868	1.918	2.163	2.405	2.764	3.122	3.837
0.02	1.663	1.739	1.815	1.866	2.117	2.365	2.728	3.085	3.796
0.03	1.616	1.690	1.764	1.813	2.060	2.306	2.671	3.035	3.750
0.04	1.571	1.643	1.714	1.762	2.004	2.243	2.603	2.961	3.672
0.05	1.527	1.598	1.667	1.715	1.948	2.184	2.534	2.884	3.583
0.06	1.486	1.555	1.624	1.670	1.897	2.125	2.466	2.810	3.491
0.07	1.443	1.510	1.579	1.624	1.847	2.070	2.403	2.738	3.402
0.08	1.402	1.468	1.534	1.578	1.796	2.018	2.344	2.667	3.318
0.09	1.360	1.425	1.488	1.532	1.747	1.961	2.280	2.602	3.237
0.10	1.317	1.382	1.444	1.487	1.695	1.905	2.216	2.530	3.152
0.12	1.234	1.296	1.357	1.397	1.597	1.798	2.094	2.391	2.984
0.14	1.153	1.212	1.271	1.310	1.503	1.693	1.976	2.260	2.824
0.16	1.071	1.131	1.188	1.227	1.414	1.596	1.867	2.137	2.673
0.18	0.992	1.052	1.110	1.147	1.328	1.506	1.764	2.023	2.533
0.20	0.915	0.976	1.034	1.072	1.249	1.419	1.668	1.915	2.402
0.22	0.841	0.905	0.964	1.001	1.176	1.339	1.581	1.818	2.285
0.24	0.770	0.839	0.898	0.936	1.107	1.267	1.499	1.726	2.174
0.26	0.704	0.777	0.838	0.874	1.045	1.201	1.423	1.642	2.072
0.28	0.639	0.720	0.782	0.820	0.987	1.138	1.355	1.566	1.979
0.30	0.577	0.664	0.732	0.770	0.935	1.081	1.292	1.496	1.894
0.32	0.519	0.613	0.683	0.724	0.886	1.030	1.232	1.430	1.814
0.34	0.464	0.564	0.638	0.680	0.842	0.983	1.179	1.370	1.741
0.36	0.413	0.518	0.594	0.637	0.802	0.938	1.130	1.314	1.673
0.38	0.362	0.476	0.554	0.598	0.765	0.898	1.084	1.261	1.609
0.40	0.316	0.438	0.517	0.561	0.731	0.862	1.041	1.214	1.550
0.42	0.277	0.403	0.483	0.527	0.697	0.826	1.001	1.170	1.494
0.44	0.243	0.369	0.451	0.495	0.665	0.794	0.965	1.129	1.445
0.46	0.213	0.337	0.423	0.466	0.635	0.765	0.930	1.090	1.396
0.48	0.188	0.309	0.396	0.439	0.608	0.736	0.899	1.052	1.352
0.50	0.167	0.285	0.371	0.415	0.580	0.708	0.869	1.020	1.310
0.55	0.129	0.235	0.315	0.362	0.522	0.646	0.802	0.942	1.215
0.60	0.103	0.198	0.270	0.314	0.472	0.591	0.743	0.876	1.131
0.65	0.085	0.170	0.237	0.276	0.429	0.543	0.690	0.819	1.061
0.70	0.073	0.148	0.209	0.246	0.392	0.502	0.641	0.768	0.998
0.75	0.063	0.132	0.188	0.220	0.361	0.465	0.600	0.720	0.941
0.80	0.056	0.118	0.170	0.200	0.334	0.433	0.562	0.677	0.889
0.85	0.050	0.106	0.154	0.183	0.310	0.405	0.528	0.639	0.842
0.90	0.045	0.097	0.142	0.168	0.288	0.380	0.498	0.605	0.800
0.95	0.041	0.089	0.131	0.156	0.268	0.357	0.470	0.573	0.763
1.00	0.037	0.083	0.122	0.145	0.251	0.337	0.446	0.544	0.727
1.10	0.032	0.072	0.106	0.127	0.222	0.303	0.403	0.495	0.663
1.20	0.028	0.064	0.094	0.113	0.199	0.275	0.368	0.452	0.609
1.30	0.025	0.056	0.085	0.102	0.180	0.251	0.337	0.417	0.564
1.40	0.022	0.051	0.077	0.093	0.165	0.231	0.312	0.386	0.524
1.50	0.020	0.047	0.071	0.085	0.151	0.213	0.290	0.359	0.490
1.60	0.019	0.043	0.065	0.078	0.140	0.197	0.270	0.336	0.460
1.70	0.017	0.040	0.060	0.073	0.130	0.184	0.254	0.316	0.432
1.80	0.016	0.037	0.056	0.066	0.121	0.173	0.239	0.297	0.408
1.90	0.015	0.035	0.053	0.063	0.114	0.161	0.226	0.282	0.385
2.00	0.014	0.032	0.049	0.060	0.108	0.152	0.213	0.266	0.367
2.20	0.013	0.029	0.044	0.053	0.096	0.136	0.193	0.242	0.333
2.40	0.011	0.026	0.040	0.049	0.087	0.125	0.176	0.221	0.305
2.60	0.010	0.024	0.036	0.043	0.080	0.113	0.161	0.203	0.282
2.80	0.009	0.022	0.033	0.040	0.073	0.104	0.150	0.188	0.261
3.00	0.008	0.020	0.030	0.037	0.068	0.097	0.139	0.175	0.242
4.00	0.006	0.015	0.022	0.027	0.049	0.071	0.101	0.130	0.181
5.00	0.005	0.011	0.017	0.021	0.039	0.056	0.081	0.104	0.144
6.00	0.004	0.009	0.014	0.017	0.032	0.045	0.065	0.086	0.120
7.00	0.003	0.007	0.012	0.014	0.028	0.040	0.056	0.073	0.103
8.00	0.003	0.007	0.011	0.012	0.024	0.034	0.049	0.064	0.089
9.00	0.002	0.006	0.009	0.011	0.021	0.031	0.044	0.056	0.079
10.00	0.002	0.005	0.008	0.010	0.019	0.026	0.038	0.051	0.071

e/d \ μ	0.2 %	0.5 %	0.8 %	1.0 %	1.2 %	1.4 %	1.6 %	1.8 %	2.0 %
0.00	1.476	1.548	1.619	1.667	1.714	1.762	1.810	1.857	1.905
0.01	1.427	1.490	1.552	1.593	1.634	1.675	1.716	1.756	1.796
0.02	1.385	1.447	1.508	1.549	1.590	1.632	1.673	1.713	1.754
0.03	1.345	1.405	1.465	1.505	1.545	1.584	1.625	1.664	1.705
0.04	1.307	1.365	1.424	1.462	1.500	1.540	1.579	1.618	1.657
0.05	1.272	1.327	1.384	1.422	1.460	1.498	1.534	1.573	1.610
0.06	1.237	1.292	1.347	1.384	1.420	1.457	1.493	1.530	1.568
0.07	1.201	1.255	1.308	1.345	1.380	1.415	1.452	1.488	1.524
0.08	1.166	1.218	1.270	1.305	1.339	1.373	1.409	1.444	1.479
0.09	1.131	1.181	1.231	1.265	1.298	1.333	1.366	1.400	1.434
0.10	1.095	1.145	1.193	1.226	1.260	1.292	1.324	1.358	1.391
0.12	1.033	1.079	1.124	1.154	1.184	1.215	1.244	1.275	1.305
0.14	0.975	1.020	1.062	1.091	1.121	1.150	1.179	1.208	1.236
0.16	0.919	0.961	1.003	1.031	1.059	1.087	1.114	1.142	1.171
0.18	0.864	0.905	0.945	0.973	1.000	1.027	1.054	1.079	1.107
0.20	0.809	0.851	0.891	0.918	0.943	0.970	0.995	1.021	1.047
0.22	0.756	0.798	0.839	0.864	0.890	0.916	0.941	0.966	0.991
0.24	0.706	0.749	0.790	0.815	0.841	0.866	0.890	0.914	0.939
0.26	0.658	0.703	0.744	0.770	0.795	0.820	0.843	0.868	0.890
0.28	0.612	0.660	0.702	0.728	0.752	0.777	0.800	0.824	0.846
0.30	0.566	0.621	0.663	0.689	0.714	0.737	0.761	0.784	0.806
0.32	0.508	0.583	0.628	0.654	0.678	0.702	0.725	0.747	0.768
0.34	0.453	0.541	0.594	0.621	0.646	0.668	0.691	0.713	0.734
0.36	0.403	0.496	0.562	0.590	0.615	0.639	0.660	0.682	0.702
0.38	0.355	0.455	0.524	0.560	0.586	0.610	0.632	0.653	0.673
0.40	0.311	0.417	0.488	0.526	0.558	0.582	0.605	0.627	0.646
0.42	0.271	0.384	0.454	0.493	0.528	0.556	0.579	0.600	0.621
0.44	0.238	0.353	0.424	0.463	0.497	0.529	0.554	0.576	0.596
0.46	0.210	0.323	0.396	0.435	0.470	0.501	0.530	0.553	0.573
0.48	0.186	0.297	0.372	0.410	0.444	0.475	0.504	0.530	0.551
0.50	0.165	0.273	0.349	0.387	0.420	0.451	0.480	0.506	0.530
0.55	0.128	0.226	0.298	0.337	0.369	0.399	0.426	0.452	0.476
0.60	0.102	0.191	0.257	0.296	0.327	0.355	0.381	0.406	0.429
0.65	0.084	0.164	0.225	0.260	0.293	0.320	0.345	0.368	0.390
0.70	0.072	0.144	0.200	0.232	0.262	0.290	0.313	0.335	0.356
0.75	0.062	0.127	0.179	0.210	0.237	0.264	0.287	0.308	0.327
0.80	0.055	0.115	0.162	0.190	0.216	0.241	0.264	0.284	0.303
0.85	0.049	0.103	0.148	0.174	0.198	0.222	0.244	0.263	0.281
0.90	0.044	0.095	0.136	0.160	0.183	0.205	0.226	0.245	0.263
0.95	0.040	0.087	0.125	0.149	0.170	0.190	0.211	0.229	0.246
1.00	0.037	0.080	0.117	0.139	0.159	0.178	0.196	0.214	0.231
1.10	0.032	0.070	0.102	0.121	0.140	0.157	0.174	0.190	0.206
1.20	0.028	0.062	0.090	0.108	0.124	0.141	0.156	0.171	0.185
1.30	0.025	0.056	0.082	0.098	0.113	0.127	0.141	0.155	0.167
1.40	0.023	0.050	0.074	0.089	0.103	0.115	0.129	0.141	0.153
1.50	0.020	0.046	0.068	0.081	0.095	0.106	0.118	0.130	0.142
1.60	0.018	0.042	0.063	0.075	0.087	0.098	0.110	0.120	0.130
1.70	0.017	0.039	0.058	0.070	0.081	0.092	0.101	0.111	0.121
1.80	0.016	0.036	0.054	0.065	0.076	0.086	0.095	0.105	0.114
1.90	0.015	0.034	0.051	0.061	0.071	0.080	0.090	0.098	0.107
2.00	0.014	0.032	0.048	0.057	0.067	0.075	0.084	0.093	0.101
2.20	0.013	0.029	0.042	0.051	0.060	0.068	0.076	0.083	0.091
2.40	0.011	0.025	0.039	0.046	0.054	0.062	0.068	0.075	0.082
2.60	0.010	0.023	0.035	0.042	0.050	0.056	0.063	0.068	0.075
2.80	0.009	0.021	0.032	0.039	0.046	0.051	0.058	0.063	0.069
3.00	0.009	0.020	0.029	0.036	0.042	0.047	0.053	0.058	0.064
4.00	0.006	0.014	0.021	0.026	0.030	0.035	0.039	0.043	0.046
5.00	0.005	0.011	0.017	0.020	0.024	0.027	0.031	0.034	0.037
6.00	0.004	0.009	0.014	0.016	0.019	0.022	0.025	0.027	0.030
7.00	0.003	0.007	0.011	0.014	0.016	0.019	0.021	0.024	0.026
8.00	0.003	0.006	0.010	0.013	0.014	0.017	0.019	0.020	0.022
9.00	0.002	0.006	0.009	0.011	0.012	0.015	0.016	0.018	0.020
10.00	0.002	0.005	0.008	0.010	0.011	0.013	0.014	0.016	0.017

Tabelle 138

Regelbemessung

$\gamma = 2{,}10$ bis $1{,}75$

Beton: **B 55**

$d_1/d = $ **0,15**

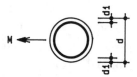

$e/d = M/N \cdot d$

ges. $A_s = \mu \cdot A_b$

Tafelwerte:

zul. $\sigma_{bi} = N/A_b$ (kN/cm²)

2,5 %	3,0 %	4,5 %	6,0 %	7,5 %	9,0 %	μ \ e/d
2.024	2.143	2.500	2.857	3.214	3.571	0.00
1.897	1.997	2.295	2.593	2.890	3.188	0.01
1.856	1.958	2.257	2.553	2.849	3.143	0.02
1.804	1.904	2.203	2.501	2.798	3.093	0.03
1.753	1.851	2.142	2.434	2.726	3.015	0.04
1.704	1.799	2.083	2.366	2.651	2.933	0.05
1.659	1.751	2.025	2.300	2.578	2.854	0.06
1.614	1.704	1.972	2.240	2.509	2.776	0.07
1.566	1.653	1.915	2.179	2.441	2.703	0.08
1.519	1.602	1.857	2.111	2.367	2.624	0.09
1.471	1.554	1.801	2.048	2.293	2.542	0.10
1.382	1.458	1.691	1.922	2.154	2.385	0.12
1.309	1.380	1.597	1.812	2.027	2.244	0.14
1.239	1.308	1.514	1.719	1.924	2.128	0.16
1.172	1.238	1.435	1.631	1.826	2.022	0.18
1.111	1.173	1.363	1.550	1.737	1.924	0.20
1.052	1.113	1.294	1.475	1.653	1.832	0.22
0.998	1.058	1.232	1.405	1.576	1.748	0.24
0.949	1.006	1.174	1.340	1.505	1.667	0.26
0.903	0.958	1.121	1.281	1.439	1.598	0.28
0.860	0.915	1.071	1.225	1.378	1.531	0.30
0.822	0.873	1.027	1.175	1.322	1.467	0.32
0.787	0.836	0.984	1.127	1.269	1.411	0.34
0.753	0.802	0.945	1.083	1.220	1.358	0.36
0.723	0.770	0.909	1.044	1.176	1.308	0.38
0.694	0.740	0.875	1.006	1.135	1.263	0.40
0.668	0.713	0.843	0.971	1.095	1.218	0.42
0.644	0.688	0.814	0.938	1.059	1.178	0.44
0.621	0.665	0.787	0.907	1.024	1.142	0.46
0.598	0.642	0.762	0.878	0.992	1.105	0.48
0.577	0.620	0.739	0.851	0.963	1.071	0.50
0.529	0.571	0.684	0.790	0.894	0.997	0.55
0.483	0.528	0.637	0.736	0.834	0.931	0.60
0.441	0.489	0.595	0.689	0.782	0.873	0.65
0.405	0.450	0.557	0.650	0.736	0.821	0.70
0.374	0.417	0.523	0.612	0.696	0.777	0.75
0.347	0.388	0.493	0.578	0.659	0.736	0.80
0.324	0.363	0.465	0.548	0.624	0.698	0.85
0.303	0.340	0.439	0.519	0.595	0.666	0.90
0.284	0.320	0.415	0.495	0.565	0.636	0.95
0.268	0.302	0.393	0.472	0.541	0.607	1.00
0.240	0.271	0.356	0.431	0.494	0.557	1.10
0.217	0.246	0.324	0.396	0.457	0.514	1.20
0.198	0.225	0.298	0.364	0.422	0.477	1.30
0.182	0.207	0.274	0.337	0.394	0.445	1.40
0.169	0.192	0.256	0.314	0.368	0.418	1.50
0.156	0.179	0.239	0.293	0.345	0.391	1.60
0.145	0.167	0.224	0.276	0.324	0.369	1.70
0.136	0.157	0.210	0.260	0.306	0.350	1.80
0.129	0.148	0.199	0.246	0.289	0.332	1.90
0.121	0.140	0.188	0.233	0.275	0.315	2.00
0.109	0.126	0.170	0.211	0.248	0.286	2.20
0.098	0.115	0.156	0.192	0.228	0.263	2.40
0.090	0.105	0.143	0.178	0.210	0.242	2.60
0.083	0.096	0.132	0.165	0.195	0.223	2.80
0.077	0.090	0.122	0.153	0.182	0.209	3.00
0.056	0.066	0.091	0.114	0.135	0.157	4.00
0.044	0.051	0.072	0.091	0.108	0.124	5.00
0.037	0.043	0.060	0.075	0.089	0.103	6.00
0.032	0.037	0.051	0.064	0.077	0.088	7.00
0.027	0.031	0.045	0.056	0.066	0.076	8.00
0.024	0.027	0.040	0.049	0.059	0.069	9.00
0.022	0.025	0.035	0.044	0.053	0.062	10.00

B 55 $d_1/d = 0,15$

1. Zeile: $M_u/1,75 \cdot A_b \cdot d$ (kN/m²)
2. Zeile: $1000 \cdot k_u \cdot d$
3. Zeile: $B_{II}/1000 \cdot 1,75 \cdot A_b \cdot d^2$ (kN/m²)

Tabelle 139

σ_{bi} \ μ	0,2 %	0,5 %	0,8 %	1,0 %	2,0 %	3,0 %	4,5 %	6,0 %	9,0 %
0.00	225 4.42 51	526 4.82 108	802 5.08 154	974 5.24 181	1771 5.80 289	2500 6.23 374	3532 6.73 483	4444 6.89 590	6174 7.07 802
0.10	605 5.36 63	870 5.51 107	1121 5.66 148	1280 5.76 173	2023 6.24 276	2730 6.65 357	3670 6.88 469	4553 7.01 577	6241 7.12 793
0.20	935 6.12 84	1172 6.09 116	1399 6.16 148	1547 6.25 169	2255 6.68 262	2892 6.88 343	3785 7.03 456	4642 7.11 565	6294 7.15 783
0.30	1216 6.81 99	1432 6.64 126	1643 6.72 151	1784 6.79 167	2421 6.95 252	3019 7.04 331	3877 7.11 445	4709 7.16 555	6329 7.16 775
0.40	1446 7.39 110	1641 7.13 134	1830 7.08 155	1953 7.08 170	2547 7.11 246	3116 7.15 322	3944 7.17 435	4754 7.17 546	6346 7.15 767
0.50	1613 7.41 124	1791 7.24 143	1965 7.22 163	2080 7.19 175	2638 7.18 244	3182 7.17 316	3984 7.14 428	4775 7.13 539	6340 7.11 761
0.60	1734 7.24 139	1896 7.17 156	2057 7.13 173	2163 7.12 184	2691 7.11 246	3213 7.09 314	3991 7.05 423	4765 7.04 534	6308 7.02 756
0.70	1804 6.65 162	1948 6.68 175	2094 6.71 190	2193 6.73 200	2690 6.79 256	3193 6.83 320	3953 6.86 423	4715 6.89 531	6247 6.91 752
0.80	1831 6.01 189	1962 6.09 199	2097 6.15 213	2188 6.20 221	2658 6.37 272	3142 6.47 329	3885 6.60 427	4636 6.66 532	6151 6.74 751
1.00	1765 5.01 235	1895 5.09 248	2027 5.21 261	2114 5.27 269	2560 5.58 311	3022 5.82 358	3735 6.05 444	4467 6.21 539	5959 6.42 749
1.20	1532 4.28 257	1686 4.33 283	1835 4.42 301	1932 4.51 311	2400 4.87 355	2863 5.19 397	3566 5.53 471	4287 5.77 557	5755 6.10 754
1.40	1120 3.65 228	1320 3.71 272	1505 3.80 307	1623 3.88 327	2157 4.25 395	2651 4.59 442	3369 5.03 508	4087 5.35 583	5548 5.76 765
1.60	533 2.66 149	779 2.96 203	1025 3.23 253	1169 3.31 287	1814 3.70 409	2372 4.07 479	3129 4.54 552	3862 4.91 619	5325 5.43 784
1.80	0 0.00 0	138 1.21 97	399 1.98 168	566 2.31 207	1363 3.22 370	2011 3.60 490	2843 4.09 590	3607 4.50 662	5088 5.10 808
2.00	0 0.00 0	0 0.00 0	0 0.00 0	0 0.00 0	762 2.32 300	1553 3.14 453	2500 3.68 611	3318 4.12 701	4833 4.77 843
2.50	0 0.00 0	0 0.00 0	0 0.00 0	0 0.00 0	0 0.00 0	0 0.00 0	1258 2.41 518	2368 3.21 715	4104 4.00 939
3.00	0 0.00 0	0 0.00 0	0 0.00 0	0 0.00 0	0 0.00 0	0 0.00 0	0 0.00 0	913 1.66 572	3166 3.27 960
3.50	0 0.00 0	0 0.00 0	0 0.00 0	0 0.00 0	0 0.00 0	0 0.00 0	0 0.00 0	0 0.00 0	1831 2.21 851

B 55 $d_1/d = 0{,}15$ $\gamma = 1{,}75$ konst. **Tabelle 140**

ges.$A_s = \mu \cdot A_b$ Tafelwerte: zul.$\sigma_{bi} = N/A_b$ (kN/cm²)

e/d \ μ	0,2 %	0,5 %	0,8 %	1,0 %	2,0 %	3,0 %	4,5 %	6,0 %	9,0 %
0.00	1.771	1.857	1.943	2.000	2.286	2.571	3.000	3.429	4.286
0.01	1.712	1.788	1.862	1.911	2.155	2.396	2.755	3.112	3.826
0.02	1.662	1.736	1.810	1.859	2.105	2.349	2.708	3.063	3.771
0.03	1.614	1.686	1.758	1.806	2.046	2.285	2.643	3.001	3.711
0.04	1.569	1.638	1.708	1.754	1.988	2.222	2.570	2.921	3.618
0.05	1.526	1.592	1.661	1.706	1.932	2.159	2.499	2.839	3.520
0.06	1.485	1.550	1.616	1.661	1.881	2.101	2.430	2.761	3.425
0.07	1.441	1.506	1.570	1.614	1.828	2.045	2.366	2.688	3.332
0.08	1.400	1.461	1.524	1.566	1.774	1.983	2.298	2.615	3.244
0.09	1.357	1.417	1.477	1.518	1.720	1.923	2.229	2.533	3.148
0.10	1.314	1.373	1.432	1.471	1.669	1.865	2.162	2.457	3.050
0.12	1.231	1.287	1.343	1.380	1.565	1.749	2.029	2.306	2.862
0.14	1.147	1.201	1.253	1.289	1.465	1.641	1.904	2.165	2.690
0.16	1.065	1.117	1.169	1.203	1.372	1.539	1.787	2.033	2.527
0.18	0.986	1.037	1.086	1.121	1.282	1.441	1.677	1.911	2.378
0.20	0.907	0.959	1.009	1.042	1.199	1.351	1.578	1.801	2.244
0.22	0.832	0.886	0.936	0.968	1.122	1.269	1.484	1.699	2.120
0.24	0.760	0.817	0.868	0.900	1.052	1.194	1.401	1.605	2.008
0.26	0.692	0.754	0.806	0.839	0.986	1.125	1.323	1.518	1.902
0.28	0.628	0.695	0.749	0.782	0.928	1.061	1.255	1.442	1.811
0.30	0.566	0.641	0.697	0.731	0.875	1.005	1.190	1.369	1.725
0.32	0.508	0.590	0.651	0.684	0.826	0.952	1.133	1.305	1.643
0.34	0.453	0.541	0.606	0.642	0.783	0.905	1.079	1.244	1.573
0.36	0.403	0.496	0.563	0.601	0.743	0.863	1.030	1.190	1.506
0.38	0.355	0.455	0.524	0.562	0.706	0.822	0.985	1.141	1.444
0.40	0.311	0.417	0.488	0.526	0.673	0.786	0.944	1.095	1.388
0.42	0.271	0.384	0.454	0.493	0.642	0.753	0.904	1.052	1.333
0.44	0.238	0.353	0.424	0.463	0.611	0.722	0.870	1.012	1.286
0.46	0.210	0.323	0.396	0.435	0.583	0.694	0.837	0.974	1.241
0.48	0.186	0.297	0.372	0.410	0.556	0.667	0.807	0.940	1.197
0.50	0.165	0.273	0.349	0.387	0.531	0.641	0.779	0.907	1.157
0.55	0.128	0.226	0.298	0.337	0.476	0.584	0.716	0.836	1.069
0.60	0.102	0.191	0.257	0.296	0.429	0.533	0.661	0.773	0.993
0.65	0.084	0.164	0.225	0.260	0.390	0.489	0.613	0.721	0.926
0.70	0.072	0.144	0.200	0.232	0.356	0.450	0.569	0.676	0.867
0.75	0.062	0.127	0.179	0.210	0.327	0.417	0.531	0.633	0.817
0.80	0.055	0.115	0.162	0.190	0.303	0.388	0.498	0.594	0.771
0.85	0.049	0.103	0.148	0.174	0.281	0.363	0.467	0.561	0.729
0.90	0.044	0.095	0.136	0.160	0.263	0.340	0.439	0.529	0.693
0.95	0.040	0.087	0.125	0.149	0.246	0.320	0.415	0.502	0.660
1.00	0.037	0.080	0.117	0.139	0.231	0.302	0.393	0.477	0.628
1.10	0.032	0.070	0.102	0.121	0.206	0.271	0.356	0.432	0.573
1.20	0.028	0.062	0.090	0.108	0.185	0.246	0.324	0.396	0.526
1.30	0.025	0.056	0.082	0.098	0.167	0.225	0.298	0.364	0.486
1.40	0.023	0.050	0.074	0.089	0.153	0.207	0.274	0.337	0.452
1.50	0.020	0.046	0.068	0.081	0.142	0.192	0.256	0.314	0.423
1.60	0.018	0.042	0.063	0.075	0.130	0.179	0.239	0.293	0.394
1.70	0.017	0.039	0.058	0.070	0.121	0.167	0.224	0.276	0.371
1.80	0.016	0.036	0.054	0.065	0.114	0.157	0.210	0.260	0.351
1.90	0.015	0.034	0.051	0.061	0.107	0.148	0.199	0.246	0.333
2.00	0.014	0.032	0.048	0.057	0.101	0.140	0.188	0.233	0.315
2.20	0.013	0.029	0.042	0.051	0.091	0.126	0.170	0.211	0.286
2.40	0.011	0.025	0.039	0.046	0.082	0.115	0.156	0.192	0.263
2.60	0.010	0.023	0.035	0.042	0.075	0.105	0.143	0.178	0.242
2.80	0.009	0.021	0.032	0.039	0.069	0.096	0.132	0.165	0.223
3.00	0.009	0.020	0.029	0.036	0.064	0.090	0.122	0.153	0.209
4.00	0.006	0.014	0.021	0.026	0.046	0.066	0.091	0.114	0.157
5.00	0.005	0.011	0.017	0.020	0.037	0.051	0.072	0.091	0.124
6.00	0.004	0.009	0.014	0.016	0.030	0.043	0.060	0.075	0.103
7.00	0.003	0.007	0.011	0.014	0.026	0.037	0.051	0.064	0.088
8.00	0.003	0.006	0.010	0.013	0.022	0.031	0.045	0.056	0.076
9.00	0.002	0.006	0.009	0.011	0.020	0.027	0.040	0.049	0.069
10.00	0.002	0.005	0.008	0.010	0.017	0.025	0.035	0.044	0.062

e/d \ μ	0.2 %	0.5 %	0.8 %	1.0 %	1.2 %	1.4 %	1.6 %	1.8 %	2.0 %
0.00	1.476	1.548	1.619	1.667	1.714	1.762	1.810	1.857	1.905
0.01	1.425	1.487	1.547	1.587	1.628	1.668	1.708	1.748	1.788
0.02	1.383	1.443	1.503	1.544	1.584	1.624	1.664	1.703	1.743
0.03	1.343	1.401	1.459	1.498	1.538	1.576	1.615	1.654	1.693
0.04	1.306	1.361	1.419	1.456	1.494	1.531	1.568	1.606	1.644
0.05	1.270	1.325	1.379	1.416	1.451	1.488	1.524	1.561	1.597
0.06	1.235	1.288	1.341	1.377	1.412	1.446	1.482	1.517	1.553
0.07	1.200	1.250	1.301	1.335	1.370	1.404	1.438	1.472	1.507
0.08	1.164	1.212	1.262	1.295	1.328	1.361	1.394	1.427	1.460
0.09	1.128	1.176	1.222	1.254	1.285	1.317	1.349	1.381	1.413
0.10	1.093	1.138	1.184	1.215	1.244	1.274	1.305	1.336	1.365
0.12	1.022	1.065	1.107	1.135	1.162	1.190	1.219	1.247	1.276
0.14	0.960	1.000	1.038	1.064	1.091	1.116	1.142	1.168	1.194
0.16	0.903	0.939	0.976	1.001	1.026	1.050	1.075	1.098	1.123
0.18	0.846	0.882	0.916	0.939	0.963	0.986	1.010	1.032	1.056
0.20	0.791	0.824	0.858	0.881	0.903	0.925	0.948	0.970	0.991
0.22	0.736	0.770	0.803	0.825	0.846	0.868	0.890	0.910	0.932
0.24	0.684	0.719	0.752	0.773	0.794	0.815	0.835	0.856	0.876
0.26	0.635	0.671	0.704	0.725	0.746	0.766	0.786	0.806	0.825
0.28	0.589	0.627	0.661	0.681	0.702	0.722	0.741	0.761	0.780
0.30	0.545	0.587	0.621	0.642	0.662	0.682	0.701	0.719	0.737
0.32	0.497	0.550	0.585	0.606	0.626	0.645	0.663	0.681	0.700
0.34	0.443	0.515	0.553	0.573	0.593	0.612	0.630	0.648	0.665
0.36	0.394	0.474	0.521	0.543	0.563	0.582	0.599	0.617	0.634
0.38	0.349	0.435	0.492	0.515	0.535	0.555	0.571	0.589	0.605
0.40	0.306	0.399	0.458	0.488	0.509	0.528	0.546	0.563	0.578
0.42	0.268	0.366	0.427	0.460	0.484	0.503	0.522	0.539	0.554
0.44	0.235	0.338	0.399	0.431	0.460	0.481	0.499	0.516	0.532
0.46	0.208	0.312	0.373	0.405	0.434	0.459	0.478	0.494	0.510
0.48	0.184	0.287	0.349	0.382	0.411	0.436	0.457	0.474	0.490
0.50	0.165	0.265	0.328	0.360	0.388	0.414	0.437	0.455	0.471
0.55	0.127	0.220	0.283	0.314	0.341	0.366	0.388	0.410	0.428
0.60	0.102	0.187	0.246	0.277	0.303	0.327	0.348	0.369	0.388
0.65	0.085	0.161	0.216	0.247	0.272	0.295	0.315	0.334	0.352
0.70	0.072	0.141	0.193	0.221	0.246	0.268	0.287	0.305	0.322
0.75	0.063	0.126	0.173	0.200	0.224	0.244	0.263	0.280	0.297
0.80	0.055	0.113	0.156	0.182	0.205	0.225	0.243	0.259	0.275
0.85	0.050	0.102	0.143	0.167	0.189	0.208	0.225	0.240	0.256
0.90	0.044	0.093	0.132	0.154	0.175	0.193	0.209	0.224	0.239
0.95	0.041	0.086	0.122	0.143	0.163	0.180	0.196	0.210	0.224
1.00	0.037	0.078	0.114	0.133	0.151	0.168	0.184	0.198	0.211
1.10	0.032	0.069	0.099	0.118	0.134	0.149	0.164	0.176	0.189
1.20	0.028	0.061	0.089	0.105	0.120	0.134	0.147	0.159	0.170
1.30	0.025	0.055	0.079	0.094	0.108	0.121	0.133	0.145	0.155
1.40	0.022	0.049	0.073	0.086	0.099	0.110	0.121	0.132	0.143
1.50	0.021	0.045	0.067	0.079	0.091	0.102	0.112	0.122	0.132
1.60	0.019	0.042	0.062	0.073	0.084	0.095	0.104	0.113	0.122
1.70	0.017	0.039	0.057	0.067	0.078	0.087	0.097	0.106	0.114
1.80	0.016	0.036	0.053	0.063	0.073	0.082	0.090	0.099	0.107
1.90	0.015	0.033	0.050	0.060	0.068	0.077	0.085	0.093	0.101
2.00	0.014	0.032	0.046	0.056	0.065	0.072	0.080	0.088	0.095
2.20	0.013	0.028	0.041	0.050	0.057	0.065	0.072	0.078	0.086
2.40	0.011	0.026	0.038	0.045	0.052	0.059	0.065	0.072	0.078
2.60	0.010	0.023	0.035	0.041	0.048	0.054	0.060	0.066	0.071
2.80	0.009	0.021	0.031	0.038	0.044	0.049	0.055	0.060	0.066
3.00	0.008	0.020	0.030	0.035	0.040	0.046	0.050	0.056	0.061
4.00	0.006	0.014	0.021	0.025	0.029	0.033	0.037	0.041	0.044
5.00	0.005	0.011	0.017	0.020	0.023	0.027	0.029	0.032	0.035
6.00	0.004	0.009	0.014	0.017	0.019	0.022	0.024	0.026	0.029
7.00	0.003	0.008	0.012	0.014	0.017	0.018	0.021	0.022	0.025
8.00	0.003	0.006	0.010	0.012	0.014	0.015	0.018	0.019	0.021
9.00	0.002	0.005	0.008	0.010	0.012	0.014	0.016	0.017	0.019
10.00	0.002	0.005	0.008	0.010	0.011	0.013	0.014	0.015	0.017

Tabelle 141

Regelbemessung

γ = 2,10 bis 1,75

Beton: **B 55**

d_1/d = **0,20**

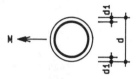

$e/d = M/N \cdot d$

ges. $A_s = \mu \cdot A_b$

Tafelwerte:
zul. $\sigma_{bi} = N/A_b$ (kN/cm²)

2,5 %	3,0 %	4,5 %	6,0 %	7,5 %	9,0 %	μ \ e/d
2.024	2.143	2.500	2.857	3.214	3.571	0.00
1.888	1.987	2.285	2.581	2.878	3.173	0.01
1.842	1.941	2.236	2.530	2.823	3.115	0.02
1.790	1.887	2.178	2.470	2.760	3.049	0.03
1.738	1.832	2.114	2.398	2.682	2.966	0.04
1.689	1.780	2.054	2.329	2.604	2.879	0.05
1.642	1.731	1.996	2.260	2.527	2.794	0.06
1.592	1.677	1.936	2.193	2.453	2.712	0.07
1.542	1.623	1.871	2.120	2.368	2.618	0.08
1.491	1.570	1.808	2.048	2.285	2.526	0.09
1.442	1.519	1.748	1.977	2.205	2.434	0.10
1.347	1.416	1.627	1.839	2.050	2.262	0.12
1.260	1.325	1.521	1.715	1.911	2.106	0.14
1.184	1.246	1.430	1.614	1.795	1.979	0.16
1.113	1.172	1.345	1.518	1.691	1.864	0.18
1.047	1.101	1.267	1.430	1.594	1.757	0.20
0.985	1.037	1.193	1.348	1.504	1.658	0.22
0.926	0.977	1.127	1.273	1.422	1.568	0.24
0.874	0.922	1.065	1.207	1.348	1.488	0.26
0.827	0.873	1.008	1.145	1.277	1.413	0.28
0.783	0.827	0.957	1.087	1.216	1.344	0.30
0.743	0.786	0.912	1.036	1.158	1.280	0.32
0.708	0.749	0.871	0.989	1.106	1.222	0.34
0.674	0.715	0.831	0.944	1.058	1.170	0.36
0.644	0.684	0.795	0.906	1.015	1.123	0.38
0.617	0.654	0.762	0.868	0.972	1.077	0.40
0.592	0.629	0.733	0.836	0.937	1.036	0.42
0.568	0.603	0.706	0.804	0.902	0.998	0.44
0.547	0.581	0.679	0.775	0.869	0.963	0.46
0.526	0.560	0.655	0.747	0.839	0.928	0.48
0.507	0.541	0.633	0.722	0.811	0.899	0.50
0.463	0.497	0.583	0.667	0.748	0.828	0.55
0.426	0.457	0.541	0.618	0.695	0.770	0.60
0.393	0.424	0.504	0.578	0.649	0.720	0.65
0.362	0.394	0.471	0.541	0.608	0.675	0.70
0.334	0.368	0.443	0.509	0.572	0.634	0.75
0.310	0.343	0.417	0.479	0.539	0.598	0.80
0.290	0.321	0.393	0.454	0.511	0.568	0.85
0.271	0.301	0.372	0.431	0.485	0.538	0.90
0.255	0.283	0.352	0.410	0.462	0.514	0.95
0.241	0.267	0.335	0.391	0.441	0.490	1.00
0.216	0.241	0.306	0.357	0.405	0.448	1.10
0.195	0.219	0.281	0.328	0.372	0.415	1.20
0.179	0.201	0.257	0.304	0.346	0.386	1.30
0.165	0.185	0.239	0.282	0.322	0.358	1.40
0.153	0.172	0.221	0.264	0.301	0.337	1.50
0.142	0.159	0.207	0.247	0.282	0.316	1.60
0.133	0.150	0.195	0.232	0.265	0.298	1.70
0.125	0.141	0.183	0.220	0.251	0.283	1.80
0.118	0.133	0.173	0.209	0.239	0.267	1.90
0.111	0.126	0.164	0.198	0.227	0.255	2.00
0.100	0.114	0.149	0.180	0.207	0.231	2.20
0.091	0.103	0.135	0.165	0.190	0.214	2.40
0.084	0.095	0.124	0.151	0.174	0.197	2.60
0.077	0.087	0.115	0.140	0.163	0.183	2.80
0.072	0.081	0.108	0.131	0.151	0.171	3.00
0.053	0.060	0.079	0.097	0.114	0.127	4.00
0.042	0.048	0.063	0.077	0.091	0.102	5.00
0.034	0.040	0.053	0.064	0.075	0.084	6.00
0.029	0.033	0.045	0.055	0.064	0.073	7.00
0.026	0.029	0.039	0.048	0.057	0.065	8.00
0.022	0.026	0.035	0.042	0.049	0.056	9.00
0.020	0.024	0.031	0.038	0.044	0.051	10.00

B 55

$d_1/d = 0{,}20$

Tabelle 142

1. Zeile: $M_u/1{,}75 \cdot A_b \cdot d$ (kN/m²)
2. Zeile: $1000 \cdot k_u \cdot d$
3. Zeile: $B_{II}/1000 \cdot 1{,}75 \cdot A_b \cdot d^2$ (kN/m²)

σ_{bi} \ μ	0,2 %	0,5 %	0,8 %	1,0 %	2,0 %	3,0 %	4,5 %	6,0 %	9,0 %
0.00	227 4.81 47	522 5.24 98	789 5.59 137	955 5.78 159	1685 6.43 244	2324 6.94 304	3120 7.26 385	3846 7.43 462	5189 7.54 616
0.10	605 5.84 58	863 6.01 96	1097 6.20 131	1244 6.33 151	1917 6.92 229	2479 7.19 290	3230 7.40 372	3925 7.50 451	5225 7.55 608
0.20	932 6.65 77	1157 6.64 103	1366 6.78 129	1501 6.89 146	2093 7.22 217	2608 7.38 278	3318 7.50 361	3984 7.54 441	5244 7.53 601
0.30	1210 7.36 90	1408 7.28 112	1590 7.28 131	1704 7.30 145	2231 7.44 209	2711 7.53 268	3383 7.55 351	4021 7.55 433	5244 7.47 595
0.40	1429 7.81 102	1597 7.56 120	1756 7.52 137	1858 7.53 148	2338 7.56 204	2784 7.56 260	3421 7.52 344	4034 7.49 426	5220 7.40 590
0.50	1594 7.78 116	1739 7.64 131	1880 7.60 145	1972 7.59 154	2408 7.52 204	2825 7.46 258	3428 7.40 340	4013 7.33 422	5168 7.24 586
0.60	1710 7.39 134	1835 7.36 145	1957 7.32 158	2038 7.31 166	2432 7.22 212	2820 7.20 261	3395 7.14 339	3968 7.13 420	5108 7.08 583
0.70	1779 6.67 158	1884 6.71 168	1992 6.73 179	2064 6.76 185	2429 6.81 224	2800 6.86 268	3360 6.88 341	3923 6.91 420	5051 6.93 581
0.80	1809 6.07 183	1906 6.15 192	2006 6.22 200	2073 6.27 206	2419 6.43 238	2776 6.53 278	3322 6.64 346	3875 6.72 420	4992 6.80 579
1.00	1749 5.11 226	1854 5.24 234	1957 5.36 241	2025 5.43 245	2364 5.74 273	2708 5.94 304	3236 6.17 362	3776 6.31 428	4873 6.51 578
1.20	1524 4.41 246	1656 4.47 264	1784 4.61 275	1864 4.68 282	2244 5.08 310	2604 5.40 337	3132 5.71 385	3665 5.93 444	4751 6.20 583
1.40	1115 3.73 220	1297 3.82 257	1467 3.94 283	1571 4.02 297	2033 4.46 344	2435 4.83 373	2996 5.26 415	3541 5.57 464	4622 5.93 592
1.60	525 2.68 144	770 3.10 189	999 3.37 233	1131 3.44 263	1721 3.91 358	2195 4.31 405	2812 4.80 451	3381 5.18 495	4485 5.64 607
1.80	0 0.00 0	127 1.21 88	378 2.06 151	540 2.42 185	1291 3.38 327	1867 3.79 420	2575 4.35 485	3188 4.78 530	4327 5.36 630
2.00	0 0.00 0	0 0.00 0	0 0.00 0	0 0.00 0	712 2.48 261	1449 3.34 392	2273 3.90 510	2953 4.40 564	4145 5.06 657
2.50	0 0.00 0	0 0.00 0	0 0.00 0	0 0.00 0	0 0.00 0	0 0.00 0	1138 2.61 434	2135 3.45 598	3574 4.27 743
3.00	0 0.00 0	0 0.00 0	0 0.00 0	0 0.00 0	0 0.00 0	0 0.00 0	0 0.00 0	770 1.75 459	2795 3.53 782
3.50	0 0.00 0	0 0.00 0	0 0.00 0	0 0.00 0	0 0.00 0	0 0.00 0	0 0.00 0	0 0.00 0	1605 2.42 684

B 55 $d_1/d = 0{,}20$ $\gamma = 1{,}75$ konst.   Tabelle 143

ges. $A_s = \mu \cdot A_b$ Tafelwerte: zul. $\sigma_{bi} = N/A_b$ (kN/cm²)

e/d \ μ	0,2 %	0,5 %	0,8 %	1,0 %	2,0 %	3,0 %	4,5 %	6,0 %	9,0 %
0.00	1.771	1.857	1.943	2.000	2.286	2.571	3.000	3.429	4.286
0.01	1.710	1.784	1.857	1.905	2.146	2.385	2.742	3.097	3.807
0.02	1.660	1.732	1.804	1.852	2.092	2.329	2.684	3.036	3.738
0.03	1.612	1.681	1.751	1.798	2.032	2.265	2.614	2.964	3.659
0.04	1.567	1.634	1.702	1.747	1.972	2.198	2.537	2.878	3.559
0.05	1.524	1.590	1.654	1.699	1.917	2.136	2.465	2.794	3.455
0.06	1.483	1.546	1.609	1.653	1.863	2.077	2.395	2.712	3.352
0.07	1.440	1.499	1.561	1.602	1.808	2.013	2.323	2.632	3.255
0.08	1.397	1.455	1.514	1.554	1.752	1.947	2.245	2.544	3.142
0.09	1.353	1.411	1.466	1.504	1.696	1.885	2.170	2.458	3.031
0.10	1.312	1.366	1.421	1.458	1.638	1.822	2.097	2.372	2.921
0.12	1.227	1.278	1.329	1.363	1.531	1.699	1.953	2.207	2.714
0.14	1.143	1.191	1.237	1.268	1.425	1.583	1.819	2.052	2.523
0.16	1.060	1.104	1.148	1.179	1.325	1.472	1.692	1.911	2.348
0.18	0.979	1.022	1.063	1.091	1.231	1.369	1.575	1.780	2.190
0.20	0.900	0.941	0.982	1.009	1.142	1.272	1.469	1.661	2.047
0.22	0.823	0.865	0.906	0.932	1.061	1.187	1.370	1.553	1.916
0.24	0.749	0.794	0.835	0.861	0.986	1.106	1.283	1.455	1.798
0.26	0.680	0.728	0.770	0.797	0.919	1.034	1.202	1.369	1.696
0.28	0.615	0.668	0.712	0.738	0.859	0.971	1.130	1.289	1.601
0.30	0.554	0.614	0.660	0.686	0.805	0.912	1.066	1.216	1.513
0.32	0.497	0.565	0.613	0.640	0.757	0.860	1.009	1.152	1.434
0.34	0.443	0.518	0.571	0.598	0.714	0.814	0.957	1.095	1.363
0.36	0.394	0.474	0.530	0.560	0.675	0.772	0.909	1.040	1.299
0.38	0.349	0.435	0.493	0.524	0.639	0.734	0.865	0.994	1.242
0.40	0.306	0.399	0.458	0.491	0.607	0.699	0.826	0.948	1.186
0.42	0.268	0.366	0.427	0.460	0.578	0.668	0.791	0.910	1.138
0.44	0.235	0.338	0.399	0.431	0.551	0.638	0.758	0.872	1.093
0.46	0.208	0.312	0.373	0.405	0.525	0.612	0.726	0.837	1.051
0.48	0.184	0.287	0.349	0.382	0.502	0.587	0.698	0.804	1.010
0.50	0.165	0.265	0.328	0.360	0.479	0.565	0.672	0.775	0.976
0.55	0.127	0.220	0.283	0.314	0.429	0.514	0.616	0.711	0.894
0.60	0.102	0.187	0.246	0.277	0.388	0.469	0.567	0.655	0.827
0.65	0.085	0.161	0.216	0.247	0.352	0.431	0.525	0.609	0.769
0.70	0.072	0.141	0.193	0.221	0.322	0.398	0.489	0.569	0.719
0.75	0.063	0.126	0.173	0.200	0.297	0.368	0.457	0.533	0.673
0.80	0.055	0.113	0.156	0.182	0.275	0.343	0.428	0.500	0.633
0.85	0.050	0.102	0.143	0.167	0.256	0.321	0.402	0.472	0.600
0.90	0.044	0.093	0.132	0.154	0.239	0.301	0.379	0.446	0.567
0.95	0.041	0.086	0.122	0.143	0.224	0.283	0.357	0.423	0.540
1.00	0.037	0.078	0.114	0.133	0.211	0.267	0.339	0.403	0.514
1.10	0.032	0.069	0.099	0.118	0.189	0.241	0.307	0.366	0.468
1.20	0.028	0.061	0.089	0.105	0.170	0.219	0.281	0.335	0.433
1.30	0.025	0.055	0.079	0.094	0.155	0.201	0.257	0.309	0.401
1.40	0.022	0.049	0.073	0.086	0.143	0.185	0.239	0.286	0.371
1.50	0.021	0.045	0.067	0.079	0.132	0.172	0.221	0.267	0.348
1.60	0.019	0.042	0.062	0.073	0.122	0.159	0.207	0.249	0.326
1.70	0.017	0.039	0.057	0.067	0.114	0.150	0.195	0.234	0.307
1.80	0.016	0.036	0.053	0.063	0.107	0.141	0.183	0.221	0.291
1.90	0.015	0.033	0.050	0.060	0.101	0.133	0.173	0.209	0.275
2.00	0.014	0.032	0.046	0.056	0.095	0.126	0.164	0.198	0.262
2.20	0.013	0.028	0.041	0.050	0.086	0.114	0.149	0.180	0.236
2.40	0.011	0.026	0.038	0.045	0.078	0.103	0.135	0.165	0.218
2.60	0.010	0.023	0.035	0.041	0.071	0.095	0.124	0.151	0.201
2.80	0.009	0.021	0.031	0.038	0.066	0.087	0.115	0.140	0.186
3.00	0.008	0.020	0.030	0.035	0.061	0.081	0.108	0.131	0.174
4.00	0.006	0.014	0.021	0.025	0.044	0.060	0.079	0.097	0.129
5.00	0.005	0.011	0.017	0.020	0.035	0.048	0.063	0.077	0.103
6.00	0.004	0.009	0.014	0.017	0.029	0.040	0.053	0.064	0.085
7.00	0.003	0.008	0.012	0.014	0.025	0.033	0.045	0.055	0.074
8.00	0.003	0.006	0.010	0.012	0.021	0.029	0.039	0.048	0.065
9.00	0.002	0.005	0.008	0.010	0.019	0.026	0.035	0.042	0.056
10.00	0.002	0.005	0.008	0.010	0.017	0.024	0.031	0.038	0.051

e/d \ μ	0.2 %	0.5 %	0.8 %	1.0 %	1.2 %	1.4 %	1.6 %	1.8 %	2.0 %
0.00	1.476	1.548	1.619	1.667	1.714	1.762	1.810	1.857	1.905
0.01	1.424	1.483	1.543	1.582	1.622	1.661	1.700	1.740	1.779
0.02	1.382	1.440	1.498	1.537	1.576	1.614	1.653	1.691	1.730
0.03	1.343	1.399	1.455	1.493	1.530	1.567	1.605	1.642	1.681
0.04	1.305	1.359	1.413	1.450	1.487	1.522	1.559	1.596	1.631
0.05	1.269	1.321	1.374	1.409	1.445	1.480	1.515	1.549	1.585
0.06	1.233	1.284	1.335	1.369	1.402	1.436	1.472	1.505	1.539
0.07	1.198	1.247	1.294	1.327	1.360	1.391	1.423	1.456	1.489
0.08	1.162	1.208	1.254	1.286	1.315	1.347	1.377	1.408	1.438
0.09	1.126	1.170	1.214	1.243	1.272	1.302	1.330	1.359	1.389
0.10	1.090	1.132	1.173	1.201	1.229	1.258	1.285	1.312	1.340
0.12	1.019	1.057	1.094	1.119	1.144	1.168	1.193	1.218	1.242
0.14	0.948	0.982	1.015	1.037	1.059	1.081	1.104	1.126	1.148
0.16	0.887	0.917	0.947	0.967	0.988	1.008	1.028	1.048	1.067
0.18	0.829	0.856	0.884	0.903	0.921	0.939	0.958	0.976	0.994
0.20	0.772	0.798	0.823	0.840	0.857	0.875	0.893	0.909	0.926
0.22	0.717	0.742	0.766	0.783	0.799	0.815	0.832	0.848	0.864
0.24	0.664	0.689	0.713	0.729	0.745	0.761	0.776	0.791	0.807
0.26	0.614	0.640	0.665	0.681	0.696	0.711	0.726	0.741	0.755
0.28	0.567	0.596	0.620	0.636	0.651	0.666	0.681	0.696	0.709
0.30	0.524	0.555	0.580	0.596	0.611	0.626	0.640	0.654	0.668
0.32	0.483	0.518	0.545	0.560	0.575	0.590	0.604	0.617	0.631
0.34	0.434	0.484	0.513	0.528	0.543	0.557	0.571	0.585	0.597
0.36	0.386	0.452	0.483	0.500	0.514	0.528	0.541	0.554	0.567
0.38	0.342	0.417	0.455	0.473	0.488	0.501	0.515	0.527	0.540
0.40	0.304	0.383	0.430	0.448	0.463	0.478	0.491	0.502	0.514
0.42	0.267	0.352	0.403	0.424	0.441	0.455	0.468	0.480	0.491
0.44	0.235	0.324	0.376	0.403	0.419	0.434	0.447	0.459	0.471
0.46	0.208	0.300	0.352	0.379	0.400	0.415	0.428	0.440	0.451
0.48	0.185	0.278	0.331	0.358	0.381	0.396	0.409	0.422	0.434
0.50	0.166	0.259	0.311	0.338	0.361	0.379	0.393	0.405	0.416
0.55	0.128	0.217	0.269	0.296	0.318	0.338	0.355	0.367	0.379
0.60	0.103	0.185	0.237	0.261	0.283	0.302	0.320	0.335	0.346
0.65	0.086	0.159	0.210	0.234	0.255	0.273	0.289	0.305	0.319
0.70	0.073	0.140	0.187	0.211	0.231	0.248	0.264	0.279	0.293
0.75	0.063	0.125	0.168	0.192	0.211	0.227	0.243	0.257	0.269
0.80	0.056	0.113	0.154	0.176	0.194	0.210	0.224	0.238	0.250
0.85	0.050	0.102	0.141	0.162	0.180	0.195	0.208	0.221	0.233
0.90	0.045	0.093	0.129	0.150	0.167	0.181	0.195	0.207	0.218
0.95	0.041	0.086	0.120	0.139	0.156	0.169	0.182	0.194	0.204
1.00	0.038	0.080	0.112	0.130	0.146	0.159	0.171	0.183	0.193
1.10	0.032	0.069	0.098	0.114	0.129	0.142	0.153	0.163	0.173
1.20	0.028	0.061	0.087	0.102	0.116	0.128	0.138	0.148	0.157
1.30	0.026	0.055	0.079	0.093	0.105	0.116	0.126	0.134	0.143
1.40	0.023	0.049	0.072	0.084	0.096	0.107	0.115	0.124	0.131
1.50	0.021	0.046	0.066	0.077	0.088	0.098	0.107	0.114	0.121
1.60	0.019	0.042	0.060	0.071	0.081	0.091	0.099	0.106	0.113
1.70	0.018	0.039	0.057	0.067	0.076	0.084	0.093	0.099	0.106
1.80	0.016	0.036	0.053	0.062	0.071	0.079	0.087	0.093	0.099
1.90	0.015	0.034	0.049	0.058	0.066	0.074	0.082	0.088	0.094
2.00	0.014	0.031	0.046	0.055	0.063	0.070	0.077	0.083	0.089
2.20	0.013	0.029	0.041	0.049	0.056	0.063	0.070	0.075	0.080
2.40	0.011	0.026	0.038	0.044	0.051	0.057	0.063	0.068	0.073
2.60	0.010	0.023	0.034	0.040	0.047	0.052	0.057	0.063	0.067
2.80	0.009	0.022	0.032	0.037	0.043	0.048	0.053	0.058	0.061
3.00	0.009	0.019	0.029	0.035	0.039	0.044	0.049	0.054	0.057
4.00	0.006	0.014	0.021	0.026	0.029	0.033	0.036	0.039	0.042
5.00	0.005	0.011	0.016	0.020	0.023	0.025	0.028	0.031	0.034
6.00	0.004	0.009	0.013	0.016	0.019	0.021	0.023	0.025	0.028
7.00	0.003	0.008	0.011	0.014	0.016	0.018	0.020	0.022	0.024
8.00	0.003	0.006	0.010	0.012	0.014	0.016	0.017	0.019	0.021
9.00	0.003	0.006	0.009	0.011	0.012	0.014	0.015	0.017	0.018
10.00	0.002	0.005	0.008	0.009	0.011	0.012	0.014	0.015	0.016

Tabelle 144

Regelbemessung

γ = 2,10 bis 1,75

Beton : **B 55**

d1/d = **0,25**

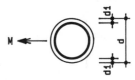

$e/d = M/N \cdot d$

$ges.A_s = \mu \cdot A_b$

Tafelwerte :

$zul.\sigma_{bi} = N/A_b$ (kN/cm²)

2,5 %	3,0 %	4,5 %	6,0 %	7,5 %	9,0 %	μ \ e/d
2.024	2.143	2.500	2.857	3.214	3.571	0.00
1.877	1.976	2.271	2.564	2.858	3.152	0.01
1.826	1.922	2.211	2.499	2.786	3.074	0.02
1.774	1.868	2.151	2.433	2.715	2.997	0.03
1.723	1.813	2.086	2.360	2.634	2.906	0.04
1.674	1.760	2.024	2.289	2.552	2.816	0.05
1.624	1.708	1.962	2.216	2.469	2.723	0.06
1.568	1.650	1.889	2.130	2.371	2.614	0.07
1.514	1.591	1.821	2.047	2.277	2.503	0.08
1.461	1.534	1.750	1.967	2.181	2.396	0.09
1.408	1.477	1.683	1.887	2.091	2.293	0.10
1.305	1.365	1.549	1.730	1.914	2.095	0.12
1.202	1.257	1.421	1.586	1.750	1.913	0.14
1.118	1.169	1.318	1.469	1.618	1.769	0.16
1.040	1.087	1.225	1.362	1.500	1.640	0.18
0.969	1.011	1.141	1.269	1.396	1.525	0.20
0.904	0.945	1.064	1.185	1.305	1.424	0.22
0.846	0.883	0.997	1.110	1.222	1.334	0.24
0.792	0.829	0.936	1.044	1.150	1.257	0.26
0.745	0.780	0.883	0.983	1.085	1.185	0.28
0.702	0.735	0.833	0.930	1.025	1.122	0.30
0.663	0.696	0.789	0.882	0.973	1.064	0.32
0.629	0.660	0.750	0.838	0.926	1.013	0.34
0.598	0.627	0.715	0.798	0.881	0.964	0.36
0.570	0.598	0.681	0.763	0.844	0.923	0.38
0.543	0.571	0.652	0.729	0.806	0.883	0.40
0.520	0.547	0.624	0.700	0.774	0.846	0.42
0.498	0.524	0.599	0.671	0.742	0.814	0.44
0.478	0.503	0.575	0.646	0.714	0.782	0.46
0.460	0.483	0.553	0.621	0.687	0.753	0.48
0.442	0.466	0.533	0.600	0.664	0.727	0.50
0.404	0.426	0.490	0.549	0.609	0.669	0.55
0.371	0.393	0.451	0.508	0.564	0.619	0.60
0.343	0.364	0.419	0.472	0.524	0.575	0.65
0.318	0.339	0.393	0.440	0.489	0.537	0.70
0.296	0.316	0.367	0.413	0.458	0.505	0.75
0.277	0.297	0.346	0.390	0.433	0.475	0.80
0.260	0.279	0.327	0.369	0.408	0.449	0.85
0.244	0.263	0.309	0.350	0.387	0.425	0.90
0.229	0.249	0.294	0.333	0.370	0.405	0.95
0.217	0.237	0.280	0.316	0.352	0.387	1.00
0.195	0.213	0.255	0.288	0.321	0.351	1.10
0.177	0.195	0.234	0.265	0.296	0.324	1.20
0.162	0.178	0.216	0.246	0.273	0.301	1.30
0.149	0.165	0.201	0.229	0.255	0.280	1.40
0.138	0.153	0.187	0.214	0.239	0.262	1.50
0.129	0.143	0.175	0.200	0.224	0.247	1.60
0.120	0.134	0.165	0.189	0.211	0.232	1.70
0.114	0.126	0.156	0.180	0.201	0.220	1.80
0.107	0.119	0.148	0.169	0.190	0.208	1.90
0.101	0.112	0.140	0.162	0.180	0.199	2.00
0.091	0.102	0.128	0.147	0.165	0.181	2.20
0.083	0.092	0.116	0.135	0.150	0.166	2.40
0.076	0.085	0.108	0.124	0.139	0.154	2.60
0.071	0.079	0.100	0.116	0.129	0.141	2.80
0.066	0.074	0.093	0.107	0.120	0.132	3.00
0.049	0.055	0.069	0.080	0.091	0.099	4.00
0.039	0.043	0.055	0.065	0.073	0.079	5.00
0.032	0.035	0.045	0.053	0.060	0.068	6.00
0.027	0.030	0.039	0.045	0.051	0.057	7.00
0.024	0.027	0.034	0.040	0.045	0.049	8.00
0.021	0.024	0.030	0.035	0.041	0.043	9.00
0.019	0.021	0.027	0.032	0.037	0.041	10.00

B 55 $d_1/d = 0{,}25$

1. Zeile: $M_u/1{,}75 \cdot A_b \cdot d$ (kN/m²)
2. Zeile: $1000 \cdot k_u \cdot d$
3. Zeile: $B_{II}/1000 \cdot 1{,}75 \cdot A_b \cdot d^2$ (kN/m²)

Tabelle 145

σ_{bi} \ μ	0,2 %	0,5 %	0,8 %	1,0 %	2,0 %	3,0 %	4,5 %	6,0 %	9,0 %
0.00	232 5.27 44	528 5.83 88	790 6.24 122	948 6.45 140	1616 7.26 202	2113 7.61 245	2736 7.88 300	3278 7.98 353	4236 7.95 461
0.10	608 6.37 53	861 6.62 86	1085 6.87 115	1225 7.05 131	1794 7.60 189	2241 7.84 232	2815 7.99 289	3323 8.00 345	4228 7.86 456
0.20	932 7.26 70	1148 7.36 91	1342 7.54 112	1457 7.61 125	1940 7.86 179	2344 7.97 222	2872 8.01 281	3345 7.93 338	4195 7.70 452
0.30	1206 8.05 82	1381 7.89 99	1536 7.89 115	1633 7.92 125	2056 8.01 172	2419 8.01 214	2902 7.93 274	3335 7.76 334	4161 7.56 449
0.40	1416 8.28 94	1559 8.11 109	1689 8.06 121	1771 8.05 129	2139 7.99 170	2460 7.88 211	2895 7.67 272	3312 7.55 331	4127 7.40 445
0.50	1575 8.12 109	1691 8.01 120	1798 7.95 130	1867 7.91 138	2176 7.66 175	2464 7.53 213	2881 7.40 271	3289 7.33 329	4092 7.24 442
0.60	1686 7.41 130	1775 7.36 140	1861 7.32 149	1917 7.31 155	2194 7.22 186	2464 7.20 219	2866 7.14 272	3264 7.13 328	4058 7.08 441
0.70	1756 6.67 156	1829 6.71 161	1903 6.73 169	1952 6.76 174	2205 6.81 199	2461 6.86 228	2848 6.88 276	3238 6.91 328	4022 6.95 438
0.80	1789 6.05 180	1855 6.15 186	1923 6.22 190	1970 6.27 193	2207 6.43 213	2452 6.53 239	2829 6.64 281	3211 6.72 331	3986 6.80 437
1.00	1733 5.11 225	1812 5.26 227	1887 5.38 229	1936 5.45 232	2176 5.74 246	2414 5.94 265	2779 6.17 299	3151 6.31 341	3909 6.48 439
1.20	1509 4.41 242	1626 4.56 251	1729 4.66 261	1794 4.75 264	2081 5.13 279	2338 5.40 295	2709 5.73 322	3078 5.93 357	3829 6.20 445
1.40	1105 3.76 216	1277 3.91 245	1432 4.08 263	1522 4.16 275	1905 4.60 305	2209 4.91 326	2611 5.30 349	2990 5.57 380	3743 5.93 456
1.60	524 2.76 138	756 3.20 178	977 3.49 216	1104 3.61 240	1625 4.07 317	2019 4.48 348	2478 4.89 377	2882 5.22 404	3647 5.64 472
1.80	0 0.00 0	117 1.21 80	358 2.13 137	512 2.49 168	1221 3.55 291	1733 4.01 360	2298 4.53 403	2745 4.88 432	3540 5.38 493
2.00	0 0.00 0	0 0.00 0	0 0.00 0	0 0.00 0	661 2.62 228	1349 3.54 341	2054 4.14 423	2574 4.56 459	3418 5.12 516
2.50	0 0.00 0	0 0.00 0	0 0.00 0	0 0.00 0	0 0.00 0	0 0.00 0	1020 2.81 363	1902 3.68 495	3033 4.48 583
3.00	0 0.00 0	0 0.00 0	0 0.00 0	0 0.00 0	0 0.00 0	0 0.00 0	0 0.00 0	599 1.76 361	2418 3.78 627
3.50	0 0.00 0	0 0.00 0	0 0.00 0	0 0.00 0	0 0.00 0	0 0.00 0	0 0.00 0	0 0.00 0	1369 2.64 545

B 55 $d_1/d = 0,25$ $\gamma = 1,75$ konst. **Tabelle 146**

ges.$A_s = \mu \cdot A_b$ Tafelwerte: zul.$\sigma_{bi} = N/A_b$ (kN/cm²)

e/d \ μ	0,2 %	0,5 %	0,8 %	1,0 %	2,0 %	3,0 %	4,5 %	6,0 %	9,0 %
0.00	1.771	1.857	1.943	2.000	2.286	2.571	3.000	3.429	4.286
0.01	1.709	1.780	1.852	1.899	2.135	2.371	2.725	3.077	3.783
0.02	1.658	1.728	1.798	1.845	2.076	2.307	2.653	2.998	3.689
0.03	1.611	1.679	1.746	1.791	2.017	2.241	2.581	2.920	3.597
0.04	1.566	1.631	1.696	1.740	1.957	2.175	2.503	2.832	3.488
0.05	1.523	1.585	1.649	1.691	1.902	2.113	2.429	2.747	3.379
0.06	1.480	1.541	1.602	1.642	1.847	2.050	2.355	2.659	3.268
0.07	1.437	1.496	1.553	1.593	1.786	1.980	2.267	2.556	3.137
0.08	1.395	1.450	1.505	1.543	1.725	1.909	2.185	2.456	3.004
0.09	1.351	1.404	1.457	1.491	1.667	1.841	2.101	2.360	2.876
0.10	1.308	1.359	1.408	1.441	1.608	1.772	2.020	2.265	2.752
0.12	1.223	1.268	1.313	1.343	1.491	1.637	1.859	2.077	2.514
0.14	1.138	1.178	1.219	1.244	1.378	1.508	1.704	1.900	2.289
0.16	1.055	1.090	1.125	1.149	1.267	1.387	1.562	1.740	2.095
0.18	0.972	1.004	1.037	1.059	1.166	1.275	1.437	1.598	1.925
0.20	0.891	0.922	0.952	0.972	1.073	1.173	1.325	1.474	1.773
0.22	0.813	0.844	0.873	0.894	0.990	1.085	1.225	1.365	1.644
0.24	0.739	0.771	0.801	0.820	0.914	1.004	1.138	1.269	1.530
0.26	0.668	0.704	0.735	0.755	0.847	0.934	1.060	1.186	1.433
0.28	0.603	0.643	0.676	0.697	0.787	0.871	0.993	1.109	1.344
0.30	0.543	0.588	0.624	0.644	0.735	0.815	0.931	1.044	1.266
0.32	0.487	0.541	0.577	0.598	0.688	0.767	0.877	0.985	1.196
0.34	0.434	0.496	0.537	0.558	0.646	0.723	0.829	0.931	1.133
0.36	0.386	0.454	0.499	0.522	0.609	0.683	0.786	0.883	1.074
0.38	0.342	0.417	0.464	0.489	0.576	0.648	0.746	0.841	1.026
0.40	0.304	0.383	0.432	0.458	0.545	0.615	0.711	0.801	0.978
0.42	0.267	0.352	0.403	0.429	0.518	0.586	0.678	0.767	0.934
0.44	0.235	0.324	0.376	0.403	0.494	0.560	0.648	0.732	0.896
0.46	0.208	0.300	0.352	0.379	0.471	0.535	0.621	0.703	0.859
0.48	0.185	0.278	0.331	0.358	0.450	0.512	0.595	0.674	0.825
0.50	0.166	0.259	0.311	0.338	0.431	0.492	0.572	0.650	0.795
0.55	0.128	0.217	0.269	0.296	0.387	0.447	0.522	0.592	0.728
0.60	0.103	0.185	0.237	0.261	0.350	0.409	0.479	0.544	0.672
0.65	0.086	0.159	0.210	0.234	0.319	0.377	0.443	0.504	0.622
0.70	0.073	0.140	0.187	0.211	0.293	0.348	0.413	0.469	0.579
0.75	0.063	0.125	0.168	0.192	0.269	0.323	0.385	0.438	0.543
0.80	0.056	0.113	0.154	0.176	0.250	0.302	0.361	0.412	0.510
0.85	0.050	0.102	0.141	0.162	0.233	0.283	0.341	0.389	0.480
0.90	0.045	0.093	0.129	0.150	0.218	0.266	0.321	0.368	0.454
0.95	0.041	0.086	0.120	0.139	0.204	0.250	0.304	0.350	0.431
1.00	0.038	0.080	0.112	0.130	0.193	0.238	0.290	0.331	0.412
1.10	0.032	0.069	0.098	0.114	0.173	0.213	0.263	0.301	0.373
1.20	0.028	0.061	0.087	0.102	0.157	0.195	0.240	0.276	0.344
1.30	0.026	0.055	0.079	0.093	0.143	0.178	0.221	0.256	0.318
1.40	0.023	0.049	0.072	0.084	0.131	0.165	0.205	0.238	0.295
1.50	0.021	0.046	0.066	0.077	0.121	0.153	0.191	0.222	0.276
1.60	0.019	0.042	0.060	0.071	0.113	0.143	0.178	0.207	0.260
1.70	0.018	0.039	0.057	0.067	0.106	0.134	0.167	0.195	0.244
1.80	0.016	0.036	0.053	0.062	0.099	0.126	0.158	0.186	0.231
1.90	0.015	0.034	0.049	0.058	0.094	0.119	0.150	0.174	0.218
2.00	0.014	0.031	0.046	0.055	0.089	0.112	0.142	0.166	0.209
2.20	0.013	0.029	0.041	0.049	0.080	0.102	0.129	0.151	0.189
2.40	0.011	0.026	0.038	0.044	0.073	0.092	0.117	0.138	0.173
2.60	0.010	0.023	0.034	0.040	0.067	0.085	0.108	0.127	0.161
2.80	0.009	0.022	0.032	0.037	0.061	0.079	0.100	0.118	0.148
3.00	0.009	0.019	0.029	0.035	0.057	0.074	0.093	0.109	0.138
4.00	0.006	0.014	0.021	0.026	0.042	0.055	0.069	0.081	0.103
5.00	0.005	0.011	0.016	0.020	0.034	0.043	0.055	0.066	0.082
6.00	0.004	0.009	0.013	0.016	0.028	0.035	0.045	0.054	0.070
7.00	0.003	0.008	0.011	0.014	0.024	0.030	0.039	0.046	0.059
8.00	0.003	0.006	0.010	0.012	0.021	0.027	0.034	0.041	0.050
9.00	0.003	0.006	0.009	0.011	0.018	0.024	0.030	0.036	0.045
10.00	0.002	0.005	0.008	0.009	0.016	0.021	0.027	0.032	0.042

Doppelbiegung — B 25 — Tabelle 147

$d_1/d = b_1/b = 0{,}15$

$e_z/d = M_y/N \cdot d$

$e_y/b = M_z/N \cdot b$

ges. $A_s = \mu \cdot b \cdot d$

Tafelwerte: $zul.\sigma_{bi} = N/b \cdot d$ (kN/cm²)

e_z/d	e_y/b	μ = 0,5 %	0,8 %	1,0 %	2,0 %	3,0 %	4,5 %	6,0 %	9,0 %
0.00	0.00	0.933	0.993	1.033	1.233	1.433	1.733	2.033	2.633
0.02	0.00	0.901	0.966	1.008	1.212	1.412	1.710	2.007	2.601
	0.01	0.892	0.955	0.996	1.203	1.402	1.699	1.994	2.584
	0.02	0.878	0.940	0.981	1.186	1.392	1.686	1.980	2.569
0.04	0.00	0.856	0.920	0.962	1.176	1.384	1.681	1.977	2.565
	0.01	0.852	0.916	0.958	1.163	1.367	1.669	1.964	2.549
	0.02	0.844	0.904	0.944	1.144	1.345	1.644	1.941	2.534
	0.03	0.833	0.893	0.932	1.126	1.324	1.616	1.911	2.495
	0.04	0.821	0.879	0.916	1.108	1.303	1.590	1.880	2.458
0.06	0.00	0.815	0.875	0.916	1.119	1.322	1.626	1.931	2.527
	0.02	0.809	0.868	0.908	1.104	1.299	1.589	1.882	2.459
	0.04	0.789	0.846	0.883	1.074	1.259	1.538	1.820	2.379
	0.06	0.761	0.816	0.852	1.038	1.221	1.491	1.764	2.306
0.08	0.00	0.777	0.835	0.874	1.067	1.261	1.551	1.842	2.423
	0.02	0.771	0.830	0.870	1.060	1.253	1.540	1.821	2.387
	0.04	0.754	0.809	0.846	1.032	1.218	1.492	1.767	2.306
	0.06	0.730	0.784	0.819	0.996	1.176	1.443	1.712	2.238
	0.08	0.705	0.755	0.788	0.961	1.132	1.389	1.646	2.169
0.10	0.00	0.743	0.799	0.836	1.020	1.205	1.483	1.760	2.316
	0.02	0.735	0.792	0.829	1.017	1.199	1.478	1.753	2.307
	0.04	0.720	0.774	0.809	0.990	1.168	1.450	1.715	2.247
	0.06	0.700	0.750	0.784	0.958	1.130	1.385	1.646	2.166
	0.08	0.680	0.729	0.761	0.923	1.090	1.338	1.586	2.086
	0.10	0.657	0.706	0.738	0.893	1.049	1.288	1.531	2.008
0.12	0.00	0.709	0.763	0.799	0.977	1.154	1.420	1.686	2.217
	0.02	0.702	0.756	0.792	0.971	1.150	1.416	1.675	2.208
	0.04	0.686	0.740	0.774	0.948	1.121	1.380	1.640	2.186
	0.06	0.673	0.722	0.754	0.919	1.084	1.334	1.583	2.080
	0.08	0.654	0.702	0.733	0.891	1.048	1.288	1.528	2.010
	0.10	0.633	0.680	0.711	0.864	1.017	1.243	1.474	1.938
	0.12	0.611	0.658	0.687	0.839	0.985	1.206	1.428	1.869
0.14	0.00	0.675	0.728	0.763	0.936	1.108	1.362	1.617	2.127
	0.02	0.667	0.721	0.757	0.930	1.101	1.357	1.615	2.122
	0.04	0.658	0.708	0.740	0.909	1.077	1.328	1.575	2.075
	0.06	0.644	0.693	0.725	0.883	1.041	1.282	1.523	2.002
	0.08	0.628	0.675	0.706	0.860	1.011	1.241	1.472	1.933
	0.10	0.609	0.655	0.686	0.836	0.985	1.204	1.425	1.867
	0.12	0.587	0.634	0.664	0.810	0.956	1.170	1.382	1.809
	0.14	0.566	0.611	0.642	0.786	0.927	1.135	1.344	1.759
0.16	0.00	0.642	0.694	0.728	0.896	1.062	1.309	1.554	2.044
	0.02	0.640	0.690	0.723	0.889	1.056	1.304	1.550	2.038
	0.04	0.631	0.680	0.712	0.871	1.031	1.275	1.514	1.995
	0.06	0.618	0.665	0.696	0.851	1.004	1.233	1.466	1.929
	0.08	0.602	0.648	0.678	0.830	0.977	1.199	1.421	1.866
	0.10	0.583	0.630	0.660	0.808	0.951	1.166	1.381	1.809
	0.12	0.563	0.610	0.640	0.785	0.926	1.134	1.342	1.757
	0.14	0.544	0.588	0.619	0.760	0.898	1.102	1.305	1.707
	0.16	0.523	0.568	0.597	0.736	0.872	1.073	1.269	1.661
0.18	0.00	0.614	0.663	0.695	0.858	1.019	1.257	1.494	1.967
	0.02	0.613	0.663	0.695	0.852	1.013	1.252	1.489	1.960
	0.04	0.604	0.652	0.684	0.840	0.993	1.226	1.456	1.921
	0.06	0.592	0.638	0.669	0.820	0.969	1.190	1.414	1.861
	0.08	0.576	0.622	0.652	0.799	0.944	1.160	1.376	1.802
	0.10	0.559	0.605	0.635	0.779	0.920	1.131	1.340	1.756
	0.12	0.541	0.586	0.615	0.757	0.895	1.099	1.301	1.709
	0.14	0.522	0.567	0.596	0.735	0.871	1.071	1.268	1.659
	0.16	0.503	0.547	0.576	0.714	0.845	1.039	1.233	1.618
	0.18	0.483	0.528	0.556	0.692	0.821	1.012	1.201	1.576

Doppelbiegung B 25 Tabelle 147

$d_1/d = b_1/b = 0,15$

$e_z/d = M_y/N \cdot d$

$e_y/b = M_z/N \cdot b$

$ges. A_s = \mu \cdot b \cdot d$

Tafelwerte: $zul. \sigma_{bi} = N/b \cdot d$ (kN/cm²)

e_z/d	e_y/b	μ 0,5 %	0,8 %	1,0 %	2,0 %	3,0 %	4,5 %	6,0 %	9,0 %
0.20	0.00	0.589	0.637	0.668	0.822	0.978	1.208	1.438	1.894
	0.02	0.587	0.636	0.668	0.822	0.974	1.202	1.429	1.888
	0.04	0.577	0.626	0.656	0.810	0.958	1.182	1.404	1.853
	0.06	0.565	0.613	0.642	0.791	0.935	1.151	1.365	1.795
	0.08	0.551	0.597	0.627	0.771	0.913	1.124	1.334	1.748
	0.10	0.535	0.580	0.610	0.753	0.891	1.095	1.298	1.702
	0.12	0.518	0.563	0.593	0.733	0.867	1.067	1.263	1.659
	0.14	0.500	0.546	0.575	0.711	0.843	1.040	1.231	1.615
	0.16	0.483	0.528	0.556	0.691	0.820	1.011	1.200	1.574
	0.18	0.464	0.510	0.538	0.672	0.797	0.985	1.169	1.532
	0.20	0.447	0.491	0.520	0.652	0.775	0.958	1.136	1.494
0.24	0.00	0.542	0.588	0.619	0.765	0.907	1.119	1.333	1.760
	0.02	0.539	0.586	0.617	0.765	0.908	1.122	1.332	1.753
	0.04	0.529	0.576	0.606	0.752	0.894	1.107	1.315	1.733
	0.06	0.518	0.564	0.593	0.736	0.875	1.079	1.282	1.691
	0.08	0.505	0.551	0.580	0.718	0.854	1.054	1.251	1.648
	0.10	0.491	0.536	0.564	0.702	0.834	1.031	1.222	1.607
	0.12	0.476	0.521	0.549	0.685	0.812	1.003	1.191	1.570
	0.14	0.460	0.505	0.533	0.666	0.792	0.980	1.163	1.531
	0.16	0.445	0.489	0.518	0.648	0.773	0.955	1.133	1.491
	0.18	0.430	0.473	0.502	0.631	0.752	0.932	1.106	1.454
	0.20	0.414	0.459	0.486	0.613	0.734	0.909	1.081	1.422
	0.22	0.399	0.444	0.472	0.597	0.713	0.886	1.053	1.388
	0.24	0.386	0.430	0.457	0.580	0.696	0.865	1.027	1.354
0.28	0.00	0.499	0.545	0.575	0.715	0.851	1.050	1.248	1.642
	0.04	0.485	0.531	0.560	0.701	0.838	1.036	1.235	1.633
	0.08	0.463	0.509	0.537	0.672	0.801	0.992	1.180	1.555
	0.12	0.437	0.482	0.509	0.641	0.765	0.946	1.127	1.485
	0.16	0.411	0.455	0.482	0.610	0.728	0.904	1.076	1.416
	0.20	0.385	0.428	0.455	0.579	0.693	0.863	1.025	1.352
	0.24	0.360	0.403	0.430	0.549	0.661	0.822	0.980	1.291
	0.28	0.336	0.380	0.405	0.521	0.630	0.786	0.936	1.238
0.32	0.00	0.461	0.507	0.536	0.671	0.800	0.990	1.178	1.553
	0.04	0.447	0.492	0.521	0.657	0.787	0.977	1.166	1.544
	0.08	0.426	0.471	0.499	0.629	0.753	0.936	1.115	1.472
	0.12	0.404	0.448	0.476	0.602	0.720	0.894	1.067	1.410
	0.16	0.380	0.424	0.451	0.574	0.690	0.855	1.020	1.346
	0.20	0.358	0.401	0.427	0.547	0.657	0.819	0.977	1.287
	0.24	0.335	0.378	0.404	0.521	0.627	0.782	0.935	1.236
	0.28	0.313	0.358	0.383	0.497	0.600	0.750	0.896	1.183
	0.32	0.292	0.339	0.363	0.473	0.574	0.717	0.859	1.139
0.36	0.00	0.429	0.474	0.501	0.631	0.755	0.937	1.116	1.472
	0.04	0.413	0.458	0.486	0.616	0.741	0.922	1.102	1.457
	0.08	0.395	0.439	0.466	0.592	0.710	0.885	1.056	1.396
	0.12	0.374	0.419	0.445	0.566	0.680	0.847	1.013	1.338
	0.16	0.354	0.397	0.423	0.543	0.653	0.813	0.972	1.281
	0.20	0.332	0.376	0.402	0.519	0.624	0.780	0.932	1.232
	0.24	0.311	0.357	0.382	0.494	0.597	0.749	0.894	1.181
	0.28	0.291	0.338	0.363	0.473	0.574	0.716	0.859	1.138
	0.32	0.272	0.319	0.345	0.453	0.549	0.690	0.826	1.095
	0.36	0.251	0.301	0.329	0.433	0.528	0.663	0.794	1.055
0.40	0.00	0.401	0.444	0.471	0.596	0.715	0.888	1.059	1.399
	0.04	0.384	0.429	0.456	0.582	0.701	0.874	1.046	1.388
	0.08	0.366	0.411	0.436	0.559	0.674	0.838	1.004	1.331
	0.12	0.347	0.392	0.418	0.537	0.646	0.805	0.964	1.275
	0.16	0.327	0.373	0.399	0.513	0.621	0.775	0.925	1.228
	0.20	0.307	0.355	0.380	0.492	0.596	0.745	0.892	1.178
	0.24	0.288	0.336	0.361	0.470	0.570	0.716	0.857	1.136
	0.28	0.269	0.318	0.345	0.451	0.547	0.687	0.822	1.094
	0.32	0.250	0.300	0.328	0.432	0.526	0.660	0.793	1.050
	0.36	0.232	0.284	0.311	0.415	0.507	0.636	0.764	1.016
	0.40	0.216	0.269	0.295	0.399	0.486	0.615	0.739	0.981

Doppelbiegung B 25 Tabelle 147

$d_1/d = b_1/b = 0{,}15$

$ez/d = My/N \cdot d$

$ey/b = Mz/N \cdot b$

$ges.A_s = \mu \cdot b \cdot d$

Tafelwerte: $zul.\sigma_{bi} = N/b \cdot d$ (kN/cm²)

ez/d	ey/b	μ = 0,5 %	0,8 %	1,0 %	2,0 %	3,0 %	4,5 %	6,0 %	9,0 %
0.50	0.00	0.308	0.384	0.410	0.524	0.631	0.787	0.941	1.245
	0.05	0.299	0.363	0.391	0.505	0.610	0.767	0.916	1.222
	0.10	0.284	0.344	0.373	0.482	0.582	0.731	0.875	1.166
	0.15	0.264	0.323	0.352	0.460	0.558	0.698	0.839	1.113
	0.20	0.245	0.302	0.331	0.438	0.532	0.669	0.801	1.066
	0.25	0.228	0.283	0.311	0.417	0.509	0.639	0.765	1.019
	0.30	0.211	0.264	0.293	0.397	0.484	0.611	0.736	0.975
	0.35	0.196	0.246	0.276	0.380	0.464	0.586	0.703	0.936
	0.40	0.182	0.230	0.259	0.362	0.444	0.562	0.677	0.901
	0.45	0.169	0.215	0.243	0.347	0.426	0.541	0.651	0.866
	0.50	0.158	0.201	0.229	0.332	0.410	0.520	0.625	0.836
0.60	0.00	0.222	0.305	0.352	0.468	0.565	0.706	0.846	1.122
	0.05	0.219	0.297	0.339	0.451	0.546	0.688	0.826	1.101
	0.10	0.215	0.286	0.321	0.431	0.523	0.658	0.793	1.056
	0.15	0.208	0.270	0.303	0.413	0.502	0.632	0.759	1.010
	0.20	0.199	0.254	0.285	0.395	0.481	0.607	0.730	0.972
	0.25	0.188	0.238	0.269	0.377	0.462	0.582	0.700	0.933
	0.30	0.177	0.225	0.254	0.362	0.443	0.559	0.674	0.898
	0.35	0.166	0.212	0.239	0.347	0.424	0.537	0.647	0.863
	0.40	0.156	0.200	0.226	0.331	0.408	0.517	0.624	0.832
	0.45	0.147	0.189	0.214	0.316	0.392	0.498	0.601	0.802
	0.50	0.138	0.178	0.203	0.303	0.380	0.482	0.581	0.776
	0.55	0.131	0.169	0.192	0.290	0.365	0.463	0.563	0.751
	0.60	0.123	0.160	0.182	0.278	0.354	0.448	0.544	0.726
0.70	0.00	0.167	0.238	0.282	0.423	0.512	0.641	0.769	1.021
	0.05	0.166	0.236	0.277	0.406	0.495	0.624	0.752	1.002
	0.10	0.164	0.231	0.271	0.391	0.475	0.601	0.721	0.960
	0.15	0.160	0.225	0.258	0.376	0.459	0.577	0.693	0.927
	0.20	0.157	0.217	0.245	0.359	0.440	0.555	0.667	0.893
	0.25	0.152	0.205	0.233	0.344	0.423	0.535	0.644	0.863
	0.30	0.147	0.195	0.221	0.328	0.408	0.515	0.620	0.832
	0.35	0.143	0.185	0.210	0.314	0.393	0.498	0.600	0.801
	0.40	0.136	0.176	0.199	0.301	0.378	0.480	0.580	0.775
	0.45	0.130	0.167	0.190	0.289	0.366	0.463	0.560	0.748
	0.50	0.123	0.159	0.181	0.278	0.352	0.449	0.543	0.727
	0.55	0.116	0.152	0.173	0.267	0.341	0.436	0.524	0.701
	0.60	0.110	0.145	0.166	0.257	0.329	0.420	0.508	0.681
	0.65	0.105	0.138	0.158	0.247	0.317	0.407	0.493	0.660
	0.70	0.099	0.133	0.151	0.238	0.307	0.395	0.478	0.645
0.80	0.00	0.132	0.192	0.230	0.386	0.468	0.587	0.704	0.937
	0.05	0.131	0.191	0.228	0.367	0.452	0.571	0.688	0.920
	0.10	0.130	0.189	0.225	0.352	0.437	0.550	0.663	0.887
	0.15	0.128	0.186	0.220	0.338	0.420	0.531	0.641	0.853
	0.20	0.126	0.182	0.215	0.325	0.406	0.514	0.618	0.828
	0.25	0.124	0.178	0.205	0.312	0.393	0.497	0.598	0.798
	0.30	0.121	0.172	0.195	0.299	0.379	0.479	0.578	0.771
	0.35	0.118	0.164	0.187	0.287	0.366	0.464	0.557	0.745
	0.40	0.115	0.157	0.178	0.277	0.354	0.449	0.540	0.723
	0.45	0.112	0.150	0.171	0.266	0.341	0.435	0.523	0.701
	0.50	0.109	0.144	0.164	0.255	0.329	0.421	0.510	0.679
	0.55	0.104	0.138	0.158	0.247	0.318	0.409	0.493	0.663
	0.60	0.099	0.132	0.151	0.238	0.307	0.396	0.477	0.641
	0.65	0.094	0.127	0.145	0.229	0.297	0.385	0.465	0.625
	0.70	0.090	0.122	0.139	0.220	0.287	0.375	0.453	0.610
	0.75	0.086	0.117	0.134	0.211	0.278	0.363	0.442	0.594
	0.80	0.082	0.113	0.129	0.205	0.270	0.354	0.430	0.579

Doppelbiegung B 25 Tabelle 147

$d_1/d = b_1/b = 0{,}15$

$e_z/d = M_y/N \cdot d$

$e_y/b = M_z/N \cdot b$

$ges.\, A_s = \mu \cdot b \cdot d$

Tafelwerte: $zul.\,\sigma_{bi} = N/b \cdot d$ (kN/cm²)

e_z/d	e_y/b \ μ	0,5 %	0,8 %	1,0 %	2,0 %	3,0 %	4,5 %	6,0 %	9,0 %
0.90	0.00	0.108	0.160	0.192	0.343	0.431	0.541	0.650	0.866
	0.05	0.108	0.159	0.191	0.334	0.417	0.526	0.637	0.848
	0.10	0.107	0.158	0.190	0.321	0.402	0.510	0.615	0.819
	0.15	0.106	0.156	0.188	0.308	0.390	0.493	0.592	0.793
	0.20	0.105	0.154	0.185	0.296	0.377	0.476	0.576	0.768
	0.25	0.103	0.152	0.181	0.284	0.364	0.461	0.556	0.742
	0.30	0.102	0.149	0.176	0.273	0.350	0.447	0.539	0.720
	0.35	0.100	0.146	0.168	0.263	0.338	0.434	0.522	0.698
	0.40	0.098	0.142	0.162	0.253	0.326	0.419	0.508	0.676
	0.45	0.096	0.136	0.155	0.243	0.317	0.407	0.495	0.660
	0.50	0.094	0.131	0.149	0.235	0.305	0.396	0.477	0.642
	0.55	0.092	0.126	0.144	0.227	0.296	0.384	0.464	0.625
	0.60	0.089	0.121	0.138	0.218	0.287	0.372	0.451	0.609
	0.65	0.086	0.116	0.134	0.211	0.278	0.365	0.442	0.592
	0.70	0.082	0.113	0.129	0.204	0.269	0.354	0.429	0.575
	0.75	0.079	0.108	0.125	0.198	0.262	0.344	0.417	0.559
	0.80	0.076	0.105	0.120	0.191	0.254	0.337	0.409	0.548
	0.85	0.073	0.101	0.116	0.185	0.247	0.327	0.397	0.533
	0.90	0.071	0.098	0.113	0.179	0.241	0.319	0.390	0.522
1.00	0.00	0.092	0.136	0.165	0.300	0.399	0.502	0.604	0.804
	0.10	0.091	0.135	0.163	0.290	0.373	0.474	0.573	0.768
	0.20	0.090	0.133	0.160	0.269	0.347	0.446	0.537	0.717
	0.30	0.087	0.130	0.156	0.250	0.326	0.419	0.507	0.679
	0.40	0.085	0.125	0.148	0.232	0.305	0.394	0.479	0.640
	0.50	0.082	0.120	0.137	0.217	0.285	0.374	0.452	0.605
	0.60	0.079	0.112	0.128	0.203	0.269	0.356	0.429	0.576
	0.70	0.076	0.105	0.120	0.191	0.253	0.337	0.406	0.547
	0.80	0.070	0.098	0.112	0.179	0.240	0.318	0.388	0.524
	0.90	0.066	0.092	0.106	0.169	0.227	0.303	0.372	0.497
	1.00	0.061	0.087	0.100	0.160	0.216	0.289	0.353	0.476
1.20	0.00	0.070	0.105	0.128	0.237	0.340	0.439	0.528	0.705
	0.10	0.069	0.105	0.127	0.233	0.320	0.416	0.502	0.672
	0.20	0.068	0.103	0.126	0.225	0.302	0.393	0.476	0.639
	0.30	0.068	0.102	0.123	0.212	0.283	0.373	0.453	0.605
	0.40	0.067	0.100	0.121	0.199	0.267	0.353	0.429	0.576
	0.50	0.065	0.097	0.117	0.188	0.252	0.335	0.408	0.546
	0.60	0.064	0.095	0.112	0.178	0.240	0.317	0.388	0.521
	0.70	0.062	0.091	0.105	0.167	0.226	0.302	0.372	0.496
	0.80	0.060	0.086	0.100	0.160	0.214	0.287	0.353	0.478
	0.90	0.058	0.081	0.095	0.151	0.203	0.275	0.340	0.459
	1.00	0.054	0.077	0.090	0.144	0.195	0.262	0.327	0.442
	1.10	0.051	0.073	0.085	0.137	0.185	0.252	0.311	0.425
	1.20	0.049	0.069	0.081	0.131	0.177	0.242	0.299	0.410
1.40	0.00	0.056	0.085	0.104	0.194	0.281	0.391	0.470	0.628
	0.10	0.056	0.085	0.104	0.193	0.276	0.369	0.447	0.597
	0.20	0.055	0.084	0.103	0.190	0.263	0.350	0.428	0.569
	0.30	0.055	0.083	0.102	0.183	0.248	0.332	0.408	0.545
	0.40	0.054	0.082	0.100	0.174	0.235	0.315	0.388	0.521
	0.50	0.053	0.081	0.098	0.165	0.224	0.301	0.372	0.496
	0.60	0.053	0.079	0.096	0.157	0.212	0.286	0.355	0.476
	0.70	0.052	0.078	0.094	0.149	0.202	0.273	0.338	0.456
	0.80	0.051	0.075	0.089	0.143	0.193	0.262	0.324	0.442
	0.90	0.049	0.073	0.085	0.136	0.185	0.252	0.311	0.423
	1.00	0.048	0.069	0.081	0.131	0.176	0.240	0.298	0.410
	1.10	0.046	0.066	0.078	0.125	0.169	0.232	0.289	0.392
	1.20	0.044	0.063	0.075	0.120	0.162	0.222	0.278	0.380
	1.30	0.042	0.060	0.072	0.115	0.157	0.215	0.267	0.369
	1.40	0.040	0.058	0.069	0.110	0.151	0.206	0.258	0.358

Doppelbiegung B 25 Tabelle 147

$d_1/d = b_1/b = 0{,}15$

$e_z/d = M_y/N \cdot d$

$e_y/b = M_z/N \cdot b$

$\text{ges.} A_s = \mu \cdot b \cdot d$

Tafelwerte: $\text{zul.} \sigma_{bi} = N/b \cdot d$ (kN/cm²)

ez/d	ey/b	μ 0,5 %	0,8 %	1,0 %	2,0 %	3,0 %	4,5 %	6,0 %	9,0 %
1.60	0.00	0.047	0.072	0.087	0.164	0.239	0.349	0.423	0.565
	0.10	0.047	0.071	0.087	0.163	0.237	0.328	0.404	0.542
	0.20	0.047	0.071	0.086	0.162	0.232	0.313	0.387	0.518
	0.30	0.046	0.071	0.086	0.160	0.219	0.299	0.369	0.494
	0.40	0.046	0.070	0.085	0.155	0.209	0.284	0.352	0.475
	0.50	0.045	0.069	0.084	0.148	0.201	0.273	0.337	0.455
	0.60	0.045	0.068	0.083	0.141	0.191	0.261	0.324	0.440
	0.70	0.044	0.067	0.081	0.135	0.182	0.251	0.310	0.425
	0.80	0.043	0.065	0.079	0.130	0.175	0.241	0.298	0.406
	0.90	0.043	0.064	0.077	0.125	0.168	0.232	0.287	0.392
	1.00	0.042	0.062	0.074	0.119	0.162	0.223	0.278	0.378
	1.10	0.041	0.060	0.071	0.114	0.156	0.214	0.267	0.370
	1.20	0.040	0.058	0.068	0.110	0.150	0.207	0.258	0.357
	1.30	0.039	0.055	0.066	0.107	0.145	0.201	0.249	0.346
	1.40	0.037	0.053	0.064	0.103	0.139	0.193	0.241	0.335
	1.50	0.036	0.051	0.061	0.099	0.135	0.186	0.233	0.325
	1.60	0.034	0.049	0.059	0.096	0.131	0.182	0.226	0.315
1.80	0.00	0.040	0.062	0.075	0.142	0.208	0.304	0.387	0.514
	0.10	0.040	0.062	0.075	0.141	0.206	0.296	0.367	0.495
	0.20	0.040	0.061	0.075	0.141	0.204	0.283	0.349	0.476
	0.30	0.039	0.061	0.075	0.140	0.198	0.270	0.335	0.458
	0.40	0.039	0.060	0.073	0.138	0.189	0.259	0.323	0.438
	0.50	0.039	0.060	0.073	0.134	0.182	0.248	0.310	0.423
	0.60	0.039	0.059	0.072	0.129	0.174	0.240	0.298	0.409
	0.70	0.038	0.059	0.071	0.123	0.167	0.230	0.287	0.394
	0.80	0.038	0.058	0.070	0.119	0.161	0.221	0.276	0.380
	0.90	0.038	0.057	0.069	0.115	0.155	0.215	0.267	0.368
	1.00	0.037	0.056	0.068	0.110	0.150	0.205	0.257	0.358
	1.10	0.036	0.055	0.066	0.107	0.144	0.200	0.249	0.345
	1.20	0.036	0.053	0.063	0.103	0.139	0.192	0.241	0.333
	1.30	0.035	0.051	0.061	0.100	0.135	0.187	0.234	0.324
	1.40	0.034	0.050	0.059	0.096	0.130	0.181	0.227	0.312
	1.50	0.033	0.048	0.057	0.093	0.126	0.175	0.221	0.305
	1.60	0.032	0.046	0.055	0.090	0.122	0.170	0.213	0.297
	1.70	0.031	0.045	0.054	0.087	0.119	0.165	0.208	0.287
	1.80	0.030	0.043	0.052	0.085	0.116	0.161	0.203	0.281
2.00	0.00	0.035	0.054	0.066	0.125	0.183	0.270	0.355	0.472
	0.10	0.035	0.054	0.066	0.124	0.182	0.266	0.333	0.453
	0.20	0.035	0.054	0.066	0.124	0.181	0.258	0.319	0.439
	0.30	0.035	0.053	0.066	0.124	0.179	0.247	0.307	0.420
	0.40	0.034	0.053	0.065	0.123	0.171	0.238	0.297	0.406
	0.50	0.035	0.052	0.065	0.121	0.166	0.229	0.285	0.392
	0.60	0.034	0.053	0.064	0.118	0.159	0.220	0.275	0.381
	0.70	0.034	0.052	0.063	0.113	0.153	0.213	0.265	0.367
	0.80	0.034	0.051	0.062	0.110	0.148	0.206	0.258	0.354
	0.90	0.033	0.051	0.062	0.106	0.144	0.198	0.248	0.344
	1.00	0.033	0.050	0.061	0.102	0.139	0.192	0.242	0.334
	1.10	0.033	0.049	0.060	0.099	0.134	0.185	0.233	0.324
	1.20	0.032	0.049	0.058	0.096	0.129	0.179	0.228	0.315
	1.30	0.032	0.048	0.056	0.093	0.127	0.174	0.220	0.306
	1.40	0.031	0.046	0.055	0.090	0.122	0.169	0.214	0.297
	1.50	0.031	0.045	0.053	0.088	0.119	0.165	0.207	0.289
	1.60	0.030	0.043	0.052	0.085	0.115	0.159	0.203	0.280
	1.70	0.029	0.042	0.050	0.082	0.112	0.156	0.196	0.273
	1.80	0.028	0.040	0.049	0.080	0.109	0.151	0.190	0.266
	1.90	0.027	0.040	0.047	0.078	0.107	0.146	0.187	0.259
	2.00	0.026	0.038	0.046	0.076	0.104	0.144	0.182	0.253

Doppelbiegung — B 25 — Tabelle 147

$d_1/d = b_1/b = 0{,}15$

$e_z/d = M_y/N \cdot d$

$e_y/b = M_z/N \cdot b$

$\text{ges.} A_s = \mu \cdot b \cdot d$

Tafelwerte: $\text{zul.}\sigma_{bi} = N/b \cdot d$ (kN/cm²)

e_z/d	e_y/b	μ = 0,5 %	0,8 %	1,0 %	2,0 %	3,0 %	4,5 %	6,0 %	9,0 %
2.50	0.00	0.027	0.042	0.051	0.096	0.141	0.209	0.276	0.392
	0.25	0.026	0.041	0.051	0.095	0.140	0.205	0.258	0.359
	0.50	0.026	0.041	0.050	0.095	0.136	0.189	0.238	0.331
	0.75	0.026	0.040	0.049	0.093	0.127	0.174	0.222	0.307
	1.00	0.026	0.039	0.048	0.087	0.118	0.164	0.207	0.287
	1.25	0.025	0.038	0.047	0.081	0.110	0.151	0.193	0.270
	1.50	0.025	0.037	0.045	0.076	0.103	0.143	0.182	0.253
	1.75	0.024	0.036	0.043	0.071	0.097	0.134	0.171	0.238
	2.00	0.023	0.034	0.040	0.067	0.092	0.126	0.162	0.224
	2.25	0.022	0.032	0.038	0.064	0.086	0.120	0.152	0.213
	2.50	0.021	0.030	0.036	0.060	0.082	0.113	0.144	0.203
3.00	0.00	0.022	0.034	0.041	0.078	0.115	0.170	0.225	0.335
	0.25	0.021	0.033	0.041	0.078	0.115	0.168	0.219	0.306
	0.50	0.022	0.033	0.041	0.077	0.113	0.159	0.203	0.285
	0.75	0.021	0.033	0.040	0.077	0.108	0.151	0.192	0.267
	1.00	0.021	0.032	0.040	0.075	0.102	0.142	0.179	0.252
	1.25	0.021	0.032	0.039	0.071	0.096	0.133	0.170	0.238
	1.50	0.021	0.031	0.039	0.067	0.091	0.127	0.159	0.226
	1.75	0.020	0.030	0.038	0.063	0.086	0.120	0.153	0.214
	2.00	0.020	0.030	0.035	0.060	0.082	0.112	0.145	0.202
	2.25	0.019	0.028	0.034	0.057	0.078	0.109	0.138	0.192
	2.50	0.018	0.027	0.032	0.054	0.074	0.102	0.130	0.186
	2.75	0.018	0.026	0.030	0.052	0.071	0.097	0.126	0.175
	3.00	0.017	0.024	0.030	0.050	0.068	0.095	0.121	0.169
3.50	0.00	0.018	0.028	0.035	0.066	0.097	0.143	0.190	0.283
	0.25	0.018	0.028	0.034	0.066	0.096	0.143	0.187	0.267
	0.50	0.018	0.028	0.034	0.065	0.096	0.139	0.178	0.249
	0.75	0.018	0.027	0.034	0.065	0.094	0.132	0.169	0.238
	1.00	0.018	0.027	0.034	0.064	0.090	0.124	0.159	0.224
	1.25	0.018	0.027	0.033	0.063	0.085	0.118	0.151	0.213
	1.50	0.017	0.027	0.032	0.060	0.081	0.113	0.142	0.202
	1.75	0.017	0.026	0.032	0.057	0.078	0.108	0.138	0.193
	2.00	0.017	0.026	0.032	0.055	0.074	0.103	0.129	0.183
	2.25	0.016	0.025	0.031	0.052	0.071	0.099	0.125	0.175
	2.50	0.016	0.024	0.029	0.050	0.068	0.094	0.119	0.171
	2.75	0.016	0.024	0.028	0.048	0.065	0.090	0.116	0.161
	3.00	0.015	0.023	0.027	0.046	0.063	0.087	0.112	0.156
	3.25	0.015	0.022	0.026	0.044	0.060	0.084	0.106	0.151
	3.50	0.014	0.021	0.025	0.042	0.058	0.081	0.103	0.144
4.00	0.00	0.016	0.024	0.030	0.057	0.084	0.124	0.164	0.245
	0.25	0.016	0.024	0.029	0.056	0.083	0.123	0.163	0.235
	0.50	0.015	0.024	0.030	0.057	0.083	0.122	0.159	0.224
	0.75	0.015	0.024	0.030	0.056	0.082	0.118	0.150	0.213
	1.00	0.015	0.024	0.029	0.055	0.080	0.112	0.143	0.202
	1.25	0.015	0.024	0.029	0.055	0.077	0.106	0.135	0.194
	1.50	0.015	0.023	0.029	0.054	0.074	0.102	0.131	0.184
	1.75	0.015	0.023	0.028	0.052	0.070	0.098	0.123	0.177
	2.00	0.015	0.023	0.028	0.050	0.068	0.094	0.120	0.168
	2.25	0.015	0.022	0.027	0.047	0.065	0.090	0.115	0.163
	2.50	0.014	0.022	0.027	0.046	0.062	0.087	0.111	0.155
	2.75	0.014	0.021	0.026	0.044	0.060	0.084	0.107	0.151
	3.00	0.014	0.021	0.025	0.043	0.058	0.080	0.102	0.145
	3.25	0.014	0.020	0.024	0.041	0.056	0.078	0.100	0.139
	3.50	0.013	0.019	0.023	0.039	0.054	0.075	0.096	0.135
	3.75	0.013	0.019	0.022	0.038	0.052	0.073	0.093	0.130
	4.00	0.012	0.018	0.022	0.037	0.050	0.071	0.090	0.127

Doppelbiegung   B 25   Tabelle 147

$d1/d = b1/b = 0{,}15$

$ez/d = My/N \cdot d$

$ey/b = Mz/N \cdot b$

$ges. A_s = \mu \cdot b \cdot d$

Tafelwerte : $zul.\sigma_{bi} = N/b \cdot d$ (kN/cm²)

ez/d	ey/b	μ 0,5 %	0,8 %	1,0 %	2,0 %	3,0 %	4,5 %	6,0 %	9,0 %
5.00	0.00	0.012	0.019	0.023	0.045	0.066	0.097	0.129	0.193
	0.50	0.012	0.018	0.023	0.045	0.065	0.097	0.128	0.183
	1.00	0.012	0.019	0.023	0.044	0.065	0.092	0.118	0.167
	1.50	0.012	0.018	0.023	0.043	0.062	0.086	0.110	0.154
	2.00	0.012	0.018	0.022	0.042	0.057	0.080	0.101	0.146
	2.50	0.012	0.018	0.022	0.039	0.053	0.075	0.096	0.136
	3.00	0.011	0.018	0.021	0.037	0.050	0.071	0.090	0.125
	3.50	0.011	0.017	0.020	0.035	0.047	0.066	0.085	0.119
	4.00	0.011	0.016	0.019	0.033	0.045	0.063	0.080	0.112
	4.50	0.010	0.015	0.018	0.031	0.042	0.059	0.075	0.106
	5.00	0.010	0.014	0.017	0.029	0.040	0.056	0.071	0.102
6.00	0.00	0.010	0.016	0.019	0.037	0.054	0.080	0.107	0.159
	1.00	0.010	0.016	0.019	0.036	0.053	0.079	0.100	0.143
	2.00	0.010	0.015	0.019	0.035	0.050	0.070	0.089	0.125
	3.00	0.010	0.015	0.018	0.032	0.045	0.062	0.079	0.112
	4.00	0.009	0.014	0.017	0.029	0.040	0.056	0.071	0.100
	5.00	0.009	0.013	0.016	0.027	0.037	0.051	0.065	0.093
	6.00	0.008	0.012	0.014	0.024	0.033	0.047	0.060	0.084
7.00	0.00	0.009	0.013	0.016	0.031	0.046	0.068	0.090	0.135
	1.00	0.009	0.013	0.016	0.031	0.045	0.068	0.088	0.126
	2.00	0.008	0.013	0.016	0.030	0.044	0.061	0.078	0.113
	3.00	0.008	0.013	0.015	0.029	0.040	0.055	0.071	0.101
	4.00	0.008	0.012	0.015	0.026	0.037	0.050	0.065	0.091
	5.00	0.008	0.011	0.014	0.025	0.033	0.046	0.059	0.083
	6.00	0.007	0.011	0.013	0.022	0.031	0.043	0.054	0.078
	7.00	0.007	0.010	0.012	0.021	0.028	0.040	0.051	0.070
8.00	0.00	0.007	0.012	0.014	0.027	0.040	0.059	0.079	0.117
	1.00	0.007	0.011	0.014	0.027	0.039	0.059	0.078	0.112
	2.00	0.007	0.011	0.014	0.026	0.039	0.055	0.070	0.100
	3.00	0.007	0.011	0.014	0.026	0.036	0.050	0.064	0.092
	4.00	0.007	0.011	0.013	0.024	0.033	0.046	0.059	0.085
	5.00	0.007	0.010	0.013	0.022	0.031	0.043	0.054	0.079
	6.00	0.007	0.010	0.012	0.021	0.028	0.039	0.051	0.072
	7.00	0.006	0.009	0.011	0.020	0.027	0.037	0.047	0.067
	8.00	0.006	0.009	0.010	0.018	0.025	0.035	0.045	0.063
9.00	0.00	0.007	0.010	0.012	0.024	0.035	0.052	0.070	0.104
	1.00	0.006	0.010	0.012	0.024	0.035	0.052	0.069	0.100
	2.00	0.006	0.010	0.012	0.024	0.035	0.049	0.064	0.092
	3.00	0.006	0.010	0.012	0.023	0.033	0.046	0.059	0.084
	4.00	0.006	0.009	0.012	0.022	0.031	0.042	0.054	0.078
	5.00	0.006	0.009	0.011	0.021	0.028	0.040	0.050	0.073
	6.00	0.006	0.009	0.011	0.019	0.027	0.037	0.047	0.067
	7.00	0.006	0.008	0.010	0.018	0.025	0.034	0.045	0.063
	8.00	0.006	0.008	0.010	0.017	0.023	0.032	0.041	0.060
	9.00	0.005	0.007	0.009	0.016	0.022	0.031	0.040	0.056
10.00	0.00	0.006	0.009	0.011	0.022	0.032	0.047	0.062	0.093
	1.00	0.006	0.009	0.011	0.021	0.031	0.046	0.062	0.091
	2.00	0.006	0.009	0.011	0.021	0.031	0.046	0.059	0.084
	3.00	0.005	0.009	0.010	0.021	0.030	0.042	0.054	0.078
	4.00	0.006	0.009	0.010	0.020	0.028	0.039	0.050	0.071
	5.00	0.006	0.008	0.010	0.019	0.026	0.037	0.047	0.067
	6.00	0.005	0.008	0.010	0.018	0.024	0.035	0.045	0.063
	7.00	0.005	0.008	0.010	0.017	0.023	0.032	0.041	0.059
	8.00	0.005	0.008	0.009	0.016	0.022	0.031	0.039	0.057
	9.00	0.005	0.007	0.009	0.015	0.021	0.029	0.038	0.053
	10.00	0.005	0.007	0.008	0.015	0.020	0.027	0.035	0.051

Doppelbiegung B 25 Tabelle 148

$d1/d = b1/b = 0{,}25$

$ez/d = My/N \cdot d$ $\qquad$ $ges. A_s = \mu \cdot b \cdot d$

$ey/b = Mz/N \cdot b$ $\qquad$ Tafelwerte: $zul.\sigma_{bi} = N/b \cdot d$ $\quad$ (kN/cm²)

ez/d	ey/b	μ = 0,5 %	0,8 %	1,0 %	2,0 %	3,0 %	4,5 %	6,0 %	9,0 %
0.00	0.00	0.933	0.993	1.033	1.233	1.433	1.733	2.033	2.633
0.02	0.00	0.892	0.953	0.993	1.193	1.391	1.687	1.981	2.569
	0.01	0.885	0.944	0.984	1.181	1.376	1.669	1.957	2.540
	0.02	0.872	0.931	0.968	1.165	1.359	1.648	1.936	2.511
0.04	0.00	0.849	0.908	0.948	1.148	1.343	1.634	1.923	2.500
	0.01	0.843	0.900	0.940	1.131	1.325	1.615	1.901	2.471
	0.02	0.836	0.892	0.928	1.117	1.304	1.587	1.871	2.435
	0.03	0.826	0.881	0.917	1.100	1.280	1.558	1.833	2.388
	0.04	0.811	0.865	0.900	1.080	1.258	1.528	1.798	2.338
0.06	0.00	0.807	0.863	0.901	1.089	1.278	1.563	1.849	2.422
	0.02	0.798	0.853	0.889	1.068	1.248	1.520	1.792	2.335
	0.04	0.777	0.828	0.862	1.031	1.204	1.459	1.718	2.237
	0.06	0.748	0.797	0.829	0.990	1.151	1.392	1.638	2.125
0.08	0.00	0.769	0.822	0.858	1.035	1.213	1.481	1.750	2.289
	0.02	0.759	0.810	0.844	1.017	1.190	1.448	1.710	2.243
	0.04	0.741	0.788	0.820	0.983	1.146	1.386	1.634	2.122
	0.06	0.717	0.761	0.792	0.946	1.097	1.327	1.557	2.019
	0.08	0.687	0.731	0.758	0.904	1.050	1.269	1.488	1.928
0.10	0.00	0.733	0.784	0.817	0.986	1.155	1.409	1.662	2.170
	0.02	0.723	0.771	0.804	0.966	1.129	1.372	1.622	2.110
	0.04	0.704	0.749	0.781	0.935	1.087	1.319	1.551	2.016
	0.06	0.682	0.726	0.753	0.900	1.043	1.262	1.481	1.921
	0.08	0.655	0.697	0.725	0.864	1.000	1.208	1.416	1.834
	0.10	0.625	0.665	0.691	0.822	0.954	1.153	1.355	1.748
0.12	0.00	0.696	0.745	0.777	0.937	1.098	1.339	1.579	2.061
	0.02	0.684	0.732	0.761	0.915	1.072	1.300	1.533	2.002
	0.04	0.669	0.712	0.741	0.886	1.031	1.252	1.472	1.909
	0.06	0.646	0.689	0.717	0.855	0.992	1.201	1.409	1.829
	0.08	0.621	0.661	0.687	0.821	0.950	1.152	1.351	1.750
	0.10	0.598	0.634	0.659	0.783	0.906	1.096	1.283	1.661
	0.12	0.572	0.609	0.632	0.749	0.868	1.047	1.223	1.577
0.14	0.00	0.660	0.706	0.737	0.890	1.042	1.271	1.500	1.958
	0.02	0.649	0.692	0.722	0.867	1.013	1.235	1.452	1.896
	0.04	0.632	0.675	0.703	0.840	0.980	1.189	1.395	1.816
	0.06	0.612	0.652	0.678	0.811	0.941	1.144	1.338	1.737
	0.08	0.592	0.629	0.655	0.779	0.902	1.089	1.276	1.653
	0.10	0.570	0.605	0.630	0.746	0.865	1.044	1.220	1.580
	0.12	0.547	0.581	0.604	0.716	0.828	1.001	1.167	1.510
	0.14	0.524	0.555	0.577	0.687	0.793	0.956	1.118	1.443
0.16	0.00	0.625	0.669	0.698	0.844	0.990	1.208	1.426	1.862
	0.02	0.614	0.655	0.683	0.822	0.960	1.172	1.378	1.800
	0.04	0.597	0.637	0.664	0.795	0.927	1.127	1.325	1.725
	0.06	0.582	0.620	0.644	0.767	0.890	1.080	1.268	1.647
	0.08	0.564	0.599	0.623	0.739	0.858	1.036	1.212	1.572
	0.10	0.544	0.578	0.600	0.712	0.824	0.996	1.163	1.505
	0.12	0.521	0.554	0.576	0.685	0.791	0.954	1.116	1.442
	0.14	0.499	0.530	0.552	0.657	0.760	0.914	1.072	1.382
	0.16	0.476	0.508	0.528	0.628	0.730	0.877	1.026	1.327
0.18	0.00	0.590	0.632	0.661	0.800	0.940	1.148	1.356	1.772
	0.02	0.578	0.618	0.644	0.775	0.908	1.110	1.309	1.702
	0.04	0.567	0.604	0.628	0.752	0.874	1.062	1.249	1.632
	0.06	0.553	0.588	0.610	0.729	0.847	1.025	1.204	1.554
	0.08	0.535	0.570	0.591	0.705	0.817	0.985	1.155	1.497
	0.10	0.517	0.549	0.571	0.679	0.787	0.949	1.111	1.436
	0.12	0.496	0.527	0.549	0.652	0.757	0.911	1.069	1.379
	0.14	0.476	0.505	0.526	0.627	0.726	0.876	1.025	1.326
	0.16	0.454	0.485	0.504	0.601	0.697	0.842	0.985	1.271
	0.18	0.433	0.463	0.482	0.578	0.671	0.809	0.949	1.222

Doppelbiegung B 25 Tabelle 148

$d_1/d = b_1/b = 0{,}25$

$e_z/d = M_y/N \cdot d$ $ges. A_s = \mu \cdot b \cdot d$

$e_y/b = M_z/N \cdot b$ Tafelwerte: $zul.\sigma_{bi} = N/b \cdot d$ (kN/cm²)

ez/d	ey/b	μ 0,5 %	0,8 %	1,0 %	2,0 %	3,0 %	4,5 %	6,0 %	9,0 %
0.20	0.00	0.556	0.596	0.622	0.756	0.891	1.092	1.292	1.690
	0.02	0.548	0.585	0.609	0.734	0.859	1.046	1.232	1.612
	0.04	0.539	0.573	0.597	0.715	0.831	1.010	1.185	1.542
	0.06	0.525	0.559	0.581	0.693	0.806	0.976	1.145	1.481
	0.08	0.508	0.542	0.563	0.671	0.778	0.939	1.103	1.428
	0.10	0.491	0.523	0.544	0.646	0.750	0.907	1.059	1.373
	0.12	0.471	0.502	0.522	0.623	0.724	0.873	1.022	1.322
	0.14	0.453	0.483	0.502	0.600	0.696	0.841	0.983	1.269
	0.16	0.434	0.463	0.482	0.577	0.671	0.808	0.948	1.221
	0.18	0.413	0.444	0.461	0.554	0.645	0.779	0.912	1.179
	0.20	0.395	0.424	0.442	0.533	0.621	0.749	0.880	1.135
0.24	0.00	0.501	0.537	0.561	0.681	0.801	0.980	1.159	1.517
	0.02	0.492	0.527	0.549	0.662	0.776	0.944	1.113	1.459
	0.04	0.483	0.516	0.538	0.646	0.753	0.916	1.077	1.402
	0.06	0.470	0.502	0.523	0.626	0.731	0.886	1.040	1.349
	0.08	0.456	0.487	0.508	0.607	0.709	0.858	1.005	1.306
	0.10	0.441	0.472	0.491	0.588	0.683	0.828	0.973	1.256
	0.12	0.426	0.455	0.474	0.569	0.662	0.801	0.939	1.216
	0.14	0.408	0.439	0.457	0.549	0.640	0.773	0.905	1.175
	0.16	0.393	0.421	0.440	0.531	0.618	0.748	0.874	1.134
	0.18	0.376	0.405	0.422	0.510	0.595	0.722	0.848	1.097
	0.20	0.361	0.389	0.407	0.494	0.575	0.696	0.816	1.060
	0.22	0.345	0.374	0.392	0.475	0.555	0.674	0.793	1.023
	0.24	0.331	0.359	0.376	0.460	0.538	0.651	0.766	0.992
0.28	0.00	0.451	0.485	0.508	0.618	0.728	0.891	1.055	1.381
	0.04	0.434	0.465	0.485	0.587	0.687	0.835	0.982	1.281
	0.08	0.411	0.440	0.460	0.555	0.648	0.784	0.922	1.199
	0.12	0.384	0.414	0.432	0.522	0.607	0.736	0.868	1.125
	0.16	0.356	0.385	0.403	0.489	0.570	0.692	0.815	1.053
	0.20	0.329	0.358	0.375	0.456	0.536	0.648	0.766	0.992
	0.24	0.304	0.332	0.348	0.429	0.501	0.611	0.720	0.930
	0.28	0.281	0.309	0.325	0.402	0.473	0.574	0.679	0.880
0.32	0.00	0.408	0.441	0.462	0.565	0.666	0.817	0.967	1.267
	0.04	0.391	0.422	0.441	0.536	0.630	0.766	0.908	1.178
	0.08	0.371	0.400	0.419	0.508	0.594	0.723	0.851	1.111
	0.12	0.347	0.376	0.394	0.480	0.561	0.684	0.803	1.041
	0.16	0.324	0.352	0.371	0.453	0.531	0.643	0.758	0.980
	0.20	0.301	0.330	0.347	0.426	0.501	0.609	0.717	0.930
	0.24	0.280	0.307	0.324	0.399	0.471	0.574	0.675	0.880
	0.28	0.260	0.288	0.304	0.376	0.445	0.544	0.638	0.830
	0.32	0.243	0.270	0.286	0.357	0.419	0.514	0.606	0.785
0.36	0.00	0.371	0.403	0.423	0.519	0.613	0.753	0.892	1.169
	0.04	0.354	0.385	0.404	0.493	0.580	0.711	0.838	1.093
	0.08	0.336	0.366	0.384	0.469	0.550	0.673	0.792	1.030
	0.12	0.316	0.345	0.362	0.444	0.523	0.637	0.748	0.976
	0.16	0.296	0.324	0.343	0.420	0.496	0.602	0.711	0.920
	0.20	0.277	0.305	0.322	0.397	0.467	0.571	0.673	0.869
	0.24	0.260	0.287	0.303	0.376	0.443	0.539	0.635	0.831
	0.28	0.243	0.269	0.285	0.355	0.421	0.512	0.607	0.786
	0.32	0.227	0.253	0.269	0.336	0.398	0.489	0.574	0.748
	0.36	0.211	0.240	0.255	0.319	0.378	0.463	0.547	0.716
0.40	0.00	0.340	0.370	0.390	0.480	0.568	0.698	0.828	1.086
	0.04	0.324	0.353	0.372	0.458	0.538	0.660	0.782	1.019
	0.08	0.308	0.337	0.354	0.435	0.512	0.627	0.739	0.966
	0.12	0.290	0.318	0.337	0.414	0.487	0.594	0.702	0.917
	0.16	0.273	0.301	0.317	0.393	0.464	0.566	0.665	0.867
	0.20	0.257	0.284	0.300	0.374	0.441	0.537	0.635	0.822
	0.24	0.240	0.268	0.283	0.354	0.418	0.513	0.601	0.783
	0.28	0.225	0.253	0.268	0.336	0.398	0.488	0.576	0.749
	0.32	0.211	0.239	0.253	0.319	0.380	0.464	0.548	0.711
	0.36	0.197	0.226	0.241	0.305	0.362	0.441	0.524	0.685
	0.40	0.184	0.214	0.228	0.290	0.345	0.423	0.501	0.653

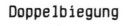

Doppelbiegung B 25 Tabelle 148

$d_1/d = b_1/b = 0,25$

$e_z/d = M_y/N \cdot d$

$e_y/b = M_z/N \cdot b$

ges. $A_s = \mu \cdot b \cdot d$

Tafelwerte: zul.$\sigma_{bi} = N/b \cdot d$ (kN/cm²)

e_z/d	e_y/b \ μ	0,5 %	0,8 %	1,0 %	2,0 %	3,0 %	4,5 %	6,0 %	9,0 %
0.50	0.00	0.259	0.308	0.325	0.404	0.480	0.591	0.701	0.920
	0.05	0.254	0.291	0.307	0.381	0.451	0.554	0.656	0.858
	0.10	0.240	0.274	0.290	0.361	0.427	0.525	0.618	0.808
	0.15	0.224	0.257	0.274	0.342	0.405	0.496	0.588	0.763
	0.20	0.209	0.241	0.257	0.322	0.382	0.469	0.553	0.722
	0.25	0.194	0.226	0.243	0.305	0.363	0.446	0.526	0.687
	0.30	0.180	0.211	0.228	0.288	0.344	0.420	0.499	0.653
	0.35	0.167	0.198	0.215	0.273	0.326	0.402	0.473	0.619
	0.40	0.155	0.186	0.202	0.260	0.310	0.381	0.453	0.591
	0.45	0.145	0.175	0.191	0.246	0.295	0.365	0.429	0.565
	0.50	0.135	0.165	0.179	0.235	0.281	0.346	0.410	0.539
0.60	0.00	0.189	0.245	0.274	0.349	0.415	0.511	0.607	0.798
	0.05	0.187	0.241	0.262	0.330	0.392	0.484	0.571	0.755
	0.10	0.183	0.230	0.248	0.315	0.375	0.458	0.545	0.710
	0.15	0.176	0.217	0.235	0.300	0.355	0.439	0.519	0.675
	0.20	0.169	0.205	0.222	0.286	0.337	0.416	0.492	0.647
	0.25	0.160	0.193	0.210	0.271	0.322	0.396	0.469	0.612
	0.30	0.150	0.183	0.198	0.259	0.309	0.379	0.446	0.589
	0.35	0.141	0.173	0.188	0.246	0.292	0.360	0.429	0.560
	0.40	0.133	0.164	0.179	0.235	0.280	0.346	0.411	0.538
	0.45	0.125	0.155	0.169	0.224	0.269	0.332	0.391	0.517
	0.50	0.118	0.147	0.161	0.215	0.256	0.319	0.375	0.496
	0.55	0.112	0.139	0.153	0.206	0.246	0.307	0.360	0.476
	0.60	0.105	0.132	0.146	0.198	0.238	0.292	0.346	0.456
0.70	0.00	0.145	0.194	0.223	0.307	0.365	0.451	0.536	0.705
	0.05	0.143	0.192	0.220	0.291	0.347	0.427	0.510	0.668
	0.10	0.141	0.189	0.214	0.280	0.332	0.408	0.485	0.634
	0.15	0.139	0.184	0.204	0.267	0.317	0.392	0.462	0.606
	0.20	0.135	0.175	0.194	0.255	0.305	0.375	0.444	0.583
	0.25	0.131	0.167	0.184	0.245	0.291	0.359	0.425	0.554
	0.30	0.126	0.158	0.175	0.233	0.279	0.343	0.407	0.531
	0.35	0.122	0.151	0.167	0.224	0.267	0.330	0.389	0.515
	0.40	0.116	0.144	0.160	0.215	0.257	0.315	0.376	0.492
	0.45	0.110	0.137	0.153	0.206	0.247	0.304	0.363	0.470
	0.50	0.105	0.131	0.146	0.198	0.236	0.294	0.347	0.454
	0.55	0.099	0.124	0.140	0.189	0.228	0.284	0.335	0.440
	0.60	0.095	0.119	0.133	0.183	0.221	0.272	0.325	0.426
	0.65	0.090	0.114	0.127	0.176	0.212	0.263	0.315	0.412
	0.70	0.086	0.108	0.121	0.170	0.204	0.256	0.301	0.399
0.80	0.00	0.116	0.159	0.184	0.274	0.326	0.403	0.479	0.631
	0.05	0.116	0.158	0.183	0.262	0.311	0.386	0.458	0.598
	0.10	0.114	0.156	0.181	0.251	0.298	0.370	0.436	0.576
	0.15	0.113	0.154	0.177	0.240	0.287	0.354	0.418	0.548
	0.20	0.111	0.150	0.169	0.230	0.275	0.342	0.404	0.525
	0.25	0.109	0.147	0.163	0.222	0.265	0.329	0.390	0.508
	0.30	0.106	0.139	0.156	0.213	0.256	0.316	0.372	0.492
	0.35	0.103	0.134	0.149	0.205	0.245	0.304	0.358	0.469
	0.40	0.100	0.128	0.143	0.198	0.236	0.291	0.345	0.452
	0.45	0.097	0.122	0.137	0.190	0.227	0.281	0.336	0.436
	0.50	0.094	0.118	0.131	0.182	0.220	0.273	0.324	0.421
	0.55	0.090	0.113	0.127	0.176	0.211	0.263	0.312	0.411
	0.60	0.086	0.108	0.122	0.169	0.206	0.253	0.300	0.396
	0.65	0.082	0.104	0.117	0.165	0.198	0.247	0.294	0.382
	0.70	0.079	0.100	0.112	0.159	0.192	0.239	0.283	0.374
	0.75	0.076	0.096	0.108	0.154	0.186	0.231	0.274	0.361
	0.80	0.073	0.092	0.104	0.149	0.180	0.223	0.269	0.348

Doppelbiegung B 25 Tabelle 148

$d1/d = b1/b = 0{,}25$

$ez/d = My/N \cdot d$

$ey/b = Mz/N \cdot b$

ges. $A_s = \mu \cdot b \cdot d$

Tafelwerte: zul. $\sigma_{bi} = N/b \cdot d$ (kN/cm²)

ez/d	ey/b	μ 0,5 %	0,8 %	1,0 %	2,0 %	3,0 %	4,5 %	6,0 %	9,0 %
0.90	0.00	0.096	0.134	0.157	0.246	0.295	0.365	0.434	0.572
	0.05	0.096	0.133	0.156	0.236	0.282	0.348	0.413	0.546
	0.10	0.095	0.133	0.154	0.227	0.272	0.335	0.399	0.524
	0.15	0.094	0.131	0.152	0.219	0.263	0.323	0.386	0.501
	0.20	0.094	0.129	0.150	0.211	0.251	0.311	0.368	0.485
	0.25	0.092	0.127	0.144	0.203	0.244	0.302	0.359	0.468
	0.30	0.090	0.124	0.139	0.196	0.236	0.289	0.345	0.452
	0.35	0.089	0.121	0.134	0.188	0.227	0.280	0.332	0.435
	0.40	0.087	0.116	0.129	0.183	0.219	0.271	0.323	0.419
	0.45	0.085	0.111	0.124	0.175	0.211	0.261	0.309	0.408
	0.50	0.083	0.107	0.119	0.169	0.204	0.253	0.301	0.392
	0.55	0.080	0.103	0.115	0.165	0.197	0.245	0.293	0.383
	0.60	0.078	0.099	0.111	0.158	0.192	0.239	0.281	0.374
	0.65	0.076	0.096	0.107	0.154	0.186	0.232	0.274	0.359
	0.70	0.073	0.092	0.104	0.148	0.181	0.223	0.267	0.351
	0.75	0.070	0.089	0.100	0.144	0.174	0.218	0.257	0.343
	0.80	0.068	0.086	0.097	0.140	0.170	0.213	0.251	0.329
	0.85	0.065	0.083	0.093	0.135	0.165	0.205	0.246	0.322
	0.90	0.063	0.081	0.090	0.132	0.162	0.202	0.237	0.316
1.00	0.00	0.082	0.116	0.136	0.221	0.269	0.333	0.396	0.522
	0.10	0.082	0.115	0.134	0.205	0.250	0.307	0.367	0.483
	0.20	0.080	0.113	0.131	0.193	0.232	0.286	0.340	0.451
	0.30	0.078	0.109	0.125	0.180	0.217	0.269	0.318	0.418
	0.40	0.076	0.105	0.117	0.168	0.203	0.251	0.300	0.391
	0.50	0.073	0.098	0.109	0.157	0.191	0.239	0.283	0.371
	0.60	0.070	0.092	0.103	0.148	0.180	0.224	0.267	0.352
	0.70	0.067	0.086	0.096	0.139	0.171	0.212	0.253	0.328
	0.80	0.063	0.081	0.090	0.132	0.162	0.201	0.240	0.312
	0.90	0.059	0.076	0.085	0.124	0.152	0.191	0.228	0.297
	1.00	0.056	0.071	0.081	0.118	0.146	0.180	0.214	0.284
1.20	0.00	0.063	0.090	0.107	0.180	0.229	0.284	0.338	0.445
	0.10	0.063	0.090	0.106	0.173	0.214	0.262	0.314	0.412
	0.20	0.063	0.089	0.105	0.162	0.200	0.250	0.297	0.387
	0.30	0.061	0.087	0.102	0.154	0.189	0.237	0.279	0.367
	0.40	0.060	0.085	0.099	0.145	0.179	0.224	0.267	0.347
	0.50	0.059	0.082	0.094	0.138	0.169	0.212	0.250	0.327
	0.60	0.057	0.079	0.089	0.130	0.160	0.200	0.238	0.314
	0.70	0.055	0.075	0.084	0.123	0.153	0.190	0.227	0.296
	0.80	0.053	0.071	0.080	0.117	0.144	0.182	0.213	0.285
	0.90	0.052	0.067	0.076	0.111	0.138	0.174	0.205	0.269
	1.00	0.050	0.064	0.072	0.107	0.132	0.164	0.198	0.260
	1.10	0.047	0.061	0.069	0.101	0.128	0.159	0.187	0.245
	1.20	0.045	0.058	0.066	0.097	0.123	0.151	0.182	0.239
1.40	0.00	0.051	0.074	0.088	0.149	0.199	0.247	0.294	0.388
	0.10	0.051	0.074	0.087	0.148	0.187	0.232	0.277	0.365
	0.20	0.051	0.073	0.087	0.142	0.179	0.219	0.261	0.346
	0.30	0.050	0.072	0.086	0.135	0.170	0.210	0.249	0.327
	0.40	0.049	0.071	0.084	0.128	0.160	0.198	0.236	0.308
	0.50	0.048	0.070	0.082	0.121	0.153	0.190	0.225	0.295
	0.60	0.047	0.068	0.078	0.115	0.144	0.179	0.213	0.282
	0.70	0.046	0.066	0.075	0.110	0.139	0.172	0.207	0.271
	0.80	0.045	0.064	0.072	0.105	0.133	0.167	0.197	0.259
	0.90	0.045	0.061	0.068	0.101	0.128	0.158	0.188	0.248
	1.00	0.044	0.058	0.065	0.097	0.121	0.154	0.179	0.238
	1.10	0.042	0.055	0.063	0.093	0.118	0.147	0.172	0.229
	1.20	0.041	0.053	0.060	0.089	0.113	0.142	0.170	0.221
	1.30	0.039	0.051	0.058	0.086	0.109	0.137	0.160	0.213
	1.40	0.038	0.049	0.055	0.083	0.105	0.130	0.155	0.206

Doppelbiegung B 25 Tabelle 148

$d1/d = b1/b = 0,25$

$ez/d = My/N \cdot d$

$ey/b = Mz/N \cdot b$

$ges. A_S = \mu \cdot b \cdot d$

Tafelwerte : $zul.\sigma_{bi} = N/b \cdot d$ (kN/cm²)

ez/d	ey/b	μ 0,5 %	0,8 %	1,0 %	2,0 %	3,0 %	4,5 %	6,0 %	9,0 %
1.60	0.00	0.043	0.063	0.074	0.127	0.173	0.218	0.260	0.344
	0.10	0.043	0.062	0.074	0.127	0.165	0.206	0.245	0.324
	0.20	0.043	0.062	0.074	0.125	0.158	0.198	0.233	0.306
	0.30	0.042	0.062	0.073	0.120	0.150	0.186	0.222	0.293
	0.40	0.042	0.060	0.072	0.114	0.144	0.178	0.214	0.281
	0.50	0.041	0.060	0.071	0.110	0.137	0.171	0.203	0.269
	0.60	0.041	0.059	0.069	0.105	0.132	0.164	0.196	0.255
	0.70	0.040	0.058	0.067	0.100	0.126	0.157	0.190	0.251
	0.80	0.040	0.056	0.065	0.096	0.121	0.151	0.180	0.239
	0.90	0.038	0.055	0.062	0.093	0.118	0.146	0.175	0.228
	1.00	0.038	0.053	0.060	0.089	0.112	0.141	0.166	0.224
	1.10	0.037	0.051	0.057	0.086	0.109	0.137	0.162	0.214
	1.20	0.036	0.049	0.055	0.083	0.104	0.131	0.155	0.205
	1.30	0.035	0.047	0.053	0.080	0.101	0.125	0.153	0.196
	1.40	0.035	0.045	0.051	0.077	0.098	0.123	0.147	0.195
	1.50	0.034	0.044	0.050	0.074	0.094	0.119	0.141	0.187
	1.60	0.032	0.042	0.048	0.072	0.092	0.115	0.137	0.181
1.80	0.00	0.037	0.054	0.065	0.111	0.154	0.196	0.234	0.308
	0.10	0.037	0.054	0.064	0.111	0.147	0.187	0.220	0.288
	0.20	0.037	0.054	0.064	0.110	0.140	0.179	0.213	0.276
	0.30	0.037	0.053	0.064	0.107	0.136	0.173	0.202	0.264
	0.40	0.036	0.053	0.063	0.106	0.131	0.165	0.196	0.259
	0.50	0.036	0.052	0.062	0.099	0.124	0.158	0.189	0.247
	0.60	0.036	0.051	0.061	0.095	0.120	0.151	0.178	0.235
	0.70	0.035	0.051	0.060	0.092	0.116	0.145	0.172	0.230
	0.80	0.035	0.050	0.059	0.088	0.112	0.142	0.167	0.218
	0.90	0.034	0.049	0.057	0.086	0.108	0.136	0.162	0.214
	1.00	0.034	0.048	0.055	0.082	0.103	0.132	0.158	0.203
	1.10	0.033	0.047	0.053	0.079	0.100	0.128	0.149	0.199
	1.20	0.033	0.045	0.051	0.077	0.097	0.124	0.145	0.189
	1.30	0.032	0.044	0.049	0.074	0.094	0.118	0.142	0.186
	1.40	0.031	0.042	0.048	0.072	0.091	0.115	0.136	0.178
	1.50	0.031	0.041	0.046	0.070	0.088	0.110	0.134	0.176
	1.60	0.030	0.039	0.045	0.067	0.087	0.109	0.128	0.169
	1.70	0.029	0.038	0.044	0.065	0.082	0.104	0.128	0.168
	1.80	0.028	0.037	0.042	0.064	0.080	0.101	0.123	0.161
2.00	0.00	0.033	0.048	0.057	0.099	0.138	0.178	0.212	0.280
	0.10	0.032	0.047	0.057	0.098	0.133	0.168	0.199	0.264
	0.20	0.032	0.048	0.056	0.098	0.129	0.161	0.194	0.253
	0.30	0.032	0.047	0.056	0.097	0.123	0.158	0.187	0.241
	0.40	0.032	0.047	0.056	0.093	0.119	0.151	0.181	0.236
	0.50	0.032	0.047	0.055	0.093	0.115	0.144	0.175	0.225
	0.60	0.031	0.046	0.055	0.087	0.111	0.141	0.164	0.220
	0.70	0.031	0.045	0.054	0.084	0.107	0.135	0.159	0.215
	0.80	0.031	0.044	0.053	0.082	0.104	0.129	0.153	0.203
	0.90	0.030	0.044	0.052	0.079	0.101	0.127	0.148	0.199
	1.00	0.030	0.044	0.051	0.077	0.097	0.123	0.144	0.194
	1.10	0.030	0.043	0.049	0.074	0.095	0.118	0.140	0.184
	1.20	0.029	0.042	0.047	0.072	0.090	0.114	0.136	0.180
	1.30	0.029	0.041	0.046	0.070	0.088	0.111	0.133	0.177
	1.40	0.028	0.040	0.044	0.067	0.086	0.108	0.130	0.168
	1.50	0.028	0.038	0.043	0.066	0.083	0.106	0.123	0.166
	1.60	0.027	0.037	0.042	0.064	0.081	0.104	0.121	0.158
	1.70	0.027	0.036	0.041	0.062	0.078	0.099	0.120	0.156
	1.80	0.026	0.035	0.040	0.061	0.077	0.098	0.114	0.155
	1.90	0.026	0.034	0.039	0.059	0.075	0.094	0.114	0.148
	2.00	0.025	0.033	0.038	0.057	0.073	0.094	0.109	0.142

Doppelbiegung — B 25 — Tabelle 148

$d_1/d = b_1/b = 0{,}25$

$ez/d = M_y/N \cdot d$

$ey/b = M_z/N \cdot b$

ges. $A_s = \mu \cdot b \cdot d$

Tafelwerte: zul. $\sigma_{bi} = N/b \cdot d$ (kN/cm²)

ez/d	ey/b	μ 0,5 %	0,8 %	1,0 %	2,0 %	3,0 %	4,5 %	6,0 %	9,0 %
2.50	0.00	0.025	0.037	0.044	0.077	0.108	0.144	0.172	0.227
	0.25	0.025	0.036	0.044	0.076	0.102	0.130	0.155	0.204
	0.50	0.024	0.036	0.043	0.074	0.095	0.120	0.146	0.193
	0.75	0.024	0.035	0.042	0.069	0.088	0.113	0.133	0.176
	1.00	0.023	0.034	0.041	0.064	0.083	0.104	0.126	0.165
	1.25	0.023	0.034	0.040	0.060	0.078	0.098	0.117	0.156
	1.50	0.022	0.033	0.037	0.057	0.073	0.093	0.109	0.142
	1.75	0.022	0.031	0.035	0.054	0.068	0.087	0.103	0.136
	2.00	0.021	0.029	0.033	0.050	0.065	0.082	0.098	0.132
	2.25	0.021	0.027	0.032	0.048	0.061	0.076	0.091	0.123
	2.50	0.020	0.026	0.030	0.045	0.058	0.072	0.086	0.116
3.00	0.00	0.020	0.030	0.036	0.063	0.088	0.121	0.145	0.191
	0.25	0.020	0.030	0.035	0.062	0.086	0.112	0.131	0.175
	0.50	0.020	0.029	0.035	0.062	0.081	0.105	0.124	0.165
	0.75	0.020	0.029	0.035	0.059	0.076	0.099	0.118	0.156
	1.00	0.019	0.029	0.034	0.056	0.071	0.093	0.107	0.147
	1.25	0.019	0.028	0.033	0.053	0.068	0.087	0.102	0.138
	1.50	0.019	0.028	0.033	0.050	0.065	0.083	0.099	0.130
	1.75	0.018	0.027	0.031	0.048	0.061	0.079	0.092	0.124
	2.00	0.018	0.026	0.030	0.045	0.058	0.075	0.086	0.118
	2.25	0.017	0.025	0.028	0.043	0.055	0.071	0.082	0.108
	2.50	0.017	0.023	0.027	0.041	0.053	0.068	0.079	0.105
	2.75	0.017	0.022	0.025	0.039	0.051	0.064	0.077	0.103
	3.00	0.016	0.021	0.025	0.038	0.048	0.062	0.072	0.097
3.50	0.00	0.017	0.025	0.030	0.053	0.075	0.103	0.125	0.165
	0.25	0.017	0.025	0.030	0.053	0.074	0.097	0.117	0.151
	0.50	0.017	0.025	0.030	0.052	0.070	0.092	0.109	0.143
	0.75	0.017	0.025	0.030	0.052	0.067	0.087	0.103	0.135
	1.00	0.016	0.024	0.029	0.049	0.064	0.083	0.099	0.127
	1.25	0.016	0.024	0.029	0.047	0.060	0.079	0.094	0.119
	1.50	0.016	0.024	0.028	0.045	0.057	0.075	0.089	0.118
	1.75	0.016	0.023	0.028	0.042	0.055	0.071	0.084	0.111
	2.00	0.015	0.023	0.027	0.040	0.052	0.068	0.080	0.105
	2.25	0.015	0.022	0.026	0.039	0.050	0.065	0.078	0.100
	2.50	0.015	0.022	0.025	0.037	0.049	0.063	0.074	0.097
	2.75	0.014	0.021	0.024	0.036	0.046	0.059	0.071	0.094
	3.00	0.014	0.020	0.022	0.034	0.045	0.057	0.068	0.091
	3.25	0.014	0.019	0.022	0.033	0.043	0.054	0.065	0.084
	3.50	0.014	0.018	0.021	0.032	0.041	0.054	0.065	0.084
4.00	0.00	0.015	0.022	0.026	0.046	0.065	0.090	0.110	0.145
	0.25	0.014	0.022	0.026	0.046	0.064	0.086	0.102	0.134
	0.50	0.014	0.021	0.026	0.046	0.063	0.081	0.098	0.127
	0.75	0.014	0.021	0.026	0.045	0.059	0.077	0.092	0.119
	1.00	0.014	0.021	0.025	0.043	0.057	0.075	0.089	0.118
	1.25	0.014	0.021	0.025	0.042	0.055	0.071	0.085	0.111
	1.50	0.014	0.020	0.025	0.040	0.052	0.068	0.081	0.104
	1.75	0.013	0.020	0.024	0.038	0.050	0.065	0.079	0.098
	2.00	0.014	0.020	0.024	0.037	0.048	0.062	0.075	0.098
	2.25	0.013	0.020	0.023	0.036	0.046	0.059	0.071	0.093
	2.50	0.013	0.019	0.023	0.034	0.045	0.057	0.069	0.088
	2.75	0.013	0.019	0.022	0.033	0.043	0.054	0.066	0.085
	3.00	0.013	0.018	0.021	0.032	0.041	0.053	0.065	0.082
	3.25	0.012	0.018	0.020	0.031	0.040	0.051	0.062	0.080
	3.50	0.012	0.017	0.019	0.030	0.038	0.049	0.058	0.078
	3.75	0.012	0.016	0.019	0.029	0.037	0.048	0.057	0.077
	4.00	0.011	0.016	0.018	0.028	0.035	0.046	0.055	0.071

Doppelbiegung   B 25   Tabelle 148

$d1/d = b1/b = 0{,}25$

$ez/d = My/N \cdot d$

$ey/b = Mz/N \cdot b$

$ges. A_s = \mu \cdot b \cdot d$

Tafelwerte: $zul.\sigma_{bi} = N/b \cdot d$ (kN/cm²)

ez/d	ey/b	μ 0.5 %	0.8 %	1.0 %	2.0 %	3.0 %	4.5 %	6.0 %	9.0 %
5.00	0.00	0.011	0.017	0.021	0.036	0.051	0.072	0.089	0.117
	0.50	0.011	0.017	0.020	0.036	0.051	0.067	0.081	0.106
	1.00	0.011	0.017	0.020	0.035	0.047	0.061	0.074	0.097
	1.50	0.011	0.016	0.019	0.034	0.044	0.057	0.068	0.089
	2.00	0.011	0.016	0.019	0.031	0.041	0.053	0.063	0.084
	2.50	0.010	0.016	0.019	0.030	0.039	0.050	0.060	0.078
	3.00	0.010	0.015	0.018	0.027	0.036	0.047	0.056	0.073
	3.50	0.010	0.015	0.017	0.026	0.033	0.043	0.052	0.067
	4.00	0.010	0.014	0.016	0.024	0.032	0.042	0.050	0.067
	4.50	0.009	0.013	0.015	0.023	0.030	0.039	0.048	0.061
	5.00	0.009	0.012	0.014	0.022	0.028	0.037	0.045	0.060
6.00	0.00	0.009	0.014	0.017	0.030	0.042	0.060	0.074	0.097
	1.00	0.009	0.014	0.017	0.030	0.040	0.052	0.064	0.084
	2.00	0.009	0.013	0.016	0.027	0.036	0.046	0.057	0.075
	3.00	0.009	0.013	0.016	0.024	0.032	0.041	0.050	0.064
	4.00	0.008	0.013	0.014	0.022	0.029	0.037	0.045	0.059
	5.00	0.008	0.012	0.013	0.020	0.026	0.034	0.039	0.051
	6.00	0.008	0.010	0.012	0.019	0.023	0.031	0.038	0.050
7.00	0.00	0.008	0.012	0.014	0.026	0.036	0.051	0.063	0.084
	1.00	0.008	0.012	0.014	0.025	0.035	0.045	0.055	0.074
	2.00	0.008	0.011	0.014	0.024	0.032	0.041	0.048	0.066
	3.00	0.007	0.011	0.013	0.022	0.028	0.036	0.045	0.057
	4.00	0.007	0.011	0.013	0.020	0.026	0.033	0.041	0.054
	5.00	0.007	0.010	0.012	0.018	0.023	0.030	0.037	0.049
	6.00	0.007	0.009	0.011	0.017	0.022	0.029	0.034	0.044
	7.00	0.007	0.009	0.010	0.016	0.020	0.027	0.033	0.043
8.00	0.00	0.007	0.010	0.013	0.022	0.031	0.045	0.056	0.074
	1.00	0.006	0.010	0.012	0.022	0.031	0.040	0.048	0.066
	2.00	0.007	0.010	0.012	0.021	0.028	0.037	0.043	0.057
	3.00	0.006	0.010	0.012	0.020	0.026	0.034	0.040	0.053
	4.00	0.006	0.009	0.011	0.018	0.023	0.031	0.038	0.050
	5.00	0.006	0.009	0.011	0.017	0.021	0.029	0.034	0.043
	6.00	0.006	0.009	0.010	0.016	0.020	0.026	0.032	0.040
	7.00	0.006	0.008	0.009	0.014	0.019	0.025	0.029	0.040
	8.00	0.006	0.008	0.009	0.014	0.018	0.023	0.028	0.036
9.00	0.00	0.006	0.009	0.011	0.020	0.028	0.040	0.050	0.066
	1.00	0.006	0.009	0.011	0.019	0.027	0.036	0.044	0.057
	2.00	0.006	0.009	0.010	0.019	0.026	0.033	0.040	0.053
	3.00	0.006	0.009	0.010	0.018	0.023	0.030	0.037	0.047
	4.00	0.006	0.009	0.010	0.017	0.021	0.028	0.034	0.045
	5.00	0.006	0.008	0.010	0.016	0.021	0.026	0.033	0.042
	6.00	0.006	0.008	0.009	0.015	0.018	0.025	0.030	0.038
	7.00	0.005	0.008	0.009	0.013	0.018	0.023	0.026	0.036
	8.00	0.005	0.007	0.008	0.013	0.016	0.022	0.026	0.033
	9.00	0.005	0.007	0.008	0.012	0.016	0.020	0.025	0.032
10.00	0.00	0.005	0.008	0.010	0.018	0.025	0.036	0.045	0.059
	1.00	0.005	0.008	0.010	0.018	0.025	0.033	0.041	0.052
	2.00	0.005	0.008	0.009	0.017	0.023	0.030	0.036	0.049
	3.00	0.005	0.008	0.009	0.016	0.021	0.029	0.034	0.044
	4.00	0.005	0.007	0.009	0.016	0.020	0.027	0.032	0.043
	5.00	0.005	0.007	0.009	0.015	0.018	0.024	0.030	0.040
	6.00	0.005	0.007	0.009	0.013	0.017	0.022	0.026	0.035
	7.00	0.005	0.007	0.008	0.013	0.016	0.022	0.025	0.032
	8.00	0.005	0.007	0.008	0.012	0.016	0.020	0.023	0.031
	9.00	0.004	0.007	0.008	0.011	0.015	0.019	0.023	0.029
	10.00	0.004	0.006	0.007	0.011	0.014	0.018	0.023	0.028

Doppelbiegung B 35 Tabelle 149

$d1/d = b1/b = 0,15$

$ez/d = My/N \cdot d$

$ey/b = Mz/N \cdot b$

$ges. A_s = \mu \cdot b \cdot d$

Tafelwerte: $zul. \sigma_{bi} = N/b \cdot d$ (kN/cm²)

ez/d	ey/b	μ 0,5 %	0,8 %	1,0 %	2,0 %	3,0 %	4,5 %	6,0 %	9,0 %
0.00	0.00	1.195	1.255	1.295	1.495	1.695	1.995	2.295	2.895
0.02	0.00	1.149	1.216	1.259	1.466	1.667	1.966	2.264	2.858
	0.01	1.138	1.202	1.244	1.454	1.655	1.954	2.250	2.839
	0.02	1.122	1.183	1.224	1.431	1.636	1.939	2.233	2.823
0.04	0.00	1.091	1.155	1.198	1.411	1.625	1.930	2.227	2.817
	0.02	1.078	1.138	1.179	1.379	1.579	1.880	2.176	2.771
	0.04	1.048	1.107	1.145	1.338	1.529	1.816	2.105	2.683
0.06	0.00	1.039	1.100	1.140	1.343	1.546	1.851	2.155	2.764
	0.02	1.032	1.093	1.132	1.327	1.525	1.817	2.104	2.687
	0.04	1.006	1.064	1.102	1.292	1.480	1.760	2.041	2.597
	0.06	0.971	1.026	1.063	1.246	1.429	1.706	1.974	2.517
0.08	0.00	0.991	1.049	1.088	1.281	1.474	1.765	2.055	2.636
	0.02	0.983	1.043	1.083	1.274	1.467	1.756	2.039	2.601
	0.04	0.962	1.019	1.055	1.238	1.427	1.705	1.975	2.523
	0.06	0.932	0.984	1.020	1.200	1.378	1.645	1.911	2.443
	0.08	0.899	0.951	0.984	1.154	1.325	1.581	1.842	2.360
0.12	0.00	0.903	0.957	0.994	1.173	1.350	1.616	1.882	2.413
	0.02	0.893	0.948	0.985	1.164	1.341	1.611	1.875	2.405
	0.04	0.876	0.925	0.963	1.138	1.309	1.567	1.827	2.349
	0.06	0.857	0.907	0.939	1.101	1.267	1.516	1.770	2.265
	0.08	0.835	0.883	0.914	1.071	1.229	1.465	1.708	2.184
	0.10	0.807	0.855	0.885	1.039	1.194	1.419	1.648	2.113
	0.12	0.776	0.825	0.855	1.007	1.156	1.377	1.599	2.039
0.16	0.00	0.816	0.869	0.903	1.073	1.240	1.488	1.734	2.224
	0.02	0.815	0.866	0.897	1.066	1.231	1.480	1.725	2.217
	0.04	0.802	0.853	0.886	1.045	1.205	1.445	1.687	2.168
	0.06	0.787	0.834	0.865	1.023	1.176	1.404	1.637	2.099
	0.08	0.765	0.812	0.845	0.996	1.146	1.368	1.591	2.027
	0.10	0.742	0.790	0.819	0.969	1.114	1.332	1.543	1.975
	0.12	0.717	0.763	0.793	0.940	1.082	1.293	1.501	1.920
	0.14	0.690	0.736	0.767	0.911	1.051	1.255	1.462	1.863
	0.16	0.663	0.708	0.740	0.881	1.019	1.220	1.420	1.816
0.20	0.00	0.748	0.797	0.829	0.983	1.139	1.371	1.601	2.059
	0.02	0.745	0.795	0.828	0.983	1.137	1.362	1.594	2.053
	0.04	0.733	0.783	0.814	0.967	1.120	1.341	1.565	2.007
	0.06	0.719	0.765	0.796	0.946	1.094	1.313	1.525	1.955
	0.08	0.699	0.747	0.777	0.925	1.066	1.277	1.490	1.907
	0.10	0.679	0.725	0.756	0.899	1.039	1.246	1.453	1.855
	0.12	0.656	0.702	0.733	0.874	1.012	1.212	1.413	1.808
	0.14	0.633	0.679	0.709	0.850	0.983	1.181	1.375	1.764
	0.16	0.609	0.655	0.686	0.824	0.956	1.151	1.340	1.718
	0.18	0.586	0.633	0.663	0.801	0.928	1.117	1.304	1.671
	0.20	0.563	0.610	0.639	0.774	0.902	1.085	1.267	1.629
0.24	0.00	0.686	0.734	0.765	0.914	1.058	1.270	1.483	1.911
	0.04	0.669	0.718	0.749	0.898	1.040	1.255	1.464	1.882
	0.08	0.639	0.686	0.715	0.859	0.995	1.197	1.397	1.793
	0.12	0.600	0.647	0.676	0.814	0.947	1.141	1.329	1.706
	0.16	0.559	0.606	0.637	0.771	0.899	1.082	1.263	1.625
	0.20	0.519	0.566	0.596	0.728	0.851	1.029	1.201	1.543
	0.24	0.481	0.529	0.558	0.687	0.807	0.979	1.145	1.471
0.28	0.00	0.630	0.678	0.709	0.853	0.990	1.192	1.392	1.787
	0.04	0.612	0.660	0.690	0.835	0.973	1.172	1.373	1.772
	0.08	0.583	0.630	0.661	0.800	0.931	1.124	1.315	1.692
	0.12	0.549	0.596	0.626	0.761	0.888	1.071	1.255	1.611
	0.16	0.514	0.562	0.590	0.724	0.847	1.024	1.194	1.536
	0.20	0.480	0.527	0.556	0.684	0.802	0.973	1.143	1.468
	0.24	0.446	0.494	0.522	0.648	0.763	0.928	1.089	1.403
	0.28	0.414	0.463	0.491	0.615	0.726	0.885	1.038	1.342

Doppelbiegung B 35 Tabelle 149

$d_1/d = b_1/b = 0{,}15$

$e_z/d = M_y/N \cdot d$

$e_y/b = M_z/N \cdot b$

ges. $A_S = \mu \cdot b \cdot d$

Tafelwerte : zul.$\sigma_{b1} = N/b \cdot d$ (kN/cm²)

ez/d	ey/b	μ 0,5 %	0,8 %	1,0 %	2,0 %	3,0 %	4,5 %	6,0 %	9,0 %
0.32	0.00	0.581	0.629	0.659	0.798	0.930	1.123	1.312	1.688
	0.04	0.560	0.609	0.639	0.780	0.909	1.103	1.294	1.674
	0.08	0.535	0.582	0.612	0.747	0.872	1.060	1.237	1.601
	0.12	0.505	0.552	0.581	0.713	0.833	1.012	1.185	1.530
	0.16	0.474	0.522	0.550	0.679	0.797	0.968	1.132	1.460
	0.20	0.444	0.491	0.520	0.647	0.762	0.925	1.085	1.399
	0.24	0.413	0.462	0.490	0.613	0.725	0.884	1.037	1.341
	0.28	0.382	0.436	0.463	0.583	0.692	0.846	0.991	1.287
	0.32	0.353	0.408	0.438	0.556	0.661	0.807	0.954	1.231
0.36	0.00	0.538	0.586	0.615	0.750	0.876	1.060	1.241	1.600
	0.04	0.516	0.565	0.595	0.730	0.856	1.044	1.222	1.582
	0.08	0.493	0.540	0.570	0.701	0.822	0.998	1.171	1.513
	0.12	0.465	0.514	0.542	0.671	0.788	0.956	1.125	1.451
	0.16	0.436	0.485	0.515	0.639	0.753	0.919	1.076	1.392
	0.20	0.407	0.460	0.488	0.610	0.720	0.879	1.034	1.336
	0.24	0.379	0.433	0.463	0.581	0.689	0.841	0.990	1.284
	0.28	0.350	0.407	0.438	0.555	0.659	0.807	0.949	1.231
	0.32	0.323	0.381	0.411	0.530	0.631	0.772	0.912	1.182
	0.36	0.297	0.358	0.389	0.506	0.604	0.742	0.875	1.139
0.40	0.00	0.499	0.548	0.577	0.707	0.828	1.004	1.177	1.519
	0.05	0.470	0.521	0.550	0.681	0.800	0.974	1.149	1.483
	0.10	0.439	0.493	0.520	0.646	0.761	0.927	1.088	1.412
	0.15	0.406	0.462	0.491	0.613	0.724	0.882	1.035	1.342
	0.20	0.371	0.428	0.460	0.578	0.687	0.838	0.984	1.275
	0.25	0.336	0.397	0.428	0.548	0.649	0.796	0.939	1.217
	0.30	0.307	0.368	0.399	0.518	0.617	0.758	0.893	1.157
	0.35	0.278	0.338	0.371	0.490	0.586	0.723	0.852	1.108
	0.40	0.253	0.311	0.345	0.464	0.556	0.688	0.815	1.058
0.50	0.00	0.351	0.449	0.498	0.619	0.729	0.888	1.043	1.350
	0.05	0.343	0.435	0.469	0.594	0.704	0.859	1.015	1.316
	0.10	0.329	0.407	0.442	0.567	0.670	0.822	0.967	1.257
	0.15	0.311	0.379	0.416	0.540	0.642	0.785	0.924	1.202
	0.20	0.288	0.352	0.390	0.512	0.612	0.750	0.884	1.149
	0.25	0.266	0.327	0.363	0.487	0.581	0.718	0.846	1.102
	0.30	0.246	0.304	0.339	0.464	0.556	0.685	0.808	1.053
	0.35	0.228	0.282	0.316	0.441	0.529	0.657	0.775	1.009
	0.40	0.211	0.263	0.295	0.419	0.506	0.629	0.746	0.972
	0.45	0.195	0.245	0.275	0.396	0.487	0.601	0.713	0.935
	0.50	0.181	0.229	0.258	0.378	0.466	0.578	0.685	0.897
0.60	0.00	0.242	0.333	0.387	0.551	0.651	0.795	0.936	1.214
	0.05	0.239	0.328	0.379	0.528	0.630	0.770	0.912	1.189
	0.10	0.235	0.319	0.367	0.505	0.602	0.737	0.873	1.139
	0.15	0.228	0.308	0.345	0.482	0.577	0.710	0.838	1.093
	0.20	0.220	0.290	0.324	0.458	0.552	0.681	0.805	1.046
	0.25	0.211	0.272	0.306	0.436	0.528	0.652	0.771	1.008
	0.30	0.202	0.256	0.287	0.415	0.505	0.625	0.741	0.971
	0.35	0.191	0.241	0.271	0.395	0.486	0.603	0.715	0.932
	0.40	0.180	0.227	0.256	0.376	0.467	0.577	0.686	0.900
	0.45	0.167	0.213	0.241	0.358	0.448	0.555	0.660	0.868
	0.50	0.155	0.202	0.228	0.342	0.429	0.535	0.636	0.836
	0.55	0.147	0.191	0.215	0.327	0.412	0.519	0.617	0.810
	0.60	0.136	0.181	0.205	0.310	0.395	0.500	0.594	0.779
0.70	0.00	0.178	0.254	0.301	0.497	0.589	0.721	0.850	1.104
	0.10	0.174	0.249	0.294	0.448	0.543	0.671	0.794	1.039
	0.20	0.168	0.238	0.277	0.409	0.503	0.620	0.736	0.961
	0.30	0.158	0.220	0.249	0.373	0.464	0.577	0.684	0.896
	0.40	0.148	0.199	0.224	0.339	0.428	0.535	0.636	0.836
	0.50	0.136	0.179	0.203	0.309	0.395	0.498	0.594	0.782
	0.60	0.120	0.163	0.185	0.283	0.366	0.468	0.558	0.730
	0.70	0.108	0.148	0.169	0.260	0.340	0.440	0.525	0.692

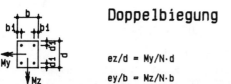

Doppelbiegung B 35 Tabelle 149

$d1/d = b1/b = 0,15$

$ez/d = My/N \cdot d$

$ey/b = Mz/N \cdot b$

$ges. A_s = \mu \cdot b \cdot d$

Tafelwerte: $zul. \sigma_{bi} = N/b \cdot d$ (kN/cm²)

ez/d	ey/b	μ 0,5 %	0,8 %	1,0 %	2,0 %	3,0 %	4,5 %	6,0 %	9,0 %
0.80	0.00	0.139	0.203	0.242	0.423	0.538	0.659	0.778	1.012
	0.10	0.138	0.199	0.238	0.400	0.498	0.618	0.730	0.956
	0.20	0.134	0.193	0.231	0.364	0.459	0.574	0.681	0.888
	0.30	0.128	0.185	0.219	0.332	0.425	0.534	0.637	0.834
	0.40	0.123	0.176	0.200	0.305	0.393	0.498	0.592	0.779
	0.50	0.116	0.162	0.183	0.280	0.365	0.467	0.558	0.730
	0.60	0.108	0.148	0.168	0.259	0.340	0.440	0.525	0.689
	0.70	0.098	0.135	0.155	0.240	0.317	0.411	0.494	0.655
	0.80	0.090	0.124	0.143	0.223	0.295	0.388	0.470	0.617
0.90	0.00	0.113	0.167	0.201	0.360	0.496	0.608	0.718	0.935
	0.10	0.112	0.165	0.198	0.349	0.453	0.568	0.676	0.884
	0.20	0.110	0.161	0.195	0.325	0.421	0.533	0.633	0.826
	0.30	0.107	0.157	0.188	0.299	0.390	0.498	0.594	0.778
	0.40	0.104	0.151	0.180	0.277	0.362	0.467	0.558	0.729
	0.50	0.099	0.145	0.167	0.257	0.338	0.438	0.527	0.692
	0.60	0.095	0.134	0.154	0.239	0.316	0.410	0.497	0.655
	0.70	0.089	0.124	0.143	0.222	0.295	0.387	0.469	0.620
	0.80	0.082	0.114	0.133	0.208	0.276	0.365	0.446	0.586
	0.90	0.076	0.107	0.125	0.196	0.259	0.344	0.424	0.560
1.00	0.00	0.095	0.142	0.172	0.311	0.441	0.564	0.666	0.868
	0.10	0.095	0.141	0.170	0.306	0.416	0.529	0.628	0.824
	0.20	0.093	0.139	0.168	0.293	0.387	0.499	0.590	0.771
	0.30	0.091	0.136	0.162	0.272	0.360	0.466	0.555	0.728
	0.40	0.089	0.131	0.159	0.253	0.335	0.436	0.523	0.690
	0.50	0.086	0.127	0.152	0.236	0.313	0.410	0.496	0.653
	0.60	0.084	0.122	0.142	0.221	0.294	0.386	0.470	0.615
	0.70	0.080	0.114	0.133	0.207	0.275	0.365	0.447	0.586
	0.80	0.076	0.107	0.125	0.195	0.260	0.346	0.422	0.563
	0.90	0.071	0.100	0.117	0.183	0.245	0.329	0.402	0.536
	1.00	0.066	0.094	0.110	0.173	0.230	0.313	0.383	0.510
1.20	0.00	0.072	0.109	0.132	0.243	0.350	0.496	0.583	0.760
	0.10	0.071	0.108	0.131	0.240	0.343	0.459	0.550	0.723
	0.20	0.071	0.107	0.130	0.238	0.325	0.432	0.520	0.682
	0.30	0.070	0.106	0.128	0.230	0.304	0.406	0.496	0.651
	0.40	0.069	0.104	0.125	0.216	0.288	0.384	0.469	0.620
	0.50	0.068	0.102	0.123	0.203	0.271	0.365	0.443	0.588
	0.60	0.066	0.098	0.119	0.193	0.256	0.344	0.422	0.562
	0.70	0.065	0.096	0.116	0.182	0.243	0.328	0.401	0.537
	0.80	0.063	0.092	0.109	0.172	0.230	0.311	0.382	0.513
	0.90	0.061	0.087	0.103	0.163	0.219	0.295	0.363	0.490
	1.00	0.058	0.083	0.097	0.156	0.208	0.284	0.348	0.468
	1.10	0.055	0.078	0.093	0.148	0.199	0.269	0.334	0.455
	1.20	0.052	0.074	0.088	0.142	0.189	0.257	0.320	0.435
1.40	0.00	0.058	0.088	0.107	0.198	0.288	0.417	0.518	0.676
	0.10	0.057	0.088	0.107	0.196	0.284	0.402	0.490	0.646
	0.20	0.057	0.087	0.106	0.196	0.280	0.380	0.464	0.615
	0.30	0.057	0.086	0.105	0.193	0.266	0.361	0.442	0.585
	0.40	0.056	0.085	0.103	0.189	0.253	0.341	0.418	0.559
	0.50	0.055	0.084	0.102	0.179	0.239	0.324	0.400	0.534
	0.60	0.054	0.082	0.100	0.170	0.227	0.309	0.379	0.514
	0.70	0.054	0.080	0.097	0.162	0.216	0.295	0.363	0.489
	0.80	0.053	0.079	0.096	0.154	0.206	0.282	0.347	0.472
	0.90	0.051	0.077	0.092	0.147	0.198	0.270	0.332	0.455
	1.00	0.050	0.074	0.087	0.142	0.189	0.257	0.321	0.435
	1.10	0.049	0.070	0.084	0.135	0.180	0.248	0.306	0.419
	1.20	0.047	0.067	0.080	0.130	0.174	0.237	0.295	0.406
	1.30	0.045	0.065	0.076	0.124	0.168	0.228	0.284	0.389
	1.40	0.043	0.061	0.073	0.120	0.160	0.220	0.274	0.377

Doppelbiegung   B 35   Tabelle 149

$d1/d = b1/b = 0{,}15$

$ez/d = My/N \cdot d$ $ges.A_s = \mu \cdot b \cdot d$

$ey/b = Mz/N \cdot b$ Tafelwerte : $zul.\sigma_{bi} = N/b \cdot d$ (kN/cm²)

ez/d	ey/b	μ 0,5 %	0,8 %	1,0 %	2,0 %	3,0 %	4,5 %	6,0 %	9,0 %
1.60	0.00	0.048	0.074	0.090	0.168	0.243	0.356	0.465	0.609
	0.10	0.048	0.073	0.090	0.166	0.242	0.350	0.438	0.584
	0.20	0.048	0.073	0.089	0.166	0.240	0.336	0.415	0.560
	0.30	0.048	0.072	0.088	0.163	0.235	0.319	0.394	0.536
	0.40	0.047	0.072	0.088	0.162	0.224	0.305	0.379	0.510
	0.50	0.047	0.071	0.087	0.159	0.213	0.291	0.362	0.491
	0.60	0.046	0.070	0.085	0.153	0.204	0.279	0.348	0.472
	0.70	0.046	0.069	0.084	0.146	0.195	0.265	0.333	0.454
	0.80	0.045	0.068	0.082	0.140	0.188	0.256	0.319	0.436
	0.90	0.045	0.067	0.081	0.135	0.179	0.245	0.307	0.419
	1.00	0.043	0.065	0.079	0.129	0.174	0.236	0.294	0.402
	1.10	0.043	0.064	0.076	0.124	0.167	0.227	0.283	0.390
	1.20	0.042	0.061	0.073	0.119	0.160	0.220	0.274	0.375
	1.30	0.041	0.059	0.070	0.115	0.154	0.210	0.264	0.364
	1.40	0.039	0.057	0.068	0.111	0.149	0.203	0.256	0.351
	1.50	0.038	0.055	0.065	0.108	0.145	0.197	0.249	0.342
	1.60	0.036	0.053	0.063	0.103	0.139	0.191	0.239	0.330
1.80	0.00	0.041	0.063	0.077	0.145	0.211	0.309	0.406	0.555
	0.10	0.041	0.063	0.077	0.144	0.210	0.306	0.392	0.533
	0.20	0.041	0.063	0.077	0.143	0.209	0.300	0.377	0.512
	0.30	0.041	0.062	0.076	0.143	0.206	0.287	0.358	0.487
	0.40	0.040	0.062	0.076	0.142	0.201	0.276	0.343	0.469
	0.50	0.040	0.061	0.075	0.140	0.194	0.263	0.331	0.451
	0.60	0.040	0.061	0.075	0.138	0.186	0.254	0.317	0.433
	0.70	0.040	0.060	0.074	0.134	0.179	0.243	0.305	0.418
	0.80	0.039	0.060	0.072	0.129	0.171	0.234	0.294	0.404
	0.90	0.039	0.059	0.072	0.124	0.166	0.225	0.285	0.387
	1.00	0.038	0.058	0.070	0.119	0.160	0.216	0.275	0.374
	1.10	0.038	0.057	0.069	0.115	0.153	0.211	0.264	0.365
	1.20	0.037	0.056	0.067	0.111	0.149	0.204	0.257	0.353
	1.30	0.037	0.055	0.065	0.107	0.143	0.195	0.249	0.342
	1.40	0.036	0.053	0.062	0.104	0.138	0.190	0.240	0.331
	1.50	0.035	0.051	0.060	0.101	0.135	0.183	0.231	0.321
	1.60	0.034	0.049	0.058	0.098	0.130	0.179	0.227	0.312
	1.70	0.033	0.048	0.056	0.095	0.126	0.173	0.219	0.303
	1.80	0.032	0.046	0.055	0.092	0.122	0.168	0.213	0.296
2.00	0.00	0.036	0.056	0.068	0.128	0.186	0.273	0.359	0.510
	0.10	0.036	0.055	0.067	0.127	0.185	0.271	0.354	0.484
	0.20	0.035	0.055	0.068	0.127	0.185	0.268	0.344	0.468
	0.30	0.036	0.055	0.067	0.126	0.183	0.261	0.329	0.446
	0.40	0.035	0.055	0.067	0.125	0.181	0.251	0.318	0.432
	0.50	0.035	0.054	0.066	0.125	0.176	0.241	0.306	0.415
	0.60	0.035	0.054	0.066	0.123	0.176	0.233	0.294	0.401
	0.70	0.035	0.053	0.065	0.122	0.164	0.223	0.282	0.387
	0.80	0.035	0.052	0.065	0.119	0.158	0.216	0.272	0.376
	0.90	0.034	0.052	0.064	0.115	0.153	0.207	0.265	0.362
	1.00	0.034	0.052	0.063	0.110	0.147	0.201	0.256	0.352
	1.10	0.034	0.051	0.062	0.107	0.143	0.196	0.246	0.339
	1.20	0.033	0.050	0.061	0.104	0.139	0.188	0.239	0.331
	1.30	0.033	0.050	0.060	0.101	0.134	0.184	0.231	0.319
	1.40	0.032	0.049	0.058	0.098	0.130	0.178	0.224	0.313
	1.50	0.032	0.048	0.056	0.094	0.126	0.173	0.218	0.302
	1.60	0.032	0.046	0.054	0.092	0.123	0.169	0.213	0.295
	1.70	0.031	0.045	0.053	0.089	0.120	0.164	0.205	0.286
	1.80	0.030	0.043	0.051	0.087	0.116	0.159	0.201	0.281
	1.90	0.029	0.042	0.050	0.084	0.113	0.155	0.197	0.273
	2.00	0.028	0.041	0.049	0.082	0.109	0.150	0.190	0.265

Doppelbiegung — B 35 — Tabelle 149

$d1/d = b1/b = 0,15$

$ez/d = My/N \cdot d$

$ey/b = Mz/N \cdot b$

$ges.A_s = \mu \cdot b \cdot d$

Tafelwerte: $zul.\sigma_{bi} = N/b \cdot d$ (kN/cm²)

ez/d	ey/b	μ = 0,5 %	0,8 %	1,0 %	2,0 %	3,0 %	4,5 %	6,0 %	9,0 %
2.50	0.00	0.027	0.042	0.052	0.098	0.143	0.211	0.278	0.412
	0.25	0.027	0.042	0.051	0.097	0.142	0.209	0.272	0.379
	0.50	0.027	0.042	0.051	0.097	0.141	0.198	0.250	0.348
	0.75	0.027	0.041	0.051	0.095	0.135	0.184	0.233	0.325
	1.00	0.027	0.041	0.049	0.093	0.125	0.171	0.217	0.300
	1.25	0.026	0.040	0.048	0.087	0.117	0.159	0.203	0.284
	1.50	0.025	0.038	0.047	0.082	0.110	0.149	0.189	0.264
	1.75	0.025	0.038	0.045	0.077	0.103	0.142	0.179	0.248
	2.00	0.024	0.035	0.043	0.073	0.097	0.133	0.168	0.234
	2.25	0.023	0.033	0.040	0.069	0.092	0.126	0.159	0.223
	2.50	0.022	0.031	0.038	0.065	0.087	0.120	0.152	0.214
3.00	0.00	0.022	0.034	0.042	0.080	0.117	0.171	0.227	0.337
	0.25	0.022	0.034	0.042	0.079	0.116	0.170	0.224	0.320
	0.50	0.022	0.034	0.042	0.079	0.115	0.168	0.212	0.298
	0.75	0.022	0.033	0.041	0.078	0.113	0.158	0.200	0.280
	1.00	0.021	0.033	0.041	0.077	0.109	0.147	0.189	0.263
	1.25	0.021	0.033	0.040	0.075	0.103	0.140	0.176	0.250
	1.50	0.021	0.032	0.039	0.072	0.097	0.131	0.168	0.236
	1.75	0.021	0.032	0.039	0.068	0.092	0.126	0.159	0.223
	2.00	0.021	0.031	0.038	0.064	0.087	0.119	0.149	0.212
	2.25	0.020	0.030	0.036	0.062	0.083	0.112	0.144	0.202
	2.50	0.020	0.029	0.034	0.059	0.079	0.107	0.138	0.194
	2.75	0.018	0.027	0.032	0.056	0.075	0.103	0.130	0.184
	3.00	0.018	0.026	0.031	0.053	0.072	0.098	0.123	0.174
3.50	0.00	0.019	0.029	0.035	0.067	0.098	0.144	0.191	0.284
	0.25	0.019	0.029	0.035	0.067	0.098	0.143	0.190	0.280
	0.50	0.018	0.028	0.035	0.067	0.097	0.143	0.185	0.260
	0.75	0.018	0.028	0.035	0.065	0.096	0.139	0.175	0.249
	1.00	0.018	0.028	0.034	0.065	0.095	0.131	0.164	0.232
	1.25	0.018	0.028	0.034	0.064	0.091	0.125	0.158	0.220
	1.50	0.018	0.027	0.034	0.063	0.089	0.119	0.151	0.210
	1.75	0.017	0.027	0.033	0.061	0.083	0.114	0.143	0.201
	2.00	0.018	0.026	0.032	0.058	0.079	0.108	0.135	0.194
	2.25	0.017	0.026	0.032	0.056	0.075	0.103	0.129	0.182
	2.50	0.017	0.026	0.031	0.053	0.072	0.099	0.124	0.178
	2.75	0.017	0.025	0.030	0.051	0.069	0.095	0.120	0.170
	3.00	0.016	0.024	0.028	0.049	0.067	0.091	0.115	0.163
	3.25	0.016	0.023	0.027	0.048	0.064	0.088	0.111	0.157
	3.50	0.015	0.022	0.026	0.046	0.061	0.085	0.108	0.153
4.00	0.00	0.016	0.025	0.030	0.058	0.085	0.125	0.165	0.246
	0.25	0.016	0.025	0.030	0.057	0.084	0.125	0.164	0.243
	0.50	0.015	0.024	0.030	0.058	0.084	0.124	0.163	0.234
	0.75	0.016	0.025	0.030	0.057	0.084	0.122	0.155	0.218
	1.00	0.016	0.024	0.030	0.056	0.083	0.118	0.150	0.211
	1.25	0.016	0.024	0.030	0.056	0.082	0.112	0.140	0.202
	1.50	0.015	0.024	0.030	0.055	0.078	0.107	0.136	0.191
	1.75	0.015	0.023	0.029	0.055	0.075	0.102	0.130	0.183
	2.00	0.015	0.023	0.029	0.053	0.072	0.099	0.123	0.175
	2.25	0.015	0.023	0.028	0.051	0.069	0.095	0.119	0.167
	2.50	0.015	0.023	0.027	0.049	0.067	0.091	0.114	0.162
	2.75	0.015	0.022	0.027	0.047	0.064	0.088	0.109	0.157
	3.00	0.014	0.022	0.026	0.046	0.061	0.085	0.106	0.149
	3.25	0.014	0.021	0.026	0.044	0.059	0.082	0.101	0.147
	3.50	0.014	0.020	0.025	0.043	0.058	0.079	0.099	0.140
	3.75	0.013	0.020	0.023	0.041	0.055	0.077	0.096	0.135
	4.00	0.013	0.019	0.023	0.040	0.054	0.073	0.092	0.131

Doppelbiegung B 35 Tabelle 149

$d_1/d = b_1/b = 0{,}15$

$e_z/d = M_y/N \cdot d$

$e_y/b = M_z/N \cdot b$

$\text{ges.} A_s = \mu \cdot b \cdot d$

Tafelwerte: $\text{zul.} \sigma_{bi} = N/b \cdot d$ (kN/cm²)

ez/d	ey/b	μ 0,5 %	0,8 %	1,0 %	2,0 %	3,0 %	4,5 %	6,0 %	9,0 %
5.00	0.00	0.012	0.019	0.024	0.046	0.067	0.098	0.130	0.194
	0.50	0.012	0.019	0.024	0.045	0.066	0.097	0.129	0.186
	1.00	0.012	0.019	0.023	0.044	0.065	0.096	0.122	0.172
	1.50	0.012	0.019	0.023	0.044	0.065	0.090	0.114	0.160
	2.00	0.012	0.018	0.023	0.043	0.061	0.084	0.106	0.148
	2.50	0.012	0.018	0.022	0.042	0.057	0.078	0.099	0.139
	3.00	0.011	0.018	0.022	0.040	0.053	0.073	0.093	0.128
	3.50	0.011	0.018	0.021	0.037	0.050	0.069	0.087	0.122
	4.00	0.011	0.017	0.020	0.035	0.048	0.065	0.083	0.117
	4.50	0.010	0.016	0.019	0.033	0.045	0.062	0.078	0.110
	5.00	0.010	0.015	0.018	0.031	0.043	0.059	0.075	0.105
6.00	0.00	0.010	0.016	0.020	0.037	0.055	0.081	0.107	0.159
	1.00	0.010	0.015	0.019	0.037	0.054	0.080	0.105	0.148
	2.00	0.010	0.015	0.019	0.036	0.053	0.073	0.092	0.128
	3.00	0.009	0.015	0.018	0.035	0.048	0.064	0.083	0.117
	4.00	0.010	0.015	0.017	0.032	0.043	0.059	0.075	0.106
	5.00	0.009	0.014	0.016	0.028	0.039	0.053	0.068	0.094
	6.00	0.008	0.012	0.015	0.026	0.035	0.048	0.062	0.087
7.00	0.00	0.009	0.014	0.017	0.032	0.047	0.069	0.091	0.135
	1.00	0.008	0.013	0.016	0.031	0.045	0.068	0.090	0.129
	2.00	0.009	0.013	0.016	0.030	0.046	0.064	0.081	0.115
	3.00	0.008	0.013	0.016	0.030	0.042	0.058	0.074	0.104
	4.00	0.008	0.013	0.015	0.028	0.038	0.053	0.067	0.095
	5.00	0.008	0.012	0.015	0.026	0.035	0.049	0.061	0.088
	6.00	0.007	0.011	0.013	0.024	0.032	0.045	0.056	0.080
	7.00	0.007	0.010	0.013	0.022	0.030	0.041	0.053	0.075
8.00	0.00	0.008	0.012	0.014	0.028	0.041	0.060	0.079	0.118
	1.00	0.008	0.011	0.014	0.027	0.040	0.059	0.078	0.115
	2.00	0.007	0.012	0.014	0.027	0.039	0.058	0.073	0.104
	3.00	0.007	0.011	0.014	0.027	0.038	0.053	0.067	0.095
	4.00	0.007	0.011	0.014	0.025	0.036	0.049	0.062	0.088
	5.00	0.007	0.011	0.013	0.024	0.033	0.045	0.056	0.081
	6.00	0.007	0.010	0.012	0.022	0.030	0.042	0.053	0.074
	7.00	0.006	0.010	0.012	0.021	0.029	0.039	0.050	0.070
	8.00	0.006	0.009	0.011	0.020	0.026	0.036	0.046	0.066
9.00	0.00	0.007	0.010	0.013	0.025	0.036	0.053	0.070	0.104
	1.00	0.006	0.010	0.013	0.024	0.036	0.052	0.069	0.103
	2.00	0.006	0.010	0.012	0.024	0.035	0.052	0.066	0.094
	3.00	0.007	0.010	0.012	0.023	0.035	0.048	0.061	0.086
	4.00	0.006	0.010	0.012	0.022	0.032	0.044	0.057	0.080
	5.00	0.006	0.009	0.012	0.022	0.030	0.041	0.052	0.075
	6.00	0.006	0.010	0.011	0.021	0.028	0.038	0.049	0.070
	7.00	0.006	0.009	0.011	0.019	0.026	0.036	0.045	0.066
	8.00	0.006	0.008	0.010	0.018	0.025	0.034	0.043	0.061
	9.00	0.005	0.008	0.010	0.017	0.023	0.032	0.041	0.058
10.00	0.00	0.006	0.009	0.011	0.022	0.032	0.047	0.063	0.094
	1.00	0.005	0.009	0.012	0.022	0.031	0.046	0.062	0.092
	2.00	0.006	0.009	0.011	0.021	0.032	0.047	0.061	0.086
	3.00	0.006	0.009	0.011	0.021	0.031	0.045	0.056	0.080
	4.00	0.006	0.009	0.011	0.021	0.030	0.041	0.052	0.074
	5.00	0.006	0.009	0.011	0.021	0.028	0.038	0.049	0.069
	6.00	0.006	0.009	0.010	0.019	0.026	0.037	0.046	0.066
	7.00	0.006	0.008	0.010	0.018	0.025	0.034	0.043	0.062
	8.00	0.005	0.008	0.010	0.017	0.023	0.032	0.041	0.058
	9.00	0.005	0.008	0.009	0.016	0.022	0.030	0.039	0.055
	10.00	0.005	0.007	0.008	0.016	0.021	0.029	0.037	0.051

Doppelbiegung B 35 Tabelle 150

$d_1/d = b_1/b = 0{,}25$

$e_z/d = M_y/N \cdot d$ $ges.\,A_s = \mu \cdot b \cdot d$

$e_y/b = M_z/N \cdot b$ Tafelwerte: $zul.\,\sigma_{bi} = N/b \cdot d$ (kN/cm²)

e_z/d	e_y/b	μ 0.5 %	0.8 %	1.0 %	2.0 %	3.0 %	4.5 %	6.0 %	9.0 %
0.00	0.00	1.195	1.255	1.295	1.495	1.695	1.995	2.295	2.895
0.02	0.00	1.140	1.201	1.242	1.443	1.642	1.938	2.234	2.822
	0.01	1.132	1.191	1.232	1.428	1.625	1.916	2.209	2.791
	0.02	1.116	1.174	1.212	1.406	1.602	1.892	2.182	2.756
0.04	0.00	1.084	1.144	1.184	1.384	1.581	1.873	2.164	2.742
	0.02	1.069	1.126	1.163	1.348	1.536	1.820	2.101	2.667
	0.04	1.040	1.092	1.128	1.307	1.486	1.753	2.023	2.561
0.06	0.00	1.031	1.087	1.124	1.313	1.501	1.785	2.071	2.642
	0.02	1.021	1.074	1.112	1.290	1.471	1.744	2.012	2.555
	0.04	0.994	1.044	1.079	1.248	1.421	1.673	1.934	2.448
	0.06	0.960	1.007	1.037	1.197	1.361	1.600	1.843	2.330
0.08	0.00	0.983	1.036	1.071	1.249	1.426	1.694	1.962	2.500
	0.02	0.970	1.021	1.058	1.228	1.401	1.657	1.916	2.437
	0.04	0.948	0.997	1.027	1.188	1.350	1.592	1.835	2.325
	0.06	0.917	0.962	0.994	1.144	1.300	1.529	1.760	2.218
	0.08	0.881	0.924	0.951	1.096	1.241	1.463	1.677	2.118
0.12	0.00	0.890	0.938	0.970	1.131	1.291	1.532	1.773	2.255
	0.02	0.876	0.923	0.951	1.109	1.260	1.492	1.722	2.185
	0.04	0.855	0.899	0.926	1.074	1.221	1.439	1.655	2.092
	0.06	0.829	0.870	0.899	1.037	1.176	1.383	1.593	2.006
	0.08	0.796	0.835	0.862	0.992	1.127	1.323	1.521	1.922
	0.10	0.766	0.802	0.827	0.952	1.073	1.260	1.447	1.825
	0.12	0.734	0.770	0.794	0.911	1.029	1.206	1.383	1.738
0.16	0.00	0.798	0.842	0.871	1.018	1.163	1.382	1.600	2.036
	0.02	0.784	0.825	0.855	0.991	1.130	1.341	1.551	1.969
	0.04	0.765	0.804	0.831	0.960	1.094	1.295	1.489	1.889
	0.06	0.746	0.781	0.806	0.929	1.054	1.240	1.427	1.799
	0.08	0.724	0.757	0.780	0.899	1.017	1.193	1.368	1.724
	0.10	0.697	0.731	0.753	0.865	0.979	1.146	1.318	1.655
	0.12	0.669	0.700	0.722	0.831	0.939	1.100	1.263	1.591
	0.14	0.639	0.670	0.691	0.795	0.901	1.058	1.213	1.523
	0.16	0.609	0.640	0.662	0.762	0.861	1.014	1.160	1.462
0.20	0.00	0.710	0.750	0.776	0.910	1.044	1.245	1.447	1.846
	0.02	0.701	0.738	0.762	0.885	1.010	1.196	1.387	1.763
	0.04	0.688	0.723	0.747	0.865	0.983	1.160	1.339	1.694
	0.06	0.672	0.706	0.727	0.840	0.952	1.120	1.289	1.631
	0.08	0.651	0.683	0.705	0.813	0.922	1.081	1.242	1.566
	0.10	0.628	0.660	0.681	0.785	0.889	1.044	1.197	1.505
	0.12	0.603	0.635	0.655	0.756	0.857	1.004	1.155	1.456
	0.14	0.578	0.607	0.628	0.728	0.824	0.968	1.111	1.398
	0.16	0.552	0.584	0.603	0.697	0.794	0.930	1.072	1.346
	0.18	0.527	0.558	0.578	0.672	0.763	0.897	1.032	1.300
	0.20	0.503	0.533	0.552	0.643	0.733	0.863	0.992	1.254
0.24	0.00	0.639	0.675	0.700	0.820	0.939	1.119	1.298	1.656
	0.04	0.618	0.651	0.672	0.779	0.888	1.048	1.215	1.534
	0.08	0.584	0.615	0.637	0.736	0.836	0.986	1.134	1.430
	0.12	0.543	0.572	0.592	0.690	0.784	0.922	1.061	1.332
	0.16	0.500	0.529	0.548	0.641	0.729	0.857	0.990	1.244
	0.20	0.458	0.486	0.505	0.594	0.680	0.800	0.922	1.161
	0.24	0.419	0.449	0.467	0.551	0.631	0.748	0.864	1.092
0.28	0.00	0.574	0.609	0.632	0.743	0.853	1.017	1.181	1.508
	0.04	0.553	0.585	0.606	0.708	0.808	0.955	1.105	1.406
	0.08	0.523	0.553	0.574	0.670	0.763	0.902	1.041	1.312
	0.12	0.488	0.518	0.537	0.630	0.716	0.848	0.978	1.234
	0.16	0.451	0.482	0.501	0.589	0.671	0.797	0.916	1.160
	0.20	0.415	0.446	0.465	0.551	0.629	0.744	0.859	1.084
	0.24	0.383	0.414	0.432	0.514	0.591	0.701	0.807	1.022
	0.28	0.354	0.383	0.401	0.481	0.554	0.658	0.761	0.968

Doppelbiegung B 35 Tabelle 150

$d_1/d = b_1/b = 0{,}25$

$e_z/d = M_y/N \cdot d$ $\text{ges.} A_s = \mu \cdot b \cdot d$

$e_y/b = M_z/N \cdot b$ Tafelwerte : $\text{zul.} \sigma_{bi} = N/b \cdot d$ (kN/cm²)

e_z/d	e_y/b \ μ	0,5 %	0,8 %	1,0 %	2,0 %	3,0 %	4,5 %	6,0 %	9,0 %
0.32	0.00	0.518	0.552	0.574	0.678	0.780	0.931	1.082	1.382
	0.04	0.496	0.529	0.549	0.647	0.740	0.880	1.014	1.294
	0.08	0.470	0.501	0.521	0.612	0.702	0.829	0.957	1.211
	0.12	0.439	0.470	0.490	0.578	0.660	0.783	0.908	1.146
	0.16	0.409	0.439	0.457	0.545	0.624	0.739	0.851	1.078
	0.20	0.379	0.410	0.428	0.511	0.588	0.695	0.803	1.016
	0.24	0.352	0.381	0.399	0.479	0.552	0.655	0.762	0.961
	0.28	0.326	0.357	0.375	0.451	0.522	0.621	0.721	0.914
	0.32	0.301	0.332	0.349	0.425	0.493	0.588	0.681	0.867
0.36	0.00	0.470	0.503	0.524	0.623	0.718	0.858	0.998	1.276
	0.04	0.448	0.481	0.500	0.592	0.682	0.812	0.944	1.197
	0.08	0.424	0.456	0.475	0.564	0.645	0.767	0.890	1.133
	0.12	0.398	0.430	0.448	0.535	0.613	0.728	0.845	1.067
	0.16	0.372	0.403	0.422	0.506	0.579	0.688	0.798	1.012
	0.20	0.347	0.379	0.396	0.477	0.549	0.652	0.755	0.957
	0.24	0.324	0.354	0.372	0.449	0.520	0.620	0.718	0.909
	0.28	0.300	0.332	0.350	0.423	0.492	0.585	0.682	0.861
	0.32	0.278	0.313	0.329	0.401	0.465	0.556	0.647	0.821
	0.36	0.258	0.293	0.310	0.379	0.444	0.528	0.612	0.782
0.40	0.00	0.429	0.462	0.482	0.575	0.664	0.795	0.925	1.184
	0.05	0.404	0.436	0.455	0.543	0.624	0.743	0.863	1.100
	0.10	0.375	0.407	0.426	0.509	0.587	0.699	0.807	1.026
	0.15	0.346	0.379	0.396	0.476	0.551	0.657	0.758	0.963
	0.20	0.317	0.351	0.368	0.447	0.515	0.614	0.714	0.906
	0.25	0.290	0.326	0.343	0.417	0.484	0.576	0.670	0.849
	0.30	0.266	0.302	0.319	0.389	0.451	0.540	0.626	0.799
	0.35	0.244	0.278	0.297	0.367	0.427	0.510	0.596	0.751
	0.40	0.221	0.257	0.277	0.345	0.402	0.482	0.561	0.712
0.50	0.00	0.301	0.372	0.399	0.483	0.559	0.672	0.783	1.002
	0.05	0.296	0.355	0.378	0.455	0.527	0.633	0.734	0.940
	0.10	0.285	0.333	0.355	0.431	0.500	0.600	0.691	0.885
	0.15	0.268	0.311	0.333	0.407	0.473	0.565	0.658	0.836
	0.20	0.249	0.291	0.312	0.384	0.446	0.535	0.623	0.792
	0.25	0.231	0.272	0.292	0.364	0.423	0.504	0.588	0.749
	0.30	0.214	0.254	0.273	0.342	0.399	0.480	0.560	0.713
	0.35	0.198	0.238	0.255	0.324	0.379	0.457	0.528	0.678
	0.40	0.184	0.222	0.240	0.307	0.361	0.435	0.502	0.644
	0.45	0.170	0.207	0.225	0.291	0.341	0.414	0.483	0.612
	0.50	0.158	0.193	0.212	0.278	0.327	0.395	0.460	0.588
0.60	0.00	0.213	0.276	0.313	0.416	0.483	0.581	0.678	0.869
	0.05	0.211	0.273	0.308	0.394	0.457	0.551	0.641	0.822
	0.10	0.207	0.267	0.297	0.374	0.435	0.522	0.608	0.781
	0.15	0.201	0.256	0.281	0.355	0.414	0.500	0.579	0.738
	0.20	0.193	0.241	0.264	0.340	0.394	0.473	0.550	0.701
	0.25	0.184	0.227	0.250	0.322	0.374	0.451	0.526	0.672
	0.30	0.176	0.214	0.236	0.305	0.359	0.431	0.502	0.636
	0.35	0.166	0.202	0.223	0.291	0.340	0.410	0.479	0.608
	0.40	0.156	0.191	0.210	0.277	0.324	0.391	0.457	0.588
	0.45	0.146	0.179	0.199	0.264	0.310	0.378	0.437	0.561
	0.50	0.137	0.170	0.187	0.253	0.296	0.361	0.422	0.535
	0.55	0.129	0.160	0.177	0.241	0.284	0.346	0.404	0.519
	0.60	0.122	0.152	0.168	0.231	0.274	0.332	0.387	0.495
0.70	0.00	0.159	0.215	0.247	0.365	0.425	0.512	0.598	0.768
	0.10	0.157	0.211	0.241	0.333	0.386	0.464	0.539	0.690
	0.20	0.150	0.200	0.225	0.302	0.355	0.425	0.497	0.633
	0.30	0.140	0.185	0.203	0.277	0.325	0.391	0.454	0.582
	0.40	0.132	0.166	0.185	0.251	0.296	0.359	0.420	0.533
	0.50	0.121	0.150	0.167	0.230	0.275	0.331	0.388	0.494
	0.60	0.109	0.136	0.153	0.212	0.252	0.307	0.360	0.465
	0.70	0.099	0.124	0.139	0.196	0.238	0.287	0.336	0.433

Doppelbiegung   B 35   Tabelle 150

$d1/d = b1/b = 0{,}25$

$ez/d = My/N \cdot d$

$ey/b = Mz/N \cdot b$

$ges. A_S = \mu \cdot b \cdot d$

Tafelwerte: $zul.\sigma_{bi} = N/b \cdot d$ (kN/cm²)

ez/d	ey/b	μ = 0,5 %	0,8 %	1,0 %	2,0 %	3,0 %	4,5 %	6,0 %	9,0 %
0.80	0.00	0.126	0.174	0.202	0.318	0.379	0.457	0.534	0.686
	0.10	0.124	0.172	0.199	0.294	0.348	0.419	0.490	0.627
	0.20	0.121	0.166	0.191	0.269	0.321	0.388	0.449	0.578
	0.30	0.116	0.158	0.179	0.247	0.295	0.358	0.417	0.535
	0.40	0.110	0.148	0.164	0.229	0.272	0.330	0.387	0.493
	0.50	0.104	0.135	0.151	0.211	0.253	0.306	0.360	0.460
	0.60	0.098	0.124	0.138	0.196	0.237	0.289	0.336	0.430
	0.70	0.091	0.114	0.127	0.181	0.222	0.271	0.315	0.403
	0.80	0.084	0.106	0.118	0.170	0.208	0.252	0.297	0.378
0.90	0.00	0.104	0.146	0.170	0.276	0.343	0.414	0.483	0.621
	0.10	0.102	0.145	0.168	0.268	0.316	0.380	0.446	0.571
	0.20	0.100	0.141	0.164	0.243	0.292	0.355	0.411	0.529
	0.30	0.097	0.136	0.157	0.225	0.273	0.330	0.385	0.495
	0.40	0.094	0.130	0.147	0.208	0.254	0.306	0.361	0.460
	0.50	0.090	0.123	0.137	0.195	0.236	0.286	0.333	0.427
	0.60	0.086	0.114	0.127	0.182	0.223	0.268	0.314	0.404
	0.70	0.081	0.106	0.118	0.169	0.210	0.252	0.296	0.382
	0.80	0.078	0.098	0.110	0.159	0.196	0.239	0.281	0.363
	0.90	0.072	0.092	0.102	0.149	0.185	0.225	0.263	0.339
1.00	0.00	0.088	0.125	0.147	0.241	0.312	0.377	0.441	0.567
	0.10	0.087	0.124	0.145	0.237	0.289	0.350	0.407	0.522
	0.20	0.086	0.122	0.143	0.221	0.270	0.326	0.382	0.489
	0.30	0.084	0.119	0.139	0.206	0.251	0.305	0.358	0.454
	0.40	0.081	0.115	0.133	0.193	0.236	0.286	0.333	0.427
	0.50	0.079	0.110	0.126	0.179	0.221	0.270	0.317	0.402
	0.60	0.076	0.105	0.117	0.169	0.208	0.255	0.296	0.377
	0.70	0.073	0.098	0.110	0.159	0.197	0.238	0.278	0.363
	0.80	0.070	0.092	0.103	0.149	0.186	0.224	0.267	0.343
	0.90	0.067	0.086	0.097	0.141	0.176	0.217	0.253	0.324
	1.00	0.062	0.081	0.091	0.134	0.166	0.203	0.241	0.308
1.20	0.00	0.067	0.097	0.114	0.192	0.259	0.321	0.376	0.484
	0.10	0.067	0.096	0.114	0.190	0.244	0.300	0.348	0.452
	0.20	0.066	0.095	0.112	0.185	0.230	0.281	0.331	0.427
	0.30	0.065	0.094	0.111	0.179	0.216	0.268	0.312	0.400
	0.40	0.063	0.091	0.108	0.165	0.204	0.250	0.295	0.375
	0.50	0.062	0.089	0.105	0.155	0.194	0.238	0.278	0.357
	0.60	0.061	0.087	0.101	0.148	0.183	0.226	0.262	0.340
	0.70	0.059	0.084	0.096	0.140	0.173	0.213	0.253	0.325
	0.80	0.057	0.081	0.091	0.133	0.166	0.205	0.241	0.311
	0.90	0.056	0.077	0.086	0.127	0.157	0.196	0.230	0.298
	1.00	0.054	0.073	0.082	0.121	0.149	0.187	0.221	0.279
	1.10	0.052	0.069	0.078	0.115	0.142	0.177	0.208	0.269
	1.20	0.050	0.066	0.074	0.109	0.137	0.172	0.202	0.261
1.40	0.00	0.054	0.079	0.094	0.159	0.218	0.279	0.327	0.421
	0.10	0.054	0.078	0.093	0.157	0.209	0.263	0.310	0.396
	0.20	0.053	0.078	0.092	0.156	0.201	0.249	0.293	0.371
	0.30	0.053	0.077	0.091	0.151	0.190	0.236	0.275	0.354
	0.40	0.052	0.075	0.090	0.145	0.180	0.224	0.265	0.336
	0.50	0.052	0.074	0.088	0.136	0.172	0.216	0.248	0.319
	0.60	0.050	0.073	0.086	0.131	0.164	0.205	0.238	0.310
	0.70	0.049	0.071	0.084	0.124	0.157	0.196	0.229	0.294
	0.80	0.049	0.070	0.081	0.119	0.149	0.188	0.217	0.280
	0.90	0.048	0.068	0.077	0.114	0.143	0.176	0.210	0.266
	1.00	0.047	0.066	0.074	0.109	0.136	0.172	0.199	0.261
	1.10	0.045	0.063	0.071	0.105	0.132	0.163	0.195	0.250
	1.20	0.044	0.060	0.068	0.100	0.127	0.160	0.187	0.239
	1.30	0.043	0.058	0.065	0.097	0.121	0.154	0.180	0.230
	1.40	0.041	0.055	0.062	0.093	0.116	0.145	0.174	0.222

Doppelbiegung B 35 Tabelle 150

$d_1/d = b_1/b = 0,25$

$e_z/d = M_y/N \cdot d$

$e_y/b = M_z/N \cdot b$

$ges. A_s = \mu \cdot b \cdot d$

Tafelwerte: $zul.\sigma_{bi} = N/b \cdot d$ (kN/cm²)

e_z/d	e_y/b	μ 0,5 %	0,8 %	1,0 %	2,0 %	3,0 %	4,5 %	6,0 %	9,0 %
1.60	0.00	0.045	0.066	0.079	0.135	0.186	0.247	0.290	0.373
	0.10	0.045	0.066	0.079	0.135	0.184	0.232	0.275	0.353
	0.20	0.044	0.066	0.079	0.133	0.177	0.224	0.259	0.336
	0.30	0.044	0.065	0.077	0.132	0.168	0.211	0.249	0.321
	0.40	0.044	0.064	0.076	0.128	0.161	0.205	0.238	0.303
	0.50	0.043	0.063	0.075	0.123	0.154	0.194	0.228	0.295
	0.60	0.043	0.062	0.074	0.119	0.147	0.188	0.219	0.279
	0.70	0.042	0.061	0.073	0.113	0.142	0.178	0.210	0.271
	0.80	0.041	0.061	0.071	0.108	0.136	0.169	0.202	0.256
	0.90	0.041	0.059	0.070	0.104	0.131	0.163	0.195	0.250
	1.00	0.040	0.058	0.068	0.100	0.126	0.160	0.184	0.237
	1.10	0.039	0.057	0.065	0.096	0.121	0.151	0.178	0.232
	1.20	0.039	0.055	0.062	0.093	0.117	0.147	0.175	0.221
	1.30	0.038	0.053	0.060	0.089	0.112	0.144	0.166	0.218
	1.40	0.037	0.051	0.058	0.086	0.108	0.137	0.164	0.208
	1.50	0.036	0.049	0.056	0.083	0.104	0.132	0.157	0.199
	1.60	0.035	0.048	0.054	0.081	0.102	0.127	0.152	0.198
1.80	0.00	0.039	0.057	0.069	0.118	0.163	0.220	0.260	0.335
	0.10	0.038	0.057	0.068	0.118	0.162	0.210	0.245	0.318
	0.20	0.038	0.057	0.068	0.117	0.157	0.200	0.235	0.301
	0.30	0.038	0.056	0.067	0.116	0.151	0.191	0.226	0.294
	0.40	0.038	0.056	0.067	0.114	0.145	0.184	0.216	0.278
	0.50	0.038	0.055	0.066	0.110	0.139	0.177	0.207	0.269
	0.60	0.038	0.055	0.065	0.106	0.134	0.171	0.198	0.254
	0.70	0.037	0.054	0.064	0.104	0.130	0.164	0.195	0.246
	0.80	0.036	0.053	0.063	0.099	0.124	0.159	0.187	0.239
	0.90	0.036	0.052	0.062	0.095	0.119	0.153	0.179	0.234
	1.00	0.035	0.052	0.061	0.092	0.116	0.146	0.174	0.220
	1.10	0.035	0.050	0.060	0.089	0.111	0.144	0.168	0.214
	1.20	0.034	0.050	0.058	0.085	0.109	0.140	0.163	0.210
	1.30	0.034	0.049	0.056	0.083	0.105	0.135	0.154	0.198
	1.40	0.033	0.048	0.054	0.080	0.101	0.128	0.151	0.196
	1.50	0.033	0.046	0.052	0.078	0.099	0.125	0.148	0.193
	1.60	0.032	0.045	0.050	0.075	0.096	0.124	0.141	0.184
	1.70	0.032	0.043	0.049	0.073	0.093	0.119	0.141	0.183
	1.80	0.031	0.042	0.047	0.071	0.090	0.116	0.135	0.175
2.00	0.00	0.034	0.050	0.061	0.104	0.144	0.198	0.236	0.304
	0.10	0.033	0.051	0.060	0.104	0.144	0.190	0.225	0.289
	0.20	0.034	0.050	0.059	0.104	0.143	0.181	0.216	0.275
	0.30	0.034	0.050	0.059	0.103	0.138	0.174	0.208	0.266
	0.40	0.033	0.049	0.059	0.102	0.133	0.171	0.199	0.259
	0.50	0.033	0.049	0.058	0.100	0.129	0.163	0.190	0.244
	0.60	0.033	0.049	0.058	0.097	0.125	0.158	0.187	0.236
	0.70	0.033	0.048	0.057	0.094	0.120	0.153	0.179	0.229
	0.80	0.032	0.047	0.057	0.092	0.116	0.147	0.171	0.222
	0.90	0.032	0.047	0.056	0.089	0.112	0.142	0.170	0.215
	1.00	0.032	0.046	0.055	0.085	0.108	0.138	0.164	0.211
	1.10	0.031	0.045	0.054	0.082	0.105	0.133	0.158	0.205
	1.20	0.031	0.045	0.053	0.080	0.102	0.131	0.153	0.192
	1.30	0.030	0.044	0.052	0.078	0.099	0.127	0.148	0.188
	1.40	0.030	0.043	0.050	0.075	0.095	0.122	0.145	0.184
	1.50	0.030	0.043	0.049	0.073	0.093	0.119	0.141	0.181
	1.60	0.029	0.042	0.047	0.071	0.091	0.116	0.133	0.171
	1.70	0.028	0.041	0.046	0.069	0.088	0.111	0.131	0.169
	1.80	0.028	0.039	0.045	0.067	0.085	0.110	0.130	0.168
	1.90	0.027	0.039	0.043	0.065	0.084	0.107	0.124	0.159
	2.00	0.027	0.037	0.042	0.063	0.082	0.103	0.124	0.159

Doppelbiegung — B 35 — Tabelle 150

$d_1/d = b_1/b = 0{,}25$

$e_z/d = M_y/N \cdot d$

$e_y/b = M_z/N \cdot b$

ges. $A_s = \mu \cdot b \cdot d$

Tafelwerte: zul. $\sigma_{bi} = N/b \cdot d$ (kN/cm²)

e_z/d	e_y/b	μ = 0,5 %	0,8 %	1,0 %	2,0 %	3,0 %	4,5 %	6,0 %	9,0 %
2.50	0.00	0.026	0.039	0.047	0.081	0.113	0.157	0.191	0.246
	0.25	0.026	0.039	0.046	0.080	0.111	0.145	0.174	0.223
	0.50	0.025	0.038	0.046	0.079	0.105	0.134	0.162	0.207
	0.75	0.025	0.037	0.045	0.076	0.099	0.127	0.149	0.190
	1.00	0.025	0.037	0.043	0.071	0.092	0.118	0.138	0.176
	1.25	0.024	0.036	0.042	0.068	0.086	0.110	0.131	0.164
	1.50	0.024	0.035	0.041	0.063	0.080	0.102	0.119	0.153
	1.75	0.023	0.034	0.040	0.059	0.076	0.097	0.117	0.145
	2.00	0.022	0.033	0.037	0.056	0.072	0.091	0.111	0.140
	2.25	0.022	0.031	0.035	0.053	0.068	0.088	0.102	0.129
	2.50	0.021	0.029	0.033	0.050	0.065	0.081	0.096	0.128
3.00	0.00	0.021	0.031	0.038	0.066	0.092	0.130	0.161	0.207
	0.25	0.021	0.031	0.037	0.065	0.092	0.123	0.148	0.188
	0.50	0.021	0.031	0.037	0.065	0.089	0.115	0.136	0.174
	0.75	0.021	0.030	0.037	0.064	0.085	0.108	0.131	0.169
	1.00	0.020	0.030	0.036	0.062	0.080	0.103	0.122	0.155
	1.25	0.020	0.029	0.036	0.058	0.075	0.097	0.114	0.150
	1.50	0.019	0.029	0.035	0.056	0.071	0.091	0.109	0.141
	1.75	0.019	0.029	0.034	0.053	0.068	0.087	0.104	0.131
	2.00	0.019	0.028	0.033	0.050	0.065	0.083	0.097	0.124
	2.25	0.018	0.027	0.032	0.047	0.061	0.079	0.091	0.119
	2.50	0.018	0.026	0.030	0.045	0.059	0.075	0.087	0.115
	2.75	0.017	0.025	0.029	0.044	0.056	0.072	0.085	0.113
	3.00	0.017	0.024	0.028	0.042	0.054	0.069	0.079	0.104
3.50	0.00	0.017	0.026	0.032	0.056	0.078	0.110	0.137	0.179
	0.25	0.017	0.026	0.032	0.055	0.077	0.106	0.128	0.168
	0.50	0.018	0.026	0.031	0.055	0.077	0.101	0.122	0.155
	0.75	0.017	0.026	0.031	0.055	0.074	0.095	0.115	0.144
	1.00	0.017	0.025	0.030	0.054	0.070	0.091	0.111	0.140
	1.25	0.016	0.025	0.030	0.052	0.067	0.087	0.103	0.128
	1.50	0.017	0.025	0.030	0.049	0.064	0.082	0.100	0.127
	1.75	0.016	0.024	0.029	0.047	0.061	0.078	0.094	0.117
	2.00	0.016	0.024	0.029	0.045	0.059	0.075	0.090	0.117
	2.25	0.016	0.023	0.028	0.043	0.056	0.072	0.086	0.110
	2.50	0.016	0.023	0.027	0.041	0.053	0.069	0.083	0.105
	2.75	0.015	0.022	0.026	0.040	0.051	0.066	0.078	0.101
	3.00	0.015	0.022	0.025	0.038	0.049	0.064	0.076	0.098
	3.25	0.015	0.021	0.024	0.036	0.047	0.061	0.074	0.089
	3.50	0.015	0.020	0.024	0.035	0.046	0.058	0.072	0.089
4.00	0.00	0.015	0.023	0.028	0.048	0.068	0.095	0.120	0.158
	0.25	0.015	0.023	0.027	0.048	0.067	0.094	0.113	0.147
	0.50	0.015	0.022	0.027	0.048	0.067	0.089	0.108	0.135
	0.75	0.014	0.022	0.027	0.047	0.065	0.085	0.103	0.133
	1.00	0.015	0.022	0.026	0.047	0.062	0.081	0.098	0.123
	1.25	0.015	0.022	0.026	0.046	0.060	0.078	0.095	0.121
	1.50	0.015	0.021	0.026	0.044	0.057	0.074	0.090	0.111
	1.75	0.015	0.021	0.026	0.042	0.055	0.071	0.087	0.110
	2.00	0.014	0.021	0.025	0.041	0.053	0.069	0.082	0.102
	2.25	0.014	0.021	0.025	0.039	0.051	0.065	0.079	0.102
	2.50	0.014	0.020	0.025	0.038	0.050	0.064	0.076	0.096
	2.75	0.013	0.020	0.024	0.037	0.047	0.060	0.073	0.091
	3.00	0.013	0.019	0.024	0.035	0.046	0.059	0.071	0.087
	3.25	0.013	0.020	0.023	0.034	0.044	0.057	0.068	0.084
	3.50	0.013	0.019	0.022	0.033	0.043	0.055	0.066	0.082
	3.75	0.013	0.018	0.021	0.032	0.041	0.053	0.065	0.081
	4.00	0.013	0.018	0.020	0.031	0.040	0.052	0.062	0.081

Doppelbiegung   B 35   Tabelle 150

$d_1/d = b_1/b = 0{,}25$

$e_z/d = M_y/N \cdot d$

$e_y/b = M_z/N \cdot b$

$ges.A_s = \mu \cdot b \cdot d$

Tafelwerte: $zul.\sigma_{bi} = N/b \cdot d$ (kN/cm²)

ez/d	ey/b	μ 0,5 %	0,8 %	1,0 %	2,0 %	3,0 %	4,5 %	6,0 %	9,0 %
5.00	0.00	0.012	0.018	0.022	0.038	0.053	0.076	0.096	0.127
	0.50	0.012	0.017	0.021	0.037	0.053	0.072	0.088	0.114
	1.00	0.011	0.017	0.021	0.038	0.051	0.067	0.081	0.106
	1.50	0.011	0.017	0.020	0.036	0.048	0.062	0.076	0.100
	2.00	0.011	0.017	0.021	0.035	0.045	0.058	0.071	0.091
	2.50	0.011	0.017	0.020	0.033	0.042	0.055	0.066	0.084
	3.00	0.011	0.016	0.019	0.030	0.040	0.052	0.062	0.079
	3.50	0.011	0.016	0.019	0.029	0.037	0.049	0.057	0.075
	4.00	0.011	0.015	0.018	0.027	0.035	0.046	0.056	0.072
	4.50	0.010	0.015	0.017	0.026	0.033	0.043	0.053	0.066
	5.00	0.010	0.014	0.016	0.024	0.032	0.041	0.050	0.065
6.00	0.00	0.010	0.015	0.018	0.032	0.044	0.062	0.080	0.106
	1.00	0.009	0.014	0.017	0.031	0.043	0.058	0.069	0.092
	2.00	0.009	0.014	0.017	0.030	0.038	0.050	0.062	0.081
	3.00	0.009	0.014	0.016	0.027	0.034	0.046	0.054	0.070
	4.00	0.009	0.013	0.016	0.024	0.032	0.041	0.050	0.064
	5.00	0.009	0.012	0.015	0.022	0.029	0.038	0.045	0.057
	6.00	0.008	0.012	0.013	0.020	0.026	0.034	0.041	0.051
7.00	0.00	0.008	0.012	0.015	0.027	0.038	0.053	0.068	0.091
	1.00	0.008	0.012	0.014	0.026	0.037	0.050	0.061	0.080
	2.00	0.008	0.012	0.014	0.026	0.035	0.045	0.054	0.073
	3.00	0.008	0.012	0.014	0.024	0.031	0.041	0.049	0.063
	4.00	0.008	0.011	0.013	0.022	0.028	0.037	0.045	0.059
	5.00	0.007	0.011	0.013	0.020	0.026	0.034	0.041	0.053
	6.00	0.007	0.011	0.012	0.018	0.024	0.032	0.038	0.050
	7.00	0.007	0.009	0.011	0.017	0.022	0.029	0.036	0.045
8.00	0.00	0.007	0.011	0.013	0.023	0.033	0.046	0.060	0.080
	1.00	0.007	0.011	0.013	0.023	0.032	0.044	0.053	0.071
	2.00	0.007	0.010	0.012	0.023	0.031	0.040	0.048	0.065
	3.00	0.007	0.010	0.012	0.022	0.028	0.037	0.044	0.058
	4.00	0.007	0.010	0.012	0.020	0.025	0.034	0.041	0.054
	5.00	0.006	0.010	0.011	0.019	0.024	0.031	0.038	0.050
	6.00	0.006	0.009	0.011	0.017	0.022	0.029	0.035	0.044
	7.00	0.006	0.009	0.011	0.016	0.021	0.027	0.032	0.043
	8.00	0.006	0.009	0.010	0.015	0.019	0.025	0.031	0.038
9.00	0.00	0.006	0.010	0.012	0.021	0.029	0.041	0.053	0.071
	1.00	0.006	0.009	0.011	0.020	0.029	0.039	0.048	0.064
	2.00	0.006	0.009	0.011	0.020	0.028	0.036	0.044	0.057
	3.00	0.006	0.009	0.010	0.019	0.026	0.033	0.040	0.052
	4.00	0.006	0.009	0.010	0.018	0.024	0.031	0.038	0.048
	5.00	0.006	0.009	0.011	0.017	0.022	0.029	0.035	0.047
	6.00	0.006	0.008	0.010	0.016	0.021	0.027	0.033	0.044
	7.00	0.006	0.008	0.010	0.015	0.019	0.025	0.030	0.039
	8.00	0.005	0.008	0.009	0.014	0.019	0.024	0.028	0.035
	9.00	0.005	0.007	0.009	0.013	0.017	0.022	0.028	0.035
10.00	0.00	0.006	0.008	0.010	0.018	0.026	0.037	0.047	0.064
	1.00	0.005	0.008	0.010	0.018	0.026	0.037	0.044	0.059
	2.00	0.005	0.008	0.010	0.018	0.025	0.033	0.040	0.054
	3.00	0.005	0.008	0.010	0.018	0.024	0.030	0.037	0.050
	4.00	0.005	0.008	0.010	0.017	0.022	0.028	0.035	0.044
	5.00	0.005	0.008	0.009	0.016	0.020	0.027	0.033	0.044
	6.00	0.005	0.008	0.009	0.015	0.019	0.025	0.030	0.039
	7.00	0.005	0.008	0.009	0.014	0.018	0.024	0.029	0.038
	8.00	0.005	0.007	0.009	0.014	0.017	0.023	0.028	0.035
	9.00	0.005	0.007	0.008	0.013	0.017	0.021	0.027	0.032
	10.00	0.005	0.007	0.008	0.012	0.015	0.021	0.024	0.031

Sachregister

Ablaufbeschreibung einer Bemessung	14
Bemessungsgrundlagen	1
Berechnung der Tabellen	2
Beschreibung der Tabellen	9
Bruchkrümmung k_u	3,20,23,27,30
Dehnungsbereiche	2
Doppelbiegung	3,12,25,29,31
Doppelbiegung, Tabellen B 25	227
Doppelbiegung, Tabellen B 35	243
Druckzonenhöhe x, Tabellen	12,125
Formeln für Stabauslenkung	6
Formelzeichen	34
f/d, Tabellen für bezogene Zusatzausmitten	35
Knicksicherheitsnachweis	4, 5,7,8,9,10,11,14,17 f.
Kriechausmitte e_k	8,9,10,11,20,22,27,28,29,32
Kriechausmitte, Tabellen zur Bestimmung von e_k	38
Lastausmitten	4
Linearisierung der Momenten-Krümmungslinie	4,5,6,12
Literaturverzeichnis	33
Mindestbewehrung	2,17,18,26,28
Momente II.Ordnung	5,6,11,20,23,28
Rechteckstützen	10,11,12,17 f.,44 f.
Rechteckstützen, Tabellen B 15	44
Rechteckstützen, Tabellen B 25	60
Rechteckstützen, Tabellen B 35	76
Rechteckstützen, Tabellen B 45	92
Rechteckstützen, Tabellen B 55	108
Regelbemessung	1,2,4,5,7,10,12,14,15,17 f.
Rundstützen	10,12,18,146 f.
Rundstützen, Tabellen B 15	146
Rundstützen, Tabellen B 25	162
Rundstützen, Tabellen B 35	178
Rundstützen, Tabellen B 45	194
Rundstützen, Tabellen B 55	210
Schiefe Biegung	3,12,25,29,31
Seitwärtsknicken	7,8,9,12,14,15,25,26,30
Sicherheitsbeiwerte	1,2,10,13,15,16,23,24,31
Stabauslenkung v_{II}	5,6,7,11,20,23,24
Theorie II.Ordnung	5,6,11,20,23,24,28
Umrechnung auf andere Betongüten	13
Ungewollte Ausmitte e_v	5,7,8,9,20,20,22 f.
Verschiebliche Druckglieder	15,16,18,19,20,21,29
Zusätzliche Ausmitten	4,5,7,8,9,11,17 f.

AKTUELLE LITERATUR

FÜR DEN KONSTRUKTIVEN INGENIEURBAU

Avak
Stahlbetonbau in Beispielen —
DIN 1045 und Europäische Normung,
Teil 1: Baustoffe — Grundlagen —
Bemessung von Balken
1991. 304 Seiten 17 x 24 cm,
kartoniert **DM 48,—**

Beaucamp
Ausmittig gedrückte
Stahlbetonstützen und -wände
Bemessungstabellen für Betonstahl IV
1991. 264 Seiten 17 x 24 cm,
kartoniert **DM 68,—**

Bindseil
Stahlbetonfertigteile
— Konstruktion — Berechnung —
Ausführung —
1991. 264 Seiten 17 x 24 cm,
kartoniert **DM 48,—**

Braun
Stahlbedarf
im Stahlbeton-Hochbau für
Ortbeton- und Fertigteile
III S, IV S und IV M
2., neubearb. u. erw. Auflage 1991.
248 Seiten 21 x 29,7 cm,
kartoniert **DM 120,—**

Dierks/Schneider (Hrsg.)
Baukonstruktion
2., neubearbeitete und erweiterte
Auflage 1990. 760 Seiten 17 x 24 cm,
gebunden **DM 56,—**

Hünersen/Fritzsche
Stahlbau in Beispielen
Berechnungspraxis nach DIN 18 800 Teil 1
und Teil 2 Ausgabe Nov. 1990
1991. 252 Seiten 17 x 24 cm,
kartoniert **DM 48,—**

Grenningloh
Konstruktionshilfen
für Bewehrungspläne
1991. Ca. 180 Seiten 21 x 29,7 cm,
gebunden **DM 124,—**

Kahlmeyer
Stahlbau
Träger — Stützen — Verbindungen
3., neubearbeitete Auflage 1990.
344 Seiten 17 x 24 cm,
kartoniert **DM 42,—**

Pohl/Schneider/Wormuth/
Ohler/Schubert
Mauerwerksbau
3. Auflage 1990.
344 Seiten 17 x 24 cm,
kartoniert **DM 42,—**

Schneider
Baustatik
Statisch unbestimmte Systeme
WIT Bd. 3. 2. Aufl. 1988. 240 Seiten
12 x 19 cm, kartoniert **DM 36,80**

Schneider/Schweda
Baustatik
Statisch bestimmte Systeme
WIT Bd. 1. 4., neubearb. u. erw. Aufl.
1991. 288 Seiten 12 x 19 cm,
kartoniert **DM 46,—**

Wommelsdorff
Stahlbetonbau
Teil 1: Biegebeanspruchte Bauteile
WIT Bd. 15. 6. Auflage 1990.
380 Seiten 12 x 19 cm,
kartoniert **DM 38,80**

Erhältlich im Buchhandel!

Werner-Verlag

Postfach 85 29 · 4000 Düsseldorf 1